## 세상이 변해도
## 배움의 즐거움은
## 변함없도록

시대는 빠르게 변해도
배움의 즐거움은
변함없어야 하기에

어제의 비상은
남다른 교재부터
결이 다른 콘텐츠
전에 없던 교육 플랫폼까지

변함없는 혁신으로
교육 문화 환경의 새로운 전형을
실현해왔습니다.

비상은 오늘, 다시 한번
새로운 교육 문화 환경을 실현하기 위한
또 하나의 혁신을 시작합니다.

오늘의 내가 어제의 나를 초월하고
오늘의 교육이 어제의 교육을 초월하여
배움의 즐거움을 지속하는 혁신,

바로, 메타인지 기반 완전 학습을.

**상상을 실현하는 교육 문화 기업 비상**

**메타인지 기반 완전 학습**

초월을 뜻하는 meta와 생각을 뜻하는 인지가 결합한 메타인지는
자신이 알고 모르는 것을 스스로 구분하고 학습계획을 세우도록 하는
궁극의 학습 능력입니다. 비상의 메타인지 기반 완전 학습 시스템은
잠들어 있는 메타인지를 깨워 공부를 100% 내 것으로 만들도록 합니다.

# 검증된 성적 향상의 이유
## 중등 1위* 비상교육 온리원

*2014~2022 국가브랜드 [중고등 교재] 부문

### 10명 중 8명 내신 최상위권

최상위
성적
81.23%

*2023년 2학기 기말고사 기준 전체 성적장학생 중,
모범, 으뜸, 우수상 수상자(평균 93점 이상) 비율 81.23%

### 특목고 합격생 2년 만에 167% 달성

*특목고 합격생 수 2022학년도 대비
2024학년도 167.4%

### 성적 장학생 1년 만에 2배 증가

역대최다!

2022년
3,499명*

2023년
6,888명*

*22-1학기: 21년 1학기 중간 - 22년 1학기 중간 누적
23-1학기: 21년 1학기 중간 - 23년 1학기 중간 누적

### 눈으로 확인하는 공부
## 메타인지 시스템

공부 빈틈을 찾아 채우고
장기 기억화 하는 메타인지 학습

### 최강 선생님 노하우 집약
## 내신 전문 강의

검증된 베스트셀러 교재로
인기 선생님이 진행하는 독점 강좌

### 꾸준히 가능한 완전 학습
## 리얼타임 메타코칭

학습의 시작부터 끝까지
출결, 성취 기반 맞춤 피드백 제시

100%
당첨

## BONUS!
### 온리원 중등 100% 당첨 이벤트

강좌 체험 시 상품권, 간식 등 100% 선물 받는다!
지금 바로 '온리원 중등' 체험하고 혜택 받자!

※ 이벤트는 당사 사정으로 예고 없이 변경 또는 중단될 수 있습니다.

CU
CU 할인쿠폰 금액권
5,000원

N Pay
10,000원

문의 1588-6563 | www.only1.co.kr

# 개념┿유형

개념편 · CONCEPT

중등 수학 ——

## 2·1

# STRUCTURE ··· 구성과 특징

## 1 핵심 개념을 이해하고!

**핵심 개념**
자세하고 깔끔한 개념 정리와 필수 문제, 유제

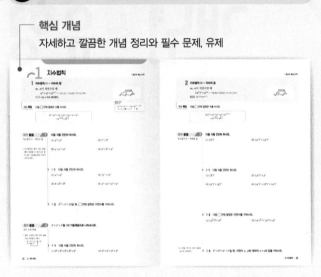

## 2 개념을 익히고!

**Step1 쏙쏙 개념 익히기**
보다 완벽하게 개념을 이해하기 위한 대표 문제

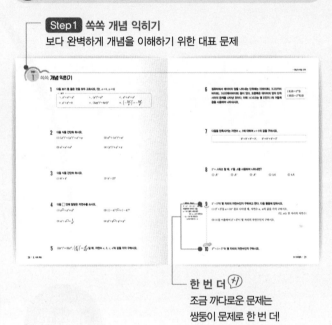

**한 번 더 (H)**
조금 까다로운 문제는
쌍둥이 문제로 한 번 더!

---

**+** 개념편 학습 후
**유 형 편**

유형별 연습 문제로 **기초**를 **탄탄**하게 하고 싶다면

유형편 **라이트**

유형별 연습 문제  →  쌍둥이 기출문제  →  단원 마무리

# 개념과 유형이 하나로~!
## 개념+유형의 체계적인 학습 시스템

**❸ 실전 문제로 다지기!**

**Step 2** 탄탄 단원 다지기
교과서 문제와 기출문제로 구성된 단원 마무리 문제

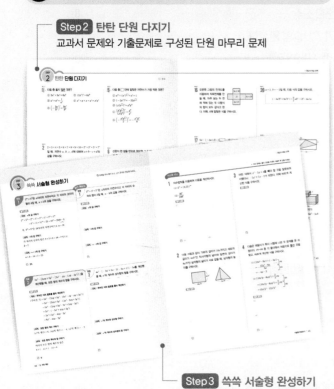

**Step 3** 쏙쏙 서술형 완성하기
연습과 실전이 함께하는 서술형 문제

**❹ 개념 정리로 마무리!**

○○ 속 수학
다양한 분야에서 수학과 관련된 흥미로운 이야기

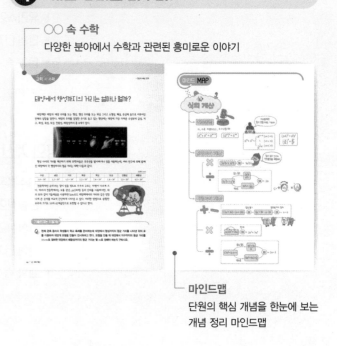

마인드맵
단원의 핵심 개념을 한눈에 보는
개념 정리 마인드맵

다양한 기출문제로 **내신 만점**에 도전한다면

유형편 **파워**

유형별 비법 정리 ▶ 유형별 기출문제 ▶ 단원 마무리

# CONTENTS ••• 차례

# I
## 수와 식의 계산

# 1

# 유리수와
# 순환소수

| 이전에 배운 내용 | 이번에 배울 내용 | 이후에 배울 내용 |
|---|---|---|
| 초5~6<br>• 분수와 소수<br>중1<br>• 소인수분해<br>• 정수와 유리수 | ⌒1 유리수와 순환소수 | 중3<br>• 제곱근과 실수<br>고등<br>• 복소수 |

## 준비 학습

초5~6 **분수와 소수**

• $\dfrac{a}{b} = a \div b$ (단, $b \neq 0$)

• 기약분수: 분자와 분모의 공약수가 1뿐인 분수

**1** 다음 수를 분수는 소수로, 소수는 기약분수로 나타내시오.

(1) $\dfrac{13}{10}$          (2) $\dfrac{6}{25}$

(3) 0.8          (4) 1.75

중1 **소인수분해**

• 인수: 어떤 자연수의 약수
• 소인수: 소수인 인수
• 소인수분해: 1보다 큰 자연수를 소인수만의 곱으로 나타내는 것

**2** 다음 수를 소인수분해하시오.

(1) 28          (2) 54

(3) 126          (4) 200

**정답 1.** (1) 1.3 (2) 0.24 (3) $\dfrac{4}{5}$ (4) $\dfrac{7}{4}$ **2.** (1) $2^2 \times 7$ (2) $2 \times 3^3$ (3) $2 \times 3^2 \times 7$ (4) $2^3 \times 5^2$

# 1 유리수와 순환소수

• 정답과 해설 16쪽

## 1 유리수

(1) 유리수: 분수 $\dfrac{a}{b}$ ($a$, $b$는 정수, $b \neq 0$) 꼴로 나타낼 수 있는 수
└→ 분모는 0이 될 수 없다.

(2) 유리수의 분류

$$\text{유리수}\begin{cases} \text{정수}\begin{cases} \text{양의 정수(자연수)}: 1,\ 2,\ 3,\ \cdots \\ 0 \\ \text{음의 정수}: -1,\ -2,\ -3,\ \cdots \end{cases} \\ \text{정수가 아닌 유리수}: \dfrac{2}{3},\ -\dfrac{11}{10},\ 0.3,\ -1.234,\ \cdots \end{cases}$$

참고 $1 = \dfrac{1}{1}$, $0 = \dfrac{0}{1}$, $-2 = \dfrac{-2}{1}$와 같이 정수는 $\dfrac{(정수)}{(0이\ 아닌\ 정수)}$ 꼴로 나타낼 수 있으므로 유리수이다.

## 2 소수의 분류

(1) 유한소수: 소수점 아래에 0이 아닌 숫자가 유한 번 나타나는 소수 예 0.5, 2.01

(2) 무한소수: 소수점 아래에 0이 아닌 숫자가 무한 번 나타나는 소수 예 0.222···, 1.2345···

참고 기약분수는 유한소수 또는 무한소수로 나타낼 수 있다.

예 $\dfrac{1}{4} = 1 \div 4 = 0.25$ ➡ 유한소수, $\dfrac{5}{6} = 5 \div 6 = 0.8333\cdots$ ➡ 무한소수

---

**개념 확인** 다음 보기의 수에 대하여 물음에 답하시오.

보기
$$-2, \quad 0, \quad \dfrac{6}{5}, \quad 3,$$
$$-\dfrac{1}{3}, \quad \pi, \quad 0.12$$

(1) 자연수가 아닌 정수를 모두 고르시오.

(2) 정수가 아닌 유리수를 모두 고르시오.

(3) 유리수가 아닌 수를 모두 고르시오.

---

**필수 문제 1**

유한소수와 무한소수

▶분수를 소수로 나타내기
$\dfrac{a}{b} = a \div b$ (단, $b \neq 0$)

다음 분수를 소수로 나타내고, 유한소수인지 무한소수인지 말하시오.

(1) $\dfrac{3}{5}$  (2) $\dfrac{1}{3}$

(3) $\dfrac{11}{4}$  (4) $-\dfrac{13}{15}$

**1-1** 다음 분수를 소수로 나타내고, 유한소수인지 무한소수인지 말하시오.

(1) $\dfrac{2}{3}$  (2) $\dfrac{9}{8}$

(3) $-\dfrac{7}{12}$  (4) $\dfrac{4}{25}$

## 3 순환소수

(1) **순환소수**: 무한소수 중에서 소수점 아래의 어떤 자리에서부터
일정한 숫자의 배열이 한없이 되풀이되는 소수

(2) **순환마디**: 순환소수의 소수점 아래에서 일정한 숫자의 배열이
한없이 되풀이되는 한 부분

(3) **순환소수의 표현**: 순환마디의 양 끝의 숫자 위에 점을 찍어 간단히 나타낸다.

$0.\underline{12}\ \underline{12}\ \underline{12}\cdots=0.\dot{1}\dot{2}$
순환마디 　　순환소수의 표현

　예　$0.333\cdots=0.\dot{3},\quad 5.7252525\cdots=5.7\dot{2}\dot{5},\quad 1.234234234\cdots=1.\dot{2}3\dot{4}$

　주의　순환마디는 숫자의 배열이 가장 먼저 반복되는 부분을 말한다.
$2.232323\cdots=2.\dot{2}\dot{3}\ (\bigcirc),\quad 2.232323\cdots=2.2\dot{3}\dot{2}\ (\times)$

---

**필수 문제　2**

순환소수의 표현

▶ 순환마디는 반드시 소수점 아래에서 찾는다.

다음 순환소수의 순환마디를 구하고, 이를 이용하여 순환소수를 간단히 나타내시오.

(1) $0.555\cdots$　　　　　　　　　(2) $0.191919\cdots$

(3) $0.1353535\cdots$　　　　　　　(4) $5.245245245\cdots$

**2-1** 다음 순환소수의 순환마디를 구하고, 이를 이용하여 순환소수를 간단히 나타내시오.

(1) $0.888\cdots$　　　　　　　　　(2) $6.262626\cdots$

(3) $5.2444\cdots$　　　　　　　　(4) $2.132132132\cdots$

---

**필수 문제　3**

분수를 순환소수로 나타내기

분수 $\dfrac{7}{9}$을 소수로 나타낼 때, 다음 물음에 답하시오.

(1) 순환마디를 구하시오.

(2) 순환마디를 이용하여 순환소수로 간단히 나타내시오.

**3-1** 다음 분수를 소수로 고쳐 순환마디를 이용하여 간단히 나타내시오.

(1) $\dfrac{4}{11}$　　　　　　　　　(2) $\dfrac{7}{6}$

(3) $\dfrac{20}{27}$　　　　　　　　(4) $\dfrac{8}{55}$

**STEP**

**1** 쏙쏙 **개념 익히기**

**1** 다음 중 분수를 소수로 나타냈을 때, 무한소수인 것은?

① $\dfrac{3}{4}$    ② $\dfrac{7}{20}$    ③ $\dfrac{11}{12}$    ④ $\dfrac{14}{5}$    ⑤ $\dfrac{49}{25}$

**2** 다음 중 순환소수와 순환마디가 바르게 연결된 것은?

① $0.131313\cdots$ ⇨ 131    ② $0.2585858\cdots$ ⇨ 58

③ $0.782782782\cdots$ ⇨ 827    ④ $3.863863863\cdots$ ⇨ 386

⑤ $15.415415415\cdots$ ⇨ 154

**3** 다음 중 순환소수의 표현이 옳은 것을 모두 고르면? (정답 2개)

① $0.202020\cdots=0.\dot{2}$    ② $2.7555\cdots=2.7\dot{5}$

③ $2.132132132\cdots=\dot{2}.1\dot{3}$    ④ $1.721721721\cdots=1.\dot{7}2\dot{1}$

⑤ $-0.231231231\cdots=-0.\dot{2}3\dot{1}$

● 소수점 아래 $n$번째 자리의 숫자 구하기
순환마디를 이루는 숫자의 개수를 이용하여 순환마디가 소수점 아래 $n$번째 자리까지 몇 번 반복되는지 파악한다.

**4** 분수 $\dfrac{5}{27}$ 를 소수로 나타낼 때, 소수점 아래 50번째 자리의 숫자를 구하려고 한다. 다음 물음에 답하시오.

(1) $\dfrac{5}{27}$ 를 순환소수로 나타내시오.

(2) 순환마디를 이루는 숫자의 개수를 구하시오.

(3) 소수점 아래 50번째 자리의 숫자를 구하시오.

**5** 분수 $\dfrac{3}{7}$ 을 소수로 나타낼 때, 소수점 아래 70번째 자리의 숫자를 구하시오.

## 4 유한소수로 나타낼 수 있는 분수

(1) 유한소수는 분모가 10의 거듭제곱인 분수로 나타낼 수 있다.

이때 분모를 소인수분해하면 분모의 소인수가 2 또는 5뿐임을 알 수 있다.

$$0.13 = \frac{13}{100} = \frac{13}{2^2 \times 5^2}$$

(2) 정수가 아닌 유리수를 기약분수로 나타낸 후 분모를 소인수분해했을 때

① 분모의 소인수가 2 또는 5뿐이면

➡ 그 유리수는 유한소수로 나타낼 수 있다.

$$\frac{9}{60} \xrightarrow{\text{약분}} \frac{3}{20} = \frac{3}{2^2 \times 5} \Rightarrow \text{유한소수}$$

② 분모에 2 또는 5 이외의 소인수가 있으면

➡ 그 유리수는 순환소수로 나타낼 수 있다.

↳ 유한소수로 나타낼 수 없다.

$$\frac{2}{28} \xrightarrow{\text{약분}} \frac{1}{14} = \frac{1}{2 \times 7} \Rightarrow \text{순환소수}$$

**개념 확인** 다음은 기약분수를 분모가 10의 거듭제곱인 분수로 고쳐서 유한소수로 나타내는 과정이다. □ 안에 알맞은 수를 쓰시오.

(1) $\dfrac{9}{25} = \dfrac{9}{5^2} = \dfrac{9 \times \boxed{①}}{5^2 \times \boxed{②}} = \dfrac{\boxed{③}}{100} = \boxed{④}$

(2) $\dfrac{1}{40} = \dfrac{1}{2^3 \times 5} = \dfrac{1 \times \boxed{①}}{2^3 \times 5 \times \boxed{②}} = \dfrac{25}{\boxed{③}} = \boxed{④}$

**필수 문제 4**

유한소수로 나타낼 수 있는 분수

▶ 분모의 소인수를 구할 때는 먼저 기약분수로 나타내야 한다.

다음 보기 중 유한소수로 나타낼 수 있는 것을 모두 고르시오.

| 보기 |

ㄱ. $\dfrac{13}{20}$   ㄴ. $\dfrac{27}{42}$   ㄷ. $\dfrac{7}{39}$   ㄹ. $\dfrac{42}{2 \times 5 \times 7}$   ㅁ. $\dfrac{55}{2^2 \times 5 \times 11}$

**4-1** 다음 분수 중 순환소수로만 나타낼 수 있는 것을 모두 고르면? (정답 2개)

① $\dfrac{6}{16}$   ② $\dfrac{33}{44}$   ③ $\dfrac{11}{120}$   ④ $\dfrac{5}{2 \times 5^2}$   ⑤ $\dfrac{21}{2 \times 3 \times 7^2}$

**필수 문제 5**

유한소수가 되도록 하는 미지수의 값 구하기

$\dfrac{11}{3 \times 5^2 \times 7} \times A$를 소수로 나타내면 유한소수가 될 때, $A$의 값이 될 수 있는 가장 작은 자연수를 구하시오.

**5-1** 분수 $\dfrac{5}{72}$에 어떤 자연수 $A$를 곱하면 유한소수로 나타낼 수 있을 때, $A$의 값이 될 수 있는 가장 작은 자연수를 구하시오.

## 5 순환소수를 분수로 나타내기 ⑴ – 10의 거듭제곱 이용하기

❶ 주어진 순환소수를 $x$로 놓는다.

❷ 양변에 10의 거듭제곱을 적당히 곱하여
소수점 아래의 부분이 같은 두 식을 만든다.

❸ ❷의 두 식을 변끼리 빼어 $x$의 값을 구한다.

❶ $x=0.1\dot{5}\dot{8}=0.15858\cdots$

❷ $1000x=158.5858\cdots$ ← 소수점이 첫 순환마디 뒤에 오도록 1000을 곱한다.

$-)\quad 10x=\quad 1.5858\cdots$ ← 소수점이 첫 순환마디 앞에 오도록 10을 곱한다.

❸ $990x=157$

$\therefore x=\dfrac{157}{990}$

---

**필수 문제 ⑥**

순환소수를 분수로
나타내기 ⑴
– 소수점 아래 바로 순환
마디가 오는 경우

▶ 두 순환소수의 차가 정수가 되
게 하는 두 식을 만든다.

▶ 순환소수를 분수로 나타낸 후
에는 약분하는 것을 잊지 않
도록 한다.

다음은 순환소수를 분수로 나타내는 과정이다. ☐ 안에 알맞은 수를 쓰시오.

(1) $0.\dot{5}$

$0.\dot{5}$를 $x$라고 하면 $x=0.555\cdots$ $\cdots$ ㉠

$\boxed{\phantom{0}}x=5.555\cdots$ ← ㉠×$\boxed{\phantom{0}}$

$-)\quad x=0.555\cdots$

$\boxed{\phantom{0}}x=5$

$\therefore x=\boxed{\phantom{0}}$

(2) $0.\dot{2}\dot{4}$

$0.\dot{2}\dot{4}$를 $x$라고 하면 $x=0.2424\cdots$ $\cdots$ ㉠

$\boxed{\phantom{0}}x=24.242424\cdots$ ← ㉠×$\boxed{\phantom{0}}$

$-)\quad x=\ 0.242424\cdots$

$\boxed{\phantom{0}}x=24$

$\therefore x=\dfrac{24}{\boxed{\phantom{0}}}=\boxed{\phantom{0}}$

**6-1** 다음 순환소수를 분수로 나타내시오.

(1) $0.\dot{2}$

(2) $0.\dot{4}\dot{5}$

(3) $2.\dot{8}$

(4) $1.\dot{5}\dot{7}$

---

**필수 문제 ⑦**

순환소수를 분수로
나타내기 ⑴
– 소수점 아래 바로 순환
마디가 오지 않는 경우

다음은 순환소수를 분수로 나타내는 과정이다. ☐ 안에 알맞은 수를 쓰시오.

(1) $0.1\dot{2}$

$0.1\dot{2}$를 $x$라고 하면 $x=0.1222\cdots$ $\cdots$ ㉠

$\boxed{\phantom{0}}x=12.222\cdots$ ← ㉠×$\boxed{\phantom{0}}$

$-)\boxed{\phantom{0}}x=\ 1.222\cdots$ ← ㉠×$\boxed{\phantom{0}}$

$\boxed{\phantom{0}}x=11$

$\therefore x=\boxed{\phantom{0}}$

(2) $0.3\dot{8}\dot{4}$

$0.3\dot{8}\dot{4}$를 $x$라고 하면 $x=0.38484\cdots$ $\cdots$ ㉠

$\boxed{\phantom{0}}x=384.848484\cdots$ ← ㉠×$\boxed{\phantom{0}}$

$-)\boxed{\phantom{0}}x=\ 3.848484\cdots$ ← ㉠×$\boxed{\phantom{0}}$

$\boxed{\phantom{0}}x=381$

$\therefore x=\dfrac{381}{\boxed{\phantom{0}}}=\boxed{\phantom{0}}$

**7-1** 다음 순환소수를 분수로 나타내시오.

(1) $0.8\dot{2}$

(2) $0.2\dot{4}\dot{1}$

(3) $1.3\dot{5}$

(4) $3.0\dot{2}\dot{7}$

## 6 순환소수를 분수로 나타내기 (2) – 공식 이용하기

(1) 분모: 순환마디를 이루는 숫자의 개수만큼 9를 쓰고, 그 뒤에 소수점 아래 순환마디에 포함되지 않는 숫자의 개수만큼 0을 쓴다.

(2) 분자: 전체의 수에서 순환하지 않는 부분의 수를 뺀 값을 쓴다.

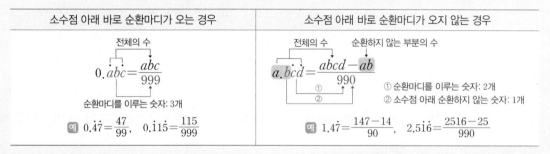

| 소수점 아래 바로 순환마디가 오는 경우 | 소수점 아래 바로 순환마디가 오지 않는 경우 |
|---|---|
| 전체의 수<br>$0.\dot{a}b\dot{c} = \dfrac{abc}{999}$<br>순환마디를 이루는 숫자: 3개 | 전체의 수　순환하지 않는 부분의 수<br>$a.b\dot{c}\dot{d} = \dfrac{abcd - ab}{990}$<br>① 순환마디를 이루는 숫자: 2개<br>② 소수점 아래 순환하지 않는 숫자: 1개 |
| 예 $0.\dot{4}\dot{7} = \dfrac{47}{99}$, $0.\dot{1}1\dot{5} = \dfrac{115}{999}$ | 예 $1.4\dot{7} = \dfrac{147 - 14}{90}$, $2.5\dot{1}\dot{6} = \dfrac{2516 - 25}{990}$ |

## 7 유리수와 소수의 관계

(1) 정수가 아닌 유리수는 소수로 나타내면 유한소수 또는 순환소수가 된다.

(2) 유한소수와 순환소수는 모두 분자, 분모가 정수인 분수로 나타낼 수 있으므로 유리수이다.

```
소수 ┬ 유한소수 ─────────────┐
     └ 무한소수 ┬ 순환소수 ──────────┴ 유리수
               └ 순환소수가 아닌 무한소수 ─ 유리수가 아니다.
```

---

**필수 문제　8**

순환소수를 분수로
나타내기 (2)

다음 순환소수를 분수로 나타내시오.

(1) $0.\dot{4}$

(2) $0.5\dot{1}$

(3) $1.4\dot{8}$

(4) $1.\dot{2}3\dot{4}$

**8-1** 다음 순환소수를 분수로 나타내시오.

(1) $0.\dot{2}\dot{7}$

(2) $0.\dot{1}7\dot{2}$

(3) $3.3\dot{7}$

(4) $4.0\dot{1}\dot{6}$

---

**필수 문제　9**

유리수와 소수의 관계

다음 보기 중 옳은 것을 모두 고르시오.

┤ 보기 ├

ㄱ. 모든 유한소수는 유리수이다.

ㄴ. 무한소수 중에는 순환소수가 아닌 것도 있다.

ㄷ. 모든 순환소수는 유리수이다.

ㄹ. 모든 무한소수는 정수가 아닌 유리수이다.

STEP **1** 쏙쏙 **개념 익히기**

**1** 다음은 분수 $\dfrac{63}{140}$을 유한소수로 나타내는 과정이다. 이때 $a$, $b$, $c$의 값을 각각 구하시오.

$$\frac{63}{140}=\frac{9}{20}=\frac{9}{2^2\times 5}=\frac{9\times a}{2^2\times 5\times a}=\frac{b}{10^2}=c$$

**2** 분수 $\dfrac{a}{780}$를 소수로 나타내면 유한소수가 될 때, $a$의 값이 될 수 있는 가장 작은 자연수를 구하시오.

**3** 다음 순환소수를 $x$로 놓고 분수로 나타낼 때, 가장 편리한 식을 찾아 선으로 연결하시오.

(1) $0.2\dot{3}$ •           • $10x-x$

(2) $1.\dot{7}$ •           • $100x-x$

(3) $0.\dot{2}\dot{1}$ •           • $100x-10x$

(4) $2.3\dot{2}\dot{4}$ •           • $1000x-10x$

**4** 두 순환소수 $1.6\dot{3}$과 $0.3\dot{4}\dot{5}$를 각각 기약분수로 나타내면 $\dfrac{a}{11}$, $\dfrac{b}{55}$일 때, 자연수 $a$, $b$에 대하여 $a+b$의 값을 구하시오.

**5** 서로소인 두 자연수 $a$, $b$에 대하여 $0.3\dot{8}\times\dfrac{b}{a}=0.\dot{3}$일 때, $a-b$의 값을 구하시오.

**6** 다음 중 유리수와 소수에 대한 설명으로 옳은 것을 모두 고르면? (정답 2개)

① 무한소수는 모두 유리수가 아니다.

② 유리수는 모두 유한소수로 나타낼 수 있다.

③ 유한소수로 나타낼 수 없는 기약분수는 순환소수로 나타낼 수 있다.

④ 순환소수 중에는 유리수가 아닌 것도 있다.

⑤ 기약분수의 분모의 소인수가 2 또는 5뿐이면 유한소수로 나타낼 수 있다.

★ 중요

**1** 다음 중 분수를 소수로 나타냈을 때, 유한소수인 것은?

① $\dfrac{5}{11}$    ② $\dfrac{8}{15}$    ③ $\dfrac{7}{8}$

④ $\dfrac{5}{24}$    ⑤ $\dfrac{13}{6}$

**2** 두 분수 $\dfrac{3}{11}$과 $\dfrac{4}{21}$를 소수로 나타냈을 때, 순환마디를 이루는 숫자의 개수를 각각 $a$개, $b$개라고 하자. 이때 $a+b$의 값을 구하시오.

**3** 다음 보기 중 순환소수의 표현이 옳은 것을 모두 고르시오.

┌─ 보기 ────────────────────────┐
│ ㄱ. $1.7888\cdots=1.7\dot{8}$
│ ㄴ. $0.595959\cdots=0.5\dot{9}$
│ ㄷ. $1.231231231\cdots=\dot{1}.2\dot{3}$
│ ㄹ. $0.042042042\cdots=0.0\dot{4}\dot{2}$
│ ㅁ. $5.3172172172\cdots=5.31\dot{7}2\dot{1}$
└────────────────────────────────┘

**4** 순환소수 $0.2\dot{4}1\dot{6}$의 소수점 아래 99번째 자리의 숫자를 구하시오.

**5** 분수 $\dfrac{7}{40}$을 $\dfrac{a}{10^n}$ 꼴로 고쳐서 유한소수로 나타낼 때, $a+n$의 값 중 가장 작은 수는? (단, $a$, $n$은 자연수)

① 70    ② 162    ③ 178

④ 286    ⑤ 354

**6** 다음 분수 중 유한소수로 나타낼 수 없는 것을 모두 고르면? (정답 2개)

① $\dfrac{51}{360}$    ② $\dfrac{42}{2^2\times5\times7}$    ③ $\dfrac{27}{2\times3^3\times5}$

④ $\dfrac{81}{150}$    ⑤ $\dfrac{26}{2\times5\times7\times13}$

**7** 분수 $\dfrac{1}{12}$, $\dfrac{2}{12}$, $\dfrac{3}{12}$, $\cdots$, $\dfrac{11}{12}$ 중 유한소수로 나타낼 수 있는 것은 모두 몇 개인가?

① 2개    ② 3개    ③ 4개

④ 5개    ⑤ 6개

**8** 다음 조건을 모두 만족시키는 $x$의 값 중 가장 작은 자연수를 구하시오.

조건

(가) $\dfrac{x}{2^2 \times 3 \times 5^2 \times 11}$ 를 소수로 나타내면 유한소수가 된다.

(나) $x$는 3과 5의 공배수이다.

**9** 분수 $\dfrac{x}{280}$ 를 소수로 나타내면 유한소수가 되고, 기약분수로 나타내면 $\dfrac{1}{y}$ 이 된다. $x$가 10보다 크고 20보다 작은 자연수일 때, $x+y$의 값은?

① 30    ② 32    ③ 34
④ 36    ⑤ 38

**10** 분수 $\dfrac{3}{10 \times a}$ 을 순환소수로만 나타낼 수 있을 때, $a$의 값이 될 수 있는 가장 작은 자연수는?

① 2    ② 3    ③ 6
④ 7    ⑤ 9

**11** 순환소수 $x=0.2\dot{1}\dot{5}$ 를 분수로 나타내려고 할 때, 다음 중 가장 편리한 식은?

① $10x-x$        ② $100x-10x$
③ $1000x-x$      ④ $1000x-10x$
⑤ $1000x-100x$

**12** 다음 중 순환소수를 분수로 바르게 나타낸 것은?

① $0.\dot{2}\dot{3}=\dfrac{23}{90}$        ② $0.3\dot{6}=\dfrac{2}{5}$

③ $1.\dot{4}\dot{5}=\dfrac{15}{11}$        ④ $0.3\dot{6}\dot{5}=\dfrac{73}{180}$

⑤ $1.4\dot{5}\dot{1}=\dfrac{479}{330}$

**13** 순환소수 $1.\dot{6}$의 역수를 $a$라고 할 때, $10a$의 값을 구하시오.

**14** 기약분수 $\dfrac{x}{15}$ 를 소수로 나타내면 $1.2666\cdots$일 때, $x$의 값을 구하시오.

**15** 다음 중 순환소수 $x=0.17222\cdots$에 대한 설명으로 옳지 <u>않은</u> 것은?

① 순환마디는 2이다.

② $x=0.17\dot{2}$로 나타낼 수 있다.

③ $x$의 값은 $0.17+0.00\dot{2}$와 같다.

④ 식 $1000x-x$를 이용하여 분수로 나타낼 수 있다.

⑤ 분수로 나타내면 $\dfrac{31}{180}$이다.

**16** $0.3+0.05+0.005+0.0005+\cdots$를 계산하여 기약분수로 나타내면 $\dfrac{b}{a}$이다. 이때 $a+b$의 값은?

① 16　　　② 33　　　③ 45

④ 50　　　⑤ 61

**17** $0.\dot{2}3\dot{8}=238\times\boxed{\phantom{x}}$일 때, $\boxed{\phantom{x}}$ 안에 알맞은 수를 순환소수로 나타내면?

① $0.0\dot{1}$　　② $0.00\dot{1}$　　③ $0.00\dot{1}$

④ $0.0\dot{0}\dot{1}$　　⑤ $0.\dot{1}0\dot{1}$

**18** 어떤 자연수에 $1.\dot{3}$을 곱해야 할 것을 잘못하여 $1.3$을 곱했더니 바르게 계산한 결과보다 2만큼 작았다. 이때 어떤 자연수를 구하시오.

**19** 다음 중 두 수의 대소 관계가 옳지 <u>않은</u> 것은?

① $0.\dot{3}>0.3$　　　② $0.\dot{4}\dot{0}<0.\dot{4}$

③ $0.0\dot{8}<\dfrac{1}{10}$　　　④ $0.0\dot{7}<\dfrac{7}{99}$

⑤ $1.5\dot{1}\dot{4}<1.\dot{5}1\dot{4}$

**20** 다음 보기 중 유리수가 <u>아닌</u> 것을 모두 고르시오.

┌ 보기 ┐

ㄱ. $-\dfrac{83}{13}$　　　　ㄴ. 0

ㄷ. $2.121221222\cdots$　　　ㄹ. $0.353353353\cdots$

ㅁ. $0.70972$　　　ㅂ. $\pi$

**21** 다음 중 옳지 <u>않은</u> 것을 모두 고르면? (정답 2개)

① 모든 유한소수는 분수로 나타낼 수 있다.

② 순환소수가 아닌 무한소수는 유리수가 아니다.

③ 유한소수 중에는 유리수가 아닌 것도 있다.

④ 정수가 아닌 유리수는 모두 유한소수로 나타낼 수 있다.

⑤ 모든 순환소수는 $\dfrac{a}{b}$ ($a$, $b$는 정수, $b\neq0$) 꼴로 나타낼 수 있다.

# 쑥쑥 서술형 완성하기

**따라 해보자**

---

**예제 1**

두 분수 $\dfrac{1}{30}$과 $\dfrac{15}{70}$에 어떤 자연수 $a$를 곱하면 모두 유한소수로 나타낼 수 있을 때, $a$의 값이 될 수 있는 가장 작은 자연수를 구하시오.

**풀이 과정**

**1단계** 두 분수의 분모를 소인수분해하기

$$\frac{1}{30}=\frac{1}{2\times3\times5}, \ \frac{15}{70}=\frac{3}{14}=\frac{3}{2\times7}$$

**2단계** 자연수 $a$의 조건 구하기

두 분수에 자연수 $a$를 곱하여 모두 유한소수가 되게 하려면 $a$는 3과 7의 공배수, 즉 21의 배수이어야 한다.

**3단계** $a$의 값이 될 수 있는 가장 작은 자연수 구하기

21의 배수 중 가장 작은 자연수는 21이다.

**답** 21

---

**유제 1**

두 분수 $\dfrac{13}{180}$과 $\dfrac{18}{105}$에 어떤 자연수 $a$를 곱하면 모두 유한소수로 나타낼 수 있을 때, $a$의 값이 될 수 있는 가장 작은 자연수를 구하시오.

**풀이 과정**

**1단계** 두 분수의 분모를 소인수분해하기

**2단계** 자연수 $a$의 조건 구하기

**3단계** $a$의 값이 될 수 있는 가장 작은 자연수 구하기

**답**

---

**예제 2**

어떤 기약분수를 소수로 나타내는데 소희는 분모를 잘못 보아서 $0.4\dot{1}$로 나타내고, 준수는 분자를 잘못 보아서 $0.4\dot{7}$로 나타냈다. 두 사람이 잘못 본 분수도 모두 기약분수일 때, 처음 기약분수를 순환소수로 나타내시오.

**풀이 과정**

**1단계** 처음 기약분수의 분자 구하기

소희는 분자를 제대로 보았으므로

$0.4\dot{1}=\dfrac{41-4}{90}=\dfrac{37}{90}$에서 처음 기약분수의 분자는 37이다.

**2단계** 처음 기약분수의 분모 구하기

준수는 분모를 제대로 보았으므로

$0.\dot{4}\dot{7}=\dfrac{47}{99}$에서 처음 기약분수의 분모는 99이다.

**3단계** 처음 기약분수를 순환소수로 나타내기

처음 기약분수는 $\dfrac{37}{99}$이므로 이를 순환소수로 나타내면

$\dfrac{37}{99}=0.373737\cdots=0.\dot{3}\dot{7}$

**답** $0.\dot{3}\dot{7}$

---

**유제 2**

어떤 기약분수를 소수로 나타내는데 연수는 분자를 잘못 보아서 $1.0\dot{7}$로 나타내고, 정국이는 분모를 잘못 보아서 $5.\dot{8}$로 나타냈다. 두 사람이 잘못 본 분수도 모두 기약분수일 때, 처음 기약분수를 순환소수로 나타내시오.

**풀이 과정**

**1단계** 처음 기약분수의 분모 구하기

**2단계** 처음 기약분수의 분자 구하기

**3단계** 처음 기약분수를 순환소수로 나타내기

**답**

**연습해 보자**

**1** 다음 세 학생의 대화에서 잘못 말한 사람을 찾고, 그 이유를 말하시오.

> 유미: 분수 $\dfrac{91}{140}$ 을 기약분수로 나타낸 후 분모를 소인수분해하면 소인수는 2와 5뿐이야.
>
> 광수: 분수 $\dfrac{91}{140}$ 은 유한소수로 나타낼 수 있어.
>
> 주희: 분수 $\dfrac{91}{140}$ 을 소수로 나타내면 소수점 아래에서 일정한 숫자의 배열이 한없이 되풀이되는 소수로만 나타낼 수 있어.

**풀이 과정**

**답**

**2** 두 분수 $\dfrac{1}{8}$ 과 $\dfrac{1}{2}$ 사이에 있는 분자가 자연수인 분수 중 분모가 24이고, 유한소수로 나타낼 수 있는 분수는 모두 몇 개인지 구하시오.

**풀이 과정**

**답**

**3** 순환소수를 $x$라 하고, 10의 거듭제곱을 적당히 곱하면 그 차가 정수인 두 식을 만들 수 있다. 이를 이용하여 순환소수 $1.1\dot{2}\dot{7}$을 기약분수로 나타내시오.

**풀이 과정**

**답**

**4** 순환소수 $2.1\dot{6}$에 $a$를 곱하면 자연수가 된다고 한다. $a$의 값이 될 수 있는 가장 작은 두 자리의 자연수를 구하려고 할 때, 다음 물음에 답하시오.

(1) $2.1\dot{6}$을 기약분수로 나타내시오.

(2) $2.1\dot{6} \times a$가 자연수일 때, $a$의 값이 될 수 있는 가장 작은 두 자리의 자연수를 구하시오.

**풀이 과정**

(1)

(2)

**답** (1)　　　　(2)

# 순환소수를 연주해 볼까?

다음은 동요 '작은 별'의 악보의 일부이다.

위의 악보에서 도돌이표 ‖:와 :‖는 반복 기호 중 하나로, 똑같은 마디가 여러 번 나오면 반복되는 부분을 다시 기록하지 않고 간단히 나타낼 때 사용한다.

다음은 0부터 9까지의 숫자를 각 음에 대응시킨 것이다.

위의 음과 도돌이표를 이용하면 순환소수의 소수점 아래의 부분을 악보로 그릴 수 있다.

예를 들어, 분수 $\dfrac{14}{33}$ 는 $0.424242\cdots=0.\dot{4}\dot{2}$ 이므로 로 나타낼 수 있다.

## 기출문제는 이렇게!

Q 위와 같이 수에 대응시킨 음을 이용하여 다음 물음에 답하시오.

(1) 분수 $\dfrac{5}{7}$ 를 소수로 나타낼 때, 소수점 아래의 부분을 오른쪽 도돌이표가 그려진 오선지 위에 악보로 그리시오.

(2) 오른쪽 악보의 음을 0보다 크고 1보다 작은 순환소수로 표현하고, 그 순환소수를 기약분수로 나타내시오.

$$\frac{1}{8} = 0.125$$

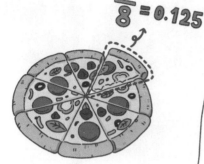

분수의 소수 표현

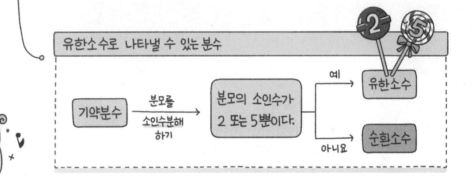

소수의 분류

· 유한소수 : 소수점 아래에 0이 아닌 숫자가 유한 번 나타나는 소수

0.12345
└ 유한 ┘

· 무한소수 : 소수점 아래에 0이 아닌 숫자가 무한 번 나타나는 소수

0.123456⋯
└ 무한 ┘

· 순환소수 : 소수점 아래의 어떤 자리에서부터 일정한 숫자의 배열이
한없이 되풀이되는 무한소수

여기서
부터          여기까지

0.01234 12341234⋯ = 0.0123̇4̇
└→ 순환마디

유리수와
순환소수

유한소수로 나타낼 수 있는 분수

기약분수 → 분모를 소인수분해 하기 → 분모의 소인수가 2 또는 5뿐이다. → 예 → 유한소수
→ 아니요 → 순환소수

[ 방법1] 10의 거듭제곱 이용하기

$$x = 0.0\dot{3}$$
$$100x = 3.0303\cdots$$
$$-)\quad x = 0.0303\cdots$$
$$99x = 3$$

$$x = 1.2\dot{3}$$
$$100x = 123.333\cdots$$
$$-)\quad 10x = 12.333\cdots$$
$$90x = 123 - 12$$

순환소수의
분수 표현

모두
유리수

너희는 같아!

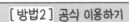

$$\frac{1}{3}$$

[ 방법2] 공식 이용하기

$$0.0\dot{3} = \frac{3}{99} = \frac{1}{33}$$

$$1.2\dot{3} = \frac{123 - 12}{90} = \frac{37}{30}$$

# 2 식의 계산

| 이전에 배운 내용 | 이번에 배울 내용 | 이후에 배울 내용 |

**이전에 배운 내용**

중1
- 거듭제곱
- 정수와 유리수의 곱셈과 나눗셈
- 문자의 사용과 식의 계산

**이번에 배울 내용**

⌒1 지수법칙
⌒2 단항식의 계산
⌒3 다항식의 계산

**이후에 배울 내용**

중3
- 다항식의 곱셈과 인수분해

고등
- 다항식의 연산
- 나머지정리
- 인수분해

## 준비 학습

중1 **거듭제곱**
- $2 \times 2 \times 2 = 2^3$ ← 지수
- ← 밑

**1** 다음을 거듭제곱을 사용하여 나타내시오.

(1) $3 \times 3 \times 5 \times 7 \times 7 \times 7$

(2) $\dfrac{1}{2} \times \dfrac{1}{2} \times \dfrac{1}{2} \times \dfrac{1}{2}$

중1 **정수와 유리수의 곱셈과 나눗셈**

- $\begin{cases} (-)^{\text{짝수}} = (+) \\ (-)^{\text{홀수}} = (-) \end{cases}$

- $a \div \dfrac{c}{b} = a \times \dfrac{b}{c} \ (b \neq 0, \ c \neq 0)$

역수를 곱하여 계산한다.

**2** 다음을 계산하시오.

(1) $(-3)^2 \times (-1)^3$

(2) $\dfrac{3}{4} \div \left(-\dfrac{3}{2}\right)^2$

중1 **문자의 사용과 식의 계산**

분배법칙
- $a \times (b + c) = a \times b + a \times c$

**3** 다음 식을 간단히 하시오.

(1) $3(7x+4) - 8(2x+3)$

(2) $\dfrac{1}{4}(8x-16) + \dfrac{2}{3}(9x-6)$

정답 1. (1) $3^2 \times 5 \times 7^3$ (2) $\left(\dfrac{1}{2}\right)^4$ 2. (1) $-9$ (2) $\dfrac{1}{3}$ 3. (1) $5x-12$ (2) $8x-8$

# 1 지수법칙

● 정답과 해설 22쪽

## 1 지수법칙 (1) – 지수의 합

$m$, $n$이 자연수일 때

$a^m \times a^n = a^{m+n}$ ← 밑이 같은 수의 곱셈은 지수끼리 더한다.

참고 $a$는 $a^1$으로 생각한다.

지수의 합
$a^3 \times a^4 = a^{3+4}$

보충

$\underbrace{a \times a \times a \times \cdots \times a}_{n개} = a^n$ ← 지수

밑

**개념 확인** 다음 □ 안에 알맞은 수를 쓰시오.

$$a^2 \times a^3 = (a \times a) \times (a \times a \times a)$$
$$= a^{2+\square} = a^{\square}$$

---

**필수 문제** **1**

지수법칙 (1) – 지수의 합

▶지수법칙은 밑이 서로 같을 때만 이용할 수 있으므로 밑이 같은 거듭제곱끼리 모아서 간단히 한다.

다음 식을 간단히 하시오.

(1) $x^4 \times x^5$

(2) $7^2 \times 7^8$

(3) $a \times a^2 \times a^3$

(4) $a^3 \times b^4 \times a^2$

**1-1** 다음 식을 간단히 하시오.

(1) $a^2 \times a^6$

(2) $11^7 \times 11^2$

(3) $b \times b^4 \times b^6$

(4) $x^3 \times y^2 \times x^4 \times y^3$

**1-2** $2^\square \times 2^3 = 32$일 때, □ 안에 알맞은 자연수를 구하시오.

---

**필수 문제** **2**

같은 수의 덧셈

▶같은 수끼리 더한 것은 곱셈으로 나타낼 수 있다.
$\Rightarrow \underbrace{2^2 + 2^2 + 2^2}_{3개} = \mathbf{3} \times 2^2$

$3^2 + 3^2 + 3^2$을 3의 거듭제곱으로 나타내시오.

**2-1** 다음 식을 간단히 하시오.

(1) $5^6 + 5^6 + 5^6 + 5^6 + 5^6$

(2) $2^4 + 2^4 + 2^4 + 2^4$

## 2 지수법칙 (2) – 지수의 곱

$m$, $n$이 자연수일 때

$$(a^m)^n = a^{mn}$$ ← 거듭제곱의 거듭제곱은 지수끼리 곱한다.

주의 $(a^m)^n \neq a^{m+n}$

지수의 곱

$$(a^3)^4 = a^{3 \times 4}$$

**개념 확인** 다음 □ 안에 알맞은 수를 쓰시오.

$$(a^2)^3 = a^2 \times a^2 \times a^2 = a^{2+2+2}$$
$$= a^{2 \times \square} = a^{\square}$$

**필수 문제 3**

지수법칙 (2) – 지수의 곱

다음 식을 간단히 하시오.

(1) $(2^3)^5$　　　　　　　　(2) $(a^4)^5 \times (a^3)^2$

**3-1** 다음 식을 간단히 하시오.

(1) $(3^6)^2$　　　　　　　　(2) $(x^2)^4 \times x^3$

(3) $(y^2)^5 \times (y^6)^3$　　　　　(4) $(a^7)^2 \times (b^2)^3 \times (a^2)^2$

**3-2** 다음 □ 안에 알맞은 자연수를 구하시오.

(1) $(x^\square)^6 = x^{18}$　　　　　(2) $(a^3)^\square \times (a^5)^2 = a^{22}$

▶ 4, 27을 각각 2, 3의 거듭제
곱으로 나타낸다.

**3-3** $4^6 \times 27^8 = 2^x \times 3^y$일 때, 자연수 $x$, $y$에 대하여 $x+y$의 값을 구하시오.

## 3 지수법칙 (3) – 지수의 차

$a \neq 0$이고, $m$, $n$이 자연수일 때

$$a^m \div a^n = \begin{cases} a^{m-n} & (m > n) \\ 1 & (m = n) \\ \dfrac{1}{a^{n-m}} & (m < n) \end{cases}$$

← 밑이 같은 수의 나눗셈은 지수끼리 뺀다.

$$\underbrace{a^5 \div a^3 = a^{5-3}}_{\text{지수의 차}} \qquad \underbrace{a^3 \div a^5 = \dfrac{1}{a^{5-3}}}_{\text{지수의 차}}$$

**개념 확인** 다음 □ 안에 알맞은 수를 쓰시오.

(1) $a^4 \div a^2 = \dfrac{a^4}{a^{\square}} = \dfrac{a \times a \times a \times a}{a \times a} = a^{4-\square} = a^{\square}$

(2) $a^2 \div a^2 = \dfrac{a^2}{a^{\square}} = \dfrac{a \times a}{a \times a} = \square$

(3) $a^2 \div a^4 = \dfrac{a^{\square}}{a^4} = \dfrac{a \times a}{a \times a \times a \times a} = \dfrac{1}{a^{4-\square}} = \dfrac{1}{a^{\square}}$

---

**필수 문제 4**

지수법칙 (3) – 지수의 차

▶나눗셈은 앞에서부터 차례로 계산하고, 괄호가 있으면 괄호 안을 먼저 계산한다.

• $a \div b \div c = \dfrac{a}{b} \div c = \dfrac{a}{bc}$

• $a \div (b \div c) = a \div \dfrac{b}{c} = \dfrac{ac}{b}$

**다음 식을 간단히 하시오.**

(1) $5^7 \div 5^5$

(2) $a^8 \div a^{12}$

(3) $(b^3)^2 \div (b^2)^3$

(4) $x^6 \div x^3 \div x^4$

**4-1** 다음 식을 간단히 하시오.

(1) $x^6 \div x^2$

(2) $3^2 \div 3^7$

(3) $x^5 \div (x^2)^2$

(4) $(a^3)^4 \div (a^2)^6$

(5) $b^4 \div b^2 \div b^5$

(6) $y^2 \div (y^7 \div y^4)$

**4-2** 다음 □ 안에 알맞은 자연수를 구하시오.

(1) $7^{\square} \div 7^4 = 7^5$

(2) $2^2 \div 2^{\square} = \dfrac{1}{2^{10}}$

## 4 지수법칙 (4) – 지수의 분배

$n$이 자연수일 때

$(ab)^n = a^n b^n$   ← 괄호의 거듭제곱은
괄호 안의 수에 분배한다.

$\left(\dfrac{b}{a}\right)^n = \dfrac{b^n}{a^n}$ (단, $a \neq 0$)

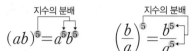

$$\underbrace{(ab)}^{5} = a^{5}b^{5} \qquad \left(\dfrac{b}{a}\right)^{5} = \dfrac{b^{5}}{a^{5}}$$

**개념 확인**  다음 ☐ 안에 알맞은 것을 쓰시오.

(1) $(ab)^3 = ab \times ab \times ab = a \times a \times a \times b \times b \times b = a^{\square} b^{\square}$

(2) $\left(\dfrac{b}{a}\right)^3 = \dfrac{b}{a} \times \dfrac{b}{a} \times \dfrac{b}{a} = \dfrac{b^{\square}}{a^{\square}}$

(3) $(-2x)^3 = (\boxed{\phantom{xx}}) \times (\boxed{\phantom{xx}}) \times (\boxed{\phantom{xx}}) = (-2)^{\square} x^{\square} = \boxed{\phantom{xx}}$   ← 부호를 포함하여 거듭제곱한다.

(4) $\left(-\dfrac{3}{a}\right)^2 = (\boxed{\phantom{xx}}) \times (\boxed{\phantom{xx}}) = \dfrac{(-3)^{\square}}{a^{\square}} = \boxed{\phantom{xx}}$

---

**필수 문제  5**

지수법칙 (4) – 지수의 분배

▸음수의 거듭제곱은 부호부터
결정한다.
$\begin{cases} (-)^{(짝수)} = (+) \\ (-)^{(홀수)} = (-) \end{cases}$

▸$(-a)^2$과 $-a^2$은 다르다.
$\Rightarrow (-a)^2 = (-1)^2 \times a^2 = a^2$
$\therefore (-a)^2 \neq -a^2$

다음 식을 간단히 하시오.

(1) $(a^2 b)^5$

(2) $(3x^4)^2$

(3) $\left(\dfrac{y^2}{x^3}\right)^4$

(4) $\left(-\dfrac{ab}{2}\right)^3$

**5-1**  다음 식을 간단히 하시오.

(1) $(xy^2)^6$

(2) $(-2a^3 b)^4$

(3) $\left(\dfrac{a^2}{5}\right)^2$

(4) $\left(-\dfrac{3y^3}{x^2}\right)^3$

**5-2**  $\left(\dfrac{y^a}{2x}\right)^5 = \dfrac{y^{20}}{bx^5}$일 때, 자연수 $a$, $b$에 대하여 $a+b$의 값을 구하시오.

**1** 다음 보기 중 옳은 것을 모두 고르시오. (단, $x \neq 0$, $y \neq 0$)

| 보기 |

ㄱ. $x^2 \times x^3 = x^6$  ㄴ. $(y^3)^6 = y^{18}$  ㄷ. $x^8 \div x^4 = x^2$

ㄹ. $y^5 \div y^5 = 0$  ㅁ. $(3xy^2)^3 = 9x^3y^6$  ㅂ. $\left(-\dfrac{2x^3}{y}\right)^3 = -\dfrac{8x^9}{y^3}$

**2** 다음 식을 간단히 하시오.

(1) $(x^3)^2 \times (y^2)^3 \times x^3 \times y$

(2) $a^{10} \div (a^2)^4 \div a^2$

(3) $a^5 \times a^2 \div a^9$

(4) $(x^4)^3 \div x^7 \times x$

**3** 다음 식을 간단히 하시오.

(1) $8^3 \times 4^2$

(2) $9^7 \div 27^5$

**4** 다음 ☐ 안에 알맞은 자연수를 쓰시오.

(1) $x^{\square} \times x^2 = x^9$

(2) $\{(-4)^5\}^{\square} = (-4)^{15}$

(3) $a^3 \div a^{\square} = \dfrac{1}{a^2}$

(4) $y^8 \times y^{\square} \div y^3 = y^{11}$

**5** $(2x^a)^b = 32x^{15}$, $\left(\dfrac{x^c}{3y}\right)^3 = \dfrac{x^6}{dy^3}$ 일 때, 자연수 $a$, $b$, $c$, $d$의 값을 각각 구하시오.

**6** 컴퓨터에서 데이터의 양을 나타내는 단위에는 B(바이트), KiB(키비바이트), MiB(메비바이트) 등이 있다. 오른쪽은 데이터의 양의 단위 사이의 관계를 나타낸 것이다. 이때 $16\,\text{MiB}$는 몇 B인지 2의 거듭제곱을 사용하여 나타내시오.

$$1\,\text{KiB}=2^{10}\,\text{B}$$
$$1\,\text{MiB}=2^{10}\,\text{KiB}$$

**7** 다음을 만족시키는 자연수 $a$, $b$에 대하여 $a+b$의 값을 구하시오.

$$9^5 \times 9^5 \times 9^5 = 3^a, \qquad 9^4 + 9^4 + 9^4 = 3^b$$

**8** $2^4 = A$라고 할 때, $8^4$을 $A$를 사용하여 나타내면?

① $A^2$      ② $A^3$      ③ $A^4$      ④ $3A$      ⑤ $4A$

● 자릿수 구하기
$2^n \times 5^n = (2 \times 5)^n = 10^n$임을 이용하여 주어진 수를 $a \times 10^n$ 꼴로 나타내면
    (단, $a$, $n$은 자연수)
➡ ($a \times 10^n$의 자릿수)
    =($a$의 자릿수)$+n$

**9** $2^7 \times 5^5$이 몇 자리의 자연수인지 구하려고 한다. 다음 물음에 답하시오.

(1) $2^7 \times 5^5$을 $a \times 10^n$ 꼴로 나타낼 때, 자연수 $a$, $n$의 값을 각각 구하시오.

                         (단, $a$는 한 자리의 자연수)

(2) (1)을 이용하여 $2^7 \times 5^5$이 몇 자리의 자연수인지 구하시오.

**10** $2^{10} \times 3 \times 5^{11}$이 몇 자리의 자연수인지 구하시오.

# 2 단항식의 계산

• 정답과 해설 24쪽

## 1 단항식의 곱셈

(1) 계수는 계수끼리, 문자는 문자끼리 곱한다.

(2) 같은 문자끼리의 곱셈은 지수법칙을 이용한다.

> [참고] 곱셈에서의 부호는 다음과 같이 결정된다.
> ┌ ⊖가 짝수 개이면 ➡ ⊕
> └ ⊖가 홀수 개이면 ➡ ⊖

**개념 확인** 다음 그림은 6개의 작은 직사각형으로 이루어진 큰 직사각형이다. 직사각형의 넓이를 이용하여 □ 안에 알맞은 식을 쓰시오.

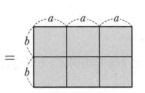

$$3a \times 2b = 6\boxed{\phantom{xx}}$$
→ 작은 직사각형의 넓이

> **보충**
> • **다항식**: 한 개 또는 두 개 이상의 항의 합으로 이루어진 식
> • **단항식**: 항이 한 개뿐인 다항식

---

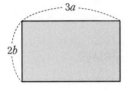

**필수 문제** **1**

(단항식)×(단항식)

▸괄호의 거듭제곱이 있으면 지수법칙을 이용하여 먼저 계산한다.

다음을 계산하시오.

(1) $2a^2 \times 4ab$

(2) $(-7x^3) \times (-5xy)$

(3) $\left(-\dfrac{5}{3}a^2\right) \times (-3a)^2$

(4) $(-x^2y)^3 \times 2xy^2$

**1-1** 다음을 계산하시오.

(1) $4b \times 5b^5$

(2) $(-3x^2) \times 6y^2$

(3) $3a^4 \times (-2a^2)^3$

(4) $\left(-\dfrac{5}{3}x^2y\right)^2 \times 9x^3y^2$

**1-2** 다음을 계산하시오.

(1) $(-2ab) \times \left(-\dfrac{1}{6}ab^5\right) \times 4a^3$

(2) $6y^4 \times (3xy)^2 \times \left(-\dfrac{2}{3}x^5y\right)^3$

## 2 단항식의 나눗셈

방법1 분수 꼴로 바꾸어 계산한다.

➡ $A \div B = \dfrac{A}{B}$

$6x^2 \div 2x = \dfrac{6x^2}{2x} = 3x$

방법2 역수를 이용하여 나눗셈을 곱셈으로 고쳐서 계산한다.

곱셈으로

➡ $A \div B = A \times \dfrac{1}{B} = \dfrac{A}{B}$

역수로

$6x^2 \div \dfrac{1}{2}x = 6x^2 \times \dfrac{2}{x} = 12x$

참고 나눗셈을 할 때 ┌ 분수 꼴인 항이 없으면 ➡ 방법1 을 이용하는 것이 편리하다.
└ 분수 꼴인 항이 있으면 ➡ 방법2 를

보충

**역수 구하기**: 부호는 그대로 두고 분자와 분모의 위치를 서로 바꾼다. 이때 문자의 위치에 주의한다.

예 $-2a^2 \left( = -\dfrac{2a^2}{1} \right)$의 역수 ➡ $-\dfrac{1}{2a^2}$

$\dfrac{4}{3}b \left( = \dfrac{4b}{3} \right)$의 역수 ➡ $\dfrac{3}{4b}$

---

**필수 문제** 2

(단항식)÷(단항식)

다음을 계산하시오.

(1) $6x \div 4x^2$

(2) $4a^3b \div (-8ab)$

(3) $16x^3 \div \dfrac{4}{3}x^2$

(4) $(-3b^2)^2 \div \dfrac{1}{5}ab^4$

**2-1** 다음을 계산하시오.

(1) $8xy \div 2y$

(2) $(-6a^2b) \div (-2ab^3)$

(3) $\dfrac{3}{7}x^3y \div \left( -\dfrac{6}{49}x^3y^2 \right)$

(4) $\left( -\dfrac{1}{2}a^2b^3 \right)^3 \div 4a^5b^6$

▶나눗셈이 2개 이상이면
방법2 를 이용하는 것이 편리하다.

⇨ $A \div B \div C$
$= A \times \dfrac{1}{B} \times \dfrac{1}{C} = \dfrac{A}{BC}$

**2-2** 다음을 계산하시오.

(1) $21xy^3 \div (-x) \div 7y$

(2) $(-2ab^5)^2 \div (ab)^3 \div \dfrac{1}{3}a^4$

## 3 단항식의 곱셈과 나눗셈의 혼합 계산

❶ 괄호의 거듭제곱은 지수법칙을 이용하여 계산한다.

❷ 나눗셈은 역수를 이용하여 곱셈으로 고친다.

❸ 계수는 계수끼리, 문자는 문자끼리 곱한다.

예 $(-4a)^2 \times (-a)^3 \div 2a$

$= 16a^2 \times (-a^3) \div 2a$ ┐ ❶ 괄호의 거듭제곱 계산하기

$= 16a^2 \times (-a^3) \times \dfrac{1}{2a}$ ┤ ❷ $\div$ 를 $\times$ 로 고치기

$= \left\{16 \times (-1) \times \dfrac{1}{2}\right\} \times \left(a^2 \times a^3 \times \dfrac{1}{a}\right)$ ┤ ❸ 계수끼리, 문자끼리 곱하기

$= -8a^4$

---

**필수 문제 3**

단항식의 곱셈과 나눗셈의 혼합 계산

▶곱셈과 나눗셈이 혼합된 식은 앞에서부터 차례로 계산한다.

· $A \div B \times C$
$= A \times \dfrac{1}{B} \times C = \dfrac{AC}{B}$ (○)

· $A \div B \times C$
$= A \div BC = \dfrac{A}{BC}$ (×)

다음을 계산하시오.

(1) $12a^6 \times 3a^3 \div (-6a^4)$

(2) $(3x^2y)^2 \div (xy)^2 \times (-2x^3y)^2$

**3-1** 다음을 계산하시오.

(1) $6x^3y \times (-x) \div (-2xy)$

(2) $16a^2b \div (-4a) \times 2a^5b^2$

(3) $15xy^2 \times (-3xy)^2 \div 5x^2y$

(4) $(-2a^2b^3)^3 \div \dfrac{2}{3}ab^2 \times (-b^3)$

---

**필수 문제 4**

□ 안에 알맞은 식 구하기

▶양변에 같은 식을 곱하거나 양변을 같은 식으로 나누어 좌변에 □만 남긴다.

$A \times □ \div B = C$
⇨ $A \times □ \times \dfrac{1}{B} = C$
⇨ $□ = C \div A \times B$

다음 □ 안에 알맞은 식을 구하시오.

(1) $7b \times \boxed{\phantom{xx}} = 14a^2b$

(2) $4xy \times \boxed{\phantom{xx}} \div 9x^2y^3 = 2x^4y^5$

**4-1** 다음 □ 안에 알맞은 식을 구하시오.

(1) $6ab^3 \times \boxed{\phantom{xx}} = 21a^2b^5$

(2) $\boxed{\phantom{xx}} \div (-2xy^4) = 8y^2$

(3) $2ab^2 \times \boxed{\phantom{xx}} \div (-3a^2b^3) = 4a^2b$

(4) $(-15x^4y^4) \div 5xy^5 \times \boxed{\phantom{xx}} = -6x^3y$

# STEP 1 쏙쏙 개념 익히기

**1** 다음 중 옳은 것을 모두 고르면? (정답 2개)

① $(-2x^2) \times 3x^5 = -6x^{10}$

② $(-6ab) \div \dfrac{1}{2}a = -12b$

③ $10pq^2 \div 5p^2q^2 \times 3q = \dfrac{6p}{q}$

④ $(a^2b)^3 \times \left(-\dfrac{2}{3}ab\right)^2 \div \dfrac{1}{6}b^2 = 8a^8b^3$

⑤ $12x^5 \div (-3x^2) \div 2x^4 = -\dfrac{2}{x}$

**2** $(-x^ay^2) \div 2xy \times 4x^3y = bx^4y^2$일 때, 상수 $a$, $b$에 대하여 $a+b$의 값을 구하시오.
(단, $a$는 자연수)

**3** 다음 ☐ 안에 알맞은 식을 구하시오.

(1) $(-4x) \times \boxed{\phantom{xx}} = 6x^2y$

(2) $\boxed{\phantom{xx}} \div (-a^2b^3)^3 = -2a^3b^2$

(3) $10x^3 \times \boxed{\phantom{xx}} \div (5x^2y)^2 = 2y^3$

(4) $12a^6b \div (-ab^2)^2 \times \boxed{\phantom{xx}} = \dfrac{1}{3}a^4b$

**4** 오른쪽 그림과 같이 가로의 길이가 $4ab^2$, 세로의 길이가 $6a^3b$인 직사각형의 넓이를 구하시오.

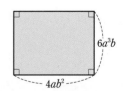

**5** 오른쪽 그림과 같이 밑면의 반지름의 길이가 $3b$인 원기둥의 부피가 $36\pi a^2b^2$일 때, 이 원기둥의 높이를 구하시오.

# 3 다항식의 계산

● 정답과 해설 26쪽

## 1 다항식의 덧셈과 뺄셈

(1) 다항식의 덧셈: 괄호를 풀고, 동류항끼리 모아서 간단히 한다.

(2) 다항식의 뺄셈: 빼는 식의 각 항의 부호를 바꾸어 더한다.

> 주의 빼는 식의 괄호를 풀 때, 모든 항의 부호를 반대로 바꾼다.
> ➡ $-(A-B)=-A+B$ (○)
> $-(A-B)=-A-B$ (×)

> 참고 여러 가지 괄호가 있는 식은 (소괄호) → {중괄호} → [대괄호]의 순서로 괄호를 풀어서 계산한다.

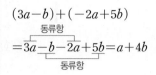

> 보충
> **동류항**: 문자가 같고 차수도 같은 항
> 예 $2x$와 $3x$, $5a^2b$와 $-a^2b$, 4와 $-6$

---

### 필수 문제 1

**다항식의 덧셈과 뺄셈**

▶ 다항식의 덧셈과 뺄셈은 다음과 같이 세로 셈으로도 계산할 수 있다.
$$\begin{array}{r} 3a-b \\ +)\ -2a+5b \\ \hline a+4b \end{array}$$

**다음을 계산하시오.**

(1) $(2a-3b)+(a-2b)$

(2) $(6x-4y)-(-5x+2y)$

(3) $2(3x+2y-1)-(x-y-4)$

(4) $\dfrac{x+2y}{4}+\dfrac{2x-y}{6}$

---

▶ 분수 꼴인 다항식의 뺄셈은 부호에 주의한다.
$$\Rightarrow -\frac{B+C}{A}=\frac{-B-C}{A}$$
$$-\frac{B-C}{A}=\frac{-B+C}{A}$$

### 1-1 다음을 계산하시오.

(1) $(a-2b-1)+(-5a+6b)$

(2) $(3x+5y)-(3x-y)$

(3) $2(x-2y)+(3x+4y-3)$

(4) $5(-a+2b-5)-2(-2a+3b-4)$

(5) $\left(\dfrac{1}{3}a-\dfrac{1}{2}b\right)+\left(\dfrac{2}{3}a+\dfrac{3}{4}b\right)$

(6) $\dfrac{4x-y}{3}-\dfrac{3x-y}{2}$

---

### 필수 문제 2

**여러 가지 괄호가 있는 식의 계산**

$5x-\{2y-x+(3x-4y)\}$를 계산하시오.

### 2-1 다음을 계산하시오.

(1) $4a+\{3b-(a-5b)\}$

(2) $5x-[2y+\{(3x-4y)-(x-y)\}]$

---

## 2 이차식의 덧셈과 뺄셈

(1) **이차식**: 다항식의 각 항의 차수 중에서 가장 큰 차수가 2인 다항식

예 다항식 $3x^2-4x+2$ ➡ $x$에 대한 이차식

$$\underset{\text{2차항}}{3x^2}-\underset{\text{1차항}}{4x}+\underset{\text{상수항}}{2}$$

(2) **이차식의 덧셈과 뺄셈**: 괄호를 풀고, 동류항끼리 모아서 간단히 한다.

예 $(4x^2+2x+3)-(x^2-1)=4x^2+2x+3-x^2+1$
$=3x^2+2x+4$ ← 보통 차수가 높은 항부터 낮은 항의 순서로 정리한다.

보충
**다항식의 형태**

상수 $a$, $b$, $c$에 대하여 $a\neq 0$일 때
① $ax+b$ ➡ 일차식
② $ax^2+bx+c$ ➡ 이차식
주의 $\dfrac{a}{x}$ ➡ 다항식이 아니다.

**개념 확인** 다음 보기 중 이차식을 모두 고르시오.

┌ 보기 ┐
ㄱ. $2x-1$  ㄴ. $3b^2-b$  ㄷ. $5x-3y+2$
ㄹ. $\dfrac{3}{x^2}-4$  ㅁ. $7a-5a^2+2$

**필수 문제 3**

**이차식의 덧셈과 뺄셈**

▶이차식의 덧셈과 뺄셈은 다음과 같이 세로 셈으로도 계산할 수 있다.
$$\begin{array}{r}4x^2+2x+3\\-)\ \ x^2\quad\ -1\\\hline 3x^2+2x+4\end{array}$$

다음을 계산하시오.

(1) $(x^2-3x+2)+(-3x^2+4x-1)$  (2) $(2a^2+3a-1)+3(a^2-4)$

(3) $(a^2-a+4)-(-2a^2+a-5)$  (4) $\left(\dfrac{1}{2}x^2+5x-\dfrac{1}{4}\right)-\left(\dfrac{1}{3}x^2-x+5\right)$

**3-1** 다음을 계산하시오.

(1) $(x^2-2x+1)+(2x^2+3x)$  (2) $(6a^2-4a+2)-(a^2+2a-3)$

(3) $(3a^2-5a)-2(-5a^2-7a+3)$  (4) $\left(\dfrac{3}{8}x^2-2x+\dfrac{1}{3}\right)-\left(\dfrac{1}{4}x^2-6x+\dfrac{7}{3}\right)$

**3-2** 다음을 계산하시오.

(1) $\{2(x^2-3x)+5x\}-(4x^2+2)$

(2) $2a^2-[-a^2-5+\{3a^2+2a-(4a+1)\}]$

## 쏙쏙 개념 익히기

**1** 다음을 계산하시오.

(1) $(5x+3y)+(-2x+y)$

(2) $\left(\dfrac{1}{2}x-\dfrac{3}{5}y-\dfrac{1}{4}\right)-\left(\dfrac{1}{4}y+\dfrac{2}{3}x-\dfrac{1}{3}\right)$

(3) $2(a^2-2a+1)+3\left(\dfrac{2}{3}a^2+\dfrac{1}{6}a-\dfrac{1}{3}\right)$

(4) $(4a^2-7a+5)-2(a^2-a+8)$

**2** $\dfrac{x-3y}{2}+\dfrac{2x+y}{5}$ 를 계산했을 때, $x$의 계수와 $y$의 계수의 차를 구하시오.

**3** $A=3x-y$, $B=-6x+2y$일 때, $-2(4A-B)+(A-3B)$를 $x$, $y$를 사용하여 나타내시오.

**4** 다음을 계산하시오.

(1) $5a-\{b-(-5a+3b)\}$

(2) $x^2-[2x+\{(x^2-1)-(2x^2+1)\}]$

● 바르게 계산한 식 구하기
어떤 식을 $A$로 놓고, 잘못
계산한 식을 세워 $A$를 구
한다.

**5** 어떤 식에 $x^2-3x+7$을 더해야 할 것을 잘못하여 뺐더니 $2x^2+x-8$이 되었다. 다음 물음에 답하시오.

(1) 어떤 식을 구하시오.

(2) 바르게 계산한 식을 구하시오.

**6** 어떤 식에서 $3a^2-2a-3$을 빼야 할 것을 잘못하여 더했더니 $-a^2+3a$가 되었다. 이때 바르게 계산한 식을 구하시오.

## 3 (단항식)×(다항식)

분배법칙을 이용하여 단항식을 다항식의 각 항에 곱한다.

(1) **전개**: 단항식과 다항식의 곱을 분배법칙을 이용하여 하나의 다항식으로 나타내는 것

(2) **전개식**: 전개하여 얻은 다항식

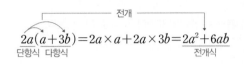

**용어**

**전개** (展 펴다, 開 열다)
괄호를 열어서 펼치는 것

**개념 확인** 다음 그림은 가로의 길이가 각각 $2a$, $3$이고, 세로의 길이가 $b$인 두 직사각형을 이어
붙인 것이다. 직사각형의 넓이를 이용하여 □ 안에 알맞은 식을 쓰시오.

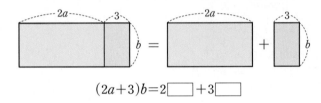

$$(2a+3)b=2\boxed{\phantom{xx}}+3\boxed{\phantom{xx}}$$

---

**필수 문제 4**

(단항식)×(다항식)

▶**분배법칙**

· $A(B+C)=AB+AC$

· $(A+B)C=AC+BC$

**다음을 전개하시오.**

(1) $4a(2a-3)$　　　　　　(2) $(x-2y)(-3x)$

**4-1** 다음을 전개하시오.

(1) $x(2x+6y)$　　　　　　(2) $-5a(4a-2)$

(3) $(-3a-4b+1)2b$　　　　(4) $(x-5y+4)(-4x)$

▶(기둥의 부피)
　=(밑넓이)×(높이)

**4-2** 오른쪽 그림과 같이 밑면은 한 변의 길이가 $3x$인 정사각형이
고, 높이는 $5x+2y$인 직육면체의 부피를 구하시오.

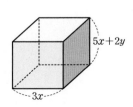

## **4** (다항식)÷(단항식)

[방법1] 분수 꼴로 바꾸어 다항식의 각 항을 단항식으로 나누어 계산한다.

$$\Rightarrow (A+B) \div C = \frac{A+B}{C}$$
$$= \frac{A}{C} + \frac{B}{C}$$

$$(4a^2+2a) \div 2a = \frac{4a^2+2a}{2a}$$
$$= \frac{4a^2}{2a} + \frac{2a}{2a} = 2a+1$$

[주의] 분자를 분모로 나눌 때, 분자의 각 항을 모두 나눈다.

$$\Rightarrow \frac{4a^2+2a}{2a} = 2a+1 \ (\bigcirc), \quad \frac{4a^2+2a}{2a} = 2a+2a \ (\times)$$

[방법2] 역수를 이용하여 나눗셈을 곱셈으로 고쳐서 계산한다.

$$\Rightarrow (A+B) \div C = (A+B) \times \frac{1}{C}$$

곱셈으로 / 역수로

$$= A \times \frac{1}{C} + B \times \frac{1}{C}$$

$$(4a^2+2a) \div \frac{1}{2}a = (4a^2+2a) \times \frac{2}{a}$$
$$= 4a^2 \times \frac{2}{a} + 2a \times \frac{2}{a}$$
$$= 8a+4$$

[참고] 나눗셈을 할 때 ┌ 분수 꼴인 항이 없으면 ➡ [방법1]을 ┘ 이용하는 것이 편리하다.
        └ 분수 꼴인 항이 있으면 ➡ [방법2]를 ┘

---

**필수 문제** **5**

(다항식)÷(단항식)

다음을 계산하시오.

(1) $(2x^2y - 6xy) \div 3xy$

(2) $(2a^2b + 3ab^2) \div \left(-\frac{1}{2}ab\right)$

**5-1** 다음을 계산하시오.

(1) $\dfrac{3ab^4 + 2b^3}{2b^2}$

(2) $-\dfrac{2x^2y - x^3}{y}$

(3) $(8x^2 + 4x) \div (-2x)$

(4) $(9xy - 6y^2 + 15y) \div 3y$

(5) $(a^2 - 3a) \div \dfrac{a}{2}$

(6) $(12a^2b - 4ab - 2ab^2) \div \left(-\dfrac{2}{3}b\right)$

**5-2** 가로의 길이가 $4a^2b$인 직사각형의 넓이가 $28a^4b + 8a^2b^3$일 때, 세로의 길이를 구하시오.

$28a^4b + 8a^2b^3$

$4a^2b$

## 5 덧셈, 뺄셈, 곱셈, 나눗셈이 혼합된 식의 계산

❶ 지수법칙을 이용하여 괄호의 거듭제곱을 계산한다.

❷ 분배법칙을 이용하여 곱셈, 나눗셈을 한다.

❸ 동류항끼리 모아서 덧셈, 뺄셈을 한다.

예 $a^2 \times (4a+1) + (12a^5 - 8a^4) \div (-2a)^2$
$= a^2 \times (4a+1) + (12a^5 - 8a^4) \div 4a^2$    ❶ 괄호의 거듭제곱 계산하기
$= 4a^3 + a^2 + 3a^3 - 2a^2$    ❷ ×, ÷ 계산하기
$= 7a^3 - a^2$    ❸ +, − 계산하기

---

**필수 문제** **6**

덧셈, 뺄셈, 곱셈, 나눗셈이 혼합된 식의 계산

▶ 사칙계산이 혼합된 식을 계산 할 때는 반드시 ×, ÷ 계산을 +, − 계산보다 먼저 한다.

다음을 계산하시오.

(1) $a(3a-2) + 2a(a+5)$

(2) $(3x^2 - 2x) \div (-x) + (4x^2 - 6x) \div 2x$

(3) $x(6x-3) - (2x^3y - 4x^2y) \div 2xy$

**6-1** 다음을 계산하시오.

(1) $x(-x+3) - 4x(x^2 - 2x - 1)$

(2) $\dfrac{6a^2 - 15ab}{3a} + \dfrac{8a^2b - 4ab^2}{2ab}$

(3) $(8y^2 + 4y) \div (-2y) - (6xy^2 - 12y^2) \div 3y$

(4) $(5a+3)(-2b) + (a^2b - ab) \div \dfrac{1}{3}a$

(5) $8a^2b \div \left(-\dfrac{2}{3}ab\right)^2 \times (a^2b - 3ab^2)$

## STEP 1 쏙쏙 개념 익히기

**1** 다음을 계산하시오.

(1) $2a(a-2b)$

(2) $(-3a+4b-1)(-5a)$

(3) $(12y^2-8y)\div(-4y)$

(4) $(2x^2y-3xy^2+xy)\div\dfrac{1}{3}xy$

**2** $\boxed{\phantom{xx}}\div\left(-\dfrac{2}{5}a\right)=-15a^2-10ab+25a$일 때, $\boxed{\phantom{x}}$ 안에 알맞은 식을 구하시오.

**3** $(4x^4-8x^3y)\div\left(-\dfrac{2}{3}x\right)^2-\dfrac{3}{2}x\times\left(\dfrac{4}{3}y-4x\right)$를 계산했을 때, $x^2$의 계수와 $xy$의 계수의 합을 구하시오.

**4** $x=3,\ y=-\dfrac{1}{2}$일 때, 다음 식의 값을 구하시오.

(1) $6y(-2x+y)+3y(xy+4x)$

(2) $\dfrac{2x^2y-2xy^2}{xy}-\dfrac{-xy+2y^2}{y}$

**5** 오른쪽 그림과 같이 윗변의 길이가 $a+2b$, 아랫변의 길이가 $3a-5b$, 높이가 $6a^2$인 사다리꼴의 넓이를 구하시오.

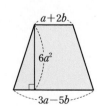

✦ 중요

**1** 다음 중 옳지 **않은** 것은?

① $2a^2 \times 3a^4 = 6a^6$     ② $(2x^2)^3 = 8x^6$

③ $a^2 \div a^5 = \dfrac{1}{a^3}$     ④ $x^2 \times y \times x \times y^3 = x^2 y^3$

⑤ $\left(-\dfrac{3a}{b^3}\right)^2 = \dfrac{9a^2}{b^6}$

**2** $2 \times 3 \times 4 \times 5 \times 6 \times 7 \times 8 \times 9 \times 10 = 2^a \times 3^b \times 5^c \times 7^d$
일 때, 자연수 $a$, $b$, $c$, $d$에 대하여 $a+b-c+d$의
값을 구하시오.

**3** $27^{x+2} = 81^3$을 만족시키는 자연수 $x$의 값을 구하시오.

**4** 다음 중 식을 간단히 한 결과가 나머지 넷과 **다른** 하나는?

① $5 \times 5 \times 5$     ② $5^9 \div 5^3 \div 5^3$

③ $(5^3)^3 \div (5^2)^3$     ④ $5^4 \times 5^2 \div 25$

⑤ $5^8 \div (5^6 \div 5)$

**5** 다음 중 □ 안에 알맞은 자연수가 가장 작은 것은?

① $a^{14} \div (a^3)^{\square} \times a^4 = 1$

② $(-2a^2)^5 = -32a^{\square}$

③ $(x^2 y^{\square})^3 = x^6 y^{15}$

④ $\dfrac{(x^3 y^{\square})^4}{(x^2 y^6)^3} = \dfrac{x^6}{y^2}$

⑤ $\left(-\dfrac{x^4 y^{\square}}{2}\right)^3 = -\dfrac{x^{12} y^6}{8}$

**6** 신문지 한 장을 반으로 접으면 그 두께는 처음의 2배가 된다. 신문지 한 장을 계속해서 반으로 접을 때, 6번 접은 신문지 한 장의 두께는 3번 접은 신문지 한 장의 두께의 몇 배인지 구하시오.

**7** 다음 식을 간단히 하시오.

$$\frac{2^5 + 2^5}{9^2 + 9^2 + 9^2} \times \frac{3^3 + 3^3 + 3^3}{4^2 + 4^2 + 4^2 + 4^2}$$

**8** $3^2 = a$, $5^2 = b$라고 할 때, $45^4$을 $a$, $b$를 사용하여 나타내면?

① $a^2 b^2$     ② $a^2 b^4$     ③ $a^3 b^2$

④ $a^4 b^2$     ⑤ $a^4 b^5$

**9** $15^4 \times 2^5$이 $n$자리의 자연수일 때, $n$의 값을 구하시오.

**10** 다음 중 옳지 <u>않은</u> 것을 모두 고르면? (정답 2개)

① $3a \times (-8a) = -24a^2$

② $8a^7b \div (-2a^5)^2 = -\dfrac{2b}{a^3}$

③ $(-3x)^3 \times \dfrac{1}{5}x \times \left(-\dfrac{5}{3}x\right)^2 = -15x^6$

④ $4x^3y \times (-xy^2)^3 \div (2x^2y)^2 = -x^4y^5$

⑤ $\left(-\dfrac{a}{2}\right)^4 \div 9a^3b^3 \times 12b^4 = \dfrac{1}{12}ab$

**11** $(-2x^3y)^a \div 4x^by \times 2x^5y^3 = cx^2y^3$을 만족시키는 상수 $a$, $b$, $c$에 대하여 $a+b+c$의 값은?

(단, $a$, $b$는 자연수)

① 13  ② 14  ③ 15

④ 16  ⑤ 17

**12** 다음 ▢ 안에 알맞은 식을 구하시오.

$$4a^2b \div \boxed{\phantom{xx}} \times 6ab^6 = -\dfrac{8}{3}b^5$$

**13** 다음 그림과 같이 밑면의 반지름의 길이가 $3xy$, 높이가 $6xy$인 원기둥과 밑면의 반지름의 길이가 $2y$, 높이가 $18x^3y$인 원뿔이 있다. 이때 원기둥의 부피는 원뿔의 부피의 몇 배인지 구하시오.

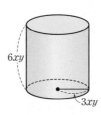

**14** $\dfrac{3x+2y}{4} - \dfrac{2x-3y}{3} = ax+by$일 때, 상수 $a$, $b$에 대하여 $b \div a$의 값을 구하시오.

**15** 다음 중 이차식이 <u>아닌</u> 것을 모두 고르면? (정답 2개)

① $x+5y-9$

② $1+3x-x^2$

③ $a^2-a(-a+1)+2$

④ $2x^2-x-(2x^2-1)$

⑤ $3(2x^2-5x)-2(3x-1)$

**16** 오른쪽 그림의 전개도를 이용하여 직육면체를 만들 때, 마주 보는 두 면에 적혀 있는 두 다항식의 합이 모두 같다고 한다. 이때 $A$에 알맞은 식을 구하시오.

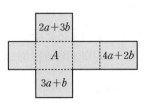

$$2a+3b$$

$$A \qquad 4a+2b$$

$$3a+b$$

**17** $5a-\{-3a+b-(\boxed{\phantom{xx}}-2b)\}=13a+4b$일 때, $\boxed{\phantom{xx}}$ 안에 알맞은 식을 구하시오.

**18** 다음 보기 중 옳은 것을 모두 고르시오.

┤ 보기 ├

ㄱ. $-2x(y-1)=-2xy+2$

ㄴ. $(-4ab+6b^2)\div 3b=-\dfrac{4}{3}a+2b$

ㄷ. $(3a^2-9a+3)\times \dfrac{2}{3}b=4a^2b-6ab+2b$

ㄹ. $\dfrac{10x^2y-5xy^2}{5x}=2xy-y$

ㅁ. $(4x^3y^2-2xy^2)\div\left(-\dfrac{1}{2}y^2\right)=-8x^3+4x$

**19** 어떤 다항식을 $-\dfrac{1}{3}xy$로 나누어야 하는데 잘못하여 곱했더니 $x^4y^2+\dfrac{5}{3}x^2y^3-2x^2y^2$이 되었다. 이때 바르게 계산한 식을 구하시오.

**20** $a=3$, $b=-2$일 때, 다음 식의 값을 구하시오.

$$(-3a^3b^2+9a^2b^4)\div\dfrac{9}{2}ab^2-(b^2-6a)a$$

**21** 오른쪽 그림과 같이 가로의 길이가 $3a$, 세로의 길이가 $2b$인 직사각형에서 색칠한 부분의 넓이를 구하시오.

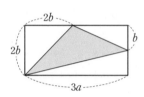

$$2b$$
$$2b \qquad b$$
$$3a$$

**22** 오른쪽 그림과 같이 밑면의 가로, 세로의 길이가 각각 $2a$, 3인 큰 직육면체 위에 밑면의 가로, 세로의 길이가 각각 $a$, 3인 작은 직육면체를 올려놓았다. 큰 직육면체의 부피가 $6a^2+12ab$이고 작은 직육면체의 부피가 $6a^2-3ab$일 때, 두 직육면체의 높이의 합을 구하시오.

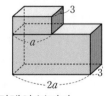

$$3$$
$$a$$
$$2a \qquad 3$$

## 쓱쓱 서술형 완성하기

따라 해보자

**예제 1**

$2^{16} \times 5^{18}$은 $n$자리의 자연수이고 각 자리의 숫자의 합이 $k$일 때, $n+k$의 값을 구하시오.

**풀이 과정**

[1단계] $n$의 값 구하기

$2^{16} \times 5^{18} = 2^{16} \times 5^2 \times 5^{16} = 5^2 \times 2^{16} \times 5^{16}$

$\qquad = 5^2 \times (2 \times 5)^{16} = 25 \times 10^{16} = 2500 \cdots 0$
$\qquad\qquad\qquad\qquad\qquad\qquad\qquad \underset{16개}{\underline{\qquad}}$

즉, $2^{16} \times 5^{18}$은 18자리의 자연수이므로 $n=18$

[2단계] $k$의 값 구하기

각 자리의 숫자의 합은 $2+5+0 \times 16 = 7$이므로

$k=7$

[3단계] $n+k$의 값 구하기

$n+k = 18+7 = 25$

답 **25**

**유제 1**

$2^{20} \times 3^2 \times 5^{17}$은 $n$자리의 자연수이고 각 자리의 숫자의 합이 $k$일 때, $n-k$의 값을 구하시오.

**풀이 과정**

[1단계] $n$의 값 구하기

[2단계] $k$의 값 구하기

[3단계] $n-k$의 값 구하기

답

**예제 2**

$3x^2 - [2xy + 5y^2 - \{3x^2 - xy - (xy - 3y^2)\}]$을 계산했을 때, 모든 항의 계수의 합을 구하시오.

**풀이 과정**

[1단계] 주어진 식의 괄호를 풀어 계산하기

$(주어진 식) = 3x^2 - \{2xy + 5y^2 - (3x^2 - xy - xy + 3y^2)\}$

$\qquad = 3x^2 - \{2xy + 5y^2 - (3x^2 - 2xy + 3y^2)\}$

$\qquad = 3x^2 - (2xy + 5y^2 - 3x^2 + 2xy - 3y^2)$

$\qquad = 3x^2 - (-3x^2 + 4xy + 2y^2)$

$\qquad = 3x^2 + 3x^2 - 4xy - 2y^2$

$\qquad = 6x^2 - 4xy - 2y^2$

[2단계] 모든 항의 계수 구하기

$(x^2$의 계수$) = 6$, $(xy$의 계수$) = -4$, $(y^2$의 계수$) = -2$

[3단계] 모든 항의 계수의 합 구하기

따라서 모든 항의 계수의 합은

$6 + (-4) + (-2) = 0$

답 **0**

**유제 2**

$4a^2 - \{-2a^2 + 5a - 3(-2a+1)\} - 3a$를 계산했을 때, $a^2$의 계수와 상수항의 합을 구하시오.

**풀이 과정**

[1단계] 주어진 식의 괄호를 풀어 계산하기

[2단계] $a^2$의 계수와 상수항 구하기

[3단계] $a^2$의 계수와 상수항의 합 구하기

답

▶ 모든 문제는 풀이 과정을 자세히 서술한 후 답을 쓰세요.

**연습해 보자**

**1** 지수법칙을 이용하여 다음을 계산하시오.

(1) $4^{51} \times (0.25)^{49}$

(2) $\dfrac{36^9}{108^6}$

풀이 과정

(1)

(2)

답 (1)          (2)

**2** 다음 그림과 같이 가로의 길이가 $16a^2b$이고 세로의 길이가 $4ab^2$인 직사각형의 넓이와 밑변의 길이가 $8a^2b^2$인 삼각형의 넓이가 서로 같을 때, 삼각형의 높이를 구하시오.

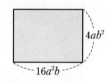

$4ab^2$

$16a^2b$

$8a^2b^2$

풀이 과정

답

**3** 어떤 식에서 $x^2-5x+4$를 빼야 할 것을 잘못하여 더했더니 $-3x^2+7x-2$가 되었다. 이때 바르게 계산한 식을 구하시오.

풀이 과정

답

**4** 다음은 태웅이가 쪽지 시험에 나온 두 문제를 푼 과정이다. (가)~(라) 중 각 풀이에서 처음으로 틀린 곳을 찾고, 바르게 계산한 식을 구하시오.

(1) $(12x^2-9x) \div (-3x)$    (가)

$= -\dfrac{12x^2-9x}{3x}$    (나)

$= -4x-3$

(2) $(10x^2y-8xy^2) \div \dfrac{2}{3}xy$    (다)

$= (10x^2y-8xy^2) \times \dfrac{3}{2}xy$    (라)

$= 15x^3y^2-12x^2y^3$

풀이 과정

(1)

(2)

답 (1)          (2)

# 과학 속 수학

# 태양에서 행성까지의 거리는 얼마나 멀까?

태양계란 태양과 태양 주위를 도는 행성, 행성 주위를 도는 위성 그리고 소행성, 혜성, 유성체 등으로 이루어진 천체의 집합을 말한다. 태양의 주위를 일정한 주기로 돌고 있는 행성에는 태양에 가장 가까운 수성부터 금성, 지구, 화성, 목성, 토성, 천왕성, 해왕성까지 총 8개가 있다.

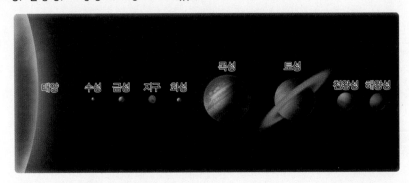

행성 사이의 거리를 계산하기 위해 과학자들은 우주선을 발사하거나 빛을 이용하는데, 여러 연구에 의해 밝혀진 태양에서 각 행성까지의 평균 거리는 대략 다음과 같다.

(단위: km)

| 수성 | 금성 | 지구 | 화성 | 목성 | 토성 | 천왕성 | 해왕성 |
|---|---|---|---|---|---|---|---|
| $5.8 \times 10^7$ | $1.1 \times 10^8$ | $1.5 \times 10^8$ | $2.3 \times 10^8$ | $7.8 \times 10^8$ | $1.4 \times 10^9$ | $2.9 \times 10^9$ | $4.5 \times 10^9$ |

'천문학적인 숫자'라는 말이 있을 정도로 우주의 규모는 차원이 다르게 크다. 따라서 천문학에서는 보통 광년, pc(파섹) 등의 단위를 사용하지만, 위의 표와 같이 거듭제곱을 사용하면 km로도 태양계에서의 거리와 같은 엄청나게 큰 숫자를 비교적 간단하게 나타낼 수 있다. 이러한 방법으로 광활한 우주의 크기도 10의 42제곱만으로 표현할 수 있다고 한다.

### 기출문제는 이렇게!

Q 천체 관측 동아리 학생들이 학교 축제를 준비하는데 태양에서 행성까지의 평균 거리를 나타낸 위의 표를 이용하여 태양계 모형을 만들어 전시하려고 한다. 모형을 만들 때 태양에서 지구까지의 평균 거리를 10 cm로 정하면 태양에서 해왕성까지의 평균 거리는 몇 m로 정해야 하는지 구하시오.

마인드 MAP

## 식의 계산

### 지수법칙

지수법칙은 밑이 같을 때만 가능해!

$m$, $n$은 자연수이고, $a \neq 0$일 때

$$a^m \times a^n = a^{m+n}$$

$$(a^m)^n = a^{mn}$$

$$a^m \div a^n = \begin{cases} a^{m-n} & (m > n) \\ 1 & (m = n) \\ \dfrac{1}{a^{n-m}} & (m < n) \end{cases}$$

$$(ab)^n = a^n b^n$$

$$\left(\dfrac{b}{a}\right)^n = \dfrac{b^n}{a^n}$$

### 단항식의 계산

밑이 같은 것끼리 지수법칙을 이용해!

**×**

$$3a^3 b \times a^2 b \ \equiv \ \rightarrow \ 3a^5 b^2$$

**÷**

분수 꼴로

$$\dfrac{3a^3 b}{a^2 b}$$

$$3a^3 b \div a^2 b$$

$$3a^3 b \times \dfrac{1}{a^2 b}$$

역수로

$$\equiv \ \rightarrow \ 3a$$

### 다항식의 계산

**+ , −**

괄호 풀기             동류항끼리 정리

$$(2a + 3b) - (a + 2b) \ \equiv \ \rightarrow \ 2a + 3b - a - 2b \ \equiv \ \rightarrow \ a + b$$

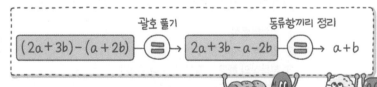

**×**

전개

$$a(2a^2 + 3a) \ \equiv \ \rightarrow \ 2a^3 + 3a^2$$

**÷**

분수 꼴로

$$\dfrac{2a^2 + 3a}{a}$$

$$(2a^2 + 3a) \div a$$

$$(2a^2 + 3a) \times \dfrac{1}{a}$$

역수로

$$\equiv \ \rightarrow \ 2a + 3$$

II 부등식과 연립방정식

# 3 일차부등식

| 이전에 배운 내용 | 이번에 배울 내용 | 이후에 배울 내용 |
|---|---|---|
| 초5~6<br>• 수의 범위<br><br>중1<br>• 정수와 유리수<br>• 문자의 사용과 식의 계산<br>• 일차방정식 | ⌒1 부등식의 해와 그 성질<br>⌒2 일차부등식의 풀이<br>⌒3 일차부등식의 활용 | 고등<br>• 여러 가지 부등식 |

## 준비 학습

중1 **부등호의 사용**

• 부등호 ≥는 '> 또는 ='임을, 부등호 ≤는 '< 또는 ='임을 나타낸다.

**1** 다음을 부등호를 사용하여 나타내시오.

(1) $x$는 3보다 작거나 같다.

(2) $y$는 $-2$ 이상 5 미만이다.

(3) $a$는 $-1$보다 크다.

(4) $b$는 6 초과이다.

중1 **일차방정식의 풀이**

• 일차항은 좌변으로, 상수항은 우변으로 이항하여 정리한 후 $x=$(수) 꼴로 나타낸다.

**2** 다음 일차방정식을 푸시오.

(1) $3-5x=4x$

(2) $2-3x=-x+8$

# 1 부등식의 해와 그 성질

● 정답과 해설 33쪽

## 1 부등식

(1) 부등식: 부등호 $<$, $>$, $\leq$, $\geq$를 사용하여 수 또는 식 사이의 대소 관계를 나타낸 식

예 $3<5$, $x>-2$, $7x-1\leq5$, $a+1\geq2a-4$

(2) 부등식의 표현

| $a<b$ | $a>b$ | $a\leq b$ | $a\geq b$ |
|---|---|---|---|
| • $a$는 $b$보다 작다. | • $a$는 $b$보다 크다. | • $a$는 $b$보다 작거나 같다. | • $a$는 $b$보다 크거나 같다. |
| • $a$는 $b$ 미만이다. | • $a$는 $b$ 초과이다. | • $a$는 $b$보다 크지 않다. | • $a$는 $b$보다 작지 않다. |
| | | • $a$는 $b$ 이하이다. | • $a$는 $b$ 이상이다. |

## 2 부등식의 해

(1) 부등식의 해: 미지수가 $x$인 부등식을 참이 되게 하는 $x$의 값

예 부등식 $x-1>3$에서 $\begin{cases} x=4일 \text{ 때, } 4-1=3 \text{ (거짓)} \Rightarrow x=4는 \text{ 해가 아니다.} \\ x=5일 \text{ 때, } 5-1>3 \text{ (참)} \Rightarrow x=5는 \text{ 해이다.} \end{cases}$

(2) 부등식을 푼다: 부등식의 해를 모두 구하는 것

---

**개념 확인** 다음 보기 중 부등식인 것을 모두 고르시오.

| 보기 |
ㄱ. $x+3\geq7$ ㄴ. $x-2=2-x$ ㄷ. $3x-2(x+3)$ ㄹ. $x+7>9-2x$

---

**필수 문제 1**

부등식으로 나타내기

**다음을 부등식으로 나타내시오.**

(1) $x$의 2배에 5를 더한 것은 20보다 크지 않다.

(2) 한 변의 길이가 $x$ cm인 정삼각형의 둘레의 길이는 24 cm보다 길다.

(3) 800원짜리 초콜릿 $x$개와 500원짜리 젤리 2개의 값은 4000원 이상이다.

**1-1** 다음을 부등식으로 나타내시오.

(1) $a$를 2로 나누고 5를 뺀 것은 12보다 작지 않다.

(2) 전체 쪽수가 240쪽인 책을 하루에 $x$쪽씩 7일 동안 읽으면 남은 쪽수는 10쪽 이하이다.

(3) 하나에 2 kg인 수박 $x$통을 무게가 3 kg인 상자에 담으면 전체 무게는 15 kg 초과이다.

---

**필수 문제 2**

부등식의 해

▶ $x$에 대한 부등식에
$x=a$를 대입했을 때
① 부등식이 참이면
　⇨ $x=a$는 해이다.
② 부등식이 거짓이면
　⇨ $x=a$는 해가 아니다.

**$x$의 값이 자연수일 때, 다음 부등식을 푸시오.**

(1) $7-2x>1$ (2) $3x-1\leq8$

**2-1** $x$의 값이 $-3$, $-2$, $-1$, $0$, $1$일 때, 다음 부등식의 해를 구하시오.

(1) $4<5x+9$ (2) $-4x+2\geq10$

## 3 부등식의 성질

(1) 부등식의 양변에 같은 수를 더하거나 양변에서 같은
수를 빼어도 부등호의 방향은 바뀌지 않는다.
➡ $a>b$이면 $a+c>b+c$, $a-c>b-c$

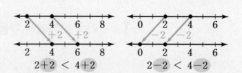

(2) 부등식의 양변에 같은 양수를 곱하거나 양변을 같은
양수로 나누어도 부등호의 방향은 바뀌지 않는다.
➡ $a>b$이고 $c>0$이면 $ac>bc$, $\dfrac{a}{c}>\dfrac{b}{c}$

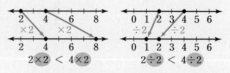

(3) 부등식의 양변에 같은 음수를 곱하거나 양변을 같은
음수로 나누면 부등호의 방향이 바뀐다.
➡ $a>b$이고 $c<0$이면 $ac<bc$, $\dfrac{a}{c}<\dfrac{b}{c}$

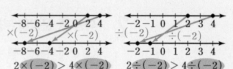

참고 부등식의 성질은 <를 ≤로, >를 ≥로 바꾸어도 성립한다.

---

필수 **문제** 3

부등식의 성질

$c$를 똑같이
더했는데….

$a<b$일 때, 다음 □ 안에 알맞은 부등호를 쓰시오.

(1) $a+4$ □ $b+4$

(2) $a-5$ □ $b-5$

(3) $\dfrac{2}{5}a+3$ □ $\dfrac{2}{5}b+3$

(4) $-7a-1$ □ $-7b-1$

**3-1** $a\geq b$일 때, 다음 □ 안에 알맞은 부등호를 쓰시오.

(1) $\dfrac{a}{4}-6$ □ $\dfrac{b}{4}-6$

(2) $9-2a$ □ $9-2b$

---

필수 **문제** 4

부등식의 성질을 이용하여
식의 값의 범위 구하기

$x>3$일 때, 다음 식의 값의 범위를 구하시오.

(1) $x+4$

(2) $x-2$

(3) $-\dfrac{x}{2}$

(4) $10x-3$

**4-1** $x\leq 2$일 때, 다음 식의 값의 범위를 구하시오.

(1) $x+5$

(2) $x-7$

(3) $-2x$

(4) $\dfrac{x}{6}+\dfrac{1}{2}$

▶(2) $-2\leq a<3$의 각 변에 3을
곱한 후 2를 뺀다.

**4-2** $-2\leq a<3$일 때, 다음 식의 값의 범위를 구하시오.

(1) $a+2$

(2) $3a-2$

## STEP 1 쏙쏙 개념 익히기

**1** 다음 보기에서 부등식의 개수를 구하시오.

> **보기**
>
> ㄱ. $4x-3 \neq 2$ ㄴ. $5 > 3+1$ ㄷ. $13x+2=-x+4$
>
> ㄹ. $\dfrac{3}{4}x-(7+2x)$ ㅁ. $x+2 \leq 3x$ ㅂ. $\dfrac{1}{3}x-1 \geq 3x+4$

**2** 다음 중 문장을 부등식으로 나타낸 것으로 옳지 <u>않은</u> 것은?

① $x$에서 1을 뺀 수의 2배는 9보다 크다. ⇨ $2(x-1) > 9$

② $a$의 3배에서 5를 뺀 값은 $a$를 2배 한 값보다 작지 않다. ⇨ $3a-5 \leq 2a$

③ 한 개에 $x$원인 선물 3개를 사고 1000원짜리 포장지로 포장하는 데 드는 전체 금액은 5000원 미만이다. ⇨ $3x+1000 < 5000$

④ 가로의 길이가 $x$ cm, 세로의 길이가 10 cm인 직사각형의 둘레의 길이는 30 cm 이상이다.
⇨ $2(x+10) \geq 30$

⑤ 시속 8 km로 $x$시간 동안 달린 거리는 15 km 이하이다. ⇨ $8x \leq 15$

**3** $x$의 값이 $-2$, $-1$, $0$, $1$, $2$일 때, 다음 부등식을 푸시오.

(1) $-2x+5 < 7$　　　　　　　　　　(2) $x+2 \geq 4x+5$

**4** 다음 부등식 중 $x=3$이 해인 것은?

① $2-3x > 3$　　　② $4x-1 < 11$　　　③ $x-3 \leq -1$

④ $-\dfrac{2}{3}x+1 \geq 0$　　　⑤ $2x+1 \geq 4-x$

**5** 다음 ☐ 안에 알맞은 부등호를 쓰시오.

(1) $-3x \leq -3y$이면 $x \,☐\, y$　　　　(2) $8x-3 > 8y-3$이면 $x \,☐\, y$

(3) $-\dfrac{6}{5}x+1 < -\dfrac{6}{5}y+1$이면 $x \,☐\, y$　　(4) $\dfrac{3-2x}{5} \geq \dfrac{3-2y}{5}$이면 $x \,☐\, y$

**6** $-3 < x \leq 5$일 때, $a \leq -4x+7 < b$이다. 이때 상수 $a$, $b$에 대하여 $a+b$의 값을 구하시오.

# 2 일차부등식의 풀이

• 정답과 해설 34쪽

## 1 일차부등식

부등식의 모든 항을 좌변으로 이항하여 정리한 식이

(일차식)$<0$, (일차식)$>0$, (일차식)$\leq0$, (일차식)$\geq0$

중 어느 하나의 꼴로 나타나는 부등식을 **일차부등식**이라고 한다.

> 예 • $3x+5\leq1$ $\xrightarrow{\text{우변의 모든 항을 좌변으로 이항}}$ $3x+5-1\leq0$ $\xrightarrow{\text{정리}}$ $3x+4\leq0$ ➡ 일차부등식이다.
> • $2x+1>2x$ $\xrightarrow{\hspace{6cm}}$ $2x+1-2x>0$ $\xrightarrow{\hspace{1cm}}$ $1>0$ ➡ 일차부등식이 아니다.

## 2 일차부등식의 풀이

❶ 일차항은 좌변으로, 상수항은 우변으로 이항한다.

❷ 양변을 정리하여 $ax<b$, $ax>b$, $ax\leq b$, $ax\geq b\,(a\neq0)$ 중
어느 하나의 꼴로 고친다.

❸ 양변을 $x$의 계수 $a$로 나누어 $x<(수)$, $x>(수)$, $x\leq(수)$, $x\geq(수)$ 중
어느 하나의 꼴로 나타낸다.

> 주의 양변을 $a$로 나눌 때, $a<0$이면 부등호의 방향이 바뀐다.

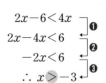

## 3 부등식의 해를 수직선 위에 나타내기

(1) $x<a$ 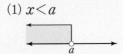 (2) $x>a$ 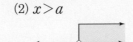 (3) $x\leq a$ 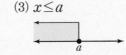 (4) $x\geq a$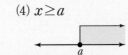

> 참고 수직선 위에서 ●에 대응하는 수는 부등식의 해에 포함되고, ○에 대응하는 수는 부등식의 해에 포함되지 않는다.

---

**개념 확인** 다음 그림과 같이 수직선 위에 나타낸 $x$의 값의 범위를 부등식으로 나타내시오.

(1) 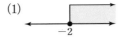 (2) 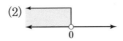 (3)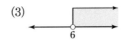

---

**필수 문제 1**

일차부등식의 뜻

▶ **일차부등식 찾기**
부등식의 모든 항을 좌변으로
이항하여 정리했을 때, 좌변이
일차식인 것을 찾는다.

**다음 보기 중 일차부등식을 모두 고르시오.**

> 보기
> ㄱ. $2x^2+4>3x$ ㄴ. $4x<2x+1$ ㄷ. $3x+2=5$
> ㄹ. $3x+2\leq-7$ ㅁ. $2x-2<3+2x$ ㅂ. $\dfrac{1}{x}-1\geq-5$

**1-1** 다음 중 일차부등식인 것은?

① $5x-7$ ② $4x+1<4x+7$ ③ $3x-2=x+4$
④ $-x-1\leq x+1$ ⑤ $x-2>x^2$

일차부등식의 풀이

**다음 일차부등식을 풀고, 그 해를 수직선 위에 나타내시오.**

(1) $2x+3 \geq 9$

(2) $3x \leq -x+8$

(3) $1-x < 4x+10$

(4) $-8-5x > 7-2x$

**2-1** 다음 일차부등식을 풀고, 그 해를 수직선 위에 나타내시오.

(1) $3+5x < -2$

(2) $-3x+4 > x$

(3) $x-1 \geq 2x+3$

(4) $2-x \leq 2x-7$

**2-2** 다음 중 일차부등식 $5x+9 < 8x-3$의 해를 수직선 위에 바르게 나타낸 것은?

①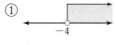

②

③

④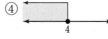

⑤

일차부등식의 해가 주어질 때, 상수의 값 구하기

▶ 일차부등식을
$x <$ (수), $x >$ (수), $x \leq$ (수), $x \geq$ (수) 중 어느 하나의 꼴로 고친 후 주어진 해와 비교한다.

**일차부등식 $2x+a \leq -x$의 해가 $x \leq -3$일 때, 상수 $a$의 값을 구하려고 한다. 다음 물음에 답하시오.**

(1) 일차부등식 $2x+a \leq -x$를 풀어 그 해를 $a$를 사용하여 나타내시오.

(2) $a$의 값을 구하시오.

**3-1** 일차부등식 $x+2a > 2x+6$의 해를 수직선 위에 나타내면 오른쪽 그림과 같을 때, 상수 $a$의 값을 구하시오.

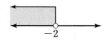

## 4 여러 가지 일차부등식의 풀이

(1) **괄호가 있는 경우**: 분배법칙을 이용하여 괄호를 풀고, 식을 간단히 하여 푼다.

(2) **계수가 소수인 경우**: 양변에 10의 거듭제곱을 적당히 곱하여 계수를 정수로 고쳐서 푼다.

(3) **계수가 분수인 경우**: 양변에 분모의 최소공배수를 곱하여 계수를 정수로 고쳐서 푼다.

---

**필수 문제 4**

괄호가 있는
일차부등식의 풀이

▶괄호를 풀 때는 분배법칙을
 이용한다.
 ⇨ $a(m+n)=am+an$

다음 일차부등식을 푸시오.

(1) $4x-3<2(x-5)$

(2) $7-(3x+4)\leq-2(x-4)$

**4-1** 다음 일차부등식을 푸시오.

(1) $4(x+2)\geq2(x+3)$

(2) $2(6+2x)>-(4-5x)+2$

---

**필수 문제 5**

계수가 소수 또는 분수인
일차부등식의 풀이

▶소수 또는 분수인 계수를 정수
 로 바꾸기 위해 양변에 적당한
 수를 곱할 때는 빠뜨리는 항
 없이 모든 항에 곱해야 한다.

다음 일차부등식을 푸시오.

(1) $1.2x-2\leq0.8x+0.4$

(2) $0.4x-1.5\geq0.2x-0.7$

(3) $\dfrac{x}{2}+\dfrac{1}{4}<\dfrac{3}{4}x-\dfrac{1}{2}$

(4) $\dfrac{3x+1}{2}-\dfrac{2x+3}{5}>1$

**5-1** 다음 일차부등식을 푸시오.

(1) $0.2x\geq0.1x+0.9$

(2) $0.3x-2.4<-0.5x$

(3) $\dfrac{x}{5}<\dfrac{x}{3}+2$

(4) $\dfrac{x-2}{4}-1>\dfrac{2x-3}{5}$

▶소수인 계수와 분수인 계수가
 모두 있을 때는 소수를 분수
 로 나타낸 후에 푸는 것이 편
 리하다.

**5-2** 다음 일차부등식을 푸시오.

(1) $-\dfrac{1}{3}>\dfrac{x-1}{2}-0.4x$

(2) $2-\dfrac{x}{5}\leq0.2(x+4)$

## STEP 1 쏙쏙 개념 익히기

**1** 다음 일차부등식 중 그 해를 수직선 위에 나타냈을 때, 오른쪽 그림과 같은 것은?

① $-x-6 \leq -4x$  ② $7x-1 \leq 5x+3$  ③ $3-4x \geq 3x+17$

④ $2x+1 \leq 5(x-1)$  ⑤ $-(x+5) \geq 3(x+1)$

**2** 다음 일차부등식을 풀고, 그 해를 수직선 위에 나타내시오.

(1) $1.2(x-3) \geq 2.6x+0.6$

(2) $\dfrac{x+6}{3} \geq \dfrac{x-1}{2} - x$

(3) $0.4x+1 \geq \dfrac{3}{5}(x+1)$

(4) $\dfrac{4}{5}x+1 < 0.3(x-10)$

**3** 일차부등식 $\dfrac{x+4}{4} > \dfrac{2x-2}{3}$ 를 만족시키는 자연수 $x$의 개수를 구하시오.

**4** 일차부등식 $3(x-2) < -2x+a$의 해가 $x<3$일 때, 상수 $a$의 값을 구하시오.

● 계수가 문자인 일차부
등식의 풀이
$x$의 계수로 양변을 나눌
때, 부등호의 방향에 주의
한다.

**5** $a<0$일 때, $x$에 대한 일차부등식 $ax-1>4$의 해를 구하시오.

**6** $a<0$일 때, $x$에 대한 일차부등식 $ax+6 \leq 9-2ax$의 해를 구하시오.

# 3 일차부등식의 활용

• 정답과 해설 36쪽

## 1 일차부등식을 활용하여 문제를 해결하는 과정

❶ 문제의 상황에 맞게 미지수를 정한다.

❷ 문제의 뜻에 따라 일차부등식을 세운다.

❸ 일차부등식을 푼다.

❹ 구한 해가 문제의 뜻에 맞는지 확인한다.

**주의** 나이, 개수, 사람 수, 횟수 등을 미지수 $x$로 놓으면 $x$의 값은 자연수이다.

미지수 정하기
↓
일차부등식 세우기
↓
일차부등식 풀기
↓
확인하기

---

**개념 확인** 어떤 자연수의 3배에 9를 더한 수는 30보다 작다고 할 때, 다음은 어떤 자연수 중 가장 큰 수를 구하는 과정이다. ☐ 안에 알맞은 것을 쓰시오.

| ❶ 미지수 정하기 | 어떤 자연수를 $x$라고 하자. |
|---|---|
| ❷ 일차부등식 세우기 | 어떤 자연수 $x$의 3배에 9를 더하면<br>☐<br>이 수가 30보다 작으므로<br>☐　　　… ㉠ |
| ❸ 일차부등식 풀기 | ㉠을 풀면 $x<$ ☐<br>따라서 어떤 자연수 중 가장 큰 수는 ☐이다. |
| ❹ 확인하기 | ㉠에 $x=$ ☐을(를) 대입하면 부등식이 참이고, 그보다 1만큼 큰 값을 대입하면 거짓이므로 문제의 뜻에 맞는다. |

---

**필수 문제** ❶

수, 평균에 대한 문제

어떤 홀수를 5배 하여 15를 빼면 처음 홀수의 2배보다 작다고 한다. 이를 만족시키는 홀수를 모두 구하시오.

▶연속하는 수에 대한 문제
• 연속하는 세 자연수(정수)
⇨ 세 수를 $x$, $x+1$, $x+2$
또는 $x-1$, $x$, $x+1$로
놓는다.
• 연속하는 두 짝수(홀수)
⇨ 두 수를 $x$, $x+2$로 놓는다.

**1-1** 연속하는 세 자연수의 합이 78보다 크다고 한다. 이와 같은 수 중에서 가장 작은 세 자연수를 구하시오.

▶4개의 수 $a$, $b$, $c$, $d$의 평균
⇨ $\dfrac{a+b+c+d}{4}$

**1-2** 보미는 세 번의 수학 시험에서 79점, 81점, 88점을 받았다. 네 번에 걸친 수학 시험의 평균 점수가 83점 이상이 되려면 네 번째 수학 시험에서 몇 점 이상 받아야 하는지 구하시오.

도형에 대한 문제

▶도형의 넓이의 범위가 주어지면 공식을 이용하여 일차부등식을 세운다.

오른쪽 그림과 같이 밑변의 길이가 $10\,cm$이고 높이가 $h\,cm$인 삼각형의 넓이가 $35\,cm^2$ 이상일 때, $h$의 값의 범위를 구하시오.

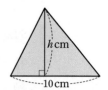

**2-1** 오른쪽 그림과 같이 윗변의 길이가 $6\,cm$이고 높이가 $7\,cm$인 사다리꼴의 넓이가 $63\,cm^2$ 이상이 되게 하려면 사다리꼴의 아랫변의 길이는 몇 cm 이상이어야 하는지 구하시오.

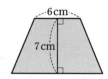

최대 개수에 대한 문제

▶한 개에 $a$원인 물건을 $x$개 사는데 포장비가 $b$원일 때, 필요한 금액
⇨ $(ax+b)$원

한 송이에 2400원인 카네이션으로 꽃다발을 만들어 부모님께 선물하려고 한다. 꽃다발의 포장비가 4000원일 때, 전체 비용이 40000원 이하가 되게 하려면 카네이션은 최대 몇 송이까지 넣을 수 있는지 구하시오.

**3-1** 한 개에 1500원인 쿠키 몇 개와 1000원짜리 상자 하나를 사서 포장하려고 한다. 전체 가격이 28000원 미만이 되게 하려면 쿠키는 최대 몇 개까지 살 수 있는지 구하시오.

유리한 방법을 선택하는 문제

▶'유리하다'는 것은 전체 비용이 더 적게 든다는 뜻이다.

▶티셔츠를 $x$벌 산다고 하면

| | 집 근처 옷 가게 | 인터넷 쇼핑몰 |
|---|---|---|
| 가격 | $10000x$원 | $9000x$원 |
| 배송비 | | |
| 총합 | | |

집 근처 옷 가게에서 한 벌에 10000원인 티셔츠가 인터넷 쇼핑몰에서는 한 벌에 9000원이라고 한다. 인터넷 쇼핑몰에서 티셔츠를 구입하면 배송비가 총 2500원이 들 때, 티셔츠를 몇 벌 이상 사는 경우에 인터넷 쇼핑몰을 이용하는 것이 유리한지 구하시오.

**4-1** 집 앞 편의점에서 한 개에 800원인 음료수가 할인 매장에서는 한 개에 600원이라고 한다. 할인 매장을 다녀오는 데 드는 왕복 교통비가 2000원일 때, 음료수를 몇 개 이상 사야 할인 매장에 가는 것이 유리한지 구하시오.

## 2 거리, 속력, 시간에 대한 문제

거리, 속력, 시간에 대한 문제는 다음 관계를 이용하여 부등식을 세운다.

$$(\text{거리}) = (\text{속력}) \times (\text{시간}), \quad (\text{속력}) = \frac{(\text{거리})}{(\text{시간})}, \quad (\text{시간}) = \frac{(\text{거리})}{(\text{속력})}$$

**주의** 주어진 단위가 다를 경우, 부등식을 세우기 전에 먼저 단위를 통일한다.

➡ $1\,km = 1000\,m$, $1\,m = \dfrac{1}{1000}\,km$, $1$시간$=60$분, $1$분$=\dfrac{1}{60}$시간

---

**필수 문제 5**

왕복하는 경우의 문제

▶ (갈 때 걸린 시간)
　　＋(올 때 걸린 시간)
　≤(주어진 시간)

등산을 하는데 올라갈 때는 시속 $2\,km$로, 내려올 때는 같은 길을 시속 $3\,km$로 걸어서 5시간 이내에 등산을 마치려고 한다. 다음 표를 완성하고, 최대 몇 $km$ 떨어진 지점까지 갔다 올 수 있는지 구하시오.

$x\,km$ 떨어진 지점까지 올라갔다 내려온다고 하면

|  | 올라갈 때 | 내려올 때 | 전체 |
|---|---|---|---|
| 거리 | $x\,km$ | $x\,km$ | — |
| 속력 | 시속 $2\,km$ | 시속 $3\,km$ | — |
| 시간 |  |  | 5시간 이내 |

▶ $x\,km$ 떨어진 곳까지 갔다 온 다고 하면

|  | 갈 때 | 올 때 |
|---|---|---|
| 거리 | $x\,km$ | $x\,km$ |
| 속력 | 시속 $6\,km$ | 시속 $4\,km$ |
| 시간 |  |  |

**5-1** 산책을 가는데 갈 때는 시속 $6\,km$로, 올 때는 같은 길을 시속 $4\,km$로 걸어서 2시간 이내로 돌아오려고 한다. 이때 최대 몇 $km$ 떨어진 곳까지 갔다 올 수 있는지 구하시오.

---

**필수 문제 6**

도중에 속력이 바뀌는 경우의 문제

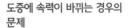

민수가 집에서 $8\,km$ 떨어진 할머니 댁까지 가는데 처음에는 자전거를 타고 시속 $8\,km$로 가다가 도중에 자전거가 고장 나서 그 지점부터 시속 $4\,km$로 걸어갔더니 1시간 30분 이내에 도착하였다. 다음 표를 완성하고, 자전거가 고장 난 지점은 집에서 최소 몇 $km$ 떨어진 지점인지 구하시오.

집에서 자전거가 고장 난 지점까지의 거리를 $x\,km$라고 하면

|  | 자전거를 타고 갈 때 | 걸어갈 때 | 전체 |
|---|---|---|---|
| 거리 | $x\,km$ | $(8-x)\,km$ | $8\,km$ |
| 속력 | 시속 $8\,km$ | 시속 $4\,km$ | — |
| 시간 |  | $1\frac{30}{60}$시간 이내 |  |

▶ 걸어간 거리를 $x\,m$라고 하면

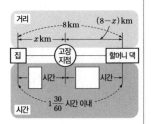

|  | 걸어갈 때 | 뛰어갈 때 |
|---|---|---|
| 거리 | $x\,m$ |  |
| 속력 | 분속 $50\,m$ | 분속 $200\,m$ |
| 시간 |  |  |

**6-1** 은수가 집에서 $2.4\,km$ 떨어진 학교까지 가는데 처음에는 분속 $50\,m$로 걸어가다가 늦을 것 같아 도중에 분속 $200\,m$로 뛰어가서 30분 이내에 도착했다. 이때 은수가 걸어간 거리는 최대 몇 $m$인지 구하시오.

## STEP 1 쏙쏙 개념 익히기

**1** 연속하는 두 짝수가 있다. 작은 수의 5배에서 11을 빼면 큰 수의 2배보다 클 때, 이를 만족시키는 가장 작은 두 짝수의 합을 구하시오.

**2** 한 번에 $600 \, \text{kg}$까지 운반할 수 있는 승강기가 있다. 몸무게가 $75 \, \text{kg}$인 한 사람이 승강기에 타고 한 개에 $30 \, \text{kg}$인 상자를 여러 개 운반하려고 한다. 이때 한 번에 최대 몇 개의 상자를 운반할 수 있는지 구하시오.

● 복숭아를 $x$개 산다고 하면

|  | 사과 | 복숭아 |
|---|---|---|
| 개수(개) |  | $x$ |
| 가격(원) |  |  |

**3** 한 개에 800원인 사과와 한 개에 1000원인 복숭아를 합하여 20개를 사려고 한다. 전체 금액이 18000원을 넘지 않게 하려고 할 때, 복숭아는 최대 몇 개까지 살 수 있는지 구하시오.

**4** 어느 사진관에서 증명사진을 4장 뽑는 데 드는 비용은 5000원이고, 사진을 더 뽑을 때마다 한 장에 500원씩 비용이 추가된다고 한다. 이 사진관에서 증명사진 한 장의 평균 가격이 800원 이하가 되게 하려면 사진을 몇 장 이상을 뽑아야 하는지 구하시오.

**5** 어느 박물관의 입장료는 한 사람당 1200원인데 30명 이상의 단체인 경우에는 입장료가 한 사람당 900원이라고 한다. 30명 미만의 단체는 몇 명 이상부터 30명의 단체 입장권을 사는 것이 유리한지 구하시오. (단, 30명 미만이어도 30명의 단체 입장권을 살 수 있다.)

**6** 기차를 타려고 하는 데 기차가 출발하기 전까지 2시간의 여유가 있어 상점에서 물건을 사 오려고 한다. 물건을 사는 데 15분이 걸리고 시속 $4 \, \text{km}$로 걸어서 왕복할 때, 역에서 몇 $\text{km}$ 이내에 있는 상점을 이용할 수 있는지 구하시오.

# STEP 2 탄탄 단원 다지기

⭐중요

**1** 다음 중 문장을 부등식으로 바르게 나타낸 것은?

① 어떤 수 $x$의 3배에서 7을 뺀 수는 5보다 작지 않다. ⇨ $3x-7 \leq 5$

② 밑변의 길이가 $6\,cm$, 높이가 $x\,cm$인 삼각형의 넓이는 $40\,cm^2$ 미만이다. ⇨ $6x < 40$

③ 전체 학생 250명 중 여학생이 $x$명일 때, 남학생은 120명보다 많다. ⇨ $250-x \geq 120$

④ 안개꽃 3000원어치와 한 송이에 2500원인 장미 $x$송이를 샀더니 전체 가격이 13000원을 넘지 않았다.
  ⇨ $3000+2500x \leq 13000$

⑤ 분속 $x\,m$로 걸어서 20분 동안 간 거리는 $500\,m$ 이상이다. ⇨ $\dfrac{x}{20} \geq 500$

**2** 다음 중 [ ] 안의 수가 부등식의 해인 것은?

① $2x-5 > 3$ 　　　　[ 3 ]

② $4x-3 < 3x$ 　　　[ 5 ]

③ $-6-5x \geq 10$ 　　[ $-3$ ]

④ $7-x \leq 2x-3$ 　　[ $-2$ ]

⑤ $5x-7 < 3x-4$ 　　[ $-1$ ]

**3** $a \leq b$일 때, 다음 중 옳지 <u>않은</u> 것은?

① $-6+a \leq -6+b$

② $2a-4 \leq 2b-4$

③ $a-\dfrac{1}{2} \leq b-\dfrac{1}{2}$

④ $-5a+1 \leq -5b+1$

⑤ $-3+\dfrac{a}{4} \leq -3+\dfrac{b}{4}$

**4** $7a-15 < 14b+6$일 때, 다음 ☐ 안에 알맞은 부등호를 쓰시오.

$$-3a \;\boxed{\phantom{<}}\; -6b-9$$

**5** $-4 \leq x \leq 3$이고 $A=3-\dfrac{x}{2}$일 때, 정수 $A$의 개수를 구하시오.

**6** 다음 중 일차부등식인 것을 모두 고르면? (정답 2개)

① $2x+1 < 4$ 　　　② $3(x-1) \leq 3x+1$

③ $4-x^2 < 2x$ 　　④ $1-x^2 \leq 1+2x-x^2$

⑤ $x(x-1) > 3x+2$

**7** 다음 일차부등식 중 해가 나머지 넷과 <u>다른</u> 하나는?

① $-x-1 > 1$ 　　　② $x+2 < 0$

③ $x > 2x+2$ 　　　④ $-2x+1 > 5$

⑤ $3x-2 > 2x+2$

**8** 다음 중 일차부등식 $-5x+9\leq-x+13$의 해를 수직선 위에 바르게 나타낸 것은?

①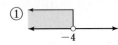
　　$-4$

②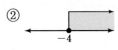
　　$-4$

③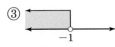
　　$-1$

④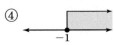
　　$-1$

⑤
　　$-1$

**9** 다음 중 일차부등식 $3-4(x-1)\geq5(x-4)$의 해가 될 수 <u>없는</u> 것은?

① $-3$　　② $-\dfrac{3}{2}$　　③ $2$

④ $3$　　⑤ $\dfrac{7}{2}$

**10** 일차부등식 $\dfrac{1}{2}x+\dfrac{4}{3}>\dfrac{1}{4}x-\dfrac{1}{6}$의 해를 $x>a$, 일차부등식 $0.3x-1<0.5x-0.4$의 해를 $x>b$라고 할 때, 상수 $a$, $b$에 대하여 $a-b$의 값을 구하시오.

**11** 일차부등식 $0.6x-\dfrac{2}{5}x<2+\dfrac{1}{2}x$를 만족시키는 $x$의 값 중 가장 작은 정수를 구하시오.

**12** $a<1$일 때, $x$에 대한 일차부등식 $ax+4a+1\leq5+x$를 풀면?

① $x\leq-4$　　② $x\geq-4$　　③ $x\leq-1$
④ $x\leq4$　　⑤ $x\geq4$

**13** 일차부등식 $5x-3(x-1)\leq a$의 해를 수직선 위에 나타내면 다음 그림과 같을 때, 상수 $a$의 값을 구하시오.

　　$3$

**14** 다음 두 일차부등식의 해가 서로 같을 때, 상수 $a$의 값을 구하시오.

$$0.5x-0.2(x+5)\leq0.2$$
$$\dfrac{x}{2}+a\leq\dfrac{x-1}{3}$$

**15** 일차부등식 $7+2x\leq a$의 해 중 가장 큰 수가 4일 때, 상수 $a$의 값은?

① $12$　　② $13$　　③ $14$
④ $15$　　⑤ $16$

**16** 일차부등식 $3x \geq 5x-a$를 만족시키는 자연수 $x$의 개수가 2개일 때, 상수 $a$의 값의 범위를 구하려고 한다. 다음 물음에 답하시오.

(1) 일차부등식 $3x \geq 5x-a$를 풀어 그 해를 $a$를 사용하여 나타내시오.

(2) (1)에서 구한 해를 자연수 $x$의 개수가 2개가 되도록 수직선 위에 나타내시오.

(3) $a$의 값의 범위를 구하시오.

**17** 주사위를 던져 나온 눈의 수를 5배 하면 그 눈의 수에 2를 더한 것의 3배보다 크다고 한다. 이를 만족시키는 주사위의 눈의 수를 모두 구하시오.

**18** 가로의 길이가 세로의 길이보다 6 cm만큼 더 긴 직사각형을 그리려고 한다. 직사각형의 둘레의 길이가 120 cm 이상이 되게 그리려면 세로의 길이는 몇 cm 이상이어야 하는지 구하시오.

**19** 한 개에 1500원인 샌드위치와 한 개에 800원인 도넛을 합하여 30개를 사는데 전체 비용이 34000원 이하가 되도록 하려고 한다. 이때 샌드위치는 최대 몇 개까지 살 수 있는가?

① 12개  ② 13개  ③ 14개
④ 15개  ⑤ 16개

**20** 현재 연경이의 통장에는 40000원, 정아의 통장에는 65000원이 들어 있다. 다음 달부터 매달 연경이는 5000원씩, 정아는 3000원씩 예금한다면 연경이의 예금액이 정아의 예금액보다 처음으로 많아지는 것은 현재로부터 몇 개월 후인지 구하시오.

(단, 이자는 생각하지 않는다.)

**21** 인희네 집에 정수기를 설치하려고 한다. 정수기를 사면 70만 원의 구입 비용과 매달 4000원의 유지비가 들고, 정수기를 업체에서 빌리면 매달 32000원의 대여비가 든다고 한다. 정수기를 몇 개월 이상 사용해야 정수기를 사는 것이 유리한지 구하시오.

**22** 시우가 집에서 7 km 떨어진 도서관에 가는데 처음에는 시속 3 km로 걷다가 도중에 시속 6 km로 뛰어서 1시간 30분 이내에 도서관에 도착하였다. 이때 시우가 걸어간 거리는 최대 몇 km인지 구하시오.

STEP 3

# 쓱쓱 서술형 완성하기

유제를 따라 풀어 보고, 실전 문제로 연습해 보세요.

**예제 1** 일차부등식 $x-5 \geq 2x-3a$를 만족시키는 자연수 해가 없을 때, 상수 $a$의 값의 범위를 구하시오.

풀이 과정

**1단계** 일차부등식의 해를 $a$를 사용하여 나타내기

$x-5 \geq 2x-3a$에서 $-x \geq -3a+5$

$\therefore x \leq 3a-5 \quad \cdots$ ㉠

**2단계** $a$에 대한 부등식 세우기

㉠을 만족시키는 $x$의 값 중 자연수가 없으므로 오른쪽 그림에서

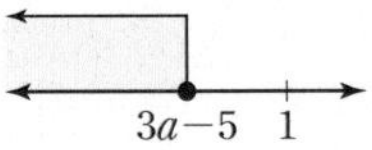

$3a-5<1$

**3단계** $a$의 값의 범위 구하기

$3a-5<1$에서 $3a<6 \quad \therefore a<2$

답 $a<2$

따라 해보자

**유제 1** 일차부등식 $7-4x \geq x-a$를 만족시키는 자연수 해가 없을 때, 상수 $a$의 값의 범위를 구하시오.

풀이 과정

**1단계** 일차부등식의 해를 $a$를 사용하여 나타내기

**2단계** $a$에 대한 부등식 세우기

**3단계** $a$의 값의 범위 구하기

답

**예제 2** 어느 공원의 입장료는 한 사람당 2000원이고, 40명 이상의 단체의 경우에는 입장료의 20 %를 할인해 준다고 한다. 40명 미만의 사람들이 이 공원에 입장할 때, 몇 명 이상부터 40명의 단체 입장권을 사는 것이 유리한지 구하시오.
(단, 40명 미만이어도 40명의 단체 입장권을 살 수 있다.)

풀이 과정

**1단계** 일차부등식 세우기

공원에 $x$명이 입장한다고 하면

$2000x > 2000 \times \left(1-\frac{20}{100}\right) \times 40 \quad \cdots$ ㉠

**2단계** 일차부등식 풀기

㉠의 양변을 2000으로 나누면 $x > \left(1-\frac{20}{100}\right) \times 40$

$\therefore x > 32$

**3단계** 몇 명 이상부터 단체 입장권을 사는 것이 유리한지 구하기

33명 이상부터 40명의 단체 입장권을 사는 것이 유리하다.

답 **33명**

**유제 2** 어느 전시회의 입장료는 한 사람당 4500원이고, 30명 이상의 단체의 경우에는 입장료의 30 %를 할인해 준다고 한다. 30명 미만의 학생들이 이 전시회에 입장할 때, 몇 명 이상부터 30명의 단체 입장권을 사는 것이 유리한지 구하시오.
(단, 30명 미만이어도 30명의 단체 입장권을 살 수 있다.)

풀이 과정

**1단계** 일차부등식 세우기

**2단계** 일차부등식 풀기

**3단계** 몇 명 이상부터 단체 입장권을 사는 것이 유리한지 구하기

답

**연습해 보자**

**1** 다음 문장을 부등식으로 나타내시오.

(1) 어떤 수 $x$에서 10을 뺀 수는 처음 수의 3배에 2를 더한 수보다 작지 않다.

(2) $x$ km의 거리를 시속 50 km로 가면 1시간 30분 이내에 도착한다.

풀이 과정

(1)

(2)

답 (1)          (2)

**2** 일차부등식 $\dfrac{5x+4}{3} > 0.5x + \dfrac{2x-1}{5}$에 대하여 다음 물음에 답하시오.

(1) 일차부등식 $\dfrac{5x+4}{3} > 0.5x + \dfrac{2x-1}{5}$의 해를 구하시오.

(2) (1)에서 구한 해를 수직선 위에 나타내시오.

풀이 과정

(1)

(2)

답 (1)          (2)

**3** 두 일차부등식

$$x+9 \le 4x-3, \quad a-(x+4) \le 3(2x-9)$$

의 해가 서로 같을 때, 상수 $a$의 값을 구하시오.

풀이 과정

답

**4** 희주가 등산을 하는데 올라갈 때는 시속 2 km로, 내려올 때는 올라갈 때보다 2 km 더 먼 길을 시속 3 km로 걸었더니 전체 걸린 시간이 4시간을 넘지 않았다. 이때 올라간 거리는 최대 몇 km인지 구하시오.

풀이 과정

답

● 정답과 해설 41쪽

# 쓰레기를 줄여 지구를 지키자!

　1942년부터 10년 동안 미국의 화학 회사 후커 케미컬은 나이아가라 폭포 부근의 러브커넬이라는 곳에 2만여 톤의 산업 폐기물을 매립하였다. 이때 매립된 폐기물에는 벤젠, 염소, 다이옥신 같은 유독성 물질도 많이 포함되어 있었다. 그 뒤 러브커넬에 마을이 생겼는데, 1970년대가 되자 마을 사람들에게 피부병과 호흡기 질환이 자주 발생하였고, 다른 지역에 비해 유산율이 높았다. 결국 지하수 오염이 심해 마을 사람들은 모두 다른 곳으로 이주하였고, 그 후 이 지역을 정화하기 위해 많은 돈을 들였으나 지금까지 아무도 살지 않는 황폐한 땅으로 남아 있다.

　이처럼 쓰레기를 땅속에 묻는 매립은 쓰레기를 처리하는 한 방법이다. 그러나 쓰레기 매립장을 지으려면 넓은 땅과 많은 돈이 필요할 뿐만 아니라, 쓰레기를 땅속에 묻으면 쓰레기가 썩으면서 여러 오염 물질이 흘러나와 토양과 지하수를 오염시키고, 몸에 해로운 유해 가스와 악취도 발생시킨다. 또 쓰레기가 썩어 완전히 사라지는 데까지 매우 오랜 시간이 걸리므로 되도록 쓰레기를 줄이기 위해 노력해야 한다.

## 기출문제는 이렇게!

Q　어느 쓰레기 매립장에 묻을 수 있는 쓰레기의 최대 양은 23000톤이며, 이 매립장에는 이미 8600톤의 쓰레기가 묻혀 있다고 한다. 이 쓰레기 매립장에 다음 달부터 매달 말일에 150톤의 쓰레기가 추가로 매립될 때, 매립할 수 있는 쓰레기양이 최대치를 넘어서는 것은 몇 개월 후부터인지 구하시오.

**부등식의 성질**

$a < b$일 때
(1) $a+c < b+c$, $a-c < b-c$
(2) $c>0$이면 $ac < bc$, $\dfrac{a}{c} < \dfrac{b}{c}$
(3) $c<0$이면 $ac > bc$, $\dfrac{a}{c} > \dfrac{b}{c}$

**부등식**

$a < 100$, $2x - 3 \geq 6$
부등호를 사용하여 나타낸 식

**일차부등식**

**일차부등식**
부등식의 모든 항을 좌변으로 이항하여 정리한 식이
(일차식)$<0$, (일차식)$>0$, (일차식)$\leq 0$, (일차식)$\geq 0$
중 어느 하나의 꼴로 나타나는 부등식

**일차부등식의 풀이**

$x + 4 < 3x - 2$
$x - 3x < -2 - 4$ } 이항하기
$-2x < -6$ } 동류항끼리 정리하기
$x > \dfrac{-6}{-2}$ } 양변을 $x$의 계수 $-2$로 나누기
$\therefore x > 3$

**부등식의 해를 수직선 위에 나타내기**

① $x < a$    ② $x > a$
③ $x \leq a$    ④ $x \geq a$

**일차부등식의 활용**

미지수 정하기 → 일차부등식 세우기 → 일차부등식 풀기 → 확인하기

(거리) = (속력) × (시간)

# 4 연립일차방정식

| 이전에 배운 내용 | 이번에 배울 내용 | 이후에 배울 내용 |

**이전에 배운 내용**

중1
- 문자의 사용과 식의 계산
- 일차방정식

**이번에 배울 내용**

⌒1 미지수가 2개인 일차방정식

⌒2 미지수가 2개인 연립일차방정식

⌒3 연립방정식의 풀이

⌒4 연립방정식의 활용

**이후에 배울 내용**

중3
- 이차방정식

고등
- 여러 가지 방정식과 부등식

---

## 준비 학습

중1 **일차방정식의 풀이**
- 등식의 성질과 이항을 이용하여 $x=$(수) 꼴로 나타낸다.

**1** 다음 일차방정식을 푸시오.

(1) $5x-2=-3x+2$

(2) $-2(x-1)=x+8$

(3) $0.7x+0.2=0.4x-1$

(4) $\dfrac{x}{3}-\dfrac{1}{2}=\dfrac{x}{4}$

중1 **일차방정식의 활용**
- 문제의 뜻에 맞게 미지수를 정한 후 방정식을 세워 푼다.

**2** 어떤 수의 4배에서 7을 뺀 수는 처음 수의 2배보다 1만큼 클 때, 어떤 수를 구하시오.

# 1 미지수가 2개인 일차방정식

• 정답과 해설 42쪽

## 1 미지수가 2개인 일차방정식

미지수가 2개이고, 그 차수가 모두 1인 방정식을 미지수가 2개인 일차방정식이라고 한다.

미지수가 $x$, $y$의 2개인 일차방정식은 다음과 같이 나타낼 수 있다.

$$ax + by + c = 0 \,(a, b, c는 \ 상수, \ a \neq 0, \ b \neq 0)$$

미지수가 $x$, $y$의 2개이고, $x$, $y$의 차수는 모두 1이다.

예 $2x - y + 3 = 0, \quad 4x + 1 = y$

## 2 미지수가 2개인 일차방정식의 해

(1) **미지수가 2개인 일차방정식의 해(근)**: 미지수가 $x$, $y$의 2개인 일차방정식을 참이 되게 하는 $x$, $y$의 값 또는 순서쌍 $(x, y)$

예 일차방정식 $x + y = 5$에 $\begin{bmatrix} x=3, \ y=2를 \ 대입하면 \ 3+2=5(참) \ \Rightarrow \ (3, 2)는 \ 해이다. \\ x=3, \ y=3을 \ 대입하면 \ 3+3 \neq 5(거짓) \ \Rightarrow \ (3, 3)은 \ 해가 \ 아니다. \end{bmatrix}$

(2) **미지수가 2개인 일차방정식을 푼다**: 일차방정식의 해를 모두 구하는 것

---

### 필수 문제 1

미지수가 2개인
일차방정식의 뜻

▶ 미지수가 2개인 일차방정식 찾기
① 등식인가?
② 모든 항을 좌변으로 이항하여 정리했을 때, 미지수가 2개인가?
③ 차수가 모두 1인가?

**다음 중 미지수가 2개인 일차방정식은?**

① $x + 2y$  
② $5x + y = 5(x - 4)$  
③ $x - 2y = 6$  
④ $y = \dfrac{5}{x} - 2$  
⑤ $3x^2 - y + 3 = 0$

**1-1** 다음 보기 중 미지수가 2개인 일차방정식을 모두 고르시오.

보기
ㄱ. $y^2 - 2x = 5$  
ㄴ. $2x + y = -1$  
ㄷ. $3(x - y) + 3y = 4$  
ㄹ. $-\dfrac{1}{x} + \dfrac{1}{y} = 1$  
ㅁ. $x + \dfrac{1}{4}y + 7$  
ㅂ. $\dfrac{x}{2} + \dfrac{y}{2} = 2$

---

### 필수 문제 2

미지수가 2개인
일차방정식으로 나타내기

▶ 미지수 $x$, $y$를 사용하여
$ax + by = c$
$(a, b, c는 상수, a \neq 0, b \neq 0)$
꼴로 나타낸다.

**다음을 미지수가 2개인 일차방정식으로 나타내시오.**

농구 경기에서 어떤 선수가 2점 슛을 $x$개, 3점 슛을 $y$개 성공하여 23점을 얻었다.

**2-1** 다음을 미지수가 2개인 일차방정식으로 나타내시오.

(1) 500원인 사탕 $x$개와 800원인 초콜릿 $y$개를 구입하고, 지불한 금액이 3600원이다.

(2) 가로, 세로의 길이가 각각 $x$ cm, $y$ cm인 직사각형의 둘레의 길이는 30 cm이다.

미지수가 2개인
일차방정식의 해

▶ $(a,\ b)$가 일차방정식의 해
이다.
⇨ 일차방정식에 $x=a$, $y=b$
를 대입하면 등식이 성립
한다.

다음 일차방정식 중 $(2,\ -3)$이 해인 것은?

① $x+\dfrac{1}{2}y=1$  　　　② $x-y+2=0$  　　　③ $-2x+5y=4$

④ $3y=2x+8$  　　　⑤ $3x-y=9$

**3-1**　다음 보기 중 일차방정식 $3x-y=4$의 해가 되는 것을 모두 고르시오.

┤ 보기 ├

ㄱ. $(-1,\ 1)$  　　　ㄴ. $(0,\ -4)$  　　　ㄷ. $(1,\ -1)$

ㄹ. $(2,\ 4)$  　　　ㅁ. $(-2,\ -2)$  　　　ㅂ. $(3,\ 5)$

$x$, $y$의 값이 자연수일 때,
일차방정식의 해

$x$, $y$의 값이 자연수일 때, 일차방정식 $x+2y=7$을 풀려고 한다. 다음 물음에 답하시오.

(1) 다음 표를 완성하시오.

| $x$ | 1 | 2 | 3 | 4 | 5 | 6 | 7 |
|---|---|---|---|---|---|---|---|
| $y$ |  |  |  |  |  |  |  |

(2) (1)의 표를 이용하여 $x$, $y$의 값이 자연수일 때, 일차방정식의 해를 순서쌍 $(x,\ y)$로 나타내시오.

**4-1**　다음 일차방정식에 대하여 표를 완성하고, $x$, $y$의 값이 자연수일 때 일차방정식의 해를 순서쌍 $(x,\ y)$로 나타내시오.

(1) $2x+y=10$

| $x$ | 1 | 2 | 3 | 4 | 5 |
|---|---|---|---|---|---|
| $y$ |  |  |  |  |  |

(2) $x+3y=13$

| $x$ |  |  |  |  |  |
|---|---|---|---|---|---|
| $y$ | 1 | 2 | 3 | 4 | 5 |

계수 또는 해가 문자인
일차방정식

▶ 일차방정식에 주어진 해를 대
입하여 문자의 값을 구한다.

일차방정식 $ax+3y=5$의 한 해가 $x=-2$, $y=1$일 때, 상수 $a$의 값을 구하시오.

**5-1**　일차방정식 $3x-y=5$의 한 해가 $(5,\ k)$일 때, $k$의 값을 구하시오.

쏙쏙 **개념 익히기**

**1** 다음 보기 중 미지수가 2개인 일차방정식을 모두 고르시오.

> ┤ 보기 ├
>
> ㄱ. $x+y$　　　　　　　　ㄴ. $xy=3$　　　　　　　　ㄷ. $6x+y-1=0$
>
> ㄹ. $\dfrac{y}{3}=\dfrac{1}{x}+2$　　　　ㅁ. $2x+y=-1+3y+x$　　　ㅂ. $x+y^2=1$
>
> ㅅ. $y(y+1)=x+y^2-3$　　ㅇ. $-2x+5y=2(1-x)$

**2** $(a-3)x+4y=2x+y+7$이 미지수가 2개인 일차방정식일 때, 다음 중 상수 $a$의 값이 될 수 <u>없는</u> 것은?

① 1　　　　　　　　　② 2　　　　　　　　　③ 3

④ 4　　　　　　　　　⑤ 5

**3** 다음 일차방정식 중 $(4, 3)$이 해가 <u>아닌</u> 것을 모두 고르면? (정답 2개)

① $x=2y-2$　　　　　② $-x+3y=7$　　　　　③ $y-x+1=0$

④ $2x-3y=-1$　　　　⑤ $3x-5y=-2$

**4** 승기네 반 학생 28명이 호수 공원에서 보트를 빌려 타려고 한다. 3인승 보트를 $x$대, 2인승 보트를 $y$대 빌리고 보트에 빈자리가 없도록 타려고 할 때, 다음 물음에 답하시오.

(단, $x\neq0$, $y\neq0$)

(1) 위의 문장을 미지수가 2개인 일차방정식으로 나타내시오.

(2) (1)의 일차방정식의 해를 순서쌍 $(x, y)$로 나타내시오.

**5** 일차방정식 $5x+3y=18$의 한 해가 $(a, a-2)$일 때, $a$의 값을 구하시오.

# 2 미지수가 2개인 연립일차방정식

● 정답과 해설 43쪽

## 1 미지수가 2개인 연립일차방정식 (또는 연립방정식)

미지수가 2개인 두 일차방정식을 한 쌍으로 묶어 나타낸 것을 미지수가 2개인 연립일차방정식 또는 간단히 **연립방정식**이라고 한다. 예 $\begin{cases} x+y=4 \\ 2x-y=2 \end{cases}, \begin{cases} y=2x-1 \\ x+y=1 \end{cases}$

## 2 연립방정식의 해

(1) **연립방정식의 해**: 두 일차방정식의 공통의 해 ← 두 방정식을 동시에 만족시키는 $x$, $y$의 값 또는 순서쌍 $(x, y)$

(2) **연립방정식을 푼다**: 연립방정식의 해를 구하는 것

예 $x$, $y$의 값이 자연수일 때, 연립방정식 $\begin{cases} x+y=9 & \cdots \text{㉠} \\ 2x+y=12 & \cdots \text{㉡} \end{cases}$에서

두 일차방정식 ㉠, ㉡의 해를 각각 구하면 다음 표와 같다.

㉠의 해

| $x$ | 1 | 2 | 3 | 4 | ⋯ |
|-----|---|---|---|---|---|
| $y$ | 8 | 7 | 6 | 5 | ⋯ |

㉡의 해

| $x$ | 1 | 2 | 3 | 4 | ⋯ |
|-----|---|---|---|---|---|
| $y$ | 10 | 8 | 6 | 4 | ⋯ |

위의 표에서 ㉠, ㉡을 동시에 만족시키는 $x$, $y$의 값의 순서쌍은 $(3, 6)$이므로 주어진 연립방정식의 해는 $x=3$, $y=6$이다.

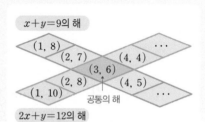

**개념 확인**    $x$, $y$의 값이 자연수일 때, 연립방정식 $\begin{cases} x+y=5 & \cdots \text{㉠} \\ x+2y=7 & \cdots \text{㉡} \end{cases}$에 대하여 다음 표를 완성하고, 연립방정식을 푸시오.

㉠의 해:

| $x$ | 1 | 2 | 3 | 4 |
|-----|---|---|---|---|
| $y$ | | | | |

㉡의 해:

| $x$ | | | |
|-----|---|---|---|
| $y$ | 1 | 2 | 3 |

---

**필수 문제**  **1**

연립방정식의 해

▸ $x=●$, $y=■$를 각 일차방정식에 대입했을 때, 두 일차방정식이 모두 참이면 $(●, ■)$는 그 연립방정식의 해이다.

다음 연립방정식 중 $x=1$, $y=2$가 해인 것은?

① $\begin{cases} x+2y=-5 \\ -x+y=-3 \end{cases}$     ② $\begin{cases} x-2y=-3 \\ 2x+y=6 \end{cases}$     ③ $\begin{cases} x-4y=-7 \\ 2x+3y=8 \end{cases}$

④ $\begin{cases} x+y=3 \\ 3x-2y=-2 \end{cases}$     ⑤ $\begin{cases} -3x+4y=13 \\ x+4y=9 \end{cases}$

---

**필수 문제**  **2**

계수 또는 해가 문자인 연립방정식

연립방정식 $\begin{cases} x-y=a \\ 2x+by=3 \end{cases}$ 의 해가 $x=3$, $y=-1$일 때, 상수 $a$, $b$의 값을 각각 구하시오.

**2-1**   연립방정식 $\begin{cases} ax+y=-5 \\ 3x+by=0 \end{cases}$의 해가 $(-4, 3)$일 때, 상수 $a$, $b$의 값을 각각 구하시오.

## 쑥쑥 개념 익히기

**1** 다음 연립방정식 중 해가 $(-2, 3)$인 것을 모두 고르면? (정답 2개)

① $\begin{cases} x-2y=-8 \\ 3x+y=3 \end{cases}$
② $\begin{cases} 2x+5y=11 \\ -x+2y=4 \end{cases}$
③ $\begin{cases} 3x-2y=-12 \\ x+4y=10 \end{cases}$

④ $\begin{cases} 6x+5y=3 \\ x-3y=-11 \end{cases}$
⑤ $\begin{cases} 5x-2y=-4 \\ x-y=-5 \end{cases}$

**2** 다음 보기의 일차방정식 중 해가 $x=3$, $y=-4$인 두 방정식을 한 쌍으로 묶어 연립방정식으로 나타내시오.

| 보기 |

ㄱ. $3x+2y=1$  ㄴ. $2x-3y=-6$  ㄷ. $x+3y=9$  ㄹ. $2x-5y=26$

**3** $x$, $y$의 값이 자연수일 때, 연립방정식 $\begin{cases} x+2y=7 \\ 3x+y=16 \end{cases}$ 을 푸시오.

**4** 연립방정식 $\begin{cases} x+2y=-8 \\ ax-3y=5 \end{cases}$ 의 해가 $(-2, b)$일 때, $a$, $b$의 값은? (단, $a$는 상수)

① $a=-3$, $b=-2$
② $a=-3$, $b=2$
③ $a=2$, $b=-3$

④ $a=2$, $b=3$
⑤ $a=3$, $b=-2$

**5** 연립방정식 $\begin{cases} x-y=7 \\ 3x+ay=a \end{cases}$ 를 만족시키는 $x$의 값이 5일 때, 상수 $a$의 값을 구하시오.

# 3 연립방정식의 풀이

• 정답과 해설 44쪽

## 1 연립방정식의 풀이 – 대입법

(1) 대입법: 한 일차방정식을 다른 일차방정식에 대입하여 연립방정식을 푸는 방법

(2) 대입법을 이용한 풀이

❶ 한 일차방정식을 한 미지수에 대한 식으로 나타낸다.

➡ $x=(y$에 대한 식$)$ 또는 $y=(x$에 대한 식$)$

❷ ❶의 식을 다른 일차방정식에 대입하여 해를 구한다.

❸ ❷의 해를 ❶의 식에 대입하여 다른 미지수의 값을 구한다.

$\begin{cases} x=2y+3 \\ 2x+y=5 \end{cases}$에서

$2x+y=5$

⬇ $x=2y+3$을 대입

$2(2y+3)+y=5$

참고 연립방정식의 두 일차방정식 중 어느 하나가
$x=(y$에 대한 식$)$ 또는 $y=(x$에 대한 식$)$ 꼴이면 대입법을 이용하는 것이 편리하다.

주의 식을 대입할 때는 괄호를 사용한다.

---

개념 확인   다음은 연립방정식 $\begin{cases} y=-x+5 & \cdots ㉠ \\ 3x-y=3 & \cdots ㉡ \end{cases}$을 대입법으로 푸는 과정이다.

(개), (내), (대)에 알맞은 것을 쓰시오.

㉠을 ㉡에 대입하면 $3x-(\boxed{\text{(개)}})=3$    $\therefore x=\boxed{\text{(내)}}$

$x=\boxed{\text{(내)}}$을(를) ㉠에 대입하면 $y=\boxed{\text{(대)}}$

따라서 연립방정식의 해는 $x=\boxed{\text{(내)}}$, $y=\boxed{\text{(대)}}$이다.

---

**필수 문제 1**

대입법으로 연립방정식 풀기

▶두 방정식 중에서
$x=(y$에 대한 식$)$ 또는
$y=(x$에 대한 식$)$ 꼴인 방정식
을 다른 방정식에 대입하여 푼다.

▶(4) $A=B$이고 $A=C$이면
$B=C$이다.

다음 연립방정식을 대입법으로 푸시오.

(1) $\begin{cases} y=2x-4 & \cdots ㉠ \\ x+3y=9 & \cdots ㉡ \end{cases}$

(2) $\begin{cases} x=6-y & \cdots ㉠ \\ 2x+y=10 & \cdots ㉡ \end{cases}$

(3) $\begin{cases} x-4y=-11 & \cdots ㉠ \\ 3x-2y=-3 & \cdots ㉡ \end{cases}$

(4) $\begin{cases} y=x+1 & \cdots ㉠ \\ y=-2x+13 & \cdots ㉡ \end{cases}$

**1-1** 다음 연립방정식을 대입법으로 푸시오.

(1) $\begin{cases} y=x+1 \\ 2x+y=25 \end{cases}$

(2) $\begin{cases} x=9-y \\ 2x-3y=8 \end{cases}$

(3) $\begin{cases} 2x-y=11 \\ 5x+2y=-4 \end{cases}$

(4) $\begin{cases} 2x=8-y \\ 2x=4-3y \end{cases}$

## 2 연립방정식의 풀이 – 가감법

(1) **가감법**: 두 일차방정식을 변끼리 더하거나 빼어서 연립방정식을 푸는 방법

(2) **가감법을 이용한 풀이**

❶ 두 방정식의 양변에 적당한 수를 곱하여 한 미지수의 계수의 절댓값을 같게 만든다. ← 한 미지수의 계수의 절댓값이 같으면 ❶은 생략하고 ❷부터 시작한다.

$$\begin{cases} x+y=1 & \cdots \ ㉠ \\ 2x-3y=2 \end{cases}$$

$$\Downarrow \ ㉠ \times 3 을 \ 하면$$

$$\begin{cases} 3x+3y=3 \\ 2x-3y=2 \end{cases}$$

❷ 계수의 부호가 ┌ 같으면 두 방정식을 변끼리 **빼거나**
└ 다르면 두 방정식을 변끼리 **더하여**

한 미지수를 없애고 방정식의 해를 구한다.

❸ ❷의 해를 한 일차방정식에 대입하여 다른 미지수의 값을 구한다.

---

**개념 확인**  다음은 연립방정식 $\begin{cases} 3x-y=7 & \cdots \ ㉠ \\ x-2y=4 & \cdots \ ㉡ \end{cases}$ 를 가감법으로 푸는 과정이다. (개), (내), (대)에

알맞은 것을 쓰시오.

> ㉠과 ㉡의 $y$의 계수의 절댓값을 같게 만들어 두 식을 변끼리 뺀다.
> 즉, ㉠×2−㉡을 하면 $x=$ (개)
> $x=$ (개) 을(를) ㉠에 대입하면  (내) $=7$  ∴ $y=$ (대)
> 따라서 연립방정식의 해는 $x=$ (개) , $y=$ (대) 이다.

---

**필수 문제 2**

**가감법으로 연립방정식 풀기**

▶ 한 미지수의 계수의 절댓값을 같게 만든 후, 계수의
① 부호가 같으면
  ⇨ 두 식을 변끼리 뺀다.
② 부호가 다르면
  ⇨ 두 식을 변끼리 더한다.

다음 연립방정식을 가감법으로 푸시오.

(1) $\begin{cases} x+y=6 & \cdots \ ㉠ \\ 3x-y=2 & \cdots \ ㉡ \end{cases}$

(2) $\begin{cases} 2x-y=4 & \cdots \ ㉠ \\ 2x+3y=12 & \cdots \ ㉡ \end{cases}$

(3) $\begin{cases} 4x+3y=1 & \cdots \ ㉠ \\ 2x-y=-7 & \cdots \ ㉡ \end{cases}$

(4) $\begin{cases} 3x-2y=4 & \cdots \ ㉠ \\ 8x-5y=13 & \cdots \ ㉡ \end{cases}$

**2-1**  다음 연립방정식을 가감법으로 푸시오.

(1) $\begin{cases} x+2y=7 \\ 3x-2y=13 \end{cases}$

(2) $\begin{cases} x-3y=8 \\ x-2y=6 \end{cases}$

(3) $\begin{cases} 3x+2y=-9 \\ 2x-4y=10 \end{cases}$

(4) $\begin{cases} 5x+4y=-7 \\ -3x+5y=19 \end{cases}$

## STEP 1 쏙쏙 개념 익히기

**1** 연립방정식 $\begin{cases} x=7-4y & \cdots \text{㉠} \\ 2x+3y=4 & \cdots \text{㉡} \end{cases}$ 를 풀기 위해 ㉠을 ㉡에 대입하여 $x$를 없앴더니 $ay=-10$이 되었다. 이때 상수 $a$의 값을 구하시오.

**2** 연립방정식 $\begin{cases} 3x-2y=7 & \cdots \text{㉠} \\ 2x+5y=-8 & \cdots \text{㉡} \end{cases}$ 에서 $y$를 없앨 때, 필요한 식은?

① ㉠$\times2-$㉡$\times3$      ② ㉠$\times2+$㉡$\times3$      ③ ㉠$\times3+$㉡
④ ㉠$\times5-$㉡$\times2$      ⑤ ㉠$\times5+$㉡$\times2$

**3** 다음 연립방정식을 푸시오.

(1) $\begin{cases} 13-3x=y \\ -x+2y=5 \end{cases}$          (2) $\begin{cases} 3x=-3y+24 \\ 3x+y=14 \end{cases}$

(3) $\begin{cases} 3x+2y=11 \\ 4x-3y=9 \end{cases}$          (4) $\begin{cases} 2x-3y=4 \\ 5x-4y=-4 \end{cases}$

**4** 연립방정식 $\begin{cases} 3x-ay=4 \\ 5x-y=12 \end{cases}$ 를 만족시키는 $y$의 값이 $x$의 값의 2배일 때, 상수 $a$의 값을 구하시오.

● 두 연립방정식의 해가
서로 같을 때, 상수의 값
구하기
두 연립방정식의 해가 서
로 같으면 그 해는 네 일차
방정식의 공통인 해이다.
⇨ 계수와 상수항이 문자가
아닌 두 일차방정식을
연립하여 해를 구한다.

**5** 두 연립방정식 $\begin{cases} x-y=12 \\ x+4y=a \end{cases}$, $\begin{cases} y=-2x+b \\ x-2y=15 \end{cases}$ 의 해가 서로 같을 때, 상수 $a$, $b$의 값을 각각 구하시오.

한번 더 ☆

**6** 두 연립방정식 $\begin{cases} 2x-y=5 \\ 5x-y=a \end{cases}$, $\begin{cases} 4x+by=5 \\ 3x-y=7 \end{cases}$ 의 해가 서로 같을 때, 상수 $a$, $b$에 대하여 $a-b$ 의 값을 구하시오.

## 3 여러 가지 연립방정식의 풀이

(1) 괄호가 있는 경우: 분배법칙을 이용하여 괄호를 풀고, 식을 간단히 하여 푼다.

(2) 계수가 소수인 경우: 양변에 10의 거듭제곱을 적당히 곱하여 계수를 정수로 고쳐서 푼다.

(3) 계수가 분수인 경우: 양변에 분모의 최소공배수를 곱하여 계수를 정수로 고쳐서 푼다.

---

**필수 문제 ③**

괄호가 있는 연립방정식의 풀이

▶ 분배법칙을 이용하여 괄호를 풀 때, 부호에 주의한다.
$\Rightarrow -(x+y)=-x-y$ (○),
$-(x+y)=-x+y$ (×)

다음 연립방정식을 푸시오.

(1) $\begin{cases} 3x-4(x-y)=8 & \cdots\ \bigcirc \\ x+3y=-1 & \cdots\ \bigcirc \end{cases}$

(2) $\begin{cases} 7x-3(x+y)=-3 & \cdots\ \bigcirc \\ 5x-2(2x-y)=13 & \cdots\ \bigcirc \end{cases}$

**3-1** 다음 연립방정식을 푸시오.

(1) $\begin{cases} 5(x-y)-2x=7 \\ 4x-3(x-2y)=10 \end{cases}$

(2) $\begin{cases} 2(x-1)+3y=-5 \\ x=2(3-y)-7 \end{cases}$

---

**필수 문제 ④**

계수기 소수 또는 분수인 연립방정식의 풀이

▶ 계수를 정수로 고치는 과정에서 양변에 같은 수를 곱할 때는 모든 항에 곱한다.

다음 연립방정식을 푸시오.

(1) $\begin{cases} 1.3x-y=-0.7 & \cdots\ \bigcirc \\ 0.03x-0.1y=-0.17 & \cdots\ \bigcirc \end{cases}$

(2) $\begin{cases} \dfrac{x}{3}+\dfrac{y}{2}=2 & \cdots\ \bigcirc \\ \dfrac{3}{4}x-\dfrac{y}{3}=\dfrac{19}{12} & \cdots\ \bigcirc \end{cases}$

**4-1** 다음 연립방정식을 푸시오.

(1) $\begin{cases} 0.1x-0.09y=0.11 \\ 0.2x+0.3y=0.7 \end{cases}$

(2) $\begin{cases} x-\dfrac{1}{3}y=\dfrac{1}{3} \\ \dfrac{1}{4}x-\dfrac{1}{5}y=-\dfrac{1}{2} \end{cases}$

(3) $\begin{cases} 1.2x-0.2y=-1 \\ \dfrac{2}{3}x+\dfrac{1}{6}y=-\dfrac{5}{6} \end{cases}$

(4) $\begin{cases} \dfrac{1}{3}x+\dfrac{1}{4}y=-\dfrac{7}{12} \\ 0.5x+0.4y=-1 \end{cases}$

## 4 $A=B=C$ 꼴의 방정식의 풀이

$A=B=C$ 꼴의 방정식을 풀 때는 다음 세 연립방정식 중 하나를 선택하여 푼다.

$$\begin{cases} A=B \\ A=C \end{cases}, \quad \begin{cases} A=B \\ B=C \end{cases}, \quad \begin{cases} A=C \\ B=C \end{cases}$$

이때 위의 세 연립방정식은 해가 모두 같으므로 세 가지 중 가장 간단한 것을 선택한다.

예 방정식 $x+y=3x-2y=5$를 풀 때, 세 연립방정식

$$\begin{cases} x+y=3x-2y \\ x+y=5 \end{cases}, \quad \begin{cases} x+y=3x-2y \\ 3x-2y=5 \end{cases}, \quad \begin{cases} x+y=5 \\ 3x-2y=5 \end{cases}$$

의 해는 $x=3$, $y=2$로 모두 같으므로 가장 간단한 것을 선택하여 푼다.

참고 $C$가 상수일 때는 $\begin{cases} A=C \\ B=C \end{cases}$를 푸는 것이 가장 간단하다.

---

**필수 문제 5**

$A=B=C$ 꼴의 방정식의 풀이

가장 간단한 식이 뭘까?

다음 방정식을 푸시오.

(1) $2x-y-4=7x+2y=4x+y$

(2) $3x+2y-1=2x+y=-2$

**5-1** 다음 방정식을 푸시오.

(1) $2x+y=4x+5y+2=x-3y-7$

(2) $2x+y-1=x+2y-1=5$

**5-2** 다음 방정식을 푸시오.

(1) $x-3(y+2)=2(x+y)-y=-2(y+1)$

(2) $\dfrac{2x+4}{5}=\dfrac{2x-y}{2}=\dfrac{4x+y}{3}$

(3) $\dfrac{y-2}{2}=-0.4x+0.2y-1=\dfrac{x+y+4}{5}$

## 5 해가 특수한 연립방정식의 풀이

(1) **해가 무수히 많은 연립방정식:** 어느 한 일차방정식의 양변에 적당한 수를 곱했을 때,

두 일차방정식의 $x$, $y$의 계수와 상수항이 각각 같으면 해가 무수히 많다. → 두 일차방정식이 일치한다.

예 $\begin{cases} x+2y=3 & \cdots ㉠ \\ 2x+4y=6 & \cdots ㉡ \end{cases}$ $x$의 계수가 같아지도록 ㉠×2를 하면 $\begin{cases} 2x+4y=6 & \cdots ㉢ \\ 2x+4y=6 & \cdots ㉡ \end{cases}$

➡ ㉡과 ㉢은 서로 같은 방정식이므로 해가 무수히 많다.

(2) **해가 없는 연립방정식:** 어느 한 일차방정식의 양변에 적당한 수를 곱했을 때,

두 일차방정식의 $x$, $y$의 계수는 각각 같고, 상수항은 다르면 해가 없다.

예 $\begin{cases} x+2y=3 & \cdots ㉠ \\ 2x+4y=8 & \cdots ㉡ \end{cases}$ $x$의 계수가 같아지도록 ㉠×2를 하면 $\begin{cases} 2x+4y=6 & \cdots ㉢ \\ 2x+4y=8 & \cdots ㉡ \end{cases}$

➡ ㉡과 ㉢에서 $x$, $y$의 계수는 각각 같고, 상수항은 다르므로 해가 없다.

---

**필수 문제 6**

해가 특수한 연립방정식의
풀이

▶연립방정식에서 한 일차방정식의 양변에 적당한 수를 곱했을 때
① 두 일차방정식이 일치하면
⇨ 해가 무수히 많다.
② 두 일차방정식이 상수항만 다르면 ⇨ 해가 없다.

다음 연립방정식을 푸시오.

(1) $\begin{cases} 4x+2y=-6 & \cdots ㉠ \\ 6x+3y=-9 & \cdots ㉡ \end{cases}$

(2) $\begin{cases} 3x-2y=1 & \cdots ㉠ \\ 6x-4y=1 & \cdots ㉡ \end{cases}$

 **6-1** 다음 연립방정식을 푸시오.

(1) $\begin{cases} 2x+y=1 \\ 4x+2y=2 \end{cases}$

(2) $\begin{cases} x-y=-3 \\ 2x-2y=-4 \end{cases}$

(3) $\begin{cases} x=3y-5 \\ 4x-2(x+3y)=-10 \end{cases}$

(4) $\begin{cases} -0.2x+0.3y=2 \\ -\dfrac{x}{3}+\dfrac{y}{2}=2 \end{cases}$

---

**필수 문제 7**

해가 특수한 연립방정식이
되기 위한 조건

연립방정식 $\begin{cases} 2x-y=3 \\ -8x+4y=a-5 \end{cases}$ 의 해가 무수히 많을 때, 상수 $a$의 값을 구하시오.

**7-1** 연립방정식 $\begin{cases} x+3y=7 \\ -ax+y=1 \end{cases}$ 의 해가 없을 때, 상수 $a$의 값을 구하시오.

## STEP 1 쏙쏙 개념 익히기

**1** 다음 연립방정식을 푸시오.

(1) $\begin{cases} x+2(y-x)=-4 \\ 3(x-y)+12y=12 \end{cases}$

(2) $\begin{cases} 2(x-y)+3y=5 \\ 5x-3(2x-y)=8 \end{cases}$

(3) $\begin{cases} 0.2x+0.5y=0.1 \\ 0.1x-0.2y=-1.3 \end{cases}$

(4) $\begin{cases} \dfrac{x}{2}-\dfrac{y}{3}=1 \\ \dfrac{3}{5}x-\dfrac{2}{3}y=-2 \end{cases}$

**2** 연립방정식 $\begin{cases} 1.2x-0.2y=-1 \\ \dfrac{2}{3}x+\dfrac{1}{6}y=-\dfrac{5}{6} \end{cases}$ 의 해가 $(a,\ b)$일 때, $a-b$의 값을 구하시오.

**3** 방정식 $\dfrac{3x-y}{2}=-\dfrac{x-2y}{3}=5$를 푸시오.

**4** 다음 보기의 연립방정식 중 해가 없는 것을 모두 고르시오.

─┤ 보기 ├─

ㄱ. $\begin{cases} x-2y=-1 \\ x-4y=-2 \end{cases}$

ㄴ. $\begin{cases} 2x+6y=4 \\ x+3y=1 \end{cases}$

ㄷ. $\begin{cases} x+4y=1 \\ 4x+y=1 \end{cases}$

ㄹ. $\begin{cases} 3x+y=1 \\ 6x+2y=2 \end{cases}$

ㅁ. $\begin{cases} -2x+4y=-6 \\ x-2y=3 \end{cases}$

ㅂ. $\begin{cases} -x+2y=3 \\ 2x-4y=1 \end{cases}$

**5** 연립방정식 $\begin{cases} x+4y=a \\ bx+8y=-10 \end{cases}$ 의 해가 무수히 많을 때, 상수 $a,\ b$에 대하여 $a+b$의 값을 구하시오.

## 4 연립방정식의 활용

● 정답과 해설 48쪽

**1 연립방정식을 활용하여 문제를 해결하는 과정**

❶ 문제의 상황에 맞게 미지수를 정한다.

❷ 문제의 뜻에 맞게 연립방정식을 세운다.

❸ 연립방정식을 푼다.

❹ 구한 해가 문제의 뜻에 맞는지 확인한다.

주의 문제의 답을 쓸 때, 반드시 단위를 쓴다.

미지수 정하기

↓

연립방정식 세우기

↓

연립방정식 풀기

↓

확인하기

**개념 확인** 다음은 합이 25이고 차가 3인 두 자연수를 구하는 과정이다. ☐ 안에 알맞은 것을 쓰시오.

| ❶ 미지수 정하기 | 두 수 중 큰 수를 $x$, 작은 수를 $y$라고 하자. |
|---|---|
| ❷ 연립방정식 세우기 | 큰 수와 작은 수의 합이 25이므로 <br> ☐$=25$ <br> 큰 수와 작은 수의 차가 3이므로 <br> ☐$=3$ <br> 연립방정식을 세우면 $\begin{cases} \boxed{\phantom{xx}}=25 \\ \boxed{\phantom{xx}}=3 \end{cases}$ |
| ❸ 연립방정식 풀기 | 연립방정식을 풀면 $x=$☐, $y=$☐ <br> 따라서 큰 수는 ☐, 작은 수는 ☐이다. |
| ❹ 확인하기 | 구한 두 수의 합, 차가 각각 <br> ☐$+$☐$=25$, ☐$-$☐$=3$ <br> 이므로 문제의 뜻에 맞는다. |

**필수 문제 ❶**

**수에 대한 문제**

▶두 자리의 자연수에서 십의 자리의 숫자를 $x$, 일의 자리의 숫자를 $y$라고 하면
① 처음 수 ⇨ $10x+y$
② 십의 자리의 숫자와 일의 자리의 숫자를 바꾼 수 ⇨ $10y+x$

각 자리의 숫자의 합이 12인 두 자리의 자연수에서 십의 자리의 숫자와 일의 자리의 숫자를 바꾼 수는 처음 수보다 18만큼 클 때, 처음 수를 구하려고 한다. 다음 물음에 답하시오.

(1) 처음 수의 십의 자리의 숫자를 $x$, 일의 자리의 숫자를 $y$라고 할 때, 연립방정식을 세우시오.

(2) 연립방정식을 푸시오.

(3) 처음 수를 구하시오.

**1-1** 각 자리의 숫자의 합이 8인 두 자리의 자연수에서 십의 자리의 숫자와 일의 자리의 숫자를 바꾼 수는 처음 수의 2배보다 17만큼 작을 때, 처음 수를 구하시오.

필수 **문제** **2**

개수, 가격에 대한 문제

▶물건 A, B를 여러 개 살 때
① 개수에 대한 일차방정식
⇨ (A의 개수)+(B의 개수)
=(전체 개수)
② 가격에 대한 일차방정식
⇨ (A의 전체 가격)
+(B의 전체 가격)
=(지불한 금액)

한 개에 $1000$원인 복숭아와 한 개에 $300$원인 자두를 섞어서 모두 $7$개를 사고 $4200$원을 지불했을 때, 복숭아와 자두를 각각 몇 개씩 샀는지 구하려고 한다. 다음 물음에 답하시오.

(1) 복숭아를 $x$개, 자두를 $y$개 샀다고 할 때, 연립방정식을 세우시오.

(2) 연립방정식을 푸시오.

(3) 복숭아와 자두를 각각 몇 개씩 샀는지 구하시오.

**2-1** 어느 박물관의 입장료는 어른이 $1200$원, 학생이 $900$원이라고 한다. 어른과 학생을 합하여 총 $20$명의 입장료로 $21600$원을 지불했을 때, 이 박물관에 입장한 어른과 학생의 수를 각각 구하시오.

**2-2** 민아는 기말고사 수학 시험에서 $4$점짜리 문제와 $5$점짜리 문제를 합하여 총 $18$개를 맞혀 $76$점을 받았다. 이때 $4$점짜리 문제와 $5$점짜리 문제를 각각 몇 개씩 맞혔는지 구하시오.

필수 **문제** **3**

나이에 대한 문제

▶현재 $x$세인 사람의
$a$년 전의 나이 ⇨ $(x-a)$세
$a$년 후의 나이 ⇨ $(x+a)$세

현재 어머니와 아들의 나이의 합은 $56$세이고, $3$년 전에는 어머니의 나이가 아들의 나이의 $3$배보다 $2$세가 더 많았다고 한다. 현재 어머니와 아들의 나이를 각각 구하려고 할 때, 다음 물음에 답하시오.

(1) 현재 어머니의 나이를 $x$세, 아들의 나이를 $y$세라고 할 때, 연립방정식을 세우시오.

(2) 연립방정식을 푸시오.

(3) 현재 어머니의 나이와 아들의 나이를 각각 구하시오.

**3-1** 현재 아버지와 수연이의 나이의 합은 $58$세이고, $10$년 후에는 아버지의 나이가 수연이의 나이의 $2$배보다 $6$세가 더 많아진다고 한다. 현재 아버지와 수연이의 나이를 각각 구하시오.

# STEP 1 쏙쏙 개념 익히기

**1** 합이 38인 두 자연수가 있다. 작은 수의 3배에서 큰 수를 빼면 26일 때, 두 자연수 중 작은 수를 구하시오.

**2** 두 종류의 과자 A, B가 있다. A 과자 4개와 B 과자 3개의 가격의 합은 5000원이고, A 과자 한 개의 가격은 B 과자 한 개의 가격보다 200원이 비싸다고 할 때, A 과자 한 개의 가격을 구하시오.

**3** 어느 농장에서 닭과 토끼를 합하여 총 20마리를 기르고 있다. 닭과 토끼의 다리의 수의 합이 64개일 때, 이 농장에서 기르는 닭과 토끼는 각각 몇 마리인지 구하시오.

**4** 둘레의 길이가 32 cm인 직사각형이 있다. 가로의 길이가 세로의 길이보다 6 cm만큼 더 길 때, 가로의 길이를 구하시오.

● 계단에 대한 문제
계단을 올라가는 것은 +로, 내려가는 것은 −로 생각하여 연립방정식을 세운다.

**5** 수찬이와 초희가 가위바위보를 하여 이긴 사람은 2계단씩 올라가고, 진 사람은 1계단씩 내려가기로 했다. 얼마 후 수찬이는 처음 위치보다 15계단을, 초희는 처음 위치보다 12계단을 올라가 있었다. 이때 수찬이가 이긴 횟수를 구하시오. (단, 비기는 경우는 없다.)

**6** 은지와 유리가 가위바위보를 하여 이긴 사람은 3계단씩 올라가고, 진 사람은 2계단씩 내려가기로 했다. 얼마 후 은지는 처음 위치보다 20계단을, 유리는 처음 위치보다 5계단을 올라가 있었다. 이때 유리가 이긴 횟수를 구하시오. (단, 비기는 경우는 없다.)

## 2 거리, 속력, 시간에 대한 문제

거리, 속력, 시간에 대한 문제는 다음 관계를 이용하여 연립방정식을 세운다.

$$(거리)=(속력)\times(시간), \quad (속력)=\frac{(거리)}{(시간)}, \quad (시간)=\frac{(거리)}{(속력)}$$

주의 주어진 단위가 다를 경우, 연립방정식을 세우기 전에 먼저 단위를 통일한다.

➡ $1\,km=1000\,m$, $1\,m=\frac{1}{1000}\,km$, 1시간=60분, 1분=$\frac{1}{60}$시간

---

**필수 문제 4**

도중에 속력이 바뀌는 문제

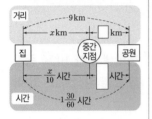

성재는 집에서 $9\,km$ 떨어진 공원까지 가는데 처음에는 시속 $10\,km$로 자전거를 타고 가다가 중간에 시속 $4\,km$로 걸어갔더니 총 1시간 30분이 걸렸다. 다음 표를 완성하고, 자전거를 타고 간 거리와 걸어간 거리를 각각 구하시오.

자전거를 타고 간 거리를 $x\,km$, 걸어간 거리를 $y\,km$라고 하면

|  | 자전거를 타고 갈 때 | 걸어갈 때 | 전체 |
|---|---|---|---|
| 거리 | $x\,km$ |  | $9\,km$ |
| 속력 | 시속 $10\,km$ |  | — |
| 시간 | $\dfrac{x}{10}$시간 |  | $1\dfrac{30}{60}$시간 |

▶ 뛰어간 거리를 $x\,km$, 걸어간 거리를 $y\,km$라고 하면

|  | 뛰어갈 때 | 걸어갈 때 | 전체 |
|---|---|---|---|
| 거리 |  |  |  |
| 속력 |  |  | — |
| 시간 |  |  |  |

**4-1** 혜원이는 거리가 $2\,km$인 길을 가는데 처음에는 시속 $6\,km$로 뛰어가다가 도중에 친구를 만나서 이야기를 하며 시속 $2\,km$로 걸어서 총 40분이 걸렸다고 한다. 이때 혜원이가 걸어간 거리를 구하시오.

---

**필수 문제 5**

왕복하는 문제

▶ (내려온 거리)
　=(올라간 거리)+2(km)

민재가 등산을 하는데 올라갈 때는 시속 $3\,km$로 걷고, 내려올 때는 올라갈 때보다 $2\,km$ 더 먼 길을 시속 $5\,km$로 걸었더니 총 2시간이 걸렸다. 다음 표를 완성하고, 올라간 거리와 내려온 거리를 각각 구하시오.

올라간 거리를 $x\,km$, 내려온 거리를 $y\,km$라고 하면

|  | 올라갈 때 | 내려올 때 | 전체 |
|---|---|---|---|
| 거리 | $x\,km$ |  | — |
| 속력 | 시속 $3\,km$ |  | — |
| 시간 | $\dfrac{x}{3}$시간 |  | 2시간 |

▶ 올라간 거리를 $x\,km$, 내려온 거리를 $y\,km$라고 하면

|  | 올라갈 때 | 내려올 때 | 전체 |
|---|---|---|---|
| 거리 |  |  | — |
| 속력 |  |  | — |
| 시간 |  |  |  |

**5-1** 지영이가 뒷산 약수터에 올라갔다 내려오는데 올라갈 때는 시속 $2\,km$로, 내려올 때는 올라갈 때보다 $3\,km$가 더 짧은 길을 시속 $4\,km$로 걸었더니 총 3시간이 걸렸다. 이때 약수터까지 올라간 거리를 구하시오.

## 3 증가·감소에 대한 문제

(1) $x$가 $a\%$ 증가 ➡ 변화량: $+\dfrac{a}{100}x$ ➡ 증가한 후의 양: $x+\dfrac{a}{100}x \rightarrow \left(1+\dfrac{a}{100}\right)x$

(2) $x$가 $b\%$ 감소 ➡ 변화량: $-\dfrac{b}{100}x$ ➡ 감소한 후의 양: $x-\dfrac{b}{100}x \rightarrow \left(1-\dfrac{b}{100}\right)x$

## 4 일에 대한 문제

전체 일의 양을 1로, 한 사람이 일정 시간 동안 할 수 있는 일의 양을 각각 $x$, $y$로 놓고,
연립방정식을 세운다.

> 예 전체 일의 양을 1이라 하고, A, B가 하루 동안 할 수 있는 일의 양을 각각 $x$, $y$라고 하면
> ➡ $\begin{cases} \text{A, B가 함께 } a\text{일 동안 일하여 끝냈다.} & \Rightarrow a(x+y)=1 \\ \text{A가 } b\text{일 동안하고, B가 } c\text{일 동안 일하여 끝냈다.} & \Rightarrow bx+cy=1 \end{cases}$

---

**필수 문제 6**

증가·감소에 대한 문제

어느 학교의 작년의 전체 학생 수는 700명이었다. 올해는 작년보다 남학생 수가 $10\%$ 증가하고, 여학생 수가 $4\%$ 감소하여 전체적으로 14명이 증가하였다. 다음 표를 완성하고, 이 학교의 올해의 남학생 수와 여학생 수를 각각 구하시오.

작년의 남학생 수를 $x$명, 여학생 수를 $y$명이라고 하면

|  | 남학생 | 여학생 | 전체 |
|---|---|---|---|
| 작년의 학생 수 | $x$명 |  | 700명 |
| 올해의 변화율 | 10 % 증가 |  | — |
| 학생 수의 변화량 | $+\dfrac{10}{100}x$명 |  | +14명 |

**6-1** 어느 중학교의 작년의 전체 학생 수는 1000명이었다. 올해는 작년보다 남학생 수가 $6\%$ 감소하고, 여학생 수가 $4\%$ 증가하여 전체적으로 5명이 감소하였다. 이 학교의 올해의 남학생 수와 여학생 수를 각각 구하시오.

---

**필수 문제 7**

일에 대한 문제

▶다음을 이용하여 식을 세운다.
전체 일의 양을 1이라고 하면
① (A, B가 함께 6일 동안 한 일의 양)=1
② (A가 3일, B가 8일 동안 한 일의 양)=1

A, B 두 사람이 함께 하면 6일 만에 끝낼 수 있는 일을 A가 먼저 3일 동안 한 후 나머지를 B가 8일 동안 하여 끝냈다. 이 일을 B가 혼자 하면 며칠이 걸리는지 구하시오.

**7-1** A가 8일 동안 하고, 나머지를 B가 2일 동안 하여 끝낼 수 있는 일을 A와 B가 함께 하여 4일 만에 마쳤다. 이 일을 A가 혼자 하면 며칠이 걸리는지 구하시오.

## 5 농도에 대한 문제

농도에 대한 문제는 다음 관계를 이용하여 연립방정식을 세운다.

$$(\text{소금물의 농도}) = \frac{(\text{소금의 양})}{(\text{소금물의 양})} \times 100(\%), \quad (\text{소금의 양}) = \frac{(\text{소금물의 농도})}{100} \times (\text{소금물의 양})$$

참고 농도에 대한 문제는 대부분 다음의 두 가지를 이용하여 식을 세운다.

$\begin{cases} (\text{섞기 전 두 소금물의 양의 합}) = (\text{섞은 후 소금물의 양}) & \rightarrow \text{소금물의 양에 대한 식} \\ (\text{섞기 전 두 소금물에 들어 있는 소금의 양의 합}) = (\text{섞은 후 소금물에 들어 있는 소금의 양}) & \rightarrow \text{소금의 양에 대한 식} \end{cases}$

**필수 문제** **8**

농도에 대한 문제

4 %의 소금물과 7 %의 소금물을 섞어서 5 %의 소금물 600 g을 만들었다. 다음 표를 완성하고, 4 %의 소금물과 7 %의 소금물을 각각 몇 g씩 섞어야 하는지 구하시오.

4 %의 소금물의 양을 $x$ g, 7 %의 소금물의 양을 $y$ g이라고 하면

| | 섞기 전 | | | 섞은 후 |
|---|---|---|---|---|
| 소금물의 농도 | 4 % | + | 7 % | = 5 % |
| 소금물의 양 | $x$ g | | | |
| 소금의 양 | $\left(\dfrac{4}{100} \times x\right)$ g | | | |

**8-1** 5 %의 소금물과 10 %의 소금물을 섞어서 8 %의 소금물 500 g을 만들었다. 다음 표를 완성하고, 5 %의 소금물과 10 %의 소금물을 각각 몇 g씩 섞어야 하는지 구하시오.

5 %의 소금물의 양을 $x$ g, 10 %의 소금물의 양을 $y$ g이라고 하면

| | 섞기 전 | | | 섞은 후 |
|---|---|---|---|---|
| 소금물의 농도 | 5 % | + | 10 % | = 8 % |
| 소금물의 양 | | | | |
| 소금의 양 | | | | |

# STEP 1 쏙쏙 개념 익히기

**1** 등산을 하는데 올라갈 때는 시속 3 km로, 내려올 때는 다른 길을 시속 4 km로 걸어서 4시간 30분이 걸렸다고 한다. 총 16 km를 걸었다고 할 때, 내려온 거리를 구하시오.

**2** 어느 농장에서 작년에 쌀과 보리를 합하여 800 kg을 생산하였다. 올해는 작년에 비해 쌀의 생산량이 2 % 증가하고, 보리의 생산량이 3 % 증가하여 전체적으로 21 kg이 증가하였다. 이 농장의 올해 보리의 생산량을 구하시오.

**3** 9 %의 설탕물과 13 %의 설탕물을 섞어서 10 %의 설탕물 800 g을 만들려고 한다. 이때 9 %의 설탕물은 몇 g을 섞어야 하는지 구하시오.

● 둘레를 도는 문제
A, B 두 사람이 트랙의 같은 지점에서 출발할 때
① 반대 방향으로 돌다 처음으로 만나는 경우
⇨ (A, B가 이동한 거리의 합)
= (트랙의 둘레의 길이)
② 같은 방향으로 돌다 처음으로 만나는 경우
⇨ (A, B가 이동한 거리의 차)
= (트랙의 둘레의 길이)

**4** 둘레의 길이기 2 km인 트랙을 시우와 은수가 같은 지점에서 동시에 출발하여 서로 반대 방향으로 돌면 10분 후에 처음 만나고, 같은 방향으로 돌면 50분 후에 처음 만난다고 한다. 각자 일정한 속력으로 돌고 시우가 은수보다 빠르다고 할 때, 다음 물음에 답하시오.

(1) 시우의 속력을 분속 $x$ m, 은수의 속력을 분속 $y$ m라고 할 때, 연립방정식을 세우시오.

(2) 연립방정식을 푸시오.

(3) 시우와 은수의 속력은 각각 분속 몇 m인지 구하시오.

한 번 더 *기*

**5** 둘레의 길이가 2.4 km인 호수의 둘레를 상호와 진구가 같은 지점에서 동시에 출발하여 서로 반대 방향으로 돌면 15분 후에 처음 만나고, 같은 방향으로 돌면 1시간 15분 후에 처음 만난다고 한다. 각자 일정한 속력으로 돌고 상호가 진구보다 빠르다고 할 때, 상호의 속력은 분속 몇 m인지 구하시오.

⭐ 중요

**1** 다음 보기 중 미지수가 2개인 일차방정식을 모두 고른 것은?

┌ 보기 ├
ㄱ. $x-3y$           ㄴ. $y=x(x+1)$

ㄷ. $2x=1-3y$       ㄹ. $2x-y=2x-3$

ㅁ. $\dfrac{7}{x+1}=y-2$   ㅂ. $\dfrac{x}{3}-\dfrac{y}{2}+1=0$

① ㄱ, ㄷ       ② ㄴ, ㄹ       ③ ㄷ, ㅂ
④ ㄹ, ㅁ       ⑤ ㅁ, ㅂ

**2** $ax-3y+1=4x+by-6$이 미지수가 2개인 일차방정식이 되기 위한 상수 $a$, $b$의 조건은?

① $a=4$, $b=3$           ② $a=4$, $b\neq-3$
③ $a\neq4$, $b=-3$       ④ $a\neq4$, $b\neq-3$
⑤ $a\neq-4$, $b=-3$

**3** $x$, $y$의 값이 자연수일 때, 다음 중 일차방정식 $2x+3y=26$의 해가 아닌 것은?

① $(1, 8)$       ② $(4, 6)$       ③ $(7, 4)$
④ $(8, 3)$       ⑤ $(10, 2)$

**4** 일차방정식 $3x+2y=10$의 한 해가 $(-a, a+3)$일 때, $a$의 값을 구하시오.

**5** 다음 연립방정식 중 해가 $x=2$, $y=1$인 것은?

① $\begin{cases} x+y=3 \\ x-y=2 \end{cases}$       ② $\begin{cases} x+2y=5 \\ 2x+3y=8 \end{cases}$

③ $\begin{cases} 2x-5y=-2 \\ 4x+y=9 \end{cases}$   ④ $\begin{cases} 3x+2y=8 \\ 5y=3x-1 \end{cases}$

⑤ $\begin{cases} -x+2y=0 \\ 2x+y=4 \end{cases}$

**6** 연립방정식 $\begin{cases} x+my=5 \\ mx+y=n \end{cases}$의 해가 $(1, 2)$일 때, 상수 $m$, $n$에 대하여 $mn$의 값을 구하시오.

**7** 연립방정식 $\begin{cases} y=-2x+5 \\ 3x-y=10 \end{cases}$을 풀면?

① $x=0$, $y=5$       ② $x=1$, $y=3$
③ $x=3$, $y=-1$      ④ $x=4$, $y=-3$
⑤ $x=5$, $y=-5$

**8** 연립방정식 $\begin{cases} 3x-5y=8 & \cdots ㉠ \\ 2x-3y=6 & \cdots ㉡ \end{cases}$을 가감법을 이용하여 풀 때, $x$를 없애기 위해 필요한 식은?

① ㉠×2＋㉡×3       ② ㉠×2－㉡×3
③ ㉠×3＋㉡×5       ④ ㉠×3－㉡×5
⑤ ㉠×3－㉡×2

**9** 연립방정식 $\begin{cases} 4x+5y=9 \\ 2x-3y=-1 \end{cases}$ 의 해가 일차방정식 $x+5y=a$를 만족시킬 때, 상수 $a$의 값을 구하시오.

**10** 연립방정식 $\begin{cases} ax-by=-9 \\ bx+ay=8 \end{cases}$ 의 해가 $x=-1$, $y=2$일 때, 상수 $a$, $b$의 값을 각각 구하시오.

**11** 연립방정식 $\begin{cases} 2x+y=7 \\ x+ay=8 \end{cases}$ 의 해가 일차방정식 $x-3y=-7$을 만족시킬 때, 상수 $a$의 값은?

① 1          ② 2          ③ 3
④ 4          ⑤ 5

**12** 두 연립방정식 $\begin{cases} x+ay=6 \\ 3x+5y=-2 \end{cases}$, $\begin{cases} 2x+by=2 \\ -2x-3y=2 \end{cases}$ 의 해가 서로 같을 때, 상수 $a$, $b$의 값을 각각 구하시오.

**13** 연립방정식 $\begin{cases} bx+ay=9 \\ ax+by=-6 \end{cases}$ 에서 잘못하여 $a$와 $b$를 서로 바꾸어 놓고 풀었더니 해가 $x=4$, $y=-1$이었다. 이때 상수 $a$, $b$에 대하여 $a-b$의 값을 구하시오.

**14** 연립방정식 $\begin{cases} 3(x+y)=5+2y \\ 10-(x-2y)=-2x \end{cases}$ 를 만족시키는 $x$, $y$에 대하여 $x+y$의 값은?

① $-4$          ② $-3$          ③ $-2$
④ $-1$          ⑤ 0

**15** 연립방정식 $\begin{cases} 0.5x+0.9y=-1.1 \\ \dfrac{2}{3}x+\dfrac{3}{4}y=\dfrac{1}{3} \end{cases}$ 의 해가 $x=a$, $y=b$일 때, $ab$의 값을 구하시오.

**16** 다음 방정식의 해를 구하시오.

$$\frac{4x-3y+7}{2}=\frac{2x+5y+2}{3}=3x-2y$$

**17** 다음 연립방정식 중 해가 무수히 많은 것은?

① $\begin{cases} x+y=-1 \\ x-y=2 \end{cases}$ 　　② $\begin{cases} y=x+2 \\ 2x-2y=4 \end{cases}$

③ $\begin{cases} x+y=1 \\ -3x-3y=2 \end{cases}$ 　　④ $\begin{cases} 2x+y=1 \\ 6x+3y=3 \end{cases}$

⑤ $\begin{cases} 3x+4y=5 \\ 6x+8y=-10 \end{cases}$

**18** 연립방정식 $\begin{cases} x-2y=3 \\ 3x+ay=b \end{cases}$ 의 해가 없을 때, 다음 중 상수 $a$, $b$의 조건으로 옳은 것은?

① $a=-6$, $b=9$ 　　② $a=-6$, $b\neq9$

③ $a=6$, $b\neq9$ 　　④ $a\neq-6$, $b=9$

⑤ $a\neq6$, $b=9$

**19** 일의 자리의 숫자가 십의 자리의 숫자의 2배인 두 자리의 자연수가 있다. 십의 자리의 숫자와 일의 자리의 숫자를 바꾼 수는 처음 수의 2배보다 9만큼 작다고 할 때, 처음 수를 구하시오.

**20** 볼펜 6자루와 색연필 5자루의 가격은 8300원이고, 볼펜 3자루와 색연필 6자루의 가격은 6600원이다. 이때 색연필 한 자루의 가격을 구하시오.

**21** 동우와 미주가 가위바위보를 하여 이긴 사람은 $a$계단을 올라가고, 진 사람은 $b$계단을 내려가기로 하였다. 동우는 10번 이기고 미주는 5번을 이겨서 처음 위치보다 동우는 25계단, 미주는 5계단을 올라가 있었다. 이때 $a$, $b$의 값을 각각 구하시오.

(단, 비기는 경우는 없다.)

**22** 형이 도서관을 향해 집을 나선 지 9분 후에 동생이 뒤따라갔다. 형은 분속 50 m로 걷고, 동생은 자전거를 타고 분속 200 m로 달릴 때, 두 사람이 만나는 것은 동생이 출발한 지 몇 분 후인지 구하시오.

**23** A, B 두 호스로 동시에 15분 동안 물을 넣으면 가득 차는 물탱크가 있다. 이 물탱크에 A 호스로 10분 동안 물을 넣은 다음 B 호스로 30분 동안 물을 넣었더니 가득 찼다. A 호스로만 이 물탱크를 가득 채우는 데 몇 분이 걸리는지 구하시오.

**24** 7 %의 소금물과 12 %의 소금물을 섞어서 9 %의 소금물 650 g을 만들었다. 이때 12 %의 소금물의 양은?

① 260 g 　　② 290 g 　　③ 320 g

④ 360 g 　　⑤ 390 g

🔗 유제를 따라 풀어 보고, 실전 문제로 연습해 보세요.

**따라 해보자**

**예제 1**

연립방정식 $\begin{cases} ax-2y=-2 \\ 7x-3y=30 \end{cases}$ 을 만족시키는 $x$와 $y$의 값의 비가 $3:2$일 때, 상수 $a$의 값을 구하시오.

**풀이 과정**

**[1단계] 해의 조건을 식으로 나타내기**

$x$와 $y$의 값의 비가 $3:2$이므로

$x:y=3:2$　　∴ $2x=3y$

**[2단계] $x$, $y$의 값 구하기**

연립방정식 $\begin{cases} 2x=3y & \cdots ㉠ \\ 7x-3y=30 & \cdots ㉡ \end{cases}$ 에서

㉠을 ㉡에 대입하면 $7x-2x=30$, $5x=30$　　∴ $x=6$

$x=6$을 ㉠에 대입하면 $12=3y$　　∴ $y=4$

**[3단계] $a$의 값 구하기**

$x=6$, $y=4$를 $ax-2y=-2$에 대입하면

$6a-8=-2$, $6a=6$　　∴ $a=1$

**답** 1

---

**유제 1**

연립방정식 $\begin{cases} 2x+ay=17 \\ 3x+2y=24 \end{cases}$ 를 만족시키는 $x$와 $y$의 값의 비가 $2:3$일 때, 상수 $a$의 값을 구하시오.

**풀이 과정**

**[1단계] 해의 조건을 식으로 나타내기**

**[2단계] $x$, $y$의 값 구하기**

**[3단계] $a$의 값 구하기**

**답**

---

**예제 2**

유리와 정미가 연립방정식 $\begin{cases} ax-y=5 \\ 3x+by=12 \end{cases}$ 를 푸는데 유리는 $a$를 잘못 보고 풀어서 $x=2$, $y=-3$을 얻었고, 정미는 $b$를 잘못 보고 풀어서 $x=4$, $y=3$을 얻었다. 이때 처음 연립방정식의 해를 구하시오. (단, $a$, $b$는 상수)

**풀이 과정**

**[1단계] $b$의 값 구하기**

$x=2$, $y=-3$은 $3x+by=12$의 해이므로

$6-3b=12$, $-3b=6$　　∴ $b=-2$

**[2단계] $a$의 값 구하기**

$x=4$, $y=3$은 $ax-y=5$의 해이므로

$4a-3=5$, $4a=8$　　∴ $a=2$

**[3단계] 처음 연립방정식의 해 구하기**

처음 연립방정식은 $\begin{cases} 2x-y=5 & \cdots ㉠ \\ 3x-2y=12 & \cdots ㉡ \end{cases}$ 이므로

㉠×2-㉡을 하면 $x=-2$

$x=-2$를 ㉠에 대입하면 $-4-y=5$　　∴ $y=-9$

**답** $x=-2$, $y=-9$

---

**유제 2**

성재와 준호가 연립방정식 $\begin{cases} ax-5y=7 \\ 5x-by=11 \end{cases}$ 을 푸는데 성재는 $a$를 잘못 보고 풀어서 $x=-1$, $y=-4$를 얻었고, 준호는 $b$를 잘못 보고 풀어서 $x=8$, $y=5$를 얻었다. 이때 처음 연립방정식의 해를 구하시오. (단, $a$, $b$는 상수)

**풀이 과정**

**[1단계] $b$의 값 구하기**

**[2단계] $a$의 값 구하기**

**[3단계] 처음 연립방정식의 해 구하기**

**답**

▶ 모든 문제는 풀이 과정을 자세히 서술한 후 답을 쓰세요.

**연습해 보자**

**1** 순서쌍 $(a, 5)$, $(3, b)$가 모두 일차방정식 $x-3y=-6$의 해일 때, $a+b$의 값을 구하시오.

**풀이 과정**

**답**

**2** 다음 연립방정식을 푸시오.

$$\begin{cases} (x-1):(y+1)=2:3 \\ \dfrac{x}{4}-\dfrac{y}{5}=\dfrac{2}{5} \end{cases}$$

**풀이 과정**

**답**

**3** 방정식 $3x+y-7=-2x-3y+4=x+2y$의 해가 일차방정식 $4x-ay-9=0$을 만족시킬 때, 상수 $a$ 의 값을 구하시오.

**풀이 과정**

**답**

**4** 현재 이모의 나이와 조카의 나이의 합은 60세이고, 15년 후에는 이모의 나이가 조카의 나이의 2배가 된 다고 한다. 다음 물음에 답하시오.

(1) 현재 이모의 나이를 $x$세, 조카의 나이를 $y$세라 고 할 때, 연립방정식을 세우시오.

(2) 5년 후의 이모의 나이를 구하시오.

**풀이 과정**

(1)

(2)

**답** (1)　　　　　　　　(2)

# 역사 속의 방정식

　방정식은 생활 속의 문제 상황을 해결하기 위한 도구로서 오랜 옛날부터 동서양을 막론하고 사용되었다. 서양에서는 기원전 1650년경에 쓰인 고대 이집트의 파피루스에서 일차방정식에 대한 기록을 찾아볼 수 있고, 동양에서는 기원전 1100년경 중국 한나라 때 쓰인 "구장산술"에서 다양한 방정식 문제를 찾아볼 수 있다.

　특히 9개의 장으로 구성된 "구장산술"의 제8장인 '방정(方程)'에는 연립방정식 문제가 수록되어 있는데, 여기서 방정식이라는 용어가 유래되었다고 한다.

　"구장산술" 외에도 다양한 수학책에서 연립방정식 문제를 찾아볼 수 있는데, 그중 하나가 중국의 수학자 정대위가 16세기 말에 저술한 "산법통종"이다. "산법통종"은 서민 수학이 융성해지면서 출판된 수학책으로, 중국의 수판셈에 대하여 설명하고 있으며 그 밖에 이슬람의 수학 계산법도 소개하고 있다. 이 책은 우리나라에도 전해져 조선 시대 전기의 계산법에 크게 영향을 미쳤다.

### 기출문제는 이렇게!

**Q** 중국의 수학책 "산법통종"에는 아래와 같은 한시 형식의 연립방정식 문제가 수록되어 있다.

　　我問店家李三公 衆客都到來店中 一序七客多七客 一序九客一房室

이 시의 뜻을 현대적으로 표현하면 다음과 같을 때, 여관의 객실 수와 손님 수를 각각 구하시오.

> 여관을 하는 이가네 집에 손님이 많이 몰려왔네.
> 한 방에 7명씩 채워서 들어가면 7명이 남고, 9명씩 채워서 들어가면 방 하나가 남네.
> 객실 수와 손님 수는 얼마인가?

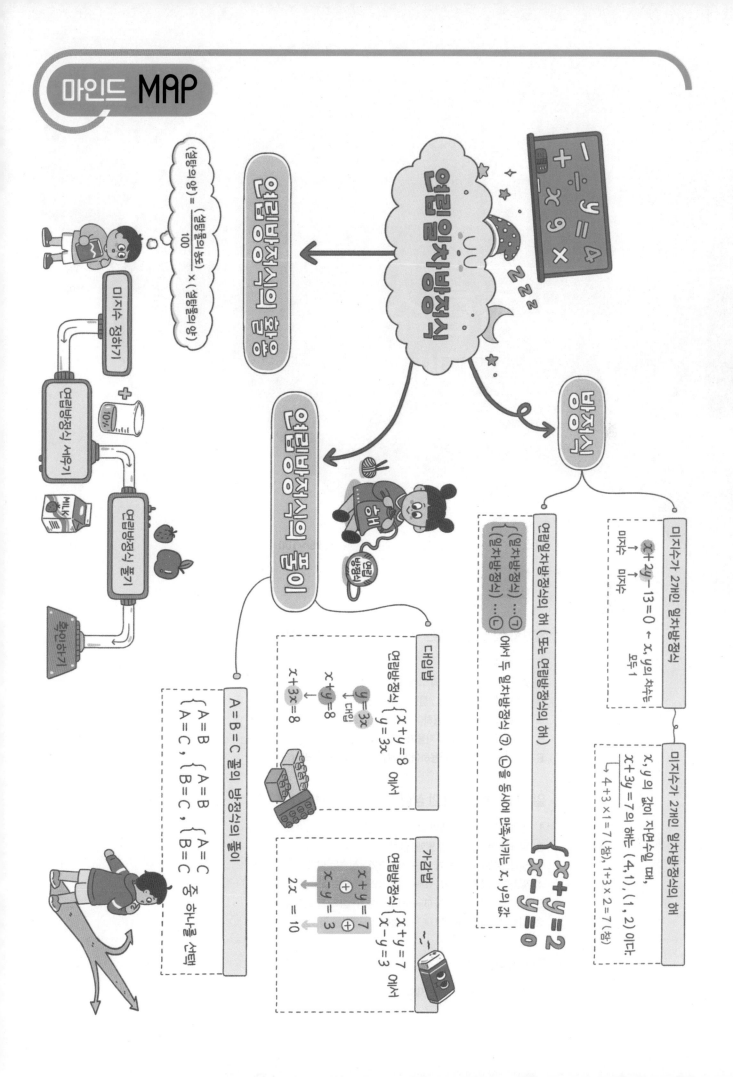

# 마인드 MAP

## 연립일차방정식

$1 \div y = 4$
$1 + x = 9 \times$

### 연립일차방정식의 활용

(설탕의 양) = (설탕물의 농도)/100 × (설탕물의 양)

**미지수 정하기** → **연립방정식 세우기** → **연립방정식 풀기** → **확인하기**

### 연립방정식

**미지수가 2개인 일차방정식**
$x + 2y - 13 = 0$ → x, y의 차수는 모두 1
미지수    미지수

**미지수가 2개인 일차방정식의 해**
x, y의 값이 자연수일 때,
$\underline{x + 3y = 7}$의 해는 (4, 1), (1, 2) 이다.
4 + 3 × 1 = 7 (참), 1 + 3 × 2 = 7 (참)

**연립일차방정식의 해 (또는 연립방정식의 해)**
$\begin{cases} (일차방정식) \cdots \text{㉠} \\ (일차방정식) \cdots \text{㉡} \end{cases}$
㉠에서 두 일차방정식 ㉠, ㉡을 동시에 만족시키는 x, y의 값
$\begin{cases} x + y = 2 \\ x - y = 0 \end{cases}$

### 연립방정식의 풀이

**대입법**
연립방정식 $\begin{cases} x + y = 8 \\ y = 3x \end{cases}$ 에서
$y = 3x$
↓ 대입
$x + y = 8$
$x + 3x = 8$

**가감법**
연립방정식 $\begin{cases} x + y = 7 \\ x - y = 3 \end{cases}$ 에서
$\begin{array}{c} x + y = 7 \quad (+) \\ x - y = 3 \quad (+) \\ \hline 2x \quad\quad = 10 \end{array}$

**A = B = C 꼴의 방정식의 풀이**
$A = B = C$ → $\begin{cases} A = B \\ A = C \end{cases}, \begin{cases} A = B \\ B = C \end{cases}, \begin{cases} A = C \\ B = C \end{cases}$ 중 하나를 선택

# 5 일차함수와 그 그래프

III
일차함수

| 이전에 배운 내용 | 이번에 배울 내용 | 이후에 배울 내용 |

**이전에 배운 내용**

중1
- 일차식과 그 계산
- 좌표와 그래프
- 정비례와 반비례

**이번에 배울 내용**

◠1 함수

◠2 일차함수와 그 그래프

◠3 일차함수의 그래프의 성질과 식

◠4 일차함수의 활용

**이후에 배울 내용**

중3
- 이차함수와 그 그래프

고등
- 함수
- 유리함수와 무리함수

---

**준비 학습**

중1 **일차식과 그 계산**
- 일차식: 차수가 1인 다항식

**1** 다음 보기 중 일차식을 모두 고르시오.

보기

ㄱ. $2x$    ㄴ. $\dfrac{x}{3}-2$    ㄷ. $(x-5)-x$    ㄹ. $x^2-2x+3$

중1 **좌표와 그래프**

제2사분면 제1사분면
$(-, +)$ $(+, +)$

제3사분면 제4사분면
$(-, -)$ $(+, -)$

**2** 다음 점은 제몇 사분면 위의 점인지 구하시오.

(1) $A(-4, 2)$ (2) $B(-1, -7)$

중1 **정비례와 반비례**
- 정비례 관계식: $y=ax$ $(a \neq 0)$
- 반비례 관계식: $y=\dfrac{a}{x}$ $(a \neq 0)$

**3** 다음을 $x$와 $y$ 사이의 관계식으로 나타내시오.

(1) $y$가 $x$에 정비례하고, $x=3$일 때 $y=6$이다.

(2) $y$가 $x$에 반비례하고, $x=5$일 때 $y=-2$이다.

# 함수

## 1 함수

두 변수 $x$, $y$에 대하여 $x$의 값이 변함에 따라 $y$의 값이 오직 하나씩 정해지는 대응 관계가 있을 때, $y$를 $x$의 함수라고 한다.

참고 대표적인 함수

• 정비례 관계 $y=ax$ $(a≠0)$

예 $y=2x$ ($x$는 자연수)

| $x$ | 1 | 2 | 3 | ⋯ |
|---|---|---|---|---|
| $y$ | 2 | 4 | 6 | ⋯ |

• 반비례 관계 $y=\dfrac{a}{x}$ $(a≠0)$

예 $y=\dfrac{12}{x}$ ($x$는 자연수)

| $x$ | 1 | 2 | 3 | ⋯ |
|---|---|---|---|---|
| $y$ | 12 | 6 | 4 | ⋯ |

• $y=$ ($x$에 대한 일차식)

예 $y=x+5$ ($x$는 자연수)

| $x$ | 1 | 2 | 3 | ⋯ |
|---|---|---|---|---|
| $y$ | 6 | 7 | 8 | ⋯ |

**개념 확인** 다음 두 변수 $x$, $y$ 사이의 대응 관계를 나타낸 표를 완성하고, $y$가 $x$의 함수 인지 말하시오.

(1) 한 개에 500원인 빵 $x$개의 가격 $y$원

| $x$ | 1 | 2 | 3 | 4 | ⋯ |
|---|---|---|---|---|---|
| $y$ | 500 | | | | ⋯ |

(2) 자연수 $x$의 약수 $y$

| $x$ | 1 | 2 | 3 | 4 | ⋯ |
|---|---|---|---|---|---|
| $y$ | 1 | | | | ⋯ |

> **핵심**
>
> **함수의 조건**
>
> $x$의 모든 값에 대하여 $y$의 값이 오직 하나씩 대응해야 한다.
> 즉, $x$의 값 하나에 대응하는 $y$의 값이 없거나 2개 이상이면 함수가 아니다.

**필수 문제 1**

함수의 뜻

다음 중 $y$가 $x$의 함수인 것은 ○표, 함수가 <u>아닌</u> 것은 ×표를 ( ) 안에 쓰시오.

(1) 자연수 $x$보다 작은 홀수 $y$ ( )

(2) 자연수 $x$와 6의 최대공약수 $y$ ( )

(3) 자연수 $x$의 배수 $y$ ( )

(4) 한 변의 길이가 $x$ cm인 정삼각형의 둘레의 길이 $y$ cm ( )

(5) 넓이가 $24$ cm²인 평행사변형의 밑변의 길이 $x$ cm와 높이 $y$ cm ( )

**1-1** 다음 보기 중 $y$가 $x$의 함수인 것을 모두 고르시오.

┤ 보기 ├
ㄱ. 자연수 $x$를 3으로 나눈 나머지 $y$

ㄴ. 자연수 $x$와 서로소인 수 $y$

ㄷ. 200 mL인 우유를 $x$ mL만큼 마셨을 때, 남은 우유의 양 $y$ mL

ㄹ. 빈통에 물을 채우는데 물의 높이가 1분에 8 cm씩 높아질 때, $x$분 후의 물의 높이 $y$ cm

## 2 함숫값

(1) 두 변수 $x$, $y$에서 $y$가 $x$의 함수인 것을 기호로 $y=f(x)$와 같이 나타낸다.

> 예 함수 $y=2x$를 $f(x)=2x$와 같이 나타내기도 한다.

(2) 함수 $y=f(x)$에서 $x$의 값에 대응하는 $y$의 값을 $x$에 대한 **함숫값**이라 하고,
기호로 $f(x)$와 같이 나타낸다.

> 예 함수 $f(x)=2x$에서 $x=3$일 때의 함숫값 ➡ $f(3)=2\times 3=6$

> 참고 함수 $y=f(x)$에서
> $f(\text{ⓐ})$의 값 ➡ $x=\text{ⓐ}$일 때의 함숫값
>       ➡ $x=\text{ⓐ}$일 때, $y$의 값
>       ➡ $f(x)$에 $x$ 대신 ⓐ를 대입하여 얻은 값

**개념 확인** 함수 $f(x)=\dfrac{6}{x}$에 대하여 $x$의 값이 $-1$, $1$, $2$일 때의 함숫값을 차례로 구하시오.

> 용어
> 함수 $y=f(x)$에서 $f$는
> function(함수)의 첫 글자이다.

---

**필수 문제 2**

함숫값

다음과 같은 함수 $y=f(x)$에 대하여 $f(2)$, $f(-3)$의 값을 각각 구하시오.

(1) $f(x)=3x$

(2) $f(x)=-\dfrac{8}{x}$

**2-1** 두 함수 $f(x)=-5x$, $g(x)=\dfrac{12}{x}$에 대하여 다음을 구하시오.

(1) $f(4)$의 값

(2) $2f\left(-\dfrac{1}{5}\right)$의 값

(3) $g(-2)$의 값

(4) $\dfrac{1}{4}g(3)$의 값

**2-2** 함수 $f(x)=$(자연수 $x$를 2로 나눈 나머지)에 대하여 $f(5)+f(10)$의 값을 구하시오.

STEP
**1** **쏙쏙 개념 익히기**

**1** 20 m짜리 테이프를 $x$ m만큼 사용하고 남은 테이프의 길이를 $y$ m라고 할 때, 다음 물음에 답하시오.

(1) 두 변수 $x$, $y$ 사이의 대응 관계를 나타내는 다음 표를 완성하시오.

| $x$ | 1 | 2 | 3 | 4 | 5 | ⋯ |
|---|---|---|---|---|---|---|
| $y$ | | | | | | ⋯ |

(2) $y$가 $x$의 함수인지 말하시오.

**2** 다음 중 $y$가 $x$의 함수가 <u>아닌</u> 것은?

① 합이 50인 두 자연수 $x$와 $y$
② 자연수 $x$의 2배보다 작은 자연수 $y$
③ 한 개에 150 g인 오렌지 $x$개의 무게 $y$ g
④ 반지름의 길이가 $x$ cm인 원의 둘레의 길이 $y$ cm
⑤ 시속 $x$ km로 5시간 동안 달린 자동차가 이동한 거리 $y$ km

**3** 다음 중 함수 $f(x) = -\dfrac{6}{x}$의 함숫값이 옳지 <u>않은</u> 것은?

① $f(-8) = \dfrac{3}{4}$      ② $f(-2) = 3$      ③ $f(-1) = 6$

④ $f\left(\dfrac{1}{2}\right) = -3$      ⑤ $f(4) + f(-3) = \dfrac{1}{2}$

**4** 함수 $f(x) = -4x$에 대하여 $f(-2) = a$, $f(b) = -1$일 때, $ab$의 값을 구하시오.

**5** 함수 $f(x) = \dfrac{a}{x}$에 대하여 $f(2) = -6$일 때, 상수 $a$의 값을 구하시오.

**6** 함수 $f(x) = $ (자연수 $x$의 약수의 개수)에 대하여 $f(2) + f(4)$의 값을 구하시오.

# 02 일차함수와 그 그래프

• 정답과 해설 57쪽

## 1 일차함수

함수 $y=f(x)$에서 $y$가 $x$에 대한 일차식

$$y=ax+b\,(a,\ b\text{는 상수},\ a\neq0)$$

로 나타날 때, 이 함수를 $x$에 대한 **일차함수**라고 한다.

예 $y=3x$, $y=\dfrac{1}{2}x$, $y=-5x+\dfrac{3}{4}$ ➡ 일차함수이다.

  $y=4x^2+9$, $y=-1$, $y=\dfrac{2}{x}+6$ ➡ 일차함수가 아니다.

---

**필수 문제 1**

일차함수의 뜻

▶ 식을 간단히 정리했을 때,
 $y=(x$에 대한 일차식) 꼴인
 것을 찾는다.

다음 보기 중 $y$가 $x$의 일차함수인 것을 모두 고르시오.

┌ 보기 ┐
ㄱ. $y=-2x$　　　　　　ㄴ. $y=7$　　　　　　ㄷ. $y=5(x-1)-5x$

ㄹ. $y=x+\dfrac{1}{6}$　　　　ㅁ. $y=x(x-3)$　　　ㅂ. $y=\dfrac{1}{x}-2$

---

**1-1** 다음 중 $y$가 $x$의 일차함수가 <u>아닌</u> 것을 모두 고르면? (정답 2개)

① $x+y=1$　　　　　② $y=\dfrac{x-2}{4}$　　　　　③ $xy=8$

④ $y=x-(3+x)$　　　⑤ $y=x^2+x(6-x)$

---

**1-2** 다음에서 $y$를 $x$에 대한 식으로 나타내고, 일차함수인 것을 모두 고르시오.

(1) 나이가 $x$세인 아들보다 32세가 더 많은 어머니의 나이 $y$세

(2) 반지름의 길이가 $x\,\mathrm{cm}$인 원의 넓이 $y\,\mathrm{cm}^2$

(3) 쌀 40 kg을 $x$명에게 똑같이 나누어 줄 때, 한 사람이 가지는 쌀의 양 $y$ kg

(4) 하루 중 낮의 길이가 $x$시간일 때, 밤의 길이 $y$시간

---

**필수 문제 2**

일차함수의 함숫값

다음과 같은 함수 $y=f(x)$에 대하여 $x$의 값이 $-2$, 2일 때의 함숫값을 차례로 구하시오.

(1) $f(x)=-3x+1$　　　　　　　(2) $f(x)=\dfrac{5}{2}x-4$

## 2 일차함수 $y=ax+b$의 그래프

(1) **평행이동**: 한 도형을 일정한 방향으로 일정한 거리만큼 옮기는 것

(2) **일차함수 $y=ax+b$의 그래프**

일차함수 $y=ax$의 그래프를 $y$축의 방향으로 $b$만큼 평행이동한 직선

> **예** 일차함수 $y=3x-2$의 그래프는 일차함수 $y=3x$의 그래프를 $y$축의 방향으로 $-2$만큼 평행이동한 직선이다.

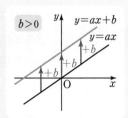

**개념 확인**  일차함수 $y=2x$의 그래프를 이용하여 일차함수 $y=2x+3$의 그래프를 그리려고 한다. 다음 물음에 답하시오.

(1) 다음 표를 완성하시오.

| $x$ | $\cdots$ | $-2$ | $-1$ | $0$ | $1$ | $2$ | $\cdots$ |
|---|---|---|---|---|---|---|---|
| $y=2x$ | $\cdots$ | $-4$ | $-2$ | $0$ | $2$ | $4$ | $\cdots$ |
| $y=2x+3$ | $\cdots$ | | | | | | $\cdots$ |

$+3\big($

(2) 일차함수 $y=2x$의 그래프를 이용하여 일차함수 $y=2x+3$의 그래프를 위의 좌표평면 위에 그리시오.

> **보충**
> 특별한 말이 없으면 일차함수 $y=ax+b$ 에서 $x$의 값의 범위는 수 전체로 생각한다.

---

**필수 문제 3**

일차함수의 그래프

▶ $y=ax+b$의 그래프는
$b>0$이면
$y$축의 **양의 방향**으로,
$b<0$이면
$y$축의 **음의 방향**으로
$y=ax$의 그래프를 평행이동한 것이다.

다음 ☐ 안에 알맞은 수를 쓰고, 일차함수 $y=-x$의 그래프를 이용하여 주어진 일차함수의 그래프를 오른쪽 좌표평면 위에 그리시오.

(1) $y=-x+1$

$$y=-x \xrightarrow[\;\boxed{\phantom{0}}\text{만큼 평행이동}\;]{y\text{축의 방향으로}} y=-x+1$$

(2) $y=-x-2$

$$y=-x \xrightarrow[\;\boxed{\phantom{0}}\text{만큼 평행이동}\;]{y\text{축의 방향으로}} y=-x-2$$

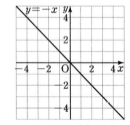

---

**필수 문제 4**

일차함수의 그래프의 평행이동

▶ $y=ax+b$
$y$축의 방향으로
$k$만큼 평행이동하면
$y=ax+b+k$

다음 일차함수의 그래프를 $y$축의 방향으로 [  ] 안의 수만큼 평행이동한 그래프가 나타내는 일차함수의 식을 구하시오.

(1) $y=6x$　[ $3$ ]

(2) $y=-\dfrac{1}{2}x+4$　[ $-5$ ]

**4-1** 다음 일차함수의 그래프는 일차함수 $y=3x+2$의 그래프를 $y$축의 방향으로 얼마만큼 평행이동한 것인지 구하시오.

(1) $y=3x+7$

(2) $y=3x-6$

## 쏙쏙 개념 익히기

**1** 다음 보기 중 $y$가 $x$의 일차함수인 것을 모두 고르시오.

┤ 보기 ├

ㄱ. 1000원짜리 사과 3개와 $x$원짜리 배 5개의 전체 가격 $y$원

ㄴ. 전체 쪽수가 200쪽인 책을 하루에 9쪽씩 $x$일 동안 읽고 남은 쪽수 $y$쪽

ㄷ. 밑변의 길이가 $x$ cm이고 넓이가 $10\,\text{cm}^2$인 삼각형의 높이 $y$ cm

ㄹ. 매분 $x$ L씩 물을 넣어 $30$ L짜리 물통을 가득 채우는 데 걸리는 시간 $y$분

**2** 일차함수 $f(x)=4x+1$에 대하여 $f(2)-2f(-1)$의 값을 구하시오.

**3** 일차함수 $f(x)=ax-2$에 대하여 $f(1)=1$일 때, $f(-3)$의 값을 구하시오. (단, $a$는 상수)

**4** 일차함수 $y=\dfrac{1}{2}x$의 그래프를 $y$축의 방향으로 3만큼 평행이동한 그래프가 지나지 <u>않는</u> 사분면을 말하시오.

**5** 다음 중 일차함수 $y=-2x+3$의 그래프 위의 점이 <u>아닌</u> 것은?

① $(-2, 7)$        ② $(-1, 5)$        ③ $\left(\dfrac{1}{2}, 2\right)$

④ $(3, 3)$        ⑤ $(5, -7)$

**6** 일차함수 $y=-\dfrac{2}{3}x-1$의 그래프를 $y$축의 방향으로 $-2$만큼 평행이동한 그래프가 점 $(k, -5)$를 지날 때, $k$의 값을 구하시오.

## 3 일차함수의 그래프의 $x$절편, $y$절편

(1) $x$절편: 함수의 그래프가 $x$축과 만나는 점의 $x$좌표

　　➡ $y=0$일 때, $x$의 값

(2) $y$절편: 함수의 그래프가 $y$축과 만나는 점의 $y$좌표

　　➡ $x=0$일 때, $y$의 값

참고 일차함수 $y=ax+b$의 그래프에서

　① $x$축과 만나는 점의 좌표: $\left(-\dfrac{b}{a},\ 0\right)$ ➡ $x$절편: $-\dfrac{b}{a}$

　② $y$축과 만나는 점의 좌표: $(0,\ b)$ ➡ $y$절편: $b$

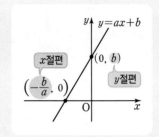

**개념 확인**　오른쪽 일차함수의 그래프에 대하여 다음을 구하시오.

(1) $x$축과 만나는 점의 좌표

(2) $y$축과 만나는 점의 좌표

(3) $x$절편, $y$절편

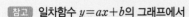

---

**필수 문제　5**

일차함수의 그래프의
$x$절편, $y$절편

오른쪽 두 일차함수의 그래프 (1), (2)의 $x$절편과 $y$절편을 각각 구하시오.

(1) $x$절편: _____　　　(2) $x$절편: _____

　　$y$절편: _____　　　　　$y$절편: _____

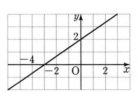

**5-1**　오른쪽 세 일차함수의 그래프 (1), (2), (3)의 $x$절편과 $y$절편을 각각 구하시오.

(1) $x$절편: _____　(2) $x$절편: _____　(3) $x$절편: _____

　　$y$절편: _____　　　$y$절편: _____　　　$y$절편: _____

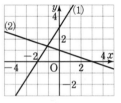

---

**필수 문제　6**

일차함수의 식에서의
$x$절편, $y$절편

▶일차함수 $y=ax+b$에서

• $x$절편: 식에 $y=0$을 대입하여
　얻은 $x$의 값

• $y$절편: 식에 $x=0$을 대입하여
　얻은 $y$의 값

다음 일차함수의 그래프의 $x$절편과 $y$절편을 각각 구하시오.

(1) $y=-4x+3$　　　　　　　　(2) $y=\dfrac{1}{2}x-4$

**6-1**　다음 일차함수의 그래프의 $x$절편과 $y$절편을 각각 구하시오.

(1) $y=-x+2$　　　(2) $y=\dfrac{2}{5}x+6$　　　(3) $y=-2x-8$

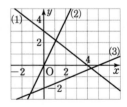

## 4 $x$절편과 $y$절편을 이용하여 일차함수의 그래프 그리기

원점을 지나지 않는 일차함수의 그래프는 $x$절편과 $y$절편을 이용하여 그릴 수 있다.

❶ $x$절편과 $y$절편을 각각 구한다.

❷ 그래프가 $x$축, $y$축과 만나는 두 점 $(x$절편, $0)$, $(0, y$절편$)$을 좌표평면 위에 나타낸다.

❸ 두 점을 직선으로 연결한다.

> 참고 원점을 지나는 일차함수의 그래프는 원점에서 $x$축, $y$축과 동시에 만나므로 각 절편이 나타내는 점은 모두 원점이다.
> 일차함수 $y = ax$의 그래프

---

**필수 문제 7**

$x$절편과 $y$절편을 이용하여 일차함수의 그래프 그리기

$x$절편과 $y$절편을 이용하여 일차함수 $y = -\dfrac{3}{4}x + 3$의 그래프를 그리려고 한다. 다음 ☐ 안에 알맞은 수를 쓰고, 이를 이용하여 그래프를 오른쪽 좌표평면 위에 그리시오.

❶ $x$절편은 ☐, $y$절편은 ☐이다.

❷ 두 점 (☐, 0), (0, ☐)을(를) 좌표평면 위에 나타낸다.

❸ 두 점을 직선으로 연결한다.

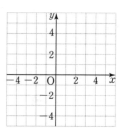

**7-1** $x$절편과 $y$절편을 이용하여 다음 일차함수의 그래프를 오른쪽 좌표평면 위에 그리시오.

(1) $y = -\dfrac{1}{3}x - 1$

(2) $y = 2x - 4$

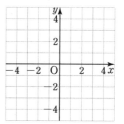

---

**필수 문제 8**

일차함수의 그래프와 $x$축, $y$축으로 둘러싸인 도형의 넓이

▶ $x$절편과 $y$절편을 이용하여 일차함수의 그래프를 그리고, 이때 생기는 도형의 넓이를 구한다.

일차함수 $y = 2x + 4$의 그래프와 $x$축, $y$축으로 둘러싸인 도형의 넓이를 구하시오.

**8-1** 일차함수 $y = -\dfrac{2}{3}x + 6$의 그래프와 $x$축, $y$축으로 둘러싸인 도형의 넓이를 구하시오.

STEP
1

## 쏙쏙 개념 익히기

**1** 오른쪽 네 일차함수의 그래프 (1)~(4)의 $x$절편과 $y$절편을 각각 구하시오.

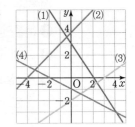

(1) $x$절편: \_\_\_\_\_, $y$절편: \_\_\_\_\_

(2) $x$절편: \_\_\_\_\_, $y$절편: \_\_\_\_\_

(3) $x$절편: \_\_\_\_\_, $y$절편: \_\_\_\_\_

(4) $x$절편: \_\_\_\_\_, $y$절편: \_\_\_\_\_

**2** 일차함수 $y=\dfrac{3}{2}x$의 그래프를 $y$축의 방향으로 $-1$만큼 평행이동한 그래프의 $x$절편과 $y$절편의 합을 구하시오.

**3** 다음을 구하시오.

(1) 일차함수 $y=-x+b$의 그래프의 $y$절편이 $-3$일 때, 상수 $b$의 값

(2) 일차함수 $y=ax+1$의 그래프의 $x$절편이 $-3$일 때, 상수 $a$의 값

**4** 오른쪽 그림과 같은 일차함수 $y=-\dfrac{3}{5}x+b$의 그래프에서 점 A의 좌표를 구하시오. (단, $b$는 상수)

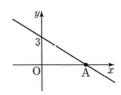

**5** 다음 일차함수의 그래프의 $x$절편과 $y$절편을 차례로 구하고, 이를 이용하여 그래프를 오른쪽 좌표평면 위에 그리시오.

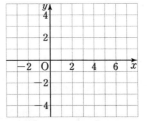

(1) $y=\dfrac{4}{3}x-4$      (2) $y=x+2$

(3) $y=-\dfrac{1}{2}x+3$      (4) $y=-2x-4$

**6** 오른쪽 그림과 같이 일차함수 $y=ax-2$의 그래프가 $x$축, $y$축과 만나는 점을 각각 A, B라고 하자. $\triangle$AOB의 넓이가 4일 때, 양수 $a$의 값을 구하시오. (단, O는 원점)

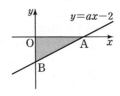

## 5 일차함수의 그래프의 기울기

일차함수 $y=ax+b$에서 $x$의 값의 증가량에 대한 $y$의 값의 증가량의 비율은 항상 일정하고, 그 비율은 $x$의 계수 $a$와 같다.

이 증가량의 비율 $a$를 일차함수 $y=ax+b$의 그래프의 **기울기**라고 한다.

➡ $(기울기)=\dfrac{(y의\ 값의\ 증가량)}{(x의\ 값의\ 증가량)}=a$

$y=\boxed{a}x+\boxed{b}$
기울기 $y$절편

예 일차함수 $y=2x+3$에서 정수 $x$의 값에 대응하는 $y$의 값을 표와 그래프로 나타내면 다음과 같다.

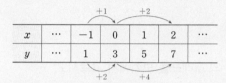

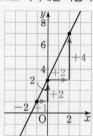

➡ $(기울기)=\dfrac{(y의\ 값의\ 증가량)}{(x의\ 값의\ 증가량)}=\dfrac{3-1}{0-(-1)}=\dfrac{7-3}{2-0}=\cdots=2$

한 직선 위의 어느 두 점을 선택해도 기울기는 항상 같다. ←

**개념 확인** 오른쪽 그림과 같은 일차함수 $y=-\dfrac{3}{4}x+2$의 그래프에 대하여 다음 ☐ 안에 알맞은 수를 쓰시오.

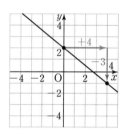

일차함수 $y=-\dfrac{3}{4}x+2$의 그래프의 기울기는 ☐이다.

이는 $x$의 값이 4만큼 증가할 때, $y$의 값은 ☐만큼 감소한다는 뜻이다.

**필수 문제 9**

일차함수의 그래프의 기울기 (1)

▸기울기는 $x$좌표, $y$좌표가 모두 정수인 두 점을 이용하여 구하는 것이 편리하다.

다음 일차함수의 그래프의 기울기를 구하시오.

(1)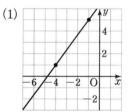

(2)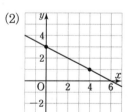

**9-1** 다음 일차함수의 그래프의 기울기를 구하시오.

(1)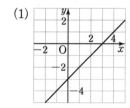

(2)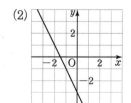

(3)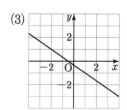

다음 일차함수의 그래프의 기울기를 구하시오.

(1) $y = -4x + 5$

(2) $x$의 값이 2만큼 증가할 때, $y$의 값이 6만큼 증가하는 그래프

(3) $x$의 값이 1에서 3까지 증가할 때, $y$의 값이 4만큼 감소하는 그래프

▶$k$만큼 감소한다.
⇨ $-k$만큼 증가한다.

**10-1** 다음을 만족시키는 일차함수의 그래프를 보기에서 고르시오.

(1) $x$의 값이 8만큼 증가할 때, $y$의 값은 2만큼 감소한다.

(2) $x$의 값이 $-1$에서 2까지 증가할 때, $y$의 값은 24만큼 증가한다.

┌ 보기 ┐
ㄱ. $y = -6x + 4$   ㄴ. $y = -\dfrac{1}{4}x + 2$
ㄷ. $y = 4x + 8$   ㄹ. $y = 8x - 2$

**10-2** 다음 일차함수의 그래프의 기울기를 구하고, $x$의 값이 [    ] 안의 수만큼 증가할 때의 $y$의 값의 증가량을 구하시오.

(1) $y = 2x - 4$  [ 2 ]

(2) $y = -\dfrac{1}{2}x + 5$  [ 4 ]

두 점 $(-1, 4)$, $(2, 1)$을 지나는 일차함수의 그래프의 기울기를 구하시오.

▶서로 다른 두 점
$(x_1, y_1)$, $(x_2, y_2)$를 지나는
일차함수의 그래프에서
$(기울기) = \dfrac{y_2 - y_1}{x_2 - x_1} = \dfrac{y_1 - y_2}{x_1 - x_2}$

**11-1** 다음 두 점을 지나는 일차함수의 그래프의 기울기를 구하시오.

(1) $(1, 2)$, $(3, 8)$

(2) $(-2, 1)$, $(1, -4)$

**11-2** $x$절편이 $-2$이고, $y$절편이 4인 일차함수의 그래프의 기울기를 구하시오.

## **6** 기울기와 $y$절편을 이용하여 일차함수의 그래프 그리기

일차함수 $y=ax+b\,(a,\ b$는 상수, $a\neq0)$의 그래프는 기울기와 $y$절편을 이용하여 그릴 수 있다.

❶ $y$절편을 이용하여 그래프가 $y$축과 만나는 점 $(0,\ b)$를 좌표평면 위에 나타낸다.

❷ 기울기를 이용하여 그래프가 지나는 다른 한 점을 찾아 좌표평면 위에 나타낸다.

❸ 두 점을 직선으로 연결한다.

---

**필수 문제** **12**

기울기와 $y$절편을 이용하여
일차함수의 그래프 그리기

▶$b$, $p$, $q$가 양수일 때,
 일차함수 $y=\dfrac{q}{p}x+b$의 그래프
 를 그리면 다음과 같다.

⇨

기울기와 $y$절편을 이용하여 일차함수 $y=\dfrac{3}{2}x+2$의 그래프를 그리려고 한다. 다음 ☐ 안에 알맞은 수를 쓰고, 이를 이용하여 그래프를 오른쪽 좌표평면 위에 그리시오.

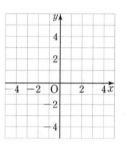

❶ $y$절편이 ☐이므로 점 $(0,\ ☐)$을(를) 좌표평면 위에 나타낸다.

❷ 기울기가 ☐이므로 (1)의 점에서 $x$의 값이 2만큼, $y$의 값이 ☐만큼 증가한 점 $(2,\ ☐)$을(를) 좌표평면 위에 나타낸다.

❸ 두 점을 직선으로 연결한다.

---

**12-1** 기울기와 $y$절편을 이용하여 다음 일차함수의 그래프를 오른쪽 좌표평면 위에 그리시오.

(1) $y=-\dfrac{2}{3}x+4$

(2) $y=3x-1$

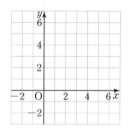

---

**12-2** 다음 중 기울기와 $y$절편을 이용하여 일차함수 $y=-2x+1$의 그래프를 바르게 그린 것은?

①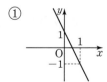

②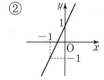

③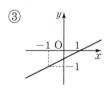

④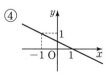

⑤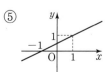

## STEP 1 쏙쏙 개념 익히기

**1** 다음 일차함수의 그래프 중 $x$의 값이 $-2$에서 $7$까지 증가할 때, $y$의 값이 $3$만큼 증가하는 것은?

① $y=-3x-5$      ② $y=-2x+3$      ③ $y=\dfrac{1}{3}x-1$

④ $y=3x+7$      ⑤ $y=7x+5$

**2** 일차함수 $y=ax-2$의 그래프에서 $x$의 값이 $6$만큼 증가할 때, $y$의 값은 $-12$만큼 증가한다. 다음을 구하시오. (단, $a$는 상수)

(1) $a$의 값

(2) $x$의 값이 $3$에서 $5$까지 증가할 때, $y$의 값의 증가량

**3** 오른쪽 그림과 같은 두 일차함수 $y=f(x)$, $y=g(x)$의 그래프의 기울기를 각각 $m$, $n$이라고 할 때, $m+n$의 값을 구하시오.

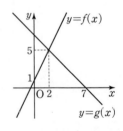

**4** 두 점 $(-4, k)$, $(3, 15)$를 지나는 일차함수의 그래프의 기울기가 $3$일 때, $k$의 값을 구하시오.

● 세 점이 한 직선 위에 있는 경우
세 점 중 어느 두 점을 선택해도 기울기는 같다.

**5** 좌표평면 위의 세 점 $A(-3, -2)$, $B(1, 0)$, $C(3, m)$이 한 직선 위에 있을 때, $m$의 값을 구하시오.

한번 더

**6** 좌표평면 위의 세 점 $(0, 3)$, $(1, 2)$, $(-5, k)$가 한 직선 위에 있을 때, $k$의 값을 구하시오.

# 3 일차함수의 그래프의 성질과 식

• 정답과 해설 62쪽

## 1 일차함수 $y=ax+b$의 그래프의 성질

(1) 기울기 $a$의 부호: 그래프의 모양 결정

   ① $a>0$: $x$의 값이 증가할 때, $y$의 값도 증가한다.

     ➡ 오른쪽 위로 향하는 직선 ( ↗ )

   ② $a<0$: $x$의 값이 증가할 때, $y$의 값은 감소한다.

     ➡ 오른쪽 아래로 향하는 직선 ( ↘ )

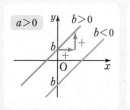 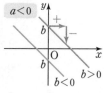

> [참고] **기울기 $a$의 크기에 따른 그래프의 모양**
> • $a>0$이면 $a$의 값이 클수록 그래프가 $y$축에 가깝다.
> • $a<0$이면 $a$의 값이 작을수록 그래프가 $y$축에 가깝다.
> ➡ $a$의 절댓값이 클수록 그래프가 $y$축에 가깝다.

(2) $y$절편 $b$의 부호: 그래프가 $y$축과 만나는 부분 결정

   ① $b>0$: $y$축과 양의 부분에서 만난다. → $y$절편이 양수

   ② $b<0$: $y$축과 음의 부분에서 만난다. → $y$절편이 음수

---

**필수 문제 1**

일차함수의 그래프의 성질 (1)

기울기가 양수일 때    기울기가 음수일 때

다음을 만족시키는 직선을 그래프로 하는 일차함수의 식을 보기에서 모두 고르시오.

(1) 오른쪽 위로 향하는 직선

(2) $x$의 값이 증가할 때, $y$의 값은 감소하는 직선

(3) $y$축과 음의 부분에서 만나는 직선

(4) $y$축에 가장 가까운 직선

> ┤ 보기 ├
> ㄱ. $y=x-7$     ㄴ. $y=-\dfrac{1}{2}x+2$
> ㄷ. $y=3x$     ㄹ. $y=-6x-5$
> ㅁ. $y=2x+1$

---

**필수 문제 2**

일차함수의 그래프의 성질 (2)

일차함수 $y=ax+b$의 그래프가 오른쪽 그림과 같을 때, 상수 $a$, $b$의 부호를 각각 정하시오.

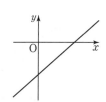

**2-1** 일차함수 $y=ax-b$의 그래프가 오른쪽 그림과 같을 때, 상수 $a$, $b$의 부호를 각각 정하시오.

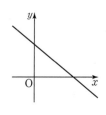

## 2 일차함수의 그래프의 평행, 일치

(1) 서로 평행한 두 일차함수의 그래프의 기울기는 같다.

(2) 기울기가 같은 두 일차함수의 그래프는 서로 평행하거나 일치한다.

두 일차함수 $y=ax+b$와 $y=cx+d$의 그래프에 대하여

① 기울기는 같고 $y$절편은 다를 때, 즉 $a=c$, $b \neq d$이면

➡ 두 그래프는 서로 평행하다.

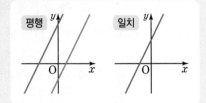

예 두 일차함수 $y=2x+3$, $y=2x+5$의 그래프는 서로 평행하다.

② 기울기가 같고 $y$절편도 같을 때, 즉 $a=c$, $b=d$이면

➡ 두 그래프는 일치한다.

참고 기울기가 다른 두 일차함수의 그래프는 한 점에서 만난다.

---

**필수 문제 ③**

일차함수의 그래프의 평행, 일치

다음을 만족시키는 직선을 그래프로 하는 일차함수의 식을 보기에서 모두 고르시오.

(1) 일차함수 $y=-2x-4$의 그래프와 평행하다.

(2) 일차함수 $y=-2x-4$의 그래프와 일치한다.

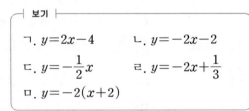

보기

ㄱ. $y=2x-4$　　　ㄴ. $y=-2x-2$

ㄷ. $y=-\dfrac{1}{2}x$　　　ㄹ. $y=-2x+\dfrac{1}{3}$

ㅁ. $y=-2(x+2)$

---

**3-1** 다음 일차함수 중 그 그래프가 오른쪽 그래프와 평행한 것은?

① $y=-2x+3$　　② $y=-x+1$　　③ $y-\dfrac{1}{2}x-4$

④ $y=\dfrac{1}{2}x-1$　　⑤ $y=2x+1$

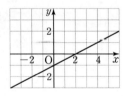

---

**필수 문제 ④**

두 일차함수의 그래프가 평행(일치)하기 위한 조건

▶ • 두 직선이 서로 평행하면
　⇨ 기울기는 같고,
　　$y$절편은 다르다.
• 두 직선이 일치하면
　⇨ 기울기가 같고,
　　$y$절편도 같다.

두 일차함수 $y=ax-2$, $y=-3x+b$의 그래프에 대하여 다음을 구하시오. (단, $a$, $b$는 상수)

(1) 두 직선이 서로 평행하기 위한 $a$, $b$의 조건

(2) 두 직선이 일치하기 위한 $a$, $b$의 조건

---

**4-1** 두 일차함수 $y=-ax+5$, $y=6x-7$의 그래프가 서로 평행할 때, 상수 $a$의 값을 구하시오.

---

**4-2** 일차함수 $y=2x+b$의 그래프를 $y$축의 방향으로 $-3$만큼 평행이동하면 일차함수 $y=ax-1$의 그래프와 일치한다. 이때 상수 $a$, $b$에 대하여 $a+b$의 값을 구하시오.

# STEP 1 쏙쏙 개념 익히기

**1** 다음을 만족시키는 일차함수의 그래프를 보기에서 모두 고르시오.

(1) 그래프가 오른쪽 아래로 향한다.

(2) $x$의 값이 증가할 때, $y$의 값도 증가한다.

(3) $y$축과 양의 부분에서 만난다.

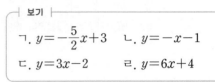

┌ 보기 ┐
ㄱ. $y = -\dfrac{5}{2}x + 3$   ㄴ. $y = -x - 1$

ㄷ. $y = 3x - 2$   ㄹ. $y = 6x + 4$

**2** 오른쪽 그림의 ㉠~㉣은 일차함수 $y = ax + 2$의 그래프이다. 이 중 다음 조건을 만족시키는 그래프를 모두 고르시오. (단, $a$는 상수)

(1) $a > 0$

(2) $a < 0$

(3) 기울기가 가장 큰 직선

(4) 기울기가 가장 작은 직선

(5) $a$의 절댓값이 가장 큰 직선

**3** 일차함수 $y = -ax + b$의 그래프가 다음과 같을 때, 상수 $a$, $b$의 부호를 각각 정하시오.

(1)
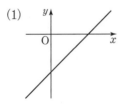

(2)
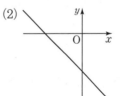

**4** 일차함수 $y = ax + 5$의 그래프는 점 $(2, b)$를 지나고, 일차함수 $y = -3x + \dfrac{1}{2}$의 그래프와 만나지 않는다. 이때 $a + b$의 값을 구하시오. (단, $a$는 상수)

**5** 다음 중 일차함수 $y = x + 7$의 그래프에 대한 설명으로 옳지 <u>않은</u> 것은?

① 점 $(-3, 4)$를 지난다.   ② $x$절편은 $-7$, $y$절편은 7이다.
③ 일차함수 $y = x$의 그래프와 평행하다.   ④ 제4사분면을 지나지 않는다.
⑤ $x$의 값이 증가할 때, $y$의 값은 감소한다.

## 3 일차함수의 식 구하기 (1) – 기울기와 $y$절편을 알 때

기울기가 $a$이고, $y$절편이 $b$인 직선을 그래프로 하는 일차함수의 식은
$y=ax+b$이다.

예 기울기가 2이고, $y$절편이 3인 직선 ➡ $y=2x+3$

$$y=\boxed{a}x+\boxed{b}$$
기울기 $y$절편

---

**필수 문제 5**

일차함수의 식 구하기 (1)
– 기울기와 $y$절편

▸ 서로 평행한 두 일차함수의
그래프의 기울기는 같다.

다음과 같은 직선을 그래프로 하는 일차함수의 식을 구하시오.

(1) 기울기가 3이고, $y$절편이 $-5$인 직선

(2) 일차함수 $y=-\dfrac{1}{2}x$의 그래프와 평행하고, 점 $(0, -3)$을 지나는 직선

**5-1** 다음과 같은 직선을 그래프로 하는 일차함수의 식을 구하시오.

(1) 기울기가 $-6$이고, $y$절편이 $\dfrac{1}{4}$인 직선

(2) 일차함수 $y=\dfrac{2}{3}x+1$의 그래프와 평행하고, $y$절편이 $-7$인 직선

▸ 두 직선이 $y$축 위에서 만나면
두 직선의 $y$절편이 같다.

(3) 기울기가 $-4$이고, 일차함수 $y=2x+3$의 그래프와 $y$축 위에서 만나는 직선

(4) $x$의 값이 2만큼 증가할 때 $y$의 값이 1만큼 증가하고, 점 $(0, 1)$을 지나는 직선

**5-2** 오른쪽 그림의 직선과 평행하고, $y$절편이 $-8$인 직선을 그래프로 하는 일차함수의 식을 $y=ax+b$라고 할 때, 상수 $a$, $b$에 대하여 $ab$의 값을 구하시오.

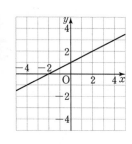

## 4 일차함수의 식 구하기 (2) – 기울기와 한 점의 좌표를 알 때

기울기가 $a$이고, 점 $(x_1, y_1)$을 지나는 직선을 그래프로 하는 일차함수의 식은 다음 순서로 구한다.

❶ 기울기가 $a$이므로 일차함수의 식을 $y=ax+b$로 놓는다.

❷ $y=ax+b$에 $x=x_1$, $y=y_1$을 대입하여 $b$의 값을 구한다.

예 기울기가 3이고, 점 $(2, 1)$을 지나는 직선

➡ ❶ 기울기가 3이므로 $y=3x+b$로 놓는다.

 ❷ $y=3x+b$에 $x=2$, $y=1$을 대입하면 $1=6+b$  ∴ $b=-5$

 ∴ $y=3x-5$

---

**필수 문제 6**

일차함수의 식 구하기 (2)
– 기울기와 한 점

다음과 같은 직선을 그래프로 하는 일차함수의 식을 구하시오.

(1) 기울기가 $-2$이고, 점 $(1, -1)$을 지나는 직선

(2) 기울기가 3이고, $x$절편이 $\dfrac{1}{3}$인 직선

**6-1** 다음과 같은 직선을 그래프로 하는 일차함수의 식을 구하시오.

(1) 기울기가 5이고, 점 $(-2, -4)$를 지나는 직선

(2) 일차함수 $y=-x-3$의 그래프와 평행하고, $x$절편이 2인 직선

(3) $x$의 값이 3만큼 증가할 때 $y$의 값이 4만큼 감소하고, 점 $(3, -1)$을 지나는 직선

**6-2** 오른쪽 그림의 직선과 평행하고, 점 $(-4, 8)$을 지나는 직선을 그래프로 하는 일차함수의 식을 $y=ax+b$라고 할 때, 상수 $a$, $b$에 대하여 $a+b$의 값을 구하시오.

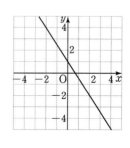

## 5 일차함수의 식 구하기 (3) – 서로 다른 두 점의 좌표를 알 때

서로 다른 두 점 $(x_1, y_1)$, $(x_2, y_2)$를 지나는 직선을 그래프로 하는 일차함수의 식은
다음 순서로 구한다.

❶ 기울기 $a$를 구한다. ➡ $a = \dfrac{y_2 - y_1}{x_2 - x_1} = \dfrac{y_1 - y_2}{x_1 - x_2}$

❷ 일차함수의 식을 $y = ax + b$로 놓는다.

❸ $y = ax + b$에 한 점의 좌표를 대입하여 $b$의 값을 구한다.
↳ $x = x_1, y = y_1$ 또는 $x = x_2, y = y_2$

예 두 점 $(1, 3)$, $(2, 5)$를 지나는 직선

➡ ❶ (기울기) $= \dfrac{5-3}{2-1} = 2$

❷ $y = 2x + b$로 놓는다.

❸ $y = 2x + b$에 $x = 1$, $y = 3$을 대입하면 $3 = 2 + b$  ∴ $b = 1$
∴ $y = 2x + 1$

---

**필수 문제 7**

일차함수의 식 구하기 (3)
– 서로 다른 두 점

두 점 $(-1, -5)$, $(2, 1)$을 지나는 직선을 그래프로 하는 일차함수의 식을 구하시오.

**7-1** 다음 두 점을 지나는 직선을 그래프로 하는 일차함수의 식을 구하시오.

(1) $(1, 0)$, $(3, 4)$　　　　　　(2) $(2, -1)$, $(-3, 5)$

---

**필수 문제 8**

일차함수의 식 구하기 (3)
– 그래프 위의 서로 다른
　두 점

오른쪽 그림의 직선에 대하여 다음 물음에 답하시오.

(1) 이 직선의 기울기를 구하시오.

(2) 이 직선을 그래프로 하는 일차함수의 식을 구하시오.

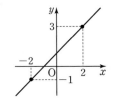

**8-1** 오른쪽 그림의 직선을 그래프로 하는 일차함수의 식을 구하시오.

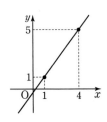

## 6 일차함수의 식 구하기 (4) – $x$절편과 $y$절편을 알 때

$x$절편이 $m$, $y$절편이 $n$인 직선을 그래프로 하는 일차함수의 식은 다음 순서로 구한다.

❶ 기울기를 구한다.

➡ 두 점 $(m, 0)$, $(0, n)$을 지나므로 (기울기)$=\dfrac{n-0}{0-m}=-\dfrac{n}{m}$

❷ $y$절편이 $n$이므로 일차함수의 식은 $y=-\dfrac{n}{m}x+n$이다.

[예] $x$절편이 2, $y$절편이 4인 직선

➡ ❶ 두 점 $(2, 0)$, $(0, 4)$를 지나므로 (기울기)$=\dfrac{4-0}{0-2}=-2$

　 ❷ $y$절편이 4이므로 $y=-2x+4$

---

**필수 문제 ⑨**

일차함수의 식 구하기 (4)
– $x$절편과 $y$절편

$x$절편이 5, $y$절편이 $-2$인 직선을 그래프로 하는 일차함수의 식을 구하시오.

**9-1** 다음과 같은 직선을 그래프로 하는 일차함수의 식을 구하시오.

(1) $x$절편이 $-2$, $y$절편이 3인 직선

(2) $x$절편이 $-4$, $y$절편이 $-1$인 직선

▶두 직선이 $x$축 위에서 만나면 두 직선의 $x$절편이 같다.

**9-2** 일차함수 $y=2x+4$의 그래프와 $x$축 위에서 만나고, $y$절편이 $-3$인 직선을 그래프로 하는 일차함수의 식을 구하시오.

---

**필수 문제 ⑩**

일차함수의 식 구하기 (4)
– 그래프 위의 $x$절편과
　 $y$절편

오른쪽 그림의 직선에 대하여 다음 물음에 답하시오.

(1) 이 직선의 기울기를 구하시오.

(2) 이 직선을 그래프로 하는 일차함수의 식을 구하시오.

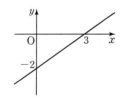

**10-1** 오른쪽 그림의 직선을 그래프로 하는 일차함수의 식을 구하시오.

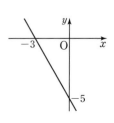

# STEP 1 쏙쏙 개념 익히기

**1** 다음과 같은 직선을 그래프로 하는 일차함수의 식을 구하시오.

(1) 기울기가 $\frac{1}{2}$이고, 일차함수 $y=-\frac{1}{3}x-4$의 그래프와 $y$축 위에서 만나는 직선

(2) 일차함수 $y=x+3$의 그래프와 평행하고, 점 $(0,\ -2)$를 지나는 직선

**2** 기울기가 $-2$이고 $y$절편이 3인 직선이 점 $\left(-\frac{1}{2}a,\ 4a\right)$를 지날 때, $a$의 값을 구하시오.

**3** 다음과 같은 직선을 그래프로 하는 일차함수의 식을 구하시오.

(1) $x$의 값이 5만큼 증가할 때 $y$의 값이 5만큼 감소하고, 점 $(2,\ -3)$을 지나는 직선

(2) 일차함수 $y=-\frac{3}{4}x+1$의 그래프와 평행하고, $x$절편이 4인 직선

**4** 오른쪽 그림의 직선과 평행하고, 점 $(3, 5)$를 지나는 일차함수의 그래프의 $y$절편을 구하시오.

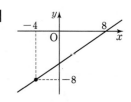

**5** 다음과 같은 직선을 그래프로 하는 일차함수의 식을 구하시오.

(1) 점 $(2, 4)$를 지나고, $x$절편이 3인 직선

(2) $x$절편이 5, $y$절편이 7인 직선

**6** 오른쪽 그림의 직선이 점 $\left(\frac{3}{4},\ k\right)$를 지날 때, $k$의 값을 구하시오.

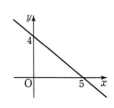

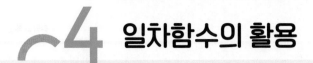
# 04 일차함수의 활용

## 1 일차함수를 활용하여 문제를 해결하는 과정

❶ 두 변수 $x$와 $y$ 사이의 관계를 파악하여 일차함수의 식을 세운다.

➡ $y=(x$에 대한 일차식$)$ 꼴

❷ ❶의 식에 주어진 조건을 대입하여 문제의 뜻에 맞는 값을 구한다.
└→ $x=m$ 또는 $y=n$ $(m, n$은 상수$)$

---

**필수 문제 1**

일차함수의 활용 ⑴

▶처음 $y$의 값이 $p$이고, $x$의 값이 1만큼 증가할 때마다 $y$의 값이 $q$만큼 증가하면 ⇨ $y=p+qx$

50 cm 높이까지 물이 채워져 있는 어느 직육면체 모양의 수영장에 물을 받는데 물의 높이가 매분 2 cm씩 일정하게 높아지고 있다. 수영장에 물을 받기 시작한 지 $x$분 후에 물의 높이를 $y$ cm라고 할 때, 다음 물음에 답하시오. (단, 수영장의 깊이는 3 m이다.)

⑴ $y$를 $x$에 대한 식으로 나타내시오.

⑵ 수영장에 물을 받기 시작한 지 20분 후에 물의 높이를 구하시오.

**1-1** 기온이 0 °C일 때 공기 중에서 소리의 속력은 초속 331 m이고, 기온이 1 °C씩 올라갈 때마다 소리의 속력은 초속 0.6 m씩 일정하게 증가한다고 한다. 기온이 $x$ °C일 때, 소리의 속력을 초속 $y$ m라고 하자. 다음 물음에 답하시오.

⑴ $y$를 $x$에 대한 식으로 나타내시오.

⑵ 소리의 속력이 초속 349 m일 때의 기온을 구하시오.

---

**필수 문제 2**

일차함수의 활용 ⑵

▶시간$(x)$이 1시간씩 지날 때마다 양초의 길이$(y)$가 몇 cm 씩 줄어드는지 파악한다.

길이가 24 cm인 어떤 양초에 불을 붙이면 2시간에 6 cm씩 일정하게 탄다고 한다. 이 양초에 불을 붙인 지 $x$시간 후에 남아 있는 양초의 길이를 $y$ cm라고 할 때, 다음 물음에 답하시오.

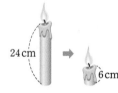

⑴ $y$를 $x$에 대한 식으로 나타내시오.

⑵ 남은 양초의 길이가 9 cm가 되는 것은 불을 붙인 지 몇 시간 후인지 구하시오.

**2-1** 100 °C의 물이 담긴 주전자를 바닥에 내려놓으면 10분마다 물의 온도가 4 °C씩 일정하게 낮아진다고 한다. 이 주전자를 바닥에 내려놓은 지 $x$분 후에 물의 온도를 $y$ °C라고 할 때, 다음 물음에 답하시오.

⑴ $y$를 $x$에 대한 식으로 나타내시오.

⑵ 물의 온도가 84 °C가 되는 것은 주전자를 바닥에 내려놓은 지 몇 분 후인지 구하시오.

**STEP 1 쏙쏙 개념 익히기**

**1** 길이가 30 cm인 어떤 용수철에 무게가 3 g인 물체를 매달 때마다 용수철의 길이가 1 cm씩 일정하게 늘어난다고 한다. 무게가 $x$ g인 물체를 매달았을 때의 용수철의 길이를 $y$ cm라고 하자. 다음 물음에 답하시오.

(1) $y$를 $x$에 대한 식으로 나타내시오.

(2) 무게가 15 g인 추를 매달았을 때의 용수철의 길이를 구하시오.

**2** 그릇에 담긴 45 ℃의 물을 냉동실에 넣었더니 36분 후에 물의 온도가 0 ℃가 되었다. 물을 냉동실에 넣은 지 $x$분 후에 물의 온도를 $y$ ℃라고 할 때, 냉동실에 넣은 지 20분 후에 물의 온도를 구하시오. (단, 냉동실에서 물의 온도는 일정하게 낮아진다.)

**3** 오른쪽 그래프는 용량이 600 MB(메가바이트)인 파일을 내려받기 시작한 지 $x$분 후에 남은 파일의 용량을 $y$ MB라고 할 때, $x$와 $y$ 사이의 관계를 나타낸 것이다. 내려받는 파일의 용량이 150 MB 남아 있을 때는 내려받기 시작한 지 몇 분 후인지 구하시오.

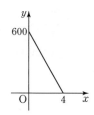

● 도형에 대한 문제
$\triangle \text{ABP} = \dfrac{1}{2} \times \overline{\text{BP}} \times \overline{\text{AB}}$

**4** 오른쪽 그림의 직사각형 ABCD에서 점 P가 점 B를 출발하여 초속 5 cm로 점 C까지 움직이고 있다. 점 P가 점 B를 출발한 지 $x$초 후에 △ABP의 넓이를 $y$ cm²라고 할 때, 점 P가 점 B를 출발한 지 8초 후에 △ABP의 넓이를 구하시오.

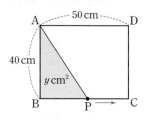

**5** 오른쪽 그림의 직사각형 ABCD에서 점 P가 점 B를 출발하여 초속 2 cm로 점 C까지 움직이고 있다. 점 P가 점 B를 출발한 지 $x$초 후에 사각형 APCD의 넓이를 $y$ cm²라고 하자. 사각형 APCD의 넓이가 120 cm²가 되는 것은 점 P가 점 B를 출발한 지 몇 초 후인지 구하시오.

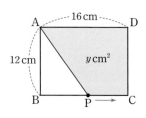

## STEP 2 탄탄 단원 다지기

**1** 다음 보기 중 $y$가 $x$의 함수가 <u>아닌</u> 것을 모두 고르시오.

┌ 보기 ┐

ㄱ. 음의 정수 $x$의 절댓값은 $y$이다.

ㄴ. 자연수 $x$보다 2만큼 작은 자연수는 $y$이다.

ㄷ. 물 15 L를 $x$명이 똑같이 나누어 마실 때, 한 사람이 마시는 물의 양은 $y$ L이다.

ㄹ. 시속 7 km로 $x$시간 동안 간 거리는 $y$ km이다.

ㅁ. 둘레의 길이가 $x$ cm인 직사각형의 넓이는 $y$ cm$^2$이다.

**2** 정가가 $x$원인 물건을 20 % 할인한 가격을 $y$원이라고 하면 $y$는 $x$의 함수이다. $y=f(x)$라고 할 때, $f(6000)$의 값을 구하시오.

**3** 다음 보기 중 $y$가 $x$의 일차함수인 것은 모두 몇 개인지 구하시오.

┌ 보기 ┐

ㄱ. $y=2-3x$          ㄴ. $y=2x+1$

ㄷ. $y=\dfrac{5}{x}$          ㄹ. $y=2(x+1)-2x$

ㅁ. $y=x(x+1)$          ㅂ. $y=4-3(x+2)$

**4** 일차함수 $f(x)=-\dfrac{2}{5}x+3$에 대하여 $f(10)=a$, $f(b)=1$일 때, $a+b$의 값을 구하시오.

**5** 다음 일차함수의 그래프 중 일차함수 $y=-3x$의 그래프를 평행이동했을 때, 겹쳐지는 것을 모두 고르면? (정답 2개)

① $y=-x-3$          ② $y=-3x-2$

③ $y=-\dfrac{1}{3}x-3$          ④ $y=3x+1$

⑤ $y=-3x+7$

**6** 일차함수 $y=5x+6$의 그래프를 $y$축의 방향으로 $b$만큼 평행이동하면 일차함수 $y=ax+4$의 그래프가 된다. 이때 $a+b$의 값을 구하시오. (단, $a$는 상수)

**7** 일차함수 $y=ax-3a$의 그래프가 점 $(9,\ 2)$를 지날 때, 이 그래프의 $x$절편과 $y$절편을 각각 구하시오. (단, $a$는 상수)

**8** 두 일차함수 $y=\dfrac{1}{2}x+1$과 $y=-x+a$의 그래프가 $x$축 위에서 만날 때, 상수 $a$의 값을 구하시오.

**9** 오른쪽 그림에서 일차함수의 그래프 (1)의 $y$절편과 일차함수의 그래프 (2)의 기울기의 합을 구하시오.

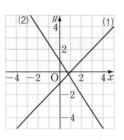

**10** 일차함수 $y=\dfrac{7}{3}x-2$의 그래프에서 $x$의 값이 $-2$에서 1까지 증가할 때, $y$의 값은 얼마만큼 증가하는가?

① $-7$    ② $-3$    ③ $\dfrac{7}{3}$

④ 3    ⑤ 7

**11** 좌표평면 위의 세 점 $(-1, 2)$, $(2, 8)$, $(a, a+1)$이 한 직선 위에 있을 때, $a$의 값을 구하시오.

**12** 다음 중 일차함수 $y=\dfrac{1}{2}x-3$의 그래프는?

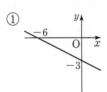

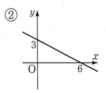

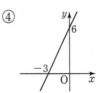

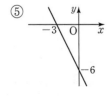

**13** 두 일차함수 $y=-2x-6$, $y=3x-6$의 그래프와 $x$축으로 둘러싸인 도형의 넓이를 구하시오.

**14** 일차함수 $y=ax+b$의 그래프가 오른쪽 그림과 같을 때, 일차함수 $y=-bx+ab$의 그래프가 지나지 <u>않는</u> 사분면은?
(단, $a$, $b$는 상수)

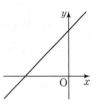

① 제1사분면    ② 제2사분면

③ 제3사분면    ④ 제4사분면

⑤ 모든 사분면을 지난다.

**15** 두 일차함수 $y=ax+1$, $y=-2x+b$의 그래프가 서로 평행할 때, 상수 $a$, $b$의 조건을 각각 구하시오.

**16** 다음 중 일차함수 $y=-2x+3$의 그래프에 대한 설명으로 옳은 것을 모두 고르면? (정답 2개)

① 점 $(-2, 3)$을 지난다.

② 제1, 2, 4사분면을 지난다.

③ $x$절편은 $-2$, $y$절편은 3이다.

④ $x$의 값이 1만큼 증가할 때, $y$의 값도 2만큼 증가한다.

⑤ 일차함수 $y=-2x$의 그래프를 $y$축의 방향으로 3만큼 평행이동한 것이다.

**17** 오른쪽 그림과 같이 일차함수 $y=ax-2$의 그래프가 두 점 A$(1, 3)$, B$(4, -1)$을 이은 선분과 만날 때, 상수 $a$의 값의 범위를 구하려고 한다. 다음을 구하시오.

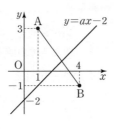

(1) 그래프가 $a$의 값에 관계없이 항상 지나는 점의 좌표

(2) 가장 큰 기울기 $a$의 값

(3) 가장 작은 기울기 $a$의 값

(4) $a$의 값의 범위

**18** 오른쪽 그림의 직선과 평행하고, $y$절편이 4인 일차함수의 그래프가 $x$축과 만나는 점의 좌표는?

① $(16, 0)$      ② $\left(\dfrac{16}{5}, 0\right)$

③ $\left(\dfrac{5}{16}, 0\right)$      ④ $\left(0, \dfrac{16}{5}\right)$

⑤ $(0, 16)$

**19** 일차함수 $y=ax+b$의 그래프를 $y$축의 방향으로 $-1$만큼 평행이동하면 오른쪽 그래프와 일치한다. 이때 상수 $a$, $b$에 대하여 $a-b$의 값을 구하시오.

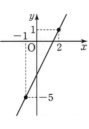

**20** $y$절편이 $-2$이고, 점 $(6, 2)$를 지나는 직선을 그래프로 하는 일차함수의 식을 구하시오.

**21** 기차가 A역을 출발하여 $400\,\mathrm{km}$ 떨어진 B역까지 분속 $2\,\mathrm{km}$로 달리고 있다. A역을 출발한 지 $x$분 후에 기차와 B역 사이의 거리를 $y\,\mathrm{km}$라고 할 때, 기차가 B역에서 $100\,\mathrm{km}$ 떨어진 지점을 지나는 것은 A역을 출발한 지 몇 분 후인지 구하시오.

**22** 휘발유 $1\,\mathrm{L}$로 $16\,\mathrm{km}$를 갈 수 있는 자동차가 $x\,\mathrm{km}$를 이동한 후에 남아 있는 휘발유의 양을 $y\,\mathrm{L}$라고 하자. 이 자동차에 $40\,\mathrm{L}$의 휘발유가 들어 있을 때, 다음 보기의 설명 중 옳은 것을 모두 고르시오.

┤ 보기 ├

ㄱ. 이동 거리가 늘어날수록 자동차에 남은 휘발유의 양은 줄어든다.

ㄴ. 이 자동차가 $2\,\mathrm{km}$를 이동하는 데 필요한 휘발유의 양은 $\dfrac{1}{4}\,\mathrm{L}$이다.

ㄷ. $x$와 $y$ 사이의 관계식은 $y=\dfrac{1}{16}x+40$이다.

ㄹ. 남은 휘발유의 양이 $34\,\mathrm{L}$일 때, 이 자동차가 이동한 거리는 $96\,\mathrm{km}$이다.

# 쓱쓱 서술형 완성하기

**따라 해보자**

**예제 1**

일차함수 $y=-2x+1$의 그래프를 $y$축의 방향으로 $m$만큼 평행이동한 그래프가 점 $(-4, 5)$를 지날 때, $m$의 값을 구하시오.

**풀이 과정**

**1단계** 평행이동한 그래프가 나타내는 식 구하기

$y=-2x+1$의 그래프를 $y$축의 방향으로 $m$만큼 평행이동하면

$y=-2x+1+m$

**2단계** $m$의 값 구하기

$y=-2x+1+m$의 그래프가 점 $(-4, 5)$를 지나므로

$5=8+1+m$ ∴ $m=-4$

**답** $-4$

---

**유제 1**

일차함수 $y=5x-3$의 그래프를 $y$축의 방향으로 $k$만큼 평행이동한 그래프가 점 $(-1, 2)$를 지날 때, $k$의 값을 구하시오.

**풀이 과정**

**1단계** 평행이동한 그래프가 나타내는 식 구하기

**2단계** $k$의 값 구하기

**답**

---

**예제 2**

지면으로부터 $12\,km$까지는 높이가 $100\,m$씩 높아질 때마다 기온이 $0.6\,℃$씩 일정하게 떨어진다고 한다. 지면에서의 기온이 $25\,℃$이고 지면으로부터 높이가 $x\,m$인 곳의 기온을 $y\,℃$라고 할 때, 기온이 $-5\,℃$인 곳의 지면으로부터 높이는 몇 $m$인지 구하시오.

**풀이 과정**

**1단계** 높이가 $1\,m$씩 높아질 때마다 떨어지는 기온 구하기

높이가 $100\,m$씩 높아질 때마다 기온이 $0.6\,℃$씩 떨어지므로 높이가 $1\,m$씩 높아질 때마다 기온은 $0.006\,℃$씩 떨어진다.

**2단계** $y$를 $x$에 대한 식으로 나타내기

지면에서의 기온이 $25\,℃$이므로

$y=25-0.006x$

**3단계** 기온이 $-5\,℃$인 곳의 지면으로부터 높이 구하기

$y=25-0.006x$에 $y=-5$를 대입하면

$-5=25-0.006x$ ∴ $x=5000$

따라서 $-5\,℃$인 곳의 지면으로부터 높이는 $5000\,m$이다.

**답** $5000\,m$

---

**유제 2**

고도가 $274\,m$씩 높아질 때마다 물이 끓는 온도는 $1\,℃$씩 일정하게 낮아진다고 한다. 고도가 $0\,m$인 평지에서 물이 끓는 온도는 $100\,℃$이고 고도가 $x\,m$인 곳에서 물이 끓는 온도를 $y\,℃$라고 할 때, 물이 끓는 온도가 $96\,℃$인 곳의 고도는 몇 $m$인지 구하시오.

**풀이 과정**

**1단계** 고도가 $1\,m$씩 높아질 때마다 낮아지는 온도 구하기

**2단계** $y$를 $x$에 대한 식으로 나타내기

**3단계** 물이 끓는 온도가 $96\,℃$인 곳의 고도 구하기

**답**

**연습해 보자**

**1** 함수 $f(x)=ax+2$에 대하여 $f(3)=14$일 때, $f(-1)-f(2)$의 값을 구하시오. (단, $a$는 상수)

풀이 과정

답

**2** 기울기와 $y$절편을 이용하여 일차함수 $y=\dfrac{5}{3}x-4$의 그래프를 다음 좌표평면 위에 그리시오.

(단, 그래프가 지나는 두 점을 표시하시오.)

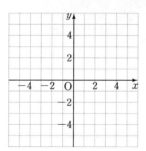

풀이 과정

답

**3** 일차함수 $y=ax+b$의 그래프가 다음 조건을 모두 만족시킬 때, 상수 $a$, $b$의 값을 각각 구하시오.

| 조건 |

㈎ 일차함수 $y=4x+8$의 그래프와 $x$축 위에서 만난다.

㈏ 일차함수 $y=-2x+10$의 그래프와 $y$축 위에서 만난다.

풀이 과정

답

**4** 다음 그림과 같이 성냥개비를 사용하여 정사각형을 이어 붙이고 있다. 정사각형을 $x$개 만드는 데 필요한 성냥개비가 $y$개일 때, 물음에 답하시오.

(1) $y$를 $x$에 대한 식으로 나타내시오.

(2) 100개의 정사각형을 만드는 데 필요한 성냥개비의 개수를 구하시오.

풀이 과정

(1)

(2)

답 (1)　　　　　　　(2)

# 하늘을 나는 낙하산

낙하산은 새처럼 하늘을 날고 싶다는 사람들의 소망이 다양한 시도와 실험으로 이어져 탄생한 결과물이다.

1300년 무렵 중국에서 낙하산을 처음 사용했다는 기록이 있지만, 그에 관한 정확한 내용은 전해지지 않아 사실 여부를 확인할 수는 없다고 한다. 15~16세기에 활동한 이탈리아의 철학자이자 발명가인 레오나르도 다빈치는 실제 발명품으로 이어지지는 못했지만, 그림을 통해 처음으로 낙하산을 선보였다.

1783년에는 프랑스의 루이 르노르망이 우산 두 개를 들고 나무 위에서 뛰어 내렸고, 이것이 기구를 이용한 최초의 낙하로 기록되어 있다. 그 후 1797년 프랑스의 앙드레 자크 가르느랭이 1000 m 높이의 기구에서 낙하를 시도하여 성공하였다고 한다.

현재 우리가 알고 있는 낙하산은 1912년에 개발된 것으로, 비행기에서 뛰어 내리는 실험에 성공하여 다양한 목적으로 지금까지 사용되고 있다.

### 기출문제는 이렇게!

 새로 만든 낙하산의 성능을 확인하기 위해 지면으로부터 $180\,\text{m}$의 높이에서 낙하산을 떨어뜨리는 실험을 하고 있다. 오른쪽 그래프는 낙하산을 떨어뜨린 지 $x$초 후의 낙하산의 높이를 $y\,\text{m}$라고 할 때, $x$와 $y$ 사이의 관계를 나타낸 것이다. 이 낙하산은 떨어뜨린 지 몇 초 후에 지면에 도착하는지 구하시오.

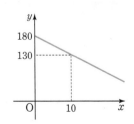

**일차함수와 그 그래프**

**함수** $y=f(x)$

$y$가 $x$의 함수
➡ $x$의 모든 값에 대하여 $y$의 값이 오직 하나씩 대응

**함숫값** $f(x)$

$x=p$일 때의 함숫값
➡ $f(x)$에 $x$ 대신 $p$를 대입하여 얻은 값

**일차함수**

식 $y=ax+b\ (a\neq0)$

그래프

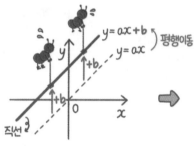

$$(기울기)=\frac{(y의\ 값의\ 증가량)}{(x의\ 값의\ 증가량)}=a$$

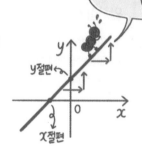

**그래프의 성질 (1)**

$a,b$의 부호에 따라 모양과 위치가 달라!

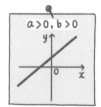 $a>0,b>0$

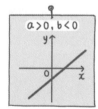 $a>0,b<0$

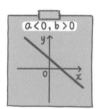 $a<0,b>0$

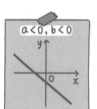 $a<0,b<0$

**그래프의 성질 (2)**

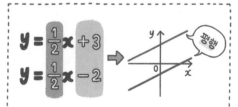

$y=\frac{1}{2}x+3$
$y=\frac{1}{2}x-2$
평행

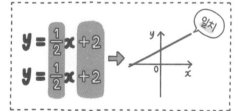

$y=\frac{1}{2}x+2$
$y=\frac{1}{2}x+2$
일치

# 6 일차함수와 일차방정식의 관계

| 이전에 배운 내용 | 이번에 배울 내용 | 이후에 배울 내용 |
|---|---|---|
| **중1**<br>• 정비례와 반비례<br>• 점, 직선, 평면의 위치 관계<br><br>**중2**<br>• 연립일차방정식<br>• 일차함수와 그 그래프 | ⌒1 일차함수와 일차방정식<br>⌒2 일차함수의 그래프와 연립일차방정식 | **중3**<br>• 이차함수와 그 그래프<br><br>**고등**<br>• 이차방정식과 이차함수<br>• 직선의 방정식 |

## 준비 **학습**

**중2 미지수가 2개인 일차방정식**

• 미지수가 1개인 일차방정식은 해가 하나뿐이지만, 미지수가 2개인 일차방정식은 해를 여러 개 가질 수 있다.

**1** $x$, $y$의 값이 자연수일 때, 일차방정식 $x+2y-6=0$을 푸시오.

**중2 연립방정식의 풀이**

• 연립방정식의 해를 구할 때는 한 방정식을 다른 방정식에 대입하거나, 두 방정식을 변끼리 더하거나 뺀다.

**2** 다음 연립방정식을 푸시오.

(1) $\begin{cases} 3x+2y=7 \\ y=3x-1 \end{cases}$

(2) $\begin{cases} 3x-4y=6 \\ 2x-10y=-7 \end{cases}$

# C1 일차함수와 일차방정식

● 정답과 해설 72쪽

## 1 일차방정식의 그래프와 직선의 방정식

$x$, $y$의 값의 범위가 수 전체일 때, 일차방정식

$$ax+by+c=0\,(a, b, c\text{는 상수}, \underline{a\neq 0 \text{ 또는 } b\neq 0})$$

의 해는 무수히 많고, 이 해를 모두 좌표평면 위에 나타내면 직선이 된다. 이 직선을 일차방정식 $ax+by+c=0$의 그래프라 하고, 일차방정식 $ax+by+c=0$을 직선의 방정식이라고 한다.

일차방정식 $x+y-4=0$의 해를 모두 좌표평면 위에 나타내면

❶ $x$, $y$의 값의 범위가 정수일 때    ❷ $x$, $y$의 값의 범위가 수 전체일 때

    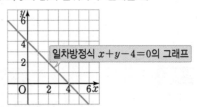

## 2 일차방정식의 그래프와 일차함수의 그래프

미지수가 2개인 일차방정식 $ax+by+c=0\,(a\neq 0, b\neq 0)$의 그래프는
일차함수 $y=-\dfrac{a}{b}x-\dfrac{c}{b}$의 그래프와 서로 같다.

| 일차방정식 $2x+3y-6=0$ | $y$를 $x$에 대한 식으로 나타내면 | 일차함수 $y=-\dfrac{2}{3}x+2$ | 그래프 |
|---|---|---|---|

**개념 확인** 다음 일차방정식을 일차함수 $y=ax+b$ 꼴로 나타내시오. (단, $a$, $b$는 상수)

(1) $x+y-3=0$        (2) $3x-y+5=0$

(3) $x-2y-4=0$        (4) $6x+2y=-1$

> **보충**
>
> $y$를 $x$에 대한 식으로 나타내기
> $ax+by+c=0\,(b\neq 0)$
> ➡ $by=-ax-c$
> ➡ $y=-\dfrac{a}{b}x-\dfrac{c}{b}$

**필수 문제 1**

일차방정식의 그래프와
일차함수의 그래프 (1)

다음 일차방정식의 그래프의 기울기, $x$절편, $y$절편을 각각 구하시오.

(1) $x-y+7=0$

⇨ 기울기: _____, $x$절편: _____, $y$절편: _____

(2) $3x-4y-12=0$

⇨ 기울기: _____, $x$절편: _____, $y$절편: _____

**1-1** 일차방정식 $5x+2y-10=0$의 그래프에 대하여 다음 물음에 답하시오.

(1) $x$절편과 $y$절편을 각각 구하시오.

(2) 그래프를 오른쪽 좌표평면 위에 그리시오.

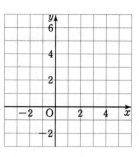

---

▶일차방정식의 그래프가 지나는 점의 좌표는 그 방정식의 해와 같다.

**1-2** 다음 중 일차방정식 $3x-2y=2$의 그래프에 대한 설명으로 옳은 것은?

① 점 $(2, 1)$을 지난다.

② 일차함수 $y=3x+1$의 그래프와 평행하다.

③ $x$절편은 $\dfrac{2}{3}$, $y$절편은 $-2$이다.

④ 제2사분면을 지나지 않는다.

⑤ $x$의 값이 4만큼 증가할 때, $y$의 값은 2만큼 감소한다.

**1-3** 일차방정식 $3x-4y+6=0$의 그래프가 점 $(a, -3)$을 지날 때, $a$의 값을 구하시오.

---

**필수 문제** **2**

일차방정식의 그래프와
일차함수의 그래프 (2)
- 계수가 문자일 때

일차방정식 $ax-2y+b=0$의 그래프의 기울기는 4이고 $y$절편은 $\dfrac{1}{2}$일 때, 상수 $a$, $b$의 값을 각각 구하시오.

**2-1** 일차방정식 $ax+by+6=0$의 그래프는 일차함수 $y=-2x+7$의 그래프와 평행하고 $y$절편이 3일 때, 상수 $a$, $b$에 대하여 $a+b$의 값을 구하시오.

## 3 일차방정식 $x=m$, $y=n$의 그래프

(1) 일차방정식 $x=m$ ($m$은 상수, $m\neq0$)의 그래프는
점 $(m, 0)$을 지나고, $y$축에 평행한 직선이다.
 └→ $x$축에 수직인

(2) 일차방정식 $y=n$ ($n$은 상수, $n\neq0$)의 그래프는
점 $(0, n)$을 지나고, $x$축에 평행한 직선이다.
 └→ $y$축에 수직인

참고 일차방정식 $x=0$의 그래프는 $y$축과 일치하고, 일차방정식 $y=0$의 그래프는 $x$축과 일치한다.

---

**개념 확인** 다음 일차방정식의 그래프를 오른쪽 좌표평면 위에 그리시오.

(1) $x-2=0$        (2) $2y+6=0$

(3) $y=0$        (4) $2x+5=0$

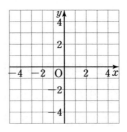

---

**필수 문제 ③**

좌표축에 평행한 직선의 방정식 구하기

점 $(2, -5)$를 지나면서 다음 조건을 만족시키는 직선의 방정식을 구하시오.

(1) $x$축에 평행한 직선        (2) $y$축에 평행한 직선

**3-1** 다음과 같은 직선의 방정식을 구하시오.

(1) 점 $(-3, -4)$를 지나고, $y$축에 평행한 직선

(2) 점 $(3, 0)$을 지나고, $x$축에 수직인 직선

(3) $y$축에 수직이고, 점 $(0, -1)$을 지나는 직선

▶서로 다른 두 점 $(x_1, y_1)$, $(x_2, y_2)$를 지나는 직선은 $x_1=x_2$이면 $y$축에 평행하고, $y_1=y_2$이면 $x$축에 평행하다.

(4) 두 점 $(-1, 4)$, $(3, 4)$를 지나는 직선

---

**필수 문제 ④**

좌표축에 평행한 직선 위의 점

▶$x$축에 평행한 직선 위의 점
 ⇨ $y$좌표가 모두 같다.
▶$y$축에 평행한 직선 위의 점
 ⇨ $x$좌표가 모두 같다.

두 점 $(5, 1)$, $(a, 2)$를 지나는 직선이 $y$축에 평행할 때, $a$의 값을 구하시오.

**4-1** 두 점 $(a, a-3)$, $(7, 2a+1)$을 지나는 직선이 $x$축에 평행할 때, $a$의 값을 구하시오.

## STEP 1 쏙쏙 개념 익히기

**1** 다음 보기 중 일차방정식 $2x-y=1$의 그래프가 지나는 점을 모두 고르시오.

┤ 보기 ├

ㄱ. $(0, -1)$　　　ㄴ. $\left(-\dfrac{1}{2}, 0\right)$　　　ㄷ. $(2, 1)$

ㄹ. $(5, 9)$　　　ㅁ. $\left(\dfrac{4}{3}, \dfrac{5}{3}\right)$　　　ㅂ. $(1, -2)$

**2** 다음 중 일차방정식 $x+2y+6=0$의 그래프는?

① 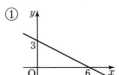　② 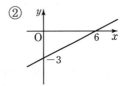　③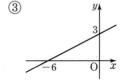

④ 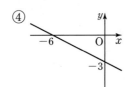　⑤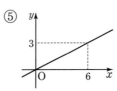

**3** 다음 중 일차방정식 $3x+4y-8=0$의 그래프에 대한 설명으로 옳지 <u>않은</u> 것을 모두 고르면?

**(정답 2개)**

① $x$절편은 $-\dfrac{8}{3}$, $y$절편은 2이다.

② 오른쪽 아래로 향하는 직선이다.

③ 제1, 2, 4사분면을 지난다.

④ $x$의 값이 8만큼 증가할 때, $y$의 값은 6만큼 증가한다.

⑤ 일차함수 $y=-\dfrac{3}{4}x-6$의 그래프와 만나지 않는다.

**4** 두 일차방정식 $5x+2y+10=0$, $ax+4y-3=0$의 그래프가 서로 평행할 때, 상수 $a$의 값을 구하시오.

**5** 다음을 만족시키는 직선의 방정식을 보기에서 모두 고르시오.

> ┤ 보기 ├
> ㄱ. $3x-4=0$ ㄴ. $2x-3y=0$ ㄷ. $-3x=7$
> ㄹ. $3x+y=1$ ㅁ. $y+7=4$ ㅂ. $2x-y+1=2x$

(1) $x$축에 평행한 직선　　　　　　(2) $y$축에 평행한 직선

(3) $x$축에 수직인 직선　　　　　　(4) $y$축에 수직인 직선

**6** 두 점 $(-3,\ a-4)$, $(a,\ 3a+6)$을 지나는 직선이 $y$축에 수직일 때, $a$의 값을 구하시오.

**7** 다음과 같은 직선의 방정식을 보기에서 고르시오.

> ┤ 보기 ├
> ㄱ. $x-2=0$ ㄴ. $y-7=0$ ㄷ. $x+y-5=0$
> ㄹ. $x-y+5=0$ ㅁ. $2x-3y-8=0$ ㅂ. $2x+3y+6=0$

(1) 점 $(0,\ 7)$을 지나고, $x$축에 평행한 직선

(2) 두 점 $(2,\ -1)$, $(2,\ 3)$을 지나는 직선

(3) 기울기가 $-1$이고, 일차방정식 $2x-y+5=0$의 그래프와 $y$축 위에서 만나는 직선

(4) 두 점 $(0,\ -2)$, $(-6,\ 2)$를 지나는 직선

● 일차방정식
$ax+by+c=0$의 그래프
와 $a$, $b$, $c$의 부호
일차방정식 $ax+by+c=0$
을 $y=-\dfrac{a}{b}x-\dfrac{c}{b}$ 꼴로 나
타낸 후 기울기와 $y$절편의
부호를 각각 확인한다.

**8** 일차방정식 $ax+y+b=0$의 그래프가 오른쪽 그림과 같을 때, 상수 $a$, $b$의 부호는?

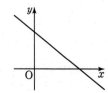

① $a>0$, $b>0$　　② $a>0$, $b=0$　　③ $a>0$, $b<0$

④ $a<0$, $b>0$　　⑤ $a<0$, $b<0$

**9** 일차방정식 $ax-by+1=0$의 그래프가 오른쪽 그림과 같을 때, 상수 $a$, $b$의 부호를 각각 정하시오.

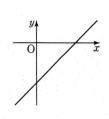

**일차함수의 그래프와 연립일차방정식**

• 정답과 해설 74쪽

## 1 연립방정식의 해와 그래프

연립방정식 $\begin{cases} ax+by+c=0 \\ a'x+b'y+c'=0 \end{cases}$ 의 해는 두 일차방정식의 그래프,

즉 일차함수의 그래프의 교점의 좌표와 같다.

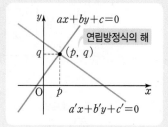

| 연립방정식의 해 $x=p$, $y=q$ | $=$ | 두 그래프의 교점의 좌표 $(p, q)$ |

---

**개념 확인** 주어진 두 일차방정식의 그래프를 보고 연립방정식의 해를 구하시오.

(1) $\begin{cases} x+y=3 \\ x-y=-1 \end{cases}$

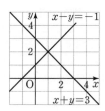

(2) $\begin{cases} 2x+y=-1 \\ 3x-2y=9 \end{cases}$

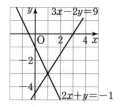

---

**필수 문제 1**

두 그래프의 교점의 좌표 구하기

다음 두 일차방정식의 그래프의 교점의 좌표를 구하시오.

(1) $x-y=8$, $x+y=-2$

(2) $x+2y=10$, $2x-y=0$

**1-1** 두 직선 $2x-y=5$, $3x+2y=11$의 교점의 좌표가 $(a, b)$일 때, $a+b$의 값을 구하시오.

---

**필수 문제 2**

두 그래프의 교점의 좌표를 이용하여 상수의 값 구하기

오른쪽 그림은 연립방정식 $\begin{cases} ax+y=-3 \\ x-2y=b \end{cases}$ 의 해를 구하기 위해 두 일차방정식의 그래프를 각각 그린 것이다. 이때 상수 $a$, $b$의 값을 각각 구하시오.

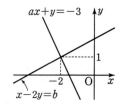

**2-1** 두 일차방정식 $ax+y-2=0$, $4x-by-6=0$의 그래프의 교점의 좌표가 $(1, -2)$일 때, 상수 $a$, $b$에 대하여 $a-b$의 값을 구하시오.

## 2 연립방정식의 해의 개수와 두 그래프의 위치 관계

연립방정식 $\begin{cases} ax+by+c=0 \\ a'x+b'y+c'=0 \end{cases}$ 의 해의 개수는 두 일차방정식의 그래프의 교점의 개수와 같다.

| | 한 점에서 만난다. | 서로 평행하다. | 일치한다. |
|---|---|---|---|
| 두 그래프의 위치 관계 | 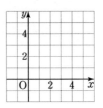 교점 1개 | 교점이 없다. | 교점이 무수히 많다. |
| 연립방정식의 해의 개수 | 해가 하나뿐이다. | 해가 없다. | 해가 무수히 많다. |
| 그래프의 특징 | 기울기가 다르다. | 기울기는 같고 $y$절편은 다르다. | 기울기가 같고 $y$절편도 같다. |

참고 연립방정식 $\begin{cases} ax+by+c=0 \\ a'x+b'y+c'=0 \end{cases}$ 의 해의 개수는 다음과 같이 두 일차방정식의 계수의 비를 이용하여 구할 수도 있다.

① 해가 하나뿐이다. ➡ $\dfrac{a}{a'} \neq \dfrac{b}{b'}$　② 해가 없다. ➡ $\dfrac{a}{a'} = \dfrac{b}{b'} \neq \dfrac{c}{c'}$　③ 해가 무수히 많다. ➡ $\dfrac{a}{a'} = \dfrac{b}{b'} = \dfrac{c}{c'}$

---

**개념 확인** 그래프를 이용하여 연립방정식 $\begin{cases} x+y=5 \\ x+y=2 \end{cases}$ 를 풀려고 한다. 다음 물음에 답하시오.

(1) 두 일차방정식 $x+y=5$, $x+y=2$의 그래프를 각각 오른쪽 좌표평면 위에 그리시오.

(2) (1)의 그래프를 보고 연립방정식 $\begin{cases} x+y=5 \\ x+y=2 \end{cases}$ 를 푸시오.

---

**필수 문제 ③**

연립방정식의 해의 개수와 두 그래프의 위치 관계

▶ 연립방정식의 해가 무수히 많다.
 ⇨ 두 직선이 일치한다.
 ⇨ 두 직선의 기울기와 $y$절편이 각각 같다.

▶ 연립방정식의 해가 없다.
 ⇨ 두 직선이 서로 평행하다.
 ⇨ 두 직선의 기울기는 같고, $y$절편은 다르다.

연립방정식 $\begin{cases} 2x+y=b \\ ax+2y=-4 \end{cases}$ 의 해가 무수히 많을 때, $a+b$의 값을 구하시오. (단, $a$, $b$는 상수)

**3-1** 연립방정식 $\begin{cases} 3x-2y=4 \\ ax-4y=7 \end{cases}$ 의 해가 없을 때, 상수 $a$의 값을 구하시오.

**3-2** 다음 연립방정식 중 해가 하나뿐인 것을 모두 고르면? (정답 2개)

① $\begin{cases} 2x+y=3 \\ 2x+y=-1 \end{cases}$　② $\begin{cases} y=-x \\ y=x+2 \end{cases}$　③ $\begin{cases} x-y=2 \\ 2x-2y=4 \end{cases}$

④ $\begin{cases} x+3y=3 \\ 3x+9y=6 \end{cases}$　⑤ $\begin{cases} 3x+y=1 \\ 3x-y=1 \end{cases}$

## STEP 1 쏙쏙 개념 익히기

**1** 다음 연립방정식에서 두 일차방정식 ㉠, ㉡의 그래프를 각각 그리고, 이를 이용하여 연립방정식의 해를 구하시오.

(1) $\begin{cases} x+y=0 & \cdots ㉠ \\ 2x-y=-3 & \cdots ㉡ \end{cases}$

(2) $\begin{cases} 2x+y=4 & \cdots ㉠ \\ 4x+2y=-4 & \cdots ㉡ \end{cases}$

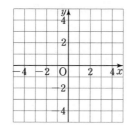

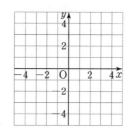

**2** 연립방정식 $\begin{cases} ax-y=-6 \\ 3x+2y=14 \end{cases}$ 의 해를 구하기 위해 두 일차방정식의 그래프를 각각 그렸더니 오른쪽 그림과 같았다. 두 일차방정식의 그래프의 교점의 $y$좌표가 4일 때, 상수 $a$의 값을 구하시오.

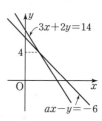

**3** 두 일차방정식 $2x+y+1=0$, $3x-2y-9=0$의 그래프의 교점을 지나고, $y$축에 평행한 직선의 방정식을 구하시오.

**4** 두 일차방정식 $-4x+ay=1$, $2x-y=b$의 그래프의 교점이 무수히 많을 때, 상수 $a$, $b$의 값을 각각 구하시오.

**5** 연립방정식 $\begin{cases} 2x-(a+2)y=4 \\ x+3y+9=0 \end{cases}$ 의 해가 없을 때, 상수 $a$의 값을 구하시오.

1 일차방정식 $3x-ay+1=0$의 그래프가 점 $(-1, 2)$를 지날 때, 다음 중 이 그래프 위의 점은?

(단, $a$는 상수)

① $(-3, -1)$   ② $(-2, -8)$
③ $(1, 0)$   ④ $(3, -5)$
⑤ $(4, -13)$

2 다음 일차방정식 중 그 그래프의 기울기는 양수이고 $y$절편은 음수인 것은?

① $2x-y+1=0$   ② $2x+y-2=0$
③ $x-2y=0$   ④ $x+y-2=0$
⑤ $4x-2y-5=0$

3 다음 중 일차방정식 $3x+2y+6=0$의 그래프에 대한 설명으로 옳은 것을 모두 고르면? (정답 2개)

① 점 $(0, 6)$을 지난다.
② $x$절편은 2, $y$절편은 $-3$이다.
③ 제1사분면을 지나지 않는다.
④ $x$의 값이 증가할 때, $y$의 값은 감소한다.
⑤ 일차함수 $y=x-2$의 그래프와 $x$축 위에서 만난다.

4 일차방정식 $ax+by-3=0$의 그래프가 오른쪽 그림과 같을 때, 상수 $a$, $b$의 값을 각각 구하시오.

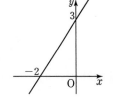

5 일차방정식 $3x+2y=0$의 그래프와 평행하고, 점 $(4, -2)$를 지나는 직선의 방정식은?

① $3x+y-4=0$   ② $3x+y+8=0$
③ $3x+2y-8=0$   ④ $3x+2y+4=0$
⑤ $3x-2y=0$

6 $a>0$, $b<0$, $c>0$일 때, 일차방정식 $ax+by-c=0$의 그래프가 지나지 <u>않는</u> 사분면은?

(단, $a$, $b$, $c$는 상수)

① 제1사분면   ② 제2사분면
③ 제3사분면   ④ 제4사분면
⑤ 제2사분면과 제4사분면

7 점 $(5, 4)$를 지나고, $y$축에 수직인 직선의 방정식은?

① $x-5=0$   ② $y-5=0$
③ $x-4=0$   ④ $y-4=0$
⑤ $4x-5y=0$

8 오른쪽 그림은 일차방정식 $3x-ay-b=0$의 그래프이다. 이때 두 상수 $a$, $b$의 값을 각각 구하시오.

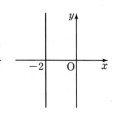

**9** 네 일차방정식 $x=2$, $x=-2$, $y=5$, $y=-1$의 그래프로 둘러싸인 도형의 넓이는?

① 10　　　　② 16　　　　③ 20

④ 24　　　　⑤ 28

**10** 오른쪽 그림은 연립방정식 $\begin{cases} x-ay=4 \\ bx+y=1 \end{cases}$ 을 풀기 위해 두 일차방정식의 그래프를 각각 그린 것이다. 이때 상수 $a$, $b$에 대하여 $ab$의 값을 구하시오.

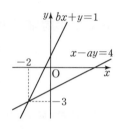

**11** 다음 조건을 모두 만족시키는 직선을 그래프로 하는 일차함수의 식을 구하시오.

┌ 조건 ├
(가) $y$절편이 17이다.
(나) 두 직선 $x+y=2$, $2x+3y=1$의 교점을 지난다.

**12** 세 직선 $x-3y+1=0$, $x+5y-7=0$, $ax-2y+6=0$에 의해 삼각형이 만들어지지 않도록 하는 상수 $a$의 값을 모두 구하려고 한다. 다음을 구하시오.

(1) 세 직선 중 어느 두 직선이 서로 평행하도록 하는 모든 $a$의 값

(2) 세 직선이 한 점에서 만나도록 하는 $a$의 값

(3) 세 직선에 의해 삼각형이 만들어지지 않도록 하는 모든 $a$의 값

**13** 오른쪽 그림과 같이 두 일차방정식 $x+y=4$, $x-y=-2$의 그래프와 $x$축으로 둘러싸인 도형의 넓이를 구하시오.

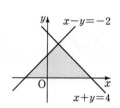

**14** 그래프를 이용하여 연립방정식 $\begin{cases} -4x+3y=1 \\ 8x-6y=-2 \end{cases}$ 를 풀면?

① $x=2$, $y=1$　　　　② $x=-4$, $y=3$
③ 해가 없다.　　　　④ 모든 유리수
⑤ $-4x+3y=1$을 만족시키는 모든 순서쌍

**15** 다음 보기의 일차방정식 중 그 그래프가 일차함수 $y=-3x+5$의 그래프와 한 점에서 만나는 것을 모두 고르시오.

┌ 보기 ├
ㄱ. $3x+y+5=0$　　　ㄴ. $x-3y+5=0$
ㄷ. $-3x+5y+10=0$　　ㄹ. $3x+y-5=0$

**16** 두 일차방정식 $ax+2y=6$, $4x-y=b$의 그래프의 교점이 존재하지 않을 때, 상수 $a$, $b$의 조건을 각각 구하시오.

# 쓱쓱 서술형 완성하기

**따라 해보자**

**예제 1** 일차방정식 $ax+by+8=0$의 그래프가 점 $(1, 2)$를 지나고 $y$축에 평행할 때, 상수 $a$, $b$의 값을 각각 구하시오.

**유제 1** 일차방정식 $ax-by+10=0$의 그래프가 점 $(-4, 5)$를 지나고 $x$축에 평행할 때, 상수 $a$, $b$의 값을 각각 구하시오.

[풀이 과정]

[1단계] 점 $(1, 2)$를 지나고 $y$축에 평행한 직선의 방정식 구하기

$y$축에 평행한 직선 위의 점들은 $x$좌표가 모두 같으므로

$x=1$

[2단계] 일차방정식을 [1단계]의 식의 꼴로 정리하기

$ax+by+8=0$에서 $x$를 $y$에 대한 식으로 나타내면

$ax=-by-8$ $\quad$ $\therefore x=-\dfrac{b}{a}y-\dfrac{8}{a}$

[3단계] $a$, $b$의 값 구하기

$x=1$과 $x=-\dfrac{b}{a}y-\dfrac{8}{a}$이 서로 같으므로

$0=-\dfrac{b}{a}$, $1=-\dfrac{8}{a}$ $\quad$ $\therefore a=-8$, $b=0$

답 $a=-8$, $b=0$

[풀이 과정]

[1단계] 점 $(-4, 5)$를 지나고 $x$축에 평행한 직선의 방정식 구하기

[2단계] 일차방정식을 [1단계]의 식의 꼴로 정리하기

[3단계] $a$, $b$의 값 구하기

답

---

**예제 2** 두 일차방정식 $x+2y-12=0$, $2x-3y-10=0$의 그래프의 교점을 지나고, 일차함수 $y-x+5$의 그래프와 평행한 직선의 방정식을 구하시오.

**유제 2** 두 직선 $x+y-6=0$, $2x-y+3=0$의 교점을 지나고, 직선 $y=-3x+7$과 평행한 직선의 방정식을 구하시오.

[풀이 과정]

[1단계] 두 일차방정식의 그래프의 교점의 좌표 구하기

연립방정식 $\begin{cases} x+2y=12 \\ 2x-3y=10 \end{cases}$ 을 풀면 $x=8$, $y=2$이므로

두 그래프의 교점의 좌표는 $(8, 2)$이다.

[2단계] 직선의 방정식 구하기

$y=x+5$의 그래프와 평행하면 기울기가 1이므로

직선의 방정식을 $y=x+b$로 놓고,

이 식에 $x=8$, $y=2$를 대입하면

$2=8+b$ $\quad$ $\therefore b=-6$

$\therefore y=x-6$

답 $y=x-6$

[풀이 과정]

[1단계] 두 직선의 교점의 좌표 구하기

[2단계] 직선의 방정식 구하기

답

**연습해 보자**

**1** 두 점 $(2a+8, a-1)$, $(a-4, -6)$을 지나고, $y$축에 평행한 직선의 방정식을 구하시오.

풀이 과정

답

**2** 오른쪽 그림과 같이 두 직선 $l$, $m$이 한 점 P에서 만날 때, 점 P의 좌표를 구하시오.

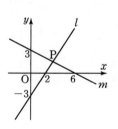

풀이 과정

답

**3** 오른쪽 그림에서 두 직선 $y-3=0$, $x-y-2=0$의 교점을 A, 이 두 직선과 $y$축의 교점을 각각 B, C라고 할 때, 다음 물음에 답하시오.

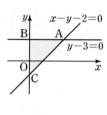

(1) 세 점 A, B, C의 좌표를 각각 구하시오.

(2) $\triangle ABC$의 넓이를 구하시오.

풀이 과정

(1)

(2)

답 (1)                    (2)

**4** 연립방정식 $\begin{cases} ax-2y=b \\ 2x-y-4=0 \end{cases}$ 의 해가 무수히 많을 때, 상수 $a$, $b$의 값을 각각 구하시오.

풀이 과정

답

• 정답과 해설 79쪽

# 영화의 손익분기점

"영화 '○○', 개봉 일주일 만에 손익분기점 넘었다."

신문 기사에서 흔히 볼 수 있는 말인 손익분기점이란 영화의 제작비와 총수입이 일치하는 지점으로, 총수입이 손익분기점을 넘으면 이익을 보고 손익분기점을 넘지 못하면 손해를 보게 된다.

우리나라 영화 산업의 수익의 대부분은 영화관에서의 수입이므로 영화 관람료가 영화 산업의 성공에 절대적인 영향을 미친다. 1인의 영화 관람료에서 세금과 여러 비용을 제외하고 제작사와 투자사에게 돌아가는 금액은 보통 3500원 정도이다. 따라서 어떤 영화의 제작비가 100억 원이면 이 금액을 3500원으로 나눈 수인 약 286만 명 정도의 관객이 영화를 관람해야 총수입이 손익분기점에 다다르는 것이다.

요즘은 주연 배우의 출연료가 제작비의 많은 부분을 차지하므로 제작 초기에 배우와 스태프의 인건비 등의 비용을 최대한 절감해 손익분기점을 낮춰 잡는 것이 대세이다. 촬영 횟수를 최소한으로 정하는 등의 방법으로 제작 기간을 단축하기도 하고, 영화가 손익분기점을 넘게 되는 순간부터 대가를 받는 미니멈 개런티 방식을 적용하기도 한다.

 **기출문제는 이렇게!**

**Q** 성범이가 친구들과 함께 학교 축제에서 빙수를 만들어 팔기 위해 빙수 판매 수에 따른 빙수의 재료를 구입하는 데 드는 총비용과 빙수 판매로 얻는 총수입을 예상해 보았더니 오른쪽 그림과 같았다. 이때 손익분기점을 넘어 이익을 보려면 빙수를 몇 그릇 이상 팔아야 하는지 구하시오.

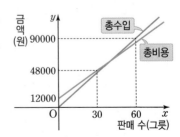

# 마인드 MAP

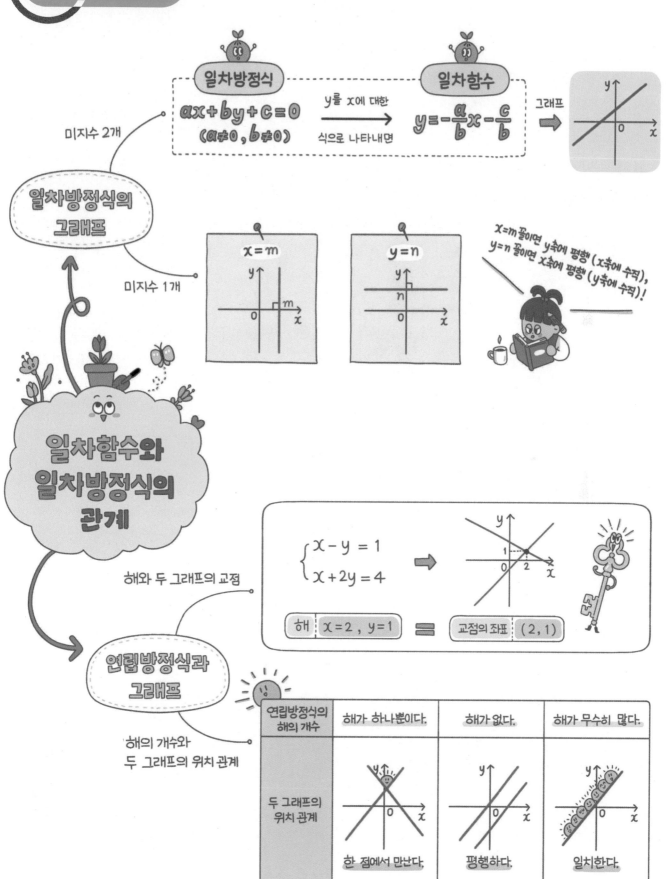

일차방정식 --- $y$를 $x$에 대한 식으로 나타내면 → 일차함수 --- 그래프 ⇒

$ax+by+c=0$
$(a\neq0, b\neq0)$

$y=-\dfrac{a}{b}x-\dfrac{c}{b}$

미지수 2개

**일차방정식의 그래프**

미지수 1개

$x=m$

$y=n$

$x=m$ 꼴이면 $y$축에 평행 ($x$축에 수직),
$y=n$ 꼴이면 $x$축에 평행 ($y$축에 수직)!

**일차함수와 일차방정식의 관계**

해와 두 그래프의 교점

$\begin{cases} x-y=1 \\ x+2y=4 \end{cases}$ ⇒

| 해 | $x=2$, $y=1$ | = | 교점의 좌표 | $(2, 1)$ |

**연립방정식과 그래프**

해의 개수와 두 그래프의 위치 관계

| 연립방정식의 해의 개수 | 해가 하나뿐이다. | 해가 없다. | 해가 무수히 많다. |
|---|---|---|---|
| 두 그래프의 위치 관계 | 한 점에서 만난다. | 평행하다. | 일치한다. |

# 중학 수학 고민 끝!
# 비상 수학 시리즈로 해결

○ 중학 수학 교재 가이드 ○

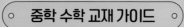

| 분류 | 개정 | 교재 | 기초 | 기본 | 응용 | 심화 |
|---|---|---|---|---|---|---|
| 단기 완성 개념서 | 2015개정 2022개정 | 교과서 개념잡기 | 기초 문제로 빠르게 교과서 개념 이해 | | | |
| 연산서 | 2015개정 2022개정 | 개념+연산 | 연산 문제의 반복 학습을 통해 개념 완성 | | | |
| 기본서 + 수준별 문제 | 2015개정 2022개정 | 개념+유형 라이트 | 이해하기 쉬운 개념 정리와 수준별 문제로 기초 완성 | | | |
| | 2015개정 2022개정 | 개념+유형 파워 | | 이해하기 쉬운 개념 정리와 유형별 기출 문제로 내신 완벽 대비 | | |
| | 2015개정 | 개념+유형 탑 | | | 다양한 고난도 문제로 문제 해결력 향상 | |
| 유형서 | 2015개정 | 만렙 | | 다양한 유형의 빈출 문제로 내신 완성 | | |
| | [신간] 2022개정 | 유형 만렙 | | 기출 중심의 필수 유형 문제로 실력 완성 | | |
| 심화서 | 2015개정 | 최고득점 수학 | | | 까다로운 내신 문제, 고난도 문제를 통한 문제 해결력 완성 | |
| | [신간] 2022개정 | 수학의 신 | | | 다양한 고난도 문제와 종합 사고력 문제로 최고 수준 달성 | |
| 시험 대비 | 2015개정 | 내공의 힘 | | 효율적인 학습이 가능하도록 핵심 위주로 단기간 내신 완벽 대비 | | |
| | [신간] 2022개정 | 기출PICK | | 상, 최상 수준의 문제까지 내신 기출 최다 수록 | | |
| | 2015개정 2022개정 | 수학만 기출문제집 | | 유형별, 난도별 기출 문제로 중간, 기말 시험 대비 | | |

※ 『유형 만렙』: [중학 1-2]_24년 10월 출간 예정(2, 3학년은 25년부터 순차적으로 출간 예정)
※ 『수학의 신』: [중학 1-1]_25년 6월, [중학 1-2]_25년 9월 출간 예정(2, 3학년은 25년부터 순차적으로 출간 예정)

**ABOVE IMAGINATION**

우리는 남다른 상상과 혁신으로
교육 문화의 새로운 전형을 만들어
모든 이의 행복한 경험과 성장에 기여한다

개념﹢유형

유형편

기초탄탄 LITE

중등 수학

2·1

# How

## 어떻게 만들어졌나요?

유형편 라이트는 수학에 왠지 어려움이 느껴지고 자신감이 부족한 학생들을 위해 만들어졌습니다.

# When

## 언제 활용할까요?

개념편 진도를 나간 후 한 번 더 정리하고 싶을 때! 앞으로 배울 내용의 문제를 확인하고 싶을 때!
부족한 유형 문제를 반복 연습하고 싶을 때! 시험에 자주 출제되는 문제를 알고 싶을 때!

# Why

## 왜 유형편 라이트를 보아야 하나요?

다양한 유형의 문제를 기초부터 반복하여 연습할 수 있도록 구성하였으므로 앞으로 배울 내용을 예습하거나
부족한 유형을 학습하려는 친구라면 누구나 꼭 갖고 있어야 할 교재입니다.
아무리 기초가 부족하더라도 이 한 권만 내 것으로 만든다면 상위권으로 도약할 수 있습니다.

---

## 유형편 라이트 의 구성

● 문제 풀이의 비법을 담은
　내용 정리

● 부족한 유형은
　한 번 더 연습

● 자주 출제되는 문제를
　두 번씩 보는
　쌍둥이 기출문제

● 쌍둥이 기출문제 중
　핵심 문제만을 모아
　단원 마무리

● 꼼꼼하게 짚어주는
　단계별 연습 문제

● 발전된 유형은
　한 걸음 더 연습

● 핵심 기출문제와
　서술형 문제

차례 ••• # CONTENTS

# 1

# 유리수와
# 순환소수

**유형 1** 소수의 분류 / 순환소수

**유형 2** 유한소수로 나타낼 수 있는 분수

**유형 3** 순환소수를 분수로 나타내기 (1)

**유형 4** 순환소수를 분수로 나타내기 (2) / 유리수와 소수의 관계

# 1

## 유리수와 순환소수

| 유형 1 | 소수의 분류 / 순환소수 | 개념편 8~9쪽 |

(1) **소수의 분류**

① **유한소수**: 소수점 아래에 0이 아닌 숫자가 유한 번 나타나는 소수  예 0.4, 0.125, −2.15

② **무한소수**: 소수점 아래에 0이 아닌 숫자가 무한 번 나타나는 소수  예 0.272727···, −0.333···, $\pi = 3.141592···$

(2) **순환소수**

① **순환소수**: 무한소수 중에서 소수점 아래의 어떤 자리에서부터 일정한 숫자의 배열이 한없이 되풀이되는 소수

② **순환마디**: 순환소수의 소수점 아래에서 일정한 숫자의 배열이 되풀이되는 한 부분

③ **순환소수의 표현**: 순환마디의 양 끝의 숫자 위에 점을 찍어 간단히 나타낸다.

예

| 순환소수 | 순환마디 | 순환소수의 표현 |
|---|---|---|
| 0.666··· | 6 | $0.\dot{6}$ |
| 0.323232··· | 32 | $0.\dot{3}\dot{2}$ |
| 2.6501501501··· | 501 | $2.6\dot{5}0\dot{1}$ |

**1** 다음 분수를 소수로 나타내고, 유한소수인지 무한소수인지 말하시오.

(1) $\dfrac{7}{6} = 7 \div \square = $ _____  _____

(2) $\dfrac{9}{10} = $ _____  _____

(3) $\dfrac{7}{16} = $ _____  _____

(4) $\dfrac{5}{22} = $ _____  _____

(5) $\dfrac{2}{33} = $ _____  _____

**2** 다음 순환소수의 순환마디를 구하고, 이를 이용하여 순환소수를 간단히 나타내시오.

|  | 순환마디 | 표현 |
|---|---|---|
| (1) 0.444··· | _____ | _____ |
| (2) 2.707070··· | _____ | _____ |
| (3) 3.0121212··· | _____ | _____ |
| (4) 0.010010010··· | _____ | _____ |
| (5) 5.2125125125··· | _____ | _____ |

**3** 다음은 분수 $\dfrac{8}{37}$ 을 소수로 나타낼 때, 소수점 아래 50번째 자리의 숫자를 구하는 과정이다. $\square$ 안에 알맞은 수를 쓰시오.

$\dfrac{8}{37}$ 을 순환소수로 나타내면 $\boxed{\phantom{xxx}}$이므로 순환마디를 이루는 숫자의 개수는 $\square$개이다.

이때 $50 = \square \times 16 + \square$이므로 소수점 아래 50번째 자리의 숫자는 순환마디의 $\square$번째 숫자인 $\square$이다.

**4** 다음 분수를 순환소수로 나타내고, 그 수의 소수점 아래 70번째 자리의 숫자를 구하시오.

(1) $\dfrac{3}{11} = $ _____  _____

(2) $\dfrac{8}{27} = $ _____  _____

(3) $\dfrac{2}{13} = $ _____  _____

## 유형 2 · 유한소수로 나타낼 수 있는 분수

정수가 아닌 유리수를 기약분수로 나타낸 후, 그 분모를 소인수분해했을 때
(1) 분모의 소인수가 2 또는 5뿐이면 ➡ 그 유리수는 유한소수로 나타낼 수 있다.
(2) 분모에 2 또는 5 이외의 소인수가 있으면 ➡ 그 유리수는 순환소수로 나타낼 수 있다. → 유한소수로 나타낼 수 없다.

예
- $\dfrac{21}{30}$ —기약분수로 나타내면→ $\dfrac{7}{10}$ —분모를 소인수분해하면→ $\dfrac{7}{2\times5}$ ➡ 소수로 나타내면 유한소수
- $\dfrac{10}{36}$ —기약분수로 나타내면→ $\dfrac{5}{18}$ —분모를 소인수분해하면→ $\dfrac{5}{2\times3^2}$ ➡ 소수로 나타내면 순환소수

---

**1** 다음 기약분수를 분모가 10의 거듭제곱인 분수로 고친 후, 유한소수로 나타내려고 한다. □ 안에 알맞은 수를 쓰시오.

(1) $\dfrac{3}{5}=\dfrac{3\times\square}{5\times\square}=\dfrac{\square}{10}=\square$

(2) $\dfrac{1}{4}=\dfrac{1}{2^2}=\dfrac{1\times\square}{2^2\times\square}=\dfrac{\square}{10^2}=\square$

(3) $\dfrac{5}{8}=\dfrac{5}{2^3}=\dfrac{5\times\square}{2^3\times\square}=\dfrac{\square}{10^3}=\square$

(4) $\dfrac{17}{20}=\dfrac{17}{2^2\times5}=\dfrac{17\times\square}{2^2\times5\times\square}=\dfrac{\square}{10^2}=\square$

---

**2** 다음 □ 안에 알맞은 수를 쓰고, 옳은 것에 ○표를 하시오.

(1) $\dfrac{6}{100}=\dfrac{3}{\square}=\dfrac{3}{\square\times\square^2}$

⇨ 기약분수의 분모의 소인수가 □, □이므로 유한소수로 나타낼 수 ( 있다, 없다 ).

(2) $\dfrac{18}{28}=\dfrac{9}{\square}=\dfrac{9}{2\times\square}$

⇨ 기약분수의 분모의 소인수가 2, □이므로 유한소수로 나타낼 수 ( 있다, 없다 ).

---

**3** 다음 보기의 분수 중 유한소수로 나타낼 수 있는 것을 모두 고르시오.

┌ 보기 ┐

ㄱ. $\dfrac{3}{4}$　　ㄴ. $\dfrac{2^2\times7}{3\times5^2}$　　ㄷ. $\dfrac{3\times11}{2^3\times5}$

ㄹ. $\dfrac{31}{70}$　　ㅁ. $\dfrac{46}{375}$　　ㅂ. $\dfrac{15}{16}$

---

**4** 다음 표에서 순환소수로만 나타낼 수 있는 분수가 있는 칸을 색칠하면 어떤 수가 보이는지 말하시오.

| | | | | |
|---|---|---|---|---|
| $\dfrac{15}{3\times5^2\times13}$ | $\dfrac{42}{280}$ | $\dfrac{3}{45}$ | $\dfrac{35}{65}$ | $\dfrac{15}{45}$ |
| $\dfrac{3\times7}{2\times3^2\times5}$ | $\dfrac{33}{12}$ | $\dfrac{21}{2^2\times5\times7}$ | $\dfrac{9}{125}$ | $\dfrac{34}{18\times17}$ |
| $\dfrac{16}{30}$ | $\dfrac{39}{2\times13}$ | $\dfrac{2\times7^2}{3\times5\times7^2}$ | $\dfrac{5}{6}$ | $\dfrac{3}{63}$ |
| $\dfrac{26}{24}$ | $\dfrac{6}{2\times3\times5^2}$ | $\dfrac{10}{110}$ | $\dfrac{9}{2\times3\times5}$ | $\dfrac{51}{102}$ |
| $\dfrac{48}{2^2\times5^3\times7}$ | $\dfrac{22}{5^2\times11}$ | $\dfrac{24}{33}$ | $\dfrac{10}{75}$ | $\dfrac{12}{52}$ |

---

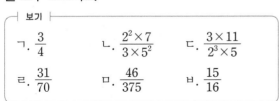

기약분수로 나타냈을 때, 어떤 수를 곱해야 분모의 소인수가 2 또는 5만 남는지 생각해 보자.

**5** 다음과 같이 분수에 어떤 자연수 □를 곱하면 유한소수로 나타낼 수 있을 때, □ 안에 들어갈 수 있는 가장 작은 자연수를 구하시오.

(1) $\dfrac{1}{2\times3}\times\square$

(2) $\dfrac{1}{5\times11}\times\square$

(3) $\dfrac{23}{3\times5\times11}\times\square$

(4) $\dfrac{7}{2^2\times3^2\times7}\times\square$

# 쌍둥이 기출문제

형광펜 들고 밑줄 쫙~

**1** 다음 중 분수를 소수로 나타냈을 때, 무한소수인 것은?

① $\dfrac{3}{8}$　　② $\dfrac{7}{5}$　　③ $\dfrac{5}{16}$

④ $\dfrac{13}{25}$　　⑤ $\dfrac{11}{12}$

**2** 다음 중 분수를 소수로 나타냈을 때, 유한소수인 것을 모두 고르면? (정답 2개)

① $-\dfrac{9}{4}$　　② $\dfrac{7}{30}$　　③ $\dfrac{14}{45}$

④ $\dfrac{21}{40}$　　⑤ $\dfrac{15}{22}$

**3** 다음 표는 각 순환소수에 대하여 순환마디를 구하고, 이를 이용하여 간단히 나타낸 것이다. 옳지 않은 것은?

| 순환소수 | 순환마디 | 간단히 나타내기 |
| --- | --- | --- |
| $0.333\cdots$ | ① 3 | $0.\dot{3}$ |
| $1.7040404\cdots$ | ② 704 | ③ $1.7\dot{0}\dot{4}$ |
| $-6.257257257\cdots$ | ④ 257 | ⑤ $-6.\dot{2}5\dot{7}$ |

**4** 다음 중 순환소수의 표현으로 옳은 것은?

① $8.222\cdots=8.2\dot{2}$

② $2.452452452\cdots=\dot{2}.4\dot{5}$

③ $0.2737373\cdots=0.2\dot{7}\dot{3}$

④ $1.333\cdots=1.\dot{3}3\dot{3}$

⑤ $0.123123123\cdots=0.\dot{1}2\dot{3}$

**5** 분수 $\dfrac{2}{37}$ 를 소수로 나타낼 때, 소수점 아래 80번째 자리의 숫자를 구하시오.

서술형

풀이 과정

답

**6** 분수 $\dfrac{2}{11}$ 를 소수로 나타낼 때, 소수점 아래 37번째 자리의 숫자를 구하시오.

**7** 다음은 분수 $\dfrac{3}{40}$ 을 분모가 10의 거듭제곱인 분수가 되도록 분자, 분모에 가능한 가장 작은 자연수를 곱하여 유한소수로 나타내는 과정이다. 이때 $A$, $B$, $C$의 값을 각각 구하시오.

$$\dfrac{3}{40}=\dfrac{3}{2^3\times 5}=\dfrac{3\times A}{2^3\times 5\times A}=\dfrac{75}{B}=C$$

**8** 다음은 분수 $\dfrac{9}{2^2\times 5^3}$ 를 유한소수로 나타내는 과정이다. 이때 $a+bc$의 값을 구하시오.

$$\dfrac{9}{2^2\times 5^3}=\dfrac{9\times a}{2^2\times 5^3\times a}=\dfrac{18}{b}=c$$

쌍둥이 **05**

**9** 다음 중 유한소수로 나타낼 수 있는 분수는?

① $\dfrac{2}{9}$ ② $\dfrac{15}{21}$ ③ $\dfrac{12}{2^2 \times 3^2}$

④ $\dfrac{6}{2 \times 3 \times 5}$ ⑤ $\dfrac{22}{2^2 \times 7 \times 11}$

**10** 다음 보기의 분수 중 유한소수로 나타낼 수 있는 것을 모두 고르시오.

┌ 보기 ├
ㄱ. $\dfrac{5}{16}$ ㄴ. $\dfrac{9}{2^2 \times 5}$ ㄷ. $\dfrac{1}{2 \times 3 \times 5}$

ㄹ. $\dfrac{21}{3^2 \times 5^2 \times 7}$ ㅁ. $\dfrac{35}{56}$ ㅂ. $\dfrac{12}{45}$

쌍둥이 **06**

**11** 분수 $\dfrac{a}{2 \times 3 \times 5 \times 7}$를 소수로 나타내면 유한소수가 될 때, 다음 중 $a$의 값이 될 수 있는 것은?

① 3 ② 6 ③ 12

④ 15 ⑤ 21

**12** $\dfrac{7}{126} \times a$를 소수로 나타내면 유한소수가 될 때, $a$의 값이 될 수 있는 가장 작은 자연수를 구하시오.

쌍둥이 **07**

**13** 두 분수 $\dfrac{5}{96}$와 $\dfrac{3}{26}$에 어떤 자연수 $N$을 곱하면 모두 유한소수로 나타낼 수 있을 때, $N$의 값이 될 수 있는 가장 작은 자연수는?

① 6 ② 13 ③ 18

④ 27 ⑤ 39

**14** 두 분수 $\dfrac{13}{14}$과 $\dfrac{6}{88}$에 어떤 자연수 $N$을 곱하여 소수로 나타내면 모두 유한소수가 된다. 이때 $N$의 값이 될 수 있는 가장 작은 자연수를 구하시오.

서술형

풀이 과정

답

쌍둥이 **08**

**15** 분수 $\dfrac{1}{x}$을 소수로 나타내면 유한소수가 될 때, 1보다 큰 한 자리의 자연수 $x$의 개수는?

① 2개 ② 3개 ③ 4개

④ 5개 ⑤ 6개

**16** 분수 $\dfrac{7}{x}$을 소수로 나타내면 유한소수가 될 때, 다음 중 $x$의 값이 될 수 없는 것은?

① 5 ② 8 ③ 10

④ 14 ⑤ 21

## 유형 **3** 순환소수를 분수로 나타내기 (1)

개념편 **12쪽**

순환소수를 분수로 나타내기 – 10의 거듭제곱 이용하기

| 소수점 아래 바로 순환마디가 오는 경우 | 소수점 아래 바로 순환마디가 오지 않는 경우 |
|---|---|
| 순환소수 $0.\dot{7}$을 분수로 나타내면<br>$x=0.\dot{7}=0.777\cdots$ ← ❶ 순환소수를 $x$로 놓기<br>$10x=7.777\cdots$ ⎤ ❷ 소수점 아래의 부분이 같은 두 식 만들기<br>$-)\quad x=0.777\cdots$ ⎦<br>$9x=7$<br>$\therefore x=\dfrac{7}{9}$ ← ❸ $x$의 값 구하기 | 순환소수 $0.1\dot{4}$를 분수로 나타내면<br>$x=0.1\dot{4}=0.1444\cdots$ ← ❶ 순환소수를 $x$로 놓기<br>$100x=14.444\cdots$ ⎤ ❷ 소수점 아래의 부분이 같은 두 식 만들기<br>$-)\quad 10x=\ \ 1.444\cdots$ ⎦<br>$90x=13$<br>$\therefore x=\dfrac{13}{90}$ ← ❸ $x$의 값 구하기 |

**1** 다음은 순환소수 $0.\dot{3}\dot{4}$를 분수로 나타내는 과정이다. ☐ 안에 알맞은 수를 쓰시오.

> $0.\dot{3}\dot{4}$를 $x$라고 하면
> $x=0.343434\cdots$이므로
> $\boxed{\phantom{00}}x=34.343434\cdots$
> $-)\qquad x=\ 0.343434\cdots$
> $\boxed{\phantom{00}}x=\boxed{\phantom{00}}$
> $\therefore x=\dfrac{34}{\boxed{\phantom{0}}}$

**3** 다음은 순환소수 $0.1\dot{2}\dot{3}$을 분수로 나타내는 과정이다. ☐ 안에 알맞은 수를 쓰시오.

> $0.1\dot{2}\dot{3}$을 $x$라고 하면
> $x=0.1232323\cdots$이므로
> $\boxed{\phantom{00}}x=123.232323\cdots$
> $-)\qquad 10x=\ \ 1.232323\cdots$
> $\boxed{\phantom{00}}x=\boxed{\phantom{00}}$
> $\therefore x=\dfrac{122}{\boxed{\phantom{0}}}=\dfrac{61}{\boxed{\phantom{0}}}$

**2** 다음 순환소수를 분수로 나타내시오.

(1) $0.\dot{6}$ _____

(2) $0.\dot{4}\dot{0}$ _____

(3) $2.\dot{3}$ _____

(4) $3.\dot{1}\dot{6}$ _____

(5) $0.\dot{1}2\dot{5}$ _____

**4** 다음 순환소수를 분수로 나타내시오.

(1) $0.3\dot{5}$ _____

(2) $1.1\dot{5}$ _____

(3) $0.10\dot{7}$ _____

(4) $0.2\dot{1}\dot{3}$ _____

(5) $3.1\dot{4}\dot{2}$ _____

## 유형 4  순환소수를 분수로 나타내기 (2) / 유리수와 소수의 관계

개념편 13쪽

**(1) 순환소수를 분수로 나타내기 – 공식 이용하기**

| 소수점 아래 바로 순환마디가 오는 경우 | 소수점 아래 바로 순환마디가 오지 않는 경우 |
|---|---|
| 순환소수 $2.\dot{7}$을 분수로 나타내면<br>$2.\dot{7} = \dfrac{27-2}{9} = \dfrac{25}{9}$ ← (전체의 수)−(순환하지 않는 부분의 수)<br>← 순환마디를 이루는 숫자 1개 | 순환소수 $0.1\dot{4}$를 분수로 나타내면<br>$0.1\dot{4} = \dfrac{14-1}{90} = \dfrac{13}{90}$ ← (전체의 수)−(순환하지 않는 부분의 수)<br>← 순환마디를 이루는 숫자 1개, 순환하지 않는 숫자 1개 |

**(2) 유리수와 소수의 관계: 유한소수와 순환소수는 모두 유리수이다.**

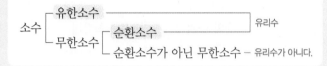

1 다음 순환소수를 분수로 나타낼 때, ☐ 안에 알맞은 수를 쓰시오.

(1) $0.\dot{8} = \dfrac{\boxed{\phantom{0}}}{9}$

(2) $1.\dot{7} = \dfrac{17-1}{\boxed{\phantom{0}}} = \dfrac{16}{\boxed{\phantom{0}}}$

(3) $0.\dot{2}5\dot{8} = \dfrac{\boxed{\phantom{0}}}{999} = \dfrac{\boxed{\phantom{0}}}{333}$

(4) $2.\dot{4}\dot{7} = \dfrac{\boxed{\phantom{0}}-\boxed{\phantom{0}}}{99} = \dfrac{\boxed{\phantom{0}}}{99}$

2 다음 순환소수를 분수로 나타낼 때, ☐ 안에 알맞은 수를 쓰시오.

(1) $0.2\dot{5} = \dfrac{\boxed{\phantom{0}}-2}{90} = \dfrac{\boxed{\phantom{0}}}{90}$

(2) $1.0\dot{4} = \dfrac{104-\boxed{\phantom{0}}}{\boxed{\phantom{0}}} = \dfrac{47}{\boxed{\phantom{0}}}$

(3) $0.01\dot{3} = \dfrac{\boxed{\phantom{0}}-\boxed{\phantom{0}}}{900} = \dfrac{1}{\boxed{\phantom{0}}}$

(4) $3.0\dot{3}\dot{2} = \dfrac{\boxed{\phantom{0}}\boxed{\phantom{0}}-\boxed{\phantom{0}}}{990} = \dfrac{\boxed{\phantom{0}}}{495}$

3 다음 순환소수를 분수로 나타내시오.

(1) $0.\dot{4}\dot{3}$ _____

(2) $1.\dot{5}1\dot{2}$ _____

(3) $0.8\dot{7}\dot{4}$ _____

(4) $1.02\dot{7}$ _____

(5) $2.4\dot{3}\dot{5}$ _____

(6) $3.2\dot{7}\dot{4}$ _____

4 다음 중 유리수와 소수에 대한 설명으로 옳은 것은 ○표, 옳지 <u>않은</u> 것은 ×표를 ( ) 안에 쓰시오.

(1) 모든 유한소수는 유리수이다. ( )

(2) 모든 순환소수는 유리수이다. ( )

(3) 모든 무한소수는 유리수이다. ( )

(4) 무한소수 중에는 유리수가 아닌 것도 있다. ( )

(5) 순환소수를 기약분수로 나타내면 분모의 소인수가 2 또는 5뿐이다. ( )

형광펜 들고 밑줄 쫙~

**쌍둥이 01**

**1** 다음은 순환소수 $0.4\dot{2}$를 분수로 나타내는 과정이다. ☐ 안에 알맞은 수를 차례로 나열한 것은?

> 순환소수 $0.4\dot{2}$를 $x$라고 하면
> $x=0.424242\cdots$ $\cdots$ ㉠
> ㉠의 양변에 ☐을(를) 곱하면
> ☐$x=42.424242\cdots$ $\cdots$ ㉡
> ㉡에서 ㉠을 변끼리 빼면
> ☐$x=$☐
> $\therefore x=\dfrac{14}{☐}$

① 10, 10, 9, 42, 3  ② 10, 10, 99, 42, 11
③ 100, 100, 9, 42, 33  ④ 100, 100, 90, 42, 11
⑤ 100, 100, 99, 42, 33

**2** 다음은 순환소수 $1.3\dot{7}$을 분수로 나타내는 과정이다. ☐ 안에 알맞은 수를 쓰시오.

> 순환소수 $1.3\dot{7}$을 $x$라고 하면
> $x=1.3777\cdots$ $\cdots$ ㉠
> ㉠의 양변에 ☐을(를) 곱하면
> ☐$x=137.777\cdots$ $\cdots$ ㉡
> ㉠의 양변에 10을 곱하면
> $10x=$☐ $\cdots$ ㉢
> ㉡에서 ㉢을 변끼리 빼면
> ☐$x=$☐
> $\therefore x=$☐

**쌍둥이 02**

**3** 다음 중 순환소수 $x=0.6\dot{7}$을 분수로 나타낼 때, 가장 편리한 식은?

① $10x-x$  ② $100x-x$
③ $100x-10x$  ④ $1000x-x$
⑤ $10000x-x$

**4** 다음 중 순환소수 $x=2.5\dot{8}\dot{3}$을 분수로 나타낼 때, 가장 편리한 식은?

① $10x-x$  ② $100x-10x$
③ $1000x-x$  ④ $1000x-10x$
⑤ $1000x-100x$

**쌍둥이 03**

**5** 다음 중 순환소수를 분수로 나타내는 과정으로 옳은 것은?

① $0.\dot{3}\dot{1}=\dfrac{31-1}{99}$  ② $1.\dot{5}\dot{4}=\dfrac{154}{99}$

③ $0.9\dot{1}=\dfrac{91-9}{90}$  ④ $1.7\dot{4}=\dfrac{174-7}{90}$

⑤ $0.8\dot{3}\dot{9}=\dfrac{839-8}{999}$

**6** 다음 중 순환소수를 분수로 나타낸 것으로 옳지 <u>않은</u> 것은?

① $0.\dot{3}0=\dfrac{10}{33}$  ② $8.0\dot{3}=\dfrac{241}{30}$

③ $2.\dot{3}\dot{4}=\dfrac{232}{99}$  ④ $0.4\dot{8}=\dfrac{22}{45}$

⑤ $2.1\dot{5}=\dfrac{98}{45}$

**쌍둥이 04**

**7** 보라와 혜리가 기약분수 $\dfrac{b}{a}(a \neq 0)$를 각각 소수로 나타내는데 보라는 분자 $b$를 잘못 보아서 $0.3\dot{4}$로 나타내고, 혜리는 분모 $a$를 잘못 보아서 $0.4\dot{5}$로 나타냈다. 두 사람이 잘못 본 분수도 모두 기약분수일 때, 다음 물음에 답하시오.

(1) 보라가 제대로 본 분모 $a$의 값을 구하시오.

(2) 혜리가 제대로 본 분자 $b$의 값을 구하시오.

(3) $\dfrac{b}{a}$를 순환소수로 나타내시오.

**8** <sup>서술형</sup> 어떤 기약분수를 소수로 나타내는데 태수는 분자를 잘못 보아서 $0.2\dot{6}$으로 나타내고, 민호는 분모를 잘못 보아서 $0.7\dot{4}$로 나타냈다. 두 사람이 잘못 본 분수도 모두 기약분수일 때, 처음 기약분수를 순환소수로 나타내시오.

풀이 과정

답

**쌍둥이 05**

**9** $0.2\dot{1}=21\times\square$일 때, $\square$ 안에 알맞은 수를 순환소수로 나타내면?

① $0.\dot{1}$　　② $0.0\dot{1}$　　③ $0.\dot{0}\dot{1}$

④ $0.00\dot{1}$　　⑤ $0.0\dot{1}\dot{1}$

**10** $0.\dot{2}0\dot{3}=203\times a$일 때, $a$의 값을 순환소수로 나타내면?

① $0.\dot{0}0\dot{1}$　　② $0.00\dot{1}$　　③ $0.0\dot{0}\dot{1}$

④ $0.\dot{1}\dot{0}$　　⑤ $0.\dot{1}0\dot{1}$

**쌍둥이 06**

**11** 다음 중 옳은 것은?

① 모든 유리수는 유한소수이다.

② 순환소수는 유리수가 아니다.

③ 모든 무한소수는 순환소수이다.

④ 순환소수는 모두 $\dfrac{(정수)}{(0이\ 아닌\ 정수)}$ 꼴로 나타낼 수 있다.

⑤ 기약분수를 소수로 나타내면 순환소수 또는 무한소수가 된다.

**12** 다음 중 옳은 것을 모두 고르면? (정답 2개)

① 유한소수 중에는 유리수가 아닌 수도 있다.

② 유한소수는 모두 유리수이다.

③ 무한소수 중에는 유리수가 아닌 것도 있다.

④ 순환소수는 분수로 나타낼 수 없다.

⑤ 정수가 아닌 유리수는 모두 유한소수로 나타낼 수 있다.

## 단원 마무리

**1** 다음 중 순환소수의 표현이 옳지 <u>않은</u> 것을 모두 고르면? (정답 2개)

① $5.8444\cdots=5.8\dot{4}$      ② $6.060606\cdots=\dot{6}.\dot{0}$

③ $2.2656565\cdots=2.2\dot{6}\dot{5}$      ④ $3.715715715\cdots=3.\dot{7}1\dot{5}$

⑤ $7.10343434\cdots=7.10\dot{3}\dot{4}\dot{3}$

▶ 순환소수와 순환마디

**2** 분수 $\dfrac{2}{7}$ 를 소수로 나타낼 때, 소수점 아래 50번째 자리의 숫자를 $a$, 소수점 아래 70번째 자리의 숫자를 $b$라고 하자. 이때 $a+b$의 값을 구하시오.

▶ 소수점 아래 $n$번째 자리의 숫자 구하기

**3** 다음 보기의 분수 중 유한소수로 나타낼 수 <u>없는</u> 것을 모두 고르시오.

| 보기 |

ㄱ. $\dfrac{7}{8}$      ㄴ. $\dfrac{2}{11}$      ㄷ. $\dfrac{3}{20}$

ㄹ. $\dfrac{18}{72}$      ㅁ. $\dfrac{28}{132}$      ㅂ. $\dfrac{84}{210}$

▶ 유한소수로 나타낼 수 있는 분수

**4** $\dfrac{15}{72}\times x$ 를 유한소수로 나타낼 수 있을 때, 다음 중 $x$의 값이 될 수 있는 것을 모두 고르면?

(정답 2개)

① 2      ② 3      ③ 4      ④ 6      ⑤ 8

▶ $\dfrac{B}{A}\times x$를 유한소수가 되도록 하는 $x$의 값 구하기

**5** 두 분수 $\dfrac{n}{28}$ 과 $\dfrac{n}{90}$ 을 소수로 나타내면 모두 유한소수로 나타낼 수 있을 때, $n$의 값이 될 수 있는 가장 작은 자연수를 구하시오.

▶ 두 분수를 모두 유한소수가 되도록 하는 미지수의 값 구하기

**서술형**

**6** 순환소수를 $x$라 하고, 10의 거듭제곱을 적당히 곱하면 그 차가 정수인 두 식을 만들 수 있다. 이를 이용하여 순환소수 $1.5\dot{2}\dot{4}$를 기약분수로 나타내시오.

> 순환소수를 분수로 나타내기 (1)

풀이 과정

답

**7** 다음 중 순환소수를 분수로 나타낸 것으로 옳은 것은?

> 순환소수를 분수로 나타내기 (2)

① $0.\dot{3} = \dfrac{3}{10}$  　② $0.4\dot{7} = \dfrac{47}{90}$  　③ $0.\dot{3}4\dot{5} = \dfrac{115}{303}$

④ $1.0\dot{6} = \dfrac{7}{6}$  　⑤ $1.\dot{8}\dot{7} = \dfrac{62}{33}$

**8** 어떤 기약분수를 소수로 나타내는데 민석이는 분모를 잘못 보아서 $1.1\dot{4}$로 나타내고, 준기는 분자를 잘못 보아서 $0.\dot{2}\dot{3}$으로 나타냈다. 두 사람이 잘못 본 분수도 모두 기약분수일 때, 처음 기약분수를 순환소수로 나타내시오.

> 분수를 소수로 바르게 나타내기

**9** 다음 중 옳지 <u>않은</u> 것은?

> 유리수와 소수의 관계

① 순환소수가 아닌 무한소수는 유리수가 아니다.

② 모든 유한소수는 분모가 10의 거듭제곱인 분수로 나타낼 수 있다.

③ 유한소수와 순환소수는 모두 유리수이다.

④ 유한소수로 나타낼 수 없는 수는 유리수가 아니다.

⑤ 유한소수로 나타낼 수 없는 정수가 아닌 유리수는 반드시 순환소수로 나타낼 수 있다.

# 2 식의 계산

2. 식의 계산

# 지수법칙

개념편 24~25쪽

**유형 1**  **지수법칙 – 지수의 합, 곱**

(1) 지수의 합

$m$, $n$이 자연수일 때

$a^m \times a^n = a^{m+n}$ ← 지수끼리 더한다.

예 $\underline{2^2 \times 2^3 = 2^{2+3} = 2^5}$

└→ $(2 \times 2) \times (2 \times 2 \times 2) = 2^5$

(2) 지수의 곱

$m$, $n$이 자연수일 때

$(a^m)^n = a^{mn}$ ← 지수끼리 곱한다.

예 $\underline{(2^2)^3 = 2^{2 \times 3} = 2^6}$

└→ $2^2 \times 2^2 \times 2^2 = 2^{2+2+2} = 2^{2 \times 3}$

**[1~7]** 다음 식을 간단히 하시오.

**1** (1) $a^3 \times a^6$

(2) $a^{10} \times a^4$

(3) $x \times x^5$

(4) $2^8 \times 2^{15}$

**2** (1) $a^4 \times a \times a^3$

(2) $x^{10} \times x^3 \times x^5$

(3) $x \times x^2 \times x^3 \times x^4$

(4) $3^2 \times 3^3 \times 3^{10}$

> 지수법칙은 밑이 서로 같을 때만 이용할 수 있어!
> 밑이 다를 때는 밑이 같은 것끼리 모아서 간단히 하자.

**3** (1) $x^2 \times x^8 \times y^5 \times y^7$

(2) $a^4 \times b^2 \times a^2 \times b^6$

(3) $x^6 \times y^2 \times x^3 \times y^4$

(4) $a \times b^4 \times a^2 \times b \times a^3$

**4** (1) $(x^3)^2$

(2) $(a^4)^5$

(3) $(2^5)^3$

(4) $(5^2)^7$

**5** (1) $\{(a^2)^3\}^4$

(2) $\{(x^5)^2\}^2$

**6** (1) $a^4 \times (a^2)^3$

(2) $(x^5)^2 \times x^3$

(3) $(x^2)^4 \times x^{10}$

(4) $(5^2)^6 \times (5^3)^5$

**7** (1) $x^5 \times (y^5)^2 \times (y^3)^2$

(2) $a^2 \times (b^3)^3 \times (a^4)^4 \times (b^2)^5$

(3) $(2^6)^2 \times a^2 \times (a^3)^7$

(4) $x^3 \times (3^5)^3 \times (x^2)^2$

## 유형 2  지수법칙 – 지수의 차, 분배

**(1) 지수의 차**

$a \neq 0$이고, $m$, $n$이 자연수일 때

$$a^m \div a^n = \begin{cases} a^{m-n} & (m > n) \quad \leftarrow \text{지수끼리 뺀다.} \\ 1 & (m = n) \\ \dfrac{1}{a^{n-m}} & (m < n) \end{cases}$$

예 · $2^4 \div 2^2 = 2^{4-2} = 2^2 \quad \leftarrow \dfrac{2^4}{2^2} = \dfrac{2 \times 2 \times 2 \times 2}{2 \times 2}$

· $2^2 \div 2^2 = 1$

· $2^2 \div 2^4 = \dfrac{1}{2^{4-2}} = \dfrac{1}{2^2} \quad \leftarrow \dfrac{2^2}{2^4} = \dfrac{2 \times 2}{2 \times 2 \times 2 \times 2}$

**(2) 지수의 분배**

$n$이 자연수일 때

$$(ab)^n = a^n b^n$$

$$\left(\dfrac{b}{a}\right)^n = \dfrac{b^n}{a^n} \text{ (단, } a \neq 0)$$

예 · $(2x)^2 = 2^2 x^2 = 4x^2 \quad \leftarrow 2x \times 2x = (2 \times 2) \times (x \times x)$

· $\left(\dfrac{2}{x}\right)^2 = \dfrac{2^2}{x^2} = \dfrac{4}{x^2} \quad \leftarrow \dfrac{2}{x} \times \dfrac{2}{x} = \dfrac{2 \times 2}{x \times x}$

**[1~7] 다음 식을 간단히 하시오.**

**1**
(1) $\dfrac{x^6}{x}$

(2) $x^{10} \div x^4$

(3) $a^8 \div a^5$

(4) $5^9 \div 5^3$

**2**
(1) $\dfrac{a^5}{a^{10}}$

(2) $x^3 \div x^{12}$

(3) $x^6 \div x^6$

(4) $2^7 \div 2^{14}$

**3**
(1) $(a^3)^4 \div a^6$

(2) $a^{10} \div (a^5)^2$

(3) $(x^2)^6 \div (x^4)^4$

**4**
(1) $a^7 \div a^2 \div a^3$

(2) $x^{16} \div (x^2)^4 \div x^3$

(3) $y^5 \div (y^9 \div y^2)$

**5**
(1) $(xy^2)^2$

(2) $(a^2 b^3)^6$

(3) $(x^3 y^4 z)^5$

> 괄호 안의 숫자에도 지수법칙을 빠짐없이 적용해야 해!

**6**
(1) $(2a^4)^3$

(2) $(5^3 a^2)^3$

(3) $(-x^4)^4$

(4) $(-3x^2)^3$

(5) $(-5x^3 y^5)^2$

**7**
(1) $\left(\dfrac{y}{x^2}\right)^3$

(2) $\left(\dfrac{b^3}{a}\right)^2$

(3) $\left(-\dfrac{x}{3}\right)^3$

(4) $\left(-\dfrac{b^5}{a^2}\right)^4$

(5) $\left(\dfrac{3y}{2x^3}\right)^2$

## 한 걸음 더 연습　　　유형 1~2

**[1~2]** 다음 ▢ 안에 알맞은 자연수를 쓰시오.

**1** (1) $a^2 \times a^\square = a^{10}$

(2) $x \times x^3 \times x^\square = x^8$

(3) $(a^\square)^5 = a^{20}$

**2** (1) $(a^3)^\square \div a^4 = a^5$

(2) $x^9 \div x^\square \div x^3 = 1$

(3) $a^5 \times a^2 \div a^\square = a$

**3** 다음을 만족시키는 자연수 $a$, $b$, $c$의 값을 각각 구하시오.

(1) $(x^a y^4)^b = x^6 y^{12}$ ＿＿＿＿＿＿

(2) $(-3xy^2)^a = bx^4 y^c$ ＿＿＿＿＿＿

(3) $\left(\dfrac{x^a}{y}\right)^2 = \dfrac{x^6}{y^b}$ ＿＿＿＿＿＿

(4) $\left(-\dfrac{y}{2x^4}\right)^a = -\dfrac{y^3}{bx^c}$ ＿＿＿＿＿＿

**4** 다음을 만족시키는 자연수 $x$의 값을 구하시오.

(1) $2^3 \times 2^x = 64$ ＿＿＿＿＿

(2) $3^x \div 3^5 = \dfrac{1}{27}$ ＿＿＿＿＿

---

같은 수를 계속 더한 것은 곱셈으로 나타낼 수 있어!

**5** 다음 식을 간단히 하시오.

(1) $2^2 + 2^2 = \square \times 2^2 = 2^{\square+2} = 2^\square$

(2) $3^4 + 3^4 + 3^4$ ＿＿＿＿＿

(3) $5^3 + 5^3 + 5^3 + 5^3 + 5^3$ ＿＿＿＿＿

주어진 수를 $(2^2)^\square$ 꼴로 나타내자.

**6** $2^2 = A$라고 할 때, 다음 수를 $A$를 사용하여 $A^n$ 꼴로 나타내시오. (단, $n$은 자연수)

(1) $64 = 2^\square = (2^2)^\square = A^\square$

(2) $4^5$ ＿＿＿＿＿

(3) $8^4$ ＿＿＿＿＿

자릿수를 구할 때는 주어진 수를 $a \times 10^n (a, n$은 자연수) 꼴로 나타내자.

**7** 다음 수가 몇 자리의 자연수인지 구하시오.

(1) $2^8 \times 5^5 = 2^\square \times 2^5 \times 5^5$ ← 2와 5의 지수가 같아지도록 지수가 큰 쪽을 작은 쪽에 맞추어 변형한다.
$= 2^\square \times (2 \times 5)^5$
$= \square \times 10^5$
$= \boxed{\phantom{000}}$
⇨ $2^8 \times 5^5$은 ▢자리의 자연수이다.

(2) $2^6 \times 5^8$ ＿＿＿＿＿

(3) $3 \times 2^{10} \times 5^9$ ＿＿＿＿＿

# 쌍둥이 기출문제

● 정답과 해설 21쪽

 형광펜 들고 밑줄 쫙~

## 쌍둥이 01

**1** 다음 중 옳은 것은?

① $x^3 \times x^3 = x^9$  　　② $(x^2)^4 = x^6$

③ $x^2 : x^2 = 0$  　　④ $\left(\dfrac{y}{x^2}\right)^2 = \dfrac{y^2}{x^2}$

⑤ $(3x^2y)^3 = 27x^6y^3$

**2** 다음 중 옳은 것을 모두 고르면? (정답 2개)

① $3^2 \times 3^4 = 3^8$  　　② $a^3 \div a^6 = a^3$

③ $\left(\dfrac{b^2}{2a}\right)^3 = \dfrac{b^6}{8a^3}$  　　④ $(x^3)^4 = x^7$

⑤ $(-x^6y)^3 = -x^{15}y^3$

## 쌍둥이 02

**3** 다음 식을 간단히 하시오.

(1) $a^6 \div a^3 \times a$

(2) $(x^4)^2 \div x^4 \div x^2$

(3) $3^2 \times (3^2)^2 \div 3^3$

**4** 다음 식을 간단히 하시오.

(1) $5^{10} \times 5^5 \div 5^3$

(2) $(a^3)^2 \div a \times (a^2)^5$

(3) $x^4 \div (x^2 \div x)$

## 쌍둥이 03

**5** $16^8 \div 32^4$을 2의 거듭제곱으로 나타내시오.

**6** $27 \times 81^2 \div 9^4 = 3^\square$일 때, $\square$ 안에 알맞은 자연수를 구하시오.

## 쌍둥이 04

**7** $3^2 \times 3^n = 243$일 때, 자연수 $n$의 값은?

① 2　　　② 3　　　③ 4

④ 5　　　⑤ 6

**8** 다음을 만족시키는 자연수 $a$, $b$에 대하여 $a+b$의 값을 구하시오.

$$2^a \times 2^4 = 64, \qquad x^6 \div x^b \div x^2 = x$$

 기출문제

**쌍둥이 05**

**9** $(3x^a)^3=bx^{12}$을 만족시키는 자연수 $a$, $b$에 대하여 $a+b$의 값은?

① 23　　　　② 25　　　　③ 27

④ 29　　　　⑤ 31

**10** $\left(\dfrac{2^a}{3^5}\right)^4=\dfrac{2^{12}}{3^b}$일 때, 자연수 $a$, $b$에 대하여 $b-a$의 값을 구하시오.

서술형

[풀이 과정]

[답]

**쌍둥이 06**

**11** $3^3+3^3+3^3$을 3의 거듭제곱으로 나타내면?

① $3^4$　　　　② $3^5$　　　　③ $3^6$

④ $3^7$　　　　⑤ $3^8$

**12** $5^4+5^4+5^4+5^4+5^4=5^a$일 때, 자연수 $a$의 값을 구하시오.

**쌍둥이 07**

**13** $3^3=A$라고 할 때, $9^3$을 $A$를 사용하여 나타내면?

① $3A$　　　　② $9A$　　　　③ $A^2$

④ $3A^2$　　　　⑤ $A^3$

**14** $2^5=a$라고 할 때, $16^{10}$을 $a$를 사용하여 나타내면?

① $a^8$　　　　② $2a^8$　　　　③ $a^9$

④ $a^{10}$　　　　⑤ $4a^{10}$

**쌍둥이 08**

**15** $2^5\times5^3$은 몇 자리의 자연수인지 구하시오.

**16** $2^7\times3\times5^9$이 $n$자리의 자연수일 때, $n$의 값은?

① 7　　　　② 8　　　　③ 9

④ 10　　　　⑤ 12

2. 식의 계산

# 단항식의 계산

개념편 30~31 쪽

**유형 3** 단항식의 곱셈과 나눗셈

(1) 단항식의 곱셈

계수는 계수끼리, 문자는 문자끼리 곱한다.
$$\Rightarrow 2x^2 \times 3x^3$$
$$= 2 \times x^2 \times 3 \times x^3$$
$$= (2 \times 3) \times (x^2 \times x^3)$$
$$= 6x^5$$

참고 곱셈에서의 부호는 ┌ −가 짝수 개이면 ➡ +
└ −가 홀수 개이면 ➡ −

(2) 단항식의 나눗셈

방법 1 분수 꼴로 바꾸어 계산한다.
$$\Rightarrow 2x^2 \div 5x^3 = \frac{2x^2}{5x^3} = \frac{2}{5x}$$

방법 2 역수를 이용하여 나눗셈을 곱셈으로 고쳐서 계산한다.

곱셈으로
$$\Rightarrow 2x^2 \div \frac{2}{3}x^3 = 2x^2 \times \frac{3}{2x^3} = \frac{3}{x}$$
역수로

---

[1~3] 다음을 계산하시오.

**1** (1) $6x \times 2x^2$

(2) $(-2a) \times 5b$

(3) $\frac{1}{2}x^4y \times (-2x^2)$

(4) $(-5ab) \times (-3ab^2)$

**2** (1) $(-x)^3 \times 2x^2$

(2) $(-2a^2) \times (-a^3)^3$

(3) $(4x^3y)^2 \times (-x^2)^4$

(4) $(ab^2)^2 \times (2a^3b)^3$

**3** (1) $a \times (-2a^2) \times (-3a^3)$

(2) $(-x^2y) \times (-4x) \times (-2xy^5)$

(3) $\frac{2}{3}a^2 \times 4ab \times \frac{9}{2}b^3$

역수를 구할 때는 분자와 분모를 먼저 구분하자.

**4** 다음 식의 역수를 구하시오.

(1) $\frac{x}{9}$  (2) $-3a^2$

(3) $-\frac{1}{2}x$  (4) $\frac{3}{4}xy^2$

---

[5~7] 다음을 계산하시오.

**5** (1) $10x^2 \div 5x = \dfrac{10x^2}{\boxed{\phantom{0}}} = \boxed{\phantom{0}}$

(2) $6a^3b \div 3ab$

(3) $4x^2y \div (-6xy)$

(4) $(-4a^5)^2 \div 2a^8$

(5) $27x^6y^2 \div (3x^2y)^3$

**6** (1) $3a^3 \div \frac{3}{4}a = 3a^3 \times \boxed{\phantom{0}} = \boxed{\phantom{0}}$

(2) $2x^9 \div \frac{x^2}{2}$

(3) $14x^4y \div \left(-\frac{2}{3}x^2y\right)$

(4) $(-3a)^3 \div \left(-\frac{9}{2}a^3\right)$

(5) $\frac{1}{5}a^6b^2 \div \left(\frac{2}{5}ab^4\right)^2$

나눗셈이 2개 이상이면 방법 2 를 이용하는 것이 편리해!

**7** (1) $16a^2b \div (-2ab) \div 4a^2$

(2) $2xy^2 \div \left(-\frac{1}{2}xy\right) \div (-3x^2)$

유형 **4** 단항식의 곱셈과 나눗셈의 혼합 계산 개념편 32쪽

$(3x)^2 \times (-5x) \div 15x^2$
$= 9x^2 \times (-5x) \div 15x^2$ ──── ❶ 괄호의 거듭제곱 계산하기
$= 9x^2 \times (-5x) \times \dfrac{1}{15x^2}$ ──── ❷ 역수를 이용하여 나눗셈을 곱셈으로 고치기
$= \left\{ 9 \times (-5) \times \dfrac{1}{15} \right\} \times \left( x^2 \times x \times \dfrac{1}{x^2} \right)$ ──── ❸ 계수는 계수끼리, 문자는 문자끼리 곱하기
$= -3x$

참고 곱셈과 나눗셈이 혼합된 식은 앞에서부터 차례로 계산한다.

**[1~4]** 다음을 계산하시오.

**1** (1) $A \times B \div C = A \times B \times \boxed{\phantom{xx}} = \boxed{\phantom{xx}}$

(2) $A \div B \times C$

(3) $A \div B \div C$

말풍선: 괄호가 있으면 괄호 안을 먼저 계산해야 해!

**2** (1) $A \times (B \div C) = A \times \boxed{\phantom{xx}} = \boxed{\phantom{xx}}$

(2) $A \div (B \times C)$

(3) $A \div (B \div C)$

말풍선: 부호는 음수의 개수에 따라 먼저 결정하는 것이 편리해!

**3** (1) $9xy \times 4x^2 \div 3xy$

(2) $3ab \times (-8b) \div 4a^2 b$

(3) $8a^3 b^2 \times 16a^2 b^3 \div (-2ab)$

(4) $6x^2 y \div 12xy^3 \times \dfrac{3}{2} y$

(5) $(-2xy^3) \div 5x^3 y \times (-3x^2 y^5)$

(6) $\dfrac{1}{14} a^4 b^2 \div a^5 b \times 7a^3 b^3$

**4** (1) $(-3a)^2 \times \dfrac{5}{3} a \div (-5a)$

(2) $8xy \div 2x^2 y \times (-2xy)^2$

(3) $(3a^2)^2 \times 2b \div (-3a^2 b^3)^2$

(4) $(-2x^2 y)^3 \div \left( \dfrac{y}{3} \right)^2 \times \left( \dfrac{x^2}{2} \right)^3$

(5) $(-a^2 b)^2 \div (-a^5 b^2) \times (-4a^2 b)$

(6) $(5x^3 y^4)^2 \times \dfrac{3}{5} x^3 y \div (-3xy)^2$

## 한 걸음 <u>더</u> 연습 　유형 3~4

- $\square \times A = B \Rightarrow \square = B \div A$
- $\square \div A = B \Rightarrow \square \times \dfrac{1}{A} = B \Rightarrow \square = B \times A$
- $A \div \square = B \Rightarrow A \times \dfrac{1}{\square} = B \Rightarrow \square = A \div B$
- $A \times \square \div B = C \Rightarrow A \times \square \times \dfrac{1}{B} = C \Rightarrow \square = C \div A \times B$

**[1~3]** 다음 $\square$ 안에 알맞은 식을 구하시오.

**1** (1) $\boxed{\phantom{xx}} \times 2xy = 6x^3y$

(2) $(-4x^2y) \times \boxed{\phantom{xx}} = 8x^4y^3$

(3) $\boxed{\phantom{xx}} \div \dfrac{a}{3} = -18b$

**2** (1) $6x^3y \div \boxed{\phantom{xx}} = -2x^2y$

(2) $\dfrac{3}{2}a^2b^4 \div \boxed{\phantom{xx}} = 4ab^3$

**3** (1) $4a^2 \times \boxed{\phantom{xx}} \div (-5a) = -2a^2$

(2) $(-3x^2y^2) \times \boxed{\phantom{xx}} \div (-8x^8y^2) = 18xy^3$

- (직사각형의 넓이)=(가로의 길이)×(세로의 길이)
  (삼각형의 넓이)=$\dfrac{1}{2}$×(밑변의 길이)×(높이)
- (기둥의 부피)=(밑넓이)×(높이)
  (뿔의 부피)=$\dfrac{1}{3}$×(밑넓이)×(높이)

**4** 다음 직사각형과 삼각형의 넓이를 구하시오.

(1)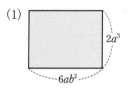

(2)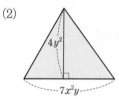

**5** 다음 직육면체와 원뿔의 부피를 구하시오.

(1)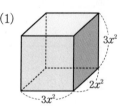

(2)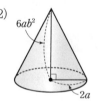

**6** 오른쪽 그림과 같이 높이가 $3x^4y^2$이고 넓이가 $48x^8y^9$인 직각삼각형의 밑변의 길이를 구하시오.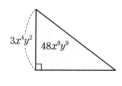

**7** 오른쪽 그림과 같이 밑면의 반지름의 길이가 $3xy^2$이고 부피가 $18\pi x^5y^5$인 원기둥의 높이를 구하시오.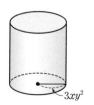

# 쌍둥이 기출문제

형광펜 들고 밑줄 쫙~

**쌍둥이 01**

**1** 다음을 계산하시오.

(1) $4a \times (-2ab)$

(2) $(-3x^2y)^2 \times 5xy^3$

**2** $(2x)^2 \times 6xy \times \left(-\dfrac{1}{4}y\right)$를 계산하시오.

**쌍둥이 02**

**3** $12a^2b \div 6ab$를 계산하면?

① $2a$      ② $2b$      ③ $-6ab$

④ $6ab$      ⑤ $72a^2b$

**4** $72x^5y^2 \div (-3xy^2)^2 \div 4x^3$을 계산하시오.

서술형

풀이 과정

답

**쌍둥이 03**

**5** $x^8y^3 \div x^ay^7 = \dfrac{x^5}{y^b}$일 때, 자연수 $a$, $b$의 값을 각각 구하시오.

**6** 다음을 만족시키는 자연수 $p$, $q$에 대하여 $p-q$의 값을 구하시오.

$$(2x^2y^p)^2 \div (x^qy^3)^5 = \dfrac{4}{x^6y^{11}}$$

**쌍둥이 04**

**7** 다음은 식을 계산하는 과정이다. (  ) 안에 알맞은 식을 차례로 쓰시오.

$(x^2y^3)^2 \times 6x^4y \div (-x^3y)^4$

$= (\quad\quad) \times 6x^4y \div (\quad\quad)$

$= (\quad\quad) \times 6x^4y \times (\quad\quad)$

$= (\quad\quad)$

**8** $(-3a^3)^3 \div 9a^2b^3 \times \left(\dfrac{1}{3}b^4\right)^2$을 계산하면?

① $-3a^7b^5$      ② $-\dfrac{1}{3}a^4b^3$      ③ $-\dfrac{1}{3}a^7b^5$

④ $3a^4b^3$      ⑤ $3a^7b^5$

쌍둥이 **05**

**9** $a=1$, $b=3$일 때, $6ab^2 \times 2a^2b \div 4ab$의 값을 구하시오.

**10** $a=-2$, $b=-1$일 때,
$8a^4b^2 \div \dfrac{4}{3}a^2b \times (-ab^3)$의 값을 구하시오.

쌍둥이 **06**

**11** $(-2ab^2)^3 \times \boxed{\phantom{xx}} = -8a^7b^8$일 때, $\square$ 안에 알맞은 식을 구하시오.

**12** $6a^3b$를 어떤 식 $A$로 나누었더니 $\dfrac{3}{2}b$가 되었다. 이때 어떤 식 $A$를 구하시오.

쌍둥이 **07**

**13** $a^2b^2 \times \boxed{\phantom{xx}} \div 2ab^2 = a^2b^3$일 때, $\square$ 안에 알맞은 식은?

① $ab^3$      ② $a^3b$      ③ $a^3b^2$
④ $2ab^3$      ⑤ $2a^3b$

**14** 다음 $\square$ 안에 알맞은 식을 구하시오.

$$x^4y \div 3x^2y^2 \times \boxed{\phantom{xx}} = x^2y^2$$

쌍둥이 **08**

**15** 오른쪽 그림과 같이 세로의 길이가 $2xy^4$이고, 넓이가 $8x^5y^7$인 직사각형의 가로의 길이를 구하시오.

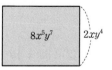

**16** 오른쪽 그림과 같이 밑면의 가로, 세로의 길이가 각각 $2a^2b$, $3ab^2$인 직육면체의 부피가 $30a^4b^3$일 때, 이 직육면체의 높이를 구하시오.

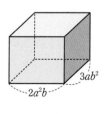

2. 식의 계산

# ⌒3 다항식의 계산

**유형 5** 다항식의 덧셈과 뺄셈

(1) 다항식의 덧셈

$(3a+5b)+(4a-b)$ ⟶ ❶ 괄호 풀기
$=3a+5b+4a-b$ ⟶ ❷ 동류항끼리 모으기
$=3a+4a+5b-b$ ⟶ ❸ 간단히 하기
$=7a+4b$

(2) 다항식의 뺄셈

$(3a-5b)-(5a-b)$ ⟶ ❶ 빼는 식의 각 항의 부호를
$=3a-5b-5a+b$ ⟶ 　바꾸어 괄호 풀기
$=3a-5a-5b+b$ ⟶ ❷ 동류항끼리 모으기
$=-2a-4b$ ⟶ ❸ 간단히 하기

**1** 다음 식을 괄호를 풀어 간단히 하시오.

(1) $-(x+y-z)$

(2) $-2(3a-b)$

(3) $-\dfrac{1}{3}(-6x-y+2)$

**[2~5]** 다음을 계산하시오.

**2** (1) $(5x-7y)+(3x+2y)$

(2) $(-2x+8y-3)+(6x-7y+1)$

(3) $(3x+2y)-(x-2y)$

(4) $(x+6y+5)-(4x+y-2)$

**3** (1) $4(a-b)+2(-3a+2b)$

(2) $(2x+3y+5)+5(-x+2y-1)$

(3) $(a+3b)-3(3a-4b)$

(4) $3(-x+y+6)-\dfrac{1}{2}(4x+2y-6)$

**4** (1) $\left(\dfrac{2}{3}a+4b\right)+\left(-\dfrac{5}{6}a+b\right)$

(2) $\dfrac{a+b}{3}+\dfrac{a-2b}{4}$

(3) $\dfrac{x-y}{4}-\dfrac{3x+y}{2}$

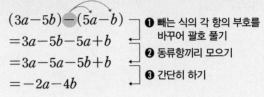
여러 가지 괄호가 있는 식은
(소괄호) → {중괄호} → [대괄호]의 순서로 괄호를 풀어 계산하자.

**5** (1) $a-[b-\{a-(b+a)\}]$

(2) $(3x+2y)-\{x-(4x-y)\}$

(3) $2x-[3y-\{x-(2x+y)\}]$

$\boxed{□-A=B \Rightarrow □=B+A}$
$\boxed{□+A=B \Rightarrow □=B-A}$

**6** 다음 □ 안에 알맞은 식을 구하시오.

(1) $\boxed{\phantom{xx}}-(a-6b-5)=6a+9$

(2) $(3x+4y-8)+\boxed{\phantom{xx}}=4x-3y-7$

(3) $(4x-2y+1)-\boxed{\phantom{xx}}=-x+5y+3$

## 유형 **6** 이차식의 덧셈과 뺄셈

개념편 **35** 쪽

(1) **이차식**

다항식의 각 항의 차수 중에서 가장 큰 차수가 2인 다항식

예 $3x^2+x-1$ ➡ $x$에 대한 이차식

$2y-3$ ➡ $y$에 대한 일차식

(2) **이차식의 덧셈과 뺄셈** ← '다항식의 덧셈, 뺄셈'과 계산 방법이 같다.

괄호를 풀고, 동류항끼리 모아서 간단히 한다.

예 $(2x^2+x-1)-(x^2-3x)=2x^2+x-1-x^2+3x$

$\qquad\qquad\qquad\qquad\;\;=2x^2-x^2+x+3x-1$

$\qquad\qquad\qquad\qquad\;\;=x^2+4x-1$

---

**1** 다음 중 이차식인 것은 ○표, 이차식이 <u>아닌</u> 것은 ×표를 ( ) 안에 쓰시오.

(1) $3x+5y-4$ ( )

(2) $-5a^2+3$ ( )

(3) $x^3-2x$ ( )

(4) $\dfrac{2}{x^2}+1$ ( )

(5) $a^3+2a^2+3-a^3$ ( )

**[2~4]** 다음을 계산하시오.

**2** (1) $(a^2+6a+4)+(4a^2-a+3)$

(2) $(-3x^2+2x-5)-(-4x^2-8x+5)$

(3) $2(3x^2+x+2)+(-5x^2+6x-9)$

(4) $(-8a^2+3a-4)+4(a^2-3a+2)$

(5) $3(-2a^2-4a+1)-(2a^2-9a-8)$

(6) $(-3x^2+15x-6)-2(x^2-x+2)$

**3** (1) $\left(\dfrac{1}{4}a^2-5a-\dfrac{7}{3}\right)-\left(\dfrac{3}{8}a^2+3a-\dfrac{1}{3}\right)$

(2) $\dfrac{3x^2+x-2}{3}+\dfrac{x^2+6}{5}$

(3) $\dfrac{a^2-2a+1}{2}-\dfrac{2a^2-3a+1}{3}$

**4** (1) $5x^2-\{2x^2+2x-(3x+1)\}$

(2) $-2x^2-\{-x^2+3(2x+5)-4x\}+8$

(3) $x^2-3x-[2x-1-\{3x^2-(4x-5)\}]$

**5** 다음 □ 안에 알맞은 식을 구하시오.

(1) $\boxed{\phantom{xx}}+(-2a^2+3a)=5a^2-a+2$

(2) $(-5a^2+7)-\boxed{\phantom{xx}}=2a^2+3a+9$

## 유형 7  다항식과 단항식의 곱셈과 나눗셈

개념편 37~38쪽

(1) (단항식)×(다항식)

분배법칙을 이용하여 단항식을 다항식의 각 항에 곱한다.

① $2a(3a+b)=2a\times 3a+2a\times b$

  전개

  $=6a^2+2ab$ ← 전개식

② $(3a+b)(-2b)=3a\times(-2b)+b\times(-2b)$

  $=-6ab-2b^2$

참고 단항식과 다항식의 곱을 분배법칙을 이용하여 하나의 다항식으로 나타내는 것을 전개한다고 한다.

(2) (다항식)÷(단항식)

방법1 분수 꼴로 바꾸어 계산한다.

➡ $(6a^2+3a)\div 3a=\dfrac{6a^2+3a}{3a}$

  $=\dfrac{6a^2}{3a}+\dfrac{3a}{3a}=2a+1$

방법2 역수를 이용하여 나눗셈을 곱셈으로 고쳐서 계산한다.

➡ $(6a^2+3a)\div\dfrac{3}{2}a=(6a^2+3a)\times\dfrac{2}{3a}$

  $=6a^2\times\dfrac{2}{3a}+3a\times\dfrac{2}{3a}$

  $=4a+2$

**1** 다음을 전개하시오.

(1) $3a(a-5)$

(2) $(2a-3)(-4a)$

(3) $-5ab(2a-b)$

(4) $\dfrac{y}{4}(6x^2-12x-16)$

(5) $(2a^2b+8ab^3)\times\dfrac{ab}{2}$

(6) $-\dfrac{1}{3}xy(2x-3y-6)$

[2~4] 다음을 계산하시오.

**2** (1) $\dfrac{ab^3-a^4b^2}{ab^2}$

(2) $\dfrac{14a^2b+10ab^2-8ab}{2ab}$

(3) $\dfrac{x^3y^2-x^2y^2+3xy^3}{-xy^2}$

**3** (1) $(6a^2-4a)\div 2a=\dfrac{6a^2-4a}{\boxed{\phantom{00}}}=\boxed{\phantom{0000}}$

(2) $(x^2y+xy^3)\div(-xy)$

(3) $(4a^5b^4+8a^4b^2)\div(-2a^2b)^2$

(4) $(-9x^2y+12xy^2-4y^3)\div 3xy$

**4** (1) $(xy-3x)\div\dfrac{x}{3}=(xy-3x)\times\boxed{\phantom{00}}=\boxed{\phantom{0000}}$

(2) $(x^2y+2xy^2)\div\dfrac{3}{4}xy$

(3) $(-2a^5b^3+3a^3b^4)\div\left(-\dfrac{1}{2}ab\right)^3$

(4) $(10a^2-5ab^2+15ab)\div\dfrac{5}{2}a$

## 유형 8  덧셈, 뺄셈, 곱셈, 나눗셈이 혼합된 식의 계산

개념편 39쪽

$$2a(a+3)+(a^5b^2-4a^6b^2)\div(a^2b)^2$$
$$=2a(a+3)+(a^5b^2-4a^6b^2)\div a^4b^2$$  **❶ 괄호의 거듭제곱 계산하기**
$$=2a(a+3)+\frac{a^5b^2-4a^6b^2}{a^4b^2}$$  **❷ 곱셈, 나눗셈 계산하기**
$$=2a^2+6a+a-4a^2$$  **❸ 동류항끼리 모아서 덧셈, 뺄셈 계산하기**
$$=-2a^2+7a$$

**[1~5]** 다음을 계산하시오.

**1** (1) $a(4a-5)+2a(a+3)$

(2) $2a(a+3b)-3a(2a-5b)$

(3) $4x(x-y)+(5x+y)(-x)$

(4) $\left(x+\dfrac{2}{3}y\right)(-3x)-6x(y-x)$

**2** (1) $\dfrac{2x^2-4xy}{2x}+\dfrac{6xy-2y^2}{2y}$

(2) $\dfrac{4a^2+2ab}{a}-\dfrac{5ab-3b^2}{b}$

**3** (1) $(2x^2-4x)\div x+(6x^2+3x)\div(-3)$

(2) $(a^3b-3ab)\div(-a)-(6b^3-4a^2b^3)\div2b^2$

**4** (1) $\dfrac{3x^3y+x^2y^2}{y}-\left(\dfrac{2}{3}x^2-\dfrac{1}{4}xy\right)\times x$

(2) $(8x^3y^2-4x^2y^3)\div2xy+xy(2x+y)$

(3) $2a(3ab-1)-(5a^2b^2+10ab)\div5b$

(4) $(8a^3b-2a^4)\div(2a)^2-4a\left(3b-\dfrac{1}{6}a\right)$

> $\times$, $\div$ 는 앞에서부터 차례로 계산하자.

**5** (1) $(8x^2-2xy)\div x\times2y$

(2) $4y\times(4x^3y+6xy^2)\div\dfrac{1}{2}x$

(3) $\dfrac{1}{3}ab\div(-2ab^2)\times(9a^2b-6ab)$

(4) $(18a^4b^2-3a^3)\div(3a)^2\times(-ab)$

## 한 번 **더** 연습 　유형 7~8

**[1~5]** 다음을 계산하시오.

**1** (1) $5a^2(a-4b)$

(2) $-\dfrac{1}{3}x(-x+6y)$

(3) $(-2a-b+1)4ab$

(4) $(4x-3y)(-2y)$

**2** (1) $(14xy-7y^2)\div 7y$

(2) $(4a^3b+2a^2b^2-8ab^3)\div 4ab$

(3) $(12y^3-2x^3y^2)\div(-2xy)^2$

**3** (1) $(6a^2+3ab)\div\dfrac{a}{3}$

(2) $(x^2y^2-x+2y^3)\div\dfrac{1}{5}xy^2$

(3) $(27x^3-9x^2)\div\left(-\dfrac{3}{2}x\right)^2$

**4** (1) $-x(x+2y)-3y(x-2y)$

(2) $2a(3a-2b)+(a-b)(-4a)$

(3) $\dfrac{18x^2y-3xy^2}{6xy}-\dfrac{3xy-6x^2}{2x}$

(4) $(16x^2-8xy)\div 4x-(12y^2-15xy)\div(-3y)$

**5** (1) $(5a-b)a-\dfrac{10a^2b-6ab^2}{2b}$

(2) $4x(3x-2y)+(16y-8xy^2)\div 8y$

(3) $(15a^2b^3+6ab^4)\div ab-(a-7b)\times(-2b)^2$

주어진 식을 먼저 간단히 한 후, 그 식에 $x$, $y$의 값을 각각 대입하자.

**6** $x=1$, $y=2$일 때, 다음 식의 값을 구하시오.

(1) $(x^2y+2xy^2)\div xy$

(2) $x(2x+3y)-(x^2y-2xy^2)\div y$

(3) $7y+(8x^3-4x^2y)\div(2x)^2$

# 쌍둥이 기출문제

• 정답과 해설 29쪽

 형광펜 들고 밑줄 좍~

## 쌍둥이 01

**1** 다음을 계산하시오.

(1) $(3a+5b)+(2a-4b)$

(2) $\dfrac{x+4y}{2}+\dfrac{3x-y}{4}$

**2** 다음을 계산하시오.

(1) $3(x+2y)-2(x-y)$

(2) $\dfrac{a+b}{2}-\dfrac{a-2b}{3}$

## 쌍둥이 02

**3** $(6x^2+2x-4)-(2x^2-5x+3)$을 계산하면?

① $4x^2+3x-7$  ② $4x^2+7x-7$

③ $4x^2+7x-1$  ④ $4x^2+7x+7$

⑤ $8x^2+3x-7$

**4** $(2a^2-a+3)-3(a^2+3a-1)$을 계산하면?

① $-a^2-10a+6$  ② $-a^2-8a+6$

③ $a^2+8a+6$  ④ $a^2+10a+6$

⑤ $5a^2+8a$

## 쌍둥이 03

**5** $x-\{y-(2x+5y)\}$를 계산하면?

① $-x-5y$  ② $-x-3y$  ③ $3x-5y$

④ $3x+3y$  ⑤ $3x+4y$

**6** $3x^2-2x-[-2x^2-\{3x^2-5(x^2+x)\}]$를 계산했을 때, $x^2$의 계수를 $a$라 하고 $x$의 계수를 $b$라고 하자. 이때 $a-b$의 값을 구하시오.

## 쌍둥이 04

**7** 어떤 식 $A$에 $2x^2-5x+9$를 더해야 할 것을 잘못하여 뺐더니 $-3x^2-x+2$가 되었다. 다음 물음에 답하시오.

(1) 어떤 식 $A$를 구하시오.

(2) 바르게 계산한 식을 구하시오.

**8** 어떤 식에서 $-2x^2+3x-2$를 빼야 할 것을 잘못하여 더했더니 $6x^2+4x-3$이 되었다. 이때 바르게 계산한 식을 구하시오.

<sub>서술형</sub>

풀이 과정

답

## 쌍둥이 기출문제

---

**쌍둥이 05**

**9** 다음 보기 중 옳은 것을 모두 고르시오.

> **┤ 보기 ├**
> ㄱ. $3x(x+y-2)=3x^2+3xy-6x$
> ㄴ. $(a-4b+3)(-2b)=2ab+8b^2-6b$
> ㄷ. $(15xy^2-10xy)\div 5xy=3y-2$
> ㄹ. $\left(\dfrac{1}{2}a^3b^5+4ab^3\right)\div\left(-\dfrac{1}{2}a^2\right)=-ab^5-\dfrac{2b^3}{a}$

**10** 다음 중 옳은 것은?

① $(2a-4b)(-3b)=2a-7b$
② $2x(x^2-5x+3)=2x^3-10x+6$
③ $(6x^2+4xy)\div 2x=6x^2+2y$
④ $(a^3-3a)\div\dfrac{a}{2}=2a^2-6$
⑤ $(-2x^2+3x)\div\left(-\dfrac{1}{3}x\right)=-6x+9$

---

**쌍둥이 06**

**11** 다음을 계산하시오.

$$\frac{1}{3}x(3x-12)-\frac{6x^2-8x}{2x}$$

**12** $(3x^2y-4xy^2)\div\dfrac{3}{2}x+(3x+y)\left(-\dfrac{4}{3}y\right)$를 계산했을 때, $xy$의 계수와 $y^2$의 계수의 차는?

① 2      ② 4      ③ 6
④ 8      ⑤ 10

---

**쌍둥이 07**

**13** $x=1$, $y=-1$일 때, $(8xy^2-4y^3)\div(2y)^2$의 값은?

① $-2$      ② $-1$      ③ $1$
④ $2$      ⑤ $3$

**14** $x=2$, $y=-3$일 때, 다음 식의 값을 구하시오.

$$\frac{6x^2+4xy}{2x}-\frac{9y^2-6xy}{3y}$$

---

**쌍둥이 08**

**15** 오른쪽 그림과 같은 직사각형의 가로의 길이가 $\dfrac{1}{3}a^2b^3$이고 넓이가 $3a^4b^4-4a^3b^3$일 때, 이 직사각형의 세로의 길이를 구하시오.

$\dfrac{1}{3}a^2b^3$
$3a^4b^4-4a^3b^3$

**16** 오른쪽 그림과 같은 직사각형 모양의 꽃밭의 세로의 길이는 $4x^2y$이고, 넓이는 $28x^4y^2+8x^2y^3$이다. 이때 꽃밭의 둘레의 길이를 구하시오.

$4x^2y$

**1** 다음 중 옳지 <u>않은</u> 것을 모두 고르면? (정답 2개)

① $x^4 \times x^2 \times x = x^6$　　　　② $a^7 \div a^5 = a^2$　　　　③ $(-x^3 y^2)^4 = x^{12} y^8$

④ $\left( \dfrac{b}{a^3} \right)^3 = \dfrac{b^3}{a^9}$　　　　⑤ $x^{10} \times x^4 \div x^7 = x^2$

● 지수법칙의 종합

**2** $27^4 \div 3^5 \times 9^2$을 간단히 하시오.

● 지수법칙의 종합

**3** $\left( \dfrac{-4x^3}{y^a} \right)^b = \dfrac{cx^6}{y^8}$일 때, 자연수 $a$, $b$, $c$에 대하여 $a+b+c$의 값을 구하시오.

● 지수법칙 - 지수의 분배

**4** 다음을 만족시키는 자연수 $x$의 값을 구하시오.

$$16^3 + 16^3 + 16^3 + 16^3 = 2^x$$

● 같은 수의 덧셈

**5** $5^2 = a$라고 할 때, $125^4$을 $a$를 사용하여 나타내면?

① $a^4$　　　　② $5a^4$　　　　③ $a^5$

④ $5a^5$　　　　⑤ $a^6$

● 문자를 사용하여
나타내기

**서술형**

**6**  $2^{11} \times 3^2 \times 5^{12}$ 은 몇 자리의 자연수인지 구하시오.

▶ 자릿수 구하기

풀이 과정

답

**7**  $(-4a^2b)^3 \div 4ab \times 3a^4b^2$ 을 계산하시오.

▶ 단항식의 곱셈과 나눗셈

**8**  $\boxed{\phantom{xx}} \div (xy^2)^2 \times 3x^2 = 24x^6$ 일 때, $\boxed{\phantom{x}}$ 안에 알맞은 식을 구하시오.

▶ □ 안에 알맞은 식 구하기

**9**  $\dfrac{x-y}{4} - \dfrac{2x-3y}{5} = ax + by$ 일 때, 상수 $a$, $b$에 대하여 $a+b$의 값을 구하시오.

▶ 다항식의 덧셈과 뺄셈

**10** $x^2-2x-5$에서 어떤 식을 빼야 할 것을 잘못하여 더했더니 $4x^2-x+6$이 되었다. 이때 바르게 계산한 식을 구하시오.

바르게 계산한 식 구하기

**11** 다음 중 옳지 <u>않은</u> 것은?

① $(6x^2+xy)\times\dfrac{1}{6}x=x^3+\dfrac{1}{6}x^2y$

② $(-a-4b+1)(-b)=ab+4b^2-b$

③ $(4x^2-8xy)\div2x=2x-4y$

④ $(4a^2b^5-2a^5b^7)\div\dfrac{1}{2}ab=8ab^4-a^4b^6$

⑤ $\dfrac{2x^4-x^3}{x^3}-\dfrac{3x^3-9x^5}{3x^3}=3x^2+2x-2$

(단항식)×(다항식),
(다항식)÷(단항식)

┌ 서술형

**12** $6x\left(\dfrac{1}{3}x+\dfrac{3}{2}y\right)+(6x^3y+8x^2y^2)\div(-xy)$를 계산하시오.

덧셈, 뺄셈, 곱셈, 나눗셈이
혼합된 식의 계산

풀이 과정

답

**13** 오른쪽 그림과 같이 밑면의 가로, 세로의 길이가 각각 $6a$, $2b$인 직육면체의 부피가 $36a^2b-12ab$일 때, 이 직육면체의 높이를 구하시오.

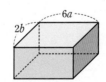

도형에서 다항식의
계산의 활용

# 3 일차부등식

유형 **1** 부등식과 그 해

유형 **2** 부등식의 성질

유형 **3** 일차부등식과 그 풀이

유형 **4** 여러 가지 일차부등식의 풀이

유형 **5** 일차부등식의 활용

# 1 부등식의 해와 그 성질

3. 일차부등식

## 유형 1 부등식과 그 해

(1) **부등식**: 부등호 $<$, $>$, $\leq$, $\geq$를 사용하여 수 또는 식 사이의 대소 관계를 나타낸 식

(2) **부등식의 해**: $x$의 값이 5, 6, 7일 때, 부등식 $x-3 \bigcirc 2$에 대하여

$x=5$일 때, $5-3=2$이므로 거짓이다.

$x=6$일 때, $6-3 \bigcirc 2$이므로 참이다.

$x=7$일 때, $7-3 \bigcirc 2$이므로 참이다.

➡ 부등식 $x-3>2$의 해는 6, 7이다.

---

**1** 다음 보기 중 부등식을 모두 고르시오.

┌ 보기 ├

ㄱ. $2x-1>6$   ㄴ. $3x+2=-7$

ㄷ. $3 \times 6 \leq 18$   ㄹ. $5x+4-x$

ㅁ. $x-1=1-x$   ㅂ. $4x \geq 0$

---

**[2~3]** 다음과 같이 문장을 부등식으로 나타내시오.

$\underset{x-3}{x에서\ 3을\ 빼면}$ / $\underset{>}{10보다}$ / $\underset{10}{크다}$. ➾ $x-3>10$

**2** (1) $x$에 $-5$를 더하면 8 이하이다.

_____

(2) 12에서 $x$를 빼면 $x$의 3배보다 크지 않다.

_____

(3) $x$의 2배에 10을 더한 수는 $x$의 5배에서 2를 뺀 수보다 작다. _____

**3** (1) 어떤 놀이 기구에 탈 수 있는 사람의 키 $x$ cm는 130 cm 초과이다. _____

(2) 한 개에 200원인 사탕 8개와 한 개에 500원인 젤리 $x$개의 가격은 3000원 미만이다.

_____

(3) 무게가 5 kg인 바구니에 2 kg짜리 멜론 $x$통을 담으면 전체 무게는 60 kg을 넘지 않는다.

_____

---

**4** $x$의 값이 $-2$, $-1$, 0, 1, 2일 때, 부등식 $2x+1>3$의 해를 구하려고 한다. 다음 표를 완성하고, □ 안에 알맞은 수를 쓰시오.

| $x$ | 좌변 | 부등호 | 우변 | 참, 거짓 |
|---|---|---|---|---|
| $-2$ | $2 \times (-2)+1=-3$ | $<$ | 3 | 거짓 |
| $-1$ | | | | |
| 0 | | | | |
| 1 | | | | |
| 2 | | | | |

➾ 부등식 $2x+1>3$을 참이 되게 하는 $x$의 값은 □이므로 부등식의 해는 □이다.

**5** $x$의 값이 다음과 같을 때, 각 부등식의 해를 구하시오.

(1) $x$의 값이 $-2$, $-1$, 0, 1일 때, $-x<2$

_____

(2) $x$의 값이 $-2$, $-1$, 0, 1일 때, $3-x \geq 4$

_____

(3) $x$의 값이 $-7$, $-6$, $-5$, $-4$일 때, $-\dfrac{x}{5}>1$

_____

(4) $x$의 값이 $-1$, 0, 1, 2일 때, $2-x>x$

_____

## 유형 2  부등식의 성질

개념편 51쪽

부등식의

(1) 양변에 같은 수를 더하거나 양변에서 같은 수를 빼어도 부등호의 방향은 바뀌지 않는다.

(2) 양변에 같은 양수를 곱하거나 양변을 같은 양수로 나누어도 부등호의 방향은 바뀌지 않는다.

(3) 양변에 같은 음수를 곱하거나 양변을 같은 음수로 나누면 부등호의 방향이 바뀐다.

예 부등식 $6 < 8$에서
(1) $6+2 < 8+2$
   $6-2 < 8-2$
(2) $6 \times 2 < 8 \times 2$
   $6 \div 2 < 8 \div 2$
(3) $6 \times (-2) > 8 \times (-2)$
   $6 \div (-2) > 8 \div (-2)$

---

**1** $a < b$일 때, 다음 ☐ 안에 알맞은 부등호를 쓰시오.

(1) $a+c$ ☐ $b+c$,  $a-c$ ☐ $b-c$

(2) $c > 0$이면 $ac$ ☐ $bc$,  $\dfrac{a}{c}$ ☐ $\dfrac{b}{c}$

(3) $c < 0$이면 $ac$ ☐ $bc$,  $\dfrac{a}{c}$ ☐ $\dfrac{b}{c}$

---

**2** $a > b$일 때, 다음 ☐ 안에 알맞은 부등호를 쓰시오.

(1) $a+7$ ☐ $b+7$

(2) $a-1$ ☐ $b-1$

(3) $6a$ ☐ $6b$

(4) $\dfrac{a}{4}$ ☐ $\dfrac{b}{4}$

(5) $-9a$ ☐ $-9b$

(6) $-\dfrac{a}{8}$ ☐ $-\dfrac{b}{8}$

---

**3** 다음 ☐ 안에 알맞은 부등호를 쓰시오.

(1) $a+8 > b+8$이면  $a$ ☐ $b$

(2) $a-\dfrac{1}{2} < b-\dfrac{1}{2}$이면  $a$ ☐ $b$

(3) $7a \geq 7b$이면  $a$ ☐ $b$

(4) $\dfrac{a}{10} < \dfrac{b}{10}$이면  $a$ ☐ $b$

(5) $-5a \leq -5b$이면  $a$ ☐ $b$

(6) $-\dfrac{a}{2} > -\dfrac{b}{2}$이면  $a$ ☐ $b$

---

**4** 다음 ☐ 안에 알맞은 부등호를 쓰시오.

(1) $-3a+2 > -3b+2$이면 $-3a$ ☐ $-3b$
   ∴ $a$ ☐ $b$

(2) $\dfrac{1}{8}a-4 < \dfrac{1}{8}b-4$이면 $\dfrac{1}{8}a$ ☐ $\dfrac{1}{8}b$
   ∴ $a$ ☐ $b$

(3) $10-a \geq 10-b$이면 $-a$ ☐ $-b$
   ∴ $a$ ☐ $b$

---

**5** $-1 < x \leq 4$일 때, 다음 식의 값의 범위를 구하시오.

(1) $2x+3$

⇨ $-1 < x \leq 4$의 각 변에 2를 곱하면
   ☐ $< 2x \leq$ ☐    … ㉠
   ㉠의 각 변에 3을 더하면
   ☐ $< 2x+3 \leq$ ☐

(2) $6x-5$ _____

(3) $-x+4$

⇨ $-1 < x \leq 4$의 각 변에 $-1$을 곱하면
   ☐ $> -x \geq$ ☐
   즉, ☐ $\leq -x <$ ☐    … ㉠
   ㉠의 각 변에 4를 더하면
   ☐ $\leq -x+4 <$ ☐

(4) $-2x+1$ _____

# 쌍둥이 기출문제

형광펜 들고 밑줄 쫙~

쌍둥이 01

**1** 다음 문장을 부등식으로 나타내면?

> $x$의 5배에서 7을 뺀 값은 20보다 크지 않다.

① $5x-7<20$      ② $5x-7\le20$

③ $5x-7\ge20$      ④ $5(x-7)<20$

⑤ $5(x-7)\ge20$

**2** 다음 중 문장을 부등식으로 바르게 나타낸 것은?

① $x$보다 3만큼 큰 수는 5보다 작다. ⇨ $3x<5$

② $x$의 2배에 3을 더하면 23 이상이다.

     ⇨ $2x+3\le23$

③ $x$세인 동생의 나이와 동생보다 3세가 더 많은 내 나이의 합은 25세보다 많다.

     ⇨ $x+(x+3)>25$

④ 몸무게가 50 kg인 사람이 몸무게가 $x$ kg인 아기를 안고 무게를 측정하면 60 kg 미만이다.

     ⇨ $50+x\le60$

⑤ 연속하는 두 자연수 $x$, $x+1$의 합은 21 이하이다.

     ⇨ $x+(x+1)<21$

쌍둥이 02

**3** 다음 부등식 중 $x=2$일 때, 참인 것은?

① $x+16\ge19$      ② $x+1>2x+1$

③ $2x+1\ge6$      ④ $5-3x<x-2$

⑤ $3x-1>2x+1$

**4** 다음 중 [ ] 안의 수가 주어진 부등식의 해가 <u>아닌</u> 것을 모두 고르면? (정답 2개)

① $x\le3x$   $[-3]$      ② $x+1>2$   $[5]$

③ $2x-1\le4$   $[0]$      ④ $3x>2x+1$   $[-1]$

⑤ $-3x+4\ge-2$   $[2]$

쌍둥이 03

**5** $x$의 값이 $-1$, 0, 1, 2, 3일 때, 부등식 $3x-4<5$의 해는?

① $-1$, 0, 1, 2, 3      ② $-1$, 0, 1, 2

③ $-1$, 0, 1      ④ 0, 1, 2, 3

⑤ 1, 2, 3

**6** $x$의 값이 1, 2, 3, 4, 5일 때, 부등식 $3x-1\ge2(x+1)$을 참이 되게 하는 모든 $x$의 값의 합은?

① 5      ② 6      ③ 9

④ 12      ⑤ 14

쌍둥이 ❶4

**7** $a<b$일 때, 다음 중 옳지 <u>않은</u> 것은?

① $a-5<b-5$      ② $\dfrac{a}{6}<\dfrac{b}{6}$

③ $-a>-b$      ④ $5a-3<5b-3$

⑤ $1-\dfrac{2}{7}a<1-\dfrac{2}{7}b$

**8** 다음 중 옳은 것을 모두 고르면? (정답 2개)

① $a>b$이면 $a-3<b-3$

② $a<b$이면 $-3a+1<-3b+1$

③ $a>b$이면 $\dfrac{a}{4}-1>\dfrac{b}{4}-1$

④ $a<b$이면 $-\dfrac{2}{5}a<-\dfrac{2}{5}b$

⑤ $a>b$이면 $\dfrac{a+6}{10}>\dfrac{b+6}{10}$

쌍둥이 ❶5

**9** $1-2a>1-2b$일 때, 다음 중 옳은 것을 모두 고르면? (정답 2개)

① $a>b$      ② $-\dfrac{a}{2}>-\dfrac{b}{2}$

③ $2+3a>2+3b$      ④ $-2+a>-2+b$

⑤ $-5a-3>-5b-3$

**10** 다음 중 옳지 <u>않은</u> 것은?

① $a+7>b+7$이면 $a>b$

② $-3a<-3b$이면 $a>b$

③ $\dfrac{a}{4}<\dfrac{b}{4}$이면 $a<b$

④ $2a-3>2b-3$이면 $a>b$

⑤ $-\dfrac{a}{3}+\dfrac{1}{2}>-\dfrac{b}{3}+\dfrac{1}{2}$이면 $a>b$

쌍둥이 ❶6

**11** (서술형) $1\le x<4$일 때, $3x-5$의 값의 범위는 $a\le 3x-5<b$이다. 이때 상수 $a$, $b$에 대하여 $a+b$의 값을 구하시오.

[풀이 과정]

[답]

**12** $-4<x\le 10$이고 $A=-2x+4$일 때, $A$의 값의 범위는?

① $-12\le A<2$      ② $-12<A\le -2$

③ $-2\le A<12$      ④ $2<A\le 12$

⑤ $2\le A<12$

## $\widehat{\phantom{2}}$2 3. 일차부등식
# 일차부등식의 풀이

**유형 3 일차부등식과 그 풀이**

(1) **일차부등식**: 부등식의 모든 항을 좌변으로 이항하여 정리한 식이

$$(일차식) < 0, \ (일차식) > 0, \ (일차식) \le 0, \ (일차식) \ge 0$$

중 어느 하나의 꼴로 나타나는 부등식

(2) **일차부등식의 풀이**

$$4x < 2x - 6$$
$$4x - 2x < -6$$
$$2x < -6$$
$$\therefore x < -3$$

❶ 일차항은 좌변으로, 상수항은 우변으로 이항한다.

❷ 양변을 정리하여 $ax < b$, $ax > b$, $ax \le b$, $ax \ge b$ $(a \ne 0)$ 중 어느 하나의 꼴로 고친다.

❸ 양변을 $x$의 계수 $a$로 나누어 $x < (수)$, $x > (수)$, $x \le (수)$, $x \ge (수)$ 중 어느 하나의 꼴로 나타낸다.
이때 $a < 0$이면 부등호의 방향이 바뀐다.

(3) **부등식의 해를 수직선 위에 나타내기**

① $x < a$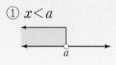

② $x > a$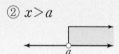

③ $x \le a$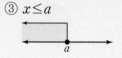

④ $x \ge a$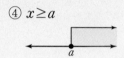

---

**1** 다음 중 일차부등식인 것은 ○표, 일차부등식이 <u>아닌</u> 것은 ×표를 ( ) 안에 쓰시오.

(1) $3 < 5$ ( )

(2) $x - 2 \ge x + 2$ ( )

(3) $x + 1 \ge 2x - 4$ ( )

(4) $x^2 > x + 1$ ( )

(5) $2x(1 - x) \le -2x^2$ ( )

(6) $\dfrac{2}{x} + 3 > -1$ ( )

(7) $\dfrac{x}{2} > 0$ ( )

**2** 다음은 일차부등식 $x + 12 \ge 3x + 2$를 푸는 과정이다. ☐ 안에 알맞은 것을 쓰시오.

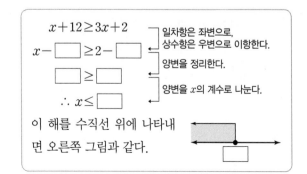

$x + 12 \ge 3x + 2$

$x - \boxed{\phantom{0}} \ge 2 - \boxed{\phantom{0}}$ ← 일차항은 좌변으로, 상수항은 우변으로 이항한다.

$\boxed{\phantom{0}} \ge \boxed{\phantom{0}}$ ← 양변을 정리한다.

$\therefore x \le \boxed{\phantom{0}}$ ← 양변을 $x$의 계수로 나눈다.

이 해를 수직선 위에 나타내면 오른쪽 그림과 같다.

**3** 다음 일차부등식을 풀고, 그 해를 주어진 수직선 위에 나타내시오.

(1) $x + 2 > 6$ _____,

(2) $2x > x - 5$ _____, ←————→

(3) $x \ge 7x + 12$ _____, ←————→

(4) $x + 1 > -x + 3$ _____, ←————→

(5) $-2 - 4x \ge 7 - x$ _____, ←————→

(6) $7 - 3x < x - 5$ _____, ←————→

(7) $4 + 2x > 3x + 4$ _____, ←————→

(8) $3x - 9 \le -x - 17$ _____, ←————→

## 유형 4  여러 가지 일차부등식의 풀이

개념편 55쪽

(1) 괄호가 있는 경우: 분배법칙을 이용하여 괄호를 풀고, 식을 간단히 하여 푼다.

예 $3x-4<2(x-5)$ $\xrightarrow{\text{괄호를 푼다.}}$ $3x-4<2x-10$ $\xrightarrow{\text{해를 구한다.}}$ $x<-6$

(2) 계수가 소수인 경우: 양변에 10의 거듭제곱을 적당히 곱하여 계수를 정수로 고쳐서 푼다.

예 $0.3x-1>0.2$ $\xrightarrow[\text{10을 곱한다.}]{\text{양변에}}$ $3x-10>2$ $\xrightarrow{\text{해를 구한다.}}$ $x>4$

(3) 계수가 분수인 경우: 양변에 분모의 최소공배수를 곱하여 계수를 정수로 고쳐서 푼다.

예 $\frac{1}{3}x+1\geq\frac{1}{2}x$ $\xrightarrow[\text{6을 곱한다.}]{\text{양변에 분모의 최소공배수}}$ $2x+6\geq3x$ $\xrightarrow{\text{해를 구한다.}}$ $x\leq6$

**[1~3]** 다음 일차부등식을 푸시오.

**1** (1) $3(1-x)+5x\leq7$

> ⇨ 분배법칙을 이용하여 괄호를 풀면
> $3-\square x+5x\leq7$
> $\square x\leq4$
> $\therefore x\leq\square$

(2) $5-2(3-x)<8$ _____

(3) $2x-8<-(x+2)$ _____

(4) $7-3x\geq2(x-3)$ _____

(5) $-2(2x+1)>3(x-6)-5$ _____

**2** (1) $0.5x-2.8\leq0.1x-1.2$

> ⇨ $0.5x-2.8\leq0.1x-1.2$의 양변에
> $\square$을(를) 곱하면
> $\square x-28\leq x-\square$
> $\square x\leq16$
> $\therefore x\leq\square$

(2) $0.4x-0.6\geq0.7x$ _____

(3) $0.7x<10-0.3x$ _____

(4) $0.01x>0.1x+0.18$ _____

(5) $0.3(x+4)<0.6-1.2x$ _____

**3** (1) $\frac{3}{2}-\frac{3}{4}x\geq\frac{3}{4}x+6$

> ⇨ $\frac{3}{2}-\frac{3}{4}x\geq\frac{3}{4}x+6$의 양변에
> 분모의 최소공배수인 $\square$을(를) 곱하면
> $6-\square x\geq3x+\square$
> $\square x\geq18$
> $\therefore x\leq\square$

(2) $\frac{2x-1}{9}>1$ _____

(3) $\frac{x+3}{8}<\frac{x-1}{4}$ _____

(4) $\frac{x-2}{3}-\frac{3}{2}x\geq\frac{5}{6}$ _____

(5) $\frac{3x-7}{5}>1+\frac{x-1}{2}$ _____

## 한 걸음 더 연습  유형 3~4

**1** 아래 설명과 같은 방법을 이용하여 $a<0$일 때, 다음 $x$에 대한 일차부등식을 푸시오.

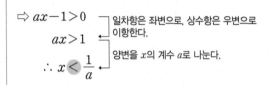

> $a<0$일 때, $x$에 대한 일차부등식 $ax-1>0$은 다음과 같이 푼다.
>
> ⇨ $ax-1>0$ ┐ 일차항은 좌변으로, 상수항은 우변으로 이항한다.
> $ax>1$ ┘
> $\therefore x<\dfrac{1}{a}$ ← 양변을 $x$의 계수 $a$로 나눈다.

(1) $ax+1>0$ _____

(2) $ax<2a$ _____

(3) $a(x-3)>4a$ _____

**2** 다음 $x$에 대한 일차부등식을 푸시오.

(1) $a>0$일 때, $6-ax<-1$ _____

(2) $a<0$일 때, $2-ax\leq6$ _____

**3** 아래 설명과 같은 방법을 이용하여 다음을 구하시오.

> 일차부등식 $-2x+a<10$의 해가 $x>-2$일 때, 상수 $a$의 값은 다음과 같이 구한다.
>
> ⇨ $-2x+a<10$에서
> $-2x<10-a$ $\quad\therefore x>-\dfrac{10-a}{2}$
> 이때 주어진 부등식의 해가 $x>-2$이므로
> $-\dfrac{10-a}{2}=-2$, $10-a=4$ $\quad\therefore a=6$

(1) 일차부등식 $1>a-3x$의 해가 $x>2$일 때, 상수 $a$의 값 _____

(2) 일차부등식 $-x+7<3x+a$의 해가 $x>3$일 때, 상수 $a$의 값 _____

(3) 일차부등식 $\dfrac{-2x+a}{3}>2$의 해가 $x<-2$일 때, 상수 $a$의 값 _____

**4** 다음 두 일차부등식의 해가 서로 같을 때, 물음에 답하시오. (단, $a$는 상수)

> $-5x-a>6,$ $\quad0.3x+2<1.1$

(1) $0.3x+2<1.1$의 해를 구하시오. _____

(2) $a$의 값을 구하시오. _____

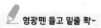

형광펜 들고 밑줄 쫙~

## 쌍둥이 **01**

**1** 다음 보기 중 일차부등식을 모두 고르시오.

| 보기 |

ㄱ. $2x-1 \leq 2$  ㄴ. $x-3=4$

ㄷ. $\dfrac{2}{x} < 3$  ㄹ. $3x+1$

ㅁ. $x < -2$  ㅂ. $x^2+1 > 2x$

**2** 다음 중 일차부등식인 것은?

① $x+2 < 5+x$  ② $4x=5-2x$

③ $2x^2+1 \geq 7$  ④ $3+5 \geq 6$

⑤ $x+2 \leq -3x-5$

## 쌍둥이 **02**

**3** 다음 일차부등식 중 해가 나머지 넷과 <u>다른</u> 하나는?

① $-4x < 12$  ② $4x > x-9$

③ $11 > -7-6x$  ④ $3x+8 < -x+20$

⑤ $x-1 < 4x+8$

**4** 다음 일차부등식 중 해가 $x < -2$인 것은?

① $3-x < -1$  ② $2x-7 > -11$

③ $2x-10 > 7x$  ④ $3+6x < -1-2x$

⑤ $5x+6 > 7x-2$

## 쌍둥이 **03**

**5** 다음 중 일차부등식 $7x-1 \geq 5x+3$의 해를 수직선 위에 바르게 나타낸 것은?

①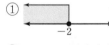
②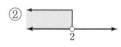
③
④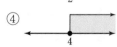
⑤

**6** 다음 일차부등식 중 해를 수 직선 위에 나타냈을 때, 오른 쪽 그림과 같은 것은?

① $4x-3 < -9$  ② $-2x+3 > 5$

③ $x-9 > -x-3$  ④ $x+2 < 3x+4$

⑤ $-3x+4 < -x-1$

**7** 다음은 일차부등식 $2x-1 \geq 3(x-1)$을 푸는 과정이다. 이때 ㉠~㉤ 중 처음으로 <u>틀린</u> 곳은?

> $2x-1 \geq 3(x-1)$에서
> 괄호를 풀면 $2x-1 \geq 3x-3$ $\cdots$ ㉠
> 이항하면 $2x-3x \geq -3+1$ $\cdots$ ㉡
> 정리하면 $-x \geq -2$ $\cdots$ ㉢
> 양변에 $-1$을 곱하면 $x \leq 2$ $\cdots$ ㉣
> 이 해를 수직선 위에 나타내면 다음 그림과 같다.
>
> 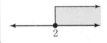 $\cdots$ ㉤

① ㉠     ② ㉡     ③ ㉢
④ ㉣     ⑤ ㉤

**8** 다음 일차부등식을 풀면?

> $$-2(3x+6) > 3(x-1)+9$$

① $x < -2$     ② $x > -2$     ③ $x > -\dfrac{2}{3}$

④ $x < -\dfrac{2}{3}$     ⑤ $x > 2$

**9** 다음 일차부등식을 푸시오.

> $$0.4x+0.5 \geq 0.3x$$

**10** 일차부등식 $x-1.4 < 0.5x+0.6$을 풀면?

① $x < -5$     ② $x > 5$     ③ $x > -4$
④ $x < 4$     ⑤ $x > 4$

**11** 일차부등식 $\dfrac{1}{4}x-\dfrac{1}{2} \geq \dfrac{3}{8}x+1$을 풀면?

① $x \leq -12$     ② $x \geq -12$     ③ $x \leq -3$
④ $x \leq 12$     ⑤ $x \geq 12$

**12** 일차부등식 $\dfrac{x}{2}-\dfrac{x+4}{3} < \dfrac{1}{6}$을 만족시키는 $x$의 값 중 가장 큰 정수를 구하시오.

서술형

풀이 과정

답

**쌍둥이 07**

**13** $a<0$일 때, $x$에 대한 일차부등식 $-\dfrac{x}{a}>1$의 해는?

① $x<-a$　　② $x>-a$　　③ $x<a$

④ $x>a$　　　⑤ $x<-\dfrac{1}{a}$

**14** $a<0$일 때, $x$에 대한 일차부등식 $ax+a\geq0$을 푸시오.

**쌍둥이 08**

**15** 일차부등식 $-3x+5>a$의 해가 $x<-1$일 때, 상수 $a$의 값을 구하시오.
서술형

풀이 과정

답

**16** 일차부등식 $2x-a<-x+1$의 해를 수직선 위에 나타내면 다음 그림과 같을 때, 상수 $a$의 값을 구하시오.

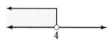

**쌍둥이 09**

**17** 두 일차부등식
$$4x-2\leq9x-12,\ 2x-a\geq7$$
의 해가 서로 같을 때, 상수 $a$의 값은?

① $-5$　　　② $-4$　　　③ $-3$

④ $-2$　　　⑤ $-1$

**18** 다음 두 일차부등식의 해가 서로 같을 때, 상수 $a$의 값을 구하시오.

$$-x-3<x+7,\qquad 6x-a>3x+2$$

## 3. 일차부등식

# ~3 일차부등식의 활용

어떤 자연수의 3배에서 6을 빼면 / 9보다 / 작을 때, 어떤 자연수 중 가장 큰 수 구하기

| ❶ 미지수 정하기 | 어떤 자연수를 $x$라고 하자. |
|---|---|
| ❷ 일차부등식 세우기 | 어떤 자연수의 3배에서 6을 빼면 $3x-6$<br>이 수가 9보다 작으므로 $3x-6<9$ |
| ❸ 일차부등식 풀기 | $3x-6<9$에서 $3x<15$     $\therefore x<5$<br>따라서 어떤 자연수 중 가장 큰 수는 4이다. |
| ❹ 확인하기 | $x=4$일 때, $3\times4-6<9$(참)이고,<br>$x=5$일 때, $3\times5-6=9$(거짓)이므로<br>가장 큰 수가 4이면 문제의 뜻에 맞는다. |

▸**수에 대한 문제**
연속하는 세 자연수(정수)
⇨ 세 수를 $x-1$, $x$, $x+1$로
놓는다.

**1** 연속하는 어떤 세 자연수의 합이 100보다 크다고 한다. 이를 만족시키는 세 자연수 중에서 가장 작은 세 자연수를 구하려고 할 때, 다음 물음에 답하시오.

(1) 연속하는 세 자연수 중 가운데 수를 $x$라고 할 때, 일차부등식을 세우시오.

_____

(2) 일차부등식을 푸시오. _____

(3) 조건을 만족시키는 가장 작은 세 자연수를 구하시오.

_____

▸**도형에 대한 문제**
도형의 둘레의 길이 또는 넓이
가 $a$ 이상일 때
⇨ $\left(\begin{array}{c}\text{도형의 둘레의}\\\text{길이 또는 넓이}\end{array}\right)\geq a$

**2** 오른쪽 그림과 같이 아랫변의 길이가 8 cm이고 높이가 5 cm인 사다리꼴의 넓이가 30 cm² 이상일 때, 윗변의 길이는 최소 몇 cm인지 구하려고 한다. 다음 물음에 답하시오.

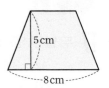

(1) 윗변의 길이를 $x$ cm라고 할 때, 일차부등식을 세우시오.

_____

(2) 일차부등식을 푸시오. _____

(3) 윗변의 길이는 최소 몇 cm인지 구하시오. _____

▶ **최대 개수에 대한 문제**
물건을 $x$개 산다고 하면
⇨ (물건 $x$개의 가격)+(포장비)
□ (이용 가능 금액)
↳이하이면 ≤,
미만이면 <

**3** 수미는 한 개에 800원인 도넛을 여러 개 사서 2500원짜리 선물 상자 하나에 넣어 친구에게 선물하려고 한다. 전체 비용이 22500원 이하가 되게 하려면 도넛은 최대 몇 개까지 살 수 있는지 구하려고 할 때, 다음 물음에 답하시오.

(1) 도넛을 $x$개 산다고 할 때, 일차부등식을 세우시오. _____

(2) 일차부등식을 푸시오. _____

(3) 도넛은 최대 몇 개까지 살 수 있는지 구하시오. _____

▶ **유리한 방법을 선택하는 문제**
'유리하다'는 것은 전체 비용이 더 적게 든다는 뜻이므로 등호가 포함된 부등호 ≤, ≥는 사용하지 않는다.

**4** 동네 문구점에서 1100원에 판매하는 공책을 할인 매장에서는 900원에 판매하고 있다. 할인 매장에 다녀오려면 왕복 2200원의 교통비가 든다고 할 때, 공책을 몇 권 이상 사는 경우에 할인 매장에서 사는 것이 유리한지 구하려고 한다. 다음 물음에 답하시오.

(1) 공책을 $x$권 산다고 할 때, 일차부등식을 세우시오. _____

(2) 일차부등식을 푸시오. _____

(3) 공책을 몇 권 이상 사는 경우에 할인 매장에서 사는 것이 유리한지 구하시오.

_____

▶ **거리, 속력, 시간에 대한 문제**
• (시간)=$\dfrac{(거리)}{(속력)}$
• (갈 때 걸린 시간)
+(올 때 걸린 시간)
≤(주어진 시간)

**5** 등산을 하는데 올라갈 때는 시속 3 km로 걷고, 내려올 때는 같은 길을 시속 4 km로 걸어서 4시간 이내에 등산을 마치려고 한다. 최대 몇 km 떨어진 지점까지 올라갔다 내려올 수 있는지 구하려고 할 때, 다음 물음에 답하시오.

(1) $x$ km 떨어진 지점까지 올라갔다 내려온다고 할 때, 다음 표를 완성하고 이를 이용하여 일차부등식을 세우시오.

|  | 올라갈 때 | 내려올 때 | 전체 |
|---|---|---|---|
| 거리 | $x$ km | $x$ km | — |
| 속력 |  |  | — |
| 시간 |  |  | 4시간 이내 |

_____

(2) 일차부등식을 푸시오. _____

(3) 최대 몇 km 떨어진 지점까지 올라갔다 내려올 수 있는지 구하시오.

_____

## 한 걸음 더 연습 　유형 5

$a$명 이상의 단체는 입장료를 $p\%$ 할인해 줄 때
$$(a\text{명의 단체 입장료})=(1\text{명의 입장료})\times\left(1-\frac{p}{100}\right)\times a(\text{원})$$

**1** 한 개에 500원인 초콜릿과 한 개에 400원인 사탕을 합하여 30개를 사는 데 13000원 이하로 지출하려고 한다. 살 수 있는 초콜릿의 최대 개수를 구하려고 할 때, 다음 물음에 답하시오.

(1) 초콜릿을 $x$개 산다고 할 때, 다음 표를 완성하고 이를 이용하여 일차부등식을 세우시오.

|  | 초콜릿 | 사탕 |
|---|---|---|
| 개수 | $x$개 |  |
| 가격 | $500x$원 |  |

　　　　　　　　　　　　_____

(2) 일차부등식을 푸시오. 　_____

(3) 초콜릿은 최대 몇 개까지 살 수 있는지 구하시오.

　　　　　　　　　　　　_____

**2** 현재 형과 동생의 저금통에는 각각 8000원, 4000원이 저금되어 있다. 다음 달부터 매달 형은 300원씩, 동생은 1000원씩 저금한다면 동생의 저금액이 형의 저금액보다 많아지는 것은 몇 개월 후부터인지 구하려고 한다. 다음 물음에 답하시오.

(1) $x$개월 후부터 동생의 저금액이 형의 저금액보다 많아진다고 할 때, 일차부등식을 세우시오.

　　　　　　　　　　　　_____

(2) 일차부등식을 푸시오. 　_____

(3) 동생의 저금액이 형의 저금액보다 많아지는 것은 몇 개월 후부터인지 구하시오.

　　　　　　　　　　　　_____

**3** 어느 전시회의 입장료는 한 사람당 1000원인데 30명 이상의 단체는 20 %를 할인해 준다고 한다. 이 전시회에 30명 미만의 단체가 입장할 때, 몇 명 이상부터 30명의 단체 입장권을 사는 것이 유리한지 구하려고 한다. 다음 물음에 답하시오. (단, 30명 미만이어도 30명의 단체 입장권을 살 수 있다.)

(1) 전시회에 $x$명이 입장한다고 할 때, 일차부등식을 세우시오. 　_____

(2) 일차부등식을 푸시오. 　_____

(3) 몇 명 이상부터 30명의 단체 입장권을 사는 것이 유리한지 구하시오. 　_____

**4** 세호가 집에서 10 km 떨어진 도서관에 가는데 처음에는 자전거를 타고 시속 6 km로 가다가 도중에 시속 2 km로 걸어서 2시간 이내에 도서관에 도착하였다. 자전거를 타고 간 최소 거리를 구하려고 할 때, 다음 물음에 답하시오.

(1) 자전거를 타고 간 거리를 $x$ km라고 할 때, 다음 표를 완성하고 이를 이용하여 일차부등식을 세우시오.

|  | 자전거로 갈 때 | 걸어갈 때 | 전체 |
|---|---|---|---|
| 거리 | $x$ km |  | 10 km |
| 속력 | 시속 6 km |  | — |
| 시간 | $\dfrac{x}{6}$시간 |  | 2시간 이내 |

　　　　　　　　　　　　_____

(2) 일차부등식을 푸시오. 　_____

(3) 자전거를 타고 간 거리는 최소 몇 km인지 구하시오. 　_____

형광펜 들고 밑줄 좍~

**쌍둥이 01**

**1** 예지는 중간고사에서 국어 72점, 영어 85점을 받았다. 수학을 포함한 세 과목의 평균 점수가 80점 이상이 되려면 수학 점수는 몇 점 이상이어야 하는가?

① 77점  ② 79점  ③ 81점
④ 83점  ⑤ 85점

**2** 정국이는 세 번의 과학 시험에서 78점, 86점, 92점을 받았다. 네 번에 걸친 과학 시험의 평균 점수가 87점 이상이 되려면 네 번째 과학 시험에서 몇 점 이상을 받아야 하는지 구하시오.

**쌍둥이 02**

**3** 오른쪽 그림과 같이 밑변의 길이가 16 cm이고, 높이가 $h$ cm인 삼각형의 넓이가 32 cm² 이상일 때, $h$의 값의 범위는?

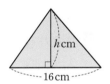

① $h \geq 4$  ② $h \geq 5$  ③ $h \geq \dfrac{16}{3}$
④ $0 < h \leq 4$  ⑤ $0 < h \leq 5$

**4** 가로의 길이가 6 cm인 직사각형의 둘레의 길이가 30 cm 이하가 되게 하려고 할 때, 세로의 길이는 몇 cm 이하가 되어야 하는지 구하시오.

**쌍둥이 03**

**5** 한 자루에 500원인 펜과 한 자루에 300원인 연필을 합하여 15자루를 사는데 전체 가격을 5300원 미만이 되게 하려고 한다. 펜을 $x$자루 산다고 할 때, 다음 중 옳지 <u>않은</u> 것은?

① 연필은 $(15-x)$자루를 사게 된다.
② 펜 전체의 가격은 $500x$원이다.
③ 연필 전체의 가격은 $(4500-300x)$원이다.
④ 부등식을 세우면 $500x+300(15-x)<5300$이다.
⑤ 펜은 최대 4자루까지 살 수 있다.

**6** 한 개에 800원인 사과와 한 개에 500원인 귤을 합하여 40개를 사는데 전체 가격을 25000원 이하가 되게 하려면 사과는 최대 몇 개까지 살 수 있는가?

① 10개  ② 12개  ③ 14개
④ 16개  ⑤ 18개

## 쌍둥이 04

**7** 사진 한 장당 출력 요금이 동네 사진관에서는 200원, 인터넷 사진관에서는 160원이고, 인터넷 사진관에서 출력하면 2500원의 배송비가 든다고 한다. 최소 몇 장의 사진을 출력하는 경우에 인터넷 사진관을 이용하는 것이 유리한지 구하시오.

**8** 다음 표는 어느 인터넷 쇼핑몰의 연회비와 회원 및 비회원의 1회 주문당 배송비를 나타낸 것이다. 1년에 몇 회 이상 주문해야 회원 가입을 하는 것이 유리한지 구하시오.

| 구분 | 회원 | 비회원 |
| --- | --- | --- |
| 연회비 | 10000원 | − |
| 1회 배송비 | 1500원 | 3000원 |

## 쌍둥이 05

**9** 상미가 걷기 운동을 하는데 갈 때는 시속 6 km로 걷고, 올 때는 같은 길을 시속 3 km로 걸어서 3시간 이내에 운동을 마치려고 한다. 이때 상미는 최대 몇 km 떨어진 지점까지 갔다 올 수 있는가?

① 4 km  ② 5 km  ③ 6 km
④ 7 km  ⑤ 8 km

**10** 서술형 병호가 등산을 하는데 오전 10시에 출발하여 오후 2시 이내에 등산을 끝내려고 한다. 올라갈 때는 시속 4 km로 걷고, 내려올 때는 같은 길을 시속 5 km로 걷는다면 최대 몇 km 떨어진 지점까지 올라갔다 내려올 수 있는지 구하시오.

풀이 과정

답

## 쌍둥이 06

**11** 버스 터미널에서 버스가 출발하기 전까지 50분의 여유가 있어서 근처의 상점에 가서 물건을 사 오려고 한다. 걷는 속력은 시속 5 km로 일정하고, 물건을 사는 데 10분이 걸린다면 버스 터미널에서 최대 몇 km 떨어진 곳에 있는 상점까지 다녀올 수 있는지 구하시오.

**12** 역에서 기차가 출발하기 전까지 1시간 10분의 여유가 있어서 이 시간 동안 서점에 가서 책을 사 오려고 한다. 책을 사는 데 20분이 걸리고, 시속 3 km로 걸어서 다녀온다면 역에서 최대 몇 km 떨어져 있는 서점을 이용할 수 있는지 구하시오.

**1** 다음 중 문장을 부등식으로 바르게 나타낸 것을 모두 고르면? (정답 2개)

▶ 부등식으로 나타내기

① $x$에 3을 더하면 1보다 크다. ⇨ $x+3<1$

② 한 개에 $x$원인 핫도그 3개의 가격은 4000원 이하이다. ⇨ $3x<4000$

③ $x$ km의 거리를 시속 50 km로 가면 소요 시간이 1시간을 넘지 않는다. ⇨ $\dfrac{x}{50}\leq1$

④ 현재 $x$세인 동생의 15년 후의 나이는 현재 나이의 2배보다 많다.
  ⇨ $x+15>2x$

⑤ 무게가 0.8 kg인 물병 $x$개를 200 g인 상자에 담았더니 전체 무게가 3 kg 미만이었다.
  ⇨ $0.8x+200<3$

**2** $x$의 값이 6 이하의 자연수일 때, 부등식 $2x+7\geq13$의 해의 개수는?

▶ 부등식의 해

① 2개　　　　　　② 3개　　　　　　③ 4개

④ 5개　　　　　　⑤ 6개

**3** 다음 중 □ 안에 들어갈 부등호의 방향이 나머지 넷과 다른 하나는?

▶ 부등식의 성질

① $-\dfrac{a}{2}>-\dfrac{b}{2}$이면 $a$ □ $b$　　　② $2a+3<2b+3$이면 $a$ □ $b$

③ $a>b$이면 $-a+\dfrac{3}{2}$ □ $-b+\dfrac{3}{2}$　　　④ $-\dfrac{a}{3}+4<-\dfrac{b}{3}+4$이면 $a$ □ $b$

⑤ $a<b$이면 $\dfrac{a-2}{5}$ □ $\dfrac{b-2}{5}$

**4** 다음 중 일차부등식이 아닌 것은?

▶ 일차부등식

① $\dfrac{x}{4}>0$　　　　② $3x-4\geq x+1$　　　　③ $9-x\leq x+1$

④ $2x-7<2(x-3)$　　　⑤ $x(x-3)>x^2$

**5** 다음 중 일차부등식 $8x+2 \leq 5x-7$의 해를 수직선 위에 바르게 나타낸 것은? ▶ 일차부등식의 풀이

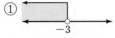

① (수직선, $-3$에서 왼쪽, 빈 원)

② (수직선, $-3$에서 오른쪽, 빈 원)

③ (수직선, $-3$에서 왼쪽, 채워진 원)

④ (수직선, $-3$에서 오른쪽, 채워진 원)

⑤ (수직선, $3$에서 오른쪽, 빈 원)

**6** 일차부등식 $0.4x - \dfrac{x-1}{5} > \dfrac{1}{4}$의 해 중 가장 작은 정수를 구하시오. ▶ 여러 가지 일차부등식의 풀이

**7** $a<0$일 때, $x$에 대한 일차부등식 $ax+1<2(ax+1)$의 해는? ▶ 계수가 문자인 일차부등식의 풀이

① $x < -\dfrac{1}{a}$      ② $x > -\dfrac{1}{a}$      ③ $x < -a$

④ $x < \dfrac{1}{a}$      ⑤ $x > \dfrac{1}{a}$

**8** 일차부등식 $6(x+1)-3 \geq 5x+a$의 해가 $x \geq 3$일 때, 상수 $a$의 값은? ▶ 일차부등식의 해가 주어질 때, 상수의 값 구하기

① 2      ② 3      ③ 4

④ 5      ⑤ 6

**9** 다음 두 일차부등식의 해가 서로 같을 때, 상수 $a$의 값을 구하시오.

> $9-x>3(x-1), \qquad 5(x-2)<2a-x$

▶ 두 일차부등식의 해가 서로 같을 때, 상수의 값 구하기

서술형

**10** 광수가 승강기를 이용하여 한 개에 $10\,\text{kg}$인 상자를 옮기려고 한다. 이 승강기는 한 번에 $600\,\text{kg}$까지 운반할 수 있고, 광수의 몸무게는 $45\,\text{kg}$이라고 할 때, 광수가 승강기를 타고 한 번에 상자를 최대 몇 개까지 운반할 수 있는지 구하시오.

풀이 과정

답

▶ 일차부등식의 활용 - 최대 개수에 대한 문제

**11** 현재 정우는 6000원, 은비는 10000원이 저금통에 들어 있다. 다음 달부터 매달 정우는 1400원씩, 은비는 500원씩 저금한다면 정우의 저금액이 은비의 저금액의 2배보다 많아지는 것은 몇 개월 후부터인지 구하시오.

▶ 일차부등식의 활용 - 예금액에 대한 문제

**12** 유리네가 집에 공기청정기를 들여놓으려고 한다. 공기청정기를 살 경우에는 54만 원의 구입 비용과 매달 10000원의 유지비가 들고, 공기청정기를 대여 업체에서 빌리는 경우에는 매달 25000원의 대여비가 든다고 한다. 공기청정기를 몇 개월 이상 사용해야 사는 것이 유리한지 구하시오.

▶ 일차부등식의 활용 - 유리한 방법을 선택하는 문제

# 4 연립일차방정식

# 4. 연립일차방정식

## 1 미지수가 2개인 일차방정식

**유형 1** 미지수가 2개인 일차방정식과 그 해    개념편 70~71쪽

**(1) 미지수가 2개인 일차방정식**

미지수가 2개이고, 그 차수가 모두 1인 방정식

➡ $ax+by+c=0$ ($a$, $b$, $c$는 상수, $a \neq 0$, $b \neq 0$)

미지수가 $x$, $y$의 2개이고, $x$, $y$의 차수가 모두 1이다.

예 $3x+y-2=0$,   $5x+2y=4$,   $2x+1=y$

**(2) 미지수가 2개인 일차방정식의 해(근)**

미지수 $x$, $y$의 2개인 일차방정식을 참이 되게 하는 $x$, $y$의 값 또는 순서쌍 $(x, y)$

예 $x$, $y$의 값이 자연수일 때, 일차방정식 $x+y=4$의 해

➡ $(1, 3)$, $(2, 2)$, $(3, 1)$

---

**1** 다음 중 미지수가 2개인 일차방정식인 것은 ○표, 미지수가 2개인 일차방정식이 <u>아닌</u> 것은 ×표를 ( ) 안에 쓰시오.

(1) $4y-2x$               (     )

(2) $3x-5=y$          (     )

(3) $\dfrac{2}{x}=10+5y$      (     )

(4) $x^2+y=6$          (     )

(5) $x+4y=3x-4y$    (     )

(6) $2x+y-3=2x-y$   (     )

(7) $10x-4=0$         (     )

(8) $y-5=-2(x+1)$   (     )

**2** 다음을 미지수가 2개인 일차방정식으로 나타내시오.

(1) 두 정수 $x$와 $y$의 합은 15이다.

_____

(2) $x$세인 준호의 나이는 $y$세인 진영이의 나이보다 4세가 더 많다. _____

(3) 성인의 입장료가 1000원이고, 청소년의 입장료가 800원인 어느 고궁에서 성인 $x$명과 청소년 $y$명이 지불한 입장료는 총 11600원이다.

_____

**3** 다음 일차방정식 중 $(3, 5)$가 해인 것은 ○표, 해가 <u>아닌</u> 것은 ×표를 ( ) 안에 쓰시오.

(1) $x-2y=7$          (     )

(2) $y=2x-1$         (     )

(3) $3x-2y+1=0$    (     )

**4** 다음 일차방정식에 대하여 표를 완성하고, $x$, $y$의 값이 자연수일 때 일차방정식을 푸시오.

(1) $x+2y=9$

| $x$ | 1 | 2 | 3 | 4 | 5 | 6 | 7 | 8 | 9 |
|---|---|---|---|---|---|---|---|---|---|
| $y$ | | | | | | | | | |

⇨ 해: _____

(2) $2x+3y=24$

| $x$ | | | | | | | | |
|---|---|---|---|---|---|---|---|---|
| $y$ | 1 | 2 | 3 | 4 | 5 | 6 | 7 | 8 |

⇨ 해: _____

> 주어진 해를 일차방정식의 $x$, $y$에 각각 대입해 보자.

**5** 다음 일차방정식의 한 해가 주어진 순서쌍과 같을 때, 상수 $k$의 값을 구하시오.

(1) $x+2y-6=0$    $(4, k)$    ⇨ $k=$_____

(2) $5x-3y-k=0$   $(1, -2)$   ⇨ $k=$_____

(3) $kx+y=10$      $(-2, 4)$   ⇨ $k=$_____

# 2 4. 연립일차방정식
# 미지수가 2개인 연립일차방정식

**유형 2** 미지수가 2개인 연립일차방정식과 그 해      개념편 73쪽

(1) **미지수가 2개인 연립일차방정식 (또는 연립방정식)**

     미지수가 2개인 두 일차방정식을 한 쌍으로 묶어 나타낸 것    예 $\begin{cases} x+y=5 \\ 2x+y=8 \end{cases}$, $\begin{cases} y=2x-4 \\ x-y=1 \end{cases}$

(2) **연립방정식의 해:** 두 일차방정식의 공통의 해

     예 $x$, $y$의 값이 자연수일 때, 연립방정식 $\begin{cases} x+3y=10 & \cdots \text{㉠} \\ x-2=y & \cdots \text{㉡} \end{cases}$ 에서

       ㉠의 해: (1, 3), (4, 2), (7, 1)

       ㉡의 해: (3, 1), (4, 2), (5, 3), …

     ➡ 연립방정식의 해: (4, 2)

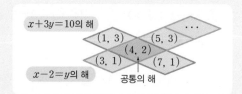

---

**1** $x$, $y$의 값이 자연수일 때, 연립방정식

$\begin{cases} x+y=6 & \cdots \text{㉠} \\ 2x+y=7 & \cdots \text{㉡} \end{cases}$ 을 풀려고 한다. 다음 물음에 답하시오.

(1) 다음 표를 완성하고, 그 해를 순서쌍 $(x, y)$로 나타내시오.

| ㉠ $x$ | 1 | 2 | 3 | 4 | 5 | 6 |
|---|---|---|---|---|---|---|
| $y$ | | | | | | |

     ⇨ 해: _____

| ㉡ $x$ | 1 | 2 | 3 | 4 |
|---|---|---|---|---|
| $y$ | | | | |

     ⇨ 해: _____

(2) 연립방정식의 해를 구하시오. _____

**2** $x$, $y$의 값이 자연수일 때, 연립방정식

$\begin{cases} 2x+y=11 & \cdots \text{㉠} \\ x+3y=13 & \cdots \text{㉡} \end{cases}$ 을 풀려고 한다. 다음 물음에 답하시오.

(1) ㉠의 해를 순서쌍 $(x, y)$로 나타내시오.

     _____

(2) ㉡의 해를 순서쌍 $(x, y)$로 나타내시오.

     _____

(3) 연립방정식의 해를 구하시오. _____

---

**3** 다음 연립방정식 중 (1, 2)가 해인 것은 ○표, 해가 아닌 것은 ×표를 ( ) 안에 쓰시오.

(1) $\begin{cases} x+y=3 \\ 2x-3y=-4 \end{cases}$      (    )

(2) $\begin{cases} x+3y=7 \\ 2x+y=5 \end{cases}$      (    )

(3) $\begin{cases} 3x-y=1 \\ x-2y=-3 \end{cases}$      (    )

**4** 다음 연립방정식의 해가 주어진 순서쌍과 같을 때, 상수 $a$, $b$의 값을 각각 구하시오.

(1) $\begin{cases} ax-y=3 & \cdots \text{㉠} \\ 5x+by=1 & \cdots \text{㉡} \end{cases}$ $(1, -1)$

> ⇨ $x=\boxed{\phantom{0}}$, $y=\boxed{\phantom{0}}$ 을(를) ㉠에 대입하면
>
> $a \times \boxed{\phantom{0}} - (\boxed{\phantom{0}}) = 3$    ∴ $a=\boxed{\phantom{0}}$
>
> $x=\boxed{\phantom{0}}$, $y=\boxed{\phantom{0}}$ 을(를) ㉡에 대입하면
>
> $5 \times \boxed{\phantom{0}} + b \times (\boxed{\phantom{0}}) = 1$    ∴ $b=\boxed{\phantom{0}}$

(2) $\begin{cases} x+ay=4 \\ bx-2y=4 \end{cases}$ $(-2, 1)$ _____

(3) $\begin{cases} x-y=a \\ bx+3y=-1 \end{cases}$ $(1, -4)$ _____

# 쌍둥이 기출문제

형광펜 들고 밑줄 좍~

**1** 다음 중 미지수가 2개인 일차방정식은?

① $y+3+\dfrac{1}{x}=1$      ② $x-3y+2$

③ $2x-y+4=0$      ④ $5x-3=5$

⑤ $x=y(y+1)$

**2** 다음 중 미지수가 2개인 일차방정식이 <u>아닌</u> 것은?

① $x+y=10$      ② $4x+3y=2$

③ $x^2+y=x(x+3)$      ④ $x(x+1)+y=y$

⑤ $2y^2+y=2y^2+x+2$

**3** 다음 중 일차방정식 $x-2y=3$을 만족시키는 $x$, $y$ 의 값의 순서쌍이 <u>아닌</u> 것은?

① $(-3,\ -3)$   ② $(-1,\ -2)$   ③ $(3,\ 0)$

④ $\left(4,\ \dfrac{1}{2}\right)$     ⑤ $(5,\ -1)$

**4** 다음 일차방정식 중 $(-1,\ 2)$가 해가 되는 것은?

① $x+y=-1$      ② $x-3y=7$

③ $x+5y=9$      ④ $2x+y=4$

⑤ $3x-2y=-1$

**5** $x$, $y$의 값이 자연수일 때, 일차방정식 $x+3y=11$의 해를 순서쌍 $(x,\ y)$로 나타내시오.

**6** $x$, $y$의 값이 자연수일 때, 일차방정식 $2x+y=12$ 의 해의 개수를 구하시오.

**7** 일차방정식 $x+ay=-7$의 한 해가 $(-1,\ 3)$일 때, 상수 $a$의 값은?

① $-2$     ② $-1$     ③ $0$

④ $1$     ⑤ $2$

**8** 일차방정식 $ax+y=13$의 한 해가 $x=2$, $y=1$이다. $y=7$일 때, $x$의 값을 구하시오. (단, $a$는 상수)

서술형

풀이 과정

답

**쌍둥이 05**

**9** 일차방정식 $2x+y-10=0$의 한 해가 $x=4$, $y=a$ 일 때, $a$의 값을 구하시오.

**10** 일차방정식 $3x-5y=21$의 한 해가 $(-2a,\ 3a)$일 때, $a$의 값을 구하시오.

**쌍둥이 06**

**11** 다음 연립방정식 중 $x=1$, $y=-2$가 해인 것은?

① $\begin{cases} x-2y=2 \\ 3x-2y=2 \end{cases}$   ② $\begin{cases} 4x-y=2 \\ 3x-2y=7 \end{cases}$

③ $\begin{cases} 2x+3y=-4 \\ x+y=3 \end{cases}$   ④ $\begin{cases} 3x+y=1 \\ x-y=3 \end{cases}$

⑤ $\begin{cases} 4x+y=2 \\ x-2y=4 \end{cases}$

**12** 다음 연립방정식 중 해가 $(-1,\ 4)$인 것은?

① $\begin{cases} 2x-3y=-11 \\ x-y=-5 \end{cases}$   ② $\begin{cases} x+3y=10 \\ 2x-3y=14 \end{cases}$

③ $\begin{cases} 5x+y=-1 \\ 2x+y=2 \end{cases}$   ④ $\begin{cases} 2x+y=2 \\ 6x+y=-10 \end{cases}$

⑤ $\begin{cases} x+y=3 \\ 5x-2y=3 \end{cases}$

**쌍둥이 07**

**13** 연립방정식 $\begin{cases} x+ay=5 \\ bx-2y=3 \end{cases}$의 해가 $(1,\ 2)$일 때, 상수 $a$, $b$에 대하여 $a+b$의 값은?

① 5   ② 6   ③ 7
④ 8   ⑤ 9

**14** 연립방정식 $\begin{cases} x+ay=4 \\ 2x+by=13 \end{cases}$의 해가 $x=-1$, $y=5$일 때, 상수 $a$, $b$에 대하여 $ab$의 값을 구하시오.

서술형

풀이 과정

답

**쌍둥이 08**

**15** 연립방정식 $\begin{cases} 3x+y=4 \\ x-ay=10 \end{cases}$의 해가 $(b,\ 1)$일 때, $b-a$의 값을 구하시오. (단, $a$는 상수)

**16** 연립방정식 $\begin{cases} x-2y=1 \\ ax+y=7 \end{cases}$의 해가 $x=-3$, $y=b$일 때, $a+b$의 값을 구하시오. (단, $a$는 상수)

4. 연립일차방정식

# 3 연립방정식의 풀이

**유형 3** **연립방정식의 풀이 - 대입법**

(1) 대입법: 한 일차방정식을 다른 일차방정식에 대입하여 연립방정식을 푸는 방법

(2) 연립방정식 $\begin{cases} x+y=4 & \cdots \text{㉠} \\ 2x-3y=-2 & \cdots \text{㉡} \end{cases}$ 를 대입법으로 푸는 과정은 다음과 같다.

| ❶ 한 일차방정식을 한 미지수에 대한 식으로 나타내기 | ❷ ❶의 식을 다른 일차방정식에 대입하여 해 구하기 | ❸ ❷의 해를 ❶의 식에 대입하여 다른 미지수의 값 구하기 |
|---|---|---|
| ㉠에서 $y$를 $x$에 대한 식으로 나타내면 $y=-x+4 \quad \cdots \text{㉢}$ | ㉢을 ㉡에 대입하면 $2x-3(-x+4)=-2$ $5x=10 \quad \therefore x=2$ | $x=2$를 ㉢에 대입하면 $y=2$ 따라서 연립방정식의 해는 $x=2, \ y=2$ |

**1** 다음은 연립방정식 $\begin{cases} x=3y+9 & \cdots \text{㉠} \\ 3x+4y=1 & \cdots \text{㉡} \end{cases}$ 을 대입법으로 푸는 과정이다. □ 안에 알맞은 것을 쓰시오.

> ㉠을 ㉡에 대입하면
> $3(\boxed{\phantom{xxx}})+4y=1 \quad \therefore y=\boxed{\phantom{x}}$
> $y=\boxed{\phantom{x}}$을(를) ㉠에 대입하면 $x=\boxed{\phantom{x}}$
> 따라서 연립방정식의 해는 $x=\boxed{\phantom{x}}$, $y=\boxed{\phantom{x}}$이다.

**2** 다음은 연립방정식 $\begin{cases} x+6y=10 & \cdots \text{㉠} \\ 3x-5y=7 & \cdots \text{㉡} \end{cases}$ 을 대입법으로 푸는 과정이다. □ 안에 알맞은 것을 쓰시오.

> ㉠에서 $x$를 $y$에 대한 식으로 나타내면
> $x=\boxed{\phantom{xxx}} \quad \cdots \text{㉢}$
> ㉢을 ㉡에 대입하면
> $3(\boxed{\phantom{xxx}})-5y=7 \quad \therefore y=\boxed{\phantom{x}}$
> $y=\boxed{\phantom{x}}$을(를) ㉢에 대입하면 $x=\boxed{\phantom{x}}$
> 따라서 연립방정식의 해는 $x=\boxed{\phantom{x}}$, $y=\boxed{\phantom{x}}$이다.

**3** 다음 연립방정식을 대입법으로 푸시오.

(1) $\begin{cases} x=y-3 \\ x-3y=-5 \end{cases}$ _____

(2) $\begin{cases} 3x-2y=5 \\ y=2x+3 \end{cases}$ _____

(3) $\begin{cases} x-3y=6 \\ 3x+4y=5 \end{cases}$ _____

(4) $\begin{cases} 2x-3y=4 \\ 4x-y=8 \end{cases}$ _____

(5) $\begin{cases} y=x+2 \\ y=3x-2 \end{cases}$ _____

(6) $\begin{cases} x=2y+5 \\ x=5y-1 \end{cases}$ _____

(7) $\begin{cases} 2x=3y-1 \\ 2x=11-y \end{cases}$ _____

(8) $\begin{cases} 3y=2x-1 \\ 3y=5-x \end{cases}$ _____

## 유형 4 연립방정식의 풀이 - 가감법

개념편 76쪽

(1) **가감법**: 두 일차방정식을 변끼리 더하거나 빼어서 연립방정식을 푸는 방법

(2) 연립방정식 $\begin{cases} x+y=4 & \cdots ㉠ \\ 2x-3y=-2 & \cdots ㉡ \end{cases}$ 를 가감법으로 푸는 과정은 다음과 같다.

❶ 적당한 수를 곱하여 한 미지수의 계수의 절댓값을 같게 만들기

$y$의 계수의 절댓값이 같아지도록
㉠×3을 하면
$3x+3y=12 \quad \cdots ㉢$

➡

❷ 두 식을 변끼리 더하거나 빼어서 한 미지수를 없앤 후 일차방정식 풀기

㉡, ㉢을 변끼리 더하면
$\begin{array}{r} 2x-3y=-2 \\ +) \ 3x+3y=12 \\ \hline 5x \qquad =10 \end{array}$ ∴ $x=2$

➡

❸ ❷의 해를 한 일차방정식에 대입하여 다른 미지수의 값 구하기

$x=2$를 ㉠에 대입하면
$2+y=4$ ∴ $y=2$
따라서 연립방정식의 해는
$x=2, y=2$

---

**1** 다음은 연립방정식 $\begin{cases} x-4y=-9 & \cdots ㉠ \\ x-2y=-3 & \cdots ㉡ \end{cases}$ 을 가감법으로 푸는 과정이다. ☐ 안에 알맞은 것을 쓰시오.

$x$의 계수의 절댓값이 같으므로
$x$를 없애기 위해 ㉠, ㉡을 변끼리 ☐.
$\begin{array}{r} x-4y=-9 \\ ☐) \ x-2y=-3 \\ \hline ☐y=-6 \end{array}$ ∴ $y=☐$
$y=☐$을(를) ㉠에 대입하면 $x=☐$
따라서 연립방정식의 해는 $x=☐$, $y=☐$이다.

**2** 다음은 연립방정식 $\begin{cases} 3x+2y=10 & \cdots ㉠ \\ 4x-3y=2 & \cdots ㉡ \end{cases}$ 를 가감법으로 푸는 과정이다. ☐ 안에 알맞은 것을 쓰시오.

$y$를 없애기 위해 $y$의 계수의 절댓값이 같아지도록
㉠×3, ㉡×☐을(를) 한 후 변끼리 ☐.
$\begin{array}{r} 9x+6y=30 \\ ☐) \ 8x-6y=4 \\ \hline ☐x \qquad =34 \end{array}$ ∴ $x=☐$
$x=☐$을(를) ㉠에 대입하면 $y=☐$
따라서 연립방정식의 해는 $x=☐$, $y=☐$이다.

---

**3** 다음 연립방정식을 가감법으로 푸시오.

(1) $\begin{cases} x+3y=-5 \\ x-y=3 \end{cases}$ _____

(2) $\begin{cases} x+2y=2 \\ 3x-2y=-6 \end{cases}$ _____

(3) $\begin{cases} 4x-5y=-10 \\ -3x+5y=0 \end{cases}$ _____

(4) $\begin{cases} x-y=-1 \\ 2x+3y=3 \end{cases}$ _____

(5) $\begin{cases} 9x-4y=-5 \\ x+2y=-3 \end{cases}$ _____

(6) $\begin{cases} x-y=1 \\ 2x+5y=16 \end{cases}$ _____

(7) $\begin{cases} 5x-3y=12 \\ 3x+2y=-8 \end{cases}$ _____

(8) $\begin{cases} 5x+7y=4 \\ 3x+4y=2 \end{cases}$ _____

## 유형 **5** 여러 가지 연립방정식의 풀이

개념편 78쪽

(1) 괄호가 있는 경우: 분배법칙을 이용하여 괄호를 풀고, 식을 간단히 하여 푼다.

예 $\begin{cases} 4x-2(x+y)=6 \\ 3(x-y)+4y=27 \end{cases}$ $\xrightarrow[\text{식을 간단히 하기}]{\text{괄호를 풀고}}$ $\begin{cases} x-y=3 \\ 3x+y=27 \end{cases}$

(2) 계수가 소수인 경우: 양변에 10의 거듭제곱을 적당히 곱하여 계수를 정수로 고쳐서 푼다.

예 $\begin{cases} 0.3x-0.2y=2 & \cdots \text{㉠} \\ 0.08x+0.01y=2 & \cdots \text{㉡} \end{cases}$ $\xrightarrow[\text{㉡의 양변에 100을 곱하기}]{\text{㉠의 양변에 10을 곱하기}}$ $\begin{cases} 3x-2y=20 \\ 8x+y=200 \end{cases}$

(3) 계수가 분수인 경우: 양변에 분모의 최소공배수를 곱하여 계수를 정수로 고쳐서 푼다.

예 $\begin{cases} \dfrac{x}{2}-\dfrac{y}{3}=1 & \cdots \text{㉠} \\ \dfrac{x}{3}-\dfrac{y}{4}=\dfrac{2}{3} & \cdots \text{㉡} \end{cases}$ $\xrightarrow[\text{㉡의 양변에 12를 곱하기}]{\text{㉠의 양변에 6을 곱하기}}$ $\begin{cases} 3x-2y=6 \\ 4x-3y=8 \end{cases}$

---

**[1~4]** 다음 연립방정식을 푸시오.

**1** (1) $\begin{cases} 2x+y=8 \\ 3x-2(x-3y)=15 \end{cases}$ $\Rightarrow$ $\begin{cases} 2x+y=8 \\ x+\square y=15 \end{cases}$

$\Rightarrow$ $x=\square$, $y=\square$

(2) $\begin{cases} 3(x-y)+2y=6 \\ 2x-(x-y)=-2 \end{cases}$ ————

(3) $\begin{cases} y=2(x+1)+1 \\ 3(x+y)-4y=-1 \end{cases}$ ————

양변에 같은 수를 곱할 때는 모든 항에 빠짐없이 곱해야 해!

**2** (1) $\begin{cases} 0.2x+0.4y=0.6 \\ 0.2x-0.1y=-0.4 \end{cases}$ $\Rightarrow$ $\begin{cases} \square x+\square y=6 \\ \square x-y=-4 \end{cases}$

$\Rightarrow$ $x=\square$, $y=\square$

(2) $\begin{cases} 0.3x-0.4y=0.4 \\ 0.2x+0.3y=1.4 \end{cases}$ ————

(3) $\begin{cases} x+0.4y=1.2 \\ 0.2x-0.3y=1 \end{cases}$ ————

**3** (1) $\begin{cases} \dfrac{x}{3}+\dfrac{y}{4}=\dfrac{7}{6} \\ \dfrac{x}{2}-\dfrac{y}{3}=\dfrac{1}{3} \end{cases}$ $\Rightarrow$ $\begin{cases} \square x+\square y=14 \\ \square x-\square y=2 \end{cases}$

$\Rightarrow$ $x=\square$, $y=\square$

(2) $\begin{cases} \dfrac{1}{3}x-\dfrac{1}{5}y=-\dfrac{1}{15} \\ 2x-\dfrac{1}{2}y=1 \end{cases}$ ————

(3) $\begin{cases} \dfrac{6x-5}{7}=\dfrac{1}{2}y \\ -\dfrac{1}{4}x+\dfrac{1}{8}y=-\dfrac{1}{6} \end{cases}$ ————

**4** (1) $\begin{cases} 0.1x+0.4y=0.7 \\ \dfrac{1}{2}x-\dfrac{2}{3}y=\dfrac{1}{6} \end{cases}$ $\Rightarrow$ $\begin{cases} x+\square y=\square \\ \square x-\square y=1 \end{cases}$

$\Rightarrow$ $x=\square$, $y=\square$

(2) $\begin{cases} 0.4(x+y)+0.2y=-0.9 \\ \dfrac{1}{3}x+\dfrac{2}{5}y=-\dfrac{4}{5} \end{cases}$ ————

## 유형 6  $A=B=C$ 꼴의 방정식의 풀이 / 해가 특수한 연립방정식의 풀이

개념편 79~80쪽

(1) $A=B=C$ 꼴의 방정식의 풀이: $\begin{cases} A=B \\ A=C \end{cases}$, $\begin{cases} A=B \\ B=C \end{cases}$, $\begin{cases} A=C \\ B=C \end{cases}$ 중 가장 간단한 것을 선택하여 푼다.

**예** 방정식 $2x+3x=4x+y=10$은 $\begin{cases} 2x+3y=4x+y \\ 2x+3y=10 \end{cases}$, $\begin{cases} 2x+3y=4x+y \\ 4x+y=10 \end{cases}$, $\begin{cases} 2x+3y=10 \\ 4x+y=10 \end{cases}$ 의 세 연립방정식 중 가장 간단한 것을 선택하여 푼다.

(2) 해가 특수한 연립방정식의 풀이

| 연립방정식의 해가 무수히 많다. | 연립방정식의 해가 없다. |
| --- | --- |
| 어느 한 일차방정식의 양변에 적당한 수를 곱했을 때, $x$, $y$의 계수와 상수항이 각각 같다. | 어느 한 일차방정식의 양변에 적당한 수를 곱했을 때, $x$, $y$의 계수는 각각 같고 상수항은 다르다. |
| $\Rightarrow \begin{cases} x+2y=3 & \cdots ㉠ \\ 2x+4y=6 & \cdots ㉡ \end{cases}$ $\xrightarrow{\substack{x의 계수가 같아지도록 \\ ㉠\times2를 하면}}$ $\begin{cases} 2x+4y=6 \\ 2x+4y=6 \end{cases}$ | $\Rightarrow \begin{cases} x+2y=2 & \cdots ㉠ \\ 2x+4y=6 & \cdots ㉡ \end{cases}$ $\xrightarrow{\substack{x의 계수가 같아지도록 \\ ㉠\times2를 하면}}$ $\begin{cases} 2x+4y=4 \\ 2x+4y=6 \end{cases}$ |

---

**1** 방정식 $x-y=x+2y=6$에 대하여 다음 물음에 답하시오.

(1) 해가 모두 같은 세 연립방정식을 세우면 다음 ①, ②, ③과 같을 때, ☐ 안에 알맞은 것을 쓰시오.

① $\begin{cases} x-y=\boxed{\phantom{00}} \\ x-y=6 \end{cases}$ ← $\begin{cases} A=B \\ A=C \end{cases}$ 꼴

② $\begin{cases} x-y=x+2y \\ x+2y=\boxed{\phantom{0}} \end{cases}$ ← $\begin{cases} A=B \\ B=C \end{cases}$ 꼴

③ $\begin{cases} x-y=6 \\ \boxed{\phantom{00}}=6 \end{cases}$ ← $\begin{cases} A=C \\ B=C \end{cases}$ 꼴

(2) 연립방정식의 해를 구하시오. _____

> $A=B=($상수$)$ 꼴의 연립방정식은 $\begin{cases} A=($상수$) \\ B=($상수$) \end{cases}$ 꼴로 고쳐서 푸는 것이 가장 간단해!

**2** 다음 방정식을 푸시오.

(1) $3x+2y=-3x-y=1$ _____

(2) $4(x+2y)=-x+3y=2x-y-7$ _____

(3) $\dfrac{x+2y+3}{4}=\dfrac{x-y}{2}=3$ _____

**3** 다음 연립방정식을 푸시오.

(1) $\begin{cases} 5x+10y=-15 \\ x+2y=-3 \end{cases}$ _____

(2) $\begin{cases} 3x+2y=5 \\ 6x+4y=10 \end{cases}$ _____

(3) $\begin{cases} x+y=1 \\ x+y=3 \end{cases}$ _____

(4) $\begin{cases} x-y=-2 \\ -2x+2y=-4 \end{cases}$ _____

**4** 다음은 연립방정식 $\begin{cases} 3x-y=4 & \cdots ㉠ \\ ax+3y=-12 & \cdots ㉡ \end{cases}$ 의 해가 무수히 많을 때, 상수 $a$의 값을 구하는 과정이다. ☐ 안에 알맞은 수를 쓰시오.

> $y$의 계수가 같아지도록 ㉠$\times(-3)$을 하면
> $\boxed{\phantom{0}}x+3y=\boxed{\phantom{0}}$ $\cdots ㉢$
> 이때 연립방정식의 해가 무수히 많으므로
> ㉡과 ㉢에서 $a=\boxed{\phantom{0}}$

**쌍둥이 기출문제**

형광펜 들고 밑줄 쫙~

**1** 다음은 연립방정식 $\begin{cases} x=3y+2 & \cdots \text{㉠} \\ 2x-y=3 & \cdots \text{㉡} \end{cases}$ 을 대입법으로 푸는 과정이다. □ 안에 알맞은 것을 쓰시오.

㉠을 ㉡에 대입하면

$2(\boxed{\phantom{xxxx}})-y=3$     $\therefore y=\boxed{\phantom{x}}$

$y=\boxed{\phantom{x}}$을(를) ㉠에 대입하면

$x=3\times\left(\boxed{\phantom{x}}\right)+2=\boxed{\phantom{x}}$

따라서 연립방정식의 해는 $x=\boxed{\phantom{x}}$, $y=\boxed{\phantom{x}}$이다.

**2** 연립방정식 $\begin{cases} x=2y+4 & \cdots \text{㉠} \\ 5x-3y=6 & \cdots \text{㉡} \end{cases}$ 을 풀기 위해 ㉠을 ㉡에 대입하여 $x$를 없앴더니 $ay=-14$가 되었다. 이때 상수 $a$의 값을 구하시오.

**3** 연립방정식 $\begin{cases} 3x-2y=9 & \cdots \text{㉠} \\ 4x+3y=12 & \cdots \text{㉡} \end{cases}$ 을 가감법으로 풀 때, $y$를 없애기 위해 필요한 식은?

① ㉠$\times 2-$㉡　　　　② ㉠$\times 3+$㉡$\times 2$
③ ㉠$\times 3-$㉡$\times 2$　　④ ㉠$\times 4+$㉡$\times 3$
⑤ ㉠$\times 4-$㉡$\times 3$

**4** 연립방정식 $\begin{cases} 3x-4y=-2 & \cdots \text{㉠} \\ 5x+3y=16 & \cdots \text{㉡} \end{cases}$ 에서 가감법을 이용하여 $x$를 없애려고 한다. 이때 필요한 식은?

① ㉠$\times 3-$㉡$\times 2$　　② ㉠$\times 3+$㉡$\times 4$
③ ㉠$\times 3-$㉡$\times 4$　　④ ㉠$\times 5+$㉡$\times 3$
⑤ ㉠$\times 5-$㉡$\times 3$

**5** 연립방정식 $\begin{cases} x+y=5 \\ x-y=3 \end{cases}$ 을 풀면?

① $x=1$, $y=1$　　　② $x=1$, $y=4$
③ $x=2$, $y=2$　　　④ $x=4$, $y=1$
⑤ $x=4$, $y=4$

**6** 연립방정식 $\begin{cases} 4x+y=2 \\ 7x+2y=5 \end{cases}$ 의 해가 $x=a$, $y=b$일 때, $a-b$의 값을 구하시오.

**7** 연립방정식 $\begin{cases} x-y=6 \\ ax-3y=14 \end{cases}$ 의 해가 일차방정식 $2x+y=-3$을 만족시킬 때, 상수 $a$의 값을 구하시오.

**8** 연립방정식 $\begin{cases} x-2y=-1 \\ x-ay=3 \end{cases}$ 의 해가 일차방정식 $3x-4y=-7$을 만족시킬 때, 상수 $a$의 값을 구하시오.

**쌍둥이 05**

**9** 연립방정식 $\begin{cases} x-y=-1 \\ 2x+3y=9+a \end{cases}$ 를 만족시키는 $y$의 값이 $x$의 값의 2배일 때, 상수 $a$의 값을 구하시오.

**10** 연립방정식 $\begin{cases} 2x+y=21 \\ x+2y=a+8 \end{cases}$ 을 만족시키는 $x$의 값이 $y$의 값의 3배일 때, 상수 $a$의 값을 구하시오.

**쌍둥이 06**

**11** 두 연립방정식 $\begin{cases} 3x+y=-9 \\ x-2y=a \end{cases}$, $\begin{cases} bx+y=7 \\ 2x-3y=5 \end{cases}$ 의 해가 서로 같을 때, 상수 $a$, $b$에 대하여 $a+b$의 값을 구하시오.

**12** 두 연립방정식 $\begin{cases} 3x+2y=6 \\ ax-y=5 \end{cases}$, $\begin{cases} y=-2x+5 \\ 3x-by=9 \end{cases}$ 의 해가 서로 같을 때, 상수 $a$, $b$에 대하여 $2a+b$의 값을 구하시오.

**쌍둥이 07**

**13** 연립방정식 $\begin{cases} 2(x-y)+4y=7 \\ x+3(x-2y)=4 \end{cases}$ 를 푸시오.

**14** 다음 연립방정식을 푸시오.

$$\begin{cases} -3(x-2y)+1=-8x+8 \\ 2x-(x-3y)=y+3 \end{cases}$$

**쌍둥이 08**

**15** 연립방정식 $\begin{cases} \dfrac{1}{4}x+\dfrac{1}{3}y=\dfrac{1}{2} \\ 0.3x+0.2y=0.4 \end{cases}$ 를 풀면?

① $x=\dfrac{1}{2}$, $y=1$     ② $x=\dfrac{2}{3}$, $y=1$

③ $x=\dfrac{2}{3}$, $y=2$     ④ $x=\dfrac{3}{2}$, $y=1$

⑤ $x=\dfrac{3}{2}$, $y=2$

**16** 연립방정식 $\begin{cases} 0.3x-0.4y=1.1 \\ \dfrac{1}{2}x-\dfrac{1}{3}y=\dfrac{1}{6} \end{cases}$ 을 푸시오.

서술형

풀이 과정

답

**쌍둥이 09**

**17** 다음 방정식을 푸시오.

$$3x-y-5=4x-3y-4=x+2y$$

**18** 방정식 $\dfrac{3x+y}{4}=2x-y=5$를 풀면?

① $x=-5$, $y=-5$　　② $x=-5$, $y=5$

③ $x=5$, $y=-5$　　④ $x=5$, $y=0$

⑤ $x=5$, $y=5$

**쌍둥이 10**

**19** 다음 연립방정식 중 해가 무수히 많은 것은?

① $\begin{cases} 2x+y=7 \\ x+2y=8 \end{cases}$　　② $\begin{cases} x-y=-3 \\ 3x-3y=-6 \end{cases}$

③ $\begin{cases} 3x-y=5 \\ 2x+y=6 \end{cases}$　　④ $\begin{cases} 2x+y=8 \\ x-y=4 \end{cases}$

⑤ $\begin{cases} x+3y=5 \\ 2x+6y=10 \end{cases}$

**20** 다음 연립방정식 중 해가 <u>없는</u> 것은?

① $\begin{cases} x-y=2 \\ x-5y=10 \end{cases}$　　② $\begin{cases} x+3y=0 \\ 3x+y=0 \end{cases}$

③ $\begin{cases} x+y=1 \\ 2x+2y=2 \end{cases}$　　④ $\begin{cases} x-2y=1 \\ 3x-4y=5 \end{cases}$

⑤ $\begin{cases} x+2y=3 \\ 3x+6y=6 \end{cases}$

**쌍둥이 11**

**21** 연립방정식 $\begin{cases} ax+2y=-10 \\ 2x+y=b \end{cases}$의 해가 무수히 많을 때, 상수 $a$, $b$의 값을 각각 구하시오.

**22** 연립방정식 $\begin{cases} -2x+ay=1 \\ 6x-3y=b \end{cases}$의 해가 무수히 많을 때, 상수 $a$, $b$에 대하여 $ab$의 값을 구하시오.

**쌍둥이 12**

**23** 연립방정식 $\begin{cases} x+2y=3 \\ ax+4y=5 \end{cases}$의 해가 없을 때, 상수 $a$의 값을 구하시오.

**24** 연립방정식 $\begin{cases} 3x-2y=6 \\ -12x+8y=-4a \end{cases}$의 해가 없을 때, 다음 중 상수 $a$의 값이 될 수 <u>없는</u> 것은?

① 2　　　② 4　　　③ 6

④ 8　　　⑤ 10

4. 연립일차방정식

# 연립방정식의 활용

어떤 두 수의 차는 8이고 큰 수의 2배와 작은 수의 합은 52일 때, 두 수 구하기

| ❶ 미지수 정하기 | 큰 수를 $x$, 작은 수를 $y$라고 하면 |
|---|---|
| ❷ 연립방정식 세우기 | 두 수의 차는 8이므로 $x-y=8$<br>큰 수의 2배와 작은 수의 합은 52이므로 $2x+y=52$<br>연립방정식을 세우면 $\begin{cases} x-y=8 & \cdots ㉠ \\ 2x+y=52 & \cdots ㉡ \end{cases}$ |
| ❸ 연립방정식 풀기 | ㉠+㉡을 하면 $3x=60$　∴ $x=20$<br>$x=20$을 ㉠에 대입하면 $20-y=8$　∴ $y=12$<br>따라서 두 수는 20, 12이다. |
| ❹ 확인하기 | 두 수의 차는 $20-12=8$이고,<br>큰 수의 2배와 작은 수의 합은 $2\times 20+12=52$이므로<br>두 수 20, 12는 문제의 뜻에 맞는다. |

▶수에 대한 문제

**1** 어떤 두 자연수의 합은 64이고, 차는 38이다. 두 자연수 중에서 큰 수를 구하려고 할 때, 다음 물음에 답하시오.

(1) 큰 수를 $x$, 작은 수를 $y$라고 할 때, 연립방정식을 세우시오. _____

(2) 연립방정식을 푸시오. _____

(3) 두 자연수 중에서 큰 수를 구하시오. _____

▶자릿수에 대한 문제
십의 자리의 숫자가 $x$, 일의 자리의 숫자가 $y$인 두 자리의 자연수를 $xy$로 나타내지 않도록 한다.

**2** 두 자리의 자연수가 있다. 각 자리의 숫자의 합은 130이고, 십의 자리의 숫자와 일의 자리의 숫자를 바꾼 수는 처음 수보다 27만큼 작다고 한다. 처음 수를 구하려고 할 때, 다음 물음에 답하시오.

(1) 처음 수의 십의 자리의 숫자를 $x$, 일의 자리의 숫자를 $y$라고 할 때, 다음 표를 완성하고 이를 이용하여 연립방정식을 세우시오.

|  | 십의 자리의 숫자 | 일의 자리의 숫자 | 자연수 |
|---|---|---|---|
| 처음 수 | $x$ | $y$ | $10x+y$ |
| 바꾼 수 |  |  |  |

_____

(2) 연립방정식을 푸시오. _____

(3) 처음 수를 구하시오. _____

▶ 개수, 가격에 대한 문제
물건 A, B를 여러 개 살 때
 • (A의 개수)+(B의 개수)
  =(전체 개수)
 • (A의 전체 가격)
    +(B의 전체 가격)
  =(지불한 금액)

**3** 어느 공원의 입장료가 어른은 500원, 학생은 300원이다. 이 공원에 어른과 학생을 합하여 15명이 입장하였더니 입장료가 총 5900원이었다. 이 공원에 입장한 어른과 학생 수를 각각 구하려고 할 때, 다음 물음에 답하시오.

(1) 공원에 입장한 어른의 수를 $x$명, 학생의 수를 $y$명이라고 할 때, 연립방정식을 세우시오.

 _____

(2) 연립방정식을 푸시오.

 _____

(3) 공원에 입장한 어른과 학생의 수를 각각 구하시오.

 _____

▶ 나이에 대한 문제
 현재 $x$세인 사람의
 $a$년 전의 나이 ⇨ $(x-a)$세
 $b$년 후의 나이 ⇨ $(x+b)$세

**4** 현재 아버지와 아들의 나이의 합은 46세이고, 16년 후에는 아버지의 나이가 아들의 나이의 2배가 된다고 한다. 현재 아버지와 아들의 나이를 각각 구하려고 할 때, 다음 물음에 답하시오.

(1) 현재 아버지의 나이를 $x$세, 아들의 나이를 $y$세라고 할 때, 연립방정식을 세우시오.

 _____

(2) 연립방정식을 푸시오.

 _____

(3) 현재 아버지와 아들의 나이를 각각 구하시오.

 _____

▶ 계단에 대한 문제
 계단을 올라가는 것을 +, 내려가는 것을 −로 생각하고, 연립방정식을 세운다.
 ⇨ 이기면 $a$계단을 올라가고 지면 $b$계단을 내려갈 때,
 $x$회 이기고 $y$회 진 사람의 위치는 $(ax-by)$계단

**5** 진우와 세희가 가위바위보를 하여 이긴 사람은 3계단씩 올라가고, 진 사람은 1계단씩 내려가기로 하였다. 얼마 후 진우는 처음 위치보다 20계단을, 세희는 처음 위치보다 4계단 올라가 있었다. 진우가 이긴 횟수를 구하려고 할 때, 다음 물음에 답하시오.
(단, 비기는 경우는 없다.)

(1) 진우가 이긴 횟수를 $x$회, 진 횟수를 $y$회라고 할 때, 연립방정식을 세우시오.

 _____

(2) 연립방정식을 푸시오.

 _____

(3) 진우가 이긴 횟수를 구하시오.

 _____

## 유형 8 연립방정식의 활용 (2) - 거리, 속력, 시간에 대한 문제

개념편 85쪽

거리, 속력, 시간에 대한 문제는 다음 관계를 이용하여 연립방정식을 세운다.

$$(\text{거리})=(\text{속력})\times(\text{시간}), \quad (\text{속력})=\frac{(\text{거리})}{(\text{시간})}, \quad (\text{시간})=\frac{(\text{거리})}{(\text{속력})}$$

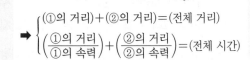

$$\Rightarrow \begin{cases} (\text{①의 거리})+(\text{②의 거리})=(\text{전체 거리}) \\ \left(\dfrac{\text{①의 거리}}{\text{①의 속력}}\right)+\left(\dfrac{\text{②의 거리}}{\text{②의 속력}}\right)=(\text{전체 시간}) \end{cases}$$

예 A 지점에서 10 km 떨어진 C 지점까지 가는데 A 지점에서 B 지점까지는 시속
8 km로 뛰어가다가 B 지점에서 C 지점까지는 시속 4 km로 걸어서 총 2시간이 걸렸다.

➡ 뛰어간 거리를 $x$ km, 걸어간 거리를 $y$ km라고 할 때, 연립방정식을 세우면

$$\begin{cases} (\text{뛰어간 거리})+(\text{걸어간 거리})=(\text{전체 거리}) \\ (\text{뛰어갈 때 걸린 시간})+(\text{걸어갈 때 걸린 시간})=(\text{전체 시간}) \end{cases} \text{이므로} \quad \begin{cases} x+y=10 \\ \dfrac{x}{8}+\dfrac{y}{4}=2 \end{cases}$$

▶각각의 단위가 다른 경우에는
방정식을 세우기 전에 단위를
통일해야 한다.
⇨ 1시간=60분,
1분=$\dfrac{1}{60}$시간

**1** 현우가 집에서 7 km 떨어진 박물관에 가는데 처음에는 시속 8 km로 자전거를 타고 가다가 도중에 시속 3 km로 걸어갔더니 총 1시간 30분이 걸렸다고 한다. 현우가 자전거를 타고 간 거리를 구하려고 할 때, 다음 물음에 답하시오.

(1) 자전거를 타고 간 거리를 $x$ km, 걸어간 거리를 $y$ km라고 할 때, 다음 표를 완성하고 이를 이용하여 연립방정식을 세우시오.

|  | 자전거를 탈 때 | 걸어갈 때 | 전체 |
|---|---|---|---|
| 거리 | $x$ km | $y$ km |  |
| 속력 | 시속 8 km | 시속 3 km | — |
| 시간 |  |  |  |

(2) 연립방정식을 푸시오.

(3) 현우가 자전거를 타고 간 거리를 구하시오.

▶(내려온 거리)
=(올라간 거리)−4(km)

**2** 등산을 하는데 올라갈 때는 시속 3 km로 걷고, 내려올 때는 올라갈 때보다 4 km가 더 짧은 길을 시속 4 km로 걸어서 총 6시간이 걸렸다. 내려온 거리를 구하려고 할 때, 다음 물음에 답하시오.

(1) 올라간 거리를 $x$ km, 내려온 거리를 $y$ km라고 할 때, 다음 표를 완성하고 이를 이용하여 연립방정식을 세우시오.

|  | 올라갈 때 | 내려올 때 | 전체 |
|---|---|---|---|
| 거리 | $x$ km | $y$ km | — |
| 속력 | 시속 3 km | 시속 4 km | — |
| 시간 |  |  |  |

(2) 연립방정식을 푸시오.

(3) 내려온 거리를 구하시오.

## 한 걸음 더 연습 유형 7~8

**1** 합이 37인 두 자연수가 있다. 큰 수는 작은 수의 4배보다 2만큼 크다고 할 때, 다음 물음에 답하시오.

(1) 큰 수를 $x$, 작은 수를 $y$라고 할 때, 연립방정식을 세우시오. _____

(2) 연립방정식을 푸시오. _____

(3) 두 자연수를 구하시오. _____

**2** 가로의 길이가 세로의 길이보다 7 cm 더 긴 직사각형이 있다. 이 직사각형의 둘레의 길이가 42 cm일 때, 다음 물음에 답하시오.

(1) 가로의 길이를 $x$ cm, 세로의 길이를 $y$ cm라고 할 때, 연립방정식을 세우시오.

_____

(2) 연립방정식을 푸시오. _____

(3) 직사각형의 가로의 길이와 세로의 길이를 차례로 구하시오. _____

**3** 다음은 조선 시대 실학자 황윤석이 쓴 "이수신편"에 실려 있는 문제이다. 이 문제를 읽고, 물음에 답하시오.

> 닭과 토끼를 모두 합하면 100마리이고, 그 다리 수를 세어 보니 272개이었다. 닭과 토끼는 각각 몇 마리인가?

(1) 닭의 수를 $x$마리, 토끼의 수를 $y$마리라고 할 때, 연립방정식을 세우시오. _____

(2) 연립방정식을 푸시오. _____

(3) 닭의 수와 토끼의 수를 차례로 구하시오.

**4** 산책로 입구에서 지희가 출발한 지 15분 후에 민아가 같은 방향으로 출발하였다. 지희는 분속 40 m로, 민아는 분속 90 m로 걸었을 때, 두 사람이 다시 만나는 것은 민아가 출발한 지 몇 분 후인지 구하려고 한다. 다음 물음에 답하시오.

(1) 두 사람이 다시 만날 때까지 지희가 걸은 시간을 $x$분, 민아가 걸은 시간을 $y$분이라고 할 때, 다음 표를 완성하고 이를 이용하여 연립방정식을 세우시오.

| | 지희 | 민아 |
|---|---|---|
| 시간 | $x$분 | $y$분 |
| 속력 | 분속 40 m | 분속 90 m |
| 거리 | | |

_____

(2) 연립방정식을 푸시오. _____

(3) 두 사람이 다시 만나는 것은 민아가 출발한 지 몇 분 후인지 구하시오. _____

**5** 둘레의 길이가 2.4 km인 호수의 둘레를 경수와 태호가 같은 지점에서 동시에 출발하여 서로 반대 방향으로 돌면 15분 후에 처음 만나고, 같은 방향으로 돌면 40분 후에 처음 만난다고 한다. 경수가 태호보다 빠르다고 할 때, 다음 물음에 답하시오.

(1) 경수의 속력을 분속 $x$ m, 태호의 속력을 분속 $y$ m라고 할 때, 연립방정식을 세우시오.

_____

(2) 연립방정식을 푸시오. _____

(3) 경수의 속력은 분속 몇 m인지 구하시오.

# 쌍둥이 기출문제

● 정답과 해설 52쪽

형광펜 들고 밑줄 쫙~

**쌍둥이 01**

**1** 어떤 두 자연수의 합은 57이고, 작은 수의 3배에서 큰 수를 빼면 15이다. 이때 두 자연수 중에서 큰 수를 구하시오.

**2** 두 자리의 자연수가 있다. 십의 자리의 숫자는 일의 자리의 숫자의 2배이고, 십의 자리의 숫자와 일의 자리의 숫자를 바꾼 수는 처음 수의 2배보다 30만큼 작다고 한다. 이때 처음 수를 구하시오.

**쌍둥이 02**

**3** 400원짜리 연필과 600원짜리 색연필을 합하여 10자루를 사서 800원짜리 선물 상자에 넣어 포장하였더니 전체 금액이 5400원이었다. 이때 연필은 몇 자루를 샀는가?

① 3자루    ② 4자루    ③ 5자루
④ 6자루    ⑤ 7자루

**4** 과자 5봉지와 아이스크림 4개를 사면 11000원이고, 과자 4봉지와 아이스크림 2개를 사면 7000원이다. 이때 과자 한 봉지와 아이스크림 한 개의 가격을 각각 구하시오.

**쌍둥이 03**

**5** 민이는 객관식 문제는 3점, 주관식 문제는 5점인 영어 시험에서 20개를 맞혀 70점을 받았다. 민이가 맞힌 객관식 문제와 주관식 문제의 개수를 차례로 구하면?

① 5개, 15개    ② 9개, 11개
③ 10개, 10개    ④ 12개, 8개
⑤ 15개, 5개

**6** 정국이의 저금통에는 100원짜리 동전과 500원짜리 동전이 모두 합하여 20개가 들어 있고, 이들을 합한 금액은 5200원이라고 한다. 이때 100원짜리 동전의 개수와 500원짜리 동전의 개수를 각각 구하시오.

## 쌍둥이 기출문제

쌍둥이 04

**7** 현재 아버지와 아들의 나이의 합은 80세이고, 아버지의 나이는 아들의 나이의 3배이다. 현재 아버지의 나이를 구하시오.

**8** 현재 소희와 남동생의 나이의 차는 6세이다. 10년 후에는 소희의 나이가 남동생의 나이의 2배보다 13세가 적어진다고 한다. 현재 소희와 남동생의 나이를 차례로 구하면?

① 13세, 7세  ② 14세, 8세

③ 15세, 9세  ④ 16세, 10세

⑤ 17세, 11세

쌍둥이 05

**9** 세호와 은아가 가위바위보를 하여 이긴 사람은 2계단을 올라가고, 진 사람은 1계단을 내려가기로 하였다. 얼마 후 세호는 처음 위치보다 5계단을, 은아는 14계단을 올라가 있었다. 이때 세호가 이긴 횟수를 구하시오. (단, 비기는 경우는 없다.)

**10** 유미와 태희가 가위바위보를 하여 이긴 사람은 3계단씩 올라가고, 진 사람은 2계단씩 내려가기로 하였다. 얼마 후 유미는 처음 위치보다 18계단을 올라가 있었고, 태희는 처음 위치보다 2계단을 내려가 있었다. 이때 유미가 이긴 횟수를 구하시오.

서술형

(단, 비기는 경우는 없다.)

풀이 과정

답

쌍둥이 06

**11** 집에서 3 km 떨어진 학교까지 가는데 처음에는 시속 3 km로 걸어가다가 도중에 시속 6 km로 뛰어가 40분 만에 도착하였다. 걸어간 거리를 $x$ km, 뛰어간 거리를 $y$ km라고 할 때, $x$, $y$의 값을 각각 구하시오.

**12** 둘레의 길이가 7 km인 호수 공원의 원형 산책로를 따라 시속 8 km로 뛰다가 도중에 시속 2 km로 걸어서 한 바퀴를 도는 데 2시간이 걸렸다. 이때 뛰어간 거리를 구하시오.

## 단원 마무리

• 정답과 해설 54쪽

**1** 다음 중 미지수가 2개인 일차방정식을 모두 고르면? (정답 2개)

① $x+y-1=0$      ② $y=\dfrac{2}{x}+4$      ③ $xy-4x-2y=0$

④ $3x-4y+5=3x-y$      ⑤ $x(x-2)=x^2+2y-1$

▶ 미지수가 2개인
일차방정식

**2** $x$, $y$의 값이 자연수일 때, 일차방정식 $3x+2y=16$의 해의 개수는?

① 1개      ② 2개      ③ 3개      ④ 4개      ⑤ 5개

▶ 미지수가 2개인
일차방정식의 해

**3** 다음 연립방정식 중 $x=-3$, $y=1$이 해가 되는 것을 모두 고르면? (정답 2개)

① $\begin{cases} 2x-y=-7 \\ x+2y=1 \end{cases}$      ② $\begin{cases} 2x+7y=1 \\ 5x+8y=-7 \end{cases}$      ③ $\begin{cases} x-y=-4 \\ x-2y=1 \end{cases}$

④ $\begin{cases} x+y=4 \\ 2x+3y=-3 \end{cases}$      ⑤ $\begin{cases} x-2y=-5 \\ -2x+y=7 \end{cases}$

▶ 미지수가 2개인
연립방정식의 해

**4** 연립방정식 $\begin{cases} 2x-y=a \\ bx+2y=10 \end{cases}$ 의 해가 $x=3$, $y=-1$일 때, 상수 $a$, $b$의 값을 각각 구하면?

① $a=5$, $b=4$      ② $a=5$, $b=-4$      ③ $a=7$, $b=4$

④ $a=-7$, $b=4$      ⑤ $a=7$, $b=-4$

▶ 계수 또는 해가 문자인
연립방정식

**5** 연립방정식 $\begin{cases} y=3x+1 \\ 2x+y=11 \end{cases}$ 의 해가 $x=a$, $y=b$일 때, $a+b$의 값을 구하시오.

▶ 연립방정식의 풀이
- 대입법

**6** 연립방정식 $\begin{cases} -5x-3y=7 & \cdots \ \text{㉠} \\ 2x+4y=7 & \cdots \ \text{㉡} \end{cases}$ 을 가감법을 이용하여 풀 때, $y$를 없애기 위해 필요한 식은?

▶ 연립방정식의 풀이 - 가감법

① ㉠×2+㉡×5　　　　② ㉠×3+㉡×4　　　　③ ㉠×3−㉡×4
④ ㉠×4+㉡×3　　　　⑤ ㉠×4−㉡×3

**7** 연립방정식 $\begin{cases} 5x-2y=17 \\ 3x+y=8 \end{cases}$ 의 해가 일차방정식 $2x-y+k=0$을 만족시킬 때, 상수 $k$의 값은?

▶ 연립방정식의 풀이 - 가감법

① $-9$　　　　　　② $-8$　　　　　　③ $-7$
④ $-6$　　　　　　⑤ $-5$

**8** 연립방정식 $\begin{cases} 2x+y=4 \\ 3x+2y=a \end{cases}$ 를 만족시키는 $x$와 $y$의 값의 합이 1일 때, 상수 $a$의 값을 구하시오.

▶ 연립방정식의 해의 조건이 주어질 때, 상수의 값 구하기

**9** 두 연립방정식 $\begin{cases} 2x+3y=3 \\ ax+y=6 \end{cases}$ , $\begin{cases} bx-2y=3 \\ 2x-y=-9 \end{cases}$ 의 해가 서로 같을 때, 상수 $a$, $b$에 대하여 $a-b$의 값을 구하시오.

▶ 두 연립방정식의 해가 서로 같을 때, 상수의 값 구하기

**10** 연립방정식 $\begin{cases} 0.3(x+2y)=x-2y+4 \\ \dfrac{x}{5}-\dfrac{3}{5}y=-1 \end{cases}$ 을 푸시오.

▶ 여러 가지 연립방정식의 풀이

**11** 방정식 $3x+y-5=4(x-1)-3y=x+2y$을 만족시키는 $x$, $y$에 대하여 $x-y$의 값을 구하시오.

$A=B=C$ 꼴의 방정식의 풀이

**12** 연립방정식 $\begin{cases} 2x-3y=4 \\ x+ay=-2 \end{cases}$의 해가 없을 때, 상수 $a$의 값은?

① $-\dfrac{3}{2}$

② $-\dfrac{2}{3}$

③ $\dfrac{2}{3}$

④ $1$

⑤ $\dfrac{3}{2}$

해가 특수한 연립방정식의 풀이

**13** 중국 당나라 때의 수학책인 "손자산경"에는 다음과 같은 문제가 실려 있다. 이 문제의 답을 구하시오.

> 꿩과 토끼가 바구니에 있다. 위를 보니 머리의 수가 35개, 아래를 보니 다리의 수가 94개이다. 꿩과 토끼는 각각 몇 마리인가?

연립방정식의 활용

서술형

**14** 집에서 서점까지 가는데 처음에는 시속 12 km로 자전거를 타고 가다가 도중에 자전거가 고장 나서 시속 3 km로 자전거를 끌면서 걸었더니 1시간 만에 서점에 도착하였다. 자전거를 타고 간 거리가 걸어서 간 거리의 2배일 때, 집에서 서점까지의 거리는 몇 km인지 구하시오.

풀이 과정

답

연립방정식의 활용 - 거리, 속력, 시간

# 5

# 일차함수와
# 그 그래프

# 1 함수

## 유형 1 함수

개념편 98쪽

두 변수 $x$, $y$에 대하여 $x$의 값이 변함에 따라 $y$의 값이 오직 하나씩 정해지는 대응 관계가 있을 때,
$y$를 $x$의 함수라고 한다.

**예** • 자연수 $x$보다 3만큼 큰 수 $y$

| $x$ | 1 | 2 | 3 | 4 | $\cdots$ |
|---|---|---|---|---|---|
| $y$ | 4 | 5 | 6 | 7 | $\cdots$ |

➡ $x$의 모든 값에 $y$의 값이 하나씩 대응한다.

➡ $y$는 $x$의 함수이다.

• 자연수 $x$보다 작거나 같은 홀수 $y$

| $x$ | 1 | 2 | 3 | 4 | $\cdots$ |
|---|---|---|---|---|---|
| $y$ | 1 | 1 | 1, 3 | 1, 3 | $\cdots$ |

➡ $x$의 값 하나에 $y$의 값이 2개 대응하는 경우가 있다.

➡ $y$는 $x$의 함수가 아니다.

---

**[1~8]** 다음 두 변수 $x$, $y$ 사이의 대응 관계를 나타낸 표를 완성하고, 옳은 것에 ○표를 하시오.

**1** 정비례 관계 $y = -2x$ (단, $x$는 자연수)

| $x$ | 1 | 2 | 3 | 4 | $\cdots$ |
|---|---|---|---|---|---|
| $y$ | | | | | $\cdots$ |

➪ $y$는 $x$의 ( 함수이다, 함수가 아니다 ).

**2** 반비례 관계 $y = \dfrac{6}{x}$ (단, $x$는 자연수)

| $x$ | 1 | 2 | 3 | 4 | $\cdots$ |
|---|---|---|---|---|---|
| $y$ | | | | | $\cdots$ |

➪ $y$는 $x$의 ( 함수이다, 함수가 아니다 ).

**3** 자연수 $x$의 약수 $y$

| $x$ | 1 | 2 | 3 | 4 | $\cdots$ |
|---|---|---|---|---|---|
| $y$ | | | | | $\cdots$ |

➪ $y$는 $x$의 ( 함수이다, 함수가 아니다 ).

**4** 한 변의 길이가 $x$ cm인 정사각형의 둘레의 길이 $y$ cm

| $x$ | 1 | 2 | 3 | 4 | $\cdots$ |
|---|---|---|---|---|---|
| $y$ | | | | | $\cdots$ |

➪ $y$는 $x$의 ( 함수이다, 함수가 아니다 ).

**5** 50 m 달리기를 할 때, 달린 거리 $x$ m와 남은 거리 $y$ m

| $x$ | 1 | 2 | 3 | $\cdots$ | 50 |
|---|---|---|---|---|---|
| $y$ | | | | $\cdots$ | |

➪ $y$는 $x$의 ( 함수이다, 함수가 아니다 ).

**6** 자연수 $x$보다 1만큼 작은 자연수 $y$

| $x$ | 1 | 2 | 3 | 4 | $\cdots$ |
|---|---|---|---|---|---|
| $y$ | | | | | $\cdots$ |

➪ $y$는 $x$의 ( 함수이다, 함수가 아니다 ).

**7** 절댓값이 $x$인 정수 $y$

| $x$ | 0 | 1 | 2 | 3 | $\cdots$ |
|---|---|---|---|---|---|
| $y$ | | | | | $\cdots$ |

➪ $y$는 $x$의 ( 함수이다, 함수가 아니다 ).

**8** 60 L짜리 물통에 매분 $x$ L씩 일정하게 물을 채울 때, 물을 가득 채울 때까지 걸리는 시간 $y$분

| $x$ | 1 | 2 | 3 | $\cdots$ | 60 |
|---|---|---|---|---|---|
| $y$ | | | | $\cdots$ | |

➪ $y$는 $x$의 ( 함수이다, 함수가 아니다 ).

## 유형 2  함숫값

(1) $y$가 $x$의 함수일 때, 기호로 $y=f(x)$와 같이 나타낸다.

(2) 함수 $y=f(x)$에서 $x$의 값에 대응하는 $y$의 값을 $x$에 대한 **함숫값**이라 하고, 기호로 $f(x)$와 같이 나타낸다.

예 함수 $f(x)=2x$에서 $\underset{\substack{\uparrow \\ x=4일\ 때의\ 함숫값}}{f(4)=2\times 4=8}$

함수 $y=f(x)$에서
$f(a)$의 값 ➡ $x=a$일 때의 함숫값
　　　　➡ $x=a$에 대응하는 $y$의 값
　　　　➡ $f(x)$에 $x$ 대신 $a$를 대입하여 얻은 값

---

**1** 함수 $f(x)=8x$에 대하여 다음을 구하시오.

(1) $x=3$에 대응하는 $y$의 값 　＿＿＿＿＿

(2) $x=2$일 때의 함숫값 　＿＿＿＿＿

(3) $f(-4)$의 값 　＿＿＿＿＿

**2** 함수 $f(x)=\dfrac{1}{2}x$에 대하여 다음을 구하시오.

(1) $f(-1)$의 값 　＿＿＿＿＿

(2) $f(6)$의 값 　＿＿＿＿＿

(3) $f\left(\dfrac{4}{3}\right)$의 값 　＿＿＿＿＿

**3** 함수 $f(x)=-\dfrac{4}{x}$에 대하여 다음을 구하시오.

(1) $f(1)$의 값 　＿＿＿＿＿

(2) $f(-2)$의 값 　＿＿＿＿＿

(3) $f(8)$의 값 　＿＿＿＿＿

**4** 두 함수 $f(x)=-\dfrac{2}{3}x$와 $g(x)=\dfrac{12}{x}$에 대하여 다음을 구하시오.

(1) $f(-3)+g(3)$의 값 　＿＿＿＿＿

(2) $f(6)-g(-4)$의 값 　＿＿＿＿＿

**5** 함수 $f(x)=$(자연수 $x$를 3으로 나눈 나머지)에 대하여 다음을 구하시오.

(1) $f(4)$의 값 　＿＿＿＿＿

(2) $f(18)$의 값 　＿＿＿＿＿

(3) $f(50)$의 값 　＿＿＿＿＿

**6** 함수 $y=f(x)$에 대하여 다음 조건을 만족시키는 상수 $a$의 값을 구하시오.

(1) $f(x)=6x$일 때, $f(a)=18$ 　＿＿＿＿＿

(2) $f(x)=-2x$일 때, $f(a)=4$ 　＿＿＿＿＿

(3) $f(x)=\dfrac{3}{x}$일 때, $f(a)=\dfrac{1}{4}$ 　＿＿＿＿＿

# 쌍둥이 기출문제

● 정답과 해설 57쪽

형광펜 들고 밑줄 쫙~

**쌍둥이 01**

**1** 다음 중 $y$가 $x$의 함수가 <u>아닌</u> 것은?

① 자연수 $x$의 약수의 개수 $y$개
② 자연수 $x$의 3배보다 1만큼 큰 수 $y$
③ 자연수 $x$의 배수 $y$
④ 한 권에 500원인 공책 $x$권의 가격 $y$원
⑤ 넓이가 30 cm²인 직사각형의 가로의 길이 $x$ cm와 세로의 길이 $y$ cm

**2** 다음 중 $y$가 $x$의 함수인 것은?

① 자연수 $x$와 서로소인 수 $y$
② 자연수 $x$보다 작은 자연수 $y$
③ 어떤 수 $x$에 가장 가까운 정수 $y$
④ 합이 8인 두 정수 $x$와 $y$
⑤ 자연수 $x$와 12의 공약수 $y$

**쌍둥이 02**

**3** 함수 $f(x)=-2x$에 대하여 $f(0)+f(1)$의 값은?

① $-2$    ② $-1$    ③ 0
④ 1    ⑤ 2

**4** 함수 $f(x)=\dfrac{6}{x}$에 대하여 $f(-2)+f(3)$의 값을 구하시오.

**쌍둥이 03**

**5** 함수 $f(x)=ax$에 대하여 $f(2)=3$일 때, $f(6)$의 값을 구하시오. (단, $a$는 상수)

**6** 함수 $f(x)=\dfrac{a}{x}$에 대하여 $f(4)=-2$일 때, $f(-8)$의 값을 구하시오. (단, $a$는 상수)

서술형

풀이 과정

답

# 2 일차함수와 그 그래프

5. 일차함수와 그 그래프

**유형 3** 일차함수

함수 $y=f(x)$에서 $y$가 $x$에 대한 일차식
$$y=ax+b \ (a, b는 \ 상수, \ a\neq0)$$
로 나타날 때, 이 함수를 $x$에 대한 **일차함수**라고 한다.

예 $y=-3x$, $y=\dfrac{1}{2}x+1$, $y=x-4$ ➡ 일차함수이다.

$y=5$, $y=3x^2+1$, $y=\dfrac{3}{x}$ ➡ 일차함수가 아니다.

---

**1** 다음 중 $x$에 대한 일차함수인 것은 ○표, 일차함수가 <u>아닌</u> 것은 ×표를 ( ) 안에 쓰시오.

(1) $y=2x$ ( )

(2) $y=x^2-1$ ( )

(3) $y=3$ ( )

(4) $y=-x+5$ ( )

(5) $x+1=4$ ( )

(6) $y=-\dfrac{1}{x}$ ( )

(7) $y=-2x^2+2(4x+x^2)$ ( )

(8) $y=x(x+2)$ ( )

(9) $\dfrac{x}{3}+\dfrac{y}{6}=1$ ( )

---

**2** 다음에서 $y$를 $x$에 대한 식으로 나타내고, 그 식이 일차함수인 것은 ○표, 일차함수가 <u>아닌</u> 것은 ×표를 ( ) 안에 쓰시오.

(1) 올해 16세인 소희의 $x$년 후의 나이 $y$세

_____ ( )

(2) 한 변의 길이가 $x$ cm인 정사각형의 넓이 $y$ cm²

_____ ( )

(3) 한 변의 길이가 $x$ cm인 정삼각형의 둘레의 길이 $y$ cm

_____ ( )

(4) 시속 $x$ km인 자동차가 400 km를 달리는 데 걸린 시간 $y$시간

_____ ( )

(5) 한 개에 400원인 물건을 $x$개 사고 5000원을 냈을 때, 거스름돈 $y$원

_____ ( )

(6) 300 L의 물이 들어 있는 물통에서 1분에 3 L씩 물이 빠져나갈 때, $x$분 후에 남아 있는 물의 양 $y$ L

_____ ( )

---

**3** 일차함수 $y=f(x)$에 대하여 $f(x)=2x-3$일 때, 다음을 구하시오.

(1) $f(0)$의 값 _____

(2) $f(-2)$의 값 _____

(3) $f(3)$의 값 _____

(4) $f(1)-f(-1)$의 값 _____

(5) $f(2)+f(-3)$의 값 _____

(6) $f\left(\dfrac{1}{2}\right)+f\left(-\dfrac{1}{2}\right)$의 값 _____

## 유형 **4**  일차함수 $y=ax+b$의 그래프

개념편 102쪽

(1) **평행이동**: 한 도형을 일정한 방향으로 일정한 거리만큼 옮기는 것
(2) **일차함수 $y=ax+b$의 그래프**
  일차함수 $y=ax$의 그래프를 $y$축의 방향으로 $b$만큼 평행이동한 직선

예 $y=\dfrac{1}{2}x$ $\xrightarrow[-3만큼\ 평행이동]{y축의\ 방향으로}$ $y=\dfrac{1}{2}x-3$

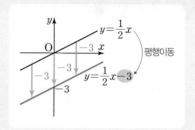

---

**1** 다음 그림에서 직선 ⑴∼⑷는 일차함수 $y=2x$의 그래프를 $y$축의 방향으로 얼마만큼 평행이동한 것인지 구하시오.

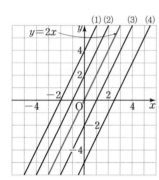

(1) _____

(2) _____

(3) _____

(4) _____

**2** 다음 일차함수의 그래프를 $y$축의 방향으로 [  ] 안의 수만큼 평행이동한 그래프가 나타내는 일차함수의 식을 구하시오.

(1) $y=-\dfrac{2}{3}x$   [ 6 ]   _____

(2) $y=-x+1$   [ −3 ]   _____

(3) $y=5x-4$   [ 2 ]   _____

---

일차함수의 식에 주어진 점의 좌표를 대입하면 등식이 성립해!

**3** 다음 중 일차함수 $y=3x-4$의 그래프 위의 점인 것은 ○표, 아닌 것은 ×표를 (  ) 안에 쓰시오.

(1) $(2, 3)$                     (    )

(2) $(-5, -19)$              (    )

(3) $(4, 16)$                   (    )

(4) $\left(-\dfrac{2}{3}, -6\right)$              (    )

**4** 다음 일차함수의 그래프가 오른쪽에 주어진 점을 지날 때, 상수 $a$의 값을 구하시오.

(1) $y=5x+2$     $(a, 17)$     _____

(2) $y=-7x+1$     $(a, 29)$     _____

(3) $y=ax-3$     $(2, 5)$     _____

(4) $y=-\dfrac{1}{4}x+a$     $(8, -3)$     _____

## 유형 **5** 일차함수의 그래프의 $x$절편, $y$절편

개념편 104~105 쪽

(1) $x$**절편**: 함수의 그래프가 $x$축과 만나는 점의 $x$좌표
　　➡ $y=0$일 때, $x$의 값
(2) $y$**절편**: 함수의 그래프가 $y$축과 만나는 점의 $y$좌표
　　➡ $x=0$일 때, $y$의 값

참고 일차함수 $y=ax+b$의 그래프에서 $x$절편: $-\dfrac{b}{a}$, $y$절편: $b$

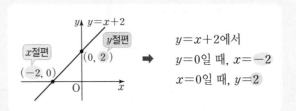

$y=x+2$에서
$y=0$일 때, $x=-2$
$x=0$일 때, $y=2$

---

**1** 주어진 그래프 위에 $x$절편과 $y$절편을 나타내는 점을 찍어 표시하고, 다음을 구하시오.

(1) 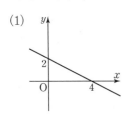　　(2)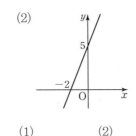

　　　　　　　　　　　　　　(1)　　　　(2)

$x$축과 만나는 점의 좌표: _____　_____

　　　　　　　$x$절편: _____　_____

$y$축과 만나는 점의 좌표: _____　_____

　　　　　　　$y$절편: _____　_____

**2** 다음 일차함수의 그래프에서 $x$절편과 $y$절편을 각각 구하시오.

(1) $y=3x-6$

> $y=0$일 때, $0=3x-6$　∴ $x=$_____
> $x=0$일 때, $y=3\times0-6$　∴ $y=$_____
> 따라서 $x$절편은 _____, $y$절편은 _____이다.

(2) $y=-2x+8$　　$x$절편: _____, $y$절편: _____

(3) $y=7x-3$　　$x$절편: _____, $y$절편: _____

(4) $y=-\dfrac{2}{3}x+4$　　$x$절편: _____, $y$절편: _____

**3** 다음 일차함수의 그래프의 $y$절편이 [ ] 안의 수와 같을 때, 상수 $a$의 값을 구하시오.

(1) $y=6x+a$　　[ $-3$ ]　　_____

(2) $y=-x+3-a$　　[ $2$ ]　　_____

(3) $y=\dfrac{1}{5}x-4a$　　[ $6$ ]　　_____

**4** 다음 일차함수의 그래프의 $x$절편이 [ ] 안의 수와 같을 때, 상수 $a$의 값을 구하시오.

(1) $y=x+a$　　[ $4$ ]　　_____

(2) $y=\dfrac{3}{2}x+a+1$　　[ $-2$ ]　　_____

(3) $y=ax-3$　　[ $5$ ]　　_____

**5** 일차함수 $y=-\dfrac{2}{3}x+2$의 그래프를 그리려고 한다. 다음 □ 안에 알맞은 수를 쓰고, 그래프를 주어진 좌표평면 위에 그리시오.

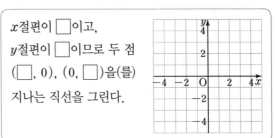

$x$절편이 □이고,
$y$절편이 □이므로 두 점
$(□,\ 0)$, $(0,\ □)$을(를)
지나는 직선을 그린다.

## 유형 **6** 일차함수의 그래프의 기울기

일차함수 $y=ax+b$의 그래프에서

$$(기울기)=\frac{(y의\ 값의\ 증가량)}{(x의\ 값의\ 증가량)}=a$$

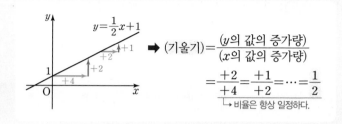

➡ $(기울기)=\dfrac{(y의\ 값의\ 증가량)}{(x의\ 값의\ 증가량)}$

$$=\frac{+2}{+4}=\frac{+1}{+2}=\cdots=\frac{1}{2}$$

└→ 비율은 항상 일정하다.

---

**1** 다음 □ 안에 알맞은 수를 쓰시오.

(1) 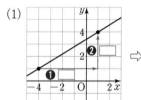 ⇨ (기울기)=$\dfrac{\Box}{\Box}$

(2) 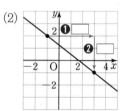 ⇨ (기울기)=$\dfrac{\Box}{\Box}=\Box$

(3) 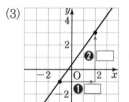 ⇨ (기울기)=$\dfrac{\Box}{\Box}$

(4) 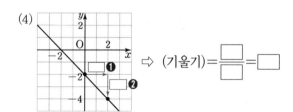 ⇨ (기울기)=$\dfrac{\Box}{\Box}=\Box$

**2** 다음 일차함수의 그래프의 기울기를 구하시오.

(1) $y=x-2$ ____

(2) $y=-3x+4$ ____

(3) $y=\dfrac{4}{5}x-1$ ____

---

(4) $x$의 값이 5만큼 증가할 때, $y$의 값이 10만큼 증가하는 그래프 ____

(5) $x$의 값이 8만큼 증가할 때, $y$의 값이 2만큼 감소하는 그래프 ____

(6) $x$의 값이 $-3$에서 1까지 증가할 때, $y$의 값이 4만큼 증가하는 그래프 ____

**3** 다음 일차함수의 그래프에서 $x$의 값의 증가량이 2일 때, $y$의 값의 증가량을 구하시오.

(1) $y=-x+2$ ____

(2) $y=3x-5$ ____

(3) $y=\dfrac{1}{2}x+4$ ____

> 서로 다른 두 점 $(x_1,\ y_1)$, $(x_2,\ y_2)$를 지나는 일차함수의 그래프의 기울기는 $\dfrac{y_2-y_1}{x_2-x_1}$ 또는 $\dfrac{y_1-y_2}{x_1-x_2}$로 구하자.

**4** 다음 두 점을 지나는 일차함수의 그래프의 기울기를 구하시오.

(1) $(1,\ 2)$, $(3,\ 4)$ ____

(2) $(-4,\ 3)$, $(0,\ 5)$ ____

(3) $(3,\ 6)$, $(7,\ -4)$ ____

## 한 번 더 연습    유형 5~6

**1** $x$절편과 $y$절편을 이용하여 다음 일차함수의 그래프를 그리려고 한다. ☐ 안에 알맞은 수를 쓰고, 그래프를 주어진 좌표평면 위에 그리시오.

(1) $y=-\dfrac{5}{2}x+5$

$x$절편은 ☐, $y$절편은 ☐이다.

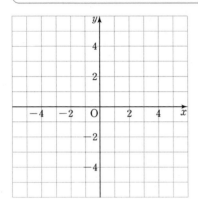

(2) $y=\dfrac{4}{3}x+4$

$x$절편은 ☐, $y$절편은 ☐이다.

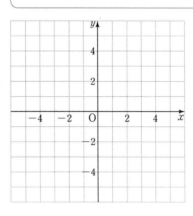

**2** 기울기와 $y$절편을 이용하여 다음 일차함수의 그래프를 그리려고 한다. ☐ 안에 알맞은 수를 쓰고, 그래프를 주어진 좌표평면 위에 그리시오.

(1) $y=x+3$

$y$절편은 ☐이고,

$(기울기)=\dfrac{(y의 \ 값의 \ 증가량)}{(x의 \ 값의 \ 증가량)}=\dfrac{☐}{1}$

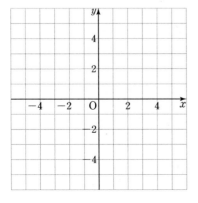

(2) $y=-\dfrac{2}{5}x+4$

$y$절편은 ☐이고,

$(기울기)=\dfrac{(y의 \ 값의 \ 증가량)}{(x의 \ 값의 \ 증가량)}=\dfrac{☐}{5}$

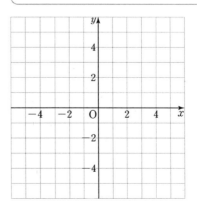

# 쌍둥이 기출문제

형광펜 들고 밑줄 좍~

**쌍둥이 01**

**1** 다음 중 $x$에 대한 일차함수인 것은?

① $y=-6$  ② $y=-2x+3$

③ $y=3x^2$  ④ $x+y=x-1$

⑤ $y=\dfrac{2}{x}-1$

**2** 다음 중 $x$에 대한 일차함수를 모두 고르면?

(정답 2개)

① $y=x-(x+5)$  ② $y=x^2-(3x+x^2)$

③ $y=\dfrac{x+7}{3}$  ④ $xy=-6$

⑤ $y=x(2-x)$

**쌍둥이 02**

**3** 다음 중 $y$가 $x$의 일차함수인 것을 모두 고르면?

(정답 2개)

① 반지름의 길이가 $2x$ cm인 원의 넓이 $y$ cm²

② 온도가 10 ℃인 어떤 물체의 온도가 1분에 2 ℃씩 올라갈 때, $x$분 후의 물체의 온도 $y$ ℃

③ 무게가 300 g인 케이크를 $x$조각으로 똑같이 나눌 때, 한 조각의 무게 $y$ g

④ 가로의 길이가 10 cm, 세로의 길이가 $x$ cm인 직사각형의 넓이 $y$ cm²

⑤ 시속 $x$ km인 자동차가 200 km를 달리는 데 걸린 시간 $y$시간

**4** 다음 보기 중 $y$가 $x$의 일차함수인 것을 모두 고르시오.

| 보기 |

ㄱ. 정수 $x$보다 2만큼 작은 정수 $y$

ㄴ. 한 개당 1200원인 과자 $x$개의 전체 가격 $y$원

ㄷ. 넓이가 16 cm²인 삼각형의 밑변의 길이 $x$ cm와 높이 $y$ cm

ㄹ. 200쪽인 소설책을 하루에 15쪽씩 읽을 때, $x$일 동안 읽고 남은 쪽수 $y$쪽

**쌍둥이 03**

**5** 일차함수 $f(x)=-4x+6$에 대하여 $f(2)$의 값을 구하시오.

**6** 일차함수 $f(x)=\dfrac{1}{3}x-2$에 대하여 $f(-3)+f(9)$의 값은?

① $-6$  ② $-4$  ③ $-2$

④ $2$  ⑤ $4$

**쌍둥이 04**

**7** 일차함수 $f(x)=2x+7$에 대하여 $f(2)=a$, $f(b)=3$일 때, $a-b$의 값을 구하시오.

**8** 일차함수 $f(x)=ax-3$에 대하여 $f(-2)=7$일 때, $f(-1)$의 값은? (단, $a$는 상수)

① $-2$      ② $1$      ③ $2$
④ $4$      ⑤ $5$

**쌍둥이 05**

**9** 다음 일차함수의 그래프 중 일차함수 $y=2x+10$의 그래프를 $y$축의 방향으로 $-5$만큼 평행이동한 것은?

① $y=-3x+10$      ② $y=-5(2x+10)$
③ $y=2x-5$      ④ $y=2x-2$
⑤ $y=2x+5$

**10** 일차함수 $y=5x-2$의 그래프를 $y$축의 방향으로 9만큼 평행이동하면 일차함수 $y=ax+b$의 그래프가 된다. 이때 상수 $a$, $b$의 값을 각각 구하시오.

**쌍둥이 06**

**11** 일차함수 $y=3x$의 그래프를 $y$축의 방향으로 $-5$만큼 평행이동한 그래프가 점 $(a, -4)$를 지날 때, $a$의 값은?

① $\dfrac{1}{3}$      ② $\dfrac{3}{4}$      ③ $1$
④ $\dfrac{5}{3}$      ⑤ $2$

**12** 서술형 일차함수 $y=x-3$의 그래프를 $y$축의 방향으로 $b$만큼 평행이동한 그래프가 점 $(2, -5)$를 지난다. 이때 $b$의 값을 구하시오.

풀이 과정

답

**쌍둥이 07**

**13** 일차함수 $y=-3x+6$의 그래프의 $x$절편을 $a$, $y$절편을 $b$라고 할 때, $a+b$의 값을 구하시오.

**14** 일차함수 $y=\dfrac{1}{3}x-1$의 그래프를 $y$축의 방향으로 3만큼 평행이동한 그래프의 $x$절편과 $y$절편의 합을 구하시오.

**15** 일차함수 $y=ax-1$의 그래프의 $x$절편이 $-1$일 때, 상수 $a$의 값을 구하시오.

**16** 일차함수 $y=2x-a+1$의 그래프의 $y$절편이 $4$일 때, 상수 $a$의 값과 $x$절편을 차례로 구하시오.

**17** 오른쪽 그림과 같은 일차함수의 그래프의 기울기, $x$절편, $y$절편을 차례로 구하시오.

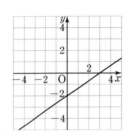

**18** 오른쪽 그림과 같은 일차함수의 그래프의 기울기를 $a$, $x$절편을 $b$, $y$절편을 $c$라고 할 때, $a-b-c$의 값을 구하시오.

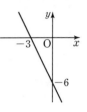

**19** 다음 일차함수의 그래프 중 $x$의 값이 2만큼 증가할 때, $y$의 값이 4만큼 감소하는 것은?

① $y=-4x+2$      ② $y=-2x+7$

③ $y=-\dfrac{1}{2}x+5$      ④ $y=2x-4$

⑤ $y=4x-2$

**20** 일차함수 $y=ax-4$의 그래프에서 $x$의 값이 $-1$에서 5까지 증가할 때, $y$의 값은 2만큼 증가한다고 한다. 이때 상수 $a$의 값을 구하시오.

**21** 세 점 $(4, 12)$, $(-2, k)$, $(3, 15)$가 한 직선 위에 있을 때, $k$의 값을 구하려고 한다. 다음을 구하시오.

(1) 직선의 기울기      (2) $k$의 값

(1)

(2)

답 (1)        (2)

**22** 오른쪽 그림과 같이 세 점이 한 직선 위에 있을 때, $k$의 값을 구하시오.

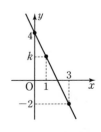

**23** 다음 중 일차함수 $y=\dfrac{1}{4}x-1$의 그래프는?

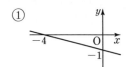 ① 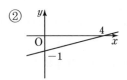 ②

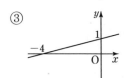 ③ 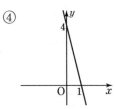 ④

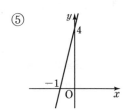 ⑤

**24** 다음 중 일차함수 $y=5x+10$의 그래프는?

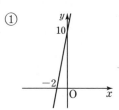 ① 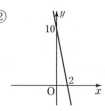 ②

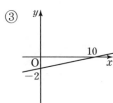 ③ 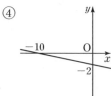 ④

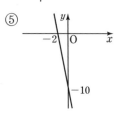 ⑤

**25** 일차함수 $y=x+4$의 그래프와 $x$축, $y$축으로 둘러싸인 도형의 넓이를 구하려고 한다. 다음 물음에 답하시오.

(1) 일차함수 $y=x+4$의 그래프를 다음 좌표평면 위에 그리시오.

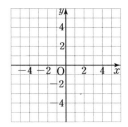

(2) (1)의 그래프와 $x$축, $y$축으로 둘러싸인 도형의 넓이를 구하시오.

**26** 일차함수 $y=-5x+20$의 그래프와 $x$축, $y$축으로 둘러싸인 도형의 넓이를 구하시오.

## 5. 일차함수와 그 그래프

# 3 일차함수의 그래프의 성질과 식

개념편 111쪽

**유형 7** 일차함수 $y=ax+b$의 그래프의 성질

| $a$의 부호 ← 그래프의 모양 결정 | $b$의 부호 ← 그래프가 $y$축과 만나는 부분 결정 |
|---|---|
| $a>0$ ➡ $x$의 값이 증가할 때, $y$의 값도 증가한다.<br>　　➡ 오른쪽 위로 향하는 직선(／)<br>$a<0$ ➡ $x$의 값이 증가할 때, $y$의 값은 감소한다.<br>　　➡ 오른쪽 아래로 향하는 직선(＼) | $b>0$ ➡ $y$축과 양의 부분에서 만난다.<br>　　➡ $y$절편이 양수<br>$b<0$ ➡ $y$축과 음의 부분에서 만난다.<br>　　➡ $y$절편이 음수 |

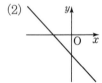
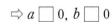

---

**1** 다음을 만족시키는 일차함수의 그래프를 보기에서 모두 고르시오.

┌─ 보기 ┐
ㄱ. $y=2x$　　　　ㄴ. $y=-3x+2$

ㄷ. $y=\dfrac{1}{4}x+3$　　ㄹ. $y=-x-\dfrac{1}{2}$

ㅁ. $y=-5x-4$　　ㅂ. $y=x+4$
└─────────┘

(1) $x$의 값이 증가할 때, $y$의 값도 증가하는 직선

_____

(2) $x$의 값이 증가할 때, $y$의 값은 감소하는 직선

_____

(3) 오른쪽 위로 향하는 직선　_____

(4) 오른쪽 아래로 향하는 직선　_____

(5) $y$축과 양의 부분에서 만나는 직선

_____

(6) $y$축과 음의 부분에서 만나는 직선

_____

---

**2** 일차함수 $y=ax+b$의 그래프가 다음과 같을 때, ☐ 안에 <, > 중 알맞은 것을 쓰시오. (단, $a$, $b$는 상수)

(1)<br>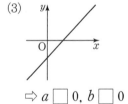<br>⇨ $a$ ☐ $0$, $b$ ☐ $0$

(2)<br>⇨ $a$ ☐ $0$, $b$ ☐ $0$

(3)<br>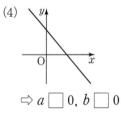<br>⇨ $a$ ☐ $0$, $b$ ☐ $0$

(4)<br>⇨ $a$ ☐ $0$, $b$ ☐ $0$

┌────────────────────────────────┐
$a<0$일 때는 $a$의 값이 작을수록 그래프가 $y$축에 가까워져!
└────────────────────────────────┘

**3** 오른쪽 그림의 ㉠~㉣은 일차함수 $y=ax+1$의 그래프이다. 이 중 다음을 만족시키는 그래프를 모두 고르시오. (단, $a$는 상수)

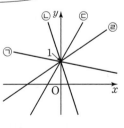

(1) $a>0$　_____　(2) $a<0$　_____

(3) 기울기가 가장 큰 그래프　_____

(4) 기울기가 가장 작은 그래프　_____

## 유형 8 일차함수의 그래프의 평행, 일치

기울기가 같은 두 일차함수의 그래프는 서로 평행하거나 일치한다. 이때 두 일차함수의 그래프가

(1) 기울기는 같고 $y$절편은 다르면 ➡ 서로 평행하다.

(2) 기울기가 같고 $y$절편도 같으면 ➡ 일치한다.

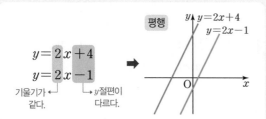

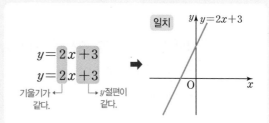

---

**1** 다음 보기의 일차함수의 그래프에 대하여 물음에 답하시오.

┌ 보기 ┐

ㄱ. $y=2x$  ㄴ. $y=-\dfrac{1}{2}x+2$

ㄷ. $y=0.5x-4$  ㄹ. $y=\dfrac{1}{2}x-4$

ㅁ. $y=-\dfrac{1}{2}(x-4)$  ㅂ. $y=2(2x-1)$

ㅅ. $y=2x+4$  ㅇ. $y=4x+2$

(1) 그래프가 서로 평행한 것을 모두 찾으시오.

_____

(2) 그래프가 일치하는 것을 모두 찾으시오.

_____

(3) 오른쪽 일차함수의 그래프와 평행한 것을 모두 고르시오.

_____

(4) 오른쪽 일차함수의 그래프와 일치하는 것을 모두 고르시오.

_____

**2** 다음 두 일차함수의 그래프가 서로 평행할 때, 상수 $a$의 값을 구하시오.

(1) $y=-2x+1$, $y=ax-3$　　_____

(2) $y=ax+5$, $y=\dfrac{2}{3}x-2$　　_____

(3) $y=6x-5$, $y=2ax+4$　　_____

(4) $y=\dfrac{a}{2}x+2$, $y=\dfrac{5}{4}x-1$　　_____

**3** 다음 두 일차함수의 그래프가 일치할 때, 상수 $a$, $b$의 값을 각각 구하시오.

(1) $y=ax+b$, $y=2x-5$

➪ $a=$_____, $b=$_____

(2) $y=ax+1$, $y=-\dfrac{2}{3}x+b$

➪ $a=$_____, $b=$_____

(3) $y=2ax+7$, $y=4x+b$

➪ $a=$_____, $b=$_____

(4) $y=3x+a$, $y=\dfrac{b}{2}x-1$

➪ $a=$_____, $b=$_____

**유형 9** 일차함수의 식 구하기 (1) - 기울기와 $y$절편을 알 때   개념편 114쪽

기울기가 $a$이고, $y$절편이 $b$인 직선을 그래프로 하는 일차함수의 식은 $y=ax+b$이다.
기울기 $y$절편

**1** 기울기와 $y$절편이 다음과 같은 직선을 그래프로 하는 일차함수의 식을 구하시오.

(1) 기울기: 1, $y$절편: 6  _____

(2) 기울기: 4, $y$절편: $-3$  _____

(3) 기울기: $-3$, $y$절편: 5  _____

(4) 기울기: $-2$, $y$절편: $-4$  _____

(5) 기울기: $\dfrac{3}{5}$, $y$절편: $-\dfrac{1}{2}$  _____

**[2~4]** 다음과 같은 직선을 그래프로 하는 일차함수의 식을 구하시오.

**2** (1) 기울기가 5이고, 점 $(0, -1)$을 지나는 직선

_____

(2) 기울기가 $-1$이고, 점 $(0, 4)$를 지나는 직선

_____

(3) 기울기가 2이고, 일차함수 $y=-5x+3$의 그래프와 $y$축 위에서 만나는 직선

_____

(4) 기울기가 $-\dfrac{1}{2}$이고, 일차함수 $y=-\dfrac{2}{3}x-2$의 그래프와 $y$축 위에서 만나는 직선

_____

**3** (1) 일차함수 $y=-x+2$의 그래프와 평행하고, $y$절편이 $-3$인 직선  _____

(2) 일차함수 $y=\dfrac{2}{3}x-4$의 그래프와 평행하고, $y$절편이 1인 직선  _____

(3) 일차함수 $y=5x-1$의 그래프와 평행하고, 점 $\left(0, -\dfrac{1}{2}\right)$을 지나는 직선  _____

(4) 일차함수 $y=-\dfrac{3}{4}x+6$의 그래프와 평행하고, 일차함수 $y=x+\dfrac{2}{5}$의 그래프와 $y$축 위에서 만나는 직선  _____

**4** (1) $x$의 값이 2만큼 증가할 때 $y$의 값은 4만큼 증가하고, $y$절편이 5인 직선  _____

(2) $x$의 값이 3만큼 증가할 때 $y$의 값은 9만큼 감소하고, $y$절편이 $-2$인 직선  _____

(3) $x$의 값이 2만큼 증가할 때 $y$의 값은 5만큼 증가하고, 점 $(0, -3)$을 지나는 직선  _____

(4) $x$의 값이 5만큼 증가할 때 $y$의 값은 3만큼 감소하고, 점 $(0, 2)$를 지나는 직선  _____

## 유형 **10** 일차함수의 식 구하기 (2) – 기울기와 한 점의 좌표를 알 때

기울기가 $a$이고, 점 $(x_1, y_1)$을 지나는 직선을 그래프로 하는 일차함수의 식은 다음 순서로 구한다.

❶ 일차함수의 식을 $y=ax+b$로 놓는다.

❷ $y=ax+b$에 $x=x_1$, $y=y_1$을 대입하여 $b$의 값을 구한다.

**1** 다음은 기울기가 2이고 점 $(-1, 3)$을 지나는 직선을 그래프로 하는 일차함수의 식을 구하는 과정이다. □ 안에 알맞은 것을 쓰시오.

> ❶ 기울기가 2이므로 $y=\boxed{\phantom{x}}x+b$로 놓자.
>
> ❷ 점 $(-1, 3)$을 지나므로
> $y=\boxed{\phantom{x}}x+b$에 $x=\boxed{\phantom{x}}$, $y=\boxed{\phantom{x}}$을(를)
> 대입하면 $b=\boxed{\phantom{x}}$
> 따라서 구하는 일차함수의 식은
> $y=\boxed{\phantom{xxx}}$이다.

**2** 기울기와 지나는 한 점의 좌표가 다음과 같은 직선을 그래프로 하는 일차함수의 식을 구하시오.

(1) 기울기: 1, 점 $(2, 3)$ _____

(2) 기울기: $-3$, 점 $(1, 2)$ _____

(3) 기울기: 4, 점 $(-1, -5)$ _____

(4) 기울기: $\dfrac{2}{3}$, 점 $(3, 4)$ _____

(5) 기울기: $-\dfrac{1}{2}$, 점 $\left(-2, \dfrac{3}{2}\right)$ _____

**[3~5]** 다음과 같은 직선을 그래프로 하는 일차함수의 식을 구하시오.

**3** (1) 기울기가 5이고, $x=-1$일 때 $y=2$인 직선

_____

(2) 기울기가 $-2$이고, $x=2$일 때 $y=-3$인 직선

_____

**4** (1) 일차함수 $y=-2x+3$의 그래프와 평행하고, 점 $(-1, -4)$를 지나는 직선 _____

(2) 일차함수 $y=\dfrac{1}{3}x-2$의 그래프와 평행하고, 점 $(3, 5)$를 지나는 직선 _____

(3) 일차함수 $y=\dfrac{1}{2}x-3$의 그래프와 평행하고, $x$절편이 4인 직선 _____

**5** (1) $x$의 값이 2만큼 증가할 때 $y$의 값은 3만큼 증가하고, 점 $(2, 2)$를 지나는 직선

_____

(2) $x$의 값이 3만큼 증가할 때 $y$의 값은 6만큼 감소하고, 점 $(2, -1)$을 지나는 직선

_____

(3) $x$의 값이 5만큼 증가할 때 $y$의 값은 2만큼 감소하고, 점 $(5, 6)$을 지나는 직선

_____

**유형 11** 일차함수의 식 구하기 (3) – 서로 다른 두 점의 좌표를 알 때 | **개념편 116쪽**

서로 다른 두 점 $(x_1, y_1)$, $(x_2, y_2)$를 지나는 직선을 그래프로 하는 일차함수의 식은 다음 순서로 구한다.

❶ 기울기 $a$를 구한다. ➡ $a = \dfrac{y_2 - y_1}{x_2 - x_1} = \dfrac{y_1 - y_2}{x_1 - x_2}$

❷ 일차함수의 식을 $y = ax + b$로 놓는다.

❸ $y = ax + b$에 한 점의 좌표를 대입하여 $b$의 값을 구한다.

**1** 다음은 두 점 $(2, 1)$, $(-1, -8)$을 지나는 직선을 그래프로 하는 일차함수의 식을 구하는 과정이다. ☐ 안에 알맞은 것을 쓰시오.

> ❶ 두 점 $(2, 1)$, $(-1, -8)$을 지나므로
> $$(기울기) = \frac{\boxed{\phantom{x}} - \boxed{\phantom{x}}}{-1 - 2} = \boxed{\phantom{x}}$$
> ❷ $y = \boxed{\phantom{x}}\, x + b$로 놓자.
> ❸ 이 식에 $x = 2$, $y = \boxed{\phantom{x}}$을(를) 대입하면
> $b = \boxed{\phantom{x}}$이므로 구하는 일차함수의 식은
> $y = \boxed{\phantom{x}}$이다.

**2** 다음 두 점을 지나는 직선을 그래프로 하는 일차함수의 기울기와 그 식을 각각 구하시오.

(1) $(-2, 0)$, $(1, 3)$

⇨ 기울기: _____, 일차함수의 식: _____

(2) $(-4, -2)$, $(4, 2)$

⇨ 기울기: _____, 일차함수의 식: _____

(3) $(1, -3)$, $(2, -4)$

⇨ 기울기: _____, 일차함수의 식: _____

(4) $(-3, 5)$, $(-1, 1)$

⇨ 기울기: _____, 일차함수의 식: _____

(5) $(-1, 2)$, $(5, -1)$

⇨ 기울기: _____, 일차함수의 식: _____

**3** 다음 직선을 그래프로 하는 일차함수의 기울기와 그 식을 각각 구하시오.

(1)

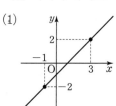

기울기: _____

일차함수의 식: _____

(2)

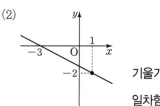

기울기: _____

일차함수의 식: _____

(3)

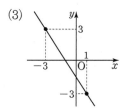

기울기: _____

일차함수의 식: _____

(4)

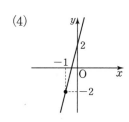

기울기: _____

일차함수의 식: _____

## 유형 **12** 일차함수의 식 구하기 (4) - $x$절편과 $y$절편을 알 때

개념편 117쪽

$x$절편이 $m$, $y$절편이 $n$인 직선을 그래프로 하는 일차함수의 식은 다음 순서로 구한다.
❶ 기울기를 구한다.

➡ 두 점 $(m, 0)$, $(0, n)$을 지나므로 $(기울기)=\dfrac{n-0}{0-m}=-\dfrac{n}{m}$

❷ 일차함수의 식은 $y=-\dfrac{n}{m}x+n$이다.

---

**1** 다음은 $x$절편이 3, $y$절편이 4인 직선을 그래프로 하는 일차함수의 식을 구하는 과정이다. ☐ 안에 알맞은 것을 쓰시오.

> ❶ $x$절편이 3, $y$절편이 4이므로
>  두 점 (☐, 0), (0, ☐)을(를) 지난다.
>  ∴ $(기울기)=\dfrac{☐-0}{0-☐}=☐$
> ❷ $y$절편이 ☐이므로 구하는 일차함수의 식은
>  $y=\boxed{\phantom{xxxx}}$이다.

**2** $x$절편과 $y$절편이 다음과 같은 직선을 그래프로 하는 일차함수의 기울기와 그 식을 각각 구하시오.

(1) $x$절편: 1, $y$절편: $-3$

  ⇨ 기울기: _____ , 일차함수의 식: _____

(2) $x$절편: $-2$, $y$절편: 7

  ⇨ 기울기: _____ , 일차함수의 식: _____

(3) $x$절편: $-5$, $y$절편: $-5$

  ⇨ 기울기: _____ , 일차함수의 식: _____

(4) $x$절편: $-4$, $y$절편: 3

  ⇨ 기울기: _____ , 일차함수의 식: _____

(5) $x$절편: 1, $y$절편: 4

  ⇨ 기울기: _____ , 일차함수의 식: _____

**3** 다음 직선을 그래프로 하는 일차함수의 기울기, $y$절편, 식을 각각 구하시오.

(1)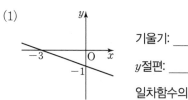

  기울기: _____

  $y$절편: _____

  일차함수의 식: _____

(2)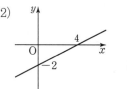

  기울기: _____

  $y$절편: _____

  일차함수의 식: _____

(3)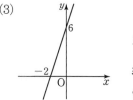

  기울기: _____

  $y$절편: _____

  일차함수의 식: _____

(4)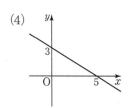

  기울기: _____

  $y$절편: _____

  일차함수의 식: _____

# 쌍둥이 기출문제

형광펜 들고 밑줄 쫙~

**쌍둥이 01**

**1** 일차함수 $y=ax-b$의 그래프가 오른쪽 그림과 같을 때, 다음 중 상수 $a$, $b$의 부호로 알맞은 것은?

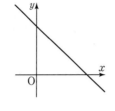

① $a>0$, $b>0$
② $a>0$, $b<0$
③ $a<0$, $b>0$
④ $a<0$, $b<0$
⑤ $a<0$, $b=0$

**2** $a>0$, $b<0$일 때, 기울기와 $y$절편의 부호를 이용하여 다음 일차함수의 그래프가 지나는 사분면을 모두 말하시오. (단, $a$, $b$는 상수)

(1) $y=ax+b$

(2) $y=ax-b$

**쌍둥이 02**

**3** 다음 중 일차함수 $y=4x+1$의 그래프와 평행한 직선을 그래프로 하는 일차함수의 식은?

① $y=-4x+1$
② $y=\frac{1}{4}x+3$
③ $y=x+4$
④ $y=4x+8$
⑤ $y=5x$

**4** 다음 보기의 일차함수 중 그 그래프가 서로 평행한 것을 찾으시오.

| 보기 |
ㄱ. $y=3x+\frac{1}{2}$    ㄴ. $y=-\frac{1}{3}x+\frac{1}{4}$

ㄷ. $y=3x$    ㄹ. $y=\frac{1}{3}x-1$

**쌍둥이 03**

**5** 다음 중 일차함수 $y=-\frac{3}{4}x+5$의 그래프에 대한 설명으로 옳은 것을 모두 고르면? (정답 2개)

① $x$절편은 5이다.
② 점 $(4, 8)$을 지난다.
③ 오른쪽 아래로 향하는 직선이다.
④ $x$의 값이 4만큼 증가할 때, $y$의 값은 3만큼 증가한다.
⑤ $y=-\frac{3}{4}x$의 그래프를 $y$축의 방향으로 5만큼 평행이동한 것이다.

**6** 다음 보기 중 일차함수 $y=5x-1$의 그래프에 대한 설명으로 옳은 것을 모두 고르시오.

| 보기 |
ㄱ. 기울기는 5이고, $y$절편은 $-1$이다.
ㄴ. 제1, 3, 4사분면을 지난다.
ㄷ. $x$의 값이 증가할 때, $y$의 값도 증가한다.
ㄹ. 일차함수 $y=-5x+1$의 그래프와 평행하다.

쌍둥이 04

**7** 기울기가 4이고, $y$절편이 $-1$인 직선을 그래프로 하는 일차함수의 식을 구하시오.

**8** 오른쪽 그림의 직선과 평행하고, $y$절편이 2인 직선을 그래프로 하는 일차함수의 식을 구하시오.

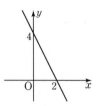

쌍둥이 05

**9** 기울기가 3이고, 점 $(-1, 1)$을 지나는 직선을 그래프로 하는 일차함수의 식은?

① $y = -3x - 4$　　② $y = -3x + 4$
③ $y = 3x - 4$　　④ $y = 3x - 1$
⑤ $y = 3x + 4$

**10** <sub>서술형</sub> 다음 조건을 모두 만족시키는 직선을 그래프로 하는 일차함수의 식을 구하시오.

┤ 조건 ├
㈎ 일차함수 $y = -2x + 4$의 그래프와 평행하다.
㈏ 점 $(2, 3)$을 지난다.

풀이 과정

답

쌍둥이 06

**11** 두 점 $(2, -3)$, $(4, 5)$를 지나는 직선을 그래프로 하는 일차함수의 식을 $y = ax + b$라고 하자. 이때 상수 $a$, $b$에 대하여 $a - b$의 값을 구하시오.

**12** 두 점 $(1, 5)$, $(-2, -1)$을 지나는 일차함수의 그래프의 $y$절편을 구하시오.

쌍둥이 07

**13** 오른쪽 그림의 직선을 그래프로 하는 일차함수의 식을 구하시오.

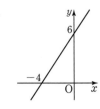

**14** $x$절편이 3이고, 일차함수 $y = 2x + 6$의 그래프와 $y$축 위에서 만나는 직선을 그래프로 하는 일차함수의 식을 구하시오.

5. 일차함수와 그 그래프

# 일차함수의 활용

개념편 119쪽

### 유형13 일차함수의 활용

어떤 가습기에 물을 부으면 1시간에 50 mL씩 일정하게 물을 증발시킨다고 한다. 이 가습기에 800 mL의 물을 부은 지 $x$시간 후에 남은 물의 양을 $y$ mL라고 할 때, 물을 부은 지 4시간 후에 남은 물의 양 구하기

| ❶ $x$와 $y$ 사이의 관계를 파악하여 일차함수의 식 세우기 | 처음 물의 양은 800 mL이고, 물을 1시간에 50 mL씩 증발시키므로 $y=800-50x$ |
|---|---|
| ❷ 조건에 맞는 값 구하기 | $y=800-50x$에 $x=4$를 대입하면 $y=800-200=600$ 따라서 물을 부은 지 4시간 후에 남은 물의 양은 600 mL이다. |

**1** 다음에서 일차함수의 식을 세울 때, ☐ 안에 알맞은 것을 쓰시오.

(1) 처음 온도가 30 °C이고 1분마다 온도가 2 °C씩 올라갈 때, $x$분 후의 온도를 $y$ °C라고 하면

⇨ $y=$ ☐ $+$ ☐ $x$

(2) 처음 길이가 15 m이고 1초마다 길이가 0.1 m 씩 줄어들 때, $x$초 후의 길이를 $y$ m라고 하면

⇨ $y=$ ☐ $-$ ☐ $x$

(3) 처음 양이 24 L이고 2시간마다 양이 6 L씩 늘 어날 때, $x$시간 후의 양을 $y$ L라고 하면

⇨ 1시간마다 양이 ☐ L씩 늘어나므로

$y=$ ☐ $+$ ☐ $x$

(4) 100 km 떨어진 곳을 시속 4 km로 갈 때, 출발 한 지 $x$시간 후에 남은 거리를 $y$ km라고 하면

⇨ $x$시간 동안 간 거리는 ☐ km이므로

$y=$ ☐ $-$ ☐ $x$

**2** 길이가 30 cm인 어떤 용수철에 무게가 1 g인 추를 매달 때마다 용수철의 길이가 0.2 cm씩 일정하게 늘어난다고 한다. 무게가 $x$ g인 추를 매달았을 때의 용수철의 길이를 $y$ cm라고 하자. 다음을 구하시오.

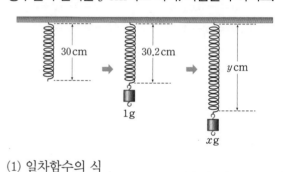

(1) 일차함수의 식 _____

(2) 무게가 15 g인 추를 매달았을 때, 용수철의 길이

⇨ 일차함수의 식에 $x=$ ☐ 을(를) 대입하면

$y=$ ☐

∴ (용수철의 길이)= ☐ cm ← 단위를 반드시 쓴다.

(3) 용수철의 길이가 37 cm일 때, 매달은 추의 무게

⇨ 일차함수의 식에 $y=$ ☐ 을(를) 대입하면

$x=$ ☐

∴ (추의 무게)= ☐ g

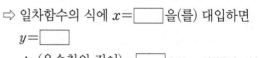

(4) • (거리)=(시간)×(속력)

• (속력)=$\dfrac{(거리)}{(시간)}$   • (시간)=$\dfrac{(거리)}{(속력)}$

▶ 양초의 길이가
10분에 2 cm씩 짧아지면
1분에 $\boxed{①}$ cm씩 짧아진다.

**3** 길이가 35 cm인 양초에 불을 붙이면 양초의 길이가 10분마다 2 cm씩 일정하게 짧아진다고 한다. 불을 붙인 지 $x$분 후에 남은 양초의 길이를 $y$ cm라고 할 때, 다음 물음에 답하시오.

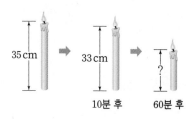

35 cm → 33 cm → ?
10분 후   60분 후

(1) $y$를 $x$에 대한 식으로 나타내시오.

(2) 불을 붙인 지 60분 후에 남은 양초의 길이를 구하시오.

(3) 양초가 완전히 다 타는 데 걸리는 시간은 몇 분인지 구하시오.

▶ 물의 온도가
5초에 $\boxed{①}$ ℃씩 오르면
1초에 $\boxed{②}$ ℃씩 오른다.

**4** 아래 표는 비커에 담긴 물을 가열하면서 5초마다 측정한 물의 온도를 나타낸 것이다. 가열한 지 $x$초 후에 물의 온도를 $y$℃라고 할 때, 다음 물음에 답하시오.

| 시간(초) | 0 | 5 | 10 | 15 | 20 | … |
|---|---|---|---|---|---|---|
| 온도(℃) | 20 | 22 | 24 | 26 | 28 | … |

(1) $y$를 $x$에 대한 식으로 나타내시오.

(2) 가열한 지 35초 후에 물의 온도를 구하시오.

(3) 물의 온도가 100℃가 되는 때는 가열한 지 몇 초 후인지 구하시오.

▶ 주어진 조건들의 단위가 다르면 단위를 먼저 통일해야 한다.
⇨ 10 km = $\boxed{①}$ m

**5** 민수가 A 지점에서 10 km 떨어진 B 지점까지 분속 80 m로 걸어가고 있다. A 지점을 출발한 지 $x$분 후에 B 지점까지 남은 거리를 $y$ m라고 할 때, 다음 물음에 답하시오.

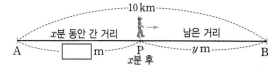

$x$분 동안 간 거리    남은 거리
A   □ m   P   $y$ m   B
$x$분 후

(1) 위의 □ 안에 알맞은 식을 쓰고, 이를 이용하여 $y$를 $x$에 대한 식으로 나타내시오.

(2) 출발한 지 1시간 30분 후에 B 지점까지 남은 거리는 몇 m인지 구하시오.

(3) B 지점까지 남은 거리가 400 m일 때는 출발한 지 몇 분 후인지 구하시오.

● 정답과 해설 69쪽

 형광펜 들고 밑줄 좍~

---

**쌍둥이 01**

**1** 8 L의 물이 들어 있는 물탱크에 1분에 3 L씩 일정하게 물을 넣고 있다. 물을 넣기 시작한 지 $x$분 후에 물탱크에 들어 있는 물의 양을 $y$ L라고 할 때, 물을 넣기 시작한 지 7분 후에 물탱크에 들어 있는 물의 양을 구하시오.

**2** 초속 2 m로 움직이는 어떤 엘리베이터가 있다. 지상으로부터 높이가 50 m인 곳에서 출발하여 중간에 서지 않고 내려오는 이 엘리베이터의 $x$초 후의 높이를 $y$ m라고 할 때, 지상으로부터 높이가 16 m인 곳에 도착하는 것은 출발한 지 몇 초 후인지 구하시오.

---

**쌍둥이 02**

**3** 지면으로부터 12 km까지는 높이가 100 m씩 높아질 때마다 기온이 0.6 ℃씩 떨어진다고 한다. 지면에서의 기온이 15 ℃이고 지면으로부터 높이가 $x$ m인 곳의 기온을 $y$ ℃라고 할 때, 지면으로부터 높이가 2300 m인 곳의 기온을 구하시오.

**4** 어느 가게에서 회원이 되면 2000포인트를 기본으로 주고 구매 금액 10원마다 2포인트를 준다고 한다. 회원 가입을 하고 $x$원짜리 물건을 구매하여 받은 포인트를 $y$포인트라고 할 때, 총 3500포인트를 받으려면 얼마짜리 물건을 구매해야 하는지 구하시오.

---

**쌍둥이 03**

**5** 오른쪽 그래프는 섭씨온도 $x$ ℃와 화씨온도 $y$ °F 사이의 관계를 나타낸 것이다. 섭씨온도가 30 ℃일 때의 화씨온도를 구하시오.

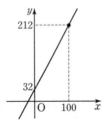

**6** 오른쪽 그래프는 어떤 양초에 불을 붙인 지 $x$분 후에 남은 양초의 길이 $y$ cm를 나타낸 것이다. 양초에 불을 붙인 지 45분 후에 남은 양초의 길이를 구하시오.

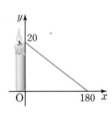

---

**쌍둥이 04**

**7** 오른쪽 그림의 직사각형 ABCD에서 점 P가 점 A를 출발하여 초속 2 cm로 점 B까지 움직이고 있다. 점 P가 점 A를 출발한 지 $x$초 후에 △APD의 넓이를 $y$ cm²라고 할 때, 3초 후에 △APD의 넓이를 구하시오.

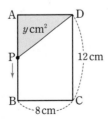

**8** 오른쪽 그림의 직각삼각형 ABC에서 점 P가 점 B를 출발하여 초속 3 cm로 점 A까지 움직이고 있다. 점 P가 점 B를 출발한 지 $x$초 후에 △APC의 넓이를 $y$ cm²라고 할 때, 2초 후에 △APC의 넓이를 구하시오.

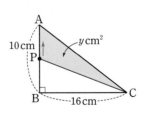

---

**1** 다음 중 $y$가 $x$의 함수가 <u>아닌</u> 것은?

① $x$보다 6만큼 작은 수 $y$

② 자연수 $x$를 3으로 나눈 나머지 $y$

③ 자연수 $x$와 그 약수 $y$

④ 1분에 9장을 인쇄하는 프린터가 $x$분 동안 인쇄한 종이 $y$장

⑤ 시속 $x$ km로 7시간 동안 달린 거리 $y$ km

▶ 함수

**2** 다음 보기 중 $y$가 $x$의 일차함수인 것을 모두 고르시오.

│ 보기 ├

ㄱ. $y=x$　　　　　　ㄴ. $y=x^2-2x+3$　　　　ㄷ. $y=\dfrac{4x-1}{3}$

ㄹ. $y=2x(x-4)$　　ㅁ. $y=\dfrac{3}{x}$　　　　　ㅂ. $y=(x-6)-x$

▶ 일차함수

**3** 다음 중 일차함수 $f(x)=2x+12$의 함숫값으로 옳지 <u>않은</u> 것은?

① $f(-4)=4$　　　　② $f(-3)=6$　　　　③ $f(-1)=10$

④ $f(2)=14$　　　　⑤ $f(6)=24$

▶ 일차함수의 함숫값

**4** 다음 중 일차함수 $y=-2x+7$의 그래프를 $y$축의 방향으로 $-4$만큼 평행이동한 그래프 위에 있는 점은?

① $(-2, -7)$　　　　② $(0, 0)$　　　　③ $(1, 4)$

④ $(2, -1)$　　　　⑤ $(3, -4)$

▶ 일차함수의 그래프와 평행이동

**5** 다음 일차함수의 그래프 중 $x$절편이 나머지 넷과 다른 하나는?

① $y=-x+3$    ② $y=\dfrac{5}{3}x-5$    ③ $y=2x-6$

④ $y=3x-9$    ⑤ $y=3x-3$

일차함수의 그래프의
$x$절편, $y$절편

**6** 오른쪽 그림에서 일차함수의 그래프 (1)의 기울기와 일차함수의 그래프 (2)의 $y$절편의 합을 구하시오.

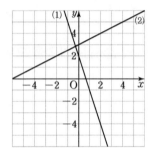

일차함수의 그래프의
기울기

**7** 일차함수 $y=\dfrac{2}{3}x+4$의 그래프와 $x$축, $y$축으로 둘러싸인 도형의 넓이를 구하시오.

일차함수의 그래프를
이용하여 도형의 넓이
구하기

**8** 일차함수 $y=-ax+b$의 그래프가 오른쪽 그림과 같을 때, 다음 중 상수 $a$, $b$의 부호로 알맞은 것은?

① $a>0$, $b>0$    ② $a>0$, $b<0$
③ $a<0$, $b<0$    ④ $a<0$, $b>0$
⑤ $a>0$, $b=0$

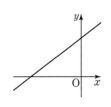

일차함수의 그래프의
성질

**9** 다음 중 일차함수 $y=2x-6$의 그래프에 대한 설명으로 옳지 <u>않은</u> 것을 모두 고르면?

(정답 2개)

① 일차함수 $y=2x$의 그래프를 $y$축의 방향으로 6만큼 평행이동한 것이다.

② 점 $(4, 2)$를 지난다.

③ $x$절편은 3이고, $y$절편은 $-6$이다.

④ 오른쪽 위로 향하는 직선이다.

⑤ 일차함수 $y=-2x+10$의 그래프와 평행하다.

▶ 일차함수의 그래프의 이해

**10** $x$의 값이 2만큼 증가할 때 $y$의 값은 1만큼 감소하고, 점 $(3, 2)$를 지나는 직선을 그래프로 하는 일차함수의 식을 $y=ax+b$라고 할 때, $b-a$의 값을 구하시오. (단, $a$, $b$는 상수)

▶ 일차함수의 식 구하기 – 기울기와 한 점

**11** 오른쪽 그림의 직선을 그래프로 하는 일차함수의 식을 구하시오.

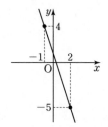

▶ 일차함수의 식 구하기 – 서로 다른 두 점

**서술형**

**12** 3 L의 휘발유로 15 km를 달릴 수 있는 자동차에 30 L의 휘발유가 들어 있다. 이 자동차가 $x$ km를 달린 후에 남아 있는 휘발유의 양을 $y$ L라고 할 때, 다음 물음에 답하시오.

(1) $y$를 $x$에 대한 식으로 나타내시오.

(2) 60 km를 달린 후에 남아 있는 휘발유의 양을 구하시오.

▶ 일차함수의 활용

**풀이 과정**

(1)

(2)

**답** (1)          (2)

# 6

# 일차함수와
# 일차방정식의 관계

# 1

6. 일차함수와 일차방정식의 관계

# 일차함수와 일차방정식

유형 **1** 일차방정식의 그래프와 일차함수의 그래프

개념편 130~131 쪽

(1) **일차방정식의 그래프와 직선의 방정식**

$x$, $y$의 값의 범위가 수 전체일 때, 일차방정식 $ax+by+c=0$ ($a$, $b$, $c$는 상수, $a \neq 0$ 또는 $b \neq 0$)의 해를 좌표평면 위에 나타내면 직선이 되고, 이 직선을 일차방정식 $ax+by+c=0$의 그래프라고 한다. 이때 일차방정식 $ax+by+c=0$을 **직선의 방정식**이라고 한다.

(2) **일차방정식의 그래프와 일차함수의 그래프**

미지수가 2개인 일차방정식 $ax+by+c=0$ ($a \neq 0$, $b \neq 0$)의 그래프는 일차함수 $y=-\dfrac{a}{b}x-\dfrac{c}{b}$의 그래프와 서로 같다.

$\underbrace{}_{\text{기울기}}$ $\underbrace{}_{y\text{절편}}$

예 일차방정식 $x+y-4=0$의 그래프는 일차함수 $y=-x+4$의 그래프와 같다.

---

**1** 다음은 일차방정식 $x-2y=6$의 그래프 위의 점이다. ☐ 안에 알맞은 수를 쓰시오.

(1) $(-4, \boxed{\phantom{x}})$

(2) $(\boxed{\phantom{x}}, -3)$

(3) $(2, \boxed{\phantom{x}})$

(4) $(\boxed{\phantom{x}}, 1)$

**2** 다음 일차방정식을 일차함수 $y=ax+b$ 꼴로 나타내고, 그 그래프의 기울기, $x$절편, $y$절편을 각각 구하시오. (단, $a$, $b$는 상수)

(1) $-2x+y+5=0$ ⇨ $y=$ _____

기울기: _____, $x$절편: _____, $y$절편: _____

(2) $x+3y-6=0$ ⇨ $y=$ _____

기울기: _____, $x$절편: _____, $y$절편: _____

(3) $3x-4y=-24$ ⇨ $y=$ _____

기울기: _____, $x$절편: _____, $y$절편: _____

(4) $\dfrac{x}{2}+\dfrac{y}{3}=1$ ⇨ $y=$ _____

기울기: _____, $x$절편: _____, $y$절편: _____

---

**3** 다음 일차방정식의 그래프를 주어진 좌표평면 위에 그리시오. (단, $x$절편과 $y$절편을 표시하시오.)

(1) $5x-4y+10=0$

(2) $x+2y=-3$

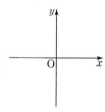

(3) $2x-3y-6=0$

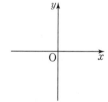

(4) $4x+7y=14$

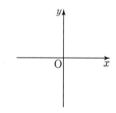

**4** 다음 중 일차방정식 $6x-2y-1=0$의 그래프에 대한 설명으로 옳은 것은 ○표, 옳지 <u>않은</u> 것은 ×표를 ( ) 안에 쓰시오.

(1) 점 $(1, 3)$을 지난다. ( )

(2) $x$의 값이 2만큼 증가할 때, $y$의 값은 6만큼 증가한다. ( )

(3) 제2사분면을 지나지 않는다. ( )

(4) 일차함수 $y=-3x+6$의 그래프와 평행하다. ( )

## 유형 2 일차방정식 $x=m, y=n$의 그래프

개념편 132쪽

(1) 일차방정식 $x=2$의 그래프

➡ $y$의 값에 관계없이 $x$의 값이 항상 2인 직선

➡ 점 $(2, 0)$을 지나고, $y$축에 평행한 직선
    ↳ $x$축에 수직인

(2) 일차방정식 $y=2$의 그래프

➡ $x$의 값에 관계없이 $y$의 값이 항상 2인 직선

➡ 점 $(0, 2)$를 지나고, $x$축에 평행한 직선
    ↳ $y$축에 수직인

---

**[1~2]** 다음 일차방정식의 그래프에 대하여 □ 안에 알맞은 것을 쓰고, 그래프를 주어진 좌표평면 위에 그리시오.

**1** (1) $x=1$

⇨ 점 ($\boxed{\phantom{x}}$, 0)을 지나고, $\boxed{\phantom{x}}$축에 평행하다.

(2) $2x+6=0$

⇨ $x=\boxed{\phantom{x}}$

⇨ 점 ($\boxed{\phantom{x}}$, 0)을 지나고, $\boxed{\phantom{x}}$축에 수직이다.

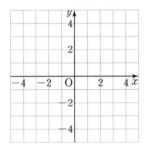

**2** (1) $y=3$

⇨ 점 $(0, \boxed{\phantom{x}})$을(를) 지나고, $\boxed{\phantom{x}}$축에 평행하다.

(2) $y+2=0$

⇨ $y=\boxed{\phantom{x}}$

⇨ 점 $(0, \boxed{\phantom{x}})$을(를) 지나고, $\boxed{\phantom{x}}$축에 수직이다.

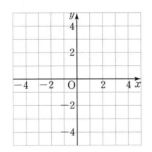

---

**[3~4]** 다음과 같은 직선의 방정식을 구하시오.

**3**

(1)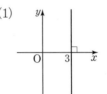

_____

(2)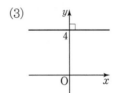

_____

(3)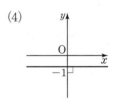

_____

(4)

_____

**4** (1) 점 $(2, 1)$을 지나고, $x$축에 평행한 직선

_____

(2) 점 $(3, 2)$를 지나고, $y$축에 평행한 직선

_____

(3) 점 $(-2, 1)$을 지나고, $x$축에 수직인 직선

_____

(4) 점 $(4, -1)$을 지나고, $y$축에 수직인 직선

_____

(5) 두 점 $(2, -3)$, $(2, 9)$를 지나는 직선

_____

(6) 두 점 $(3, -5)$, $(-2, -5)$를 지나는 직선

_____

## 쌍둥이 기출문제

형광펜 들고 밑줄 쫙~

**1** 다음 중 일차방정식 $2x+y-4=0$의 그래프는?

①  ②  ③

④  ⑤

**2** 다음 중 일차방정식 $x-3y+6=0$의 그래프는?

① 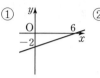 ②  ③

④ 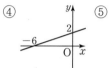 ⑤

**3** 다음 중 일차방정식 $6x+2y=-3$의 그래프에 대한 설명으로 옳지 <u>않은</u> 것은?

① 기울기는 $-3$이다.

② 점 $\left(\dfrac{1}{2},\ -3\right)$을 지난다.

③ $x$절편은 $-\dfrac{1}{2}$, $y$절편은 $-\dfrac{3}{2}$이다.

④ $x$의 값이 증가할 때, $y$의 값도 증가한다.

⑤ 제1사분면을 지나지 않는다.

**4** 다음 중 일차방정식 $3x-4y-12=0$의 그래프에 대한 설명으로 옳은 것을 모두 고르면? (정답 2개)

① $x$절편은 $-4$이다.

② $y$축과의 교점의 좌표는 $(0,\ 3)$이다.

③ $x$의 값이 4만큼 증가할 때, $y$의 값은 3만큼 증가한다.

④ 제1, 2, 3사분면을 지난다.

⑤ 일차함수 $y=\dfrac{3}{4}x-8$의 그래프와 평행하다.

**5** 일차방정식 $ax+y+b=0$의 그래프의 기울기가 $-2$, $y$절편이 6일 때, 상수 $a$, $b$에 대하여 $a+b$의 값을 구하시오.

**6** 일차방정식 $ax+by+2=0$의 그래프가 일차함수 $y=x-7$의 그래프와 평행하고, $y$절편이 2일 때, 상수 $a$, $b$에 대하여 $ab$의 값을 구하시오.

쌍둥이 04

**7** 직선 $2x+y=3$과 평행하고, $x$절편이 4인 직선의 방정식은?

① $2x+y+8=0$  　　② $2x+y-8=0$

③ $2x+y+4=0$  　　④ $2x+y-4=0$

⑤ $2x+y=0$

**8** 두 점 $(2, 4)$, $(1, 7)$을 지나는 직선의 방정식은?

① $2x-y+2=0$  　　② $2x+y-2=0$

③ $3x-y+1=0$  　　④ $3x+y+10=0$

⑤ $3x+y-10=0$

쌍둥이 05

**9** 점 $(3, -4)$를 지나고, $x$축에 평행한 직선의 방정식을 구하시오.

**10** 다음과 같은 직선의 방정식을 구하시오.

(1) 점 $(2, -1)$을 지나고, $y$축에 수직인 직선

(2) 두 점 $(4, 1)$, $(4, -5)$를 지나는 직선

쌍둥이 06

**11** 두 점 $(k, 5)$, $(2, 2k-1)$을 지나는 직선이 $x$축에 평행할 때, $k$의 값을 구하시오.

**12** 두 점 $(3a+1, -2)$, $(a-5, 3)$을 지나는 직선이 $y$축에 평행할 때, 이 두 점을 지나는 직선의 방정식을 구하시오.

서술형

[풀이 과정]

[답]

# 2 일차함수의 그래프와 연립일차방정식

6. 일차함수와 일차방정식의 관계

**유형 3** 연립방정식의 해와 그래프　　　개념편 135쪽

(1) 연립방정식 $\begin{cases} x+2y=4 \\ x-y=1 \end{cases}$ 의 해는 $x=2,\ y=1$이다.

(2) 두 일차방정식 $x+2y=4$, $x-y=1$의 그래프의 교점의 좌표는 $(2, 1)$이다.

➡ 연립방정식의 해는 두 일차방정식의 그래프의 교점의 좌표와 같다.

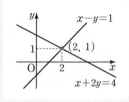

**1** 아래 그림과 같은 일차방정식의 그래프를 보고, 다음 연립방정식의 해를 구하시오.

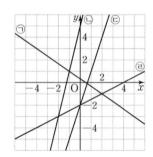

(1) $\begin{cases} 2x+3y=1 & \cdots ㉠ \\ 4x-y=-5 & \cdots ㉡ \end{cases}$ ＿＿＿＿＿＿

(2) $\begin{cases} 4x-y=-5 & \cdots ㉡ \\ x-2y=4 & \cdots ㉣ \end{cases}$ ＿＿＿＿＿＿

(3) $\begin{cases} 3x-y=2 & \cdots ㉢ \\ x-2y=4 & \cdots ㉣ \end{cases}$ ＿＿＿＿＿＿

**2** 연립방정식 $\begin{cases} 5x+3y=6 \\ 2x+3y=-3 \end{cases}$ 의 두 일차방정식의 그래프를 다음 좌표평면 위에 각각 그리고, 이를 이용하여 연립방정식의 해를 구하시오.

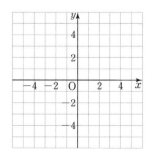

**3** 다음 두 일차방정식의 그래프의 교점의 좌표를 구하시오.

(1) $y=-2x+1$, $y=-\dfrac{1}{2}x+4$

＿＿＿＿＿＿＿

(2) $x-y+2=0$, $-3x+y-8=0$

＿＿＿＿＿＿＿

**4** 다음 연립방정식의 해를 구하기 위해 두 일차방정식의 그래프를 각각 그렸더니 오른쪽 그림과 같았다. 이때 상수 $a$, $b$의 값을 각각 구하시오.

(1) $\begin{cases} x-y=a \\ x+by=7 \end{cases}$

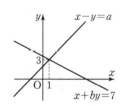

(2) $\begin{cases} 2x-y=a \\ 3x-y=b \end{cases}$

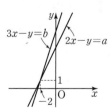

(3) $\begin{cases} x+ay=-3 \\ 2bx-3y=4 \end{cases}$

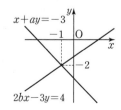

## 유형 4 연립방정식의 해의 개수와 두 그래프의 위치 관계

개념편 136쪽

연립방정식 $\begin{cases} ax+by+c=0 \\ a'x+b'y+c'=0 \end{cases}$ 의 해의 개수는 두 일차방정식의 그래프의 교점의 개수와 같다.

| 두 그래프의<br>위치 관계 | 한 점에서 만난다. | 평행하다. | 일치한다. |
| --- | --- | --- | --- |
| | 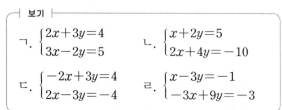 | | |
| 두 그래프의 교점의 개수 | 한 개 | 없다. | 무수히 많다. |
| 연립방정식의 해의 개수 | 해가 하나뿐이다. | 해가 없다. | 해가 무수히 많다. |
| 기울기와 $y$절편 | 기울기가 다르다. | 기울기는 같고 $y$절편은 다르다. | 기울기가 같고 $y$절편도 같다. |

**1** 다음 보기의 연립방정식에 대하여 물음에 답하시오.

> 보기
> ㄱ. $\begin{cases} 2x+3y=4 \\ 3x-2y=5 \end{cases}$   ㄴ. $\begin{cases} x+2y=5 \\ 2x+4y=-10 \end{cases}$
>
> ㄷ. $\begin{cases} -2x+3y=4 \\ 2x-3y=-4 \end{cases}$   ㄹ. $\begin{cases} x-3y=-1 \\ -3x+9y=-3 \end{cases}$

(1) 해가 하나뿐인 연립방정식을 모두 고르시오.

_____

(2) 해가 무수히 많은 연립방정식을 모두 고르시오.

_____

(3) 해가 없는 연립방정식을 모두 고르시오.

_____

**2** 다음 연립방정식의 해가 없을 때, 상수 $a$의 값을 구하시오.

(1) $\begin{cases} x-2y=3 \\ ax-4y=-3 \end{cases}$   _____

(2) $\begin{cases} ax+2y=4 \\ -6x-4y=-5 \end{cases}$   _____

**3** 다음 연립방정식의 해가 없을 때, 상수 $a$, $b$의 조건을 각각 구하시오.

(1) $\begin{cases} ax+3y=4 \\ 3x-9y=b \end{cases}$   _____

(2) $\begin{cases} 2x+ay=5 \\ -4x+2y=b \end{cases}$   _____

**4** 다음 연립방정식의 해가 무수히 많을 때, 상수 $a$, $b$의 값을 각각 구하시오.

(1) $\begin{cases} ax-3y=1 \\ -4x+by=-2 \end{cases}$   _____

(2) $\begin{cases} 2x+ay=-2 \\ bx+2y=-4 \end{cases}$   _____

(3) $\begin{cases} x+ay=3 \\ 3x+9y=b \end{cases}$   _____

(4) $\begin{cases} 4x-6y=a \\ 2x+by=-3 \end{cases}$   _____

## 쌍둥이 기출문제

형광펜 들고 밑줄 쫙~

쌍둥이 01

**1** 두 일차방정식 $3x+y+1=0$, $2x-y+4=0$의 그래프의 교점의 좌표가 $(a,\ b)$일 때, $a+b$의 값을 구하시오.

**2** 두 일차방정식 $x-y=-2$, $-3x+y=8$의 그래프의 교점이 직선 $y=ax+5$ 위의 점일 때, 상수 $a$의 값은?

① $-3$　　　② $-1$　　　③ $1$
④ $2$　　　⑤ $3$

쌍둥이 02

**3** 오른쪽 그림은 연립방정식 $\begin{cases} x+y=a \\ bx-y=3 \end{cases}$의 해를 구하기 위해 두 일차방정식의 그래프를 각각 그린 것이다. 이때 상수 $a$, $b$의 값을 각각 구하시오.

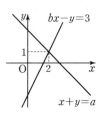

**4** 두 일차방정식 $ax-y=3$, $x+by=5$의 그래프가 오른쪽 그림과 같을 때, 상수 $a$, $b$에 대하여 $ab$의 값을 구하시오.

서술형

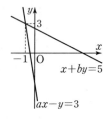

풀이 과정

답

쌍둥이 03

**5** 두 직선 $2x+3y-3=0$, $x-y+1=0$의 교점을 지나고, 직선 $2x-y=0$과 평행한 직선의 방정식은?

① $y=-2x+4$　　　② $y=-2x+1$
③ $y=2x-1$　　　④ $y=2x+1$
⑤ $y=4x-1$

**6** 두 직선 $5x+3y+1=0$, $2x+3y-5=0$의 교점을 지나고, $y$절편이 $2$인 직선의 방정식을 $y=ax+b$ 꼴로 나타내시오. (단, $a$, $b$는 상수)

**7** 세 일차방정식 $2x+3y-9=0$, $2x-3y-3=0$, $x+ay-6=0$의 그래프가 한 점에서 만날 때, 상수 $a$의 값은?

① $-3$  ② $-1$  ③ $1$
④ $3$  ⑤ $5$

**8** 일차함수 $y=-x+7$의 그래프가 두 직선 $ax-3y=4$, $x-2y-1=0$의 교점을 지날 때, 상수 $a$의 값을 구하시오.

**9** 오른쪽 그림과 같이 두 직선 $x-y=-3$, $2x+y=6$과 $x$축으로 둘러싸인 도형의 넓이를 구하시오.

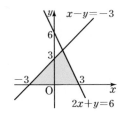

**10** 오른쪽 그림과 같이 두 직선 $x-y-2=0$, $x+4y-12=0$과 $y$축으로 둘러싸인 도형의 넓이를 구하시오.

서술형

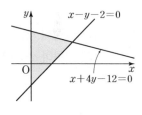

풀이 과정

답

**11** 연립방정식 $\begin{cases} x+3y=3 \\ ax+9y=7 \end{cases}$의 해가 없을 때, 상수 $a$의 값을 구하시오.

**12** 두 일차방정식 $2x-y+4=0$, $ax+2y-5=0$의 그래프의 교점이 없을 때, 상수 $a$의 값을 구하시오.

**13** 연립방정식 $\begin{cases} ax+y-2=0 \\ 4x-2y-b=0 \end{cases}$의 해가 무수히 많을 때, 상수 $a$, $b$의 값을 각각 구하시오.

**14** 두 일차방정식 $2x-3y=6$, $ax-by=-12$의 그래프의 교점이 무수히 많을 때, 상수 $a$, $b$에 대하여 $a+b$의 값을 구하시오.

## 단원 마무리

**1** 다음 중 일차방정식 $x-2y-2=0$의 그래프에 대한 설명으로 옳은 것을 모두 고르면?

(정답 2개)

① 점 $(4, 1)$을 지난다.
② $x$절편은 2, $y$절편은 $-2$이다.
③ $x$의 값이 2만큼 증가할 때, $y$의 값은 1만큼 감소한다.
④ 제2사분면을 지나지 않는다.
⑤ 일차함수 $y=x+3$의 그래프와 평행하다.

▶ 일차방정식의 그래프와 일차함수의 그래프

**2** 일차방정식 $ax-by=4$의 그래프가 오른쪽 그림과 같을 때, 상수 $a$, $b$에 대하여 $a+b$의 값을 구하시오.

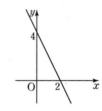

▶ 일차방정식 $ax+by+c=0$의 그래프에서 $a, b, c$의 값 구하기

**3** 다음 보기 중 점 $(1, 2)$를 지나고, $y$축에 평행한 직선에 대한 설명으로 옳은 것을 모두 고르시오.

| 보기 |
ㄱ. 점 $(1, 0)$을 지난다.  ㄴ. 점 $(0, 2)$를 지난다.
ㄷ. 직선 $y=6$과 수직으로 만난다.  ㄹ. 제1사분면과 제2사분면을 지난다.

▶ 일차방정식 $x=m$, $y=n$의 그래프

**4** 두 점 $(a-3, -2)$, $(2a-1, 4)$를 지나는 직선이 $x$축에 수직일 때, $a$의 값은?

① $-4$     ② $-2$     ③ 2
④ 3     ⑤ 4

▶ 일차방정식 $x=m$, $y=n$의 그래프

**5** 연립방정식 $\begin{cases} ax+y-1=0 \\ x-by+3=0 \end{cases}$ 을 풀기 위해 두 일차방정식의 그 래프를 각각 그렸더니 오른쪽 그림과 같았다. 이때 상수 $a$, $b$ 에 대하여 $a-b$의 값을 구하시오.

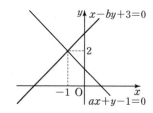

▶ 두 그래프의 교점의 좌표 를 이용하여 상수의 값 구하기

⌐서술형⌐
**6** 두 일차방정식 $x-y=-2$, $2x-y=1$의 그래프의 교점을 지나고, $x$축에 평행한 직선의 방정식을 구하시오.

▶ 두 그래프의 교점을 지나 는 직선의 방정식 구하기

⌐풀이 과정⌐

⌐답⌐

**7** 두 직선 $x+y=2$, $x-y=-4$와 $x$축으로 둘러싸인 도형의 넓이를 구하시오.

▶ 직선으로 둘러싸인 도형 의 넓이

**8** 다음 두 직선의 교점이 없을 때, 상수 $a$, $b$의 조건을 각각 구하시오.

$$2x-y-a=0, \qquad bx-2y-5=0$$

▶ 연립방정식의 해의 개수 와 두 그래프의 위치 관계

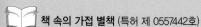

기초탄탄 LITE

# 정답과 해설

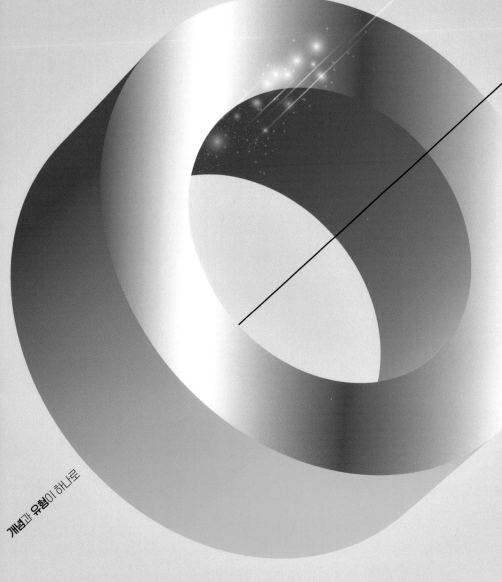

개념과 유형이 하나로

## 개념+유형 PLUS

중학 수학

# 2·1

visang

# 1 유리수와 순환소수

## ～1 유리수와 순환소수

### P. 8

**개념 확인**
(1) $-2$, $0$
(2) $\dfrac{6}{5}$, $-\dfrac{1}{3}$, $0.12$
(3) $\pi$

**필수 문제 1**
(1) $0.6$, 유한소수
(2) $0.333\cdots$, 무한소수
(3) $2.75$, 유한소수
(4) $-0.8666\cdots$, 무한소수

**1-1**
(1) $0.666\cdots$, 무한소수
(2) $1.125$, 유한소수
(3) $-0.58333\cdots$, 무한소수
(4) $0.16$, 유한소수

### P. 9

**필수 문제 2**
(1) $5$, $0.\dot{5}$  (2) $19$, $0.1\dot{9}$
(3) $35$, $0.13\dot{5}$  (4) $245$, $5.\dot{2}4\dot{5}$

**2-1**
(1) $8$, $0.\dot{8}$  (2) $26$, $6.\dot{2}\dot{6}$
(3) $4$, $5.2\dot{4}$  (4) $132$, $2.\dot{1}3\dot{2}$

**필수 문제 3**
(1) $7$  (2) $0.\dot{7}$

**3-1**
(1) $0.\dot{3}\dot{6}$  (2) $1.1\dot{6}$  (3) $0.7\dot{4}\dot{0}$  (4) $0.1\dot{4}\dot{5}$

### STEP 1 쏙쏙 개념 익히기  P. 10

**1** ③  **2** ②  **3** ②, ⑤
**4** (1) $0.1\dot{8}\dot{5}$ (2) 3개 (3) 8  **5** 5

### P. 11

**개념 확인**
(1) ① $2^2$  ② $2^2$  ③ $36$  ④ $0.36$
(2) ① $5^2$  ② $5^2$  ③ $1000$  ④ $0.025$

**필수 문제 4**  ㄱ, ㄹ, ㅁ

**4-1**  ③, ⑤

**필수 문제 5**  21

**5-1**  9

### P. 12

**필수 문제 6**
(1) $10$, $10$, $9$, $\dfrac{5}{9}$
(2) $100$, $100$, $99$, $99$, $\dfrac{8}{33}$

**6-1**
(1) $\dfrac{2}{9}$  (2) $\dfrac{5}{11}$  (3) $\dfrac{26}{9}$  (4) $\dfrac{52}{33}$

**필수 문제 7**
(1) $100$, $100$, $10$, $10$, $90$, $\dfrac{11}{90}$
(2) $1000$, $1000$, $10$, $10$, $990$, $990$, $\dfrac{127}{330}$

**7-1**
(1) $\dfrac{37}{45}$  (2) $\dfrac{239}{990}$  (3) $\dfrac{61}{45}$  (4) $\dfrac{333}{110}$

### P. 13

**필수 문제 8**
(1) $\dfrac{4}{9}$  (2) $\dfrac{17}{33}$  (3) $\dfrac{67}{45}$  (4) $\dfrac{611}{495}$

**8-1**
(1) $\dfrac{3}{11}$  (2) $\dfrac{172}{999}$  (3) $\dfrac{152}{45}$  (4) $\dfrac{1988}{495}$

**필수 문제 9**  ㄱ, ㄴ, ㄷ

### STEP 1 쏙쏙 개념 익히기  P. 14

**1** $a=5$, $b=45$, $c=0.45$  **2** 39
**3**
(1) $0.2\dot{3}$ — $100x-10x$
(2) $1.\dot{7}$ — $10x-x$
(3) $0.\dot{2}\dot{1}$ — $100x-x$
(4) $2.3\dot{2}\dot{4}$ — $1000x-10x$
**4** 37  **5** 1
**6** ③, ⑤

**1** ③    **2** 8    **3** ㄱ, ㄴ, ㄹ    **4** 1

**5** ③    **6** ①, ⑤    **7** ②    **8** 165    **9** ③

**10** ④    **11** ④    **12** ⑤    **13** 6    **14** 19

**15** ④    **16** ⑤    **17** ④    **18** 60    **19** ④

**20** ㄷ, ㅂ    **21** ③, ④

---

〈과정은 풀이 참조〉

**따라 해보자** 유제 **1** 63     유제 **2** $0.5\dot{8}$

**연습해 보자** **1** 주희

이유: $\dfrac{91}{140}=\dfrac{13}{20}=\dfrac{13}{2^2\times5}$ 이므로 분수 $\dfrac{91}{140}$ 은 유한소수로 나타낼 수 있다.

따라서 잘못 말한 사람은 순환소수로만 나타낼 수 있다고 말한 주희이다.

**2** 2개     **3** $\dfrac{62}{55}$

**4** (1) $\dfrac{13}{6}$    (2) 12

---

**음악 속 수학**     **P. 20**

답 (1)

(2) $0.2\dot{4}\dot{3}$, $\dfrac{9}{37}$

---

# 2 식의 계산

## 1 지수법칙

### P. 24

**개념 확인**   3, 5

**필수 문제 1** (1) $x^9$   (2) $7^{10}$   (3) $a^6$   (4) $a^5b^4$

**1-1** (1) $a^8$   (2) $11^9$   (3) $b^{11}$   (4) $x^7y^5$

**1-2** 2

**필수 문제 2** $3^3$

**2-1** (1) $5^7$   (2) $2^6$

### P. 25

**개념 확인**   3, 6

**필수 문제 3** (1) $2^{15}$   (2) $a^{26}$

**3-1** (1) $3^{12}$   (2) $x^{11}$   (3) $y^{28}$   (4) $a^{18}b^6$

**3-2** (1) 3   (2) 4

**3-3** 36

### P. 26

**개념 확인**   (1) 2, 2, 2   (2) 2, 1   (3) 2, 2, 2

**필수 문제 4** (1) $5^2(=25)$   (2) $\dfrac{1}{a^4}$   (3) 1   (4) $\dfrac{1}{x}$

**4-1** (1) $x^4$   (2) $\dfrac{1}{3^5}$   (3) $x$   (4) 1   (5) $\dfrac{1}{b^3}$   (6) $\dfrac{1}{y}$

**4-2** (1) 9   (2) 12

### P. 27

**개념 확인**   (1) 3, 3      (2) 3, 3

(3) $-2x$, $-2x$, $-2x$, 3, 3, $-8x^3$

(4) $-\dfrac{3}{a}$, $-\dfrac{3}{a}$, 2, 2, $\dfrac{9}{a^2}$

**필수 문제 5** (1) $a^{10}b^5$   (2) $9x^8$   (3) $\dfrac{y^8}{x^{12}}$   (4) $-\dfrac{a^3b^3}{8}$

**5-1** (1) $x^6y^{12}$   (2) $16a^{12}b^4$   (3) $\dfrac{a^4}{25}$   (4) $-\dfrac{27y^9}{x^6}$

**5-2** 36

**1** ㄴ, ㅂ     **2** (1) $x^9 y^7$   (2) 1   (3) $\dfrac{1}{a^2}$   (4) $x^6$

**3** (1) $2^{13}$   (2) $\dfrac{1}{3}$    **4** (1) 7   (2) 3   (3) 5   (4) 6

**5** $a=3,\ b=5,\ c=2,\ d=27$     **6** $2^{24}$B

**7** 39     **8** ②

**9** (1) $a=4,\ n=5$   (2) 6자리     **10** 12자리

---

## ⌒2 단항식의 계산

**개념 확인**   $ab$

**필수 문제 1**   (1) $8a^3 b$      (2) $35x^4 y$

         (3) $-15a^4$     (4) $-2x^7 y^5$

**1-1** (1) $20b^6$        (2) $-18x^2 y^2$

       (3) $-24a^{10}$     (4) $25x^7 y^4$

**1-2** (1) $\dfrac{4}{3}a^5 b^6$     (2) $-16x^{17} y^9$

**필수 문제 2**   (1) $\dfrac{3}{2x}$   (2) $-\dfrac{1}{2}a^2$   (3) $12x$   (4) $\dfrac{45}{a}$

**2-1** (1) $4x$   (2) $\dfrac{3a}{b^2}$   (3) $-\dfrac{7}{2y}$   (4) $-\dfrac{1}{32}ab^3$

**2-2** (1) $-3y^2$   (2) $\dfrac{12b^7}{a^5}$

**필수 문제 3**   (1) $-6a^5$   (2) $36x^8 y^2$

**3-1** (1) $3x^3$   (2) $-8a^6 b^3$   (3) $27xy^3$   (4) $12a^5 b^{10}$

**필수 문제 4**   (1) $2a^2$   (2) $\dfrac{9}{2}x^5 y^7$

**4-1** (1) $\dfrac{7}{2}ab^2$   (2) $-16xy^6$   (3) $-6a^3 b^2$   (4) $2y^2$

---

**1** ②, ⑤     **2** 0

**3** (1) $-\dfrac{3}{2}xy$   (2) $2a^9 b^{11}$   (3) $5xy^5$   (4) $\dfrac{1}{36}b^4$

**4** $24a^4 b^3$     **5** $4a^2$

---

## ⌒3 다항식의 계산

**필수 문제 1**   (1) $3a-5b$     (2) $11x-6y$

         (3) $5x+5y+2$    (4) $\dfrac{7x+4y}{12}$

**1-1** (1) $-4a+4b-1$   (2) $6y$   (3) $5x-3$

       (4) $-a+4b-17$   (5) $a+\dfrac{1}{4}b$   (6) $\dfrac{-x+y}{6}$

**필수 문제 2**   $3x+2y$

**2-1** (1) $3a+8b$   (2) $3x+y$

**개념 확인**   ㄴ, ㅁ

**필수 문제 3**   (1) $-2x^2+x+1$    (2) $5a^2+3a-13$

         (3) $3a^2-2a+9$     (4) $\dfrac{1}{6}x^2+6x-\dfrac{21}{4}$

**3-1** (1) $3x^2+x+1$     (2) $5a^2-6a+5$

       (3) $13a^2+9a-6$   (4) $\dfrac{1}{8}x^2+4x-2$

**3-2** (1) $-2x^2-x-2$   (2) $2a+6$

---

**1** (1) $3x+4y$        (2) $-\dfrac{1}{6}x-\dfrac{17}{20}y+\dfrac{1}{12}$

    (3) $4a^2-\dfrac{7}{2}a+1$   (4) $2a^2-5a-11$

**2** $\dfrac{11}{5}$     **3** $-15x+5y$

**4** (1) $2b$     (2) $2x^2-2x+2$

**5** (1) $3x^2-2x-1$   (2) $4x^2-5x+6$

**6** $-7a^2+7a+6$

개념 **확인**  $ab,\ b$

**필수 문제 4**  (1) $8a^2-12a$  (2) $-3x^2+6xy$

**4-1**  (1) $2x^2+6xy$
(2) $-20a^2+10a$
(3) $-6ab-8b^2+2b$
(4) $-4x^2+20xy-16x$

**4-2**  $45x^3+18x^2y$

**필수 문제 5**  (1) $\dfrac{2}{3}x-2$  (2) $-4a-6b$

**5-1**  (1) $\dfrac{3}{2}ab^2+b$  (2) $-2x^2+\dfrac{x^3}{y}$
(3) $-4x-2$  (4) $3x-2y+5$
(5) $2a-6$  (6) $-18a^2+6a+3ab$

**5-2**  $7a^2+2b^2$

**필수 문제 6**  (1) $5a^2+8a$  (2) $-x-1$  (3) $5x^2-x$

**6-1**  (1) $-4x^3+7x^2+7x$  (2) $6a-7b$
(3) $-2xy-2$  (4) $-7ab-9b$
(5) $18a^2-54ab$

**STEP 1** 쏙쏙 **개념 익히기**  P. 40

**1**  (1) $2a^2-4ab$  (2) $15a^2-20ab+5a$
(3) $-3y+2$  (4) $6x-9y+3$
**2**  $6a^3+4a^2b-10a^2$  **3**  $-5$
**4**  (1) $\dfrac{15}{4}$  (2) $11$  **5**  $12a^3-9a^2b$

**STEP 2** 탄탄 **단원 다지기**  P. 41~43

**1** ④  **2** 11  **3** 2  **4** ④  **5** ⑤
**6** 8배  **7** $\dfrac{1}{3}$  **8** ④  **9** 7  **10** ②, ④
**11** ①  **12** $-9a^3b^2$  **13** $\dfrac{9}{4}$배  **14** 18
**15** ①, ④  **16** $a+2b$  **17** $5a+7b$
**18** ㄴ, ㅁ  **19** $9x^2+15y-18$  **20** 60
**21** $-b^2+3ab$  **22** $3a+b$

**STEP 3** 쏙쏙 **서술형 완성하기**  P. 44~45

〈과정은 풀이 참조〉
따라 해보자  유제 1  10
유제 2  9

연습해 보자  **1**  (1) 16  (2) 64  **2**  $16ab$
**3**  $-5x^2+17x-10$
**4**  (1) (나), $-4x+3$  (2) (다), $15x-12y$

과학 **속** 수학  P. 46

답  3 m

# 3 일차부등식

## ⌒1 부등식의 해와 그 성질

P. 50

**개념 확인**　ㄱ, ㄹ

**필수 문제 1**　(1) $2x+5 \leq 20$
　　　　　　　(2) $3x > 24$
　　　　　　　(3) $800x + 1000 \geq 4000$

　　**1-1**　(1) $\dfrac{a}{2} - 5 \geq 12$
　　　　　　(2) $240 - 7x \leq 10$
　　　　　　(3) $2x + 3 > 15$

**필수 문제 2**　(1) 1, 2　(2) 1, 2, 3

　　**2-1**　(1) 0, 1　(2) $-3$, $-2$

P. 51

**필수 문제 3**　(1) $<$　(2) $<$　(3) $<$　(4) $>$

　　**3-1**　(1) $\geq$　(2) $\leq$

**필수 문제 4**　(1) $x + 4 > 7$　　(2) $x - 2 > 1$
　　　　　　　(3) $-\dfrac{x}{2} < -\dfrac{3}{2}$　(4) $10x - 3 > 27$

　　**4-1**　(1) $x + 5 \leq 7$　　(2) $x - 7 \leq -5$
　　　　　　(3) $-2x \geq -4$　　(4) $\dfrac{x}{6} + \dfrac{1}{2} \leq \dfrac{5}{6}$

　　**4-2**　(1) $0 \leq a + 2 < 5$
　　　　　　(2) $-8 \leq 3a - 2 < 7$

### STEP 1　쏙쏙 개념 익히기　　P. 52

**1**　3개　　　　　**2**　②
**3**　(1) 0, 1, 2　(2) $-2$, $-1$
**4**　⑤　　　　　**5**　(1) $\geq$　(2) $>$　(3) $>$　(4) $\leq$
**6**　6

## ⌒2 일차부등식의 풀이

P. 53~54

**개념 확인**　(1) $x \geq -2$　(2) $x < 0$　(3) $x > 6$

**필수 문제 1**　ㄴ, ㄹ

　　**1-1**　④

**필수 문제 2**　(1) $x \geq 3$,

　　　　　　　(2) $x \leq 2$,

　　　　　　　(3) $x > -\dfrac{9}{5}$,

　　　　　　　(4) $x < -5$,

　　**2-1**　(1) $x < -1$,

　　　　　　(2) $x < 1$,

　　　　　　(3) $x \leq -4$,

　　　　　　(4) $x \geq 3$,

　　**2-2**　③

**필수 문제 3**　(1) $x \leq -\dfrac{a}{3}$　(2) 9

　　**3-1**　2

P. 55

**필수 문제 4**　(1) $x < -\dfrac{7}{2}$　　(2) $x \geq -5$

　　**4-1**　(1) $x \geq -1$　　(2) $x < 14$

**필수 문제 5**　(1) $x \leq 6$　　(2) $x \geq 4$
　　　　　　　(3) $x > 3$　　(4) $x > 1$

　　**5-1**　(1) $x \geq 9$　　(2) $x < 3$
　　　　　　(3) $x > -15$　　(4) $x < -6$

　　**5-2**　(1) $x < \dfrac{5}{3}$　　(2) $x \geq 3$

**1** ④

**2** (1) $x \le -3$, ［그림］
(2) $x \ge -3$, ［그림］

(3) $x \le 2$, ［그림］
(4) $x < -8$, ［그림］

**3** 3개　　　　**4** 9　　　　**5** $x < \dfrac{5}{a}$

**6** $x \ge \dfrac{1}{a}$

## ～3 일차부등식의 활용

**P. 57～58**

**개념 확인**　$3x+9$, $3x+9<30$, 7, 6, 6

**필수 문제 1**　1, 3

**1-1**　26, 27, 28

**1-2**　84점

**필수 문제 2**　$h \ge 7$

**2-1**　12 cm

**필수 문제 3**　15송이

**3-1**　17개

**필수 문제 4**　3벌

**4-1**　11개

**P. 59**

**필수 문제 5**　표: (차례로) $\dfrac{x}{2}$시간, $\dfrac{x}{3}$시간

6 km

**5-1**　$\dfrac{24}{5}$ km

**필수 문제 6**　표: (차례로) $\dfrac{x}{8}$시간, $\dfrac{8-x}{4}$시간

4 km

**6-1**　1200 m

**1** 14　　　**2** 17개　　　**3** 10개

**4** 10장　　**5** 23명　　　**6** $\dfrac{7}{2}$ km

**1** ④　　**2** ⑤　　**3** ④　　**4** ＞　　**5** 4개

**6** ①, ④　**7** ⑤　　**8** ④　　**9** ⑤　　**10** $-3$

**11** $-6$　**12** ②　　**13** 9　　**14** $-1$　**15** ④

**16** (1) $x \le \dfrac{a}{2}$　(2) ［그림］　(3) $4 \le a < 6$

**17** 4, 5, 6　　　　**18** 27 cm　　　　**19** ③

**20** 13개월 후　　**21** 26개월　　　**22** 2 km

〈과정은 풀이 참조〉

**따라 해보자**　유제 1　$a < -2$

유제 2　22명

**연습해 보자**　1　(1) $x - 10 \ge 3x + 2$　(2) $\dfrac{x}{50} \le \dfrac{3}{2}$

**2**　(1) $x > -2$　　(2) ［그림］

**3**　5

**4**　4 km

**환경 속 수학**　　　　　　　　　　　P. 66

답　97개월 후

# 4 연립일차방정식

## ~1 미지수가 2개인 일차방정식

P. 70~71

**필수 문제 1** ③

**1-1** ㄴ, ㅂ

**필수 문제 2** $2x+3y=23$

**2-1** (1) $500x+800y=3600$  (2) $2x+2y=30$

**필수 문제 3** ⑤

**3-1** ㄴ, ㄷ, ㅂ

**필수 문제 4** (1) (차례로) $3$, $\dfrac{5}{2}$, $2$, $\dfrac{3}{2}$, $1$, $\dfrac{1}{2}$, $0$

(2) $(1, 3)$, $(3, 2)$, $(5, 1)$

**4-1** (1) 표: (차례로) $8$, $6$, $4$, $2$, $0$
해: $(1, 8)$, $(2, 6)$, $(3, 4)$, $(4, 2)$
(2) 표: (차례로) $10$, $7$, $4$, $1$, $-2$
해: $(1, 4)$, $(4, 3)$, $(7, 2)$, $(10, 1)$

**필수 문제 5** $-1$

**5-1** $10$

### STEP 1 쏙쏙 개념 익히기

P. 72

**1** ㄷ, ㅁ, ㅅ   **2** ⑤   **3** ②, ⑤

**4** (1) $3x+2y=28$  (2) $(2, 11)$, $(4, 8)$, $(6, 5)$, $(8, 2)$

**5** $3$

## ~2 미지수가 2개인 연립일차방정식

P. 73

**개념 확인** 표: ㉠ (차례로) $4$, $3$, $2$, $1$
㉡ (차례로) $5$, $3$, $1$
해: $x=3$, $y=2$

**필수 문제 1** ③

**필수 문제 2** $a=4$, $b=3$

**2-1** $a=2$, $b=4$

### STEP 1 쏙쏙 개념 익히기

P. 74

**1** ③, ④   **2** $\begin{cases} 3x+2y=1 \\ 2x-5y=26 \end{cases}$

**3** $x=5$, $y=1$   **4** ③   **5** $5$

## ~3 연립방정식의 풀이

P. 75

**개념 확인** ㈎ $-x+5$  ㈏ $2$  ㈐ $3$

**필수 문제 1** (1) $x=3$, $y=2$   (2) $x=4$, $y=2$
(3) $x=1$, $y=3$   (4) $x=4$, $y=5$

**1-1** (1) $x=8$, $y=9$   (2) $x=7$, $y=2$
(3) $x=2$, $y=-7$   (4) $x=5$, $y=-2$

P. 76

**개념 확인** ㈎ $2$  ㈏ $6-y$  ㈐ $-1$

**필수 문제 2** (1) $x=2$, $y=4$   (2) $x=3$, $y=2$
(3) $x=-2$, $y=3$   (4) $x=6$, $y=7$

**2-1** (1) $x=5$, $y=1$   (2) $x=2$, $y=-2$
(3) $x=-1$, $y=-3$   (4) $x=-3$, $y=2$

**1** $-5$      **2** ⑤

**3** (1) $x=3$, $y=4$    (2) $x=3$, $y=5$

    (3) $x=3$, $y=1$    (4) $x=-4$, $y=-4$

**4** 1      **5** $a=-3$, $b=15$      **6** 8

### P. 78

**필수 문제 3**   (1) $x=-4$, $y=1$    (2) $x=3$, $y=5$

**3-1**   (1) $x=4$, $y=1$    (2) $x=-3$, $y=1$

**필수 문제 4**   (1) $x=1$, $y=2$    (2) $x=3$, $y=2$

**4-1**   (1) $x=2$, $y=1$      (2) $x=2$, $y=5$

        (3) $x=-1$, $y=-1$    (4) $x=2$, $y=-5$

### P. 79

**필수 문제 5**   (1) $x=1$, $y=-3$    (2) $x=-3$, $y=4$

**5-1**   (1) $x=5$, $y=-3$    (2) $x=2$, $y=2$

**5-2**   (1) $x=2$, $y=-2$    (2) $x=1$, $y=-\dfrac{2}{5}$

       (3) $x=-3$, $y=4$

### P. 80

**필수 문제 6**   (1) 해가 무수히 많다.    (2) 해가 없다.

**6-1**   (1) 해가 무수히 많다.    (2) 해가 없다.

     (3) 해가 무수히 많다.    (4) 해가 없다.

**필수 문제 7**   $-7$

**7-1**   $-\dfrac{1}{3}$

**1** (1) $x=4$, $y=0$    (2) $x=1$, $y=3$

    (3) $x=-7$, $y=3$    (4) $x=10$, $y=12$

**2** 0      **3** $x=7$, $y=11$

**4** ㄴ, ㅂ      **5** $-3$

## ┌4 연립방정식의 활용

### P. 82~83

**개념 확인**   $x+y$, $x-y$, $x+y$, $x-y$, 14, 11, 14, 11, 14, 11, 14, 11

**필수 문제 1**   (1) $\begin{cases} x+y=12 \\ 10y+x=(10x+y)+18 \end{cases}$

       (2) $x=5$, $y=7$

       (3) 57

**1-1**   35

**필수 문제 2**   (1) $\begin{cases} x+y=7 \\ 1000x+300y=4200 \end{cases}$

       (2) $x=3$, $y=4$

       (3) 복숭아: 3개, 자두: 4개

**2-1**   어른: 12명, 학생: 8명

**2-2**   4점짜리: 14개, 5점짜리: 4개

**필수 문제 3**   (1) $\begin{cases} x+y=56 \\ x-3=3(y-3)+2 \end{cases}$

       (2) $x=41$, $y=15$

       (3) 어머니: 41세, 아들: 15세

**3-1**   아버지: 44세, 수연: 14세

**1** 16      **2** 800원

**3** 닭: 8마리, 토끼: 12마리      **4** 11 cm

**5** 14회      **6** 11회

## P. 85

**필수 문제 4**

| | 자전거를 타고 갈 때 | 걸어갈 때 | 전체 |
|---|---|---|---|
| 거리 | $x$ km | $y$ km | 9 km |
| 속력 | 시속 10 km | 시속 4 km | — |
| 시간 | $\frac{x}{10}$시간 | $\frac{y}{4}$시간 | $1\frac{30}{60}$시간 |

자전거를 타고 간 거리: 5 km,
걸어간 거리: 4 km

**4-1**  1 km

**필수 문제 5**

| | 올라갈 때 | 내려올 때 | 전체 |
|---|---|---|---|
| 거리 | $x$ km | $y$ km | — |
| 속력 | 시속 3 km | 시속 5 km | — |
| 시간 | $\frac{x}{3}$시간 | $\frac{y}{5}$시간 | 2시간 |

올라간 거리: 3 km, 내려온 거리: 5 km

**5-1**  5 km

## P. 86

**필수 문제 6**

| | 남학생 | 여학생 | 전체 |
|---|---|---|---|
| 작년의 학생 수 | $x$명 | $y$명 | 700명 |
| 올해의 변화율 | 10 % 증가 | 4 % 감소 | — |
| 학생 수의 변화량 | $+\frac{10}{100}x$명 | $-\frac{4}{100}y$명 | +14명 |

남학생: 330명, 여학생: 384명

**6-1**  남학생: 423명, 여학생: 572명

**필수 문제 7**  10일

**7-1**  12일

## P. 87

**필수 문제 8**

| | 섞기 전 | | 섞은 후 |
|---|---|---|---|
| 소금물의 농도 | 4 % + | 7 % = | 5 % |
| 소금물의 양 | $x$ g | $y$ g | 600 g |
| 소금의 양 | $\left(\frac{4}{100}\times x\right)$g | $\left(\frac{7}{100}\times y\right)$g | $\left(\frac{5}{100}\times 600\right)$g |

4 %의 소금물: 400 g, 7 %의 소금물: 200 g

**8-1**

| | 섞기 전 | | 섞은 후 |
|---|---|---|---|
| 소금물의 농도 | 5 % + | 10 % = | 8 % |
| 소금물의 양 | $x$ g | $y$ g | 500 g |
| 소금의 양 | $\left(\frac{5}{100}\times x\right)$g | $\left(\frac{10}{100}\times y\right)$g | $\left(\frac{8}{100}\times 500\right)$g |

5 %의 소금물: 200 g, 10 %의 소금물: 300 g

### STEP 1 쏙쏙 개념 익히기  P. 88

**1**  10 km    **2**  515 kg    **3**  600 g

**4** (1) $\begin{cases} 10x+10y=2000 \\ 50x-50y=2000 \end{cases}$  (2) $x=120$, $y=80$

(3) 시우: 분속 120 m, 은수: 분속 80 m

**5**  분속 96 m

### STEP 2 탄탄 단원 다지기  P. 89~91

| | | | | |
|---|---|---|---|---|
| **1** ③ | **2** ④ | **3** ④ | **4** −4 | **5** ④ |
| **6** 8 | **7** ③ | **8** ② | **9** 6 | |
| **10** $a=5$, $b=2$ | **11** ② | **12** $a=5$, $b=5$ | | |
| **13** 3 | **14** ② | **15** −20 | **16** $x=5$, $y=3$ | |
| **17** ④ | **18** ② | **19** 36 | **20** 700원 | |
| **21** $a=3$, $b=1$ | **22** 3분 | **23** 20분 | **24** ① | |

### STEP 3 쏙쏙 서술형 완성하기  P. 92~93

〈과정은 풀이 참조〉

**따라 해보자**  유제 1  $\frac{3}{2}$    유제 2  $x=3$, $y=1$

**연습해 보자**  1  12    2  $x=2$, $y=\frac{1}{2}$

3  −3

4 (1) $\begin{cases} x+y=60 \\ x+15=2(y+15) \end{cases}$  (2) 50세

### 문화 속 수학  P. 94

답 객실: 8개, 손님: 63명

## ⌐1 함수

P. 98

**개념 확인**

(1)

| $x$ | 1 | 2 | 3 | 4 | $\cdots$ |
|---|---|---|---|---|---|
| $y$ | 500 | 1000 | 1500 | 2000 | $\cdots$ |

함수이다.

(2)

| $x$ | 1 | 2 | 3 | 4 | $\cdots$ |
|---|---|---|---|---|---|
| $y$ | 1 | 1, 2 | 1, 3 | 1, 2, 4 | $\cdots$ |

함수가 아니다.

**필수 문제 1** (1) × (2) ○ (3) × (4) ○ (5) ○

**1-1** ㄱ, ㄷ, ㄹ

P. 99

**개념 확인** $-6, 6, 3$

**필수 문제 2** (1) $f(2)=6$, $f(-3)=-9$

(2) $f(2)=-4$, $f(-3)=\dfrac{8}{3}$

**2-1** (1) $-20$ (2) $2$ (3) $-6$ (4) $1$

**2-2** $1$

### STEP 1 쏙쏙 개념 익히기

P. 100

**1** (1)

| $x$ | 1 | 2 | 3 | 4 | 5 | $\cdots$ |
|---|---|---|---|---|---|---|
| $y$ | 19 | 18 | 17 | 16 | 15 | $\cdots$ |

(2) 함수이다.

**2** ② **3** ④ **4** $2$

**5** $-12$ **6** $5$

---

## ⌐2 일차함수와 그 그래프

P. 101

**필수 문제 1** ㄱ, ㄹ

**1-1** ③, ④

**1-2** (1) $y=x+32$ (2) $y=\pi x^2$

(3) $y=\dfrac{40}{x}$ (4) $y=-x+24$

일차함수인 것: (1), (4)

**필수 문제 2** (1) $7$, $-5$ (2) $-9$, $1$

P. 102

**개념 확인** (1) (차례로) $-1, 1, 3, 5, 7$

(2)

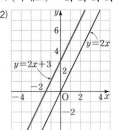

**필수 문제 3** (1) $1$ (2) $-2$

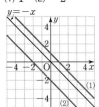

**필수 문제 4** (1) $y=6x+3$ (2) $y=-\dfrac{1}{2}x-1$

**4-1** (1) $5$ (2) $-8$

### STEP 1 쏙쏙 개념 익히기

P. 103

**1** ㄱ, ㄴ **2** $15$ **3** $-11$

**4** 제4사분면 **5** ④ **6** $3$

**개념 확인** (1) $(-3, 0)$  (2) $(0, 2)$
(3) $x$절편: $-3$, $y$절편: $2$

**필수 문제 5** (1) $-2, 3$  (2) $3, 1$

**5-1** (1) $4, 3$  (2) $0, 0$  (3) $5, -2$

**필수 문제 6** (1) $x$절편: $\dfrac{3}{4}$, $y$절편: $3$
(2) $x$절편: $8$, $y$절편: $-4$

**6-1** (1) $x$절편: $2$, $y$절편: $2$
(2) $x$절편: $-15$, $y$절편: $6$
(3) $x$절편: $-4$, $y$절편: $-8$

**필수 문제 7** ❶ $4, 3$  ❷ $4, 3$

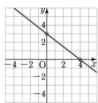

**7-1**

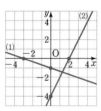

**필수 문제 8** $4$

**8-1** $27$

---

**STEP 1 쏙쏙 개념 익히기**

**1** (1) $2, 3$  (2) $-4, 4$  (3) $3, -2$  (4) $-2, -1$

**2** $-\dfrac{1}{3}$  **3** (1) $-3$  (2) $\dfrac{1}{3}$

**4** $A(5, 0)$

**5** (1) $3, -4$
(2) $-2, 2$
(3) $6, 3$
(4) $-2, -4$

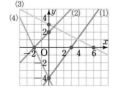

**6** $\dfrac{1}{2}$

---

**개념 확인**  $-\dfrac{3}{4}, 3$

**필수 문제 9** (1) $\dfrac{4}{3}$  (2) $-\dfrac{1}{2}$

**9-1** (1) $1$  (2) $-2$  (3) $-\dfrac{2}{3}$

**필수 문제 10** (1) $-4$  (2) $3$  (3) $-2$

**10-1** (1) ㄴ  (2) ㄹ

**10-2** (1) (차례로) $2, 4$  (2) (차례로) $-\dfrac{1}{2}, -2$

**필수 문제 11** $-1$

**11-1** (1) $3$  (2) $-\dfrac{5}{3}$

**11-2** $2$

---

**필수 문제 12** ❶ $2, 2$  ❷ $\dfrac{3}{2}, 3, 5$

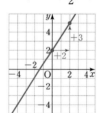

**12-1**

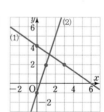

**12-2** ①

---

**STEP 1 쏙쏙 개념 익히기**

**1** ③  **2** (1) $-2$  (2) $-4$
**3** $1$  **4** $-6$  **5** $1$
**6** $8$

# 3 일차함수의 그래프의 성질과 식

P. 111

**필수 문제 1** (1) ㄱ, ㄷ, ㅁ (2) ㄴ, ㄹ (3) ㄱ, ㄹ (4) ㄹ

**필수 문제 2** $a>0$, $b<0$

**2-1** $a<0$, $b<0$

P. 112

**필수 문제 3** (1) ㄴ, ㄹ (2) ㅁ

**3-1** ③

**필수 문제 4** (1) $a=-3$, $b\neq-2$ (2) $a=-3$, $b=-2$

**4-1** $-6$

**4-2** $4$

---

## STEP 1 쏙쏙 개념 익히기 P. 113

**1** (1) ㄱ, ㄴ (2) ㄷ, ㄹ (3) ㄱ, ㄹ
**2** (1) ⓒ, ⓔ (2) ㉠, ⓛ (3) ⓒ (4) ⓛ (5) ⓛ
**3** (1) $a<0$, $b<0$ (2) $a>0$, $b<0$
**4** $-4$   **5** ⑤

P. 114

**필수 문제 5** (1) $y=3x-5$ (2) $y=-\dfrac{1}{2}x-3$

**5-1** (1) $y=-6x+\dfrac{1}{4}$ (2) $y=\dfrac{2}{3}x-7$

(3) $y=-4x+3$ (4) $y=\dfrac{1}{2}x+1$

**5-2** $-4$

P. 115

**필수 문제 6** (1) $y=-2x+1$ (2) $y=3x-1$

**6-1** (1) $y=5x+6$ (2) $y=-x+2$

(3) $y=-\dfrac{4}{3}x+3$

**6-2** $\dfrac{1}{2}$

P. 116

**필수 문제 7** $y=2x-3$

**7-1** (1) $y=2x-2$ (2) $y=-\dfrac{6}{5}x+\dfrac{7}{5}$

**필수 문제 8** (1) $1$ (2) $y=x+1$

**8-1** $y=\dfrac{4}{3}x-\dfrac{1}{3}$

P. 117

**필수 문제 9** $y=\dfrac{2}{5}x-2$

**9-1** (1) $y=\dfrac{3}{2}x+3$ (2) $y=-\dfrac{1}{4}x-1$

**9-2** $y=-\dfrac{3}{2}x-3$

**필수 문제 10** (1) $\dfrac{2}{3}$ (2) $y=\dfrac{2}{3}x-2$

**10-1** $y=-\dfrac{5}{3}x-5$

---

## STEP 1 쏙쏙 개념 익히기 P. 118

**1** (1) $y=\dfrac{1}{2}x-4$ (2) $y=x-2$   **2** $1$

**3** (1) $y=-x-1$ (2) $y=-\dfrac{3}{4}x+3$

**4** $3$

**5** (1) $y=-4x+12$ (2) $y=-\dfrac{7}{5}x+7$

**6** $\dfrac{17}{5}$

# 4 일차함수의 활용

P. 119

**필수 문제 1**   (1) $y=50+2x$   (2) $90\,cm$

**1-1**   (1) $y=331+0.6x$   (2) $30\,°C$

**필수 문제 2**   (1) $y=24-3x$   (2) 5시간 후

**2-1**   (1) $y=100-0.4x$   (2) 40분 후

---

## STEP 1 쓱쓱 개념 익히기

P. 120

**1**   (1) $y=30+\dfrac{1}{3}x$   (2) $35\,cm$    **2**   $20\,°C$

**3**   3분 후    **4**   $800\,cm^2$    **5**   6초 후

---

## STEP 2 탄탄 단원 다지기

P. 121~123

**1** ㄴ, ㅁ    **2** 4800    **3** 3개    **4** 4    **5** ②, ⑤

**6** 3    **7** $x$절편: 3, $y$절편: $-1$    **8** $-2$

**9** $-\dfrac{5}{2}$    **10** ⑤    **11** $-3$    **12** ③    **13** 15

**14** ③    **15** $a=-2,\ b\ne1$    **16** ②, ⑤

**17** (1) $(0,\ -2)$   (2) 5   (3) $\dfrac{1}{4}$   (4) $\dfrac{1}{4}\le a\le5$    **18** ②

**19** 4    **20** $y=\dfrac{2}{3}x-2$    **21** 150분 후

**22** ㄱ, ㄹ

---

## STEP 3 쓱쓱 서술형 완성하기

P. 124~125

〈과정은 풀이 참조〉

**따라 해보자**   유제 1   10

          유제 2   1096 m

**연습해 보자**   **1**   $-12$

**2**

**3**   $a=5,\ b=10$

**4**   (1) $y=3x+1$   (2) 301개

---

## 과학 속 수학

P. 126

답 36초 후

# 6 일차함수와 일차방정식의 관계

## 1 일차함수와 일차방정식

P. 130~131

**개념 확인**  (1) $y=-x+3$  (2) $y=3x+5$

(3) $y=\dfrac{1}{2}x-2$  (4) $y=-3x-\dfrac{1}{2}$

**필수 문제 1**  (1) $1, -7, 7$  (2) $\dfrac{3}{4}, 4, -3$

**1-1**  (1) $x$절편: 2, $y$절편: 5

(2)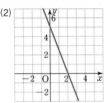

**1-2**  ④

**1-3**  $-6$

**필수 문제 2**  $a=8, b=1$

**2-1**  $-6$

P. 132

**개념 확인**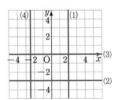

**필수 문제 3**  (1) $y=-5$  (2) $x=2$

**3-1**  (1) $x=-3$  (2) $x=3$  (3) $y=-1$  (4) $y=4$

**필수 문제 4**  5

**4-1**  $-4$

---

STEP 1 쏙쏙 개념 익히기    P. 133~134

**1**  ㄱ, ㄹ, ㅁ    **2**  ④    **3**  ①, ④

**4**  10

**5**  (1) ㅁ, ㅂ  (2) ㄱ, ㄷ  (3) ㄱ, ㄷ  (4) ㅁ, ㅂ

**6**  $-5$

**7**  (1) ㄴ  (2) ㄱ  (3) ㄷ  (4) ㅂ

**8**  ③    **9**  $a<0, b<0$

## 2 일차함수의 그래프와 연립일차방정식

P. 135

**개념 확인**  (1) $x=1, y=2$  (2) $x=1, y=-3$

**필수 문제 1**  (1) $(3, -5)$  (2) $(2, 4)$

**1-1**  4

**필수 문제 2**  $a=2, b=-4$

**2-1**  3

P. 136

**개념 확인**  (1) 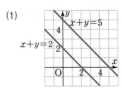  (2) 해가 없다.

**필수 문제 3**  2

**3-1**  6

**3-2**  ②, ⑤

**1** (1) 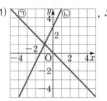 ㉠ ㉡, $x=-1$, $y=1$

(2)  ㉡ ㉠, 해가 없다.

**2** $-1$　　　　**3** $x=1$

**4** $a=2$, $b=-\dfrac{1}{2}$　　　　　　**5** $-8$

**1** ⑤　　**2** ⑤　　**3** ③, ④　　**4** $a=-\dfrac{3}{2}$, $b=1$

**5** ③　　**6** ②　　**7** ④　　**8** $a=0$, $b=-6$

**9** ④　　**10** $-4$　　**11** $y=-4x+17$

**12** (1) $-\dfrac{2}{5}$, $\dfrac{2}{3}$　(2) $-2$　(3) $-2$, $-\dfrac{2}{5}$, $\dfrac{2}{3}$

**13** 9　　**14** ⑤　　**15** ㄴ, ㄷ　**16** $a=-8$, $b\neq-3$

〈과정은 풀이 참조〉

**따라 해보자** 　유제 **1** 　$a=0$, $b=2$

유제 **2** 　$y=-3x+8$

**연습해 보자** 　**1** 　$x=-16$　　　**2** 　$\mathrm{P}\left(3, \dfrac{3}{2}\right)$

**3** (1) $\mathrm{A}(5, 3)$, $\mathrm{B}(0, 3)$, $\mathrm{C}(0, -2)$　(2) $\dfrac{25}{2}$

**4** $a=4$, $b=8$

**경제 속 수학**　　　　　　　　　　　　　P. 142

답 41그릇

개념편

# 개념편

### P. 8

**개념 확인**　(1) $-2$, $0$

　　　　　　　(2) $\dfrac{6}{5}$, $-\dfrac{1}{3}$, $0.12$

　　　　　　　(3) $\pi$

정수와 유리수는 $\dfrac{(정수)}{(0이\ 아닌\ 정수)}$ 꼴로 나타낼 수 있다.

(3) $\pi = 3.141592\cdots$로 $\dfrac{(정수)}{(0이\ 아닌\ 정수)}$ 꼴로 나타낼 수 없

으므로 유리수가 아니다.

**필수 문제 1**　(1) $0.6$, 유한소수　(2) $0.333\cdots$, 무한소수

　　　　　　(3) $2.75$, 유한소수　(4) $-0.8666\cdots$, 무한소수

(1) $\dfrac{3}{5} = 3 \div 5 = 0.6$

(2) $\dfrac{1}{3} = 1 \div 3 = 0.333\cdots$

(3) $\dfrac{11}{4} = 11 \div 4 = 2.75$

(4) $-\dfrac{13}{15} = -(13 \div 15) = -0.8666\cdots$

**1-1**　(1) $0.666\cdots$, 무한소수　　(2) $1.125$, 유한소수

　　　(3) $-0.58333\cdots$, 무한소수　(4) $0.16$, 유한소수

(1) $\dfrac{2}{3} = 2 \div 3 = 0.666\cdots$

(2) $\dfrac{9}{8} = 9 \div 8 = 1.125$

(3) $-\dfrac{7}{12} = -(7 \div 12) = -0.58333\cdots$

(4) $\dfrac{4}{25} = 4 \div 25 = 0.16$

### P. 9

**필수 문제 2**　(1) $5$, $0.\dot{5}$　　　　(2) $19$, $0.\dot{1}\dot{9}$

　　　　　　　(3) $35$, $0.1\dot{3}\dot{5}$　　(4) $245$, $5.\dot{2}4\dot{5}$

**2-1**　(1) $8$, $0.\dot{8}$　　　　　　(2) $26$, $6.\dot{2}\dot{6}$

　　　(3) $4$, $5.2\dot{4}$　　　　　(4) $132$, $2.\dot{1}3\dot{2}$

**필수 문제 3**　(1) $7$　(2) $0.\dot{7}$

(1) $\dfrac{7}{9} = 0.777\cdots$이므로 순환마디는 7이다.

(2) $0.777\cdots = 0.\dot{7}$

**3-1**　(1) $0.\dot{3}\dot{6}$　(2) $1.1\dot{6}$　(3) $0.\dot{7}4\dot{0}$　(4) $0.1\dot{4}\dot{5}$

(1) $\dfrac{4}{11} = 0.363636\cdots = 0.\dot{3}\dot{6}$

(2) $\dfrac{7}{6} = 1.1666\cdots = 1.1\dot{6}$

(3) $\dfrac{20}{27} = 0.740740740\cdots = 0.\dot{7}4\dot{0}$

(4) $\dfrac{8}{55} = 0.1454545\cdots = 0.1\dot{4}\dot{5}$

### STEP 1 쏙쏙 개념 익히기　　P. 10

**1** ③　　**2** ②　　**3** ②, ⑤

**4** (1) $0.\dot{1}8\dot{5}$　(2) 3개　(3) 8　　**5** 5

**1**　① $\dfrac{3}{4} = 0.75$　　② $\dfrac{7}{20} = 0.35$

　　③ $\dfrac{11}{12} = 0.91666\cdots$　　④ $\dfrac{14}{5} = 2.8$

　　⑤ $\dfrac{49}{25} = 1.96$

따라서 무한소수인 것은 ③이다.

**2**　① $0.131313\cdots \Rightarrow 13$

　　③ $0.782782782\cdots \Rightarrow 782$

　　④ $3.863863863\cdots \Rightarrow 863$

　　⑤ $15.415415415\cdots \Rightarrow 415$

따라서 바르게 연결된 것은 ②이다.

**3**　① $0.202020\cdots = 0.\dot{2}\dot{0}$

　　③ $2.132132132\cdots = 2.\dot{1}3\dot{2}$

　　④ $1.721721721\cdots = 1.\dot{7}2\dot{1}$

따라서 순환소수의 표현이 옳은 것은 ②, ⑤이다.

**4**　(1) $\dfrac{5}{27} = 0.185185185\cdots = 0.\dot{1}8\dot{5}$

　　(2) $0.\dot{1}8\dot{5}$의 순환마디를 이루는 숫자는 1, 8, 5의 3개이다.

　　(3) $50 = 3 \times 16 + 2$이므로 소수점 아래 50번째 자리의 숫자는 순환마디의 두 번째 숫자인 8이다.

**5**　$\dfrac{3}{7} = 0.428571428571428571\cdots = 0.\dot{4}2857\dot{1}$이므로 순환마

디를 이루는 숫자는 4, 2, 8, 5, 7, 1의 6개이다.

이때 $70 = 6 \times 11 + 4$이므로 소수점 아래 70번째 자리의 숫자

는 순환마디의 네 번째 숫자인 5이다.

**개념 확인** (1) ① $2^2$ ② $2^2$ ③ 36 ④ 0.36
(2) ① $5^2$ ② $5^2$ ③ 1000 ④ 0.025

**필수 문제 4** ㄱ, ㄹ, ㅁ

기약분수로 나타냈을 때, 분모의 소인수가 2 또는 5뿐이면 유한소수로 나타낼 수 있다.

ㄱ. $\dfrac{13}{20}=\dfrac{13}{2^2\times5}$  ㄴ. $\dfrac{27}{42}=\dfrac{9}{14}=\dfrac{9}{2\times\boxed{7}}$

ㄷ. $\dfrac{7}{39}=\dfrac{7}{\boxed{3\times13}}$  ㄹ. $\dfrac{42}{2\times5\times7}=\dfrac{3}{5}$

ㅁ. $\dfrac{55}{2^2\times5\times11}=\dfrac{1}{2^2}$

따라서 유한소수로 나타낼 수 있는 것은 ㄱ, ㄹ, ㅁ이다.

**4-1** ③, ⑤

① $\dfrac{6}{16}=\dfrac{3}{8}=\dfrac{3}{2^3}$  ② $\dfrac{33}{44}=\dfrac{3}{4}=\dfrac{3}{2^2}$

③ $\dfrac{11}{120}=\dfrac{11}{2^3\times\boxed{3}\times5}$  ④ $\dfrac{5}{2\times5^2}=\dfrac{1}{2\times5}$

⑤ $\dfrac{21}{2\times3\times7^2}=\dfrac{1}{2\times\boxed{7}}$

따라서 순환소수로만 나타낼 수 있는 것은 ③, ⑤이다.

**필수 문제 5** 21

$\dfrac{11}{3\times5^2\times7}\times A$가 유한소수가 되려면 $A$는 3과 7의 공배수, 즉 21의 배수이어야 한다.
따라서 $A$의 값이 될 수 있는 가장 작은 자연수는 21이다.

**5-1** 9

$\dfrac{5}{72}\times A=\dfrac{5}{2^3\times3^2}\times A$가 유한소수가 되려면
$A$는 $3^2$, 즉 9의 배수이어야 한다.
따라서 $A$의 값이 될 수 있는 가장 작은 자연수는 9이다.

**필수 문제 6** (1) 10, 10, 9, $\dfrac{5}{9}$

(2) 100, 100, 99, 99, $\dfrac{8}{33}$

**6-1** (1) $\dfrac{2}{9}$ (2) $\dfrac{5}{11}$ (3) $\dfrac{26}{9}$ (4) $\dfrac{52}{33}$

(1) $0.\dot{2}$를 $x$라고 하면
$x=0.222\cdots$
$10x=2.222\cdots$
$-)\ \ \ x=0.222\cdots$
$\overline{\phantom{-)}\ 9x=2}$
$\therefore x=\dfrac{2}{9}$

(2) $0.\dot{4}\dot{5}$를 $x$라고 하면
$x=0.454545\cdots$
$100x=45.454545\cdots$
$-)\ \ \ \ x=\ 0.454545\cdots$
$\overline{\phantom{-)}\ 99x=45}$
$\therefore x=\dfrac{45}{99}=\dfrac{5}{11}$

(3) $2.\dot{8}$을 $x$라고 하면
$x=2.888\cdots$
$10x=28.888\cdots$
$-)\ \ \ x=\ 2.888\cdots$
$\overline{\phantom{-)}\ 9x=26}$
$\therefore x=\dfrac{26}{9}$

(4) $1.\dot{5}\dot{7}$을 $x$라고 하면
$x=1.575757\cdots$
$100x=157.575757\cdots$
$-)\ \ \ \ x=\ \ 1.575757\cdots$
$\overline{\phantom{-)}\ 99x=156}$
$\therefore x=\dfrac{156}{99}=\dfrac{52}{33}$

**필수 문제 7** (1) 100, 100, 10, 10, 90, $\dfrac{11}{90}$

(2) 1000, 1000, 10, 10, 990, 990, $\dfrac{127}{330}$

**7-1** (1) $\dfrac{37}{45}$ (2) $\dfrac{239}{990}$ (3) $\dfrac{61}{45}$ (4) $\dfrac{333}{110}$

(1) $0.8\dot{2}$를 $x$라고 하면
$x=0.8222\cdots$
$100x=82.222\cdots$
$-)\ \ 10x=\ 8.222\cdots$
$\overline{\phantom{-)}\ 90x=74}$
$\therefore x=\dfrac{74}{90}=\dfrac{37}{45}$

(2) $0.2\dot{4}\dot{1}$을 $x$라고 하면
$x=0.2414141\cdots$
$1000x=241.414141\cdots$
$-)\ \ \ 10x=\ \ \ 2.414141\cdots$
$\overline{\phantom{-)}\ 990x=239}$
$\therefore x=\dfrac{239}{990}$

(3) $1.3\dot{5}$를 $x$라고 하면
$x=1.3555\cdots$
$100x=135.555\cdots$
$-)\ \ 10x=\ 13.555\cdots$
$\overline{\phantom{-)}\ 90x=122}$
$\therefore x=\dfrac{122}{90}=\dfrac{61}{45}$

(4) $3.0\dot{2}\dot{7}$을 $x$라고 하면
$x=3.0272727\cdots$
$1000x=3027.2727\cdots$
$-)\ \ \ 10x=\ \ \ 30.2727\cdots$
$\overline{\phantom{-)}\ 990x=2997}$
$\therefore x=\dfrac{2997}{990}=\dfrac{333}{110}$

**필수 문제 8** (1) $\dfrac{4}{9}$ (2) $\dfrac{17}{33}$ (3) $\dfrac{67}{45}$ (4) $\dfrac{611}{495}$

(2) $0.\dot{5}\dot{1}=\dfrac{51}{99}=\dfrac{17}{33}$
전체의 수 / 순환마디를 이루는 숫자 2개

(3) $1.4\dot{8}=\dfrac{148-14}{90}=\dfrac{134}{90}=\dfrac{67}{45}$
전체의 수 / 순환하지 않는 부분의 수 / 순환마디를 이루는 숫자 1개 / 순환하지 않는 숫자 1개

(4) $1.\dot{2}3\dot{4}=\dfrac{1234-12}{990}=\dfrac{1222}{990}=\dfrac{611}{495}$
전체의 수 / 순환하지 않는 부분의 수 / 순환마디를 이루는 숫자 2개 / 순환하지 않는 숫자 1개

**8-1** (1) $\dfrac{3}{11}$ (2) $\dfrac{172}{999}$ (3) $\dfrac{152}{45}$ (4) $\dfrac{1988}{495}$

(1) $0.\dot{2}\dot{7}=\dfrac{27}{99}=\dfrac{3}{11}$

(3) $3.3\dot{7}=\dfrac{337-33}{90}=\dfrac{304}{90}=\dfrac{152}{45}$

(4) $4.0\dot{1}\dot{6}=\dfrac{4016-40}{990}=\dfrac{3976}{990}=\dfrac{1988}{495}$

**필수 문제 9**  ㄱ, ㄴ, ㄷ

ㄹ. 무한소수 중에서 순환소수는 유리수이지만, $\pi$와 같이 순환소수가 아닌 무한소수는 유리수가 아니다.

---

### STEP 1  쏙쏙 개념 익히기          P. 14

**1** $a=5$, $b=45$, $c=0.45$     **2** 39

**3** 풀이 참조     **4** 37     **5** 1

**6** ③, ⑤

---

**2** $\dfrac{a}{780}=\dfrac{a}{2^2\times3\times5\times13}$가 유한소수가 되려면 $a$는 3과 13의 공배수, 즉 39의 배수이어야 한다.

따라서 $a$의 값이 될 수 있는 가장 작은 자연수는 39이다.

**3** (1) $0.2\dot{3}$을 $x$라고 하면

$$100x=23.333\cdots$$
$$-)\ \ 10x=\ \ 2.333\cdots$$
$$\overline{\ \ \ 90x=21\ \ \ }\qquad \therefore x=\dfrac{21}{90}=\dfrac{7}{30}$$

즉, 가장 편리한 식은 $100x-10x$이다.

(2) $1.\dot{7}$을 $x$라고 하면

$$10x=17.777\cdots$$
$$-)\ \ \ \ x=\ \ 1.777\cdots$$
$$\overline{\ \ \ 9x=16\ \ \ }\qquad \therefore x=\dfrac{16}{9}$$

즉, 가장 편리한 식은 $10x-x$이다.

(3) $0.\dot{2}\dot{1}$을 $x$라고 하면

$$100x=21.212121\cdots$$
$$-)\ \ \ \ \ x=\ \ 0.212121\cdots$$
$$\overline{\ \ \ 99x=21\ \ \ }\qquad \therefore x=\dfrac{21}{99}=\dfrac{7}{33}$$

즉, 가장 편리한 식은 $100x-x$이다.

(4) $2.3\dot{2}\dot{4}$를 $x$라고 하면

$$1000x=2324.242424\cdots$$
$$-)\ \ \ \ 10x=\ \ \ 23.242424\cdots$$
$$\overline{\ \ \ 990x=2301\ \ \ }\qquad \therefore x=\dfrac{2301}{990}=\dfrac{767}{330}$$

즉, 가장 편리한 식은 $1000x-10x$이다.

---

따라서 가장 편리한 식을 찾아 선으로 연결하면 다음과 같다.

(1) $0.2\dot{3}$ •            • $10x-x$
(2) $1.\dot{7}$ •            • $100x-x$
(3) $0.\dot{2}\dot{1}$ •            • $100x-10x$
(4) $2.3\dot{2}\dot{4}$ •            • $1000x-10x$

**4** $1.\dot{6}\dot{3}=\dfrac{163-1}{99}=\dfrac{162}{99}=\dfrac{18}{11}$이므로 $a=18$

$0.3\dot{4}\dot{5}=\dfrac{345-3}{990}=\dfrac{342}{990}=\dfrac{19}{55}$이므로 $b=19$

$\therefore a+b=18+19=37$

**5** $0.3\dot{8}\times\dfrac{b}{a}=0.\dot{3}$에서

$\dfrac{38-3}{90}\times\dfrac{b}{a}=\dfrac{3}{9}$, $\dfrac{7}{18}\times\dfrac{b}{a}=\dfrac{1}{3}$

$\therefore \dfrac{b}{a}=\dfrac{1}{3}\times\dfrac{18}{7}=\dfrac{6}{7}$

따라서 $a=7$, $b=6$이므로

$a-b=7-6=1$

**6** ① 무한소수 중에서 순환소수는 유리수이다.

② $\dfrac{1}{3}=0.333\cdots$에서 $\dfrac{1}{3}$은 유리수이지만, 유한소수로 나타낼 수 없다.

④ 순환소수는 모두 유리수이다.

따라서 옳은 것은 ③, ⑤이다.

---

### STEP 2  탄탄 단원 다지기          P. 15~17

**1** ③     **2** 8     **3** ㄱ, ㄴ, ㄹ     **4** 1

**5** ③     **6** ①, ⑤     **7** ②     **8** 165     **9** ③

**10** ④     **11** ④     **12** ⑤     **13** 6     **14** 19

**15** ④     **16** ⑤     **17** ④     **18** 60     **19** ④

**20** ㄷ, ㅂ     **21** ③, ④

---

**1** ① $\dfrac{5}{11}=0.454545\cdots$     ② $\dfrac{8}{15}=0.5333\cdots$

③ $\dfrac{7}{8}=0.875$     ④ $\dfrac{5}{24}=0.208333\cdots$

⑤ $\dfrac{13}{6}=2.1666\cdots$

따라서 유한소수인 것은 ③이다.

**2** $\frac{3}{11}=0.272727\cdots$이므로 순환마디는 27이다.

∴ $a=2$

$\frac{4}{21}=0.190476190476\cdots$이므로 순환마디는 190476이다.

∴ $b=6$

∴ $a+b=2+6=8$

**3** ㄷ. $1.231231231\cdots=1.\dot{2}3\dot{1}$

ㅁ. $5.3172172172\cdots=5.3\dot{1}7\dot{2}$

**4** $0.2\dot{4}1\dot{6}$의 순환마디를 이루는 숫자는 4, 1, 6의 3개이고, 소수점 아래 두 번째 자리에서부터 순환마디가 반복되므로 순환하지 않는 숫자는 2의 1개이다.

이때 $99=1+3\times32+2$이므로 소수점 아래 99번째 자리의 숫자는 순환마디의 두 번째 숫자인 1이다.

**5** $\frac{7}{40}=\frac{7}{2^3\times5}=\frac{7\times5^2}{2^3\times5\times5^2}=\frac{175}{10^3}=\frac{1750}{10^4}=\frac{17500}{10^5}=\cdots$

따라서 $a=175$, $n=3$일 때, $a+n$의 값이 가장 작으므로 구하는 수는 $175+3=178$

**6** ① $\frac{51}{360}=\frac{17}{120}=\frac{17}{2^3\times\boxed{3}\times5}$  ② $\frac{42}{2^2\times5\times7}=\frac{3}{2\times5}$

③ $\frac{27}{2\times3^3\times5}=\frac{1}{2\times5}$  ④ $\frac{81}{150}=\frac{27}{50}=\frac{27}{2\times5^2}$

⑤ $\frac{26}{2\times5\times7\times13}=\frac{1}{5\times\boxed{7}}$

따라서 유한소수로 나타낼 수 없는 것은 ①, ⑤이다.

**7** 주어진 분수 중 유한소수로 나타낼 수 있는 분수를 $\frac{A}{12}$라고

하면 $\frac{A}{12}=\frac{A}{2^2\times3}$에서 $A$는 3의 배수이어야 한다.

따라서 구하는 분수는 $\frac{3}{12}$, $\frac{6}{12}$, $\frac{9}{12}$의 3개이다.

**8** ㈎에서 $x$는 3과 11의 공배수, 즉 33의 배수이어야 한다.

㈏에서 $x$는 15의 배수이어야 한다.

따라서 $x$는 33과 15의 공배수, 즉 165의 배수이어야 하므로 $x$의 값 중 가장 작은 자연수는 165이다.

**9** $\frac{x}{280}=\frac{x}{2^3\times5\times7}$가 유한소수가 되려면 $x$는 7의 배수이어야 한다.

이때 $x$가 10보다 크고 20보다 작으므로 $x=14$

따라서 $\frac{14}{2^3\times5\times7}=\frac{1}{20}$이므로 $y=20$

∴ $x+y=14+20=34$

**10** $\frac{3}{10\times a}=\frac{3}{2\times5\times a}$이 순환소수가 되려면 기약분수로 나타냈을 때, 분모에 2 또는 5 이외의 소인수가 있어야 한다.

이때 $a$는 2와 5 이외의 소인수를 갖는 자연수이므로 $a=3, 6, 7, 9, \cdots$

그런데 $a=3$이면 $\frac{3}{2\times5\times3}=\frac{1}{2\times5}$,

$a=6$이면 $\frac{3}{2\times5\times6}=\frac{1}{2^2\times5}$이므로 유한소수가 된다.

따라서 $a$의 값이 될 수 있는 가장 작은 자연수는 7이다.

**11** $x=0.2\dot{1}\dot{5}=0.2151515\cdots$

$\quad1000x=215.151515\cdots$

$-)\quad\ 10x=\quad\ 2.151515\cdots$

$\quad\ \ 990x=213$

∴ $x=\frac{213}{990}=\frac{71}{330}$

따라서 가장 편리한 식은 ④ $1000x-10x$이다.

**12** ① $0.\dot{2}\dot{3}=\frac{23}{99}$

② $0.3\dot{6}=\frac{36-3}{90}=\frac{33}{90}=\frac{11}{30}$

③ $1.\dot{4}\dot{5}=\frac{145-1}{99}=\frac{144}{99}=\frac{16}{11}$

④ $0.\dot{3}6\dot{5}=\frac{365}{999}$

⑤ $1.4\dot{5}\dot{1}=\frac{1451-14}{990}=\frac{1437}{990}=\frac{479}{330}$

따라서 순환소수를 분수로 바르게 나타낸 것은 ⑤이다.

**13** $1.\dot{6}=\frac{16-1}{9}=\frac{15}{9}=\frac{5}{3}$이므로 $a=\frac{3}{5}$

∴ $10a=10\times\frac{3}{5}=6$

**14** $1.2666\cdots=1.2\dot{6}=\frac{126-12}{90}=\frac{114}{90}=\frac{19}{15}$

∴ $x=19$

**15** ③ $x=0.17222\cdots=0.17+0.00222\cdots=0.17+0.00\dot{2}$

④, ⑤ $\quad1000x=172.222\cdots$

$\quad\ \ -)\ \ 100x=\ \ 17.222\cdots$

$\quad\quad\ \ \ 900x=155$

∴ $x=\frac{155}{900}=\frac{31}{180}$

즉, $1000x-100x$를 이용하여 분수로 나타낼 수 있다.

따라서 옳지 않은 것은 ④이다.

**16** $0.3+0.05+0.005+0.0005+\cdots$

$=0.3555\cdots=0.3\dot{5}=\frac{35-3}{90}=\frac{32}{90}=\frac{16}{45}$

따라서 $a=45$, $b=16$이므로

$a+b=45+16=61$

**17** $0.\dot{2}3\dot{8}=\frac{238}{999}=238\times\frac{1}{999}=238\times\square$

∴ $\square=\frac{1}{999}=0.001001001\cdots=0.\dot{0}0\dot{1}$

**18** 어떤 자연수를 $x$라고 하면 $1.\dot{3}x-1.3x=2$이므로

$\dfrac{4}{3}x-\dfrac{13}{10}x=2$, $40x-39x=60$ $\quad\therefore x=60$

따라서 어떤 자연수는 60이다.

**19** ① $0.\dot{3}=0.333\cdots$이므로 $0.\dot{3}>0.3$

② $0.\dot{4}\dot{0}=0.404040\cdots$, $0.\dot{4}=0.444\cdots$이므로 $0.\dot{4}\dot{0}<0.\dot{4}$

③ $\dfrac{1}{10}=0.1$이므로 $0.0\dot{8}<\dfrac{1}{10}$

④ $0.0\dot{7}=\dfrac{7}{90}$이므로 $0.0\dot{7}>\dfrac{7}{99}$

⑤ $1.5\dot{1}\dot{4}=1.5140414\cdots$, $1.\dot{5}1\dot{4}=1.514514514\cdots$이므로
$1.5\dot{1}\dot{4}<1.\dot{5}1\dot{4}$

따라서 옳지 않은 것은 ④이다.

**20** ㄱ. 정수가 아닌 유리수

ㄴ. 정수

ㄷ, ㅂ. 순환소수가 아닌 무한소수

ㄹ. $0.353353353\cdots=0.\dot{3}5\dot{3}$ ⇨ 순환소수

ㅁ. 유한소수

따라서 유리수가 아닌 것은 ㄷ, ㅂ이다.

> 참고 ㄷ. $2.121221222\cdots$는 수가 나열되는 규칙은 있어도 일정한 숫자의 배열이 한없이 되풀이되는 것은 아니므로 순환소수가 아니다.

**21** ③ 유한소수는 모두 유리수이다.

④ 정수가 아닌 유리수 중에는 순환소수로 나타낼 수 있는 것도 있다.

---

**STEP 3 쓱쓱 서술형 완성하기**   P. 18~19

〈과정은 풀이 참조〉

**따라 해보자** 유제 1 63   유제 2 $0.5\dot{8}$

**연습해 보자** 1 주희, 이유는 풀이 참조

2 2개   3 $\dfrac{62}{55}$

4 (1) $\dfrac{13}{6}$   (2) 12

**따라 해보자**

유제 1 **1단계** $\dfrac{13}{180}=\dfrac{13}{2^2\times3^2\times5}$, $\dfrac{18}{105}=\dfrac{6}{35}=\dfrac{6}{5\times7}$ $\quad\cdots$ (i)

**2단계** 두 분수에 자연수 $a$를 곱하여 모두 유한소수가 되게 하려면 $a$는 $3^2$과 7의 공배수, 즉 63의 배수이어야 한다. $\quad\cdots$ (ii)

**3단계** 63의 배수 중 가장 작은 자연수는 63이다. $\quad\cdots$ (iii)

---

| 채점 기준 | 비율 |
|---|---|
| (i) 두 분수의 분모를 소인수분해하기 | 40% |
| (ii) 자연수 $a$의 조건 구하기 | 40% |
| (iii) $a$의 값이 될 수 있는 가장 작은 자연수 구하기 | 20% |

유제 2 **1단계** 연수는 분모를 제대로 보았으므로

$1.0\dot{7}=\dfrac{107-10}{90}=\dfrac{97}{90}$에서 처음 기약분수의 분모는 90이다. $\quad\cdots$ (i)

**2단계** 정국이는 분자를 제대로 보았으므로

$5.\dot{8}=\dfrac{58-5}{9}=\dfrac{53}{9}$에서 처음 기약분수의 분자는 53이다. $\quad\cdots$ (ii)

**3단계** 처음 기약분수는 $\dfrac{53}{90}$이므로 이를 순환소수로 나타내면 $\dfrac{53}{90}=0.5888\cdots=0.5\dot{8}$ $\quad\cdots$ (iii)

| 채점 기준 | 비율 |
|---|---|
| (i) 처음 기약분수의 분모 구하기 | 30% |
| (ii) 처음 기약분수의 분자 구하기 | 30% |
| (iii) 처음 기약분수를 순환소수로 나타내기 | 40% |

**연습해 보자**

**1** $\dfrac{91}{140}=\dfrac{13}{20}=\dfrac{13}{2^2\times5}$ $\quad\cdots$ (i)

이때 분모의 소인수가 2와 5뿐이므로 유한소수로 나타낼 수 있다. $\quad\cdots$ (ii)

따라서 잘못 말한 사람은 분수 $\dfrac{91}{140}$을 소수로 나타냈을 때, 소수점 아래에서 일정한 숫자의 배열이 한없이 되풀이되는 소수, 즉 순환소수로만 나타낼 수 있다고 말한 주희이다. $\quad\cdots$ (iii)

| 채점 기준 | 비율 |
|---|---|
| (i) 주어진 분수를 기약분수로 나타낸 후 분모를 소인수분해하기 | 30% |
| (ii) 유한소수로 나타낼 수 있는지 판단하기 | 30% |
| (iii) 잘못 말한 사람을 찾고, 그 이유 말하기 | 40% |

**2** $\dfrac{1}{8}=\dfrac{3}{24}$, $\dfrac{1}{2}=\dfrac{12}{24}$이므로 $\dfrac{1}{8}$과 $\dfrac{1}{2}$ 사이에 있는 분수 중 분모가 24인 분수는 $\dfrac{4}{24}$, $\dfrac{5}{24}$, $\dfrac{6}{24}$, $\cdots$, $\dfrac{11}{24}$이다.

이 중 유한소수로 나타낼 수 있는 분수를 $\dfrac{A}{24}$라고 하면

$\dfrac{A}{24}=\dfrac{A}{2^3\times3}$에서 $A$는 3의 배수이어야 한다. $\quad\cdots$ (i)

따라서 구하는 분수는 $\dfrac{6}{24}$, $\dfrac{9}{24}$의 2개이다. $\quad\cdots$ (ii)

| 채점 기준 | 비율 |
|---|---|
| (i) 유한소수로 나타낼 수 있도록 하는 분자의 조건 구하기 | 70% |
| (ii) 유한소수로 나타낼 수 있는 분수의 개수 구하기 | 30% |

**3** 순환소수 $1.1\dot{2}\dot{7}$을 $x$라고 하면

$x=1.1272727\cdots$ · · · ㉠

㉠의 양변에 1000을 곱하면

$1000x=1127.272727\cdots$ · · · ㉡ · · · (i)

㉠의 양변에 10을 곱하면

$10x=11.272727\cdots$ · · · ㉢ · · · (ii)

㉡−㉢을 하면 $990x=1116$

$\therefore x=\dfrac{1116}{990}=\dfrac{62}{55}$ · · · (iii)

| 채점 기준 | 비율 |
|---|---|
| (i) ㉠의 양변에 1000을 곱하기 | 30 % |
| (ii) ㉠의 양변에 10을 곱하기 | 30 % |
| (iii) 순환소수를 기약분수로 나타내기 | 40 % |

**4** (1) $2.1\dot{6}=\dfrac{216-21}{90}=\dfrac{195}{90}=\dfrac{13}{6}$ · · · (i)

(2) $\dfrac{13}{6}\times a$가 자연수이므로 $a$는 6의 배수이어야 한다. · · · (ii)

따라서 $a$의 값이 될 수 있는 가장 작은 두 자리의 자연수는 12이다. · · · (iii)

| 채점 기준 | 비율 |
|---|---|
| (i) $2.1\dot{6}$을 기약분수로 나타내기 | 50 % |
| (ii) 자연수 $a$의 조건 구하기 | 30 % |
| (iii) $a$의 값이 될 수 있는 가장 작은 두 자리의 자연수 구하기 | 20 % |

답 (1) 그림은 풀이 참조 (2) $0.\dot{2}4\dot{3}$, $\dfrac{9}{37}$

(1) $\dfrac{5}{7}=0.714285714285\cdots=0.\dot{7}1428\dot{5}$이므로 소수점 아래의 부분을 악보로 그리면 다음 그림과 같다.

(2) 주어진 악보의 음을 0보다 크고 1보다 작은 순환소수로 표현하면 $0.\dot{2}4\dot{3}$이다.

순환소수 $0.\dot{2}4\dot{3}$을 $x$라고 하면

$x=0.243243243\cdots$

$1000x=243.243243243\cdots$

$-)\quad\ \ x=\quad 0.243243243\cdots$

$999x=243$

$\therefore x=\dfrac{243}{999}=\dfrac{9}{37}$

# 1 지수법칙

P. 24

**개념 확인**  3, 5

**필수 문제 1**  (1) $x^9$  (2) $7^{10}$  (3) $a^6$  (4) $a^5b^4$

(1) $x^4 \times x^5 = x^{4+5} = x^9$

(2) $7^2 \times 7^8 = 7^{2+8} = 7^{10}$

(3) $a \times a^2 \times a^3 = a^{1+2+3} = a^6$

(4) $a^3 \times b^4 \times a^2 = a^3 \times a^2 \times b^4$
$= a^{3+2} \times b^4 = a^5b^4$

**1-1**  (1) $a^8$  (2) $11^9$  (3) $b^{11}$  (4) $x^7y^5$

(1) $a^2 \times a^6 = a^{2+6} = a^8$

(2) $11^7 \times 11^2 = 11^{7+2} = 11^9$

(3) $b \times b^4 \times b^6 = b^{1+4+6} = b^{11}$

(4) $x^3 \times y^2 \times x^4 \times y^3 = x^3 \times x^4 \times y^2 \times y^3$
$= x^{3+4} \times y^{2+3} = x^7y^5$

**1-2**  2

$2^{\square} \times 2^3 = 2^{\square+3}$이고, $32 = 2^5$이므로

$2^{\square+3} = 2^5$에서 $\square + 3 = 5$    $\therefore \square = 2$

**필수 문제 2**  $3^3$

$3^2 + 3^2 + 3^2 = 3 \times 3^2 = 3^{1+2} = 3^3$

**2-1**  (1) $5^7$  (2) $2^6$

(1) $5^6 + 5^6 + 5^6 + 5^6 + 5^6 = 5 \times 5^6 = 5^{1+6} = 5^7$

(2) $2^4 + 2^4 + 2^4 + 2^4 = 4 \times 2^4 = 2^2 \times 2^4 = 2^{2+4} = 2^6$

P. 25

**개념 확인**  3, 6

**필수 문제 3**  (1) $2^{15}$  (2) $a^{26}$

(1) $(2^3)^5 = 2^{3 \times 5} = 2^{15}$

(2) $(a^4)^5 \times (a^3)^2 = a^{4 \times 5} \times a^{3 \times 2} = a^{20} \times a^6 = a^{26}$

**3-1**  (1) $3^{12}$  (2) $x^{11}$  (3) $y^{28}$  (4) $a^{18}b^6$

(1) $(3^6)^2 = 3^{6 \times 2} = 3^{12}$

(2) $(x^2)^4 \times x^3 = x^{2 \times 4} \times x^3 = x^8 \times x^3 = x^{11}$

(3) $(y^2)^5 \times (y^6)^3 = y^{2 \times 5} \times y^{6 \times 3} = y^{10} \times y^{18} = y^{28}$

(4) $(a^7)^2 \times (b^2)^3 \times (a^2)^2 = a^{7 \times 2} \times b^{2 \times 3} \times a^{2 \times 2} = a^{14} \times b^6 \times a^4$
$= a^{14} \times a^4 \times b^6 = a^{18}b^6$

**3-2**  (1) 3  (2) 4

(1) $(x^{\square})^6 = x^{\square \times 6} = x^{18}$이므로

$\square \times 6 = 18$    $\therefore \square = 3$

(2) $(a^3)^{\square} \times (a^5)^2 = a^{3 \times \square} \times a^{10} = a^{3 \times \square + 10} = a^{22}$이므로

$3 \times \square + 10 = 22$    $\therefore \square = 4$

**3-3**  36

$4^6 \times 27^8 = (2^2)^6 \times (3^3)^8 = 2^{12} \times 3^{24}$이므로

$x = 12,\ y = 24$

$\therefore x + y = 12 + 24 = 36$

P. 26

**개념 확인**  (1) 2, 2, 2  (2) 2, 1  (3) 2, 2, 2

**필수 문제 4**  (1) $5^2(=25)$  (2) $\dfrac{1}{a^4}$  (3) 1  (4) $\dfrac{1}{x}$

(1) $5^7 \div 5^5 = 5^{7-5} = 5^2(=25)$

(2) $a^8 \div a^{12} = \dfrac{1}{a^{12-8}} = \dfrac{1}{a^4}$

(3) $(b^3)^2 \div (b^2)^3 = b^6 \div b^6 = 1$

(4) $x^6 \div x^3 \div x^4 = x^{6-3} \div x^4$
$= x^3 \div x^4 = \dfrac{1}{x^{4-3}} = \dfrac{1}{x}$

**4-1**  (1) $x^4$  (2) $\dfrac{1}{3^5}$  (3) $x$  (4) 1  (5) $\dfrac{1}{b^3}$  (6) $\dfrac{1}{y}$

(1) $x^6 \div x^2 = x^{6-2} = x^4$

(2) $3^2 \div 3^7 = \dfrac{1}{3^{7-2}} = \dfrac{1}{3^5}$

(3) $x^5 \div (x^2)^2 = x^5 \div x^4 = x^{5-4} = x$

(4) $(a^3)^4 \div (a^2)^6 = a^{12} \div a^{12} = 1$

(5) $b^4 \div b^2 \div b^5 = b^{4-2} \div b^5$
$= b^2 \div b^5 = \dfrac{1}{b^{5-2}} = \dfrac{1}{b^3}$

(6) $y^2 \div (y^7 \div y^4) = y^2 \div y^{7-4}$
$= y^2 \div y^3 = \dfrac{1}{y^{3-2}} = \dfrac{1}{y}$

**4-2**  (1) 9  (2) 12

(1) $7^{\square} \div 7^4 = 7^{\square-4} = 7^5$이므로

$\square - 4 = 5$    $\therefore \square = 9$

(2) $2^2 \div 2^{\square} = \dfrac{1}{2^{\square-2}} = \dfrac{1}{2^{10}}$이므로

$\square - 2 = 10$    $\therefore \square = 12$

[참고] $2^2 \div 2^{\square}$을 간단히 한 결과가 분수 $\dfrac{1}{2^{10}}$이므로 $2 < \square$임을 알 수 있다.

$\Rightarrow 2^2 \div 2^{\square} = \dfrac{1}{2^{\square-2}}\ (\bigcirc),\quad 2^2 \div 2^{\square} = 2^{2-\square}\ (\times)$

**개념 확인**  (1) 3, 3  (2) 3, 3
(3) $-2x$, $-2x$, $-2x$, 3, 3, $-8x^3$
(4) $-\dfrac{3}{a}$, $-\dfrac{3}{a}$, 2, 2, $\dfrac{9}{a^2}$

**필수 문제 5**  (1) $a^{10}b^5$  (2) $9x^8$  (3) $\dfrac{y^8}{x^{12}}$  (4) $-\dfrac{a^3b^3}{8}$

(1) $(a^2b)^5=(a^2)^5\times b^5=a^{10}b^5$
(2) $(3x^4)^2=3^2\times(x^4)^2=9x^8$
(3) $\left(\dfrac{y^2}{x^3}\right)^4=\dfrac{(y^2)^4}{(x^3)^4}=\dfrac{y^8}{x^{12}}$
(4) $\left(-\dfrac{ab}{2}\right)^3=\dfrac{(ab)^3}{(-2)^3}=-\dfrac{a^3b^3}{8}$

**5-1**  (1) $x^6y^{12}$  (2) $16a^{12}b^4$  (3) $\dfrac{a^4}{25}$  (4) $-\dfrac{27y^9}{x^6}$

(1) $(xy^2)^6=x^6\times(y^2)^6=x^6y^{12}$
(2) $(-2a^3b)^4=(-2)^4\times(a^3)^4\times b^4=16a^{12}b^4$
(3) $\left(\dfrac{a^2}{5}\right)^2=\dfrac{(a^2)^2}{5^2}=\dfrac{a^4}{25}$
(4) $\left(-\dfrac{3y^3}{x^2}\right)^3=\dfrac{(-3y^3)^3}{(x^2)^3}=\dfrac{(-3)^3(y^3)^3}{x^6}=-\dfrac{27y^9}{x^6}$

**5-2**  36
$\left(\dfrac{y^a}{2x}\right)^5=\dfrac{y^{5a}}{2^5x^5}=\dfrac{y^{5a}}{32x^5}=\dfrac{y^{20}}{bx^5}$이므로
$5a=20$, $32=b$   $\therefore a=4$, $b=32$
$\therefore a+b=4+32=36$

**STEP 1 쏙쏙 개념 익히기**  P. 28~29

**1** ㄴ, ㅂ
**2** (1) $x^9y^7$  (2) 1  (3) $\dfrac{1}{a^2}$  (4) $x^6$
**3** (1) $2^{13}$  (2) $\dfrac{1}{3}$
**4** (1) 7  (2) 3  (3) 5  (4) 6
**5** $a=3$, $b=5$, $c=2$, $d=27$
**6** $2^{24}$B
**7** 39
**8** ②
**9** (1) $a=4$, $n=5$  (2) 6자리
**10** 12자리

**1** ㄱ. $x^2\times x^3=x^{2+3}=x^5$
ㄴ. $(y^3)^6=y^{3\times6}=y^{18}$
ㄷ. $x^8\div x^4=x^{8-4}=x^4$
ㄹ. $y^5\div y^5=1$
ㅁ. $(3xy^2)^3=3^3\times x^3\times(y^2)^3=27x^3y^6$
ㅂ. $\left(-\dfrac{2x^3}{y}\right)^3=\dfrac{(-2)^3(x^3)^3}{y^3}=-\dfrac{8x^9}{y^3}$
따라서 옳은 것은 ㄴ, ㅂ이다.

**2** (1) $(x^3)^2\times(y^2)^3\times x^3\times y=x^6\times y^6\times x^3\times y$
$\quad=x^6\times x^3\times y^6\times y$
$\quad=x^9y^7$
(2) $a^{10}\div(a^2)^4\div a^2=a^{10}\div a^8\div a^2=a^2\div a^2=1$
(3) $a^5\times a^2\div a^9=a^7\div a^9=\dfrac{1}{a^2}$
(4) $(x^4)^3\div x^7\times x=x^{12}\div x^7\times x=x^5\times x=x^6$

**3** (1) $8^3\times4^2=(2^3)^3\times(2^2)^2=2^9\times2^4=2^{13}$
(2) $9^7\div27^5=(3^2)^7\div(3^3)^5=3^{14}\div3^{15}=\dfrac{1}{3}$

**4** (1) $x^\square\times x^2=x^{\square+2}=x^9$이므로
$\quad\square+2=9$   $\therefore \square=7$
(2) $\{(-4)^5\}^\square=(-4)^{5\times\square}=(-4)^{15}$이므로
$\quad5\times\square=15$   $\therefore \square=3$
(3) $a^3\div a^\square=\dfrac{1}{a^{\square-3}}=\dfrac{1}{a^2}$이므로
$\quad\square-3=2$   $\therefore \square=5$
(4) $y^8\times y^\square\div y^3=y^{8+\square-3}=y^{11}$이므로
$\quad8+\square-3=11$   $\therefore \square=6$

**5** $(2x^a)^b=2^bx^{ab}$이고, $32x^{15}=2^5x^{15}$이므로
$2^bx^{ab}=2^5x^{15}$에서 $b=5$, $ab=15$   $\therefore a=3$, $b=5$
$\left(\dfrac{x^c}{3y}\right)^3=\dfrac{x^{3c}}{27y^3}=\dfrac{x^6}{dy^3}$이므로
$3c=6$, $27=d$   $\therefore c=2$, $d=27$

**6** $16\,\text{MiB}=16\times2^{10}\,\text{KiB}$
$\quad=16\times2^{10}\times2^{10}\,\text{B}$
$\quad=2^4\times2^{10}\times2^{10}\,\text{B}=2^{24}\,\text{B}$

**7** $9^5\times9^5\times9^5=9^{15}=(3^2)^{15}=3^{30}$   $\therefore a=30$
$9^4+9^4+9^4=3\times9^4=3\times(3^2)^4=3\times3^8=3^9$   $\therefore b=9$
$\therefore a+b=30+9=39$

**8** $8^4=(2^3)^4=(2^4)^3=A^3$

**9** (1) $2^7\times5^5=2^2\times2^5\times5^5=2^2\times(2\times5)^5=4\times10^5$
지수를 작은 쪽에 맞춘다.
$\quad\therefore a=4$, $n=5$
(2) $4\times10^5=400000$이므로 $2^7\times5^5$은 6자리의 자연수이다.
5개

**참고** $a$, $n$이 자연수일 때
$\quad$(자연수 $a\times10^n$의 자릿수)$=$($a$의 자릿수)$+n$

**10** $2^{10}\times3\times5^{11}=2^{10}\times3\times5^{10}\times5=3\times5\times2^{10}\times5^{10}$
$\quad=3\times5\times(2\times5)^{10}=15\times10^{10}=1500\cdots0$
10개
따라서 $2^{10}\times3\times5^{11}$은 12자리의 자연수이다.

## 2 단항식의 계산

**개념 확인**    $ab$

**필수 문제 1**    (1) $8a^3b$   (2) $35x^4y$   (3) $-15a^4$   (4) $-2x^7y^5$

(1) $2a^2 \times 4ab = 2 \times 4 \times a^2 \times ab$

$\qquad\qquad = 8a^3b$

(2) $(-7x^3) \times (-5xy) = (-7) \times (-5) \times x^3 \times xy$

$\qquad\qquad\qquad\qquad = 35x^4y$

(3) $\left(-\dfrac{5}{3}a^2\right) \times (-3a)^2 = \left(-\dfrac{5}{3}a^2\right) \times 9a^2$

$\qquad\qquad\qquad\qquad = \left(-\dfrac{5}{3}\right) \times 9 \times a^2 \times a^2$

$\qquad\qquad\qquad\qquad = -15a^4$

(4) $(-x^2y)^3 \times 2xy^2 = (-x^6y^3) \times 2xy^2$

$\qquad\qquad\qquad\qquad = (-1) \times 2 \times x^6y^3 \times xy^2$

$\qquad\qquad\qquad\qquad = -2x^7y^5$

**1-1**    (1) $20b^6$   (2) $-18x^2y^2$   (3) $-24a^{10}$   (4) $25x^7y^4$

(1) $4b \times 5b^5 = 4 \times 5 \times b \times b^5$

$\qquad\qquad = 20b^6$

(2) $(-3x^2) \times 6y^2 = (-3) \times 6 \times x^2 \times y^2$

$\qquad\qquad\qquad\qquad = -18x^2y^2$

(3) $3a^4 \times (-2a^2)^3 = 3a^4 \times (-8a^6)$

$\qquad\qquad\qquad\qquad = 3 \times (-8) \times a^4 \times a^6$

$\qquad\qquad\qquad\qquad = -24a^{10}$

(4) $\left(-\dfrac{5}{3}x^2y\right)^2 \times 9x^3y^2 = \dfrac{25}{9}x^4y^2 \times 9x^3y^2$

$\qquad\qquad\qquad\qquad\qquad = \dfrac{25}{9} \times 9 \times x^4y^2 \times x^3y^2$

$\qquad\qquad\qquad\qquad\qquad = 25x^7y^4$

**1-2**    (1) $\dfrac{4}{3}a^5b^6$   (2) $-16x^{17}y^9$

(1) $(-2ab) \times \left(-\dfrac{1}{6}ab^5\right) \times 4a^3$

$\quad = (-2) \times \left(-\dfrac{1}{6}\right) \times 4 \times ab \times ab^5 \times a^3$

$\quad = \dfrac{4}{3}a^5b^6$

(2) $6y^4 \times (3xy)^2 \times \left(-\dfrac{2}{3}x^5y\right)^3$

$\quad = 6y^4 \times 9x^2y^2 \times \left(-\dfrac{8}{27}x^{15}y^3\right)$

$\quad = 6 \times 9 \times \left(-\dfrac{8}{27}\right) \times y^4 \times x^2y^2 \times x^{15}y^3$

$\quad = -16x^{17}y^9$

**필수 문제 2**    (1) $\dfrac{3}{2x}$   (2) $-\dfrac{1}{2}a^2$   (3) $12x$   (4) $\dfrac{45}{a}$

(1) $6x \div 4x^2 = \dfrac{6x}{4x^2} = \dfrac{3}{2x}$

(2) $4a^3b \div (-8ab) = \dfrac{4a^3b}{-8ab} = -\dfrac{1}{2}a^2$

(3) $16x^3 \div \dfrac{4}{3}x^2 = 16x^3 \times \dfrac{3}{4x^2} = 12x$

(4) $(-3b^2)^2 \div \dfrac{1}{5}ab^4 = 9b^4 \div \dfrac{1}{5}ab^4$

$\qquad\qquad\qquad\qquad = 9b^4 \times \dfrac{5}{ab^4} = \dfrac{45}{a}$

**2-1**    (1) $4x$   (2) $\dfrac{3a}{b^2}$   (3) $-\dfrac{7}{2y}$   (4) $-\dfrac{1}{32}ab^3$

(1) $8xy \div 2y = \dfrac{8xy}{2y} = 4x$

(2) $(-6a^2b) \div (-2ab^3) = \dfrac{-6a^2b}{-2ab^3} = \dfrac{3a}{b^2}$

(3) $\dfrac{3}{7}x^3y \div \left(-\dfrac{6}{49}x^3y^2\right) = \dfrac{3}{7}x^3y \times \left(-\dfrac{49}{6x^3y^2}\right) = -\dfrac{7}{2y}$

(4) $\left(-\dfrac{1}{2}a^2b^3\right)^3 \div 4a^5b^6 = \left(-\dfrac{1}{8}a^6b^9\right) \div 4a^5b^6$

$\qquad\qquad\qquad\qquad\qquad = \left(-\dfrac{1}{8}a^6b^9\right) \times \dfrac{1}{4a^5b^6} = -\dfrac{1}{32}ab^3$

**2-2**    (1) $-3y^2$   (2) $\dfrac{12b^7}{a^5}$

(1) $21xy^3 \div (-x) \div 7y = 21xy^3 \times \left(-\dfrac{1}{x}\right) \times \dfrac{1}{7y}$

$\qquad\qquad\qquad\qquad\qquad = -3y^2$

(2) $(-2ab^5)^2 \div (ab)^3 \div \dfrac{1}{3}a^4 = 4a^2b^{10} \div a^3b^3 \div \dfrac{1}{3}a^4$

$\qquad\qquad\qquad\qquad\qquad\qquad = 4a^2b^{10} \times \dfrac{1}{a^3b^3} \times \dfrac{3}{a^4}$

$\qquad\qquad\qquad\qquad\qquad\qquad = \dfrac{12b^7}{a^5}$

**필수 문제 3**    (1) $-6a^5$   (2) $36x^8y^2$

(1) $12a^6 \times 3a^3 \div (-6a^4) = 12a^6 \times 3a^3 \times \left(-\dfrac{1}{6a^4}\right)$

$\qquad\qquad\qquad\qquad\qquad = -6a^5$

(2) $(3x^2y)^2 \div (xy)^2 \times (-2x^3y)^2 = 9x^4y^2 \div x^2y^2 \times 4x^6y^2$

$\qquad\qquad\qquad\qquad\qquad\qquad = 9x^4y^2 \times \dfrac{1}{x^2y^2} \times 4x^6y^2$

$\qquad\qquad\qquad\qquad\qquad\qquad = 36x^8y^2$

**3-1** (1) $3x^3$ (2) $-8a^6b^3$ (3) $27xy^3$ (4) $12a^5b^{10}$

(1) $6x^3y \times (-x) \div (-2xy)$

$= 6x^3y \times (-x) \times \left(-\dfrac{1}{2xy}\right)$

$= 3x^3$

(2) $16a^2b \div (-4a) \times 2a^5b^2$

$= 16a^2b \times \left(-\dfrac{1}{4a}\right) \times 2a^5b^2$

$= -8a^6b^3$

(3) $15xy^2 \times (-3xy)^2 \div 5x^2y$

$= 15xy^2 \times 9x^2y^2 \div 5x^2y$

$= 15xy^2 \times 9x^2y^2 \times \dfrac{1}{5x^2y}$

$= 27xy^3$

(4) $(-2a^2b^3)^3 \div \dfrac{2}{3}ab^2 \times (-b^3)$

$= (-8a^6b^9) \div \dfrac{2}{3}ab^2 \times (-b^3)$

$= (-8a^6b^9) \times \dfrac{3}{2ab^2} \times (-b^3)$

$= 12a^5b^{10}$

**필수 문제 4** (1) $2a^2$ (2) $\dfrac{9}{2}x^5y^7$

(1) $7b \times \boxed{\phantom{xx}} = 14a^2b$에서

$\boxed{\phantom{xx}} = 14a^2b \div 7b = \dfrac{14a^2b}{7b} = 2a^2$

(2) $4xy \times \boxed{\phantom{xx}} \div 9x^2y^3 = 2x^4y^5$에서

$\boxed{\phantom{xx}} = 2x^4y^5 \div 4xy \times 9x^2y^3$

$= 2x^4y^5 \times \dfrac{1}{4xy} \times 9x^2y^3$

$= \dfrac{9}{2}x^5y^7$

**4-1** (1) $\dfrac{7}{2}ab^2$ (2) $-16xy^6$ (3) $-6a^3b^2$ (4) $2y^2$

(1) $6ab^3 \times \boxed{\phantom{xx}} = 21a^2b^5$에서

$\boxed{\phantom{xx}} = 21a^2b^5 \div 6ab^3 = \dfrac{21a^2b^5}{6ab^3} = \dfrac{7}{2}ab^2$

(2) $\boxed{\phantom{xx}} \div (-2xy^4) = 8y^2$에서

$\boxed{\phantom{xx}} = 8y^2 \times (-2xy^4) = -16xy^6$

(3) $2ab^2 \times \boxed{\phantom{xx}} \div (-3a^2b^3) = 4a^2b$에서

$\boxed{\phantom{xx}} = 4a^2b \div 2ab^2 \times (-3a^2b^3)$

$= 4a^2b \times \dfrac{1}{2ab^2} \times (-3a^2b^3)$

$= -6a^3b^2$

(4) $(-15x^4y^4) \div 5xy^5 \times \boxed{\phantom{xx}} = -6x^3y$에서

$\boxed{\phantom{xx}} = (-6x^3y) \div (-15x^4y^4) \times 5xy^5$

$= (-6x^3y) \times \left(-\dfrac{1}{15x^4y^4}\right) \times 5xy^5$

$= 2y^2$

**1** ②, ⑤      **2** 0

**3** (1) $-\dfrac{3}{2}xy$ (2) $2a^9b^{11}$ (3) $5xy^5$ (4) $\dfrac{1}{36}b^4$

**4** $24a^4b^3$      **5** $4a^2$

**1** ① $(-2x^2) \times 3x^5 = -6x^7$

② $(-6ab) \div \dfrac{1}{2}a = (-6ab) \times \dfrac{2}{a} = -12b$

③ $10pq^2 \div 5p^2q^2 \times 3q = 10pq^2 \times \dfrac{1}{5p^2q^2} \times 3q = \dfrac{6q}{p}$

④ $(a^2b)^3 \times \left(-\dfrac{2}{3}ab\right)^2 \div \dfrac{1}{6}b^2 = a^6b^3 \times \dfrac{4}{9}a^2b^2 \div \dfrac{1}{6}b^2$

$= a^6b^3 \times \dfrac{4}{9}a^2b^2 \times \dfrac{6}{b^2} = \dfrac{8}{3}a^8b^3$

⑤ $12x^5 \div (-3x^2) \div 2x^4 = 12x^5 \times \left(-\dfrac{1}{3x^2}\right) \times \dfrac{1}{2x^4} = -\dfrac{2}{x}$

따라서 옳은 것은 ②, ⑤이다.

**2** $(-x^ay^2) \div 2xy \times 4x^3y = (-x^ay^2) \times \dfrac{1}{2xy} \times 4x^3y$

$= -2x^{a+2}y^2 = bx^4y^2$

즉, $-2 = b$, $a + 2 = 4$이므로 $a = 2$, $b = -2$

$\therefore a + b = 2 + (-2) = 0$

**3** (1) $(-4x) \times \boxed{\phantom{xx}} = 6x^2y$에서

$\boxed{\phantom{xx}} = 6x^2y \div (-4x)$

$= \dfrac{6x^2y}{-4x} = -\dfrac{3}{2}xy$

(2) $\boxed{\phantom{xx}} \div (-a^2b^3)^3 = -2a^3b^2$에서

$\boxed{\phantom{xx}} = (-2a^3b^2) \times (-a^2b^3)^3$

$= (-2a^3b^2) \times (-a^6b^9) = 2a^9b^{11}$

(3) $10x^3 \times \boxed{\phantom{xx}} \div (5x^2y)^2 = 2y^3$에서

$\boxed{\phantom{xx}} = 2y^3 \div 10x^3 \times (5x^2y)^2$

$= 2y^3 \times \dfrac{1}{10x^3} \times 25x^4y^2 = 5xy^5$

(4) $12a^6b \div (-ab^2)^2 \times \boxed{\phantom{xx}} = \dfrac{1}{3}a^4b$에서

$\boxed{\phantom{xx}} = \dfrac{1}{3}a^4b \div 12a^6b \times (-ab^2)^2$

$= \dfrac{1}{3}a^4b \times \dfrac{1}{12a^6b} \times a^2b^4 = \dfrac{1}{36}b^4$

**4** (직사각형의 넓이) = (가로의 길이) × (세로의 길이)

$= 4ab^2 \times 6a^3b = 24a^4b^3$

**5** (원기둥의 부피) = (밑넓이) × (높이)이므로

$\pi \times (3b)^2 \times (높이) = 36\pi a^2b^2$

$9\pi b^2 \times (높이) = 36\pi a^2b^2$

$\therefore (높이) = 36\pi a^2b^2 \div 9\pi b^2 = \dfrac{36\pi a^2b^2}{9\pi b^2} = 4a^2$

# 3 다항식의 계산

P. 34

**필수 문제 1**  (1) $3a-5b$  (2) $11x-6y$

(3) $5x+5y+2$  (4) $\dfrac{7x+4y}{12}$

(1) $(2a-3b)+(a-2b)=2a-3b+a-2b$
$\qquad\qquad\qquad\quad =2a+a-3b-2b$
$\qquad\qquad\qquad\quad =3a-5b$

(2) $(6x-4y)-(-5x+2y)=6x-4y+5x-2y$
$\qquad\qquad\qquad\qquad\quad =6x+5x-4y-2y$
$\qquad\qquad\qquad\qquad\quad =11x-6y$

(3) $2(3x+2y-1)-(x-y-4)$
$\quad =6x+4y-2-x+y+4$
$\quad =6x-x+4y+y-2+4$
$\quad =5x+5y+2$

(4) $\dfrac{x+2y}{4}+\dfrac{2x-y}{6}=\dfrac{3(x+2y)+2(2x-y)}{12}$
$\qquad\qquad\qquad\quad =\dfrac{3x+6y+4x-2y}{12}$
$\qquad\qquad\qquad\quad =\dfrac{7x+4y}{12}$

**1-1**  (1) $-4a+4b-1$  (2) $6y$  (3) $5x-3$

(4) $-a+4b-17$  (5) $a+\dfrac{1}{4}b$  (6) $\dfrac{-x+y}{6}$

(1) $(a-2b-1)+(-5a+6b)=a-2b-1-5a+6b$
$\qquad\qquad\qquad\qquad\quad =a-5a-2b+6b-1$
$\qquad\qquad\qquad\qquad\quad =-4a+4b-1$

(2) $(3x+5y)-(3x-y)=3x+5y-3x+y$
$\qquad\qquad\qquad\quad =3x-3x+5y+y=6y$

(3) $2(x-2y)+(3x+4y-3)=2x-4y+3x+4y-3$
$\qquad\qquad\qquad\qquad\quad =2x+3x-4y+4y-3$
$\qquad\qquad\qquad\qquad\quad =5x-3$

(4) $5(-a+2b-5)-2(-2a+3b-4)$
$\quad =-5a+10b-25+4a-6b+8$
$\quad =-5a+4a+10b-6b-25+8$
$\quad =-a+4b-17$

(5) $\left(\dfrac{1}{3}a-\dfrac{1}{2}b\right)+\left(\dfrac{2}{3}a+\dfrac{3}{4}b\right)=\dfrac{1}{3}a-\dfrac{1}{2}b+\dfrac{2}{3}a+\dfrac{3}{4}b$
$\qquad\qquad\qquad\qquad\qquad =\dfrac{1}{3}a+\dfrac{2}{3}a-\dfrac{1}{2}b+\dfrac{3}{4}b$
$\qquad\qquad\qquad\qquad\qquad =a-\dfrac{2}{4}b+\dfrac{3}{4}b$
$\qquad\qquad\qquad\qquad\qquad =a+\dfrac{1}{4}b$

(6) $\dfrac{4x-y}{3}-\dfrac{3x-y}{2}=\dfrac{2(4x-y)-3(3x-y)}{6}$
$\qquad\qquad\qquad\quad =\dfrac{8x-2y-9x+3y}{6}=\dfrac{-x+y}{6}$

**필수 문제 2**  $3x+2y$

$5x-\{2y-x+(3x-4y)\}=5x-(2y-x+3x-4y)$
$\qquad\qquad\qquad\qquad\quad =5x-(2x-2y)$
$\qquad\qquad\qquad\qquad\quad =5x-2x+2y$
$\qquad\qquad\qquad\qquad\quad =3x+2y$

**2-1**  (1) $3a+8b$  (2) $3x+y$

(1) $4a+\{3b-(a-5b)\}=4a+(3b-a+5b)$
$\qquad\qquad\qquad\qquad =4a+(-a+8b)$
$\qquad\qquad\qquad\qquad =4a-a+8b$
$\qquad\qquad\qquad\qquad =3a+8b$

(2) $5x-[2y+\{(3x-4y)-(x-y)\}]$
$\quad =5x-\{2y+(3x-4y-x+y)\}$
$\quad =5x-\{2y+(2x-3y)\}$
$\quad =5x-(2y+2x-3y)$
$\quad =5x-(2x-y)$
$\quad =5x-2x+y$
$\quad =3x+y$

P. 35

**개념 확인**  ㄴ, ㅁ

ㄱ. $x$에 대한 일차식

ㄷ. $x$ 또는 $y$에 대한 일차식

ㄹ. $x^2$이 분모에 있으므로 다항식(이차식)이 아니다.

따라서 이차식은 ㄴ, ㅁ이다.

**필수 문제 3**  (1) $-2x^2+x+1$  (2) $5a^2+3a-13$

(3) $3a^2-2a+9$  (4) $\dfrac{1}{6}x^2+6x-\dfrac{21}{4}$

(1) $(x^2-3x+2)+(-3x^2+4x-1)$
$\quad =x^2-3x+2-3x^2+4x-1$
$\quad =x^2-3x^2-3x+4x+2-1$
$\quad =-2x^2+x+1$

(2) $(2a^2+3a-1)+3(a^2-4)$
$\quad =2a^2+3a-1+3a^2-12$
$\quad =2a^2+3a^2+3a-1-12$
$\quad =5a^2+3a-13$

(3) $(a^2-a+4)-(-2a^2+a-5)$
$\quad =a^2-a+4+2a^2-a+5$
$\quad =a^2+2a^2-a-a+4+5$
$\quad =3a^2-2a+9$

(4) $\left(\dfrac{1}{2}x^2+5x-\dfrac{1}{4}\right)-\left(\dfrac{1}{3}x^2-x+5\right)$
$\quad =\dfrac{1}{2}x^2+5x-\dfrac{1}{4}-\dfrac{1}{3}x^2+x-5$
$\quad =\dfrac{1}{2}x^2-\dfrac{1}{3}x^2+5x+x-\dfrac{1}{4}-5$
$\quad =\dfrac{1}{6}x^2+6x-\dfrac{21}{4}$

**3-1** (1) $3x^2+x+1$      (2) $5a^2-6a+5$

(3) $13a^2+9a-6$      (4) $\dfrac{1}{8}x^2+4x-2$

(1) $(x^2-2x+1)+(2x^2+3x)$
$=x^2-2x+1+2x^2+3x$
$=x^2+2x^2-2x+3x+1=3x^2+x+1$

(2) $(6a^2-4a+2)-(a^2+2a-3)$
$=6a^2-4a+2-a^2-2a+3$
$=6a^2-a^2-4a-2a+2+3=5a^2-6a+5$

(3) $(3a^2-5a)-2(-5a^2-7a+3)$
$=3a^2-5a+10a^2+14a-6$
$=3a^2+10a^2-5a+14a-6=13a^2+9a-6$

(4) $\left(\dfrac{3}{8}x^2-2x+\dfrac{1}{3}\right)-\left(\dfrac{1}{4}x^2-6x+\dfrac{7}{3}\right)$

$=\dfrac{3}{8}x^2-2x+\dfrac{1}{3}-\dfrac{1}{4}x^2+6x-\dfrac{7}{3}$

$=\dfrac{3}{8}x^2-\dfrac{1}{4}x^2-2x+6x+\dfrac{1}{3}-\dfrac{7}{3}$

$=\dfrac{1}{8}x^2+4x-2$

**3-2** (1) $-2x^2-x-2$      (2) $2a+6$

(1) $\{2(x^2-3x)+5x\}-(4x^2+2)$
$=(2x^2-6x+5x)-4x^2-2$
$=(2x^2-x)-4x^2-2$
$=2x^2-x-4x^2-2$
$=-2x^2-x-2$

(2) $2a^2-[-a^2-5+\{3a^2+2a-(4a+1)\}]$
$=2a^2-\{-a^2-5+(3a^2+2a-4a-1)\}$
$=2a^2-\{-a^2-5+(3a^2-2a-1)\}$
$=2a^2-(-a^2-5+3a^2-2a-1)$
$=2a^2-(2a^2-2a-6)$
$=2a^2-2a^2+2a+6$
$=2a+6$

---

**STEP 1** 쏙쏙 개념 익히기      P. 36

**1** (1) $3x+4y$      (2) $-\dfrac{1}{6}x-\dfrac{17}{20}y+\dfrac{1}{12}$

(3) $4a^2-\dfrac{7}{2}a+1$      (4) $2a^2-5a-11$

**2** $\dfrac{11}{5}$      **3** $-15x+5y$

**4** (1) $2b$      (2) $2x^2-2x+2$

**5** (1) $3x^2-2x-1$      (2) $4x^2-5x+6$

**6** $-7a^2+7a+6$

**1** (1) $(5x+3y)+(-2x+y)=5x+3y-2x+y$
$\qquad\qquad\qquad\qquad\quad =3x+4y$

---

(2) $\left(\dfrac{1}{2}x-\dfrac{3}{5}y-\dfrac{1}{4}\right)-\left(\dfrac{1}{4}y+\dfrac{2}{3}x-\dfrac{1}{3}\right)$

$=\dfrac{1}{2}x-\dfrac{3}{5}y-\dfrac{1}{4}-\dfrac{1}{4}y-\dfrac{2}{3}x+\dfrac{1}{3}$

$=-\dfrac{1}{6}x-\dfrac{17}{20}y+\dfrac{1}{12}$

(3) $2(a^2-2a+1)+3\left(\dfrac{2}{3}a^2+\dfrac{1}{6}a-\dfrac{1}{3}\right)$

$=2a^2-4a+2+2a^2+\dfrac{1}{2}a-1$

$=4a^2-\dfrac{7}{2}a+1$

(4) $(4a^2-7a+5)-2(a^2-a+8)$
$=4a^2-7a+5-2a^2+2a-16$
$=2a^2-5a-11$

**2** $\dfrac{x-3y}{2}+\dfrac{2x+y}{5}=\dfrac{5(x-3y)+2(2x+y)}{10}$

$\qquad\qquad\qquad =\dfrac{5x-15y+4x+2y}{10}$

$\qquad\qquad\qquad =\dfrac{9x-13y}{10}=\dfrac{9}{10}x-\dfrac{13}{10}y$

따라서 $x$의 계수는 $\dfrac{9}{10}$, $y$의 계수는 $-\dfrac{13}{10}$이므로

그 차는 $\dfrac{9}{10}-\left(-\dfrac{13}{10}\right)=\dfrac{11}{5}$

**3** $-2(4A-B)+(A-3B)=-8A+2B+A-3B$
$\qquad\qquad\qquad\qquad\quad =-7A-B$
$\qquad\qquad\qquad\qquad\quad =-7(3x-y)-(-6x+2y)$
$\qquad\qquad\qquad\qquad\quad =-21x+7y+6x-2y$
$\qquad\qquad\qquad\qquad\quad =-15x+5y$

**4** (1) $5a-\{b-(-5a+3b)\}$
$=5a-(b+5a-3b)$
$=5a-(5a-2b)$
$=5a-5a+2b=2b$

(2) $x^2-[2x+\{(x^2-1)-(2x^2+1)\}]$
$=x^2-\{2x+(x^2-1-2x^2-1)\}$
$=x^2-\{2x+(-x^2-2)\}$
$=x^2-(2x-x^2-2)$
$=x^2-2x+x^2+2=2x^2-2x+2$

**5** (1) 어떤 식을 $A$라고 하면
$A-(x^2-3x+7)=2x^2+x-8$
$\therefore A=(2x^2+x-8)+(x^2-3x+7)=3x^2-2x-1$

(2) $(3x^2-2x-1)+(x^2-3x+7)=4x^2-5x+6$

**6** 어떤 식을 $A$라고 하면 $A+(3a^2-2a-3)=-a^2+3a$
$\therefore A=(-a^2+3a)-(3a^2-2a-3)$
$\qquad =-a^2+3a-3a^2+2a+3=-4a^2+5a+3$
따라서 바르게 계산한 식은
$(-4a^2+5a+3)-(3a^2-2a-3)$
$=-4a^2+5a+3-3a^2+2a+3=-7a^2+7a+6$

**개념 확인**     $ab,\ b$

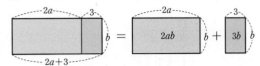

$\Rightarrow (2a+3)\times b = 2a\times b + 3\times b$

$\therefore (2a+3)b = 2\boxed{ab}+3\boxed{b}$

**필수 문제 4**     (1) $8a^2-12a$   (2) $-3x^2+6xy$

(1) $4a(2a-3)=4a\times 2a+4a\times(-3)$
$\qquad\qquad\quad =8a^2-12a$

(2) $(x-2y)(-3x)=x\times(-3x)-2y\times(-3x)$
$\qquad\qquad\qquad\quad =-3x^2+6xy$

**4-1**   (1) $2x^2+6xy$        (2) $-20a^2+10a$
        (3) $-6ab-8b^2+2b$   (4) $-4x^2+20xy-16x$

(1) $x(2x+6y)=x\times 2x+x\times 6y$
$\qquad\qquad\quad =2x^2+6xy$

(2) $-5a(4a-2)=-5a\times 4a-(-5a)\times 2$
$\qquad\qquad\qquad =-20a^2+10a$

(3) $(-3a-4b+1)2b=-3a\times 2b-4b\times 2b+1\times 2b$
$\qquad\qquad\qquad\qquad\;=-6ab-8b^2+2b$

(4) $(x-5y+4)(-4x)$
$\quad =x\times(-4x)-5y\times(-4x)+4\times(-4x)$
$\quad =-4x^2+20xy-16x$

**4-2**   $45x^3+18x^2y$

(직육면체의 부피)=(밑넓이)$\times$(높이)
$\qquad\qquad\qquad\;=(3x)^2\times(5x+2y)$
$\qquad\qquad\qquad\;=9x^2\times(5x+2y)$
$\qquad\qquad\qquad\;=45x^3+18x^2y$

**필수 문제 5**     (1) $\dfrac{2}{3}x-2$        (2) $-4a-6b$

(1) $(2x^2y-6xy)\div 3xy=\dfrac{2x^2y-6xy}{3xy}$
$\qquad\qquad\qquad\qquad =\dfrac{2x^2y}{3xy}-\dfrac{6xy}{3xy}=\dfrac{2}{3}x-2$

(2) $(2a^2b+3ab^2)\div\left(-\dfrac{1}{2}ab\right)$
$\quad =(2a^2b+3ab^2)\times\left(-\dfrac{2}{ab}\right)$
$\quad =2a^2b\times\left(-\dfrac{2}{ab}\right)+3ab^2\times\left(-\dfrac{2}{ab}\right)$
$\quad =-4a-6b$

**5-1**   (1) $\dfrac{3}{2}ab^2+b$        (2) $-2x^2+\dfrac{x^3}{y}$
        (3) $-4x-2$              (4) $3x-2y+5$
        (5) $2a-6$              (6) $-18a^2+6a+3ab$

(1) $\dfrac{3ab^4+2b^3}{2b^2}=\dfrac{3ab^4}{2b^2}+\dfrac{2b^3}{2b^2}=\dfrac{3}{2}ab^2+b$

(2) $-\dfrac{2x^2y-x^3}{y}=-\left(\dfrac{2x^2y}{y}-\dfrac{x^3}{y}\right)=-2x^2+\dfrac{x^3}{y}$

(3) $(8x^2+4x)\div(-2x)=\dfrac{8x^2+4x}{-2x}$
$\qquad\qquad\qquad\qquad =\dfrac{8x^2}{-2x}+\dfrac{4x}{-2x}$
$\qquad\qquad\qquad\qquad =-4x-2$

(4) $(9xy-6y^2+15y)\div 3y=\dfrac{9xy-6y^2+15y}{3y}$
$\qquad\qquad\qquad\qquad\qquad =\dfrac{9xy}{3y}-\dfrac{6y^2}{3y}+\dfrac{15y}{3y}$
$\qquad\qquad\qquad\qquad\qquad =3x-2y+5$

(5) $(a^2-3a)\div\dfrac{a}{2}=(a^2-3a)\times\dfrac{2}{a}$
$\qquad\qquad\qquad\quad =a^2\times\dfrac{2}{a}-3a\times\dfrac{2}{a}=2a-6$

(6) $(12a^2b-4ab-2ab^2)\div\left(-\dfrac{2}{3}b\right)$
$\quad =(12a^2b-4ab-2ab^2)\times\left(-\dfrac{3}{2b}\right)$
$\quad =12a^2b\times\left(-\dfrac{3}{2b}\right)-4ab\times\left(-\dfrac{3}{2b}\right)-2ab^2\times\left(-\dfrac{3}{2b}\right)$
$\quad =-18a^2+6a+3ab$

**5-2**   $7a^2+2b^2$

(직사각형의 넓이)=(가로의 길이)$\times$(세로의 길이)이므로
$4a^2b\times$(세로의 길이)$=28a^4b+8a^2b^3$

$\therefore$ (세로의 길이)$=(28a^4b+8a^2b^3)\div 4a^2b$
$\qquad\qquad\qquad\quad =\dfrac{28a^4b+8a^2b^3}{4a^2b}=7a^2+2b^2$

**필수 문제 6**     (1) $5a^2+8a$   (2) $-x-1$   (3) $5x^2-x$

(1) $a(3a-2)+2a(a+5)=3a^2-2a+2a^2+10a$
$\qquad\qquad\qquad\qquad\quad =5a^2+8a$

(2) $(3x^2-2x)\div(-x)+(4x^2-6x)\div 2x$
$\quad =\dfrac{3x^2-2x}{-x}+\dfrac{4x^2-6x}{2x}$
$\quad =-3x+2+2x-3$
$\quad =-x-1$

(3) $x(6x-3)-(2x^3y-4x^2y)\div 2xy$
$\quad =6x^2-3x-\dfrac{2x^3y-4x^2y}{2xy}$
$\quad =6x^2-3x-(x^2-2x)$
$\quad =6x^2-3x-x^2+2x$
$\quad =5x^2-x$

**6-1** (1) $-4x^3+7x^2+7x$　　　　(2) $6a-7b$

(3) $-2xy-2$　　　　　　　　(4) $-7ab-9b$

(5) $18a^2-54ab$

(1) $x(-x+3)-4x(x^2-2x-1)$

$=-x^2+3x-4x^3+8x^2+4x$

$=-4x^3+7x^2+7x$

(2) $\dfrac{6a^2-15ab}{3a}+\dfrac{8a^2b-4ab^2}{2ab}$

$=2a-5b+4a-2b$

$=6a-7b$

(3) $(8y^2+4y)\div(-2y)-(6xy^2-12y^2)\div 3y$

$=\dfrac{8y^2+4y}{-2y}-\dfrac{6xy^2-12y^2}{3y}$

$=-4y-2-(2xy-4y)$

$=-4y-2-2xy+4y$

$=-2xy-2$

(4) $(5a+3)(-2b)+(a^2b-ab)\div\dfrac{1}{3}a$

$=(-10ab-6b)+(a^2b-ab)\times\dfrac{3}{a}$

$=(-10ab-6b)+(3ab-3b)$

$=-7ab-9b$

(5) $8a^2b\div\left(-\dfrac{2}{3}ab\right)^2\times(a^2b-3ab^2)$

$=8a^2b\div\dfrac{4a^2b^2}{9}\times(a^2b-3ab^2)$

$=8a^2b\times\dfrac{9}{4a^2b^2}\times(a^2b-3ab^2)$

$=\dfrac{18}{b}(a^2b-3ab^2)$

$=18a^2-54ab$

---

**2** $\boxed{\phantom{xx}}=(-15a^2-10ab+25a)\times\left(-\dfrac{2}{5}a\right)$

$=6a^3+4a^2b-10a^2$

**3** $(4x^4-8x^3y)\div\left(-\dfrac{2}{3}x\right)^2-\dfrac{3}{2}x\times\left(\dfrac{4}{3}y-4x\right)$

$=(4x^4-8x^3y)\div\dfrac{4}{9}x^2-(2xy-6x^2)$

$=(4x^4-8x^3y)\times\dfrac{9}{4x^2}-2xy+6x^2$

$=9x^2-18xy-2xy+6x^2$

$=15x^2-20xy$

따라서 $x^2$의 계수는 15, $xy$의 계수는 $-20$이므로

그 합은 $15+(-20)=-5$

**4** (1) $6y(-2x+y)+3y(xy+4x)$

$=-12xy+6y^2+3xy^2+12xy$

$=3xy^2+6y^2$

$=3\times 3\times\left(-\dfrac{1}{2}\right)^2+6\times\left(-\dfrac{1}{2}\right)^2$

$=\dfrac{9}{4}+\dfrac{6}{4}=\dfrac{15}{4}$

(2) $\dfrac{2x^2y-2xy^2}{xy}-\dfrac{-xy+2y^2}{y}=2x-2y-(-x+2y)$

$=2x-2y+x-2y$

$=3x-4y$

$=3\times 3-4\times\left(-\dfrac{1}{2}\right)$

$=9+2=11$

**5** (사다리꼴의 넓이)

$=\dfrac{1}{2}\times\{(윗변의 길이)+(아랫변의 길이)\}\times(높이)$

$=\dfrac{1}{2}\times\{(a+2b)+(3a-5b)\}\times 6a^2$

$=\dfrac{1}{2}\times(4a-3b)\times 6a^2=12a^3-9a^2b$

---

**STEP 1** 쏙쏙 개념 익히기　　　　　　P. 40

**1** (1) $2a^2-4ab$　　(2) $15a^2-20ab+5a$

(3) $-3y+2$　　(4) $6x-9y+3$

**2** $6a^3+4a^2b-10a^2$　　**3** $-5$

**4** (1) $\dfrac{15}{4}$　(2) $11$　　**5** $12a^3-9a^2b$

---

**1** (3) $(12y^2-8y)\div(-4y)=\dfrac{12y^2-8y}{-4y}=-3y+2$

(4) $(2x^2y-3xy^2+xy)\div\dfrac{1}{3}xy$

$=(2x^2y-3xy^2+xy)\times\dfrac{3}{xy}$

$=6x-9y+3$

---

**STEP 2** 탄탄 단원 다지기　　　　　　P. 41~43

| 1 ④ | 2 11 | 3 2 | 4 ④ | 5 ⑤ |
|---|---|---|---|---|
| 6 8배 | 7 $\dfrac{1}{3}$ | 8 ④ | 9 7 | 10 ②, ④ |
| 11 ① | 12 $-9a^3b^2$ | 13 $\dfrac{9}{4}$배 | 14 18 | |
| 15 ①, ④ | 16 $a+2b$ | | 17 $5a+7b$ | |
| 18 ㄴ, ㅁ | 19 $9x^2+15y-18$ | | 20 60 | |
| 21 $-b^2+3ab$ | 22 $3a+b$ | | | |

**1** ④ $x^2\times y\times x\times y^3=x^3y^4$

**2**

$2\times3\times4\times5\times6\times7\times8\times9\times10$

$=2\times3\times2^2\times5\times(2\times3)\times7\times2^3\times3^2\times(2\times5)$

$=2^{1+2+1+3+1}\times3^{1+1+2}\times5^{1+1}\times7$

$=2^8\times3^4\times5^2\times7$

따라서 $a=8$, $b=4$, $c=2$, $d=1$이므로

$a+b-c+d=8+4-2+1=11$

**3**

$27^{x+2}=(3^3)^{x+2}=3^{3x+6}$이고,

$81^3=(3^4)^3=3^{12}$이므로

$3^{3x+6}=3^{12}$에서 $3x+6=12$

$3x=6$ $\quad\therefore x=2$

**4**

① $5\times5\times5=5^3$

② $5^9\div5^3\div5^3=5^6\div5^3=5^3$

③ $(5^3)^3\div(5^2)^3=5^9\div5^6=5^3$

④ $5^4\times5^2\div25=5^6\div5^2=5^4$

⑤ $5^8\div(5^6\div5)=5^8\div5^5=5^3$

따라서 식을 간단히 한 결과가 나머지 넷과 다른 하나는 ④이다.

**5**

① $a^{14}\div(a^3)^{\square}\times a^4=\dfrac{a^{14}\times a^4}{(a^3)^{\square}}=\dfrac{a^{18}}{a^{3\times\square}}=1$이므로

$\quad18=3\times\square$ $\quad\therefore\square=6$

② $(-2a^2)^5=-32a^{10}$ $\quad\therefore\square=10$

③ $(x^2y^{\square})^3=x^6y^{\square\times3}=x^6y^{15}$이므로

$\quad\square\times3=15$ $\quad\therefore\square=5$

④ $\dfrac{(x^3y^{\square})^4}{(x^2y^6)^3}=\dfrac{x^{12}y^{\square\times4}}{x^6y^{18}}=\dfrac{x^6y^{\square\times4}}{y^{18}}=\dfrac{x^6}{y^2}$이므로

$\quad18-\square\times4=2$ $\quad\therefore\square=4$

⑤ $\left(-\dfrac{x^4y^{\square}}{2}\right)^3=-\dfrac{x^{12}y^{\square\times3}}{8}=-\dfrac{x^{12}y^6}{8}$이므로

$\quad\square\times3=6$ $\quad\therefore\square=2$

따라서 $\square$ 안에 알맞은 자연수가 가장 작은 것은 ⑤이다.

**6**

1번 접은 신문지 한 장의 두께는 처음 두께의 2배이므로

6번 접은 신문지 한 장의 두께는 처음 두께의 $2^6$배,

3번 접은 신문지 한 장의 두께는 처음 두께의 $2^3$배이다.

따라서 6번 접은 신문지 한 장의 두께는 3번 접은 신문지 한 장의 두께의

$2^6\div2^3=2^3=8$(배)

**7**

$\dfrac{2^5+2^5}{9^2+9^2+9^2}\times\dfrac{3^3+3^3+3^3}{4^2+4^2+4^2+4^2}=\dfrac{2\times2^5}{3\times9^2}\times\dfrac{3\times3^3}{4\times4^2}$

$=\dfrac{2^6}{3\times(3^2)^2}\times\dfrac{3^4}{2^2\times(2^2)^2}$

$=\dfrac{2^6}{3\times3^4}\times\dfrac{3^4}{2^2\times2^4}$

$=\dfrac{2^6}{3}\times\dfrac{1}{2^6}=\dfrac{1}{3}$

**8**

$45^4=(3^2\times5)^4=(3^2)^4\times5^4=(3^2)^4\times(5^2)^2=a^4b^2$

**9**

$15^4\times2^5=(3\times5)^4\times2^5=3^4\times5^4\times2^5$

$=3^4\times5^4\times2^4\times2=2\times3^4\times5^4\times2^4$

$=2\times3^4\times(5\times2)^4=162\times10^4=1620000$

$\underbrace{\qquad\qquad}_{4개}$

따라서 $15^4\times2^5$은 7자리의 자연수이므로 $n=7$

**10**

① $3a\times(-8a)=-24a^2$

② $8a^7b\div(-2a^5)^2=8a^7b\times\dfrac{1}{4a^{10}}=\dfrac{2b}{a^3}$

③ $(-3x)^3\times\dfrac{1}{5}x\times\left(-\dfrac{5}{3}x\right)^2=(-27x^3)\times\dfrac{x}{5}\times\dfrac{25}{9}x^2$

$=-15x^6$

④ $4x^3y\times(-xy^2)^3\div(2x^2y)^2=4x^3y\times(-x^3y^6)\times\dfrac{1}{4x^4y^2}$

$=-x^2y^5$

⑤ $\left(-\dfrac{a}{2}\right)^4\div9a^3b^3\times12b^4=\dfrac{a^4}{16}\times\dfrac{1}{9a^3b^3}\times12b^4=\dfrac{1}{12}ab$

따라서 옳지 않은 것은 ②, ④이다.

**11**

$(-2x^3y)^a\div4x^by\times2x^5y^2$

$=(-2)^ax^{3a}y^a\times\dfrac{1}{4x^by}\times2x^5y^2$

$=\left\{(-2)^a\times\dfrac{1}{4}\times2\right\}\times\dfrac{x^{3a+5}}{x^b}\times y^{a+1}$

$=\dfrac{(-2)^a}{2}x^{3a+5-b}y^{a+1}=cx^2y^3$

즉, $\dfrac{(-2)^a}{2}=c$, $3a+5-b=2$, $a+1=3$이므로

$a+1=3$에서 $a=2$

$3a+5-b=2$에서 $6+5-b=2$ $\quad\therefore b=9$

$\dfrac{(-2)^a}{2}=c$에서 $c=\dfrac{(-2)^2}{2}=\dfrac{4}{2}=2$

$\therefore a+b+c=2+9+2=13$

**12**

$4a^2b\div\boxed{\phantom{x}}\times6ab^6=-\dfrac{8}{3}b^5$에서

$4a^2b\times\dfrac{1}{\boxed{\phantom{x}}}\times6ab^6=-\dfrac{8}{3}b^5$

$\therefore\boxed{\phantom{x}}=4a^2b\times6ab^6\div\left(-\dfrac{8}{3}b^5\right)$

$=4a^2b\times6ab^6\times\left(-\dfrac{3}{8b^5}\right)=-9a^3b^2$

**13**

(원기둥의 부피)$=\{\pi\times(3xy)^2\}\times6xy$

$=\pi\times9x^2y^2\times6xy=54\pi x^3y^3$

(원뿔의 부피)$=\dfrac{1}{3}\times\{\pi\times(2y)^2\}\times18x^3y$

$=\dfrac{1}{3}\times\pi\times4y^2\times18x^3y=24\pi x^3y^3$

따라서 원기둥의 부피는 원뿔의 부피의

$54\pi x^3y^3\div24\pi x^3y^3=\dfrac{54\pi x^3y^3}{24\pi x^3y^3}=\dfrac{9}{4}$(배)

**14** $\dfrac{3x+2y}{4}-\dfrac{2x-3y}{3}=\dfrac{3(3x+2y)-4(2x-3y)}{12}$

$\qquad\qquad\qquad\qquad =\dfrac{9x+6y-8x+12y}{12}$

$\qquad\qquad\qquad\qquad =\dfrac{x+18y}{12}=\dfrac{1}{12}x+\dfrac{3}{2}y$

따라서 $a=\dfrac{1}{12}$, $b=\dfrac{3}{2}$이므로

$b\div a=\dfrac{3}{2}\div\dfrac{1}{12}=\dfrac{3}{2}\times12=18$

**15** ① $x+5y-9\Rightarrow x$, $y$에 대한 일차식

② $1+3x-x^2\Rightarrow x$에 대한 이차식

③ $a^2-a(-a+1)+2=a^2+a^2-a+2$

$\qquad\qquad\qquad\qquad\quad =2a^2-a+2$

$\quad\Rightarrow a$에 대한 이차식

④ $2x^2-x-(2x^2-1)=2x^2-x-2x^2+1$

$\qquad\qquad\qquad\qquad\quad =-x+1$

$\quad\Rightarrow x$에 대한 일차식

⑤ $3(2x^2-5x)-2(3x-1)=6x^2-15x-6x+2$

$\qquad\qquad\qquad\qquad\qquad\quad =6x^2-21x+2$

$\quad\Rightarrow x$에 대한 이차식

따라서 이차식이 아닌 것은 ①, ④이다.

**16** 직육면체를 만들 때 마주 보는 두 면에 적혀 있는 두 다항식
은 각각 $2a+3b$와 $3a+b$, $A$와 $4a+2b$이다.

이때 $(2a+3b)+(3a+b)=5a+4b$이므로

$A+(4a+2b)=5a+4b$

$\therefore A=(5a+4b)-(4a+2b)$

$\qquad =5a+4b-4a-2b=a+2b$

**17** $5a-\{-3a+b-(\boxed{\phantom{xx}}-2b)\}$

$=5a-(-3a+b-\boxed{\phantom{xx}}+2b)$

$=5a-(-3a+3b-\boxed{\phantom{xx}})$

$=5a+3a-3b+\boxed{\phantom{xx}}$

$=8a-3b+\boxed{\phantom{xx}}$

따라서 $8a-3b+\boxed{\phantom{xx}}=13a+4b$이므로

$\boxed{\phantom{xx}}=(13a+4b)-(8a-3b)$

$\qquad =13a+4b-8a+3b=5a+7b$

**18** ㄱ. $-2x(y-1)=-2xy+2x$

ㄴ. $(-4ab+6b^2)\div3b=\dfrac{-4ab+6b^2}{3b}=-\dfrac{4}{3}a+2b$

ㄷ. $(3a^2-9a+3)\times\dfrac{2}{3}b=2a^2b-6ab+2b$

ㄹ. $\dfrac{10x^2y-5xy^2}{5x}=2xy-y^2$

ㅁ. $(4x^3y^2-2xy^2)\div\left(-\dfrac{1}{2}y^2\right)=(4x^3y^2-2xy^2)\times\left(-\dfrac{2}{y^2}\right)$

$\qquad\qquad\qquad\qquad\qquad\qquad\quad =-8x^3+4x$

따라서 옳은 것은 ㄴ, ㅁ이다.

**19** 어떤 다항식을 $A$라고 하면

$A\times\left(-\dfrac{1}{3}xy\right)=x^4y^2+\dfrac{5}{3}x^2y^3-2x^2y^2$

$\therefore A=\left(x^4y^2+\dfrac{5}{3}x^2y^3-2x^2y^2\right)\div\left(-\dfrac{1}{3}xy\right)$

$\qquad =\left(x^4y^2+\dfrac{5}{3}x^2y^3-2x^2y^2\right)\times\left(-\dfrac{3}{xy}\right)$

$\qquad =-3x^3y-5xy^2+6xy$

따라서 바르게 계산한 식은

$(-3x^3y-5xy^2+6xy)\div\left(-\dfrac{1}{3}xy\right)$

$=(-3x^3y-5xy^2+6xy)\times\left(-\dfrac{3}{xy}\right)$

$=9x^2+15y-18$

**20** $(-3a^3b^2+9a^2b^4)\div\dfrac{9}{2}ab^2-(b^2-6a)a$

$=(-3a^3b^2+9a^2b^4)\times\dfrac{2}{9ab^2}-(ab^2-6a^2)$

$=-\dfrac{2}{3}a^2+2ab^2-ab^2+6a^2$

$=\dfrac{16}{3}a^2+ab^2$

$=\dfrac{16}{3}\times3^2+3\times(-2)^2$

$=48+12=60$

**21** (색칠한 부분의 넓이)

$=$(직사각형의 넓이)

$\quad-(\text{㉠의 넓이})-(\text{㉡의 넓이})$

$\quad-(\text{㉢의 넓이})$

$=3a\times2b-\dfrac{1}{2}\times2b\times2b$

$\quad-\dfrac{1}{2}\times3a\times b-\dfrac{1}{2}\times(3a-2b)\times b$

$=6ab-2b^2-\dfrac{3}{2}ab-\left(\dfrac{3}{2}ab-b^2\right)$

$=6ab-2b^2-\dfrac{3}{2}ab-\dfrac{3}{2}ab+b^2$

$=-b^2+3ab$

**22** 큰 직육면체의 부피는

$2a\times3\times$(큰 직육면체의 높이)$=6a^2+12ab$이므로

$6a\times$(큰 직육면체의 높이)$=6a^2+12ab$

$\therefore$ (큰 직육면체의 높이)$=(6a^2+12ab)\div6a$

$\qquad\qquad\qquad\qquad\qquad\quad =\dfrac{6a^2+12ab}{6a}=a+2b$

작은 직육면체의 부피는

$a\times3\times$(작은 직육면체의 높이)$=6a^2-3ab$이므로

$3a\times$(작은 직육면체의 높이)$=6a^2-3ab$

$\therefore$ (작은 직육면체의 높이)$=(6a^2-3ab)\div3a$

$\qquad\qquad\qquad\qquad\qquad\qquad =\dfrac{6a^2-3ab}{3a}=2a-b$

따라서 두 직육면체의 높이의 합은

$(a+2b)+(2a-b)=3a+b$

## STEP 3 쓱쓱 서술형 완성하기    P. 44~45

〈과정은 풀이 참조〉

**따라 해보자** 유제 **1** 10

유제 **2** 9

**연습해 보자** **1** (1) 16  (2) 64    **2** $16ab$

**3** $-5x^2+17x-10$

**4** (1) (나), $-4x+3$  (2) (다), $15x-12y$

### 따라 해보자

**유제 1** **1단계** $2^{20} \times 3^2 \times 5^{17} = 2^3 \times 2^{17} \times 3^2 \times 5^{17}$

$\qquad = 2^3 \times 3^2 \times 2^{17} \times 5^{17} = 2^3 \times 3^2 \times (2 \times 5)^{17}$

$\qquad = 72 \times 10^{17} = 72000\cdots 0$

$\qquad\qquad\qquad\qquad\quad \underset{17개}{\underline{\phantom{0000}}}$

즉, $2^{20} \times 3^2 \times 5^{17}$은 19자리의 자연수이므로

$n=19$    $\cdots$ ( i )

**2단계** 각 자리의 숫자의 합은 $7+2+0 \times 17 = 9$이므로

$k=9$    $\cdots$ (ii)

**3단계** $n-k=19-9=10$    $\cdots$ (iii)

| 채점 기준 | 비율 |
|---|---|
| ( i ) $n$의 값 구하기 | 50 % |
| (ii) $k$의 값 구하기 | 30 % |
| (iii) $n-k$의 값 구하기 | 20 % |

**유제 2** **1단계** $4a^2 - \{-2a^2 + 5a - 3(-2a+1)\} - 3a$

$= 4a^2 - (-2a^2 + 5a + 6a - 3) - 3a$

$= 4a^2 - (-2a^2 + 11a - 3) - 3a$

$= 4a^2 + 2a^2 - 11a + 3 - 3a$

$= 6a^2 - 14a + 3$    $\cdots$ ( i )

**2단계** ($a^2$의 계수)$=6$, (상수항)$=3$    $\cdots$ (ii)

**3단계** 따라서 $a^2$의 계수와 상수항의 합은

$6+3=9$    $\cdots$ (iii)

| 채점 기준 | 비율 |
|---|---|
| ( i ) 주어진 식의 괄호를 풀어 계산하기 | 60 % |
| (ii) $a^2$의 계수와 상수항 구하기 | 20 % |
| (iii) $a^2$의 계수와 상수항의 합 구하기 | 20 % |

### 연습해 보자

**1** (1) $4^{51} \times (0.25)^{49} = 4^2 \times 4^{49} \times (0.25)^{49}$

$\qquad = 4^2 \times (4 \times 0.25)^{49}$

$\qquad = 4^2 \times 1^{49} = 16$    $\cdots$ ( i )

(2) $\dfrac{36^9}{108^6} = \dfrac{(2^2 \times 3^2)^9}{(2^2 \times 3^3)^6} = \dfrac{2^{18} \times 3^{18}}{2^{12} \times 3^{18}} = 2^6 = 64$    $\cdots$ (ii)

| 채점 기준 | 비율 |
|---|---|
| ( i ) $4^{51} \times (0.25)^{49}$ 계산하기 | 50 % |
| (ii) $\dfrac{36^9}{108^6}$ 계산하기 | 50 % |

**2** (직사각형의 넓이)$=16a^2 b \times 4ab^2 = 64a^3 b^3$    $\cdots$ ( i )

이때 직사각형과 삼각형의 넓이가 서로 같으므로

(삼각형의 넓이)$=\dfrac{1}{2} \times 8a^2 b^2 \times$ (높이)$=64a^3 b^3$에서    $\cdots$ (ii)

$4a^2 b^2 \times$ (높이)$=64a^3 b^3$

$\therefore$ (높이)$=64a^3 b^3 \div 4a^2 b^2 = \dfrac{64a^3 b^3}{4a^2 b^2} = 16ab$    $\cdots$ (iii)

| 채점 기준 | 비율 |
|---|---|
| ( i ) 직사각형의 넓이 구하기 | 30 % |
| (ii) 삼각형의 높이를 구하는 식 세우기 | 30 % |
| (iii) 삼각형의 높이 구하기 | 40 % |

**3** 어떤 식을 $A$라고 하면

$A + (x^2 - 5x + 4) = -3x^2 + 7x - 2$

$\therefore A = -3x^2 + 7x - 2 - (x^2 - 5x + 4)$

$\qquad = -3x^2 + 7x - 2 - x^2 + 5x - 4$

$\qquad = -4x^2 + 12x - 6$    $\cdots$ ( i )

따라서 바르게 계산한 식은

$(-4x^2 + 12x - 6) - (x^2 - 5x + 4)$

$= -4x^2 + 12x - 6 - x^2 + 5x - 4$

$= -5x^2 + 17x - 10$    $\cdots$ (ii)

| 채점 기준 | 비율 |
|---|---|
| ( i ) 어떤 식 구하기 | 50 % |
| (ii) 바르게 계산한 식 구하기 | 50 % |

**4** (1) $(12x^2 - 9x) \div (-3x) = -\dfrac{12x^2 - 9x}{3x}$

$\qquad\qquad\qquad\qquad\qquad = -(4x - 3) = -4x + 3$

따라서 (나)에서 처음으로 틀렸다.    $\cdots$ ( i )

(2) $(10x^2 y - 8xy^2) \div \dfrac{2}{3} xy = (10x^2 y - 8xy^2) \times \dfrac{3}{2xy}$

$\qquad\qquad\qquad\qquad\qquad = 15x - 12y$

따라서 (다)에서 처음으로 틀렸다.    $\cdots$ (ii)

| 채점 기준 | 비율 |
|---|---|
| ( i ) (1)에서 처음으로 틀린 곳을 찾고, 바르게 계산한 식 구하기 | 50 % |
| (ii) (2)에서 처음으로 틀린 곳을 찾고, 바르게 계산한 식 구하기 | 50 % |

### 과학 속 수학    P. 46

답 **3 m**

태양에서 해왕성까지의 평균 거리는 태양에서 지구까지의

평균 거리의 $\dfrac{4.5 \times 10^9}{1.5 \times 10^8} = 3 \times 10 = 30$(배)이다.

따라서 태양에서 해왕성까지의 평균 거리는

$10 \times 30 = 300$(cm), 즉 $3\,$m로 정해야 한다.

## 1 부등식의 해와 그 성질

P. 50

**개념 확인**  ㄱ, ㄹ

ㄴ. 방정식   ㄷ. 다항식(일차식)

**필수 문제 1**   (1) $2x+5 \leq 20$   (2) $3x > 24$
(3) $800x+1000 \geq 4000$

(1) $x$의 2배에 5를 더한 것은 / 20보다 / 크지 않다.
　　　　　좌변　　　　　　　우변　　　 $\leq$

(2) 한 변의 길이가 $x$ cm인 정삼각형의 둘레의 길이는 /
　　　　　　　　　　　　　　　　　좌변

$\underline{24 \, cm}$보다 / 길다.
　우변　　　 $>$

(3) $\underline{800원짜리 \sim 값}$은 / $\underline{4000원}$ / 이상이다.
　　좌변　　　　　　우변　　　 $\geq$

**1-1**   (1) $\dfrac{a}{2}-5 \geq 12$   (2) $240-7x \leq 10$   (3) $2x+3 > 15$

(1) $a$를 2로 나누고 5를 뺀 것은 / 12보다 / 작지 않다.
　　　　　　 좌변　　　　　　　　우변　　　 $\geq$

(2) 전체 쪽수가 $\sim$ 읽으면 / 남은 쪽수는 10쪽 / 이하이다.
　　　　 좌변　　　　　　　　　우변　　　 $\leq$

(3) 하나에 $\sim$ 담으면 / 전체 무게가 15 kg / 초과이다.
　　　 좌변　　　　　　　 우변　　　 $>$

**필수 문제 2**   (1) 1, 2   (2) 1, 2, 3
(1) 부등식 $7-2x > 1$에서
$x=1$일 때, $7-2 \times 1 > 1$ (참)
$x=2$일 때, $7-2 \times 2 > 1$ (참)
$x=3$일 때, $7-2 \times 3 = 1$ (거짓)
　　　　　　⋮
따라서 주어진 부등식의 해는 1, 2이다.
(2) 부등식 $3x-1 \leq 8$에서
$x=1$일 때, $3 \times 1 - 1 < 8$ (참)
$x=2$일 때, $3 \times 2 - 1 < 8$ (참)
$x=3$일 때, $3 \times 3 - 1 = 8$ (참)
$x=4$일 때, $3 \times 4 - 1 > 8$ (거짓)
　　　　　　⋮
따라서 주어진 부등식의 해는 1, 2, 3이다.

**2-1**   (1) 0, 1   (2) $-3$, $-2$
(1) 부등식 $4 < 5x+9$에서
$x=-3$일 때, $4 > 5 \times (-3)+9$ (거짓)
$x=-2$일 때, $4 > 5 \times (-2)+9$ (거짓)
$x=-1$일 때, $4 = 5 \times (-1)+9$ (거짓)
$x=0$일 때, $4 < 5 \times 0+9$ (참)
$x=1$일 때, $4 < 5 \times 1+9$ (참)
따라서 주어진 부등식의 해는 0, 1이다.

(2) 부등식 $-4x+2 \geq 10$에서
$x=-3$일 때, $-4 \times (-3)+2 > 10$ (참)
$x=-2$일 때, $-4 \times (-2)+2 = 10$ (참)
$x=-1$일 때, $-4 \times (-1)+2 < 10$ (거짓)
$x=0$일 때, $-4 \times 0+2 < 10$ (거짓)
$x=1$일 때, $-4 \times 1+2 < 10$ (거짓)
따라서 주어진 부등식의 해는 $-3$, $-2$이다.

P. 51

**필수 문제 3**   (1) $<$   (2) $<$   (3) $<$   (4) $>$
$a < b$에서
(1) 양변에 4를 더하면 $a+4 < b+4$
(2) 양변에서 5를 빼면 $a-5 < b-5$
(3) 양변에 $\dfrac{2}{5}$를 곱하면 $\dfrac{2}{5}a < \dfrac{2}{5}b$   $\cdots$ ㉠

㉠의 양변에 3을 더하면 $\dfrac{2}{5}a+3 < \dfrac{2}{5}b+3$
(4) 양변에 $-7$을 곱하면 $-7a > -7b$   $\cdots$ ㉠
㉠의 양변에서 1을 빼면 $-7a-1 > -7b-1$

**3-1**   (1) $\geq$   (2) $\leq$
$a \geq b$에서
(1) 양변을 4로 나누면 $\dfrac{a}{4} \geq \dfrac{b}{4}$   $\cdots$ ㉠

㉠의 양변에서 6을 빼면 $\dfrac{a}{4}-6 \geq \dfrac{b}{4}-6$
(2) 양변에 $-2$를 곱하면 $-2a \leq -2b$   $\cdots$ ㉠
㉠의 양변에 9를 더하면 $9-2a \leq 9-2b$

**필수 문제 4**   (1) $x+4 > 7$   (2) $x-2 > 1$
(3) $-\dfrac{x}{2} < -\dfrac{3}{2}$   (4) $10x-3 > 27$

$x > 3$에서
(1) 양변에 4를 더하면 $x+4 > 7$
(2) 양변에서 2를 빼면 $x-2 > 1$
(3) 양변을 $-2$로 나누면 $-\dfrac{x}{2} < -\dfrac{3}{2}$
(4) 양변에 10을 곱하면 $10x > 30$   $\cdots$ ㉠
㉠의 양변에서 3을 빼면 $10x-3 > 27$

**4-1**   (1) $x+5 \leq 7$   (2) $x-7 \leq -5$
(3) $-2x \geq -4$   (4) $\dfrac{x}{6}+\dfrac{1}{2} \leq \dfrac{5}{6}$

$x \leq 2$에서
(1) 양변에 5를 더하면 $x+5 \leq 7$
(2) 양변에서 7을 빼면 $x-7 \leq -5$
(3) 양변에 $-2$를 곱하면 $-2x \geq -4$
(4) 양변을 6으로 나누면 $\dfrac{x}{6} \leq \dfrac{1}{3}$   $\cdots$ ㉠

㉠의 양변에 $\dfrac{1}{2}$을 더하면 $\dfrac{x}{6}+\dfrac{1}{2} \leq \dfrac{5}{6}$

**4-2** (1) $0 \leq a+2 < 5$    (2) $-8 \leq 3a-2 < 7$

$-2 \leq a < 3$에서

(1) 각 변에 2를 더하면 $0 \leq a+2 < 5$

(2) 각 변에 3을 곱하면 $-6 \leq 3a < 9$    … ㉠

  ㉠의 각 변에서 2를 빼면 $-8 \leq 3a-2 < 7$

---

**STEP 1 쏙쏙 개념 익히기**      P. 52

**1** 3개      **2** ②

**3** (1) 0, 1, 2    (2) $-2$, $-1$

**4** ⑤      **5** (1) $\geq$   (2) $>$   (3) $>$   (4) $\leq$

**6** 6

---

**1** ㄷ. 일차방정식

ㄹ. 다항식(일차식)

따라서 부등식인 것은 ㄴ, ㅁ, ㅂ의 3개이다.

**2** ② $3a-5 \geq 2a$

**3** (1) 부등식 $-2x+5 < 7$에서

$x=-2$일 때, $-2 \times (-2)+5 > 7$ (거짓)

$x=-1$일 때, $-2 \times (-1)+5 = 7$ (거짓)

$x=0$일 때, $-2 \times 0+5 < 7$ (참)

$x=1$일 때, $-2 \times 1+5 < 7$ (참)

$x=2$일 때, $-2 \times 2+5 < 7$ (참)

따라서 주어진 부등식의 해는 0, 1, 2이다.

(2) 부등식 $x+2 \geq 4x+5$에서

$x=-2$일 때, $-2+2 > 4 \times (-2)+5$ (참)

$x=-1$일 때, $-1+2 = 4 \times (-1)+5$ (참)

$x=0$일 때, $0+2 < 4 \times 0+5$ (거짓)

$x=1$일 때, $1+2 < 4 \times 1+5$ (거짓)

$x=2$일 때, $2+2 < 4 \times 2+5$ (거짓)

따라서 주어진 부등식의 해는 $-2$, $-1$이다.

**4** 각 부등식에 $x=3$을 대입하면

① $2-3x > 3$에서 $2-3 \times 3 < 3$ (거짓)

② $4x-1 \geq 11$에서 $4 \times 3-1 = 11$ (거짓)

③ $x-3 \leq -1$에서 $3-3 > -1$ (거짓)

④ $-\dfrac{2}{3}x+1 \geq 0$에서 $-\dfrac{2}{3} \times 3+1 < 0$ (거짓)

⑤ $2x+1 \geq 4-x$에서 $2 \times 3+1 > 4-3$ (참)

따라서 $x=3$이 해가 되는 것은 ⑤이다.

---

**5** (1) $-3x \leq -3y$의 양변을 $-3$으로 나누면 $x \geq y$

(2) $8x-3 > 8y-3$의 양변에 3을 더하면

$8x > 8y$    … ㉠

㉠의 양변을 8로 나누면 $x > y$

(3) $-\dfrac{6}{5}x+1 < -\dfrac{6}{5}y+1$의 양변에서 1을 빼면

$-\dfrac{6}{5}x < -\dfrac{6}{5}y$    … ㉠

㉠의 양변에 $-\dfrac{5}{6}$를 곱하면 $x > y$

(4) $\dfrac{3-2x}{5} \geq \dfrac{3-2y}{5}$의 양변에 5를 곱하면

$3-2x \geq 3-2y$    … ㉠

㉠의 양변에서 3을 빼면 $-2x \geq -2y$    … ㉡

㉡의 양변을 $-2$로 나누면 $x \leq y$

**6** $-3 < x \leq 5$의 각 변에 $-4$를 곱하면

$12 > -4x \geq -20$, 즉 $-20 \leq -4x < 12$    … ㉠

㉠의 각 변에 7을 더하면 $-13 \leq -4x+7 < 19$

따라서 $a=-13$, $b=19$이므로

$a+b = -13+19 = 6$

참고   $m < x \leq n$의 각 변에 음수 $k$를 곱하면

       $\Rightarrow kn \leq kx < km$ ← 부등호의 방향이 바뀐다.

---

## 2 일차부등식의 풀이

P. 53~54

**개념 확인**    (1) $x \geq -2$   (2) $x < 0$   (3) $x > 6$

**필수 문제 1**   ㄴ, ㄹ

ㄱ. $2x^2+4 > 3x$에서 $2x^2-3x+4 > 0$

  $\Rightarrow$ 일차부등식이 아니다.

ㄴ. $4x < 2x+1$에서 $4x-2x-1 < 0$    $\therefore 2x-1 < 0$

  $\Rightarrow$ 일차부등식이다.

ㄷ. $3x+2 = 5$는 등식이다. $\Rightarrow$ 일차부등식이 아니다.

ㄹ. $3x+2 \leq -7$에서 $3x+2+7 \leq 0$    $\therefore 3x+9 \leq 0$

  $\Rightarrow$ 일차부등식이다.

ㅁ. $2x-2 < 3+2x$에서 $2x-2-3-2x < 0$    $\therefore -5 < 0$

  $\Rightarrow$ 일차부등식이 아니다.

ㅂ. $\dfrac{1}{x}-1 \geq -5$에서 $\dfrac{1}{x}-1+5 \geq 0$    $\therefore \dfrac{1}{x}+4 \geq 0$

  $\Rightarrow$ 일차부등식이 아니다.

따라서 일차부등식은 ㄴ, ㄹ이다.

참고   ㅂ. $\dfrac{1}{x}$과 같이 분모에 미지수가 포함된 식은 다항식이 아니므로 일차식이 아니다.

**1-1** ④

① $5x-7$은 다항식(일차식)이다. ⇨ 일차부등식이 아니다.

② $4x+1<4x+7$에서 $4x+1-4x-7<0$  ∴ $-6<0$
  ⇨ 일차부등식이 아니다.

③ $3x-2=x+4$는 등식이다. ⇨ 일차부등식이 아니다.

④ $-x-1\leq x+1$에서 $-x-1-x-1\leq 0$
  ∴ $-2x-2\leq 0$
  ⇨ 일차부등식이다.

⑤ $x-2>x^2$에서 $-x^2+x-2>0$ ⇨ 일차부등식이 아니다.
따라서 일차부등식인 것은 ④이다.

**필수 문제 2** (1) $x\geq 3$,
(2) $x\leq 2$,
(3) $x>-\dfrac{9}{5}$,
(4) $x<-5$,

(1) $2x+3\geq 9$에서 $2x\geq 9-3$
  $2x\geq 6$  ∴ $x\geq 3$

(2) $3x\leq -x+8$에서 $3x+x\leq 8$
  $4x\leq 8$  ∴ $x\leq 2$

(3) $1-x<4x+10$에서 $-x-4x<10-1$
  $-5x<9$  ∴ $x>-\dfrac{9}{5}$

(4) $-8-5x>7-2x$에서 $-5x+2x>7+8$
  $-3x>15$  ∴ $x<-5$

**2-1** (1) $x<-1$,  (2) $x<1$,
(3) $x\leq -4$,  (4) $x\geq 3$,

(1) $3+5x<-2$에서 $5x<-2-3$
  $5x<-5$  ∴ $x<-1$

(2) $-3x+4>x$에서 $-3x-x>-4$
  $-4x>-4$  ∴ $x<1$

(3) $x-1\geq 2x+3$에서 $x-2x\geq 3+1$
  $-x\geq 4$  ∴ $x\leq -4$

(4) $2-x\leq 2x-7$에서 $-x-2x\leq -7-2$
  $-3x\leq -9$  ∴ $x\geq 3$

**2-2** ③

$5x+9<8x-3$에서 $5x-8x<-3-9$
$-3x<-12$  ∴ $x>4$
따라서 해를 수직선 위에 나타내면 오른
쪽 그림과 같다.

**필수 문제 3** (1) $x\leq -\dfrac{a}{3}$ (2) 9

(1) $2x+a\leq -x$에서 $2x+x\leq -a$
  $3x\leq -a$  ∴ $x\leq -\dfrac{a}{3}$

(2) 주어진 부등식의 해가 $x\leq -3$이므로
  $-\dfrac{a}{3}=-3$  ∴ $a=9$

**3-1** 2

$x+2a>2x+6$에서 $x-2x>-2a+6$
$-x>-2a+6$  ∴ $x<2a-6$
이때 주어진 그림에서 부등식의 해가 $x<-2$이므로
$2a-6=-2$, $2a=4$  ∴ $a=2$

**필수 문제 4** (1) $x<-\dfrac{7}{2}$ (2) $x\geq -5$

(1) $4x-3<2(x-5)$에서 $4x-3<2x-10$
  $2x<-7$  ∴ $x<-\dfrac{7}{2}$

(2) $7-(3x+4)\leq -2(x-4)$에서
  $7-3x-4\leq -2x+8$, $3-3x\leq -2x+8$
  $-x\leq 5$  ∴ $x\geq -5$

**4-1** (1) $x\geq -1$ (2) $x<14$

(1) $4(x+2)\geq 2(x+3)$에서 $4x+8\geq 2x+6$
  $2x\geq -2$  ∴ $x\geq -1$

(2) $2(6+2x)>-(4-5x)+2$에서
  $12+4x>-4+5x+2$, $12+4x>5x-2$
  $-x>-14$  ∴ $x<14$

**필수 문제 5** (1) $x\leq 6$ (2) $x\geq 4$ (3) $x>3$ (4) $x>1$

(1) $1.2x-2\leq 0.8x+0.4$의 양변에 10을 곱하면
  $12x-20\leq 8x+4$, $4x\leq 24$  ∴ $x\leq 6$

(2) $0.4x-1.5\geq 0.2x-0.7$의 양변에 10을 곱하면
  $4x-15\geq 2x-7$, $2x\geq 8$  ∴ $x\geq 4$

(3) $\dfrac{x}{2}+\dfrac{1}{4}<\dfrac{3}{4}x-\dfrac{1}{2}$의 양변에 4를 곱하면
  $2x+1<3x-2$, $-x<-3$  ∴ $x>3$

(4) $\dfrac{3x+1}{2}-\dfrac{2x+3}{5}>1$의 양변에 10을 곱하면
  $5(3x+1)-2(2x+3)>10$, $15x+5-4x-6>10$
  $11x>11$  ∴ $x>1$

**5-1** (1) $x\geq 9$ (2) $x<3$ (3) $x>-15$ (4) $x<-6$

(1) $0.2x\geq 0.1x+0.9$의 양변에 10을 곱하면
  $2x\geq x+9$  ∴ $x\geq 9$

(2) $0.3x-2.4<-0.5x$의 양변에 10을 곱하면
  $3x-24<-5x$, $8x<24$  ∴ $x<3$

(3) $\frac{x}{5} < \frac{x}{3} + 2$의 양변에 15를 곱하면

$\quad 3x < 5x + 30, \ -2x < 30 \quad \therefore x > -15$

(4) $\frac{x-2}{4} - 1 > \frac{2x-3}{5}$의 양변에 20을 곱하면

$\quad 5(x-2) - 20 > 4(2x-3), \ 5x - 10 - 20 > 8x - 12$

$\quad -3x > 18 \quad \therefore x < -6$

**5-2** (1) $x < \frac{5}{3}$ (2) $x \geq 3$

(1) $-\frac{1}{3} > \frac{x-1}{2} - 0.4x$에서 $-\frac{1}{3} > \frac{x-1}{2} - \frac{2}{5}x$

이 식의 양변에 30을 곱하면

$\quad -10 > 15(x-1) - 12x, \ -10 > 15x - 15 - 12x$

$\quad -10 > 3x - 15, \ -3x > -5 \quad \therefore x < \frac{5}{3}$

(2) $2 - \frac{x}{5} \leq 0.2(x+4)$에서 $2 - \frac{x}{5} \leq \frac{1}{5}(x+4)$

이 식의 양변에 5를 곱하면

$\quad 10 - x \leq x + 4, \ -2x \leq -6 \quad \therefore x \geq 3$

---

**STEP 1** 쏙쏙 **개념 익히기** P. 56

**1** ④

**2** (1) $x \leq -3$,  (2) $x \geq -3$, 

(3) $x \leq 2$,  (4) $x < -8$, 

**3** 3개  **4** 9  **5** $x < \frac{5}{a}$

**6** $x \geq \frac{1}{a}$

**1** 주어진 그림에서 해는 $x \geq 2$이다.

① $-x - 6 \leq -4x$에서 $3x \leq 6 \quad \therefore x \leq 2$

② $7x - 1 \leq 5x + 3$에서 $2x \leq 4 \quad \therefore x \leq 2$

③ $3 - 4x \geq 3x + 17$에서 $-7x \geq 14 \quad \therefore x \leq -2$

④ $2x + 1 \leq 5(x-1)$에서 $2x + 1 \leq 5x - 5$

$\quad -3x \leq -6 \quad \therefore x \geq 2$

⑤ $-(x+5) \geq 3(x+1)$에서 $-x - 5 \geq 3x + 3$

$\quad -4x \geq 8 \quad \therefore x \leq -2$

따라서 해를 수직선 위에 나타냈을 때, 주어진 그림과 같은 것은 ④이다.

**2** (1) $1.2(x-3) \geq 2.6x + 0.6$의 양변에 10을 곱하면

$\quad 12(x-3) \geq 26x + 6, \ 12x - 36 \geq 26x + 6$

$\quad -14x \geq 42 \quad \therefore x \leq -3$

(2) $\frac{x+6}{3} \geq \frac{x-1}{2} - x$의 양변에 6을 곱하면

$\quad 2(x+6) \geq 3(x-1) - 6x, \ 2x + 12 \geq 3x - 3 - 6x$

$\quad 5x \geq -15 \quad \therefore x \geq -3$

(3) $0.4x + 1 \geq \frac{3}{5}(x+1)$에서 $\frac{2}{5}x + 1 \geq \frac{3}{5}(x+1)$

이 식의 양변에 5를 곱하면

$\quad 2x + 5 \geq 3(x+1), \ 2x + 5 \geq 3x + 3$

$\quad -x \geq -2 \quad \therefore x \leq 2$

(4) $\frac{4}{5}x + 1 < 0.3(x-10)$에서 $\frac{4}{5}x + 1 < \frac{3}{10}(x-10)$

이 식의 양변에 10을 곱하면

$\quad 8x + 10 < 3(x-10), \ 8x + 10 < 3x - 30$

$\quad 5x < -40 \quad \therefore x < -8$

**3** $\frac{x+4}{4} > \frac{2x-2}{3}$의 양변에 12를 곱하면

$\quad 3(x+4) > 4(2x-2), \ 3x + 12 > 8x - 8$

$\quad -5x > -20 \quad \therefore x < 4$

따라서 주어진 부등식을 만족시키는 자연수 $x$는 1, 2, 3의 3개이다.

**4** $3(x-2) < -2x + a$에서 $3x - 6 < -2x + a$

$\quad 5x < a + 6 \quad \therefore x < \frac{a+6}{5}$

이때 주어진 부등식의 해가 $x < 3$이므로

$\quad \frac{a+6}{5} = 3, \ a + 6 = 15 \quad \therefore a = 9$

**5** $ax - 1 > 4$에서 $ax > 5$

이때 $a < 0$이므로 $ax > 5$의 양변을 $a$로 나누면

$\quad \frac{ax}{a} < \frac{5}{a} \quad \therefore x < \frac{5}{a}$

**6** $ax + 6 \leq 9 - 2ax$에서 $3ax \leq 3$

이때 $a < 0$에서 $3a < 0$이므로

$3ax \leq 3$의 양변을 $3a$로 나누면

$\quad \frac{3ax}{3a} \geq \frac{3}{3a} \quad \therefore x \geq \frac{1}{a}$

---

## ~3 일차부등식의 활용

P. 57~58

**개념 확인** $3x + 9$, $3x + 9 < 30$, 7, 6, 6

**필수 문제 1** 1, 3

어떤 홀수를 $x$라고 하면

$\quad 5x - 15 < 2x, \ 3x < 15 \quad \therefore x < 5$

따라서 구하는 홀수는 1, 3이다.

**1-1** **26, 27, 28**

연속하는 세 자연수를 $x$, $x+1$, $x+2$라고 하면

$x+(x+1)+(x+2)>78$

$3x+3>78$, $3x>75$ ∴ $x>25$

따라서 $x$의 값 중 가장 작은 자연수는 26이므로 구하는 가장 작은 세 자연수는 26, 27, 28이다.

[참고] 연속하는 세 자연수(정수)에서 가운데 수를 $x$, 즉 세 수를 $x-1$, $x$, $x+1$로 놓고 식을 세울 수도 있다.

**1-2** **84점**

네 번째 수학 시험 점수를 $x$점이라고 하면

$\dfrac{79+81+88+x}{4} \geq 83$

$248+x \geq 332$ ∴ $x \geq 84$

따라서 네 번째 수학 시험에서 84점 이상 받아야 한다.

**필수 문제 2** **$h \geq 7$**

$\dfrac{1}{2} \times 10 \times h \geq 35$이므로 $5h \geq 35$ ∴ $h \geq 7$

**2-1** **12 cm**

사다리꼴의 아랫변의 길이를 $x$ cm라고 하면

$\dfrac{1}{2} \times (6+x) \times 7 \geq 63$이므로

$42+7x \geq 126$, $7x \geq 84$ ∴ $x \geq 12$

따라서 아랫변의 길이는 12 cm 이상이어야 한다.

**필수 문제 3** **15송이**

카네이션을 $x$송이 넣는다고 하면

(카네이션의 가격)+(포장비)$\leq 40000$(원)이므로

$2400x+4000 \leq 40000$

$2400x \leq 36000$ ∴ $x \leq 15$

따라서 카네이션은 최대 15송이까지 넣을 수 있다.

**3-1** **17개**

쿠키를 $x$개 산다고 하면

(쿠키의 가격)+(상자의 가격)$< 28000$(원)이므로

$1500x+1000 < 28000$

$1500x < 27000$ ∴ $x < 18$

따라서 쿠키는 최대 17개까지 살 수 있다.

**필수 문제 4** **3벌**

티셔츠를 $x$벌 산다고 하면

집 근처 옷 가게에서는 $10000x$원,

인터넷 쇼핑몰에서는 $(9000x+2500)$원이 든다.

이때 인터넷 쇼핑몰을 이용하는 것이 유리하려면

$10000x > 9000x+2500$

$1000x > 2500$ ∴ $x > \dfrac{5}{2}\left(=2\dfrac{1}{2}\right)$

따라서 티셔츠를 3벌 이상 사는 경우에 인터넷 쇼핑몰을 이용하는 것이 유리하다.

**4-1** **11개**

음료수를 $x$개 산다고 하면

집 앞 편의점에서는 $800x$원,

할인 매장에서는 $(600x+2000)$원이 든다.

이때 할인 매장에 가는 것이 유리하려면

$800x > 600x+2000$

$200x > 2000$ ∴ $x > 10$

따라서 음료수를 11개 이상 사야 할인 매장에 가는 것이 유리하다.

**P. 59**

**필수 문제 5** **표는 풀이 참조, 6 km**

$x$ km 떨어진 지점까지 올라갔다 내려온다고 하면

| | 올라갈 때 | 내려올 때 | 전체 |
|---|---|---|---|
| 거리 | $x$ km | $x$ km | — |
| 속력 | 시속 2 km | 시속 3 km | — |
| 시간 | $\dfrac{x}{2}$시간 | $\dfrac{x}{3}$시간 | 5시간 이내 |

$\left(\begin{smallmatrix}\text{올라갈 때}\\\text{걸린 시간}\end{smallmatrix}\right)+\left(\begin{smallmatrix}\text{내려올 때}\\\text{걸린 시간}\end{smallmatrix}\right) \leq 5$(시간)이므로

$\dfrac{x}{2}+\dfrac{x}{3} \leq 5$, $3x+2x \leq 30$

$5x \leq 30$ ∴ $x \leq 6$

따라서 최대 6 km 떨어진 지점까지 갔다 올 수 있다.

**5-1** **$\dfrac{24}{5}$ km**

$x$ km 떨어진 곳까지 갔다 온다고 하면

| | 갈 때 | 올 때 | 전체 |
|---|---|---|---|
| 거리 | $x$ km | $x$ km | — |
| 속력 | 시속 6 km | 시속 4 km | — |
| 시간 | $\dfrac{x}{6}$시간 | $\dfrac{x}{4}$시간 | 2시간 이내 |

(갈 때 걸린 시간)+(올 때 걸린 시간)$\leq 2$(시간)이므로

$\dfrac{x}{6}+\dfrac{x}{4} \leq 2$, $2x+3x \leq 24$

$5x \leq 24$ ∴ $x \leq \dfrac{24}{5}$

따라서 최대 $\dfrac{24}{5}$ km 떨어진 곳까지 갔다 올 수 있다.

**필수 문제 6**  표는 풀이 참조, 4 km

집에서 자전거가 고장 난 지점까지의 거리를 $x$ km라고 하면

|  | 자전거를 타고 갈 때 | 걸어갈 때 | 전체 |
|---|---|---|---|
| 거리 | $x$ km | $(8-x)$ km | 8 km |
| 속력 | 시속 8 km | 시속 4 km | — |
| 시간 | $\dfrac{x}{8}$ 시간 | $\dfrac{8-x}{4}$ 시간 | $1\dfrac{30}{60}$ 시간 이내 |

(자전거를 타고 간 시간)+(걸어간 시간)$\leq 1\dfrac{30}{60}$ (시간)

이므로  $1\dfrac{1}{2}$(시간)$=\dfrac{3}{2}$(시간)

$\dfrac{x}{8}+\dfrac{8-x}{4}\leq\dfrac{3}{2}$, $x+16-2x\leq12$

$-x\leq-4$   $\therefore x\geq4$

따라서 자전거가 고장 난 지점은 집에서 최소 4 km 떨어진 지점이다.

**6-1**  1200 m

걸어간 거리를 $x$ m라고 하면
전체 거리가 2.4 km, 즉 2400 m이므로

|  | 걸어갈 때 | 뛰어갈 때 | 전체 |
|---|---|---|---|
| 거리 | $x$ m | $(2400-x)$ m | 2400 m |
| 속력 | 분속 50 m | 분속 200 m | — |
| 시간 | $\dfrac{x}{50}$ 분 | $\dfrac{2400-x}{200}$ 분 | 30분 이내 |

(걸어간 시간)+(뛰어간 시간)$\leq30$(분)이므로

$\dfrac{x}{50}+\dfrac{2400-x}{200}\leq30$, $4x+2400-x\leq6000$

$3x\leq3600$   $\therefore x\leq1200$

따라서 걸어간 거리는 최대 1200 m이다.

---

**3** 복숭아를 $x$개 산다고 하면 사과는 $(20-x)$개 살 수 있다.
이때 (사과의 가격)+(복숭아의 가격)$\leq18000$이므로
$800(20-x)+1000x\leq18000$
$16000-800x+1000x\leq18000$
$200x\leq2000$   $\therefore x\leq10$
따라서 복숭아는 최대 10개까지 살 수 있다.

**4** 사진을 $x$장 뽑는다고 하면 추가 비용이 드는 사진은
$(x-4)$장이므로
$5000+500(x-4)\leq800x$
$5000+500x-2000\leq800x$
$-300x\leq-3000$   $\therefore x\geq10$
따라서 사진을 10장 이상을 뽑아야 한다.

**5** 박물관에 $x$명의 단체가 입장한다고 하면
$1200x>900\times30$
$1200x>27000$   $\therefore x>\dfrac{45}{2}\left(=22\dfrac{1}{2}\right)$
따라서 23명 이상부터 30명의 단체 입장권을 사는 것이 유리하다.

**6** 역에서 상점까지의 거리를 $x$ km라고 하면

|  | 갈 때 | 물건을 살 때 | 올 때 | 전체 |
|---|---|---|---|---|
| 거리 | $x$ km | — | $x$ km | — |
| 속력 | 시속 4 km | — | 시속 4 km | — |
| 시간 | $\dfrac{x}{4}$ 시간 | $\dfrac{15}{60}$ 시간 | $\dfrac{x}{4}$ 시간 | 2시간 이내 |

$\left(\substack{\text{가는 데}\\\text{걸리는 시간}}\right)+\left(\substack{\text{물건을 사는 데}\\\text{걸리는 시간}}\right)+\left(\substack{\text{오는 데}\\\text{걸리는 시간}}\right)\leq2$(시간)

이므로

$\dfrac{x}{4}+\dfrac{15}{60}+\dfrac{x}{4}\leq2$, $\dfrac{x}{4}+\dfrac{1}{4}+\dfrac{x}{4}\leq2$

$x+1+x\leq8$, $2x\leq7$   $\therefore x\leq\dfrac{7}{2}$

따라서 역에서 $\dfrac{7}{2}$ km 이내에 있는 상점을 이용할 수 있다.

---

**STEP 1  쏙쏙 개념 익히기**                                    P. 60

| **1** 14 | **2** 17개 | **3** 10개 |
|---|---|---|
| **4** 10장 | **5** 23명 | **6** $\dfrac{7}{2}$ km |

**1** 연속하는 두 짝수를 $x$, $x+2$라고 하면
$5x-11>2(x+2)$, $5x-11>2x+4$
$3x>15$   $\therefore x>5$
따라서 가장 작은 두 짝수는 6, 8이므로 그 합은
$6+8=14$

**2** 한 번에 $x$개의 상자를 운반한다고 하면
$75+30x\leq600$
$30x\leq525$   $\therefore x\leq\dfrac{35}{2}\left(=17\dfrac{1}{2}\right)$
따라서 한 번에 최대 17개의 상자를 운반할 수 있다.

---

**STEP 2  탄탄 단원 다지기**                                    P. 61~63

| **1** ④ | **2** ⑤ | **3** ④ | **4** > | **5** 4개 |
|---|---|---|---|---|
| **6** ①, ④ | **7** ⑤ | **8** ④ | **9** ⑤ | **10** −3 |
| **11** −6 | **12** ② | **13** 9 | **14** −1 | **15** ④ |

**16** (1) $x\leq\dfrac{a}{2}$ (2) 풀이 참조 (3) $4\leq a<6$   **17** 4, 5, 6

**18** 27 cm  **19** ③  **20** 13개월 후   **21** 26개월

**22** 2 km

**1**
① $3x-7 \geq 5$
② $\frac{1}{2} \times 6 \times x < 40$ ∴ $3x < 40$
③ $250-x > 120$
⑤ $20x \geq 500$
따라서 부등식으로 바르게 나타낸 것은 ④이다.

**2** 각 부등식에 [ ] 안의 수를 대입하면
① $2x-5 > 3$에서 $2 \times 3-5 < 3$ (거짓)
② $4x-3 < 3x$에서 $4 \times 5-3 > 3 \times 5$ (거짓)
③ $-6-5x \geq 10$에서 $-6-5 \times (-3) < 10$ (거짓)
④ $7-x \leq 2x-3$에서 $7-(-2) > 2 \times (-2)-3$ (거짓)
⑤ $5x-7 < 3x-4$에서 $5 \times (-1)-7 < 3 \times (-1)-4$ (참)
따라서 [ ] 안의 수가 주어진 부등식의 해인 것은 ⑤이다.

**3** ④ $a \leq b$에서 $-5a \geq -5b$
∴ $-5a+1 \geq -5b+1$

**4** $7a-15 < 14b+6$의 양변에 15를 더하면
$7a < 14b+21$ ⋯ ㉠
㉠의 양변을 7로 나누면 $a < 2b+3$ ⋯ ㉡
㉡의 양변에 $-3$을 곱하면 $-3a > -6b-9$

**5** $-4 \leq x \leq 3$의 각 변을 $-2$로 나누면
$2 \geq -\frac{x}{2} \geq -\frac{3}{2}$, 즉 $-\frac{3}{2} \leq -\frac{x}{2} \leq 2$ ⋯ ㉠
㉠의 각 변에 3을 더하면 $\frac{3}{2} \leq 3-\frac{x}{2} \leq 5$
∴ $\frac{3}{2} \leq A \leq 5$
따라서 정수 $A$는 2, 3, 4, 5의 4개이다.

**6**
① $2x+1 < 4$에서 $2x-3 < 0$ ⇨ 일차부등식이다.
② $3(x-1) \leq 3x+1$에서 $-4 \leq 0$ ⇨ 일차부등식이 아니다.
③ $4-x^2 < 2x$에서 $-x^2-2x+4 < 0$ ⇨ 일차부등식이 아니다.
④ $1-x^2 \leq 1+2x-x^2$에서 $-2x \leq 0$ ⇨ 일차부등식이다.
⑤ $x(x-1) > 3x+2$에서 $x^2-4x-2 > 0$
⇨ 일차부등식이 아니다.
따라서 일차부등식인 것은 ①, ④이다.

**7**
① $-x-1 > 1$에서 $-x > 2$ ∴ $x < -2$
② $x+2 < 0$ ∴ $x < -2$
③ $x > 2x+2$에서 $-x > 2$ ∴ $x < -2$
④ $-2x+1 > 5$에서 $-2x > 4$ ∴ $x < -2$
⑤ $3x-2 > 2x+2$ ∴ $x > 4$
따라서 해가 나머지 넷과 다른 하나는 ⑤이다.

**8** $-5x+9 \leq -x+13$에서 $-4x \leq 4$
∴ $x \geq -1$
따라서 해를 수직선 위에 나타내면 오른쪽 그림과 같다.

**9** $3-4(x-1) \geq 5(x-4)$에서 $3-4x+4 \geq 5x-20$
$-9x \geq -27$ ∴ $x \leq 3$
따라서 주어진 부등식의 해가 될 수 없는 것은 ⑤이다.

**10** $\frac{1}{2}x+\frac{4}{3} > \frac{1}{4}x-\frac{1}{6}$의 양변에 12를 곱하면
$6x+16 > 3x-2$, $3x > -18$ ∴ $x > -6$
∴ $a = -6$
$0.3x-1 < 0.5x-0.4$의 양변에 10을 곱하면
$3x-10 < 5x-4$, $-2x < 6$ ∴ $x > -3$
∴ $b = -3$
∴ $a-b = -6-(-3) = -3$

**11** $0.6x-\frac{2}{5}x < 2+\frac{1}{2}x$에서 $\frac{3}{5}x-\frac{2}{5}x < 2+\frac{1}{2}x$
이 식의 양변에 10을 곱하면
$6x-4x < 20+5x$, $-3x < 20$
∴ $x > -\frac{20}{3}\left(=-6\frac{2}{3}\right)$
따라서 주어진 부등식을 만족시키는 $x$의 값 중 가장 작은 정수는 $-6$이다.

**12** $ax+4a+1 \leq 5+x$에서 $ax-x \leq -4a+4$
$(a-1)x \leq -4(a-1)$ ⋯ ㉠
이때 $a < 1$에서 $a-1 < 0$이므로
㉠의 양변을 $a-1$로 나누면
$\frac{(a-1)x}{a-1} \geq \frac{-4(a-1)}{a-1}$ ∴ $x \geq -4$

**13** $5x-3(x-1) \leq a$에서 $5x-3x+3 \leq a$
$2x \leq a-3$ ∴ $x \leq \frac{a-3}{2}$
이때 주어진 그림에서 부등식의 해가 $x \leq 3$이므로
$\frac{a-3}{2} = 3$, $a-3 = 6$ ∴ $a = 9$

**14** $0.5x-0.2(x+5) \leq 0.2$의 양변에 10을 곱하면
$5x-2(x+5) \leq 2$, $5x-2x-10 \leq 2$
$3x \leq 12$ ∴ $x \leq 4$
$\frac{x}{2}+a \leq \frac{x-1}{3}$의 양변에 6을 곱하면
$3x+6a \leq 2(x-1)$, $3x+6a \leq 2x-2$
∴ $x \leq -6a-2$
따라서 $4 = -6a-2$이므로
$6a = -6$ ∴ $a = -1$

**15** $7+2x \leq a$에서 $2x \leq a-7$
∴ $x \leq \frac{a-7}{2}$
이때 주어진 부등식의 해 중 가장 큰 수가 4이므로
$\frac{a-7}{2} = 4$, $a-7 = 8$ ∴ $a = 15$

**16** (1) $3x \geq 5x - a$에서 $-2x \geq -a$ $\quad \therefore x \leq \dfrac{a}{2}$

(2) $x \leq \dfrac{a}{2}$를 만족시키는 자연수 $x$의 개수가 2개이면 자연수 $x$는 1, 2이므로 이를 수직선 위에 나타내면 다음 그림과 같다.

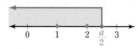

(3) 위의 그림에서 $2 \leq \dfrac{a}{2} < 3$이므로 $4 \leq a < 6$

> [참고] $x$에 대한 일차부등식의 자연수인 해가 $n$개일 때
> ① 해가 $x \leq k$이면
> $\Rightarrow n \leq k < n+1$
>
> ② 해가 $x < k$이면
> $\Rightarrow n < k \leq n+1$

**17** 주사위를 던져 나온 눈의 수를 $x$라고 하면
$5x > 3(x+2)$, $5x > 3x + 6$
$2x > 6$ $\quad \therefore x > 3$
따라서 구하는 주사위의 눈의 수는 4, 5, 6이다.

**18** 세로의 길이를 $x\,\mathrm{cm}$라고 하면 가로의 길이는 $(x+6)\,\mathrm{cm}$이므로
$2\{(x+6) + x\} \geq 120$, $2x + 6 \geq 60$
$2x \geq 54$ $\quad \therefore x \geq 27$
따라서 직사각형의 세로의 길이는 $27\,\mathrm{cm}$ 이상이어야 한다.

**19** 샌드위치를 $x$개 산다고 하면 도넛은 $(30-x)$개를 살 수 있으므로
$1500x + 800(30-x) \leq 34000$
$1500x + 24000 - 800x \leq 34000$
$700x \leq 10000$ $\quad \therefore x \leq \dfrac{100}{7}\left(=14\dfrac{2}{7}\right)$
따라서 샌드위치는 최대 14개까지 살 수 있다.

**20** 현재로부터 $x$개월 후에 연경이의 예금액이 정아의 예금액보다 처음으로 많아진다고 하면
$x$개월 후 연경이의 예금액은 $(40000 + 5000x)$원,
정아의 예금액은 $(65000 + 3000x)$원이므로
$40000 + 5000x > 65000 + 3000x$
$2000x > 25000$ $\quad \therefore x > \dfrac{25}{2}\left(=12\dfrac{1}{2}\right)$
따라서 연경이의 예금액이 정아의 예금액보다 처음으로 많아지는 것은 현재로부터 13개월 후이다.

**21** 정수기를 $x$개월 동안 사용한다고 하면
$700000 + 4000x < 32000x$
$-28000x < -700000$ $\quad \therefore x > 25$
따라서 정수기를 26개월 이상 사용해야 정수기를 사는 것이 유리하다.

**22** 걸어간 거리를 $x\,\mathrm{km}$라고 하면 뛰어간 거리는 $(7-x)\,\mathrm{km}$이므로
$\dfrac{x}{3} + \dfrac{7-x}{6} \leq 1\dfrac{30}{60}$, $\dfrac{x}{3} + \dfrac{7-x}{6} \leq \dfrac{3}{2}$
$2x + 7 - x \leq 9$ $\quad \therefore x \leq 2$
따라서 걸어간 거리는 최대 $2\,\mathrm{km}$이다.

---

**STEP 3** 쓱쓱 **서술형 완성하기** P. 64~65

〈과정은 풀이 참조〉

[따라 해보자] 유제 1 $a < -2$
유제 2 22명

[연습해 보자] **1** (1) $x - 10 \geq 3x + 2$ (2) $\dfrac{x}{50} \leq \dfrac{3}{2}$

**2** (1) $x > -2$ (2) ←────●▨→
$\quad\quad\quad\quad\quad\quad\quad\quad\quad\quad\quad -2$

**3** 5

**4** $4\,\mathrm{km}$

**[따라 해보자]**

유제 1 [1단계] $7 - 4x \geq x - a$에서 $-5x \geq -a - 7$
$\quad \therefore x \leq \dfrac{a+7}{5}$ $\quad \cdots \bigcirc$ $\quad\quad \cdots$ (i)

[2단계] $\bigcirc$을 만족시키는 $x$의 값 중 자연수가 없으므로 오른쪽 그림에서
$\dfrac{a+7}{5} < 1$ $\quad\quad\quad \cdots$ (ii)

[3단계] $\dfrac{a+7}{5} < 1$에서 $a + 7 < 5$
$\quad \therefore a < -2$ $\quad\quad\quad\quad \cdots$ (iii)

| 채점 기준 | 비율 |
|---|---|
| (i) 일차부등식의 해를 $a$를 사용하여 나타내기 | 40% |
| (ii) $a$에 대한 부등식 세우기 | 40% |
| (iii) $a$의 값의 범위 구하기 | 20% |

> [참고] $x$에 대한 일차부등식을 만족시키는 자연수 해가 없으면 1 이상의 해를 갖지 않으므로
> ① 해가 $x < k$일 때 $\Rightarrow k \leq 1$
> ② 해가 $x \leq k$일 때 $\Rightarrow k < 1$

유제 2 [1단계] 전시회에 $x$명이 입장한다고 하면
$4500x > 4500 \times \left(1 - \dfrac{30}{100}\right) \times 30$ $\cdots \bigcirc$ $\cdots$ (i)

[2단계] $\bigcirc$의 양변을 4500으로 나누면
$x > \left(1 - \dfrac{30}{100}\right) \times 30$ $\quad \therefore x > 21$ $\quad \cdots$ (ii)

[3단계] 22명 이상부터 30명의 단체 입장권을 사는 것이 유리하다. $\quad\quad\quad \cdots$ (iii)

| 채점 기준 | 비율 |
|---|---|
| (i) 일차부등식 세우기 | 40 % |
| (ii) 일차부등식 풀기 | 40 % |
| (iii) 몇 명 이상부터 단체 입장권을 사는 것이 유리한지 구하기 | 20 % |

**1** (1) $x$에서 10을 뺀 수는 $x-10$이고,

$x$의 3배에 2를 더한 수는 $3x+2$이므로

$x-10 \geq 3x+2$ ⋯ ( i )

(2) $x$ km의 거리를 시속 50 km로 가는 데 걸리는 시간은

$\dfrac{x}{50}$시간이고, 1시간 30분은 $1\dfrac{30}{60}$시간, 즉 $\dfrac{3}{2}$시간이므로

$\dfrac{x}{50} \leq \dfrac{3}{2}$ ⋯ (ii)

| 채점 기준 | 비율 |
|---|---|
| (i) (1)을 부등식으로 나타내기 | 50 % |
| (ii) (2)를 부등식으로 나타내기 | 50 % |

**2** (1) $\dfrac{5x+4}{3} > 0.5x + \dfrac{2x-1}{5}$에서

$\dfrac{5x+4}{3} > \dfrac{x}{2} + \dfrac{2x-1}{5}$

이 식의 양변에 30을 곱하면

$10(5x+4) > 15x + 6(2x-1)$

$50x + 40 > 15x + 12x - 6$

$23x > -46$ ∴ $x > -2$ ⋯ ( i )

(2) 해 $x > -2$를 수직선 위에 나타내면
오른쪽 그림과 같다. ⋯ (ii)

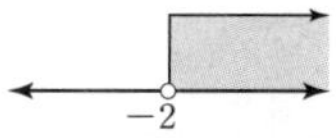

| 채점 기준 | 비율 |
|---|---|
| (i) 일차부등식 풀기 | 70 % |
| (ii) 부등식의 해를 수직선 위에 나타내기 | 30 % |

**3** $x+9 \leq 4x-3$에서 $-3x \leq -12$

∴ $x \geq 4$ ⋯ ( i )

$a - (x+4) \leq 3(2x-9)$에서

$a - x - 4 \leq 6x - 27$

$-7x \leq -a - 23$

∴ $x \geq \dfrac{a+23}{7}$ ⋯ (ii)

따라서 $\dfrac{a+23}{7} = 4$이므로

$a + 23 = 28$ ∴ $a = 5$ ⋯ (iii)

| 채점 기준 | 비율 |
|---|---|
| (i) 일차부등식 $x+9 \leq 4x-3$ 풀기 | 40 % |
| (ii) 일차부등식 $a-(x+4) \leq 3(2x-9)$의 해를 $a$를 사용하여 나타내기 | 40 % |
| (iii) $a$의 값 구하기 | 20 % |

**4** 올라간 거리를 $x$ km라고 하면 내려온 거리는 $(x+2)$ km이므로

$\dfrac{x}{2} + \dfrac{x+2}{3} \leq 4$ ⋯ ( i )

$3x + 2(x+2) \leq 24$, $3x + 2x + 4 \leq 24$

$5x \leq 20$ ∴ $x \leq 4$ ⋯ (ii)

따라서 올라간 거리는 최대 4 km이다. ⋯ (iii)

| 채점 기준 | 비율 |
|---|---|
| (i) 일차부등식 세우기 | 40 % |
| (ii) 일차부등식 풀기 | 40 % |
| (iii) 올라간 거리는 최대 몇 km인지 구하기 | 20 % |

**환경 속 수학** P. 66

답 **97개월 후**

현재부터 $x$개월 후에 매립장의 쓰레기양이 최대치를 넘어선다고 하면

$x$개월 후 매립되어 있는 쓰레기양은 $(8600 + 150x)$톤이므로

$8600 + 150x > 23000$

$150x > 14400$ ∴ $x > 96$

따라서 매립할 수 있는 쓰레기양이 최대치를 넘어서는 것은 97개월 후부터이다.

# 1 미지수가 2개인 일차방정식

P. 70~71

**필수 문제 1** ③

① 등식이 아니므로 일차방정식이 아니다.
② $y+20=0$이므로 미지수가 1개인 일차방정식이다.
③ $x-2y-6=0$이므로 미지수가 2개인 일차방정식이다.
④ $x$가 분모에 있으므로 일차방정식이 아니다.
⑤ $x$의 차수가 2이므로 일차방정식이 아니다.
따라서 미지수가 2개인 일차방정식은 ③이다.

**1-1** ㄴ, ㅂ

ㄱ. $y^2-2x-5=0$이므로 $y$의 차수가 2이다.
　　즉, 일차방정식이 아니다.
ㄴ. $2x+y+1=0$이므로 미지수가 2개인 일차방정식이다.
ㄷ. $3x-4=0$이므로 미지수가 1개인 일차방정식이다.
ㄹ. $x$, $y$가 분모에 있으므로 일차방정식이 아니다.
ㅁ. 등식이 아니므로 일차방정식이 아니다.
ㅂ. $\dfrac{x}{2}+\dfrac{y}{2}-2=0$이므로 미지수가 2개인 일차방정식이다.
따라서 미지수가 2개인 일차방정식은 ㄴ, ㅂ이다.

**필수 문제 2** $2x+3y=23$

**2-1** (1) $500x+800y=3600$
　　(2) $2x+2y=30$

**필수 문제 3** ⑤

$x=2$, $y=-3$을 주어진 일차방정식에 각각 대입하면
① $2+\dfrac{1}{2}\times(-3)\neq1$　　② $2-(-3)+2\neq0$
③ $-2\times2+5\times(-3)\neq4$　④ $3\times(-3)\neq2\times2+8$
⑤ $3\times2-(-3)=9$
따라서 $(2, -3)$이 해인 것은 ⑤이다.

**3-1** ㄴ, ㄷ, ㅂ

주어진 순서쌍의 $x$, $y$의 값을 $3x-y=4$에 각각 대입하면
ㄱ. $3\times(-1)-1\neq4$　　ㄴ. $3\times0-(-4)=4$
ㄷ. $3\times1-(-1)=4$　　　ㄹ. $3\times2-4\neq4$
ㅁ. $3\times(-2)-(-2)\neq4$　ㅂ. $3\times3-5=4$
따라서 $3x-y=4$의 해가 되는 것은 ㄴ, ㄷ, ㅂ이다.

**필수 문제 4** (1) (차례로) $3$, $\dfrac{5}{2}$, $2$, $\dfrac{3}{2}$, $1$, $\dfrac{1}{2}$, $0$
　　　　　　(2) $(1, 3)$, $(3, 2)$, $(5, 1)$
(1) $x+2y=7$에 $x=1, 2, 3, 4, 5, 6, 7$을 차례로 대입하면
　$y=3, \dfrac{5}{2}, 2, \dfrac{3}{2}, 1, \dfrac{1}{2}, 0$

(2) $x$, $y$의 값이 자연수이므로 구하는 해는
　$(1, 3)$, $(3, 2)$, $(5, 1)$

**4-1** (1) 표: (차례로) $8, 6, 4, 2, 0$
　　　해: $(1, 8)$, $(2, 6)$, $(3, 4)$, $(4, 2)$
　　(2) 표: (차례로) $10, 7, 4, 1, -2$
　　　해: $(1, 4)$, $(4, 3)$, $(7, 2)$, $(10, 1)$
(1) $2x+y=10$에 $x=1, 2, 3, 4, 5$를 차례로 대입하면
　$y=8, 6, 4, 2, 0$
　이때 $x$, $y$의 값이 자연수이므로 구하는 해는
　$(1, 8)$, $(2, 6)$, $(3, 4)$, $(4, 2)$
(2) $x+3y=13$에 $y=1, 2, 3, 4, 5$를 차례로 대입하면
　$x=10, 7, 4, 1, -2$
　이때 $x$, $y$의 값이 자연수이므로 구하는 해는
　$(1, 4)$, $(4, 3)$, $(7, 2)$, $(10, 1)$

**필수 문제 5** $-1$

$x=-2$, $y=1$을 $ax+3y=5$에 대입하면
$-2a+3=5$, $-2a=2$　　$\therefore a=-1$

**5-1** $10$

$x=5$, $y=k$를 $3x-y=5$에 대입하면
$15-k=5$　　$\therefore k=10$

---

**STEP 1 쏙쏙 개념 익히기** P. 72

**1** ㄷ, ㅁ, ㅅ　　**2** ⑤　　　　**3** ②, ⑤
**4** (1) $3x+2y=28$ (2) $(2, 11)$, $(4, 8)$, $(6, 5)$, $(8, 2)$
**5** $3$

**1** ㄱ. 등식이 아니므로 일차방정식이 아니다.
ㄴ. $xy$는 $x$, $y$에 대한 차수가 2이므로 일차방정식이 아니다.
ㄹ. $x$가 분모에 있으므로 일차방정식이 아니다.
ㅁ. $x-2y+1=0$이므로 미지수가 2개인 일차방정식이다.
ㅂ. $y$의 차수가 2이므로 일차방정식이 아니다.
ㅅ. $-x+y+3=0$이므로 미지수가 2개인 일차방정식이다.
ㅇ. $5y-2=0$이므로 미지수가 1개인 일차방정식이다.
따라서 미지수가 2개인 일차방정식은 ㄷ, ㅁ, ㅅ이다.
참고 ㄴ. $xy$에서 $x$에 대한 차수는 1, $y$에 대한 차수는 1이지만 $x$, $y$에 대한 차수는 2이다.

**2** $(a-3)x+4y=2x+y+7$에서 $(a-5)x+3y-7=0$
이 식이 미지수가 2개인 일차방정식이 되려면
$a-5\neq0$　　$\therefore a\neq5$

**3** $x=4$, $y=3$을 주어진 일차방정식에 각각 대입하면

① $4=2\times3-2$ ② $-4+3\times3\neq7$

③ $3-4+1=0$ ④ $2\times4-3\times3=-1$

⑤ $3\times4-5\times3\neq-2$

따라서 $(4, 3)$이 해가 아닌 것은 ②, ⑤이다.

**4** (1) (3인승 보트에 타는 인원수)+(2인승 보트에 타는 인원수)
$=28$(명)

이므로 $3x+2y=28$

(2) $3x+2y=28$에 $x=1, 2, 3, \cdots$을 차례로 대입하여 $y$의 값도 자연수인 해를 구하면 $(2, 11), (4, 8), (6, 5), (8, 2)$이다.

**5** $x=a$, $y=a-2$를 $5x+3y=18$에 대입하면

$5a+3(a-2)=18$, $8a=24$ ∴ $a=3$

## ⌒2 미지수가 2개인 연립일차방정식

**P. 73**

**개념 확인** 표: ㉠ (차례로) 4, 3, 2, 1 ㉡ (차례로) 5, 3, 1

해: $x=3$, $y=2$

주어진 연립방정식의 해는 ㉠, ㉡을 동시에 만족시키는 $x$, $y$의 값인 $x=3$, $y=2$이다.

**필수 문제 1** ③

$x=1$, $y=2$를 주어진 연립방정식에 각각 대입하면

① $\begin{cases} 1+2\times2\neq-5 \\ -1+2\neq-3 \end{cases}$ ② $\begin{cases} 1-2\times2=-3 \\ 2\times1+2\neq6 \end{cases}$

③ $\begin{cases} 1-4\times2=-7 \\ 2\times1+3\times2=8 \end{cases}$ ④ $\begin{cases} 1+2=3 \\ 3\times1-2\times2\neq-2 \end{cases}$

⑤ $\begin{cases} -3\times1+4\times2\neq13 \\ 1+4\times2=9 \end{cases}$

따라서 $x=1$, $y=2$가 해인 것은 ③이다.

**필수 문제 2** $a=4$, $b=3$

$x=3$, $y=-1$을 $x-y=a$에 대입하면

$3-(-1)=a$ ∴ $a=4$

$x=3$, $y=-1$을 $2x+by=3$에 대입하면

$6-b=3$ ∴ $b=3$

**2-1** $a=2$, $b=4$

$x=-4$, $y=3$을 $ax+y=-5$에 대입하면

$-4a+3=-5$, $-4a=-8$ ∴ $a=2$

$x=-4$, $y=3$을 $3x+by=0$에 대입하면

$-12+3b=0$, $3b=12$ ∴ $b=4$

**1** ③, ④ **2** $\begin{cases} 3x+2y=1 \\ 2x-5y=26 \end{cases}$

**3** $x=5$, $y=1$ **4** ③ **5** 5

**1** $x=-2$, $y=3$을 주어진 연립방정식에 각각 대입하면

① $\begin{cases} -2-2\times3=-8 \\ 3\times(-2)+3\neq3 \end{cases}$

② $\begin{cases} 2\times(-2)+5\times3=11 \\ -(-2)+2\times3\neq4 \end{cases}$

③ $\begin{cases} 3\times(-2)-2\times3=-12 \\ -2+4\times3=10 \end{cases}$

④ $\begin{cases} 6\times(-2)+5\times3=3 \\ -2-3\times3=-11 \end{cases}$

⑤ $\begin{cases} 5\times(-2)-2\times3\neq-4 \\ -2-3=-5 \end{cases}$

따라서 해가 $(-2, 3)$인 것은 ③, ④이다.

**2** $x=3$, $y=-4$를 주어진 일차방정식에 각각 대입하면

ㄱ. $3\times3+2\times(-4)=1$ ㄴ. $2\times3-3\times(-4)\neq-6$

ㄷ. $3+3\times(-4)\neq9$ ㄹ. $2\times3-5\times(-4)=26$

따라서 해가 $x=3$, $y=-4$인 두 방정식을 한 쌍으로 묶어 연립방정식으로 나타내면 $\begin{cases} 3x+2y=1 \\ 2x-5y=26 \end{cases}$

**3** $\begin{cases} x+2y=7 & \cdots ㉠ \\ 3x+y=16 & \cdots ㉡ \end{cases}$

$x$, $y$의 값이 자연수이므로 두 일차방정식 ㉠, ㉡의 해를 각각 구하면 다음과 같다.

㉠
| $x$ | 5 | 3 | 1 |
|-----|---|---|---|
| $y$ | 1 | 2 | 3 |

㉡
| $x$ | 1 | 2 | 3 | 4 | 5 |
|-----|----|----|---|---|---|
| $y$ | 13 | 10 | 7 | 4 | 1 |

따라서 주어진 연립방정식의 해는 $x=5$, $y=1$이다.

**4** $x=-2$, $y=b$를 $x+2y=-8$에 대입하면

$-2+2b=-8$, $2b=-6$ ∴ $b=-3$

즉, 연립방정식의 해가 $x=-2$, $y=-3$이므로

$x=-2$, $y=-3$을 $ax-3y=5$에 대입하면

$-2a+9=5$, $-2a=-4$ ∴ $a=2$

**5** $x=5$를 $x-y=7$에 대입하면

$5-y=7$, $-y=2$ ∴ $y=-2$

즉, 연립방정식의 해가 $x=5$, $y=-2$이므로

$x=5$, $y=-2$를 $3x+ay=a$에 대입하면

$15-2a=a$, $-3a=-15$ ∴ $a=5$

# 3 연립방정식의 풀이

**개념 확인**  (가) $-x+5$  (나) 2  (다) 3

ⓐ을 ⓑ에 대입하면 $3x-(\boxed{-x+5})=3$

$3x+x-5=3$, $4x=8$  ∴ $x=\boxed{2}$

$x=\boxed{2}$를 ⓐ에 대입하면 $y=-2+5=\boxed{3}$

따라서 연립방정식의 해는 $x=\boxed{2}$, $y=\boxed{3}$이다.

**필수 문제 1**  (1) $x=3$, $y=2$  (2) $x=4$, $y=2$
    (3) $x=1$, $y=3$  (4) $x=4$, $y=5$

(1) ⓐ을 ⓑ에 대입하면 $x+3(2x-4)=9$

$7x=21$  ∴ $x=3$

$x=3$을 ⓐ에 대입하면 $y=6-4=2$

(2) ⓐ을 ⓑ에 대입하면 $2(6-y)+y=10$

$-y=-2$  ∴ $y=2$

$y=2$를 ⓐ에 대입하면 $x=6-2=4$

(3) ⓐ에서 $x$를 $y$에 대한 식으로 나타내면

$x=4y-11$  ⋯ ⓒ

ⓒ을 ⓑ에 대입하면 $3(4y-11)-2y=-3$

$10y=30$  ∴ $y=3$

$y=3$을 ⓒ에 대입하면 $x=12-11=1$

(4) ⓐ을 ⓑ에 대입하면 $x+1=-2x+13$

$3x=12$  ∴ $x=4$

$x=4$를 ⓐ에 대입하면 $y=4+1=5$

**1-1**  (1) $x=8$, $y=9$  (2) $x=7$, $y=2$
    (3) $x=2$, $y=-7$  (4) $x=5$, $y=-2$

(1) $\begin{cases} y=x+1 & \cdots ⓐ \\ 2x+y=25 & \cdots ⓑ \end{cases}$

ⓐ을 ⓑ에 대입하면 $2x+(x+1)=25$

$3x=24$  ∴ $x=8$

$x=8$을 ⓐ에 대입하면 $y=8+1=9$

(2) $\begin{cases} x=9-y & \cdots ⓐ \\ 2x-3y=8 & \cdots ⓑ \end{cases}$

ⓐ을 ⓑ에 대입하면 $2(9-y)-3y=8$

$-5y=-10$  ∴ $y=2$

$y=2$를 ⓐ에 대입하면 $x=9-2=7$

(3) $\begin{cases} 2x-y=11 & \cdots ⓐ \\ 5x+2y=-4 & \cdots ⓑ \end{cases}$

ⓐ에서 $y$를 $x$에 대한 식으로 나타내면

$y=2x-11$  ⋯ ⓒ

ⓒ을 ⓑ에 대입하면 $5x+2(2x-11)=-4$

$9x=18$  ∴ $x=2$

$x=2$를 ⓒ에 대입하면 $y=4-11=-7$

(4) $\begin{cases} 2x=8-y & \cdots ⓐ \\ 2x=4-3y & \cdots ⓑ \end{cases}$

ⓐ을 ⓑ에 대입하면 $8-y=4-3y$

$2y=-4$  ∴ $y=-2$

$y=-2$를 ⓐ에 대입하면 $2x=8+2$

$2x=10$  ∴ $x=5$

**개념 확인**  (가) 2  (나) $6-y$  (다) $-1$

ⓐ과 ⓑ의 $y$의 계수의 절댓값을 같게 만들어 두 식을 변끼리 뺀다.

즉, ⓐ×2-ⓑ을 하면 $5x=10$  ∴ $x=\boxed{2}$

$x=\boxed{2}$를 ⓐ에 대입하면 $\boxed{6-y}=7$  ∴ $y=\boxed{-1}$

따라서 연립방정식의 해는 $x=\boxed{2}$, $y=\boxed{-1}$이다.

**필수 문제 2**  (1) $x=2$, $y=4$  (2) $x=3$, $y=2$
    (3) $x=-2$, $y=3$  (4) $x=6$, $y=7$

(1) ⓐ+ⓑ을 하면 $4x=8$  ∴ $x=2$

$x=2$를 ⓐ에 대입하면 $2+y=6$  ∴ $y=4$

(2) ⓐ-ⓑ을 하면 $-4y=-8$  ∴ $y=2$

$y=2$를 ⓐ에 대입하면 $2x-2=4$

$2x=6$  ∴ $x=3$

(3) ⓐ+ⓑ×3을 하면 $10x=-20$  ∴ $x=-2$

$x=-2$를 ⓑ에 대입하면 $-4-y=-7$  ∴ $y=3$

(4) ⓐ×5-ⓑ×2를 하면 $-x=-6$  ∴ $x=6$

$x=6$을 ⓐ에 대입하면 $18-2y=4$

$-2y=-14$  ∴ $y=7$

**2-1**  (1) $x=5$, $y=1$  (2) $x=2$, $y=-2$
    (3) $x=-1$, $y=-3$  (4) $x=-3$, $y=2$

(1) $\begin{cases} x+2y=7 & \cdots ⓐ \\ 3x-2y=13 & \cdots ⓑ \end{cases}$

ⓐ+ⓑ을 하면 $4x=20$  ∴ $x=5$

$x=5$를 ⓐ에 대입하면 $5+2y=7$

$2y=2$  ∴ $y=1$

(2) $\begin{cases} x-3y=8 & \cdots ⓐ \\ x-2y=6 & \cdots ⓑ \end{cases}$

ⓐ-ⓑ을 하면 $-y=2$  ∴ $y=-2$

$y=-2$를 ⓐ에 대입하면 $x+6=8$  ∴ $x=2$

(3) $\begin{cases} 3x+2y=-9 & \cdots ⓐ \\ 2x-4y=10 & \cdots ⓑ \end{cases}$

ⓐ×2+ⓑ을 하면 $8x=-8$  ∴ $x=-1$

$x=-1$을 ⓐ에 대입하면 $-3+2y=-9$

$2y=-6$  ∴ $y=-3$

(4) $\begin{cases} 5x+4y=-7 & \cdots ⓐ \\ -3x+5y=19 & \cdots ⓑ \end{cases}$

ⓐ×3+ⓑ×5를 하면 $37y=74$  ∴ $y=2$

$y=2$를 ⓐ에 대입하면 $5x+8=-7$

$5x=-15$  ∴ $x=-3$

**1** $-5$          **2** ⑤
**3** (1) $x=3,\ y=4$   (2) $x=3,\ y=5$
   (3) $x=3,\ y=1$   (4) $x=-4,\ y=-4$
**4** $1$          **5** $a=-3,\ b=15$   **6** $8$

**1** ㉠을 ㉡에 대입하면
  $2(7-4y)+3y=4,\ -5y=-10$
  $\therefore a=-5$

**2** ㉠$\times5+$㉡$\times2$를 하면 $19x=19$가 되어 $y$가 없어진다.

**3** (1) $\begin{cases} 13-3x=y & \cdots ㉠ \\ -x+2y=5 & \cdots ㉡ \end{cases}$

  ㉠을 ㉡에 대입하면 $-x+2(13-3x)=5$
  $-7x=-21$   $\therefore x=3$
  $x=3$을 ㉠에 대입하면 $y=13-9=4$

  (2) $\begin{cases} 3x=-3y+24 & \cdots ㉠ \\ 3x+y=14 & \cdots ㉡ \end{cases}$

  ㉠을 ㉡에 대입하면 $(-3y+24)+y=14$
  $-2y=-10$   $\therefore y=5$
  $y=5$를 ㉠에 대입하면 $3x=-15+24$
  $3x=9$   $\therefore x=3$

  (3) $\begin{cases} 3x+2y=11 & \cdots ㉠ \\ 4x-3y=9 & \cdots ㉡ \end{cases}$

  ㉠$\times3+$㉡$\times2$를 하면 $17x=51$   $\therefore x=3$
  $x=3$을 ㉠에 대입하면 $9+2y=11$
  $2y=2$   $\therefore y=1$

  (4) $\begin{cases} 2x-3y=4 & \cdots ㉠ \\ 5x-4y=-4 & \cdots ㉡ \end{cases}$

  ㉠$\times5-$㉡$\times2$를 하면 $-7y=28$   $\therefore y=-4$
  $y=-4$를 ㉠에 대입하면 $2x+12=4$
  $2x=-8$   $\therefore x=-4$

**4** $y$의 값이 $x$의 값의 2배이므로 $y=2x$
  $\begin{cases} y=2x & \cdots ㉠ \\ 5x-y=12 & \cdots ㉡ \end{cases}$

  ㉠을 ㉡에 대입하면 $5x-2x=12$
  $3x=12$   $\therefore x=4$
  $x=4$를 ㉠에 대입하면 $y=8$
  따라서 $x=4,\ y=8$을 $3x-ay=4$에 대입하면
  $12-8a=4,\ -8a=-8$   $\therefore a=1$

**5** $\begin{cases} x-y=12 & \cdots ㉠ \\ x-2y=15 & \cdots ㉡ \end{cases}$

  ㉠$-$㉡을 하면 $y=-3$
  $y=-3$을 ㉠에 대입하면 $x+3=12$   $\therefore x=9$

---

  $x=9,\ y=-3$을 $x+4y=a$에 대입하면
  $9-12=a$   $\therefore a=-3$
  $x=9,\ y=-3$을 $y=-2x+b$에 대입하면
  $-3=-18+b$   $\therefore b=15$

**6** $\begin{cases} 2x-y=5 & \cdots ㉠ \\ 3x-y=7 & \cdots ㉡ \end{cases}$

  ㉠$-$㉡을 하면 $-x=-2$   $\therefore x=2$
  $x=2$를 ㉠에 대입하면 $4-y=5$   $\therefore y=-1$
  $x=2,\ y=-1$을 $5x-y=a$에 대입하면
  $10-(-1)=a$   $\therefore a=11$
  $x=2,\ y=-1$을 $4x+by=5$에 대입하면
  $8-b=5$   $\therefore b=3$
  $\therefore a-b=11-3=8$

**필수 문제 3** (1) $x=-4,\ y=1$   (2) $x=3,\ y=5$

  (1) ㉠을 정리하면 $-x+4y=8$   $\cdots ㉢$
    ㉢$+$㉡을 하면 $7y=7$   $\therefore y=1$
    $y=1$을 ㉡에 대입하면 $x+3=-1$   $\therefore x=-4$

  (2) ㉠을 정리하면 $4x-3y=-3$   $\cdots ㉢$
    ㉡을 정리하면 $x+2y=13$   $\cdots ㉣$
    ㉢$-$㉣$\times4$를 하면 $-11y=-55$   $\therefore y=5$
    $y=5$를 ㉣에 대입하면 $x+10=13$   $\therefore x=3$

**3-1** (1) $x=4,\ y=1$   (2) $x=-3,\ y=1$

  (1) $\begin{cases} 5(x-y)-2x=7 & \cdots ㉠ \\ 4x-3(x-2y)=10 & \cdots ㉡ \end{cases}$

    ㉠을 정리하면 $3x-5y=7$   $\cdots ㉢$
    ㉡을 정리하면 $x+6y=10$   $\cdots ㉣$
    ㉢$-$㉣$\times3$을 하면 $-23y=-23$   $\therefore y=1$
    $y=1$을 ㉣에 대입하면 $x+6=10$   $\therefore x=4$

  (2) $\begin{cases} 2(x-1)+3y=-5 & \cdots ㉠ \\ x=2(3-y)-7 & \cdots ㉡ \end{cases}$

    ㉠을 정리하면 $2x+3y=-3$   $\cdots ㉢$
    ㉡을 정리하면 $x=-2y-1$   $\cdots ㉣$
    ㉣을 ㉢에 대입하면 $2(-2y-1)+3y=-3$
    $-y=-1$   $\therefore y=1$
    $y=1$을 ㉣에 대입하면 $x=-2-1=-3$

**필수 문제 4** (1) $x=1,\ y=2$   (2) $x=3,\ y=2$

  (1) ㉠$\times10$을 하면 $13x-10y=-7$   $\cdots ㉢$
    ㉡$\times100$을 하면 $3x-10y=-17$   $\cdots ㉣$
    ㉢$-$㉣을 하면 $10x=10$   $\therefore x=1$
    $x=1$을 ㉢에 대입하면 $13-10y=-7$
    $-10y=-20$   $\therefore y=2$

(2) ㉠×6을 하면 $2x+3y=12$  …㉢

㉡×12를 하면 $9x-4y=19$  …㉣

㉢×4+㉣×3을 하면 $35x=105$   ∴ $x=3$

$x=3$을 ㉢에 대입하면 $6+3y=12$

$3y=6$   ∴ $y=2$

**4-1** (1) $x=2, y=1$      (2) $x=2, y=5$

     (3) $x=-1, y=-1$      (4) $x=2, y=-5$

(1) $\begin{cases} 0.1x-0.09y=0.11 & \cdots ㉠ \\ 0.2x+0.3y=0.7 & \cdots ㉡ \end{cases}$

㉠×100을 하면 $10x-9y=11$  …㉢

㉡×10을 하면 $2x+3y=7$   …㉣

㉢+㉣×3을 하면 $16x=32$   ∴ $x=2$

$x=2$를 ㉣에 대입하면 $4+3y=7$

$3y=3$  ∴ $y=1$

(2) $\begin{cases} x-\dfrac{1}{3}y=\dfrac{1}{3} & \cdots ㉠ \\ \dfrac{1}{4}x-\dfrac{1}{5}y=-\dfrac{1}{2} & \cdots ㉡ \end{cases}$

㉠×3을 하면 $3x-y=1$   …㉢

㉡×20을 하면 $5x-4y=-10$ …㉣

㉢×4-㉣을 하면 $7x=14$   ∴ $x=2$

$x=2$를 ㉢에 대입하면 $6-y=1$   ∴ $y=5$

(3) $\begin{cases} 1.2x-0.2y=-1 & \cdots ㉠ \\ \dfrac{2}{3}x+\dfrac{1}{6}y=-\dfrac{5}{6} & \cdots ㉡ \end{cases}$

㉠×10을 하면 $12x-2y=-10$  …㉢

㉡×6을 하면 $4x+y=-5$   …㉣

㉢+㉣×2를 하면 $20x=-20$   ∴ $x=-1$

$x=-1$을 ㉣에 대입하면 $-4+y=-5$   ∴ $y=-1$

(4) $\begin{cases} \dfrac{1}{3}x+\dfrac{1}{4}y=-\dfrac{7}{12} & \cdots ㉠ \\ 0.5x+0.4y=-1 & \cdots ㉡ \end{cases}$

㉠×12를 하면 $4x+3y=-7$   …㉢

㉡×10을 하면 $5x+4y=-10$  …㉣

㉢×4-㉣×3을 하면 $x=2$

$x=2$를 ㉢에 대입하면 $8+3y=-7$

$3y=-15$   ∴ $y=-5$

**P. 79**

**필수 문제 5** (1) $x=1, y=-3$    (2) $x=-3, y=4$

(1) 주어진 방정식을 연립방정식으로 나타내면

$\begin{cases} 2x-y-4=4x+y & \cdots ㉠ \\ 7x+2y=4x+y & \cdots ㉡ \end{cases}$

㉠을 정리하면 $x+y=-2$ …㉢

㉡을 정리하면 $3x+y=0$ …㉣

㉢-㉣을 하면 $-2x=-2$   ∴ $x=1$

$x=1$을 ㉣에 대입하면 $3+y=0$   ∴ $y=-3$

(2) 주어진 방정식을 연립방정식으로 나타내면

$\begin{cases} 3x+2y-1=-2 & \cdots ㉠ \\ 2x+y=-2 & \cdots ㉡ \end{cases}$

㉠을 정리하면 $3x+2y=-1$ …㉢

㉢-㉡×2를 하면 $-x=3$   ∴ $x=-3$

$x=-3$을 ㉡에 대입하면 $-6+y=-2$   ∴ $y=4$

**5-1** (1) $x=5, y=-3$    (2) $x=2, y=2$

(1) 주어진 방정식을 연립방정식으로 나타내면

$\begin{cases} 2x+y=4x+5y+2 & \cdots ㉠ \\ 2x+y=x-3y-7 & \cdots ㉡ \end{cases}$

㉠을 정리하면 $x+2y=-1$ …㉢

㉡을 정리하면 $x+4y=-7$ …㉣

㉢-㉣을 하면 $-2y=6$   ∴ $y=-3$

$y=-3$을 ㉢에 대입하면 $x-6=-1$   ∴ $x=5$

(2) 주어진 방정식을 연립방정식으로 나타내면

$\begin{cases} 2x+y-1=5 & \cdots ㉠ \\ x+2y-1=5 & \cdots ㉡ \end{cases}$

㉠을 정리하면 $2x+y=6$ …㉢

㉡을 정리하면 $x+2y=6$ …㉣

㉢×2-㉣을 하면 $3x=6$   ∴ $x=2$

$x=2$를 ㉢에 대입하면 $4+y=6$   ∴ $y=2$

**5-2** (1) $x=2, y=-2$    (2) $x=1, y=-\dfrac{2}{5}$

     (3) $x=-3, y=4$

(1) 주어진 방정식을 연립방정식으로 나타내면

$\begin{cases} x-3(y+2)=2(x+y)-y & \cdots ㉠ \\ x-3(y+2)=-2(y+1) & \cdots ㉡ \end{cases}$

㉠을 정리하면 $x+4y=-6$ …㉢

㉡을 정리하면 $x-y=4$   …㉣

㉢-㉣을 하면 $5y=-10$   ∴ $y=-2$

$y=-2$를 ㉣에 대입하면 $x+2=4$   ∴ $x=2$

(2) 주어진 방정식을 연립방정식으로 나타내면

$\begin{cases} \dfrac{2x+4}{5}=\dfrac{2x-y}{2} & \cdots ㉠ \\ \dfrac{2x+4}{5}=\dfrac{4x+y}{3} & \cdots ㉡ \end{cases}$

㉠을 정리하면 $6x-5y=8$ …㉢

㉡을 정리하면 $14x+5y=12$ …㉣

㉢+㉣을 하면 $20x=20$   ∴ $x=1$

$x=1$을 ㉢에 대입하면 $6-5y=8$

$-5y=2$   ∴ $y=-\dfrac{2}{5}$

(3) 주어진 방정식을 연립방정식으로 나타내면

$\begin{cases} \dfrac{y-2}{2}=-0.4x+0.2y-1 & \cdots ㉠ \\ \dfrac{y-2}{2}=\dfrac{x+y+4}{5} & \cdots ㉡ \end{cases}$

㉠을 정리하면 $4x+3y=0$ …㉢

㉡을 정리하면 $2x-3y=-18$ …㉣

©+@을 하면 $6x=-18$　∴ $x=-3$

$x=-3$을 ©에 대입하면 $-12+3y=0$

$3y=12$　∴ $y=4$

**P. 80**

**필수 문제 6** **(1) 해가 무수히 많다.** **(2) 해가 없다.**

(1) ⊙×3을 하면 $12x+6y=-18$ … ©

ⓒ×2를 하면 $12x+6y=-18$ … @

이때 ©과 @이 일치하므로 해가 무수히 많다.

(2) ⊙×2를 하면 $6x-4y=2$ … ©

이때 ©과 ©에서 $x, y$의 계수는 각각 같고, 상수항은 다르므로 해가 없다.

> **다른 풀이**

(1) $\dfrac{4}{6}=\dfrac{2}{3}=\dfrac{-6}{-9}$이므로 해가 무수히 많다.

(2) $\dfrac{3}{6}=\dfrac{-2}{-4}\neq\dfrac{1}{1}$이므로 해가 없다.

> **참고** 연립방정식 $\begin{cases} ax+by=c \\ a'x+b'y=c' \end{cases}$ 에서
>
> (1) 해가 무수히 많은 경우: $\dfrac{a}{a'}=\dfrac{b}{b'}=\dfrac{c}{c'}$
>
> (2) 해가 없는 경우: $\dfrac{a}{a'}=\dfrac{b}{b'}\neq\dfrac{c}{c'}$

**6-1** **(1) 해가 무수히 많다.** **(2) 해가 없다.**

**(3) 해가 무수히 많다.** **(4) 해가 없다.**

(1) $\begin{cases} 2x+y=1 & \cdots ⊙ \\ 4x+2y=2 & \cdots © \end{cases}$

⊙×2를 하면 $4x+2y=2$ … ©

이때 ©과 ©이 일치하므로 해가 무수히 많다.

(2) $\begin{cases} x-y=-3 & \cdots ⊙ \\ 2x-2y=-4 & \cdots © \end{cases}$

⊙×2를 하면 $2x-2y=-6$ … ©

이때 ©과 ©에서 $x, y$의 계수는 각각 같고, 상수항은 다르므로 해가 없다.

(3) 주어진 연립방정식을 정리하면

$\begin{cases} x-3y=-5 & \cdots ⊙ \\ x-3y=-5 & \cdots © \end{cases}$

이때 ⊙과 ©이 일치하므로 해가 무수히 많다.

(4) 주어진 연립방정식을 정리하면

$\begin{cases} -2x+3y=20 & \cdots ⊙ \\ -2x+3y=12 & \cdots © \end{cases}$

이때 ⊙과 ©에서 $x, y$의 계수는 각각 같고, 상수항은 다르므로 해가 없다.

**필수 문제 7** **$-7$**

$\begin{cases} 2x-y=3 & \cdots ⊙ \\ -8x+4y=a-5 & \cdots © \end{cases}$

⊙×$(-4)$를 하면 $-8x+4y=-12$ … ©

이때 ©과 ©이 일치해야 하므로

$a-5=-12$　∴ $a=-7$

**7-1** **$-\dfrac{1}{3}$**

$\begin{cases} x+3y=7 & \cdots ⊙ \\ -ax+y=1 & \cdots © \end{cases}$

©×3을 하면 $-3a+3y=3$ … ©

이때 ⊙과 ©에서 $x, y$의 계수는 각각 같고, 상수항은 달라야 하므로

$-3a=1$　∴ $a=-\dfrac{1}{3}$

---

**STEP 1 쓱쓱 개념 익히기** **P. 81**

**1** (1) $x=4, y=0$ (2) $x=1, y=3$

(3) $x=-7, y=3$ (4) $x=10, y=12$

**2** $0$ **3** $x=7, y=11$

**4** ㄴ, ㅂ **5** $-3$

**1** (1) $\begin{cases} x+2(y-x)=-4 & \cdots ⊙ \\ 3(x-y)+12x=12 & \cdots © \end{cases}$

⊙을 정리하면 $-x+2y=-4$ … ©

©을 정리하면 $x+3y=4$ … @

©+@을 하면 $5y=0$　∴ $y=0$

$y=0$을 @에 대입하면 $x=4$

(2) $\begin{cases} 2(x-y)+3y=5 & \cdots ⊙ \\ 5x-3(2x-y)=8 & \cdots © \end{cases}$

⊙을 정리하면 $2x+y=5$ … ©

©을 정리하면 $-x+3y=8$ … @

©+@×2를 하면 $7y=21$　∴ $y=3$

$y=3$을 @에 대입하면 $-x+9=8$　∴ $x=1$

(3) $\begin{cases} 0.2x+0.5y=0.1 & \cdots ⊙ \\ 0.1x-0.2y=-1.3 & \cdots © \end{cases}$

⊙×10을 하면 $2x+5y=1$ … ©

©×10을 하면 $x-2y=-13$ … @

©-@×2를 하면 $9y=27$　∴ $y=3$

$y=3$을 @에 대입하면 $x-6=-13$　∴ $x=-7$

(4) $\begin{cases} \dfrac{x}{2}-\dfrac{y}{3}=1 & \cdots ⊙ \\ \dfrac{3}{5}x-\dfrac{2}{3}y=-2 & \cdots © \end{cases}$

⊙×6을 하면 $3x-2y=6$ … ©

©×15를 하면 $9x-10y=-30$ … @

©×3-@을 하면 $4y=48$　∴ $y=12$

$y=12$를 ©에 대입하면 $3x-24=6$

$3x=30$　∴ $x=10$

**2** $\begin{cases} 1.2x-0.2y=-1 & \cdots \ \bigcirc \\ \dfrac{2}{3}x+\dfrac{1}{6}y=-\dfrac{5}{6} & \cdots \ \bigcirc \end{cases}$

$\bigcirc \times 10$을 하면 $12x-2y=-10$

$\therefore 6x-y=-5 \qquad \cdots \ \boxdot$

$\bigcirc \times 6$을 하면 $4x+y=-5 \qquad \cdots \ \boxminus$

$\boxdot + \boxminus$을 하면 $10x=-10 \qquad \therefore x=-1$

$x=-1$을 $\boxminus$에 대입하면 $-4+y=-5 \quad \therefore y=-1$

따라서 $a=-1$, $b=-1$이므로

$a-b=-1-(-1)=0$

**3** 주어진 방정식을 연립방정식으로 나타내면

$\begin{cases} \dfrac{3x-y}{2}=5 & \cdots \ \bigcirc \\ -\dfrac{x-2y}{3}=5 & \cdots \ \bigcirc \end{cases}$

$\bigcirc$을 정리하면 $3x-y=10 \qquad \cdots \ \boxdot$

$\bigcirc$을 정리하면 $x-2y=-15 \qquad \cdots \ \boxminus$

$\boxdot \times 2 - \boxminus$을 하면 $5x=35 \qquad \therefore x=7$

$x=7$을 $\boxdot$에 대입하면 $21-y=10 \qquad \therefore y=11$

**4** 각 연립방정식에서 $x$의 계수 또는 $y$의 계수를 같게 하면

ㄱ. $\begin{cases} x-2y=-1 \\ x-4y=-2 \end{cases}$   ㄴ. $\begin{cases} 2x+6y=4 \\ 2x+6y=2 \end{cases}$

ㄷ. $\begin{cases} x+4y=1 \\ 16x+4y=4 \end{cases}$   ㄹ. $\begin{cases} 6x+2y=2 \\ 6x+2y=2 \end{cases}$

ㅁ. $\begin{cases} -2x+4y=-6 \\ -2x+4y=-6 \end{cases}$   ㅂ. $\begin{cases} 2x-4y=-6 \\ 2x-4y=1 \end{cases}$

따라서 해가 없는 연립방정식은 두 일차방정식의 $x$, $y$의 계수는 각각 같고, 상수항은 다른 연립방정식이므로 ㄴ, ㅂ이다.

**5** $\begin{cases} x+4y=a & \cdots \ \bigcirc \\ bx+8y=-10 & \cdots \ \bigcirc \end{cases}$

$\bigcirc \times 2$를 하면 $2x+8y=2a \qquad \cdots \ \boxdot$

이때 $\bigcirc$과 $\boxdot$이 일치해야 하므로

$b=2$, $-10=2a \qquad \therefore a=-5$, $b=2$

$\therefore a+b=-5+2=-3$

# $\bigcap 4$ 연립방정식의 활용

**P. 82~83**

**개념 확인**　$x+y$, $x-y$, $x+y$, $x-y$, $14$, $11$, $14$, $11$,
　　　　　　$14$, $11$, $14$, $11$

**필수 문제 1**　(1) $\begin{cases} x+y=12 \\ 10y+x=(10x+y)+18 \end{cases}$

(2) $x=5$, $y=7$

(3) $57$

(1) $\begin{cases} (\text{각 자리의 숫자의 합})=12 \\ (\text{각 자리의 숫자를 바꾼 수})=(\text{처음 수})+18 \end{cases}$

이므로

$\begin{cases} x+y=12 \\ 10y+x=(10x+y)+18 \end{cases}$

(2) (1)의 식을 정리하면 $\begin{cases} x+y=12 & \cdots \ \bigcirc \\ x-y=-2 & \cdots \ \bigcirc \end{cases}$

$\bigcirc + \bigcirc$을 하면 $2x=10 \qquad \therefore x=5$

$x=5$를 $\bigcirc$에 대입하면 $5+y=12 \qquad \therefore y=7$

(3) 처음 수는 $57$이다.

**1-1**　$35$

처음 수의 십의 자리의 숫자를 $x$, 일의 자리의 숫자를 $y$라고 하면

$\begin{cases} x+y=8 \\ 10y+x=2(10x+y)-17 \end{cases}$

즉, $\begin{cases} x+y=8 & \cdots \ \bigcirc \\ 19x-8y=17 & \cdots \ \bigcirc \end{cases}$

$\bigcirc \times 8 + \bigcirc$을 하면 $27x=81 \qquad \therefore x=3$

$x=3$을 $\bigcirc$에 대입하면 $3+y=8 \qquad \therefore y=5$

따라서 처음 수는 $35$이다.

**필수 문제 2**　(1) $\begin{cases} x+y=7 \\ 1000x+300y=4200 \end{cases}$

(2) $x=3$, $y=4$

(3) 복숭아: 3개, 자두: 4개

(1) $\begin{cases} (\text{복숭아의 개수})+(\text{자두의 개수})=7(\text{개}) \\ (\text{복숭아의 전체 가격})+(\text{자두의 전체 가격})=4200(\text{원}) \end{cases}$

이므로

$\begin{cases} x+y=7 \\ 1000x+300y=4200 \end{cases}$

(2) (1)의 식을 정리하면 $\begin{cases} x+y=7 & \cdots \ \bigcirc \\ 10x+3y=42 & \cdots \ \bigcirc \end{cases}$

$\bigcirc \times 3 - \bigcirc$을 하면 $-7x=-21 \qquad \therefore x=3$

$x=3$을 $\bigcirc$에 대입하면 $3+y=7 \qquad \therefore y=4$

(3) 복숭아를 3개, 자두를 4개 샀다.

**2-1**　어른: 12명, 학생: 8명

입장한 어른의 수를 $x$명, 학생의 수를 $y$명이라고 하면

$\begin{cases} x+y=20 \\ 1200x+900y=21600 \end{cases}$ 즉 $\begin{cases} x+y=20 & \cdots \ \bigcirc \\ 4x+3y=72 & \cdots \ \bigcirc \end{cases}$

$\bigcirc \times 3 - \bigcirc$을 하면 $-x=-12 \qquad \therefore x=12$

$x=12$를 $\bigcirc$에 대입하면 $12+y=20 \qquad \therefore y=8$

따라서 입장한 어른의 수는 12명, 학생의 수는 8명이다.

**2-2** **4점짜리: 14개, 5점짜리: 4개**

4점짜리 문제를 $x$개, 5점짜리 문제를 $y$개 맞혔다고 하면

$$\begin{cases} x+y=18 & \cdots \text{㉠} \\ 4x+5y=76 & \cdots \text{㉡} \end{cases}$$

㉠$\times 4-$㉡을 하면 $-y=-4$ $\quad \therefore y=4$

$y=4$를 ㉠에 대입하면 $x+4=18$ $\quad \therefore x=14$

따라서 4점짜리 문제를 14개, 5점짜리 문제를 4개 맞혔다.

---

**필수 문제 3** (1) $\begin{cases} x+y=56 \\ x-3=3(y-3)+2 \end{cases}$

(2) $x=41$, $y=15$

(3) **어머니: 41세, 아들: 15세**

(1) $\begin{cases} (\text{현재 어머니의 나이})+(\text{현재 아들의 나이})=56(\text{세}) \\ (3\text{년 전 어머니의 나이})=3\times(3\text{년 전 아들의 나이})+2(\text{세}) \end{cases}$

이므로

$$\begin{cases} x+y=56 \\ x-3=3(y-3)+2 \end{cases}$$

(2) (1)의 식을 정리하면 $\begin{cases} x+y=56 & \cdots \text{㉠} \\ x-3y=-4 & \cdots \text{㉡} \end{cases}$

㉠$-$㉡을 하면 $4y=60$ $\quad \therefore y=15$

$y=15$를 ㉠에 대입하면 $x+15=56$ $\quad \therefore x=41$

(3) 현재 어머니의 나이는 41세, 아들의 나이는 15세이다.

---

**3-1** **아버지: 44세, 수연: 14세**

현재 아버지의 나이를 $x$세, 수연이의 나이를 $y$세라고 하면

$\begin{cases} x+y=58 \\ x+10=2(y+10)+6 \end{cases}$, 즉 $\begin{cases} x+y=58 & \cdots \text{㉠} \\ x-2y=16 & \cdots \text{㉡} \end{cases}$

㉠$-$㉡을 하면 $3y=42$ $\quad \therefore y=14$

$y=14$를 ㉠에 대입하면 $x+14=58$ $\quad \therefore x=44$

따라서 현재 아버지의 나이는 44세, 수연이의 나이는 14세이다.

---

### STEP 1 쓱쓱 개념 익히기      P. 84

| | | |
|---|---|---|
| **1** 16 | **2** 800원 | |
| **3** 닭: 8마리, 토끼: 12마리 | | **4** 11 cm |
| **5** 14회 | **6** 11회 | |

**1** 큰 수를 $x$, 작은 수를 $y$라고 하면

$\begin{cases} x+y=38 \\ 3y-x=26 \end{cases}$, 즉 $\begin{cases} x+y=38 & \cdots \text{㉠} \\ -x+3y=26 & \cdots \text{㉡} \end{cases}$

㉠$+$㉡을 하면 $4y=64$ $\quad \therefore y=16$

$y=16$을 ㉠에 대입하면

$x+16=38$ $\quad \therefore x=22$

따라서 작은 수는 16이다.

---

**2** A 과자 한 개의 가격을 $x$원, B 과자 한 개의 가격을 $y$원이라고 하면

$$\begin{cases} 4x+3y=5000 & \cdots \text{㉠} \\ x=y+200 & \cdots \text{㉡} \end{cases}$$

㉡을 ㉠에 대입하면 $4(y+200)+3y=5000$

$7y=4200$ $\quad \therefore y=600$

$y=600$을 ㉡에 대입하면

$x=600+200=800$

따라서 A 과자 한 개의 가격은 800원이다.

---

**3** 닭의 수를 $x$마리, 토끼의 수를 $y$마리라고 하면

$\begin{cases} x+y=20 \\ 2x+4y=64 \end{cases}$, 즉 $\begin{cases} x+y=20 & \cdots \text{㉠} \\ x+2y=32 & \cdots \text{㉡} \end{cases}$

㉠$-$㉡을 하면 $-y=-12$ $\quad \therefore y=12$

$y=12$를 ㉠에 대입하면

$x+12=20$ $\quad \therefore x=8$

따라서 닭의 수는 8마리, 토끼의 수는 12마리이다.

---

**4** 가로의 길이를 $x$ cm, 세로의 길이를 $y$ cm라고 하면

$\begin{cases} x=y+6 \\ 2(x+y)=32 \end{cases}$, 즉 $\begin{cases} x=y+6 & \cdots \text{㉠} \\ x+y=16 & \cdots \text{㉡} \end{cases}$

㉠을 ㉡에 대입하면 $y+6+y=16$

$2y=10$ $\quad \therefore y=5$

$y=5$를 ㉠에 대입하면 $x=5+6=11$

따라서 가로의 길이는 11 cm이다.

---

**5** 수찬이가 이긴 횟수를 $x$회, 진 횟수를 $y$회라고 하면

| | 이긴 횟수 | 진 횟수 | 계단 수 |
|---|---|---|---|
| 수찬 | $x$회 | $y$회 | $2x-y$ |
| 초희 | $y$회 | $x$회 | $2y-x$ |

위의 표에서 $\begin{cases} 2x-y=15 \\ 2y-x=12 \end{cases}$, 즉 $\begin{cases} 2x-y=15 & \cdots \text{㉠} \\ -x+2y=12 & \cdots \text{㉡} \end{cases}$

㉠$+$㉡$\times 2$를 하면 $3y=39$ $\quad \therefore y=13$

$y=13$을 ㉡에 대입하면

$-x+26=12$ $\quad \therefore x=14$

따라서 수찬이가 이긴 횟수는 14회이다.

---

**6** 유리가 이긴 횟수를 $x$회, 진 횟수는 $y$회라고 하면

| | 이긴 횟수 | 진 횟수 | 계단 수 |
|---|---|---|---|
| 유리 | $x$회 | $y$회 | $3x-2y$ |
| 은지 | $y$회 | $x$회 | $3y-2x$ |

위의 표에서 $\begin{cases} 3x-2y=5 \\ 3y-2x=20 \end{cases}$, 즉 $\begin{cases} 3x-2y=5 & \cdots \text{㉠} \\ -2x+3y=20 & \cdots \text{㉡} \end{cases}$

㉠$\times 3+$㉡$\times 2$를 하면 $5x=55$ $\quad \therefore x=11$

$x=11$을 ㉡에 대입하면 $-22+3y=20$

$3y=42$ $\quad \therefore y=14$

따라서 유리가 이긴 횟수는 11회이다.

**필수 문제 4** 표는 풀이 참조,
자전거를 타고 간 거리: **5 km**, 걸어간 거리: **4 km**

자전거를 타고 간 거리를 $x$ km, 걸어간 거리를 $y$ km라고 하면

|  | 자전거를 타고 갈 때 | 걸어갈 때 | 전체 |
|---|---|---|---|
| 거리 | $x$ km | $y$ km | 9 km |
| 속력 | 시속 10 km | 시속 4 km | — |
| 시간 | $\dfrac{x}{10}$시간 | $\dfrac{y}{4}$시간 | $1\dfrac{30}{60}$시간 |

위의 표에서 $\begin{cases} x+y=9 \\ \dfrac{x}{10}+\dfrac{y}{4}=1\dfrac{30}{60} \end{cases}$, 즉 $\begin{cases} x+y=9 & \cdots \bigcirc \\ 2x+5y=30 & \cdots \bigcirc \end{cases}$

$\bigcirc \times 2 - \bigcirc$을 하면 $-3y=-12$ $\quad \therefore y=4$

$y=4$를 $\bigcirc$에 대입하면 $x+4=9$ $\quad \therefore x=5$

따라서 자전거를 타고 간 거리는 5 km, 걸어간 거리는 4 km이다.

**4-1** **1 km**

뛰어간 거리를 $x$ km, 걸어간 거리를 $y$ km라고 하면

|  | 뛰어갈 때 | 걸어갈 때 | 전체 |
|---|---|---|---|
| 거리 | $x$ km | $y$ km | 2 km |
| 속력 | 시속 6 km | 시속 2 km | — |
| 시간 | $\dfrac{x}{6}$시간 | $\dfrac{y}{2}$시간 | $\dfrac{40}{60}$시간 |

위의 표에서 $\begin{cases} x+y=2 \\ \dfrac{x}{6}+\dfrac{y}{2}=\dfrac{40}{60} \end{cases}$, 즉 $\begin{cases} x+y=2 & \cdots \bigcirc \\ x+3y=4 & \cdots \bigcirc \end{cases}$

$\bigcirc - \bigcirc$을 하면 $-2y=-2$ $\quad \therefore y=1$

$y=1$을 $\bigcirc$에 대입하면 $x+1=2$ $\quad \therefore x=1$

따라서 걸어간 거리는 1 km이다.

**필수 문제 5** 표는 풀이 참조,
올라간 거리: **3 km**, 내려온 거리: **5 km**

올라간 거리를 $x$ km, 내려온 거리를 $y$ km라고 하면
내려올 때는 올라갈 때보다 2 km가 더 먼 길을 걸었으므로
$y=x+2$

|  | 올라갈 때 | 내려올 때 | 전체 |
|---|---|---|---|
| 거리 | $x$ km | $y$ km | — |
| 속력 | 시속 3 km | 시속 5 km | — |
| 시간 | $\dfrac{x}{3}$시간 | $\dfrac{y}{5}$시간 | 2시간 |

즉, $\begin{cases} y=x+2 \\ \dfrac{x}{3}+\dfrac{y}{5}=2 \end{cases}$에서 $\begin{cases} y=x+2 & \cdots \bigcirc \\ 5x+3y=30 & \cdots \bigcirc \end{cases}$

$\bigcirc$을 $\bigcirc$에 대입하면 $5x+3(x+2)=30$

$8x=24$ $\quad \therefore x=3$

$x=3$을 $\bigcirc$에 대입하면 $y=3+2=5$

따라서 올라간 거리는 3 km, 내려온 거리는 5 km이다.

**5 km**

올라간 거리를 $x$ km, 내려온 거리를 $y$ km라고 하면
내려올 때는 올라갈 때보다 3 km가 더 짧은 길을 걸었으므로 $y=x-3$

|  | 올라갈 때 | 내려올 때 | 전체 |
|---|---|---|---|
| 거리 | $x$ km | $y$ km | — |
| 속력 | 시속 2 km | 시속 4 km | — |
| 시간 | $\dfrac{x}{2}$시간 | $\dfrac{y}{4}$시간 | 3시간 |

즉, $\begin{cases} y=x-3 \\ \dfrac{x}{2}+\dfrac{y}{4}=3 \end{cases}$에서 $\begin{cases} y=x-3 & \cdots \bigcirc \\ 2x+y=12 & \cdots \bigcirc \end{cases}$

$\bigcirc$을 $\bigcirc$에 대입하면 $2x+x-3=12$

$3x=15$ $\quad \therefore x=5$

$x=5$를 $\bigcirc$에 대입하면 $y=5-3=2$

따라서 올라간 거리는 5 km이다.

**필수 문제 6** 표는 풀이 참조,
남학생: **330명**, 여학생: **384명**

작년의 남학생 수를 $x$명, 여학생 수를 $y$명이라고 하면

|  | 남학생 | 여학생 | 전체 |
|---|---|---|---|
| 작년의 학생 수 | $x$명 | $y$명 | 700명 |
| 올해의 변화율 | 10 % 증가 | 4 % 감소 | — |
| 학생 수의 변화량 | $+\dfrac{10}{100}x$명 | $-\dfrac{4}{100}y$명 | $+14$명 |

위의 표에서 $\begin{cases} x+y=700 \\ \dfrac{10}{100}x-\dfrac{4}{100}y=14 \end{cases}$

즉, $\begin{cases} x+y=700 & \cdots \bigcirc \\ 5x-2y=700 & \cdots \bigcirc \end{cases}$

$\bigcirc \times 2 + \bigcirc$을 하면 $7x=2100$ $\quad \therefore x=300$

$x=300$을 $\bigcirc$에 대입하면 $300+y=700$ $\quad \therefore y=400$

따라서 올해의 남학생 수는 $300+\dfrac{10}{100}\times 300=330$(명),

여학생 수는 $400-\dfrac{4}{100}\times 400=384$(명)

**6-1** **남학생: 423명, 여학생: 572명**

작년의 남학생 수를 $x$명, 여학생 수를 $y$명이라고 하면

|  | 남학생 | 여학생 | 전체 |
|---|---|---|---|
| 작년의 학생 수 | $x$명 | $y$명 | 1000명 |
| 올해의 변화율 | 6 % 감소 | 4 % 증가 | — |
| 학생 수의 변화량 | $-\dfrac{6}{100}x$명 | $+\dfrac{4}{100}y$명 | $-5$명 |

위의 표에서 $\begin{cases} x+y=1000 \\ -\dfrac{6}{100}x+\dfrac{4}{100}y=-5 \end{cases}$

즉, $\begin{cases} x+y=1000 & \cdots \text{㉠} \\ -3x+2y=-250 & \cdots \text{㉡} \end{cases}$

㉠$\times 3$+㉡을 하면 $5y=2750$ $\quad\therefore y=550$

$y=550$을 ㉠에 대입하면 $x+550=1000$ $\quad\therefore x=450$

따라서 올해의 남학생 수는 $450-\dfrac{6}{100}\times 450=423$(명),

여학생 수는 $550+\dfrac{4}{100}\times 550=572$(명)

**필수 문제 7**  **10일**

전체 일의 양을 1이라 하고, A, B가 하루 동안 할 수 있는 일의 양을 각각 $x$, $y$라고 하면

$\begin{cases} (\text{A, B가 함께 6일 동안 한 일의 양})=1 \\ (\text{A가 3일 동안 한 일의 양})+(\text{B가 8일 동안 한 일의 양})=1 \end{cases}$

이므로

$\begin{cases} 6(x+y)=1 \\ 3x+8y=1 \end{cases}$, 즉 $\begin{cases} 6x+6y=1 & \cdots \text{㉠} \\ 3x+8y=1 & \cdots \text{㉡} \end{cases}$

㉠$-$㉡$\times 2$를 하면 $-10y=-1$ $\quad\therefore y=\dfrac{1}{10}$

$y=\dfrac{1}{10}$을 ㉡에 대입하면 $3x+\dfrac{4}{5}=1$

$3x=\dfrac{1}{5}$ $\quad\therefore x=\dfrac{1}{15}$

따라서 B가 하루 동안 할 수 있는 일의 양은 $\dfrac{1}{10}$이므로 이 일을 B가 혼자 하면 10일이 걸린다.

**7-1**  **12일**

전체 일의 양을 1이라 하고, A, B가 하루 동안 할 수 있는 일의 양을 각각 $x$, $y$라고 하면

$\begin{cases} 8x+2y=1 \\ 4(x+y)=1 \end{cases}$, 즉 $\begin{cases} 8x+2y=1 & \cdots \text{㉠} \\ 4x+4y=1 & \cdots \text{㉡} \end{cases}$

㉠$-$㉡$\times 2$를 하면 $-6y=-1$ $\quad\therefore y=\dfrac{1}{6}$

$y=\dfrac{1}{6}$을 ㉡에 대입하면 $4x+\dfrac{2}{3}=1$

$4x=\dfrac{1}{3}$ $\quad\therefore x=\dfrac{1}{12}$

따라서 A가 하루 동안 할 수 있는 일의 양은 $\dfrac{1}{12}$이므로 이 일을 A가 혼자 하면 12일이 걸린다.

**P. 87**

**필수 문제 8**  표는 풀이 참조,

$\qquad$ **4 %의 소금물: 400 g, 7 %의 소금물: 200 g**

4 %의 소금물의 양을 $x$ g, 7 %의 소금물의 양을 $y$ g이라고 하면

| | 섞기 전 | | 섞은 후 |
|---|---|---|---|
| 소금물의 농도 | 4 % | 7 % | 5 % |
| 소금물의 양 | $x$ g | $y$ g | 600 g |
| 소금의 양 | $\left(\dfrac{4}{100}\times x\right)$ g | $\left(\dfrac{7}{100}\times y\right)$ g | $\left(\dfrac{5}{100}\times 600\right)$ g |

위의 표에서 $\begin{cases} x+y=600 \\ \dfrac{4}{100}x+\dfrac{7}{100}y=\dfrac{5}{100}\times 600 \end{cases}$

즉, $\begin{cases} x+y=600 & \cdots \text{㉠} \\ 4x+7y=3000 & \cdots \text{㉡} \end{cases}$

㉠$\times 4$−㉡을 하면 $-3y=-600$ $\quad\therefore y=200$

$y=200$을 ㉠에 대입하면 $x+200=600$ $\quad\therefore x=400$

따라서 4 %의 소금물은 400 g, 7 %의 소금물은 200 g을 섞어야 한다.

**8-1**  표는 풀이 참조,

$\qquad$ **5 %의 소금물: 200 g, 10 %의 소금물: 300 g**

5 %의 소금물의 양을 $x$ g, 10 %의 소금물의 양을 $y$ g이라고 하면

| | 섞기 전 | | 섞은 후 |
|---|---|---|---|
| 소금물의 농도 | 5 % | 10 % | 8 % |
| 소금물의 양 | $x$ g | $y$ g | 500 g |
| 소금의 양 | $\left(\dfrac{5}{100}\times x\right)$ g | $\left(\dfrac{10}{100}\times y\right)$ g | $\left(\dfrac{8}{100}\times 500\right)$ g |

위의 표에서 $\begin{cases} x+y=500 \\ \dfrac{5}{100}x+\dfrac{10}{100}y=\dfrac{8}{100}\times 500 \end{cases}$

즉, $\begin{cases} x+y=500 & \cdots \text{㉠} \\ x+2y=800 & \cdots \text{㉡} \end{cases}$

㉠$-$㉡을 하면 $-y=-300$ $\quad\therefore y=300$

$y=300$을 ㉠에 대입하면 $x+300=500$ $\quad\therefore x=200$

따라서 5 %의 소금물은 200 g, 10 %의 소금물은 300 g을 섞어야 한다.

**STEP 1** 쓱쓱 **개념 익히기**  **P. 88**

**1**  10 km    **2**  515 kg    **3**  600 g

**4** (1) $\begin{cases} 10x+10y=2000 \\ 50x-50y=2000 \end{cases}$  (2) $x=120,\ y=80$

(3) 시우: 분속 120 m, 은수: 분속 80 m

**5**  분속 96 m

**1** 올라간 거리를 $x$ km, 내려온 거리를 $y$ km라고 하면

|  | 올라갈 때 | 내려올 때 | 전체 |
|---|---|---|---|
| 거리 | $x$ km | $y$ km | 16 km |
| 속력 | 시속 3 km | 시속 4 km | — |
| 시간 | $\dfrac{x}{3}$시간 | $\dfrac{y}{4}$시간 | $4\dfrac{30}{60}$시간 |

위의 표에서 $\begin{cases} x+y=16 \\ \dfrac{x}{3}+\dfrac{y}{4}=4\dfrac{30}{60} \end{cases}$, 즉 $\begin{cases} x+y=16 & \cdots ㉠ \\ 4x+3y=54 & \cdots ㉡ \end{cases}$

㉠×3−㉡을 하면 $-x=-6$ ∴ $x=6$

$x=6$을 ㉠에 대입하면 $6+y=16$ ∴ $y=10$

따라서 내려온 거리는 10 km이다.

**2** 작년의 쌀의 생산량을 $x$ kg, 보리의 생산량을 $y$ kg이라고 하면

$\begin{cases} x+y=800 \\ \dfrac{2}{100}x+\dfrac{3}{100}y=21 \end{cases}$, 즉 $\begin{cases} x+y=800 & \cdots ㉠ \\ 2x+3y=2100 & \cdots ㉡ \end{cases}$

㉠×2−㉡을 하면 $-y=-500$ ∴ $y=500$

$y=500$을 ㉠에 대입하면 $x+500=800$ ∴ $x=300$

따라서 올해의 보리의 생산량은

$500+\dfrac{3}{100}\times500=515$ (kg)

**3** 9 %의 설탕물의 양을 $x$ g, 13 %의 설탕물의 양을 $y$ g이라고 하면

|  | 섞기 전 | | 섞은 후 |
|---|---|---|---|
| 설탕물의 농도 | 9 % ⊕ | 13 % ⊜ | 10 % |
| 설탕물의 양 | $x$ g | $y$ g | 800 g |
| 설탕의 양 | $\left(\dfrac{9}{100}\times x\right)$ g | $\left(\dfrac{13}{100}\times y\right)$ g | $\left(\dfrac{10}{100}\times800\right)$ g |

위의 표에서 $\begin{cases} x+y=800 \\ \dfrac{9}{100}x+\dfrac{13}{100}y=\dfrac{10}{100}\times800 \end{cases}$

즉, $\begin{cases} x+y=800 & \cdots ㉠ \\ 9x+13y=8000 & \cdots ㉡ \end{cases}$

㉠×9−㉡을 하면 $-4y=-800$ ∴ $y=200$

$y=200$을 ㉠에 대입하면 $x+200=800$ ∴ $x=600$

따라서 9 %의 설탕물은 600 g을 섞어야 한다.

**4** (1) 트랙의 둘레의 길이는 2 km, 즉 2000 m이므로

$\begin{cases} (\text{두 사람이 10분 동안 걸은 거리의 합})=2000 \\ (\text{두 사람이 50분 동안 걸은 거리의 차})=2000 \end{cases}$

∴ $\begin{cases} 10x+10y=2000 \\ 50x-50y=2000 \end{cases}$

(2) (1)의 식을 정리하면 $\begin{cases} x+y=200 & \cdots ㉠ \\ x-y=40 & \cdots ㉡ \end{cases}$

㉠+㉡을 하면 $2x=240$ ∴ $x=120$

$x=120$을 ㉠에 대입하면 $120+y=200$ ∴ $y=80$

(3) 시우의 속력은 분속 120 m, 은수의 속력은 분속 80 m이다.

**5** 상호의 속력을 분속 $x$ m, 진구의 속력을 분속 $y$ m라고 하면 호수의 둘레의 길이는 2.4 km, 즉 2400 m이고 1시간 15분은 75분이므로

$\begin{cases} 15x+15y=2400 \\ 75x-75y=2400 \end{cases}$, 즉 $\begin{cases} x+y=160 & \cdots ㉠ \\ x-y=32 & \cdots ㉡ \end{cases}$

㉠+㉡을 하면 $2x=192$ ∴ $x=96$

$x=96$을 ㉠에 대입하면 $96+y=160$ ∴ $y=64$

따라서 상호의 속력은 분속 96 m이다.

---

**STEP 2 탄탄 단원 다지기**  P. 89~91

**1** ③  **2** ④  **3** ④  **4** $-4$  **5** ④

**6** 8  **7** ③  **8** ②  **9** 6

**10** $a=5,\ b=2$  **11** ②  **12** $a=5,\ b=5$

**13** 3  **14** ②  **15** $-20$  **16** $x=5,\ y=3$

**17** ④  **18** ②  **19** 36  **20** 700원

**21** $a=3,\ b=1$  **22** 3분  **23** 20분  **24** ①

**1** ㄱ. 등식이 아니므로 일차방정식이 아니다

ㄴ. $-x^2-x+y=0$이므로 $x$의 차수가 2이다.
   즉, 일차방정식이 아니다.

ㄷ. $2x+3y-1=0$이므로 미지수가 2개인 일차방정식이다.

ㄹ. $-y+3=0$이므로 미지수가 1개인 일차방정식이다.

ㅁ. $x$가 분모에 있으므로 일차방정식이 아니다.

따라서 미지수가 2개인 일차방정식은 ㄷ, ㅂ이다.

**2** $ax-3y+1=4x+by-6$에서

$(a-4)x+(-3-b)y+7=0$

이 식이 미지수가 2개인 일차방정식이 되려면

$a-4\neq0,\ -3-b\neq0$ ∴ $a\neq4,\ b\neq-3$

**3** 주어진 순서쌍의 $x,\ y$의 값을 $2x+3y=26$에 각각 대입하면

① $2\times1+3\times8=26$

② $2\times4+3\times6=26$

③ $2\times7+3\times4=26$

④ $2\times8+3\times3\neq26$

⑤ $2\times10+3\times2=26$

따라서 $2x+3y=26$의 해가 아닌 것은 ④이다.

**4** $x=-a$, $y=a+3$을 $3x+2y=10$에 대입하면
$-3a+2(a+3)=10$
$-a=4$    $\therefore a=-4$

**5** $x=2$, $y=1$을 주어진 연립방정식에 각각 대입하면
① $\begin{cases} 2+1=3 \\ 2-1\neq2 \end{cases}$  ② $\begin{cases} 2+2\times1\neq5 \\ 2\times2+3\times1\neq8 \end{cases}$

③ $\begin{cases} 2\times2-5\times1\neq-2 \\ 4\times2+1=9 \end{cases}$  ④ $\begin{cases} 3\times2+2\times1=8 \\ 5\times1=3\times2-1 \end{cases}$

⑤ $\begin{cases} -2+2\times1=0 \\ 2\times2+1\neq4 \end{cases}$

따라서 해가 $x=2$, $y=1$인 것은 ④이다.

**6** $x=1$, $y=2$를 $x+my=5$에 대입하면
$1+2m=5$, $2m=4$    $\therefore m=2$
즉, $x=1$, $y=2$를 $2x+y=n$에 대입하면
$2+2=n$    $\therefore n=4$
$\therefore mn=2\times4=8$

**7** $\begin{cases} y=-2x+5 & \cdots ㉠ \\ 3x-y=10 & \cdots ㉡ \end{cases}$
㉠을 ㉡에 대입하면 $3x-(-2x+5)=10$
$5x=15$    $\therefore x=3$
$x=3$을 ㉠에 대입하면 $y=-6+5=-1$

**8** ㉠$\times2-$㉡$\times3$을 하면 $-y=-2$가 되어 $x$가 없어진다.

**9** $\begin{cases} 4x+5y=9 & \cdots ㉠ \\ 2x-3y=-1 & \cdots ㉡ \end{cases}$
㉠$-$㉡$\times2$를 하면 $11y=11$    $\therefore y=1$
$y=1$을 ㉡에 대입하면 $2x-3=-1$
$2x=2$    $\therefore x=1$
따라서 $x=1$, $y=1$을 $x+5y=a$에 대입하면
$1+5=a$    $\therefore a=6$

**10** $x=-1$, $y=2$를 주어진 연립방정식에 대입하면
$\begin{cases} -a-2b=-9 \\ -b+2a=8 \end{cases}$, 즉 $\begin{cases} a+2b=9 & \cdots ㉠ \\ 2a-b=8 & \cdots ㉡ \end{cases}$
㉠$+$㉡$\times2$를 하면 $5a=25$    $\therefore a=5$
$a=5$를 ㉡에 대입하면 $10-b=8$    $\therefore b=2$

**11** 주어진 연립방정식의 해는 세 방정식을 모두 만족시키므로
연립방정식 $\begin{cases} 2x+y=7 & \cdots ㉠ \\ x-3y=-7 & \cdots ㉡ \end{cases}$의 해와 같다.
㉠$\times3+$㉡을 하면 $7x=14$    $\therefore x=2$
$x=2$를 ㉠에 대입하면 $4+y=7$    $\therefore y=3$
따라서 $x=2$, $y=3$을 $x+ay=8$에 대입하면
$2+3a=8$, $3a=6$    $\therefore a=2$

**12** $\begin{cases} 3x+5y=-2 & \cdots ㉠ \\ -2x-3y=2 & \cdots ㉡ \end{cases}$
㉠$\times2+$㉡$\times3$을 하면 $y=2$
$y=2$를 ㉠에 대입하면 $3x+10=-2$
$3x=-12$    $\therefore x=-4$
$x=-4$, $y=2$를 $x+ay=6$에 대입하면
$-4+2a=6$, $2a=10$    $\therefore a=5$
$x=-4$, $y=2$를 $2x+by=2$에 대입하면
$-8+2b=2$, $2b=10$    $\therefore b=5$

**13** $x=4$, $y=-1$은 $\begin{cases} ax+by=9 \\ bx+ay=-6 \end{cases}$의 해이므로
$\begin{cases} 4a-b=9 \\ 4b-a=-6 \end{cases}$, 즉 $\begin{cases} 4a-b=9 & \cdots ㉠ \\ -a+4b=-6 & \cdots ㉡ \end{cases}$
㉠$+$㉡$\times4$를 하면 $15b=-15$    $\therefore b=-1$
$b=-1$을 ㉡에 대입하면
$-a-4=-6$    $\therefore a=2$
$\therefore a-b=2-(-1)=3$

**14** $\begin{cases} 3(x+y)=5+2y & \cdots ㉠ \\ 10-(x-2y)=-2x & \cdots ㉡ \end{cases}$
㉠을 정리하면 $3x+y=5$    $\cdots ㉢$
㉡을 정리하면 $x+2y=-10$    $\cdots ㉣$
㉢$\times2-$㉣을 하면 $5x=20$    $\therefore x=4$
$x=4$를 ㉢에 대입하면
$12+y=5$    $\therefore y=-7$
$\therefore x+y=4+(-7)=-3$

**15** $\begin{cases} 0.5x+0.9y=-1.1 & \cdots ㉠ \\ \dfrac{2}{3}x+\dfrac{3}{4}y=\dfrac{1}{3} & \cdots ㉡ \end{cases}$
㉠$\times10$을 하면 $5x+9y=-11$    $\cdots ㉢$
㉡$\times12$를 하면 $8x+9y=4$    $\cdots ㉣$
㉢$-$㉣을 하면 $-3x=-15$    $\therefore x=5$
$x=5$를 ㉢에 대입하면 $25+9y=-11$
$9y=-36$    $\therefore y=-4$
따라서 $a=5$, $b=-4$이므로
$ab=5\times(-4)=-20$

**16** 주어진 방정식을 연립방정식으로 나타내면
$\begin{cases} \dfrac{4x-3y+7}{2}=3x-2y & \cdots ㉠ \\ \dfrac{2x+5y+2}{3}=3x-2y & \cdots ㉡ \end{cases}$
㉠을 정리하면 $2x-y=7$    $\cdots ㉢$
㉡을 정리하면 $7x-11y=2$    $\cdots ㉣$
㉢$\times11-$㉣을 하면 $15x=75$    $\therefore x=5$
$x=5$를 ㉢에 대입하면
$10-y=7$    $\therefore y=3$

**17** 각 연립방정식에서 $x$의 계수를 같게 하면

① $\begin{cases} x+y=-1 \\ x-y=2 \end{cases}$  ② $\begin{cases} 2x-2y=-4 \\ 2x-2y=4 \end{cases}$

③ $\begin{cases} -3x-3y=-3 \\ -3x-3y=2 \end{cases}$  ④ $\begin{cases} 6x+3y=3 \\ 6x+3y=3 \end{cases}$

⑤ $\begin{cases} 6x+8y=10 \\ 6x+8y=-10 \end{cases}$

따라서 해가 무수히 많은 연립방정식은 두 일차방정식이 일치하는 연립방정식이므로 ④이다.

**18** $\begin{cases} x-2y=3 & \cdots \text{㉠} \\ 3x+ay=b & \cdots \text{㉡} \end{cases}$

㉠$\times 3$을 하면 $3x-6y=9$  $\cdots$ ㉢

이때 ㉡과 ㉢의 계수는 각각 같고, 상수항은 달라야 하므로

$a=-6$, $b \neq 9$

**19** 처음 수의 십의 자리의 숫자를 $x$, 일의 자리의 숫자를 $y$라고 하면

$\begin{cases} y=2x \\ 10y+x=2(10x+y)-9 \end{cases}$, 즉 $\begin{cases} y=2x & \cdots \text{㉠} \\ 19x-8y=9 & \cdots \text{㉡} \end{cases}$

㉠을 ㉡에 대입하면 $19x-16x=9$

$3x=9$  $\therefore x=3$

$x=3$을 ㉠에 대입하면 $y=6$

따라서 처음 수는 36이다.

**20** 볼펜 한 자루의 가격을 $x$원, 색연필 한 자루의 가격을 $y$원이라고 하면

$\begin{cases} 6x+5y=8300 & \cdots \text{㉠} \\ 3x+6y=6600 & \cdots \text{㉡} \end{cases}$

㉠$-$㉡$\times 2$를 하면 $-7y=-4900$  $\therefore y=700$

$y=700$을 ㉡에 대입하면 $3x+4200=6600$

$3x=2400$  $\therefore x=800$

따라서 색연필 한 자루의 가격은 700원이다.

**21** 동우는 10번 이기고 5번 졌고, 미주는 5번 이기고 10번 졌으므로

$\begin{cases} 10a-5b=25 \\ 5a-10b=5 \end{cases}$, 즉 $\begin{cases} 2a-b=5 & \cdots \text{㉠} \\ a-2b=1 & \cdots \text{㉡} \end{cases}$

㉠$-$㉡$\times 2$를 하면 $3b=3$  $\therefore b=1$

$b=1$을 ㉡에 대입하면 $a-2=1$  $\therefore a=3$

**22** 형이 출발한 지 $x$분 후, 동생이 출발한 지 $y$분 후에 두 사람이 만난다고 하면

형이 동생보다 9분 먼저 출발했으므로

$x=y+9$  $\cdots$ ㉠

형과 동생이 만날 때까지 이동한 거리는 같으므로

$50x=200y$  $\cdots$ ㉡

㉠을 ㉡에 대입하면 $50(y+9)=200y$

$-150y=-450$  $\therefore y=3$

$y=3$을 ㉠에 대입하면 $x=3+9=12$

따라서 두 사람이 만나는 것은 동생이 출발한 지 3분 후이다.

**23** 물탱크에 물을 가득 채웠을 때의 물의 양을 1이라 하고, A, B 두 호스로 1분 동안 채울 수 있는 물의 양을 각각 $x$, $y$라고 하면

$\begin{cases} 15(x+y)=1 \\ 10x+30y=1 \end{cases}$, 즉 $\begin{cases} 15x+15y=1 & \cdots \text{㉠} \\ 10x+30y=1 & \cdots \text{㉡} \end{cases}$

㉠$\times 2-$㉡을 하면 $20x=1$  $\therefore x=\dfrac{1}{20}$

$x=\dfrac{1}{20}$을 ㉡에 대입하면 $\dfrac{1}{2}+30y=1$

$30y=\dfrac{1}{2}$  $\therefore y=\dfrac{1}{60}$

따라서 A 호스로 1분 동안 채울 수 있는 물의 양은 $\dfrac{1}{20}$이므로 A 호스로만 물탱크를 가득 채우는 데 20분이 걸린다.

**24** 7 %의 소금물의 양을 $x$ g, 12 %의 소금물의 양을 $y$ g이라고 하면

$\begin{cases} x+y=650 \\ \dfrac{7}{100}x+\dfrac{12}{100}y=\dfrac{9}{100}\times 650 \end{cases}$, 즉 $\begin{cases} x+y=650 & \cdots \text{㉠} \\ 7x+12y=5850 & \cdots \text{㉡} \end{cases}$

㉠$\times 7-$㉡을 하면 $-5y=-1300$  $\therefore y=260$

$y=260$을 ㉠에 대입하면 $x+260=650$  $\therefore x=390$

따라서 12 %의 소금물은 260 g을 섞어야 한다.

---

**STEP 3 쓱쓱 서술형 완성하기**  P. 92~93

〈과정은 풀이 참조〉

**따라 해보자** 유제 1 $\dfrac{3}{2}$  유제 2 $x=3$, $y=1$

**연습해 보자** 1 12  2 $x=2$, $y=\dfrac{1}{2}$

3 $-3$

4 (1) $\begin{cases} x+y=60 \\ x+15=2(y+15) \end{cases}$ (2) 50세

---

**따라 해보자**

유제 1 **1단계** $x$와 $y$의 값의 비가 2 : 3이므로

$x : y=2 : 3$  $\therefore 3x=2y$  $\cdots$ (i)

**2단계** 연립방정식 $\begin{cases} 3x=2y & \cdots \text{㉠} \\ 3x+2y=24 & \cdots \text{㉡} \end{cases}$에서

㉠을 ㉡에 대입하면 $2y+2y=24$

$4y=24$  $\therefore y=6$

$y=6$을 ㉠에 대입하면

$3x=12$  $\therefore x=4$  $\cdots$ (ii)

**3단계** $x=4$, $y=6$을 $2x+ay=17$에 대입하면

$$8+6a=17, \ 6a=9 \qquad \therefore a=\dfrac{3}{2} \qquad \cdots \text{(iii)}$$

| 채점 기준 | 비율 |
|---|---|
| (i) 해의 조건을 식으로 나타내기 | 20 % |
| (ii) $x$, $y$의 값 구하기 | 50 % |
| (iii) $a$의 값 구하기 | 30 % |

**유제 2** **1단계** $x=-1$, $y=-4$는 $5x-by=11$의 해이므로

$$-5+4b=11, \ 4b=16 \qquad \therefore b=4 \qquad \cdots \text{(i)}$$

**2단계** $x=8$, $y=5$는 $ax-5y=7$의 해이므로

$$8a-25=7, \ 8a=32 \qquad \therefore a=4 \qquad \cdots \text{(ii)}$$

**3단계** 처음 연립방정식은 $\begin{cases} 4x-5y=7 & \cdots \ \bigcirc \\ 5x-4y=11 & \cdots \ \bigcirc \end{cases}$ 이므로

$\bigcirc \times 4 - \bigcirc \times 5$를 하면 $-9x=-27 \qquad \therefore x=3$

$x=3$을 $\bigcirc$에 대입하면 $15-4y=11$

$$-4y=-4 \qquad \therefore y=1 \qquad \cdots \text{(iii)}$$

| 채점 기준 | 비율 |
|---|---|
| (i) $b$의 값 구하기 | 30 % |
| (ii) $a$의 값 구하기 | 30 % |
| (iii) 처음 연립방정식의 해 구하기 | 40 % |

**연습해 보자**

**1** $x=a$, $y=5$를 $x-3y=-6$에 대입하면

$$a-15=-6 \qquad \therefore a=9 \qquad \cdots \text{(i)}$$

$x=3$, $y=b$를 $x-3y=-6$에 대입하면

$$3-3b=-6, \ -3b=-9 \qquad \therefore b=3 \qquad \cdots \text{(ii)}$$

$$\therefore a+b=9+3=12 \qquad \cdots \text{(iii)}$$

| 채점 기준 | 비율 |
|---|---|
| (i) $a$의 값 구하기 | 40 % |
| (ii) $b$의 값 구하기 | 40 % |
| (iii) $a+b$의 값 구하기 | 20 % |

**2** $\begin{cases} (x-1):(y+1)=2:3 & \cdots \ \bigcirc \\ \dfrac{x}{4}-\dfrac{y}{5}=\dfrac{2}{5} & \cdots \ \bigcirc \end{cases}$

$\bigcirc$에서 $3(x-1)=2(y+1)$이므로

$3x-3=2y+2 \qquad \therefore 3x-2y=5 \quad \cdots \ \bigcirc$

$\bigcirc \times 20$을 하면 $5x-4y=8 \qquad \cdots \ \bigcirc$ $\qquad \cdots \text{(i)}$

$\bigcirc \times 2 - \bigcirc$을 하면 $x=2$

$x=2$를 $\bigcirc$에 대입하면 $6-2y=5$

$$-2y=-1 \qquad \therefore y=\dfrac{1}{2} \qquad \cdots \text{(ii)}$$

| 채점 기준 | 비율 |
|---|---|
| (i) 주어진 연립방정식의 계수를 정수로 고치기 | 40 % |
| (ii) 연립방정식 풀기 | 60 % |

**3** 주어진 방정식을 연립방정식으로 나타내면

$\begin{cases} 3x+y-7=x+2y & \cdots \ \bigcirc \\ -2x-3y+4=x+2y & \cdots \ \bigcirc \end{cases} \qquad \cdots \text{(i)}$

$\bigcirc$을 정리하면 $2x-y=7 \qquad \cdots \ \bigcirc$

$\bigcirc$을 정리하면 $-3x-5y=-4 \quad \cdots \ \bigcirc$

$\bigcirc \times 5 - \bigcirc$을 하면 $13x=39 \qquad \therefore x=3$

$x=3$을 $\bigcirc$에 대입하면 $6-y=7 \qquad \therefore y=-1 \qquad \cdots \text{(ii)}$

따라서 $x=3$, $y=-1$을 $4x-ay-9=0$에 대입하면

$$12+a-9=0 \qquad \therefore a=-3 \qquad \cdots \text{(iii)}$$

| 채점 기준 | 비율 |
|---|---|
| (i) 주어진 방정식을 연립방정식으로 나타내기 | 20 % |
| (ii) 연립방정식 풀기 | 50 % |
| (iii) $a$의 값 구하기 | 30 % |

**4** (1) 현재 이모의 나이와 조카의 나이의 합은 60세이므로

$x+y=60$

15년 후에는 이모의 나이가 조카의 나이의 2배가 되므로

$x+15=2(y+15)$

따라서 연립방정식을 세우면 $\begin{cases} x+y=60 \\ x+15=2(y+15) \end{cases} \qquad \cdots \text{(i)}$

(2) (1)의 식을 정리하면 $\begin{cases} x+y=60 & \cdots \ \bigcirc \\ x-2y=15 & \cdots \ \bigcirc \end{cases}$

$\bigcirc - \bigcirc$을 하면 $3y=45 \qquad \therefore y=15$

$y=15$를 $\bigcirc$에 대입하면

$x+15=60 \qquad \therefore x=45 \qquad \cdots \text{(ii)}$

따라서 현재 이모의 나이는 45세이므로 5년 후의 이모의 나이는 $45+5=50$(세)이다. $\qquad \cdots \text{(iii)}$

| 채점 기준 | 비율 |
|---|---|
| (i) 연립방정식 세우기 | 40 % |
| (ii) 연립방정식 풀기 | 40 % |
| (iii) 5년 후의 이모의 나이 구하기 | 20 % |

**역사 속 수학** P. 94

답 **객실: 8개, 손님: 63명**

객실 수를 $x$개, 손님 수를 $y$명이라고 하자.

한 방에 7명씩 채워서 들어가면 7명이 남으므로

$y=7x+7 \qquad \cdots \ \bigcirc$

한 방에 9명씩 채워서 들어가면 방 하나가 남으므로

$y=9(x-1) \qquad \cdots \ \bigcirc$

$\bigcirc$을 $\bigcirc$에 대입하면 $7x+7=9(x-1)$

$-2x=-16 \qquad \therefore x=8$

$x=8$을 $\bigcirc$에 대입하면 $y=56+7=63$

따라서 객실 수는 8개, 손님 수는 63명이다.

# 1 함수

P. 98

**개념 확인** 표는 풀이 참조 (1) 함수이다. (2) 함수가 아니다.

(1) (빵 전체의 가격)=(빵 1개의 가격)×(빵의 개수)이므로

| $x$ | 1 | 2 | 3 | 4 | ⋯ |
|---|---|---|---|---|---|
| $y$ | 500 | 1000 | 1500 | 2000 | ⋯ |

$x$의 값이 변함에 따라 $y$의 값이 오직 하나씩 대응하므로 $y$는 $x$의 함수이다.

(2)

| $x$ | 1 | 2 | 3 | 4 | ⋯ |
|---|---|---|---|---|---|
| $y$ | 1 | 1, 2 | 1, 3 | 1, 2, 4 | ⋯ |

$x=2$일 때, $y$의 값이 1, 2의 2개이므로 $x$의 값 하나에 $y$의 값이 오직 하나씩 대응하지 않는다.
따라서 $y$는 $x$의 함수가 아니다.

**필수 문제 1** (1) × (2) ○ (3) × (4) ○ (5) ○

(1)

| $x$ | 1 | 2 | 3 | 4 | ⋯ |
|---|---|---|---|---|---|
| $y$ | 없다. | 1 | 1 | 1, 3 | ⋯ |

$x=1$일 때, $y$의 값이 없으므로 $x$의 값 하나에 $y$의 값이 오직 하나씩 대응하지 않는다.
따라서 $y$는 $x$의 함수가 아니다.

(2)

| $x$ | 1 | 2 | 3 | 4 | ⋯ |
|---|---|---|---|---|---|
| $y$ | 1 | 2 | 3 | 2 | ⋯ |

$x$의 값이 변함에 따라 $y$의 값이 오직 하나씩 대응하므로 $y$는 $x$의 함수이다.

(3)

| $x$ | 1 | 2 | 3 | ⋯ |
|---|---|---|---|---|
| $y$ | 1, 2, 3, ⋯ | 2, 4, 6, ⋯ | 3, 6, 9, ⋯ | ⋯ |

$x$의 각 값에 대응하는 $y$의 값이 2개 이상이므로 $x$의 값 하나에 $y$의 값이 오직 하나씩 대응하지 않는다.
따라서 $y$는 $x$의 함수가 아니다.

(4) (정삼각형의 둘레의 길이)=3×(한 변의 길이)이므로

| $x$ | 1 | 2 | 3 | 4 | ⋯ |
|---|---|---|---|---|---|
| $y$ | 3 | 6 | 9 | 12 | ⋯ |

$x$의 값이 변함에 따라 $y$의 값이 오직 하나씩 대응하므로 $y$는 $x$의 함수이다.

참고 $y=3x$ ⇨ 정비례 관계이므로 함수이다.

(5) (평행사변형의 넓이)=(밑변의 길이)×(높이)이므로

| $x$ | 1 | 2 | 3 | ⋯ | 24 |
|---|---|---|---|---|---|
| $y$ | 24 | 12 | 8 | ⋯ | 1 |

$x$의 값이 변함에 따라 $y$의 값이 오직 하나씩 대응하므로 $y$는 $x$의 함수이다.

참고 $xy=24$, 즉 $y=\dfrac{24}{x}$ ⇨ 반비례 관계이므로 함수이다.

**1-1** ㄱ, ㄷ, ㄹ

ㄱ.

| $x$ | 1 | 2 | 3 | 4 | ⋯ |
|---|---|---|---|---|---|
| $y$ | 1 | 2 | 0 | 1 | ⋯ |

$x$의 값이 변함에 따라 $y$의 값이 오직 하나씩 대응하므로 $y$는 $x$의 함수이다.

ㄴ.

| $x$ | 1 | 2 | 3 | ⋯ |
|---|---|---|---|---|
| $y$ | 1, 2, 3, ⋯ | 1, 3, 5, ⋯ | 1, 2, 4, ⋯ | ⋯ |

$x$의 각 값에 대응하는 $y$의 값이 2개 이상이므로 $x$의 값 하나에 $y$의 값이 오직 하나씩 대응하지 않는다.
즉, $y$는 $x$의 함수가 아니다.

ㄷ. 200−(마신 우유의 양)=(남은 우유의 양)이므로

| $x$ | 1 | 2 | 3 | 4 | ⋯ |
|---|---|---|---|---|---|
| $y$ | 199 | 198 | 197 | 196 | ⋯ |

$x$의 값이 변함에 따라 $y$의 값이 오직 하나씩 대응하므로 $y$는 $x$의 함수이다.

ㄹ.

| $x$ | 1 | 2 | 3 | 4 | ⋯ |
|---|---|---|---|---|---|
| $y$ | 8 | 16 | 24 | 32 | ⋯ |

$x$의 값이 변함에 따라 $y$의 값이 오직 하나씩 대응하므로 $y$는 $x$의 함수이다.

따라서 $y$가 $x$의 함수인 것은 ㄱ, ㄷ, ㄹ이다.

참고 ㄷ. $y=200-x$ ⇨ $y=(x$에 대한 일차식)이므로 함수이다.
ㄹ. $y=8x$ ⇨ 정비례 관계이므로 함수이다.

P. 99

**개념 확인** $-6$, 6, 3

함수 $f(x)=\dfrac{6}{x}$에

$x=-1$을 대입하면 $f(-1)=\dfrac{6}{-1}=-6$

$x=1$을 대입하면 $f(1)=\dfrac{6}{1}=6$

$x=2$를 대입하면 $f(2)=\dfrac{6}{2}=3$

**필수 문제 2** (1) $f(2)=6$, $f(-3)=-9$
(2) $f(2)=-4$, $f(-3)=\dfrac{8}{3}$

(1) $f(2)=3\times 2=6$, $f(-3)=3\times(-3)=-9$

(2) $f(2)=-\dfrac{8}{2}=-4$, $f(-3)=-\dfrac{8}{-3}=\dfrac{8}{3}$

**2-1** **(1) −20** **(2) 2** **(3) −6** **(4) 1**

(1) $f(4) = -5 \times 4 = -20$

(2) $2f\left(-\dfrac{1}{5}\right) = 2 \times (-5) \times \left(-\dfrac{1}{5}\right) = 2$

(3) $g(-2) = \dfrac{12}{-2} = -6$

(4) $\dfrac{1}{4}g(3) = \dfrac{1}{4} \times \dfrac{12}{3} = 1$

**2-2** **1**

$5 = 2 \times 2 + 1$이므로

$f(5) = (5$를 2로 나눈 나머지$) = 1$

$10 = 2 \times 5$이므로

$f(10) = (10$을 2로 나눈 나머지$) = 0$

$\therefore f(5) + f(10) = 1 + 0 = 1$

---

**STEP 1** **쏙쏙 개념 익히기** **P. 100**

**1** (1) 풀이 참조   (2) 함수이다.
**2** ②         **3** ④         **4** 2
**5** −12       **6** 5

**1** (1)

| $x$ | 1 | 2 | 3 | 4 | 5 | $\cdots$ |
|---|---|---|---|---|---|---|
| $y$ | 19 | 18 | 17 | 16 | 15 | $\cdots$ |

(2) (1)에서 $x$의 값이 변함에 따라 $y$의 값이 오직 하나씩 대응하므로 $y$는 $x$의 함수이다.

**2** ①

| $x$ | 1 | 2 | 3 | 4 | $\cdots$ |
|---|---|---|---|---|---|
| $y$ | 49 | 48 | 47 | 46 | $\cdots$ |

$x$의 값이 변함에 따라 $y$의 값이 오직 하나씩 대응하므로 $y$는 $x$의 함수이다.

②

| $x$ | 1 | 2 | 3 | $\cdots$ |
|---|---|---|---|---|
| $y$ | 1 | 1, 2, 3 | 1, 2, 3, 4, 5 | $\cdots$ |

$x = 2$일 때, $y$의 값이 1, 2, 3의 3개이므로 $x$의 값 하나에 $y$의 값이 오직 하나씩 대응하지 않는다.

즉, $y$는 $x$의 함수가 아니다.

③

| $x$ | 1 | 2 | 3 | 4 | $\cdots$ |
|---|---|---|---|---|---|
| $y$ | 150 | 300 | 450 | 600 | $\cdots$ |

$x$의 값이 변함에 따라 $y$의 값이 오직 하나씩 대응하므로 $y$는 $x$의 함수이다.

④

| $x$ | 1 | 2 | 3 | 4 | $\cdots$ |
|---|---|---|---|---|---|
| $y$ | $2\pi$ | $4\pi$ | $6\pi$ | $8\pi$ | $\cdots$ |

$x$의 값이 변함에 따라 $y$의 값이 오직 하나씩 대응하므로 $y$는 $x$의 함수이다.

⑤

| $x$ | 1 | 2 | 3 | 4 | $\cdots$ |
|---|---|---|---|---|---|
| $y$ | 5 | 10 | 15 | 20 | $\cdots$ |

$x$의 값이 변함에 따라 $y$의 값이 오직 하나씩 대응하므로 $y$는 $x$의 함수이다.

따라서 $y$가 $x$의 함수가 아닌 것은 ②이다.

**3** ① $f(-8) = -\dfrac{6}{-8} = \dfrac{3}{4}$

② $f(-2) = -\dfrac{6}{-2} = 3$

③ $f(-1) = -\dfrac{6}{-1} = 6$

④ $f\left(\dfrac{1}{2}\right) = (-6) \div \dfrac{1}{2} = (-6) \times 2 = -12$

⑤ $f(4) + f(-3) = -\dfrac{6}{4} + \left(-\dfrac{6}{-3}\right) = -\dfrac{3}{2} + 2 = \dfrac{1}{2}$

따라서 옳지 않은 것은 ④이다.

**4** $f(-2) = -4 \times (-2) = 8$   $\therefore a = 8$

$f(b) = -4b = -1$   $\therefore b = \dfrac{1}{4}$

$\therefore ab = 8 \times \dfrac{1}{4} = 2$

**5** $f(2) = \dfrac{a}{2} = -6$   $\therefore a = -12$

**6** 2의 약수는 1, 2의 2개이므로 $f(2) = 2$

4의 약수는 1, 2, 4의 3개이므로 $f(4) = 3$

$\therefore f(2) + f(4) = 2 + 3 = 5$

---

## 2 일차함수와 그 그래프

**P. 101**

**필수 문제 1** ㄱ, ㄹ

ㄴ. 7은 일차식이 아니므로 $y = 7$은 일차함수가 아니다.

ㄷ. $y = 5(x-1) - 5x$에서 $y = -5$이고, $-5$는 일차식이 아니므로 $y = -5$는 일차함수가 아니다.

ㅁ. $y = x(x-3)$에서 $y = x^2 - 3x$

   즉, $y = (x$에 대한 이차식$)$이므로 일차함수가 아니다.

ㅂ. $\dfrac{1}{x} - 2$는 $x$가 분모에 있으므로 일차식이 아니다.

   즉, $y = \dfrac{1}{x} - 2$는 일차함수가 아니다.

따라서 일차함수인 것은 ㄱ, ㄹ이다.

**1-1** ③, ④

① $x+y=1$에서 $y=-x+1$이므로 일차함수이다.

② $y=\dfrac{x-2}{4}$에서 $y=\dfrac{1}{4}x-\dfrac{1}{2}$이므로 일차함수이다.

③ $xy=8$에서 $y=\dfrac{8}{x}$이고, $\dfrac{8}{x}$은 $x$가 분모에 있으므로 일 차식이 아니다. 즉, $y=\dfrac{8}{x}$은 일차함수가 아니다.

④ $y=x-(3+x)$에서 $y=-3$이고, $-3$은 일차식이 아 니므로 $y=-3$은 일차함수가 아니다.

⑤ $y=x^2+x(6-x)$에서 $y=6x$이므로 일차함수이다.

따라서 $y$가 $x$의 일차함수가 아닌 것은 ③, ④이다.

**1-2** (1) $y=x+32$ (2) $y=\pi x^2$

(3) $y=\dfrac{40}{x}$ (4) $y=-x+24$

**일차함수인 것:** (1), (4)

(1) $y=x+32$이므로 일차함수이다.

(2) $y=\pi x^2$에서 $y=\pi x^2$은 $y=(x$에 대한 이차식)이므로 일차함수가 아니다.

(3) $y=\dfrac{40}{x}$이고, $\dfrac{40}{x}$은 $x$가 분모에 있으므로 일차식이 아 니다. 즉, $y=\dfrac{40}{x}$은 일차함수가 아니다.

(4) $x+y=24$에서 $y=-x+24$이므로 일차함수이다.

따라서 일차함수인 것은 (1), (4)이다.

**필수 문제 2** (1) $7$, $-5$ (2) $-9$, $1$

(1) $f(-2)=(-3)\times(-2)+1=7$

$f(2)=(-3)\times 2+1=-5$

(2) $f(-2)=\dfrac{5}{2}\times(-2)-4=-9$

$f(2)=\dfrac{5}{2}\times 2-4=1$

**P. 102**

**개념 확인** (1) (차례로) $-1$, $1$, $3$, $5$, $7$

(2)

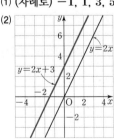

**필수 문제 3** (1) $1$, 그래프는 풀이 참조

(2) $-2$, 그래프는 풀이 참조

(1) $y=-x+1$의 그래프는 $y=-x$ 의 그래프를 $y$축의 방향으로 $1$만 큼 평행이동한 그래프와 같다.

(2) $y=-x-2$의 그래프는 $y=-x$ 의 그래프를 $y$축의 방향으로 $-2$ 만큼 평행이동한 그래프와 같다.

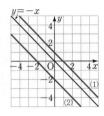

**필수 문제 4** (1) $y=6x+3$ (2) $y=-\dfrac{1}{2}x-1$

(2) $y=-\dfrac{1}{2}x+4$ $\xrightarrow[-5만큼\ 평행이동]{y축의\ 방향으로}$ $y=-\dfrac{1}{2}x+4\,\boxed{-5}$

$\therefore y=-\dfrac{1}{2}x-1$

**4-1** (1) $5$ (2) $-8$

(1) $y=3x+7$의 그래프가 $y=3x+2$의 그래프를 $y$축의 방 향으로 $a$만큼 평행이동한 것이라고 하면

$2+a=7$ $\therefore a=5$

(2) $y=3x-6$의 그래프가 $y=3x+2$의 그래프를 $y$축의 방 향으로 $a$만큼 평행이동한 것이라고 하면

$2+a=-6$ $\therefore a=-8$

---

**STEP 1** 쏙쏙 개념 익히기 **P. 103**

| **1** ㄱ, ㄴ | **2** 15 | **3** $-11$ |
| **4** 제4사분면 | **5** ④ | **6** 3 |

**1** ㄱ. $y=3000+5x$이므로 일차함수이다.

ㄴ. $y=200-9x$이므로 일차함수이다.

ㄷ. $\dfrac{1}{2}xy=10$에서 $y=\dfrac{20}{x}$이고, $\dfrac{20}{x}$은 $x$가 분모에 있으므로 일차식이 아니다. 즉, $y=\dfrac{20}{x}$은 일차함수가 아니다.

ㄹ. $xy=30$에서 $y=\dfrac{30}{x}$이고, $\dfrac{30}{x}$은 $x$가 분모에 있으므로 일차식이 아니다. 즉, $y=\dfrac{30}{x}$은 일차함수가 아니다.

따라서 $y$가 $x$의 일차함수인 것은 ㄱ, ㄴ이다.

**2** $f(2)=4\times 2+1=9$

$f(-1)=4\times(-1)+1=-3$

$\therefore f(2)-2f(-1)=9-2\times(-3)=15$

**3** $f(1)=a-2=1$이므로 $a=3$

따라서 $f(x)=3x-2$이므로

$f(-3)=3\times(-3)-2=-11$

**4** $y=\dfrac{1}{2}x$의 그래프를 $y$축의 방향으로
3만큼 평행이동한 그래프는 오른쪽
그림과 같으므로 제4사분면을 지나
지 않는다.

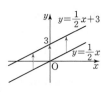

**5** $y=-2x+3$에 주어진 점의 좌표를 각각 대입하면
① $7=-2\times(-2)+3$     ② $5=-2\times(-1)+3$
③ $2=-2\times\dfrac{1}{2}+3$     ④ $3\ne-2\times3+3$
⑤ $-7=-2\times5+3$
따라서 $y=-2x+3$의 그래프 위의 점이 아닌 것은 ④이다.

**6** $y=-\dfrac{2}{3}x-1$의 그래프를 $y$축의 방향으로 $-2$만큼 평행이

동하면 $y=-\dfrac{2}{3}x-1-2$    $\therefore y=-\dfrac{2}{3}x-3$

$y=-\dfrac{2}{3}x-3$의 그래프가 점 $(k,\ -5)$를 지나므로

$-5=-\dfrac{2}{3}k-3,\ \dfrac{2}{3}k=2$    $\therefore k=3$

---

**P. 104**

**개념 확인**    (1) $(-3,\ 0)$ (2) $(0,\ 2)$ (3) $x$절편: $-3$, $y$절편: 2

**필수 문제 5**    (1) $-2$, 3   (2) 3, 1

   (1) $x$축과 만나는 점의 좌표: $(-2,\ 0)$
     $y$축과 만나는 점의 좌표: $(0,\ 3)$
     따라서 $x$절편은 $-2$, $y$절편은 3이다.
   (2) $x$축과 만나는 점의 좌표: $(3,\ 0)$
     $y$축과 만나는 점의 좌표: $(0,\ 1)$
     따라서 $x$절편은 3, $y$절편은 1이다.

**5-1**   (1) 4, 3   (2) 0, 0   (3) 5, $-2$

   (1) $x$축과 만나는 점의 좌표: $(4,\ 0)$
     $y$축과 만나는 점의 좌표: $(0,\ 3)$
     따라서 $x$절편은 4, $y$절편은 3이다.
   (2) $x$축, $y$축과 만나는 점의 좌표가 모두 $(0,\ 0)$이므로
     $x$절편, $y$절편은 모두 0이다.
   (3) $x$축과 만나는 점의 좌표: $(5,\ 0)$
     $y$축과 만나는 점의 좌표: $(0,\ -2)$
     따라서 $x$절편은 5, $y$절편은 $-2$이다.

**필수 문제 6**   (1) $x$절편: $\dfrac{3}{4}$, $y$절편: 3   (2) $x$절편: 8, $y$절편: $-4$

   (1) $y=0$일 때, $0=-4x+3$    $\therefore x=\dfrac{3}{4}$
     $x=0$일 때, $y=3$
     따라서 $x$절편은 $\dfrac{3}{4}$, $y$절편은 3이다.

**(2)** $y=0$일 때, $0=\dfrac{1}{2}x-4$    $\therefore x=8$
     $x=0$일 때, $y=-4$
     따라서 $x$절편은 8, $y$절편은 $-4$이다.

**6-1**   (1) $x$절편: 2, $y$절편: 2
     (2) $x$절편: $-15$, $y$절편: 6
     (3) $x$절편: $-4$, $y$절편: $-8$

   (1) $y=0$일 때, $0=-x+2$    $\therefore x=2$
     $x=0$일 때, $y=2$
     따라서 $x$절편은 2, $y$절편은 2이다.
   (2) $y=0$일 때, $0=\dfrac{2}{5}x+6$    $\therefore x=-15$
     $x=0$일 때, $y=6$
     따라서 $x$절편은 $-15$, $y$절편은 6이다.
   (3) $y=0$일 때, $0=-2x-8$    $\therefore x=-4$
     $x=0$일 때, $y=-8$
     따라서 $x$절편은 $-4$, $y$절편은 $-8$이다.

---

**P. 105**

**필수 문제 7**   ❶ 4, 3   ❷ 4, 3

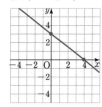

   (1) $y=0$일 때, $0=-\dfrac{3}{4}x+3$    $\therefore x=4$
     $x=0$일 때, $y=3$
     따라서 $x$절편은 4, $y$절편은 3이다.

**7-1**

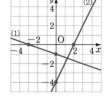

   (1) $y=0$일 때, $0=-\dfrac{1}{3}x-1$    $\therefore x=-3$
     $x=0$일 때, $y=-1$
     따라서 $x$절편이 $-3$, $y$절편이 $-1$이므로 두 점
     $(-3,\ 0)$, $(0,\ -1)$을 지나는 직선을 그린다.
   (2) $y=0$일 때, $0=2x-4$    $\therefore x=2$
     $x=0$일 때, $y=-4$
     따라서 $x$절편이 2, $y$절편이 $-4$이므로 두 점 $(2,\ 0)$,
     $(0,\ -4)$를 지나는 직선을 그린다.

**필수 문제 8**  4

$y=2x+4$의 그래프의 $x$절편은 $-2$,
$y$절편은 4이므로 그래프를 그리면 오른쪽 그림과 같다.

따라서 구하는 도형의 넓이는

$\dfrac{1}{2}\times 2\times 4=4$

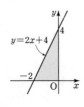

> [참고] 일차함수의 그래프와 $x$축, $y$축으로 둘러싸인 삼각형의 넓이는
> ➡ $\dfrac{1}{2}\times\overline{OA}\times\overline{OB}$
> $=\dfrac{1}{2}\times|x$절편$|\times|y$절편$|$

**8-1**  27

$y=-\dfrac{2}{3}x+6$의 그래프의 $x$절편은
9, $y$절편은 6이므로 그래프를 그리면 오른쪽 그림과 같다.

따라서 구하는 도형의 넓이는

$\dfrac{1}{2}\times 9\times 6=27$

---

**STEP 1 쏙쏙 개념 익히기**  P. 106

**1** (1) 2, 3  (2) $-4$, 4  (3) 3, $-2$  (4) $-2$, $-1$

**2** $-\dfrac{1}{3}$    **3** (1) $-3$  (2) $\dfrac{1}{3}$    **4** A(5, 0)

**5** (1) 3, $-4$
(2) $-2$, 2
(3) 6, 3
(4) $-2$, $-4$

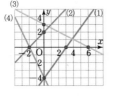

**6** $\dfrac{1}{2}$

---

**1** (1) $x$축과 만나는 점의 좌표: $(2, 0)$
$y$축과 만나는 점의 좌표: $(0, 3)$
따라서 $x$절편은 2, $y$절편은 3이다.

(2) $x$축과 만나는 점의 좌표: $(-4, 0)$
$y$축과 만나는 점의 좌표: $(0, 4)$
따라서 $x$절편은 $-4$, $y$절편은 4이다.

(3) $x$축과 만나는 점의 좌표: $(3, 0)$
$y$축과 만나는 점의 좌표: $(0, -2)$
따라서 $x$절편은 3, $y$절편은 $-2$이다.

(4) $x$축과 만나는 점의 좌표: $(-2, 0)$
$y$축과 만나는 점의 좌표: $(0, -1)$
따라서 $x$절편은 $-2$, $y$절편은 $-1$이다.

**2** $y=\dfrac{3}{2}x$의 그래프를 $y$축의 방향으로 $-1$만큼 평행이동하면

$y=\dfrac{3}{2}x-1$

$y=0$일 때, $0=\dfrac{3}{2}x-1$    $\therefore x=\dfrac{2}{3}$

$x=0$일 때, $y=-1$

따라서 $x$절편은 $\dfrac{2}{3}$, $y$절편은 $-1$이므로 그 합은

$\dfrac{2}{3}+(-1)=-\dfrac{1}{3}$

**3** (1) $y$절편이 $-3$이므로 $b=-3$

(2) $x$절편이 $-3$이면 $y=ax+1$의 그래프가 점 $(-3, 0)$을 지나므로

$0=-3a+1$    $\therefore a=\dfrac{1}{3}$

**4** $y=-\dfrac{3}{5}x+b$의 그래프의 $y$절편이 3이므로 $b=3$

즉, $y=-\dfrac{3}{5}x+3$에 $y=0$을 대입하면

$0=-\dfrac{3}{5}x+3$    $\therefore x=5$

따라서 점 A의 좌표는 $(5, 0)$이다.

**5** (1) $y=0$일 때, $0=\dfrac{4}{3}x-4$    $\therefore x=3$

$x=0$일 때, $y=-4$

즉, $x$절편은 3, $y$절편은 $-4$이므로 그래프는 두 점 $(3, 0)$, $(0, -4)$를 지나는 직선이다.

(2) $y=0$일 때, $0=x+2$    $\therefore x=-2$

$x=0$일 때, $y=2$

즉, $x$절편은 $-2$, $y$절편은 2이므로 그래프는 두 점 $(-2, 0)$, $(0, 2)$를 지나는 직선이다.

(3) $y=0$일 때, $0=-\dfrac{1}{2}x+3$    $\therefore x=6$

$x=0$일 때, $y=3$

즉, $x$절편은 6, $y$절편은 3이므로 그래프는 두 점 $(6, 0)$, $(0, 3)$을 지나는 직선이다.

(4) $y=0$일 때, $0=-2x-4$    $\therefore x=-2$

$x=0$일 때, $y=-4$

즉, $x$절편은 $-2$, $y$절편은 $-4$이므로 그래프는 두 점 $(-2, 0)$, $(0, -4)$를 지나는 직선이다.

**6** $y=ax-2$의 그래프의 $y$절편은 $-2$이므로

B$(0, -2)$    $\therefore \overline{OB}=2$

즉, $\triangle AOB=\dfrac{1}{2}\times\overline{OA}\times 2=4$이므로

$\overline{OA}=4$    $\therefore$ A$(4, 0)$

따라서 $y=ax-2$의 그래프가 점 $(4, 0)$을 지나므로

$0=4a-2$, $4a=2$    $\therefore a=\dfrac{1}{2}$

**개념 확인** $-\dfrac{3}{4}$, 3

**필수 문제 9** (1) $\dfrac{4}{3}$ (2) $-\dfrac{1}{2}$

(1) 그래프가 두 점 $(-4, 1)$, $(-1, 5)$를 지나므로 $x$의 값이 3만큼 증가할 때, $y$의 값은 4만큼 증가한다.

∴ (기울기) $=\dfrac{4}{3}$

(2) 그래프가 두 점 $(0, 3)$, $(4, 1)$을 지나므로 $x$의 값이 4만큼 증가할 때, $y$의 값은 2만큼 감소한다.

∴ (기울기) $=\dfrac{-2}{4}=-\dfrac{1}{2}$

**9-1** (1) 1 (2) $-2$ (3) $-\dfrac{2}{3}$

(1) 그래프가 두 점 $(0, -3)$, $(3, 0)$을 지나므로 $x$의 값이 3만큼 증가할 때, $y$의 값은 3만큼 증가한다.

∴ (기울기) $=\dfrac{3}{3}=1$

(2) 그래프가 두 점 $(-2, 1)$, $(0, -3)$을 지나므로 $x$의 값이 2만큼 증가할 때, $y$의 값은 4만큼 감소한다.

∴ (기울기) $=\dfrac{-4}{2}=-2$

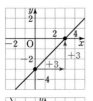

(3) 그래프가 두 점 $(-2, 1)$, $(1, -1)$을 지나므로 $x$의 값이 3만큼 증가할 때, $y$의 값은 2만큼 감소한다.

∴ (기울기) $=\dfrac{-2}{3}=-\dfrac{2}{3}$

**필수 문제 10** (1) $-4$ (2) 3 (3) $-2$

(2) (기울기) $=\dfrac{(y\text{의 값의 증가량})}{(x\text{의 값의 증가량})}=\dfrac{6}{2}=3$

(3) ($x$의 값의 증가량)$=3-1=2$이므로

(기울기) $=\dfrac{(y\text{의 값의 증가량})}{(x\text{의 값의 증가량})}=\dfrac{-4}{2}=-2$

**10-1** (1) ㄴ (2) ㄹ

(1) (기울기) $=\dfrac{(y\text{의 값의 증가량})}{(x\text{의 값의 증가량})}=\dfrac{-2}{8}=-\dfrac{1}{4}$

따라서 기울기가 $-\dfrac{1}{4}$인 것은 ㄴ이다.

(2) ($x$의 값의 증가량)$=2-(-1)=3$이므로

(기울기) $=\dfrac{(y\text{의 값의 증가량})}{(x\text{의 값의 증가량})}=\dfrac{24}{3}=8$

따라서 기울기가 8인 것은 ㄹ이다.

**10-2** (1) (차례로) 2, 4 (2) (차례로) $-\dfrac{1}{2}$, $-2$

(1) (기울기) $=\dfrac{(y\text{의 값의 증가량})}{2}=2$

∴ ($y$의 값의 증가량)$=4$

(2) (기울기) $=\dfrac{(y\text{의 값의 증가량})}{4}=-\dfrac{1}{2}$

∴ ($y$의 값의 증가량)$=-2$

**필수 문제 11** $-1$

두 점 $(-1, 4)$, $(2, 1)$을 지나므로

(기울기) $=\dfrac{1-4}{2-(-1)}=-1$

**11-1** (1) 3 (2) $-\dfrac{5}{3}$

(1) 두 점 $(1, 2)$, $(3, 8)$을 지나므로

(기울기) $=\dfrac{8-2}{3-1}=3$

(2) 두 점 $(-2, 1)$, $(1, -4)$를 지나므로

(기울기) $=\dfrac{-4-1}{1-(-2)}=-\dfrac{5}{3}$

**11-2** 2

$x$절편이 $-2$이고, $y$절편이 4이므로 그래프는 두 점 $(-2, 0)$, $(0, 4)$를 지난다.

∴ (기울기) $=\dfrac{4-0}{0-(-2)}=2$

**필수 문제 12** ❶ 2, 2 ❷ $\dfrac{3}{2}$, 3, 5

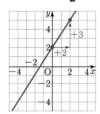

**12-1**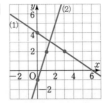

(1) $y=-\dfrac{2}{3}x+4$의 그래프는 $y$절편이 4이므로 점 $(0, 4)$를

지난다. 이때 기울기가 $-\dfrac{2}{3}$이므로 점 $(0, 4)$에서 $x$의

값이 3만큼 증가하고, $y$의 값이 2만큼 감소한 점 $(3, 2)$

를 지난다.

따라서 두 점 $(0, 4)$, $(3, 2)$를 지나는 직선을 그린다.

(2) $y=3x-1$의 그래프는 $y$절편이 $-1$이므로 점 $(0, -1)$

을 지난다. 이때 기울기가 3이므로 점 $(0, -1)$에서

$x$의 값이 1만큼, $y$의 값이 3만큼 증가한 점 $(1, 2)$를

지난다.

따라서 두 점 $(0, -1)$, $(1, 2)$를 지나는 직선을 그린다.

**12-2** ①

$y=-2x+1$의 그래프는 $y$절편이 1이므로 점 $(0, 1)$을 지

난다. 이때 기울기가 $-2$이므로 점 $(0, 1)$에서 $x$의 값이

1만큼 증가하고, $y$의 값이 2만큼 감소한 점 $(1, -1)$을 지

난다.

따라서 $y=-2x+1$의 그래프는 두 점 $(0, 1)$, $(1, -1)$

을 지나는 ①이다.

---

**STEP 1 쏙쏙 개념 익히기**   P. 110

| | | | | | |
|---|---|---|---|---|---|
| **1** | ③ | **2** | (1) $-2$ | (2) $-4$ | |
| **3** | 1 | **4** | $-6$ | **5** | 1 |
| **6** | 8 | | | | |

**1** ($x$의 값의 증가량)$=7-(-2)=9$이므로

(기울기)$=\dfrac{(y의\ 값의\ 증가량)}{(x의\ 값의\ 증가량)}=\dfrac{3}{9}=\dfrac{1}{3}$

**2** (1) $a=$(기울기)$=\dfrac{(y의\ 값의\ 증가량)}{(x의\ 값의\ 증가량)}=\dfrac{-12}{6}=-2$

(2) ($x$의 값의 증가량)$=5-3=2$이므로

(기울기)$=\dfrac{(y의\ 값의\ 증가량)}{2}=-2$

∴ ($y$의 값의 증가량)$=-4$

---

**3** $y=f(x)$의 그래프가 두 점 $(0, 1)$, $(2, 5)$를 지나므로

$m=\dfrac{5-1}{2-0}=2$

$y=g(x)$의 그래프가 두 점 $(2, 5)$, $(7, 0)$을 지나므로

$n=\dfrac{0-5}{7-2}=-1$

∴ $m+n=2+(-1)=1$

**4** 두 점 $(-4, k)$, $(3, 15)$를 지나므로

(기울기)$=\dfrac{15-k}{3-(-4)}=3$에서 $\dfrac{15-k}{7}=3$

$15-k=21$    ∴ $k=-6$

**5** 세 점이 한 직선 위에 있으므로 두 점 $A(-3, -2)$, $B(1, 0)$

을 지나는 직선의 기울기와 두 점 $B(1, 0)$, $C(3, m)$을 지

나는 직선의 기울기는 같다.

즉, $\dfrac{0-(-2)}{1-(-3)}=\dfrac{m-0}{3-1}$이므로

$\dfrac{1}{2}=\dfrac{m}{2}$    ∴ $m=1$

참고 서로 다른 세 점 A, B, C가 한 직선 위에 있다.

➡ 세 직선 AB, BC, AC는 모두 같은 직선이다.

➡ (직선 AB의 기울기)=(직선 BC의 기울기)
     =(직선 AC의 기울기)

**6** 세 점이 한 직선 위에 있으므로 두 점 $(0, 3)$, $(1, 2)$를 지나

는 직선의 기울기와 두 점 $(1, 2)$, $(-5, k)$를 지나는 직선

의 기울기는 같다.

즉, $\dfrac{2-3}{1-0}=\dfrac{k-2}{-5-1}$이므로

$6=k-2$    ∴ $k=8$

---

## 3 일차함수의 그래프의 성질과 식

P. 111

**필수 문제 1**   (1) ㄱ, ㄷ, ㅁ  (2) ㄴ, ㄹ  (3) ㄱ, ㄹ  (4) ㄹ

(1) 오른쪽 위로 향하는 직선은 기울기가 양수인 것이므로

ㄱ, ㄷ, ㅁ이다.

(2) $x$의 값이 증가할 때, $y$의 값은 감소하는 직선은 기울기

가 음수인 것이므로 ㄴ, ㄹ이다.

(3) $y$축과 음의 부분에서 만나는 직선은 $y$절편이 음수인 것

이므로 ㄱ, ㄹ이다.

(4) $y$축에 가장 가까운 직선은 기울기의 절댓값이 가장 큰

것이므로 ㄹ이다.

**필수 문제 2**  $a>0,\ b<0$

$y=ax+b$의 그래프가 오른쪽 위로 향하므로 기울기가 양수이다.  $\quad \therefore\ a>0$

또 $y$축과 음의 부분에서 만나므로 $y$절편이 음수이다.
$\therefore\ b<0$

**2-1**  $a<0,\ b<0$

$y=ax-b$의 그래프가 오른쪽 아래로 향하므로 기울기가 음수이다.  $\quad \therefore\ a<0$

또 $y$축과 양의 부분에서 만나므로 $y$절편이 양수이다.
즉, $-b>0$에서 $b<0$

---

P. 112

**필수 문제 3**  (1) ㄴ, ㄹ  (2) ㅁ

(1) 기울기가 $-2$인 것은 ㄴ, ㄹ이다.

(2) ㅁ. $y=-2(x+2)$에서 $y=-2x-4$
즉, 기울기와 $y$절편이 각각 같으므로 일치한다.

**3-1**  ③

주어진 일차함수의 그래프의 기울기는 $\dfrac{1}{2}$이고, $y$절편은 $-1$이다.

이 그래프와 평행한 것은 기울기는 같고, $y$절편은 다른 ③ 이다.

참고 ④ $y=\dfrac{1}{2}x-1$의 그래프는 주어진 일차함수의 그래프와 기울기가 같지만, $y$절편도 같으므로 평행하지 않고 일치한다.

**필수 문제 4**  (1) $a=-3,\ b\ne-2$  (2) $a=-3,\ b=-2$

(1) $y=ax-2$와 $y=-3x+b$의 그래프가 서로 평행하면 기울기는 같고 $y$절편은 다르므로 $a=-3,\ b\ne-2$

(2) $y=ax-2$와 $y=-3x+b$의 그래프가 일치하면 기울기와 $y$절편이 각각 같으므로
$a=-3,\ b=-2$

**4-1**  $-6$

$y=-ax+5$와 $y=6x-7$의 그래프가 서로 평행하면 기울기가 같으므로
$-a=6$  $\quad \therefore\ a=-6$

**4-2**  $4$

$y=2x+b$의 그래프를 $y$축의 방향으로 $-3$만큼 평행이동하면 $y=2x+b-3$

따라서 $y=2x+b-3$과 $y=ax-1$의 그래프가 일치하므로
$2=a,\ b-3=-1$  $\quad \therefore\ a=2,\ b=2$
$\therefore\ a+b=2+2=4$

---

**STEP 1** 쏙쏙 개념 익히기  P. 113

**1** (1) ㄱ, ㄴ  (2) ㄷ, ㄹ  (3) ㄱ, ㄹ
**2** (1) ㉢, ㉣  (2) ㉠, ㉡  (3) ㉢  (4) ㉡  (5) ㉡
**3** (1) $a<0,\ b<0$  (2) $a>0,\ b<0$
**4** $-4$  　　　　**5** ⑤

---

**1** (1) 그래프가 오른쪽 아래로 향하면 기울기가 음수이므로 ㄱ, ㄴ이다.

(2) $x$의 값이 증가할 때, $y$의 값도 증가하면 기울기가 양수이므로 ㄷ, ㄹ이다.

(3) $y$축과 양의 부분에서 만나면 $y$절편이 양수이므로 ㄱ, ㄹ이다.

**2** (1) 오른쪽 위로 향하는 직선이므로 ㉢, ㉣이다.

(2) 오른쪽 아래로 향하는 직선이므로 ㉠, ㉡이다.

(3) 기울기가 가장 큰 직선은 $a>0$인 직선 중에서 $y$축에 가장 가까운 것이므로 ㉢이다.

(4) 기울기가 가장 작은 직선은 $a<0$인 직선 중에서 $y$축에 가장 가까운 것이므로 ㉡이다.

(5) $a$의 절댓값이 가장 큰 직선은 $y$축에 가장 가까운 것이므로 ㉡이다.

**3** $y=-ax+b$의 그래프의 기울기는 $-a$, $y$절편은 $b$이다.

(1) (기울기)$>0$, ($y$절편)$<0$이므로
$-a>0,\ b<0$  $\quad \therefore\ a<0,\ b<0$

(2) (기울기)$<0$, ($y$절편)$<0$이므로
$-a<0,\ b<0$  $\quad \therefore\ a>0,\ b<0$

**4** $y=ax+5$와 $y=-3x+\dfrac{1}{2}$의 그래프가 만나지 않으려면, 서로 평행해야 하므로 $a=-3$

즉, $y=-3x+5$의 그래프가 점 $(2,\ b)$를 지나므로
$b=-6+5=-1$
$\therefore\ a+b=-3+(-1)=-4$

**5** ① $y=x+7$에 $x=-3$, $y=4$를 대입하면
$4=-3+7$이므로 점 $(-3,\ 4)$를 지난다.

②, ④ $y=x+7$의 그래프의 $x$절편은 $-7$, $y$절편은 7이므로 그래프는 오른쪽 그림과 같다.

즉, 제1, 2, 3사분면을 지난다.

③ $y=x+7$과 $y=x$의 그래프는 기울기가 같으므로 서로 평행하다.

⑤ (기울기)$=1>0$이므로 $x$의 값이 증가할 때, $y$의 값도 증가한다.

따라서 옳지 않은 것은 ⑤이다.

P. 114

**필수 문제 5** (1) $y=3x-5$  (2) $y=-\dfrac{1}{2}x-3$

(1) 기울기가 3이고, $y$절편이 $-5$이므로 $y=3x-5$

(2) $y=-\dfrac{1}{2}x$의 그래프와 평행하므로 $(기울기)=-\dfrac{1}{2}$

점 $(0, -3)$을 지나므로 $(y절편)=-3$

$\therefore y=-\dfrac{1}{2}x-3$

**5-1** (1) $y=-6x+\dfrac{1}{4}$  (2) $y=\dfrac{2}{3}x-7$

(3) $y=-4x+3$  (4) $y=\dfrac{1}{2}x+1$

(1) 기울기가 $-6$이고, $y$절편이 $\dfrac{1}{4}$이므로 $y=-6x+\dfrac{1}{4}$

(2) $y=\dfrac{2}{3}x+1$의 그래프와 평행하므로 $(기울기)=\dfrac{2}{3}$

이때 $y$절편이 $-7$이므로 $y=\dfrac{2}{3}x-7$

(3) 기울기가 $-4$이고,

$y=2x+3$의 그래프와 $y$축 위에서 만나므로 $(y절편)=3$

$\therefore y=-4x+3$

(4) $(기울기)=\dfrac{(y의\ 값의\ 증가량)}{(x의\ 값의\ 증가량)}=\dfrac{1}{2}$

점 $(0, 1)$을 지나므로 $(y절편)=1$

$\therefore y=\dfrac{1}{2}x+1$

**5-2** $-4$

오른쪽 그림에서

$(기울기)=\dfrac{(y의\ 값의\ 증가량)}{(x의\ 값의\ 증가량)}=\dfrac{1}{2}$

이때 $y$절편이 $-8$이므로

$y=\dfrac{1}{2}x-8$

따라서 $a=\dfrac{1}{2}$, $b=-8$이므로

$ab=\dfrac{1}{2}\times(-8)=-4$

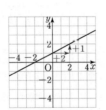

P. 115

**필수 문제 6** (1) $y=-2x+1$  (2) $y=3x-1$

(1) $y=-2x+b$로 놓고, 이 식에 $x=1$, $y=-1$을 대입하면

$-1=-2+b$  $\therefore b=1$

$\therefore y=-2x+1$

(2) $x$절편이 $\dfrac{1}{3}$이므로 점 $\left(\dfrac{1}{3}, 0\right)$을 지난다.

즉, $y=3x+b$로 놓고, 이 식에 $x=\dfrac{1}{3}$, $y=0$을 대입하면

$0=1+b$  $\therefore b=-1$

$\therefore y=3x-1$

**6-1** (1) $y=5x+6$  (2) $y=-x+2$  (3) $y=-\dfrac{4}{3}x+3$

(1) $y=5x+b$로 놓고, 이 식에 $x=-2$, $y=-4$를 대입하면

$-4=5\times(-2)+b$  $\therefore b=6$

$\therefore y=5x+6$

(2) $y=-x-3$의 그래프와 평행하므로 기울기가 $-1$이고,

$x$절편이 2이므로 점 $(2, 0)$을 지난다.

즉, $y=-x+b$로 놓고,

이 식에 $x=2$, $y=0$을 대입하면

$0=-2+b$  $\therefore b=2$

$\therefore y=-x+2$

(3) $(기울기)=\dfrac{(y의\ 값의\ 증가량)}{(x의\ 값의\ 증가량)}=\dfrac{-4}{3}=-\dfrac{4}{3}$이므로

$y=-\dfrac{4}{3}x+b$로 놓고,

이 식에 $x=3$, $y=-1$을 대입하면

$-1=-4+b$  $\therefore b=3$

$\therefore y=-\dfrac{4}{3}x+3$

**6-2** $\dfrac{1}{2}$

오른쪽 그림에서

$(기울기)=\dfrac{(y의\ 값의\ 증가량)}{(x의\ 값의\ 증가량)}$

$=\dfrac{-3}{2}=-\dfrac{3}{2}$

$\therefore a=-\dfrac{3}{2}$

즉, $y=-\dfrac{3}{2}x+b$로 놓고,

이 식에 $x=-4$, $y=8$을 대입하면

$8=6+b$  $\therefore b=2$

$\therefore a+b=-\dfrac{3}{2}+2=\dfrac{1}{2}$

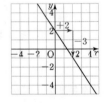

P. 116

**필수 문제 7** $y=2x-3$

$(기울기)=\dfrac{1-(-5)}{2-(-1)}=2$이므로

$y=2x+b$로 놓고, 이 식에 $x=2$, $y=1$을 대입하면

$1=4+b$  $\therefore b=-3$

$\therefore y=2x-3$

**7-1** (1) $y=2x-2$  (2) $y=-\dfrac{6}{5}x+\dfrac{7}{5}$

  (1) (기울기)$=\dfrac{4-0}{3-1}=2$이므로

    $y=2x+b$로 놓고,

    이 식에 $x=1$, $y=0$을 대입하면

    $0=2+b$    $\therefore b=-2$

    $\therefore y=2x-2$

  (2) (기울기)$=\dfrac{5-(-1)}{-3-2}=-\dfrac{6}{5}$이므로

    $y=-\dfrac{6}{5}x+b$로 놓고,

    이 식에 $x=2$, $y=-1$을 대입하면

    $-1=-\dfrac{12}{5}+b$    $\therefore b=\dfrac{7}{5}$

    $\therefore y=-\dfrac{6}{5}x+\dfrac{7}{5}$

**필수 문제 8** (1) 1  (2) $y=x+1$

  (1) 주어진 직선이 두 점 $(-2,-1)$, $(2,3)$을 지나므로

    (기울기)$=\dfrac{3-(-1)}{2-(-2)}=1$

  (2) 기울기가 1이므로 $y=x+b$로 놓고,

    이 식에 $x=2$, $y=3$을 대입하면

    $3=2+b$    $\therefore b=1$

    $\therefore y=x+1$

**8-1** $y=\dfrac{4}{3}x-\dfrac{1}{3}$

  주어진 직선이 두 점 $(1,1)$, $(4,5)$를 지나므로

  (기울기)$=\dfrac{5-1}{4-1}=\dfrac{4}{3}$

  즉, $y=\dfrac{4}{3}x+b$로 놓고,

  이 식에 $x=1$, $y=1$을 대입하면

  $1=\dfrac{4}{3}+b$    $\therefore b=-\dfrac{1}{3}$

  $\therefore y=\dfrac{4}{3}x-\dfrac{1}{3}$

**P. 117**

**필수 문제 9** $y=\dfrac{2}{5}x-2$

  두 점 $(5,0)$, $(0,-2)$를 지나는 직선이므로

  (기울기)$=\dfrac{-2-0}{0-5}=\dfrac{2}{5}$, ($y$절편)$=-2$

    $\therefore y=\dfrac{2}{5}x-2$

**9-1** (1) $y=\dfrac{3}{2}x+3$  (2) $y=-\dfrac{1}{4}x-1$

  (1) 두 점 $(-2,0)$, $(0,3)$을 지나는 직선이므로

    (기울기)$=\dfrac{3-0}{0-(-2)}=\dfrac{3}{2}$, ($y$절편)$=3$

    $\therefore y=\dfrac{3}{2}x+3$

  (2) 두 점 $(-4,0)$, $(0,-1)$을 지나는 직선이므로

    (기울기)$=\dfrac{-1-0}{0-(-4)}=-\dfrac{1}{4}$, ($y$절편)$=-1$

    $\therefore y=-\dfrac{1}{4}x-1$

**9-2** $y=-\dfrac{3}{2}x-3$

  $y=2x+4$의 그래프와 $x$축 위에서 만나므로 $x$절편이 같다.

  즉, $x$절편이 $-2$, $y$절편이 $-3$이므로 두 점 $(-2,0)$,

  $(0,-3)$을 지난다.

  따라서 (기울기)$=\dfrac{-3-0}{0-(-2)}=-\dfrac{3}{2}$, ($y$절편)$=-3$이므로

  $y=-\dfrac{3}{2}x-3$

**필수 문제 10** (1) $\dfrac{2}{3}$  (2) $y=\dfrac{2}{3}x-2$

  (1) 오른쪽 그림에서

    (기울기)$=\dfrac{(y의\ 값의\ 증가량)}{(x의\ 값의\ 증가량)}$

           $=\dfrac{2}{3}$

  [다른 풀이]

  주어진 직선이 두 점 $(3,0)$, $(0,-2)$를 지나므로

  (기울기)$=\dfrac{-2-0}{0-3}=\dfrac{2}{3}$

  (2) 기울기가 $\dfrac{2}{3}$이고, $y$절편이 $-2$이므로

    $y=\dfrac{2}{3}x-2$

**10-1** $y=-\dfrac{5}{3}x-5$

  오른쪽 그림에서

  (기울기)$=\dfrac{(y의\ 값의\ 증가량)}{(x의\ 값의\ 증가량)}$

       $=\dfrac{-5}{3}=-\dfrac{5}{3}$

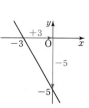

  이때 $y$절편은 $-5$이므로 $y=-\dfrac{5}{3}x-5$

  [다른 풀이]

  주어진 직선이 두 점 $(-3,0)$, $(0,-5)$를 지나므로

  (기울기)$=\dfrac{-5-0}{0-(-3)}=-\dfrac{5}{3}$, ($y$절편)$=-5$

  $\therefore y=-\dfrac{5}{3}x-5$

**1** (1) $y=\dfrac{1}{2}x-4$   (2) $y=x-2$   **2** 1

**3** (1) $y=-x-1$   (2) $y=-\dfrac{3}{4}x+3$

**4** 3

**5** (1) $y=-4x+12$   (2) $y=-\dfrac{7}{5}x+7$

**6** $\dfrac{17}{5}$

---

**1** (1) 기울기가 $\dfrac{1}{2}$이고, $y=-\dfrac{1}{3}x-4$의 그래프와 $y$축 위에서

만나므로 $y$절편은 $-4$이다.

$\therefore y=\dfrac{1}{2}x-4$

(2) $y=x+3$의 그래프와 평행하므로 기울기는 1이고,

점 $(0, -2)$를 지나므로 $y$절편은 $-2$이다.

$\therefore y=x-2$

**2** 기울기가 $-2$, $y$절편이 3이므로 $y=-2x+3$

이 식에 $x=-\dfrac{1}{2}a$, $y=4a$를 대입하면

$4a=a+3$, $3a=3$   $\therefore a=1$

**3** (1) (기울기)$=\dfrac{-5}{5}=-1$이므로

$y=-x+b$로 놓고, 이 식에 $x=2$, $y=-3$을 대입하면

$-3=-2+b$   $\therefore b=-1$

$\therefore y=-x-1$

(2) 기울기는 $-\dfrac{3}{4}$이고, 점 $(4, 0)$을 지나므로

$y=-\dfrac{3}{4}x+b$로 놓고, 이 식에 $x=4$, $y=0$을 대입하면

$0=-3+b$   $\therefore b=3$

$\therefore y=-\dfrac{3}{4}x+3$

**4** 두 점 $(8, 0)$, $(-4, -8)$을 지나는 직선과 평행하므로

(기울기)$=\dfrac{-8-0}{-4-8}=\dfrac{2}{3}$

즉, $y=\dfrac{2}{3}x+b$로 놓고, 이 식에 $x=3$, $y=5$를 대입하면

$5=2+b$   $\therefore b=3$

$\therefore y=\dfrac{2}{3}x+3$

따라서 이 그래프의 $y$절편은 3이다.

**5** (1) 두 점 $(2, 4)$, $(3, 0)$을 지나므로

(기울기)$=\dfrac{0-4}{3-2}=-4$

$y=-4x+b$로 놓고, 이 식에 $x=3$, $y=0$을 대입하면

$0=-12+b$   $\therefore b=12$

$\therefore y=-4x+12$

(2) 두 점 $(5, 0)$, $(0, 7)$을 지나므로

(기울기)$=\dfrac{7-0}{0-5}=-\dfrac{7}{5}$, ($y$절편)$=7$

$\therefore y=-\dfrac{7}{5}x+7$

**6** 오른쪽 그림에서

(기울기)$=\dfrac{(y\text{의 값의 증가량})}{(x\text{의 값의 증가량})}$

$=\dfrac{-4}{5}=-\dfrac{4}{5}$

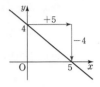

($y$절편)$=4$

$\therefore y=-\dfrac{4}{5}x+4$

이 식에 $x=\dfrac{3}{4}$, $y=k$를 대입하면

$k=-\dfrac{3}{5}+4=\dfrac{17}{5}$

**다른 풀이**

$x$절편이 5, $y$절편이 4이므로 두 점 $(5, 0)$, $(0, 4)$를 지난다.

(기울기)$=\dfrac{4-0}{0-5}=-\dfrac{4}{5}$, ($y$절편)$=4$이므로

$y=-\dfrac{4}{5}x+4$

이 식에 $x=\dfrac{3}{4}$, $y=k$를 대입하면

$k=-\dfrac{3}{5}+4=\dfrac{17}{5}$

---

## 4 일차함수의 활용

P. 119

**필수 문제 1** (1) $y=50+2x$   (2) $90\,$cm

(1) 처음 물의 높이가 $50\,$cm이고, 물의 높이가 매분 $2\,$cm

씩 높아지므로 $y=50+2x$

(2) $y=50+2x$에 $x=20$을 대입하면

$y=50+40=90$

따라서 20분 후에 물의 높이는 $90\,$cm이다.

**1-1** (1) $y=331+0.6x$   (2) $30\,$℃

(1) 처음 소리의 속력이 초속 $331\,$m이고, 기온이 $1\,$℃씩 올

라갈 때마다 소리의 속력이 초속 $0.6\,$m씩 증가하므로

$y=331+0.6x$

(2) $y=331+0.6x$에 $y=349$를 대입하면

$349=331+0.6x$, $0.6x=18$   $\therefore x=30$

따라서 소리의 속력이 초속 $349\,$m일 때의 기온은 $30\,$℃

이다.

**필수 문제 2**   (1) $y=24-3x$   (2) 5시간 후

(1) 2시간에 6 cm씩 타므로 1시간에 3 cm씩 탄다.
이때 처음 양초의 길이가 24 cm이므로
$y=24-3x$

(2) $y=24-3x$에 $y=9$를 대입하면
$9=24-3x$, $3x=15$   ∴ $x=5$
따라서 남은 양초의 길이가 9 cm가 되는 것은 5시간 후이다.

**2-1**   (1) $y=100-0.4x$   (2) 40분 후

(1) 10분마다 물의 온도가 4 ℃씩 낮아지므로
1분마다 물의 온도가 0.4 ℃씩 낮아진다.
이때 처음 물의 온도가 100 ℃이므로
$y=100-0.4x$

(2) $y=100-0.4x$에 $y=84$를 대입하면
$84=100-0.4x$, $0.4x=16$   ∴ $x=40$
따라서 물의 온도가 84 ℃가 되는 것은 40분 후이다.

---

| **1** (1) $y=30+\dfrac{1}{3}x$  (2) 35 cm | **2**  20 ℃ |
|---|---|
| **3** 3분 후 | **4** 800 cm² | **5** 6초 후 |

**1** (1) 3 g인 물체를 매달 때마다 용수철의 길이가 1 cm씩 늘어나므로 1 g인 물체를 매달 때마다 용수철의 길이가 $\dfrac{1}{3}$ cm씩 늘어난다.
이때 처음 용수철의 길이가 30 cm이므로
$y=30+\dfrac{1}{3}x$

(2) $y=30+\dfrac{1}{3}x$에 $x=15$를 대입하면
$y=30+5=35$
따라서 무게가 15 g인 추를 매달았을 때의 용수철의 길이는 35 cm이다.

**2** 물의 온도가 36분 동안 45 ℃만큼 낮아졌으므로
1분마다 물의 온도가 $\dfrac{45}{36}=\dfrac{5}{4}$(℃)만큼 낮아진다.
이때 처음 물의 온도가 45 ℃이므로
$y=45-\dfrac{5}{4}x$
이 식에 $x=20$을 대입하면 $y=45-25=20$
따라서 냉동실에 넣은 지 20분 후에 물의 온도는 20 ℃이다.

---

**3** 주어진 직선이 두 점 $(0, 600)$, $(4, 0)$을 지나므로
$(기울기)=\dfrac{0-600}{4-0}=-150$, $(y절편)=600$
∴ $y=-150x+600$
이 식에 $y=150$을 대입하면 $150=-150x+600$
$150x=450$   ∴ $x=3$
따라서 용량이 150 MB 남아 있을 때는 3분 후이다.

**다른 풀이**
4분 동안 600 MB가 내려받아지므로
1분마다 150 MB가 내려받아진다.
이때 내려받을 전체 용량이 600 MB이므로
$y=600-150x$

**4** 점 P가 1초에 5 cm씩 움직이므로
$x$초 후에는 $\overline{BP}=5x$ cm
$\triangle ABP=\dfrac{1}{2}\times 5x \times 40=100x(cm^2)$   ∴ $y=100x$
이 식에 $x=8$을 대입하면 $y=800$
따라서 8초 후의 $\triangle ABP$의 넓이는 800 cm²이다.

**5** 점 P가 1초에 2 cm씩 움직이므로
$x$초 후에는 $\overline{BP}=2x$ cm, $\overline{PC}=\overline{BC}-\overline{BP}=16-2x(cm)$
(사각형 APCD의 넓이)$=\dfrac{1}{2}\times\{16+(16-2x)\}\times 12$
$=-12x+192(cm^2)$
∴ $y=-12x+192$
이 식에 $y=120$을 대입하면 $120=-12x+192$
$12x=72$   ∴ $x=6$
따라서 사각형 APCD의 넓이가 120 cm²가 되는 것은 6초 후이다.

---

| | | | | |
|---|---|---|---|---|
| **1** ㄴ, ㅁ | **2** 4800 | **3** 3개 | **4** 4 | **5** ②, ⑤ |
| **6** 3 | **7** $x$절편: 3, $y$절편: $-1$ | | **8** $-2$ | |
| **9** $-\dfrac{5}{2}$ | **10** ⑤ | **11** $-3$ | **12** ③ | **13** 15 |
| **14** ③ | **15** $a=-2, b\neq 1$ | | **16** ②, ⑤ | |
| **17** (1) $(0, -2)$  (2) 5  (3) $\dfrac{1}{4}$  (4) $\dfrac{1}{4}\leq a\leq 5$ | | | **18** ② | |
| **19** 4 | **20** $y=\dfrac{2}{3}x-2$ | | **21** 150분 후 | |
| **22** ㄱ, ㄹ | | | | |

**1**

ㄱ.

| $x$ | $-1$ | $-2$ | $-3$ | $-4$ | $\cdots$ |
|---|---|---|---|---|---|
| $y$ | 1 | 2 | 3 | 4 | $\cdots$ |

$x$의 값이 변함에 따라 $y$의 값이 오직 하나씩 대응하므로
$y$는 $x$의 함수이다.

ㄴ.

| $x$ | 1 | 2 | 3 | 4 | $\cdots$ |
|---|---|---|---|---|---|
| $y$ | 없다. | 없다. | 1 | 2 | $\cdots$ |

$x=1$일 때, $y$의 값이 없으므로 $x$의 값 하나에 $y$의 값이
오직 하나씩 대응하지 않는다.
즉, $y$는 $x$의 함수가 아니다.

ㄷ. $y=\dfrac{15}{x}$ ⇨ 반비례 관계이므로 함수이다.

ㄹ. $y=7x$ ⇨ 정비례 관계이므로 함수이다.

ㅁ. 둘레의 길이가 $8\,\text{cm}$인 직사각형은
　　가로의 길이: $1\,\text{cm}$, 세로의 길이: $3\,\text{cm}$ ⇨ 넓이: $3\,\text{cm}^2$
　　가로의 길이: $2\,\text{cm}$, 세로의 길이: $2\,\text{cm}$ ⇨ 넓이: $4\,\text{cm}^2$
　　　　⋮
　　따라서 $x=8$일 때, $y$의 값이 2개 이상이므로 $x$의 값 하
　　나에 $y$의 값이 오직 하나씩 대응하지 않는다.
　　즉, $y$는 $x$의 함수가 아니다.
따라서 $y$가 $x$의 함수가 아닌 것은 ㄴ, ㅁ이다.

**2** $y=\left(1-\dfrac{20}{100}\right)x$, 즉 $y=\dfrac{4}{5}x$이므로

$f(x)=\dfrac{4}{5}x$

$\therefore f(6000)=\dfrac{4}{5}\times6000=4800$

**3** ㄷ. $\dfrac{5}{x}$는 $x$가 분모에 있으므로 일차식이 아니다.

　　즉, $y=\dfrac{5}{x}$는 일차함수가 아니다.

ㄹ. $y=2$에서 2는 일차식이 아니므로 $y=2$는 일차함수가 아
　니다.

ㅁ. $y=x^2+x$는 $y=(x$에 대한 이차식)이므로 일차함수가
　아니다.

ㅂ. $y=-3x-2$이므로 일차함수이다.
따라서 $y$가 $x$의 일차함수인 것은 ㄱ, ㄴ, ㅂ의 3개이다.

**4** $f(10)=-\dfrac{2}{5}\times10+3=-1$　　$\therefore a=-1$

$f(b)=-\dfrac{2}{5}b+3=1$이므로

$-\dfrac{2}{5}b=-2$　　$\therefore b=5$

$\therefore a+b=-1+5=4$

**5** ② $y=-3x$ $\xrightarrow[\text{$-2$만큼 평행이동}]{\text{$y$축의 방향으로}}$ $y=-3x\boxed{-2}$

⑤ $y=-3x$ $\xrightarrow[\text{7만큼 평행이동}]{\text{$y$축의 방향으로}}$ $y=-3x\boxed{+7}$

**6** $y=5x+6$의 그래프를 $y$축의 방향으로 $b$만큼 평행이동하면
$y=5x+6+b$
따라서 $y=5x+6+b$와 $y=ax+4$가 같으므로
$5=a$, $6+b=4$
$\therefore a=5$, $b=-2$
$\therefore a+b=5+(-2)=3$

**7** $y=ax-3a$의 그래프가 점 $(9, 2)$를 지나므로
$2=9a-3a$, $6a=2$　　$\therefore a=\dfrac{1}{3}$

$\therefore y=\dfrac{1}{3}x-1$

$y=0$일 때, $0=\dfrac{1}{3}x-1$　　$\therefore x=3$

$x=0$일 때, $y=-1$
따라서 $x$절편은 3, $y$절편은 $-1$이다.

**8** $y=\dfrac{1}{2}x+1$과 $y=-x+a$의 그래프가 $x$축 위에서 만나므로
두 그래프의 $x$절편은 같다.

$y=\dfrac{1}{2}x+1$에 $y=0$을 대입하면

$0=\dfrac{1}{2}x+1$　　$\therefore x=-2$

즉, $y=-x+a$의 그래프의 $x$절편이 $-2$이므로
$y=-x+a$에 $x=-2$, $y=0$을 대입하면
$0=2+a$　　$\therefore a=-2$

**9** 오른쪽 그림에서
((1)의 $y$절편)$=-1$

((2)의 기울기)$=\dfrac{(y\text{의 값의 증가량})}{(x\text{의 값의 증가량})}$

　　　　　　$=\dfrac{-3}{2}=-\dfrac{3}{2}$

따라서 구하는 합은 $-1+\left(-\dfrac{3}{2}\right)=-\dfrac{5}{2}$

**10** $(x$의 값의 증가량$)=1-(-2)=3$이므로

$(기울기)=\dfrac{(y\text{의 값의 증가량})}{3}=\dfrac{7}{3}$

$\therefore (y\text{의 값의 증가량})=7$

**11** 세 점이 한 직선 위에 있으므로 두 점 $(-1, 2)$, $(2, 8)$을 지
나는 직선의 기울기와 두 점 $(2, 8)$, $(a, a+1)$을 지나는 직
선의 기울기는 같다.

즉, $\dfrac{8-2}{2-(-1)}=\dfrac{(a+1)-8}{a-2}$이므로

$2=\dfrac{a-7}{a-2}$, $2(a-2)=a-7$

$2a-4=a-7$　　$\therefore a=-3$

**12** $y=\frac{1}{2}x-3$의 그래프의 $x$절편은 6, $y$절편은 $-3$이므로 그래프는 ③이다.

다른 풀이

$y=\frac{1}{2}x-3$의 그래프의 $y$절편이 $-3$이므로 점 $(0,\ -3)$을 지난다. 이때 기울기가 $\frac{1}{2}\left(=\frac{3}{6}\right)$이므로 점 $(0,\ -3)$에서 $x$의 값이 6만큼, $y$의 값이 3만큼 증가한 점 $(6,\ 0)$을 지난다. 따라서 그 그래프는 ③이다.

**13** $y=-2x-6$의 그래프의 $x$절편은 $-3$, $y$절편은 $-6$이고, $y=3x-6$의 그래프의 $x$절편은 2, $y$절편은 $-6$이다.
따라서 두 그래프는 오른쪽 그림과 같으므로 구하는 도형의 넓이는
$\frac{1}{2}\times5\times6=15$

**14** 주어진 그림에서 $y=ax+b$의 그래프가 오른쪽 위로 향하는 직선이므로 (기울기)$=a>0$
$y$축과 양의 부분에서 만나므로 (y절편)$=b>0$
즉, $y=-bx+ab$의 그래프에서
(기울기)$=-b<0$, (y절편)$=ab>0$
따라서 $y=-bx+ab$의 그래프는 오른쪽 그림과 같으므로 제3사분면을 지나지 않는다.

**15** $y=ax+1$과 $y=-2x+b$의 그래프가 서로 평행하려면 기울기는 같고 $y$절편은 달라야 하므로
$a=-2,\ b\neq1$

**16** ① $y=-2x+3$에 $x=-2$, $y=3$을 대입하면
$3\neq-2\times(-2)+3$이므로 점 $(-2,\ 3)$을 지나지 않는다.
②, ③ $y=-2x+3$의 그래프의 $x$절편은 $\frac{3}{2}$, $y$절편은 3이므로 그래프는 오른쪽 그림과 같다. 즉, 제1, 2, 4사분면을 지난다.
④ 기울기가 $-2\left(=\frac{-2}{1}\right)$이므로 $x$의 값이 1만큼 증가할 때, $y$의 값은 2만큼 감소한다.
따라서 옳은 것은 ②, ⑤이다.

**17** (1) $y=ax-2$의 그래프는 $y$절편이 $-2$이므로 항상 점 $(0,\ -2)$를 지난다.
(2) $y=ax-2$의 그래프가 $\overline{AB}$와 만나면서 기울기가 가장 클 때는 점 $A(1,\ 3)$을 지날 때이므로
$3=a-2$ $\therefore a=5$

(3) $y=ax-2$의 그래프가 $\overline{AB}$와 만나면서 기울기가 가장 작을 때는 점 $B(4,\ -1)$을 지날 때이므로
$-1=4a-2$ $\therefore a=\frac{1}{4}$

**18** 오른쪽 그림에서
(기울기)$=\dfrac{(y\text{의 값의 증가량})}{(x\text{의 값의 증가량})}$
$=\dfrac{-5}{4}=-\dfrac{5}{4}$

이때 $y$절편이 4이므로 $y=-\frac{5}{4}x+4$
$y=-\frac{5}{4}x+4$에 $y=0$을 대입하면
$0=-\frac{5}{4}x+4$ $\therefore x=\frac{16}{5}$
따라서 $x$축과 만나는 점의 좌표는 $\left(\frac{16}{5},\ 0\right)$이다.

**19** 주어진 직선이 두 점 $(-1,\ -5)$, $(2,\ 1)$을 지나므로
(기울기)$=\dfrac{1-(-5)}{2-(-1)}=2$
$y=2x+k$로 놓고, 이 식에 $x=2$, $y=1$을 대입하면
$1=4+k$ $\therefore k=-3$
$\therefore y=2x-3$ $\cdots$ ㉠
또 $y=ax+b$의 그래프를 $y$축의 방향으로 $-1$만큼 평행이동하면 $y=ax+b-1$ $\cdots$ ㉡
이때 ㉠, ㉡의 그래프가 일치하므로
$2=a$, $-3=b-1$ $\therefore a=2$, $b=-2$
$\therefore a-b=2-(-2)=4$

**20** $y$절편이 $-2$이므로 점 $(0,\ -2)$를 지난다.
즉, 두 점 $(0,\ -2)$, $(6,\ 2)$를 지나므로
(기울기)$=\dfrac{2-(-2)}{6-0}=\dfrac{2}{3}$
$\therefore y=\frac{2}{3}x-2$

다른 풀이

$y$절편이 $-2$이므로 $y=ax-2$로 놓고,
이 식에 $x=6$, $y=2$를 대입하면 $2=6a-2$
$6a=4$ $\therefore a=\frac{2}{3}$
$\therefore y=\frac{2}{3}x-2$

**21** 기차가 1분에 $2\,\text{km}$씩 달리므로
$x$분 후에 기차와 A역 사이의 거리는 $2x\,\text{km}$이고, 기차와 B역 사이의 거리는 $(400-2x)\,\text{km}$이다.
$\therefore y=400-2x$
이 식에 $y=100$을 대입하면 $100=400-2x$
$2x=300$ $\therefore x=150$
따라서 B역에서 $100\,\text{km}$ 떨어진 지점을 지나는 것은 출발한 지 150분 후이다.

**22** ㄴ. 1 L의 휘발유로 16 km를 이동할 수 있으므로

1 km를 이동하는 데 필요한 휘발유의 양은 $\dfrac{1}{16}$ L이다.

즉, 2 km를 이동하는 데 필요한 휘발유의 양은 $\dfrac{1}{8}$ L이다.

ㄷ. 자동차에 40 L의 휘발유가 들어 있으므로

$$y=40-\dfrac{1}{16}x$$

ㄹ. $y=40-\dfrac{1}{16}x$에 $y=34$를 대입하면

$$34=40-\dfrac{1}{16}x, \ \dfrac{1}{16}x=6 \quad \therefore \ x=96$$

즉, 남은 휘발유의 양이 34 L일 때, 이 자동차가 이동한 거리는 96 km이다.

따라서 옳은 것은 ㄱ, ㄹ이다.

---

**STEP 3** 쓱쓱 **서술형 완성하기**  P. 124~125

〈과정은 풀이 참조〉

**따라 해보자** 유제 **1** 10

유제 **2** 1096 m

**연습해 보자** **1** −12

**2** 풀이 참조

**3** $a=5$, $b=10$

**4** (1) $y=3x+1$  (2) 301개

### 따라 해보자

유제 **1** [1단계] $y=5x-3$의 그래프를 $y$축의 방향으로 $k$만큼 평행이동하면

$$y=5x-3+k \quad \cdots (\mathrm{i})$$

[2단계] $y=5x-3+k$의 그래프가 점 $(-1, 2)$를 지나므로

$$2=-5-3+k \quad \therefore \ k=10 \quad \cdots (\mathrm{ii})$$

| 채점 기준 | 비율 |
|---|---|
| (i) 평행이동한 그래프가 나타내는 식 구하기 | 50 % |
| (ii) $k$의 값 구하기 | 50 % |

유제 **2** [1단계] 고도가 274 m씩 높아질 때마다 물이 끓는 온도가 1℃씩 낮아지므로 고도가 1 m씩 높아질 때마다 물이 끓는 온도는 $\dfrac{1}{274}$℃씩 낮아진다.  $\cdots (\mathrm{i})$

[2단계] 고도가 0 m인 평지에서 물이 끓는 온도가 100℃이므로 $y=100-\dfrac{1}{274}x$  $\cdots (\mathrm{ii})$

[3단계] $y=100-\dfrac{1}{274}x$에 $y=96$을 대입하면

$$96=100-\dfrac{1}{274}x \quad \therefore \ x=1096$$

따라서 물이 끓는 온도가 96℃인 곳의 고도는 1096 m이다.  $\cdots (\mathrm{iii})$

| 채점 기준 | 비율 |
|---|---|
| (i) 고도가 1 m씩 높아질 때마다 낮아지는 온도 구하기 | 30 % |
| (ii) $y$를 $x$에 대한 식으로 나타내기 | 40 % |
| (iii) 물이 끓는 온도가 96℃인 곳의 고도 구하기 | 30 % |

### 연습해 보자

**1** $f(3)=3a+2=14$이므로 $3a=12$  $\therefore \ a=4$  $\cdots (\mathrm{i})$

즉, $f(x)=4x+2$에서

$$f(-1)=4\times(-1)+2=-2$$
$$f(2)=4\times 2+2=10$$
$$\therefore \ f(-1)-f(2)=-2-10=-12 \quad \cdots (\mathrm{ii})$$

| 채점 기준 | 비율 |
|---|---|
| (i) $a$의 값 구하기 | 50 % |
| (ii) $f(-1)-f(2)$의 값 구하기 | 50 % |

**2** $y=\dfrac{5}{3}x-4$의 그래프는 $y$절편이 $-4$이므로 점 $(0, -4)$를 지난다.  $\cdots (\mathrm{i})$

이때 기울기가 $\dfrac{5}{3}$이므로 점 $(0, -4)$에서 $x$의 값이 3만큼, $y$의 값이 5만큼 증가한 점 $(3, 1)$을 지난다.

따라서 두 점 $(0, -4)$, $(3, 1)$을 지나는 직선을 그리면 오른쪽 그림과 같다.  $\cdots (\mathrm{ii})$

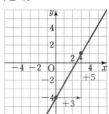

| 채점 기준 | 비율 |
|---|---|
| (i) $y$절편을 이용하여 그래프 위의 점 찾기 | 50 % |
| (ii) 기울기를 이용하여 그래프 그리기 | 50 % |

**3** ㈎에서 $y=ax+b$의 그래프는 $y=4x+8$의 그래프와 $x$절편이 같다.

$y=4x+8$에 $y=0$을 대입하면

$$0=4x+8 \quad \therefore \ x=-2$$

즉, $y=ax+b$의 그래프의 $x$절편은 $-2$이다.  $\cdots (\mathrm{i})$

㈏에서 $y=ax+b$의 그래프는 $y=-2x+10$의 그래프와 $y$절편이 같다.

즉, $y=ax+b$의 그래프의 $y$절편은 10이다.  $\cdots (\mathrm{ii})$

따라서 $y=ax+b$의 그래프가 두 점 $(-2, 0)$, $(0, 10)$을 지나므로

$$a=(\text{기울기})=\dfrac{10-0}{0-(-2)}=5$$
$$b=(y\text{절편})=10 \quad \cdots (\mathrm{iii})$$

| 채점 기준 | 비율 |
|---|---|
| (i) $y=ax+b$의 그래프의 $x$절편 구하기 | 30 % |
| (ii) $y=ax+b$의 그래프의 $y$절편 구하기 | 30 % |
| (iii) $a$, $b$의 값 구하기 | 40 % |

**4** (1) 첫 번째 정사각형을 만드는 데 성냥개비가 4개 필요하고, 첫 번째 정사각형에 정사각형을 한 개씩 이어 붙일 때마다 성냥개비가 3개씩 더 필요하다.

이때 첫 번째 정사각형을 뺀 나머지 정사각형은 $(x-1)$개이므로

$y=4+3(x-1)$ $\quad\therefore y=3x+1$ $\qquad$ ⋯ (ⅰ)

(2) $y=3x+1$에 $x=100$을 대입하면

$y=300+1=301$

따라서 100개의 정사각형을 만드는 데 필요한 성냥개비의 개수는 301개이다. $\qquad$ ⋯ (ⅱ)

| 채점 기준 | 비율 |
|---|---|
| (ⅰ) $y$를 $x$에 대한 식으로 나타내기 | 50 % |
| (ⅱ) 100개의 정사각형을 만드는 데 필요한 성냥개비의 개수 구하기 | 50 % |

과학 속 수학     **P. 126**

답 **36초 후**

주어진 직선이 두 점 $(0, 180)$, $(10, 130)$을 지나므로

$(기울기)=\dfrac{130-180}{10-0}=-5,$

$(y절편)=180$

$\therefore y=-5x+180$

낙하산이 지면에 도착할 때는 높이가 0 m일 때이므로

$y=-5x+180$에 $y=0$을 대입하면

$0=-5x+180, 5x=180$

$\therefore x=36$

따라서 낙하산은 36초 후에 지면에 도착한다.

## 1 일차함수와 일차방정식

P. 130~131

**개념 확인** (1) $y=-x+3$ (2) $y=3x+5$

(3) $y=\dfrac{1}{2}x-2$ (4) $y=-3x-\dfrac{1}{2}$

(3) $x-2y-4=0$에서 $y$를 $x$에 대한 식으로 나타내면

$2y=x-4$ ∴ $y=\dfrac{1}{2}x-2$

(4) $6x+2y=-1$에서 $y$를 $x$에 대한 식으로 나타내면

$2y=-6x-1$ ∴ $y=-3x-\dfrac{1}{2}$

**필수 문제 1** (1) 1, $-7$, 7 (2) $\dfrac{3}{4}$, 4, $-3$

(1) $x-y+7=0$에서 $y$를 $x$에 대한 식으로 나타내면

$y=x+7$ ⋯ ㉠

㉠에 $y=0$을 대입하면

$0=x+7$ ∴ $x=-7$

따라서 기울기는 1, $x$절편은 $-7$, $y$절편은 7이다.

(2) $3x-4y-12=0$에서 $y$를 $x$에 대한 식으로 나타내면

$4y=3x-12$ ∴ $y=\dfrac{3}{4}x-3$ ⋯ ㉠

㉠에 $y=0$을 대입하면

$0=\dfrac{3}{4}x-3$ ∴ $x=4$

따라서 기울기는 $\dfrac{3}{4}$, $x$절편은 4, $y$절편은 $-3$이다.

**1-1** (1) $x$절편: 2, $y$절편: 5 (2) 풀이 참조

(1) $5x+2y-10=0$에서 $y$를 $x$에 대한 식으로 나타내면

$2y=-5x+10$ ∴ $y=-\dfrac{5}{2}x+5$ ⋯ ㉠

㉠에 $y=0$을 대입하면

$0=-\dfrac{5}{2}x+5$ ∴ $x=2$

따라서 $x$절편은 2, $y$절편은 5이다.

(2) $x$절편이 2, $y$절편이 5이므로
두 점 $(2, 0)$, $(0, 5)$를 지나는
직선을 그리면 오른쪽 그림과
같다.

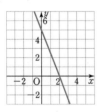

**1-2** ④

$3x-2y=2$에서 $y$를 $x$에 대한 식으로 나타내면

$2y=3x-2$ ∴ $y=\dfrac{3}{2}x-1$

① $3x-2y=2$에 $x=2$, $y=1$을 대입하면

$3\times2-2\times1\neq2$이므로 점 $(2, 1)$을 지나지 않는다.

② $y=3x+1$의 그래프와 기울기가 다르므로 평행하지 않다.

③, ④ $y=\dfrac{3}{2}x-1$의 그래프의 $x$절편은

$\dfrac{2}{3}$, $y$절편은 $-1$이므로 그래프는 오른쪽

그림과 같다.

즉, 제2사분면을 지나지 않는다.

⑤ 기울기가 $\dfrac{3}{2}\left(=\dfrac{6}{4}\right)$이므로 $x$의 값이 4만큼 증가할 때,

$y$의 값은 6만큼 증가한다.

따라서 옳은 것은 ④이다.

**1-3** $-6$

$3x-4y+6=0$에 $x=a$, $y=-3$을 대입하면

$3a+12+6=0$, $3a=-18$ ∴ $a=-6$

**필수 문제 2** $a=8$, $b=1$

$ax-2y+b=0$에서 $y$를 $x$에 대한 식으로 나타내면

$2y=ax+b$ ∴ $y=\dfrac{a}{2}x+\dfrac{b}{2}$

이 그래프의 기울기가 4, $y$절편이 $\dfrac{1}{2}$이므로

$\dfrac{a}{2}=4$, $\dfrac{b}{2}=\dfrac{1}{2}$ ∴ $a=8$, $b=1$

**2-1** $-6$

$ax+by+6=0$에서 $y$를 $x$에 대한 식으로 나타내면

$by=-ax-6$ ∴ $y=-\dfrac{a}{b}x-\dfrac{6}{b}$

이 그래프가 $y=-2x+7$의 그래프와 평행하므로 기울기는
$-2$이고, $y$절편이 3이므로

$-\dfrac{a}{b}=-2$, $-\dfrac{6}{b}=3$ ∴ $a=-4$, $b=-2$

∴ $a+b=-4+(-2)=-6$

P. 132

**개념 확인**

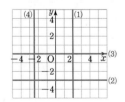

(1) $x-2=0$에서 $x=2$

(2) $2y+6=0$에서 $2y=-6$ ∴ $y=-3$

(4) $2x+5=0$에서 $2x=-5$ ∴ $x=-\dfrac{5}{2}$

**필수 문제 3** (1) $y=-5$  (2) $x=2$

(1) $x$축에 평행하므로 직선 위의 점들의 $y$좌표는 모두 $-5$로 같다.

따라서 구하는 직선의 방정식은 $y=-5$이다.

(2) $y$축에 평행하므로 직선 위의 점들의 $x$좌표는 모두 2로 같다.

따라서 구하는 직선의 방정식은 $x=2$이다.

**3-1** (1) $x=-3$  (2) $x=3$  (3) $y=-1$  (4) $y=4$

(1) $y$축에 평행하므로 직선 위의 점들의 $x$좌표는 모두 $-3$으로 같다.

따라서 구하는 직선의 방정식은 $x=-3$이다.

(2) $x$축에 수직이므로 직선 위의 점들의 $x$좌표는 모두 3으로 같다.

따라서 구하는 직선의 방정식은 $x=3$이다.

(3) $y$축에 수직이므로 직선 위의 점들의 $y$좌표는 모두 $-1$로 같다.

따라서 구하는 직선의 방정식은 $y=-1$이다.

(4) 한 직선 위의 두 점의 $y$좌표가 같으므로 그 직선 위의 점들의 $y$좌표는 모두 4로 같다.

따라서 구하는 직선의 방정식은 $y=4$이다.

**필수 문제 4** 5

$y$축에 평행한 직선 위의 점들은 $x$좌표가 모두 같으므로

$a=5$

**4-1** $-4$

$x$축에 평행한 직선 위의 점들은 $y$좌표가 모두 같으므로

$a-3=2a+1$  $\therefore a=-4$

---

**STEP 1 쏙쏙 개념 익히기**  P. 133~134

**1** ㄱ, ㄹ, ㅁ  **2** ④  **3** ①, ④

**4** 10

**5** (1) ㅁ, ㅂ (2) ㄱ, ㄷ (3) ㄱ, ㄷ (4) ㅁ, ㅂ

**6** $-5$  **7** (1) ㄴ (2) ㄱ (3) ㄷ (4) ㅂ

**8** ③  **9** $a<0,\ b<0$

**1** $2x-y=1$에 주어진 점의 좌표를 각각 대입하면

ㄱ. $2\times0-(-1)=1$  ㄴ. $2\times\left(-\dfrac{1}{2}\right)-0\neq1$

ㄷ. $2\times2-1\neq1$  ㄹ. $2\times5-9=1$

ㅁ. $2\times\dfrac{4}{3}-\dfrac{5}{3}=1$  ㅂ. $2\times1-(-2)\neq1$

따라서 $2x-y=1$의 그래프가 지나는 점은 ㄱ, ㄹ, ㅁ이다.

---

**2** $x+2y+6=0$에서 $y$를 $x$에 대한 식으로 나타내면

$2y=-x-6$  $\therefore y=-\dfrac{1}{2}x-3$

따라서 $y=-\dfrac{1}{2}x-3$의 그래프는 $x$절편이 $-6$, $y$절편이 $-3$이므로 ④이다.

**3** $3x+4y-8=0$에서 $y$를 $x$에 대한 식으로 나타내면

$4y=-3x+8$  $\therefore y=-\dfrac{3}{4}x+2$

①, ③ $x$절편은 $\dfrac{8}{3}$, $y$절편은 2이므로 그래프는 오른쪽 그림과 같다. 즉, 제1, 2, 4사분면을 지난다.

② (기울기)$=-\dfrac{3}{4}<0$이므로 오른쪽 아래로 향하는 직선이다.

④ 기울기가 $-\dfrac{3}{4}\left(=\dfrac{-6}{8}\right)$이므로 $x$의 값이 8만큼 증가할 때, $y$의 값은 6만큼 감소한다.

⑤ $y=-\dfrac{3}{4}x-6$의 그래프와 기울기는 같고 $y$절편은 다르므로 만나지 않는다.

따라서 옳지 않은 것은 ①, ④이다.

**4** $5x+2y+10=0$에서 $y$를 $x$에 대한 식으로 나타내면

$2y=-5x-10$  $\therefore y=-\dfrac{5}{2}x-5$

$ax+4y-3=0$에서 $y$를 $x$에 대한 식으로 나타내면

$4y=-ax+3$  $\therefore y=-\dfrac{a}{4}x+\dfrac{3}{4}$

이 두 그래프가 서로 평행하므로 기울기는 같고 $y$절편은 달라야 한다.

따라서 $-\dfrac{5}{2}=-\dfrac{a}{4}$이므로 $a=10$

**5** 각 일차방정식을 $x=(수)$ 또는 $y=(수)$ 또는 $y=(x$에 대한 식) 꼴로 나타내면

ㄱ. $x=\dfrac{4}{3}$  ㄴ. $y=\dfrac{2}{3}x$

ㄷ. $x=-\dfrac{7}{3}$  ㄹ. $y=-3x+1$

ㅁ. $y=-3$  ㅂ. $y=1$

(1), (4) $x$축에 평행한($y$축에 수직인) 직선은 $y=(수)$ 꼴이므로 ㅁ, ㅂ이다.

(2), (3) $y$축에 평행한($x$축에 수직인) 직선은 $x=(수)$ 꼴이므로 ㄱ, ㄷ이다.

**6** $y$축에 수직인 직선 위의 점들은 $y$좌표가 모두 같으므로

$a-4=3a+6$, $-2a=10$

$\therefore a=-5$

**7** (1) $x$축에 평행하므로 직선 위의 점들의 $y$좌표가 모두 7로 같다.

  $\therefore y=7$, 즉 $y-7=0$

(2) 두 점의 $x$좌표가 2로 같으면 직선 위의 점들의 $x$좌표가 모두 2로 같다.

  $\therefore x=2$, 즉 $x-2=0$

(3) $2x-y+5=0$에서 $y$를 $x$에 대한 식으로 나타내면

  $y=2x+5$

  이 그래프와 $y$축 위에서 만나므로 $y$절편이 5이다.

  이때 기울기가 $-1$이므로 $y=-x+5$

  $\therefore x+y-5=0$

(4) (기울기)$=\dfrac{2-(-2)}{-6-0}=-\dfrac{2}{3}$, ($y$절편)$=-2$이므로

  $y=-\dfrac{2}{3}x-2$　$\therefore 2x+3y+6=0$

**8** $ax+y+b=0$에서 $y$를 $x$에 대한 식으로 나타내면

$y=-ax-b$

이때 주어진 그림에서

(기울기)$=-a<0$, ($y$절편)$=-b>0$이므로

$a>0$, $b<0$

**9** $ax-by+1=0$에서 $y$를 $x$에 대한 식으로 나타내면

$by=ax+1$　$\therefore y=\dfrac{a}{b}x+\dfrac{1}{b}$

이때 주어진 그림에서

(기울기)$=\dfrac{a}{b}>0$, ($y$절편)$=\dfrac{1}{b}<0$이므로

$a<0$, $b<0$

# ⌒2 일차함수의 그래프와 연립일차방정식

P. 135

**개념 확인**　(1) $x=1$, $y=2$　(2) $x=1$, $y=-3$

두 일차방정식의 그래프의 교점의 좌표는 연립방정식의 해와 같다.

**필수 문제 1**　(1) $(3, -5)$　(2) $(2, 4)$

(1) 연립방정식 $\begin{cases} x-y=8 \\ x+y=-2 \end{cases}$ 를 풀면 $x=3$, $y=-5$이므로

  두 일차방정식의 그래프의 교점의 좌표는 $(3, -5)$이다.

(2) 연립방정식 $\begin{cases} x+2y=10 \\ 2x-y=0 \end{cases}$ 을 풀면 $x=2$, $y=4$이므로

  두 일차방정식의 그래프의 교점의 좌표는 $(2, 4)$이다.

**1-1**　4

연립방정식 $\begin{cases} 2x-y=5 \\ 3x+2y=11 \end{cases}$ 을 풀면 $x=3$, $y=1$이므로

두 직선의 교점의 좌표는 $(3, 1)$이다.

따라서 $a=3$, $b=1$이므로 $a+b=3+1=4$

**필수 문제 2**　$a=2$, $b=-4$

두 그래프의 교점의 좌표가 $(-2, 1)$이므로

주어진 연립방정식의 해는 $x=-2$, $y=1$이다.

$ax+y=-3$에 $x=-2$, $y=1$을 대입하면

$-2a+1=-3$, $-2a=-4$　$\therefore a=2$

$x-2y=b$에 $x=-2$, $y=1$을 대입하면

$-2-2=b$　$\therefore b=-4$

**2-1**　3

두 그래프의 교점의 좌표가 $(1, -2)$이므로

연립방정식 $\begin{cases} ax+y-2=0 \\ 4x-by-6=0 \end{cases}$ 의 해는 $x=1$, $y=-2$이다.

$ax+y-2=0$에 $x=1$, $y=-2$를 대입하면

$a-2-2=0$　$\therefore a=4$

$4x-by-6=0$에 $x=1$, $y=-2$를 대입하면

$4+2b-6=0$, $2b=2$　$\therefore b=1$

$\therefore a-b=4-1=3$

P. 136

**개념 확인**　(1) 풀이 참조　(2) 해가 없다.

(1) $x+y=5$에서 $y=-x+5$

  $x+y=2$에서 $y=-x+2$

  이 두 그래프를 그리면 오른쪽 그림과 같다.

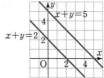

(2) (1)의 그림에서 두 그래프는 서로 평행하므로 교점이 없다.

  따라서 주어진 연립방정식의 해는 없다.

**필수 문제 3**　2

$2x+y=b$에서 $y=-2x+b$

$ax+2y=-4$에서 $y=-\dfrac{a}{2}x-2$

연립방정식의 해가 무수히 많으려면 두 그래프가 일치해야 하므로 기울기와 $y$절편이 각각 같아야 한다.

즉, $-2=-\dfrac{a}{2}$, $b=-2$이므로 $a=4$, $b=-2$

$\therefore a+b=4+(-2)=2$

**다른 풀이**

연립방정식 $\begin{cases} 2x+y=b \\ ax+2y=-4 \end{cases}$ 의 해가 무수히 많으므로

$\dfrac{2}{a}=\dfrac{1}{2}=\dfrac{b}{-4}$　$\therefore a=4$, $b=-2$　$\therefore a+b=2$

**3-1** 6

$3x-2y=4$에서 $y=\dfrac{3}{2}x-2$

$ax-4y=7$에서 $y=\dfrac{a}{4}x-\dfrac{7}{4}$

연립방정식의 해가 없으려면 두 그래프가 서로 평행해야

하므로 기울기는 같고 $y$절편은 달라야 한다.

따라서 $\dfrac{3}{2}=\dfrac{a}{4}$이므로 $a=6$

> 다른 풀이

연립방정식 $\begin{cases} 3x-2y=4 \\ ax-4y=7 \end{cases}$ 의 해가 없으므로

$\dfrac{3}{a}=\dfrac{-2}{-4}\neq\dfrac{4}{7}$ ∴ $a=6$

**3-2** ②, ⑤

주어진 방정식을 각각 $y$를 $x$에 대한 식으로 나타내면

① $\begin{cases} y=-2x+3 \\ y=-2x-1 \end{cases}$ ② $\begin{cases} y=-x \\ y=x+2 \end{cases}$ ③ $\begin{cases} y=x-2 \\ y=x-2 \end{cases}$

④ $\begin{cases} y=-\dfrac{1}{3}x+1 \\ y=-\dfrac{1}{3}x+\dfrac{2}{3} \end{cases}$ ⑤ $\begin{cases} y=-3x+1 \\ y=3x-1 \end{cases}$

연립방정식의 해가 하나뿐이면 두 일차방정식의 그래프가

한 점에서 만나야 하므로 기울기가 달라야 한다.

따라서 해가 하나뿐인 것은 ②, ⑤이다.

> 다른 풀이

② $\begin{cases} y=-x \\ y=x+2 \end{cases}$, 즉 $\begin{cases} x+y=0 \\ -x+y-2=0 \end{cases}$ 에서

$\dfrac{1}{-1}\neq\dfrac{1}{1}$ 이므로 해가 하나뿐이다.

⑤ $\begin{cases} 3x+y=1 \\ 3x-y=1 \end{cases}$ 에서 $\dfrac{3}{3}\neq\dfrac{1}{-1}$ 이므로 해가 하나뿐이다.

> 참고 ①, ④ 두 일차방정식의 그래프가 기울기는 같고 $y$절편은 다르므로 서로 평행하다. 즉, 연립방정식의 해가 없다.
> ③ 두 일차방정식의 그래프가 기울기와 $y$절편이 각각 같으므로 일치한다. 즉, 연립방정식의 해가 무수히 많다.

---

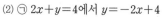

> STEP
> **1** **쏙쏙 개념 익히기**      P. 137
>
> **1** (1) 풀이 참조, $x=-1$, $y=1$
>     (2) 풀이 참조, 해가 없다.
>
> **2** $-1$      **3** $x=1$      **4** $a=2$, $b=-\dfrac{1}{2}$
>
> **5** $-8$

---

**1** (1) ㉠ $x+y=0$에서 $y=-x$

㉡ $2x-y=-3$에서 $y=2x+3$

이 두 그래프를 그리면 오른쪽 그림

과 같다.

즉, 두 그래프의 교점의 좌표는

$(-1, 1)$이다.

따라서 주어진 연립방정식의 해는

$x=-1$, $y=1$이다.

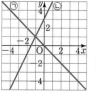

(2) ㉠ $2x+y=4$에서 $y=-2x+4$

㉡ $4x+2y=-4$에서 $y=-2x-2$

이 두 그래프를 그리면 오른쪽 그림

과 같다.

이때 두 그래프는 서로 평행하므로

교점이 없다.

따라서 주어진 연립방정식의 해는 없다.

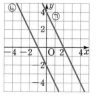

**2** 두 그래프의 교점의 $y$좌표가 4이므로

$3x+2y=14$에 $y=4$를 대입하면

$3x+8=14$, $3x=6$

∴ $x=2$

따라서 두 그래프의 교점의 좌표가 $(2, 4)$이므로

$ax-y=-6$에 $x=2$, $y=4$를 대입하면

$2a-4=-6$, $2a=-2$

∴ $a=-1$

**3** 연립방정식 $\begin{cases} 2x+y+1=0 \\ 3x-2y-9=0 \end{cases}$ 을 풀면

$x=1$, $y=-3$이므로

두 그래프의 교점의 좌표는 $(1, -3)$이다.

따라서 점 $(1, -3)$을 지나고, $y$축에 평행한 직선의 방정식

은 $x=1$이다.

**4** $-4x+ay=1$에서 $y=\dfrac{4}{a}x+\dfrac{1}{a}$

$2x-y=b$에서 $y=2x-b$

두 그래프가 교점이 무수히 많으려면 일치해야 하므로

기울기와 $y$절편이 각각 같아야 한다.

따라서 $\dfrac{4}{a}=2$, $\dfrac{1}{a}=-b$이므로

$a=2$, $b=-\dfrac{1}{2}$

> 다른 풀이

연립방정식 $\begin{cases} -4x+ay=1 \\ 2x-y=b \end{cases}$ 의 해가 무수히 많으므로

$\dfrac{-4}{2}=\dfrac{a}{-1}=\dfrac{1}{b}$

∴ $a=2$, $b=-\dfrac{1}{2}$

**5** $2x-(a+2)y=4$에서 $y=\dfrac{2}{a+2}x-\dfrac{4}{a+2}$

$x+3y+9=0$에서 $y=-\dfrac{1}{3}x-3$

연립방정식의 해가 없으려면 두 그래프가 서로 평행해야 하므로 기울기는 같고, $y$절편은 달라야 한다.

따라서 $\dfrac{2}{a+2}=-\dfrac{1}{3}$이므로

$a=-8$

[다른 풀이]

연립방정식 $\begin{cases} 2x-(a+2)y=4 \\ x+3y=-9 \end{cases}$ 의 해가 없으므로

$\dfrac{2}{1}=\dfrac{-(a+2)}{3}\neq\dfrac{4}{-9}$ $\quad\therefore a=-8$

---

STEP 2 탄탄 단원 다지기    P. 138~139

**1** ⑤    **2** ⑤    **3** ③, ④    **4** $a=-\dfrac{3}{2}$, $b=1$

**5** ③    **6** ②    **7** ④    **8** $a=0$, $b=-6$

**9** ④    **10** $-4$    **11** $y=-4x+17$

**12** (1) $-\dfrac{2}{5}$, $\dfrac{2}{3}$ (2) $-2$ (3) $-2$, $-\dfrac{2}{5}$, $\dfrac{2}{3}$

**13** 9    **14** ⑤    **15** ㄴ, ㄷ    **16** $a=-8$, $b\neq-3$

---

**1** $3x-ay+1=0$에 $x=-1$, $y=2$를 대입하면

$-3-2a+1=0$, $-2a=2$ $\quad\therefore a=-1$

$\therefore 3x+y+1=0$

$3x+y+1=0$에 주어진 점의 좌표를 각각 대입하면

① $3\times(-3)-1+1\neq0$

② $3\times(-2)-8+1\neq0$

③ $3\times1+0+1\neq0$

④ $3\times3-5+1\neq0$

⑤ $3\times4-13+1=0$

따라서 $3x+y+1=0$의 그래프 위의 점은 ⑤이다.

**2** 주어진 일차방정식을 각각 $y$를 $x$에 대한 식으로 나타내면

① $2x-y+1=0$에서 $y=2x+1$

② $2x+y-2=0$에서 $y=-2x+2$

③ $x-2y=0$에서 $y=\dfrac{1}{2}x$

④ $x+y-2=0$에서 $y=-x+2$

⑤ $4x-2y-5=0$에서 $y=2x-\dfrac{5}{2}$

따라서 그 그래프가 기울기는 양수이고 $y$절편은 음수인 것은 ⑤이다.

---

**3** $3x+2y+6=0$에서 $y$를 $x$에 대한 식으로 나타내면

$2y=-3x-6$ $\quad\therefore y=-\dfrac{3}{2}x-3$

① $3x+2y+6=0$에 $x=0$, $y=6$을 대입하면

$3\times0+2\times6+6\neq0$이므로

점 $(0,6)$을 지나지 않는다.

②, ③ $x$절편은 $-2$, $y$절편은 $-3$이므로

그래프는 오른쪽 그림과 같다.

즉, 제1사분면을 지나지 않는다.

④ (기울기)$=-\dfrac{3}{2}<0$이므로

$x$의 값이 증가할 때, $y$의 값은 감소한다.

⑤ $y=x-2$의 그래프의 $x$절편은 2이다.

즉, 두 그래프는 $x$절편이 서로 다르므로 $x$축 위에서 만나지 않는다.

따라서 옳은 것은 ③, ④이다.

**4** 주어진 직선이 두 점 $(-2,0)$, $(0,3)$을 지나므로

$ax+by-3=0$에 두 점의 좌표를 각각 대입하면

$-2a-3=0$, $3b-3=0$ $\quad\therefore a=-\dfrac{3}{2}$, $b=1$

[다른 풀이]

$ax+by-3=0$에서 $y$를 $x$에 대한 식으로 나타내면

$by=-ax+3$ $\quad\therefore y=-\dfrac{a}{b}x+\dfrac{3}{b}$

주어진 그림에서

(기울기)$=\dfrac{(y\text{의 값의 증가량})}{(x\text{의 값의 증가량})}=\dfrac{3}{2}$,

($y$절편)$=3$이므로

$-\dfrac{a}{b}=\dfrac{3}{2}$, $\dfrac{3}{b}=3$ $\quad\therefore a=-\dfrac{3}{2}$, $b=1$

**5** $3x+2y=0$에서 $y$를 $x$에 대한 식으로 나타내면

$2y=-3x$ $\quad\therefore y=-\dfrac{3}{2}x$

즉, $y=-\dfrac{3}{2}x$의 그래프와 평행하므로 기울기는 $-\dfrac{3}{2}$이다.

$y=-\dfrac{3}{2}x+b$로 놓고,

이 식에 $x=4$, $y=-2$를 대입하면

$-2=-6+b$ $\quad\therefore b=4$

$\therefore y=-\dfrac{3}{2}x+4$, 즉 $3x+2y-8=0$

**6** $ax+by-c=0$에서 $y$를 $x$에 대한 식으로 나타내면

$by=-ax+c$ $\quad\therefore y=-\dfrac{a}{b}x+\dfrac{c}{b}$

이때 $a>0$, $b<0$, $c>0$에서

(기울기)$=-\dfrac{a}{b}>0$, ($y$절편)$=\dfrac{c}{b}<0$

이므로 그래프는 오른쪽 그림과 같다.

따라서 그래프가 지나지 않는 사분면은 제2사분면이다.

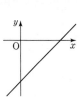

**7** $y$축에 수직이므로 직선 위의 점들의 $y$좌표는 모두 4로 같다.
따라서 구하는 직선의 방정식은 $y=4$이다.
④ $y-4=0$에서 $y=4$이다.

**8** 주어진 그림에서 직선의 방정식은 $x=-2$
$3x-ay-b=0$에서 $x$를 $y$에 대한 식으로 나타내면
$3x=ay+b$ $\quad \therefore x=\dfrac{a}{3}y+\dfrac{b}{3}$
즉, $x=-2$와 $x=\dfrac{a}{3}y+\dfrac{b}{3}$가 서로 같으므로
$0=\dfrac{a}{3}, -2=\dfrac{b}{3}$ $\quad \therefore a=0, b=-6$

**9** 주어진 네 일차방정식의 그래프를 그리면 오른쪽 그림과 같다.
따라서 구하는 도형의 넓이는
$\{2-(-2)\} \times \{5-(-1)\}$
$=4 \times 6=24$

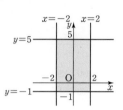

**10** 두 그래프의 교점의 좌표가 $(-2, -3)$이므로
주어진 연립방정식의 해는 $x=-2, y=-3$이다.
$x-ay=4$에 $x=-2, y=-3$을 대입하면
$-2+3a=4, 3a=6$ $\quad \therefore a=2$
$bx+y=1$에 $x=-2, y=-3$을 대입하면
$-2b-3=1, -2b=4$ $\quad \therefore b=-2$
$\therefore ab=2 \times (-2)=-4$

**11** ㈎에서 $y$절편이 17이므로 점 $(0, 17)$을 지난다.
㈏에서 연립방정식 $\begin{cases} x+y=2 \\ 2x+3y=1 \end{cases}$을 풀면
$x=5, y=-3$이므로
두 직선의 교점의 좌표는 $(5, -3)$이다.
즉, 두 점 $(0, 17), (5, -3)$을 지나므로
$(기울기)=\dfrac{-3-17}{5-0}=-4$
$\therefore y=-4x+17$

**12** (1) 세 직선의 방정식을 각각 $y$를 $x$에 대한 식으로 나타내면
$y=\dfrac{1}{3}x+\dfrac{1}{3}, y=-\dfrac{1}{5}x+\dfrac{7}{5}, y=\dfrac{a}{2}x+3$
세 직선 중 어느 두 직선이 서로 평행할 때는
두 직선 $y=\dfrac{1}{3}x+\dfrac{1}{3}$과 $y=\dfrac{a}{2}x+3$이 평행하거나
두 직선 $y=-\dfrac{1}{5}x+\dfrac{7}{5}$과 $y=\dfrac{a}{2}x+3$이 평행할 때이므로
$\dfrac{1}{3}=\dfrac{a}{2}$ 또는 $-\dfrac{1}{5}=\dfrac{a}{2}$
$\therefore a=\dfrac{2}{3}$ 또는 $a=-\dfrac{2}{5}$

(2) 연립방정식 $\begin{cases} x-3y+1=0 \\ x+5y-7=0 \end{cases}$을 풀면 $x=2, y=1$이므로
주어진 세 직선의 교점의 좌표는 $(2, 1)$이다.
따라서 $ax-2y+6=0$에 $x=2, y=1$을 대입하면
$2a-2+6=0, 2a=-4$ $\quad \therefore a=-2$

(3) 세 직선에 의해 삼각형이 만들어지지 않으려면 두 직선이 서로 평행하거나 세 직선이 한 점에서 만나야 하므로
$a$의 값이 될 수 있는 수는
$-2, -\dfrac{2}{5}, \dfrac{2}{3}$

참고 세 직선에 의해 삼각형이 만들어지지 않는 경우는 다음과 같다.
① 세 직선 중 어느 두 직선이 서로 평행하거나
세 직선이 모두 평행한 경우
② 세 직선이 한 점에서 만나는 경우

**13** $x+y=4, x-y=-2$의 그래프의 $x$절편을 구하면 각각 $4, -2$이다.
연립방정식 $\begin{cases} x+y=4 \\ x-y=-2 \end{cases}$를 풀면
$x=1, y=3$이므로 두 그래프의 교점의 좌표는 $(1, 3)$이다.
따라서 구하는 도형의 넓이는
$\dfrac{1}{2} \times \{4-(-2)\} \times 3=9$

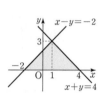

**14** $-4x+3y=1$에서 $y=\dfrac{4}{3}x+\dfrac{1}{3}$
$8x-6y=-2$에서 $y=\dfrac{4}{3}x+\dfrac{1}{3}$
이 두 그래프는 서로 일치하므로 교점이 무수히 많다.
따라서 주어진 연립방정식의 해는 $-4x+3y=1$을 만족시키는 모든 순서쌍이다.

**15** $y=-3x+5$의 그래프와 한 점에서 만나려면 기울기가 $-3$이 아니어야 한다.
ㄱ. $3x+y+5=0$에서 $y=-3x-5$ $\quad \therefore (기울기)=-3$
ㄴ. $x-3y+5=0$에서 $y=\dfrac{1}{3}x+\dfrac{5}{3}$ $\quad \therefore (기울기)=\dfrac{1}{3}$
ㄷ. $-3x+5y+10=0$에서 $y=\dfrac{3}{5}x-2$ $\quad \therefore (기울기)=\dfrac{3}{5}$
ㄹ. $3x+y-5=0$에서 $y=-3x+5$ $\quad \therefore (기울기)=-3$
따라서 $y=-3x+5$의 그래프와 한 점에서 만나는 것은 ㄴ, ㄷ이다.

**16** 두 일차방정식을 각각 $y$를 $x$에 대한 식으로 나타내면
$ax+2y=6$에서 $y=-\dfrac{a}{2}x+3$
$4x-y=b$에서 $y=4x-b$
두 그래프가 교점이 존재하지 않으려면 서로 평행해야 하므로
$-\dfrac{a}{2}=4, 3 \neq -b$ $\quad \therefore a=-8, b \neq -3$

〈과정은 풀이 참조〉

**따라 해보자**    유제 1 $a=0$, $b=2$

           유제 2 $y=-3x+8$

**연습해 보자**    1 $x=-16$     2 $P\left(3, \dfrac{3}{2}\right)$

           3 (1) $A(5, 3)$, $B(0, 3)$, $C(0, -2)$   (2) $\dfrac{25}{2}$

           4 $a=4$, $b=8$

**따라 해보자**

유제 1 **[1단계]** $x$축에 평행한 직선 위의 점들은 $y$좌표가 모두 같으
므로 $y=5$     … (i)

**[2단계]** $ax-by+10=0$에서 $y$를 $x$에 대한 식으로 나타내면

$by=ax+10$    $\therefore y=\dfrac{a}{b}x+\dfrac{10}{b}$     … (ii)

**[3단계]** $y=5$와 $y=\dfrac{a}{b}x+\dfrac{10}{b}$이 서로 같으므로

$0=\dfrac{a}{b}$, $5=\dfrac{10}{b}$    $\therefore a=0$, $b=2$     … (iii)

| 채점 기준 | 비율 |
|---|---|
| (i) 점 $(-4, 5)$를 지나고 $x$축에 평행한 직선의 방정식 구하기 | 40 % |
| (ii) 일차방정식을 (i)의 식의 꼴로 정리하기 | 30 % |
| (iii) $a$, $b$의 값 구하기 | 30 % |

유제 2 **[1단계]** 연립방정식 $\begin{cases} x+y=6 \\ 2x-y=-3 \end{cases}$ 을 풀면 $x=1$, $y=5$이

므로 두 직선의 교점의 좌표는 $(1, 5)$이다.   … (i)

**[2단계]** 직선 $y=-3x+7$과 평행하면 기울기가 $-3$이므
로 직선의 방정식을 $y=-3x+b$로 놓고,

이 식에 $x=1$, $y=5$를 대입하면

$5=-3+b$    $\therefore b=8$

$\therefore y=-3x+8$     … (ii)

| 채점 기준 | 비율 |
|---|---|
| (i) 두 직선의 교점의 좌표 구하기 | 50 % |
| (ii) 직선의 방정식 구하기 | 50 % |

**연습해 보자**

1 $y$축에 평행한 직선 위의 점들은 $x$좌표가 모두 같으므로

$2a+8=a-4$    $\therefore a=-12$     … (i)

따라서 $a-4=-12-4=-16$이므로

구하는 직선의 방정식은 $x=-16$이다.     … (ii)

| 채점 기준 | 비율 |
|---|---|
| (i) $a$의 값 구하기 | 60 % |
| (ii) 직선의 방정식 구하기 | 40 % |

2 직선 $l$은 두 점 $(2, 0)$, $(0, -3)$을 지나므로

$(\text{기울기})=\dfrac{-3-0}{0-2}=\dfrac{3}{2}$, $(y\text{절편})=-3$

$\therefore y=\dfrac{3}{2}x-3$     … (i)

직선 $m$은 두 점 $(0, 3)$, $(6, 0)$을 지나므로

$(\text{기울기})=\dfrac{0-3}{6-0}=-\dfrac{1}{2}$, $(y\text{절편})=3$

$\therefore y=-\dfrac{1}{2}x+3$     … (ii)

따라서 연립방정식 $\begin{cases} y=\dfrac{3}{2}x-3 \\ y=-\dfrac{1}{2}x+3 \end{cases}$ 을 풀면 $x=3$, $y=\dfrac{3}{2}$이

므로 두 그래프의 교점 P의 좌표는 $P\left(3, \dfrac{3}{2}\right)$이다.   … (iii)

| 채점 기준 | 비율 |
|---|---|
| (i) 직선 $l$의 방정식 구하기 | 30 % |
| (ii) 직선 $m$의 방정식 구하기 | 30 % |
| (iii) 점 P의 좌표 구하기 | 40 % |

3 (1) $y-3=0$에서 $y=3$

$x-y-2=0$에서 $y=x-2$

이 두 그래프의 $y$절편은 각각 3, $-2$이므로

$B(0, 3)$, $C(0, -2)$     … (i)

연립방정식 $\begin{cases} y=3 \\ y=x-2 \end{cases}$ 를 풀면 $x=5$, $y=3$이므로

두 그래프의 교점의 좌표는 $(5, 3)$이다.

$\therefore A(5, 3)$     … (ii)

(2) $\triangle ABC=\dfrac{1}{2}\times 5\times \{3-(-2)\}$

$=\dfrac{25}{2}$     … (iii)

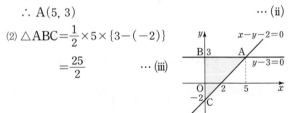

| 채점 기준 | 비율 |
|---|---|
| (i) 두 점 B, C의 좌표 구하기 | 30 % |
| (ii) 점 A의 좌표 구하기 | 30 % |
| (iii) $\triangle ABC$의 넓이 구하기 | 40 % |

4 $ax-2y=b$에서 $y=\dfrac{a}{2}x-\dfrac{b}{2}$

$2x-y-4=0$에서 $y=2x-4$     … (i)

연립방정식의 해가 무수히 많으려면 두 그래프가 일치해야
하므로 기울기와 $y$절편이 각각 같아야 한다.

즉, $\dfrac{a}{2}=2$, $-\dfrac{b}{2}=-4$     … (ii)

$\therefore a=4$, $b=8$     … (iii)

| 채점 기준 | 비율 |
|---|---|
| (i) 두 일차방정식을 $y$를 $x$에 대한 식으로 나타내기 | 30 % |
| (ii) 두 일차방정식의 그래프가 일치하는 조건 설명하기 | 40 % |
| (iii) $a$, $b$의 값 구하기 | 30 % |

답 **41그릇**

총수입에 대한 직선이 두 점 $(0, 0)$, $(60, 90000)$을 지나므로

$(기울기) = \dfrac{90000-0}{60-0} = 1500$     $\therefore\ y = 1500x$

총비용에 대한 직선이 두 점 $(0, 12000)$, $(30, 48000)$을 지나므로

$(기울기) = \dfrac{48000-12000}{30-0} = 1200$, $(y$절편$) = 12000$

$\therefore\ y = 1200x + 12000$

즉, 연립방정식 $\begin{cases} y = 1500x \\ y = 1200x + 12000 \end{cases}$ 을 풀면 $x = 40$, $y = 60000$

이므로 두 직선의 교점의 좌표는 $(40, 60000)$이다.

따라서 빙수를 41그릇 이상 팔아야 한다.

# 정답만 모아 스피드 체크

## 1 유리수와 순환소수

### ~1 유리수와 순환소수

**유형 1** — P. 6

**1** (1) 6, 1.1666…, 무한소수　(2) 0.9, 유한소수
　(3) 0.4375, 유한소수　　(4) 0.2272727…, 무한소수
　(5) 0.060606…, 무한소수

**2** (1) 4, $0.\dot{4}$　(2) 70, $2.\dot{7}\dot{0}$　(3) 12, $3.0\dot{1}\dot{2}$
　(4) 010, $0.\dot{0}1\dot{0}$　(5) 125, $5.2\dot{1}2\dot{5}$

**3** $0.\dot{2}1\dot{6}$, 3, 3, 2, 2, 1

**4** (1) $0.\dot{2}\dot{7}$, 7　(2) $0.\dot{2}9\dot{6}$, 2　(3) $0.\dot{1}5384\dot{6}$, 8

**유형 2** — P. 7

**1** (1) 2, 2, 6, 0.6　(2) $5^2$, $5^2$, 25, 0.25
　(3) $5^3$, $5^3$, 625, 0.625　(4) 5, 5, 85, 0.85

**2** (1) 50, 2, 5, 2, 5, 있다　(2) 14, 7, 7, 없다

**3** ㄱ, ㄷ, ㅂ　　　　**4** 12

**5** (1) 3　(2) 11　(3) 33　(4) 9

**쌍둥이 기출문제** — P. 8~9

**1** ⑤　**2** ①, ④　**3** ②　**4** ③
**5** 5　**6** 1　**7** $A=5^2$, $B=1000$, $C=0.075$
**8** 20　**9** ④　**10** ㄱ, ㄴ, ㅁ　**11** ⑤
**12** 9　**13** ⑤　**14** 77　**15** ③　**16** ⑤

**유형 3** — P. 10

**1** 100, 99, 34, 99

**2** (1) $\dfrac{2}{3}$　(2) $\dfrac{40}{99}$　(3) $\dfrac{7}{3}$　(4) $\dfrac{313}{99}$　(5) $\dfrac{125}{999}$

**3** 1000, 990, 122, 990, 495

**4** (1) $\dfrac{16}{45}$　(2) $\dfrac{52}{45}$　(3) $\dfrac{97}{900}$　(4) $\dfrac{211}{990}$　(5) $\dfrac{1037}{330}$

**유형 4** — P. 11

**1** (1) 8　(2) 9, 9　(3) 258, 86　(4) 247, 2, 245

**2** (1) 25, 23　(2) 10, 90, 45
　(3) 13, 1, 75　(4) 3032, 30, 1501

**3** (1) $\dfrac{43}{99}$　(2) $\dfrac{1511}{999}$　(3) $\dfrac{433}{495}$
　(4) $\dfrac{37}{36}$　(5) $\dfrac{2411}{990}$　(6) $\dfrac{1621}{495}$

**4** (1) ○　(2) ○　(3) ×　(4) ○　(5) ×

**쌍둥이 기출문제** — P. 12~13

**1** ⑤　**2** 100, 100, 13.777…, 90, 124, $\dfrac{62}{45}$
**3** ②　**4** ④　**5** ③　**6** ⑤
**7** (1) 99　(2) 41　(3) $0.4\dot{1}$　**8** $0.6\dot{7}$　**9** ③
**10** ①　**11** ④　**12** ②, ③

**단원 마무리** — P. 14~15

**1** ②, ⑤　**2** 15　**3** ㄴ, ㅁ　**4** ②, ④　**5** 63
**6** $\dfrac{503}{330}$　**7** ⑤　**8** $1.0\dot{4}$　**9** ④

## ⌒1 지수법칙

**유형 1**      P. 18

**1** (1) $a^9$   (2) $a^{14}$   (3) $x^6$   (4) $2^{23}$
**2** (1) $a^8$   (2) $x^{18}$   (3) $x^{10}$   (4) $3^{15}$
**3** (1) $x^{10}y^{12}$   (2) $a^6b^8$   (3) $x^9y^6$   (4) $a^6b^5$
**4** (1) $x^6$   (2) $a^{20}$   (3) $2^{15}$   (4) $5^{14}$
**5** (1) $a^{24}$   (2) $x^{20}$
**6** (1) $a^{10}$   (2) $x^{13}$   (3) $x^{18}$   (4) $5^{27}$
**7** (1) $x^5y^{16}$   (2) $a^{18}b^{19}$   (3) $2^{12}a^{23}$   (4) $3^{15}x^7$

**유형 2**      P. 19

**1** (1) $x^5$   (2) $x^6$   (3) $a^3$   (4) $5^6$
**2** (1) $\dfrac{1}{a^5}$   (2) $\dfrac{1}{x^9}$   (3) $1$   (4) $\dfrac{1}{2^7}$
**3** (1) $a^6$   (2) $1$   (3) $\dfrac{1}{x^4}$
**4** (1) $a^2$   (2) $x^5$   (3) $\dfrac{1}{y^2}$
**5** (1) $x^2y^4$   (2) $a^{12}b^{18}$   (3) $x^{15}y^{20}z^5$
**6** (1) $8a^{12}$   (2) $5^9a^6$   (3) $x^{16}$   (4) $-27x^6$   (5) $25x^6y^{10}$
**7** (1) $\dfrac{y^3}{x^6}$   (2) $\dfrac{b^6}{a^2}$   (3) $-\dfrac{x^3}{27}$   (4) $\dfrac{b^{20}}{a^8}$   (5) $\dfrac{9y^2}{4x^6}$

**한 걸음 Ⅾ 연습**      P. 20

**1** (1) 8 (2) 4 (3) 4    **2** (1) 3 (2) 6 (3) 6
**3** (1) $a=2$, $b=3$ (2) $a=4$, $b=81$, $c=8$
   (3) $a=3$, $b=2$ (4) $a=3$, $b=8$, $c=12$
**4** (1) 3 (2) 2    **5** (1) 2, 1, 3 (2) $3^5$ (3) $5^4$
**6** (1) 6, 3, 3 (2) $A^5$ (3) $A^6$
**7** (1) 3, 3, 8, 800000, 6 (2) 8자리 (3) 10자리

**쌍둥이 기출문제**      P. 21~22

**1** ⑤    **2** ③, ⑤    **3** (1) $a^4$ (2) $x^2$ (3) $3^3$
**4** (1) $5^{12}$ (2) $a^{15}$ (3) $x^3$    **5** $2^{12}$    **6** 3
**7** ②    **8** 5    **9** ⑤    **10** 17    **11** ①
**12** 5    **13** ③    **14** ①    **15** 4자리    **16** ③

**유형 3**      P. 23

**1** (1) $12x^3$   (2) $-10ab$   (3) $-x^6y$   (4) $15a^2b^3$
**2** (1) $-2x^5$   (2) $2a^{11}$   (3) $16x^{14}y^2$   (4) $8a^{11}b^7$
**3** (1) $6a^6$   (2) $-8x^4y^6$   (3) $12a^3b^4$
**4** (1) $\dfrac{9}{x}$   (2) $-\dfrac{1}{3a^2}$   (3) $-\dfrac{2}{x}$   (4) $\dfrac{4}{3xy^2}$
**5** (1) $5x$, $2x$   (2) $2a^2$   (3) $-\dfrac{2}{3}x$   (4) $8a^2$   (5) $\dfrac{1}{y}$
**6** (1) $\dfrac{4}{3a}$, $4a^2$   (2) $4x^7$   (3) $-21x^2$   (4) 6   (5) $\dfrac{5a^4}{4b^6}$
**7** (1) $-\dfrac{2}{a}$   (2) $\dfrac{4y}{3x^2}$

**유형 4**      P. 24

**1** (1) $\dfrac{1}{C}$, $\dfrac{AB}{C}$   (2) $\dfrac{AC}{B}$   (3) $\dfrac{A}{BC}$
**2** (1) $\dfrac{B}{C}$, $\dfrac{AB}{C}$   (2) $\dfrac{A}{BC}$   (3) $\dfrac{AC}{B}$
**3** (1) $12x^2$   (2) $-\dfrac{6b}{a}$   (3) $-64a^4b^4$   (4) $\dfrac{3x}{4y}$
   (5) $\dfrac{6}{5}y^7$   (6) $\dfrac{1}{2}a^2b^4$
**4** (1) $-3a^2$   (2) $16xy^2$   (3) $\dfrac{2}{b^5}$   (4) $-9x^{12}y$
   (5) $4ab$   (6) $\dfrac{5}{3}x^7y^7$

**한 걸음 Ⅾ 연습**      P. 25

**1** (1) $3x^2$   (2) $-2x^2y^2$   (3) $-6ab$
**2** (1) $-3x$   (2) $\dfrac{3}{8}ab$    **3** (1) $\dfrac{5}{2}a$   (2) $48x^7y^3$
**4** (1) $12a^4b^2$   (2) $14x^2y^3$    **5** (1) $18x^6$   (2) $8\pi a^3b^2$
**6** $32x^4y^7$    **7** $2x^3y$

**쌍둥이 기출문제**      P. 26~27

**1** (1) $-8a^2b$ (2) $45x^5y^5$    **2** $-6x^3y^2$
**3** ①    **4** $\dfrac{2}{y^2}$    **5** $a=3$, $b=4$    **6** 0
**7** $x^4y^6$, $x^{12}y^4$, $x^4y^6$, $\dfrac{1}{x^{12}y^4}$, $\dfrac{6y^3}{x^4}$    **8** ③    **9** 27
**10** 48    **11** $a^4b^2$    **12** $4a^3$    **13** ④    **14** $3y^3$
**15** $4x^4y^3$    **16** $5a$

# ~3 다항식의 계산

## 유형 5

P. 28

1 (1) $-x-y+z$　(2) $-6a+2b$　(3) $2x+\dfrac{1}{3}y-\dfrac{2}{3}$

2 (1) $8x-5y$　(2) $4x+y-2$　(3) $2x+4y$
 (4) $-3x+5y+7$

3 (1) $-2a$　(2) $-3x+13y$　(3) $-8a+15b$
 (4) $-5x+2y+21$

4 (1) $-\dfrac{1}{6}a+5b$　(2) $\dfrac{7a-2b}{12}$　(3) $\dfrac{-5x-3y}{4}$

5 (1) $a-2b$　(2) $6x+y$　(3) $x-4y$

6 (1) $7a-6b+4$　(2) $x-7y+1$　(3) $5x-7y-2$

## 유형 6

P. 29

1 (1) ×　(2) ○　(3) ×　(4) ×　(5) ○

2 (1) $5a^2+5a+7$　(2) $x^2+10x-10$
 (3) $x^2+8x-5$　(4) $-4a^2-9a+4$
 (5) $-8a^2-3a+11$　(6) $-5x^2+17x-10$

3 (1) $-\dfrac{1}{8}a^2-8a-2$　(2) $\dfrac{18x^2+5x+8}{15}$　(3) $\dfrac{-a^2+1}{6}$

4 (1) $3x^2+x+1$　(2) $-x^2-2x-7$
 (3) $4x^2-9x+6$

5 (1) $7a^2-4a+2$　(2) $-7a^2-3a-2$

## 유형 7

P. 30

1 (1) $3a^2-15a$　(2) $-8a^2+12a$
 (3) $-10a^2b+5ab^2$　(4) $\dfrac{3}{2}x^2y-3xy-4y$
 (5) $a^3b^2+4a^2b^3$　(6) $-\dfrac{2}{3}x^2y+xy^2+2xy$

2 (1) $b-a^3$　(2) $7a+5b-4$
 (3) $-x^2+x-3y$

3 (1) $2a,\ 3a-2$　(2) $-x-y^2$
 (3) $ab^2+2$　(4) $-3x+4y-\dfrac{4y^2}{3x}$

4 (1) $\dfrac{3}{x},\ 3y-9$　(2) $\dfrac{4}{3}x+\dfrac{8}{3}y$
 (3) $16a^2-24b$　(4) $4a-2b^2+6b$

## 유형 8

P. 31

1 (1) $6a^2+a$　(2) $-4a^2+21ab$
 (3) $-x^2-5xy$　(4) $3x^2-8xy$

2 (1) $4x-3y$　(2) $-a+5b$

3 (1) $-2x^2+x-4$　(2) $a^2b$

4 (1) $\dfrac{7}{3}x^3+\dfrac{5}{4}x^2y$　(2) $6x^2y-xy^2$
 (3) $5a^2b-4a$　(4) $\dfrac{1}{6}a^2-10ab$

5 (1) $16xy-4y^2$　(2) $32x^2y^2+48y^3$
 (3) $-\dfrac{3}{2}a^2+a$　(4) $-2a^3b^3+\dfrac{1}{3}a^2b$

## 한 번 더 연습

P. 32

1 (1) $5a^3-20a^2b$　(2) $\dfrac{1}{3}x^2-2xy$
 (3) $-8a^2b-4ab^2+4ab$　(4) $-8xy+6y^2$

2 (1) $2x-y$　(2) $a^2+\dfrac{1}{2}ab-2b^2$　(3) $\dfrac{3y}{x^2}-\dfrac{1}{2}x$

3 (1) $18a+9b$　(2) $5x-\dfrac{5}{y^2}+\dfrac{10y}{x}$　(3) $12x-4$

4 (1) $-x^2-5xy+6y^2$　(2) $2a^2$　(3) $6x-2y$　(4) $-x+2y$

5 (1) $2ab$　(2) $12x^2-9xy+2$　(3) $11ab^2+34b^3$

6 (1) $5$　(2) $11$　(3) $14$

## 쌍둥이 기출문제

P. 33~34

1 (1) $5a+b$　(2) $\dfrac{5x+7y}{4}$　　2 (1) $x+8y$　(2) $\dfrac{a+7b}{6}$

3 ②　　4 ①　　5 ⑤　　6 $10$

7 (1) $-x^2-6x+11$　(2) $x^2-11x+20$

8 $10x^2-2x+1$　　9 ㄱ, ㄷ　　10 ④

11 $x^2-7x+4$　　12 ①　　13 ⑤　　14 $13$

15 $9a^2b-12a$　　16 $22x^2y+4y^2$

## 단원 마무리

P. 35~37

1 ①, ⑤　　2 $3^{11}$　　3 $22$　　4 $14$

5 ⑤　　6 13자리　　7 $-48a^9b^4$　　8 $8x^6y^4$

9 $\dfrac{1}{5}$　　10 $-2x^2-3x-16$　　11 ④

12 $-4x^2+xy$　　　13 $3a-1$

스피드 체크 • 3

## ─1 부등식의 해와 그 성질

**1** ㄱ, ㄷ, ㅂ

**2** (1) $x-5\leq8$   (2) $12-x\leq3x$   (3) $2x+10<5x-2$

**3** (1) $x>130$   (2) $1600+500x<3000$

     (3) $5+2x\leq60$

**4**

| $x$ | 좌변 | 부등호 | 우변 | 참, 거짓 |
|---|---|---|---|---|
| $-2$ | $2\times(-2)+1=-3$ | $<$ | 3 | 거짓 |
| $-1$ | $2\times(-1)+1=-1$ | $<$ | 3 | 거짓 |
| $0$ | $2\times0+1=1$ | $<$ | 3 | 거짓 |
| $1$ | $2\times1+1=3$ | $=$ | 3 | 거짓 |
| $2$ | $2\times2+1=5$ | $>$ | 3 | 참 |

     2, 2

**5** (1) $-1$, 0, 1   (2) $-2$, $-1$   (3) $-7$, $-6$   (4) $-1$, 0

**1** (1) $<$, $<$     (2) $<$, $<$     (3) $>$, $>$

**2** (1) $>$   (2) $>$   (3) $>$   (4) $>$   (5) $<$   (6) $<$

**3** (1) $>$   (2) $<$   (3) $\geq$   (4) $<$   (5) $\geq$   (6) $<$

**4** (1) $>$, $<$   (2) $<$, $<$   (3) $\geq$, $\leq$

**5** (1) $-2$, 8, 1, 11     (2) $-11<6x-5\leq19$

     (3) 1, $-4$, $-4$, 1, 0, 5   (4) $-7\leq-2x+1<3$

**1** ②     **2** ③     **3** ④     **4** ①, ④

**5** ②     **6** ④     **7** ⑤     **8** ③, ⑤

**9** ②, ⑤    **10** ⑤    **11** 5    **12** ⑤

## ─2 일차부등식의 풀이

**1** (1) ×    (2) ×    (3) ○    (4) ×

   (5) ○    (6) ×    (7) ○

**2** $3x$, 12, $-2x$, $-10$, 5, 5

**3** (1) $x>4$,           (2) $x>-5$,

     (3) $x\leq-2$,        (4) $x>1$,

     (5) $x\leq-3$,       (6) $x>3$,

     (7) $x<0$,         (8) $x\leq-2$,

**1** (1) 3, 2, 2         (2) $x<\dfrac{9}{2}$     (3) $x<2$

    (4) $x\leq\dfrac{13}{5}$         (5) $x<3$

**2** (1) 10, 5, 12, 4, 4    (2) $x\leq-2$     (3) $x<10$

    (4) $x<-2$         (5) $x<-\dfrac{2}{5}$

**3** (1) 4, 3, 24, $-6$, $-3$   (2) $x>5$     (3) $x>5$

    (4) $x\leq-\dfrac{9}{7}$       (5) $x>19$

**1** (1) $x<-\dfrac{1}{a}$   (2) $x>2$   (3) $x<7$

**2** (1) $x>\dfrac{7}{a}$   (2) $x\leq-\dfrac{4}{a}$

**3** (1) 7      (2) $-5$    (3) 2

**4** (1) $x<-3$   (2) 9

## 기출문제

P. 47~49

| | | | | | | | | | |
|---|---|---|---|---|---|---|---|---|---|
| **1** | ㄱ, ㅁ | **2** | ⑤ | **3** | ④ | **4** | ③ | **5** | ③ |
| **6** | ④ | **7** | ⑤ | **8** | ① | **9** | $x \geq -5$ | | |
| **10** | ④ | **11** | ① | **12** | 8 | **13** | ② | **14** | $x \leq -1$ |
| **15** | 8 | **16** | 11 | **17** | ③ | **18** | $-17$ | | |

## 한 걸음 **더** 연습

P. 52

**1** (1)

| | 초콜릿 | 사탕 |
|---|---|---|
| 개수 | $x$개 | $(30-x)$개 |
| 가격 | $500x$원 | $400(30-x)$원 |

$$500x + 400(30-x) \leq 13000$$

(2) $x \leq 10$　　　　(3) 10개

**2** (1) $4000 + 1000x > 8000 + 300x$

(2) $x > \dfrac{40}{7}$　　　　(3) 6개월 후

**3** (1) $1000x > 1000 \times \left(1 - \dfrac{20}{100}\right) \times 30$

(2) $x > 24$　　　　(3) 25명

**4** (1)

| | 자전거로 갈 때 | 걸어갈 때 | 전체 |
|---|---|---|---|
| 거리 | $x$ km | $(10-x)$ km | 10 km |
| 속력 | 시속 6 km | 시속 2 km | — |
| 시간 | $\dfrac{x}{6}$시간 | $\dfrac{10-x}{2}$시간 | 2시간 이내 |

$$\dfrac{x}{6} + \dfrac{10-x}{2} \leq 2$$

(2) $x \geq 9$　　　　(3) 9 km

# 3 일차부등식의 활용

## 유형 5

P. 50~51

**1** (1) $(x-1) + x + (x+1) > 100$

(2) $x > \dfrac{100}{3}$　　　　(3) 33, 34, 35

**2** (1) $\dfrac{1}{2} \times (x+8) \times 5 \geq 30$

(2) $x \geq 4$　　　　(3) 4 cm

**3** (1) $800x + 2500 \leq 22500$

(2) $x \leq 25$　　　　(3) 25개

**4** (1) $1100x > 900x + 2200$

(2) $x > 11$　　　　(3) 12권

**5** (1)

| | 올라갈 때 | 내려올 때 | 전체 |
|---|---|---|---|
| 거리 | $x$ km | $x$ km | — |
| 속력 | 시속 3 km | 시속 4 km | — |
| 시간 | $\dfrac{x}{3}$시간 | $\dfrac{x}{4}$시간 | 4시간 이내 |

$$\dfrac{x}{3} + \dfrac{x}{4} \leq 4$$

(2) $x \leq \dfrac{48}{7}$　　　　(3) $\dfrac{48}{7}$ km

## 기출문제

P. 53~54

| | | | | | | | | | |
|---|---|---|---|---|---|---|---|---|---|
| **1** | ④ | **2** | 92점 | **3** | ① | **4** | 9 cm | **5** | ⑤ |
| **6** | ④ | **7** | 63장 | **8** | 7회 | **9** | ③ | **10** | $\dfrac{80}{9}$ km |
| **11** | $\dfrac{5}{3}$ km | **12** | $\dfrac{5}{4}$ km | | | | | | |

## 단원 마무리

P. 55~57

| | | | | | | | | | |
|---|---|---|---|---|---|---|---|---|---|
| **1** | ③, ④ | **2** | ③ | **3** | ④ | **4** | ④ | **5** | ③ |
| **6** | 1 | **7** | ① | **8** | ⑤ | **9** | 4 | **10** | 55개 |
| **11** | 36개월 후 | **12** | 37개월 | | | | | | |

# 4 연립일차방정식

## ᄉ1 미지수가 2개인 일차방정식

P. 60

**유형 1**

**1** (1) × (2) ○ (3) × (4) ×
 (5) ○ (6) × (7) × (8) ○

**2** (1) $x+y=15$
 (2) $x=y+4$
 (3) $1000x+800y=11600$

**3** (1) × (2) ○ (3) ○

**4** (1) (차례로) 4, $\dfrac{7}{2}$, 3, $\dfrac{5}{2}$, 2, $\dfrac{3}{2}$, 1, $\dfrac{1}{2}$, 0
 해: $(1, 4), (3, 3), (5, 2), (7, 1)$
 (2) (차례로) $\dfrac{21}{2}$, 9, $\dfrac{15}{2}$, 6, $\dfrac{9}{2}$, 3, $\dfrac{3}{2}$, 0
 해: $(3, 6), (6, 4), (9, 2)$

**5** (1) 1 (2) 11 (3) $-3$

## ᄉ2 미지수가 2개인 연립일차방정식

P. 61

**유형 2**

**1** (1) ㉠ (차례로) 5, 4, 3, 2, 1, 0
 해: $(1, 5), (2, 4), (3, 3), (4, 2), (5, 1)$
 ㉡ (차례로) 5, 3, 1, $-1$
 해: $(1, 5), (2, 3), (3, 1)$
 (2) $(1, 5)$

**2** (1) $(1, 9), (2, 7), (3, 5), (4, 3), (5, 1)$
 (2) $(1, 4), (4, 3), (7, 2), (10, 1)$
 (3) $(4, 3)$

**3** (1) ○ (2) × (3) ○

**4** (1) 1, $-1$, 1. $-1$, 2, 1, $-1$, 1, $-1$, 4
 (2) $a=6$, $b=-3$
 (3) $a=5$, $b=11$

**쌍둥이 기출문제**

P. 62~63

**1** ③ **2** ④ **3** ⑤ **4** ③
**5** $(2, 3), (5, 2), (8, 1)$ **6** 5개 **7** ①
**8** 1 **9** 2 **10** $-1$ **11** ④ **12** ③
**13** ⑤ **14** 3 **15** 10 **16** $-5$

## ᄉ3 연립방정식의 풀이

P. 64

**유형 3**

**1** $3y+9$, $-2$, $-2$, 3, 3, $-2$
**2** $-6y+10$, $-6y+10$, 1, 1, 4, 4, 1
**3** (1) $x=-2$, $y=1$ (2) $x=-11$, $y=-19$
 (3) $x=3$, $y=-1$ (4) $x=2$, $y=0$
 (5) $x=2$, $y=4$ (6) $x=9$, $y=2$
 (7) $x=4$, $y=3$ (8) $x=2$, $y=1$

P. 65

**유형 4**

**1** 빼다, $-$, $-2$, 3, 3, 3, 3, 3
**2** 2, 더한다, $+$, 17, 2, 2, 2, 2, 2
**3** (1) $x=1$, $y=-2$ (2) $x=-1$, $y=\dfrac{3}{2}$
 (3) $x=-10$, $y=-6$ (4) $x=0$, $y=1$
 (5) $x=-1$, $y=-1$ (6) $x=3$, $y=2$
 (7) $x=0$, $y=-4$ (8) $x=-2$, $y=2$

P. 66

**유형 5**

**1** (1) 6, 3, 2
 (2) $x=1$, $y=-3$ (3) $x=2$, $y=7$
**2** (1) 2, 4, 2, $-1$, 2
 (2) $x=4$, $y=2$ (3) $x=2$, $y=-2$
**3** (1) 4, 3, 3, 2, 2, 2
 (2) $x=1$, $y=2$ (3) $x=-\dfrac{1}{3}$, $y=-2$
**4** (1) 4, 7, 3, 4, 2, $\dfrac{5}{4}$
 (2) $x=-3$, $y=\dfrac{1}{2}$

## 유형 6  P. 67

**1** (1) ① $x+2y$  ② 6  ③ $x+2y$  (2) $x=6,\ y=0$
**2** (1) $x=-1,\ y=2$  (2) $x=1,\ y=-1$
  (3) $x=7,\ y=1$
**3** (1) 해가 무수히 많다.  (2) 해가 무수히 많다.
  (3) 해가 없다.  (4) 해가 없다.
**4** $-9,\ -12,\ -9$

### 쌍둥이 기출문제  P. 68~70

**1** $3y+2,\ -\dfrac{1}{5},\ -\dfrac{1}{5},\ -\dfrac{1}{5},\ \dfrac{7}{5},\ \dfrac{7}{5},\ -\dfrac{1}{5}$  **2** 7
**3** ②  **4** ⑤  **5** ④  **6** $-7$  **7** $-1$
**8** 4  **9** $-1$  **10** 7  **11** $-1$  **12** 0
**13** $x=\dfrac{5}{2},\ y=1$  **14** $x=-1,\ y=2$  **15** ②
**16** $x=-3,\ y=-5$  **17** $x=13,\ y=7$  **18** ⑤
**19** ⑤  **20** ⑤  **21** $a=4,\ b=-5$  **22** $-3$
**23** 2  **24** ③

## 04 연립방정식의 활용

### 유형 7  P. 71~72

**1** (1) $\begin{cases} x+y=64 \\ x-y=38 \end{cases}$  (2) $x=51,\ y=13$  (3) 51
**2** (1)

| | 십의 자리의 숫자 | 일의 자리의 숫자 | 자연수 |
|---|---|---|---|
| 처음 수 | $x$ | $y$ | $10x+y$ |
| 바꾼 수 | $y$ | $x$ | $10y+x$ |

$\begin{cases} x+y=13 \\ 10y+x=(10x+y)-27 \end{cases}$
(2) $x=8,\ y=5$  (3) 85
**3** (1) $\begin{cases} x+y=15 \\ 500x+300y=5900 \end{cases}$
  (2) $x=7,\ y=8$  (3) 어른: 7명, 학생: 8명
**4** (1) $\begin{cases} x+y=46 \\ x+16=2(y+16) \end{cases}$
  (2) $x=36,\ y=10$  (3) 아버지: 36세, 아들: 10세
**5** (1) $\begin{cases} 3x-y=20 \\ 3y-x=4 \end{cases}$  (2) $x=8,\ y=4$  (3) 8회

### 유형 8  P. 73

**1** (1)

| | 자전거를 탈 때 | 걸어갈 때 | 전체 |
|---|---|---|---|
| 거리 | $x$ km | $y$ km | 7 km |
| 속력 | 시속 8 km | 시속 3 km | — |
| 시간 | $\dfrac{x}{8}$시간 | $\dfrac{y}{3}$시간 | $1\dfrac{30}{60}$시간 |

$\begin{cases} x+y=7 \\ \dfrac{x}{8}+\dfrac{y}{3}=1\dfrac{30}{60} \end{cases}$
(2) $x=4,\ y=3$  (3) 4 km
**2** (1)

| | 올라갈 때 | 내려올 때 | 전체 |
|---|---|---|---|
| 거리 | $x$ km | $y$ km | — |
| 속력 | 시속 3 km | 시속 4 km | — |
| 시간 | $\dfrac{x}{3}$시간 | $\dfrac{y}{4}$시간 | 6시간 |

$\begin{cases} y=x-4 \\ \dfrac{x}{3}+\dfrac{y}{4}=6 \end{cases}$
(2) $x=12,\ y=8$  (3) 8 km

### 한 걸음 더 연습  P. 74

**1** (1) $\begin{cases} x+y=37 \\ x=4y+2 \end{cases}$  (2) $x=30,\ y=7$
  (3) 7, 30
**2** (1) $\begin{cases} x=y+7 \\ 2(x+y)=42 \end{cases}$  (2) $x=14,\ y=7$
  (3) 14 cm, 7 cm
**3** (1) $\begin{cases} x+y=100 \\ 2x+4y=272 \end{cases}$  (2) $x=64,\ y=36$
  (3) 64마리, 36마리
**4** (1)

| | 지희 | 민아 |
|---|---|---|
| 시간 | $x$분 | $y$분 |
| 속력 | 분속 40 m | 분속 90 m |
| 거리 | $40x$ m | $90y$ m |

$\begin{cases} x=y+15 \\ 40x=90y \end{cases}$
(2) $x=27,\ y=12$  (3) 12분 후
**5** (1) $\begin{cases} 15x+15y=2400 \\ 40x-40y=2400 \end{cases}$
  (2) $x=110,\ y=50$  (3) 분속 110 m

**쌍둥이 기출문제** P. 75~76

**1** 39 **2** 21 **3** ⑤

**4** 과자: 1000원, 아이스크림: 1500원 **5** ⑤

**6** 100원짜리: 12개, 500원짜리: 8개 **7** 60세

**8** ③ **9** 8회 **10** 10회 **11** $x=1$, $y=2$

**12** 4 km

**단원 마무리** P. 77~79

**1** ①, ⑤ **2** ② **3** ②, ⑤ **4** ③ **5** 9

**6** ④ **7** ③ **8** 5 **9** 2

**10** $x=-2$, $y=1$ **11** 2 **12** ①

**13** 꿩: 23마리, 토끼: 12마리 **14** 6 km

# ~1 함수

**유형 1** P. 82

**1**

| $x$ | 1 | 2 | 3 | 4 | ⋯ |
|---|---|---|---|---|---|
| $y$ | $-2$ | $-4$ | $-6$ | $-8$ | ⋯ |

함수이다

**2**

| $x$ | 1 | 2 | 3 | 4 | ⋯ |
|---|---|---|---|---|---|
| $y$ | 6 | 3 | 2 | $\frac{3}{2}$ | ⋯ |

함수이다

**3**

| $x$ | 1 | 2 | 3 | 4 | ⋯ |
|---|---|---|---|---|---|
| $y$ | 1 | 1, 2 | 1, 3 | 1, 2, 4 | ⋯ |

함수가 아니다

**4**

| $x$ | 1 | 2 | 3 | 4 | ⋯ |
|---|---|---|---|---|---|
| $y$ | 4 | 8 | 12 | 16 | ⋯ |

함수이다

**5**

| $x$ | 1 | 2 | 3 | ⋯ | 50 |
|---|---|---|---|---|---|
| $y$ | 49 | 48 | 47 | ⋯ | 0 |

함수이다

**6**

| $x$ | 1 | 2 | 3 | 4 | ⋯ |
|---|---|---|---|---|---|
| $y$ | 없다. | 1 | 2 | 3 | ⋯ |

함수가 아니다

**7**

| $x$ | 0 | 1 | 2 | 3 | ⋯ |
|---|---|---|---|---|---|
| $y$ | 0 | $-1$, 1 | $-2$, 2 | $-3$, 3 | ⋯ |

함수가 아니다

**8**

| $x$ | 1 | 2 | 3 | ⋯ | 60 |
|---|---|---|---|---|---|
| $y$ | 60 | 30 | 20 | ⋯ | 1 |

함수이다

**유형 2** P. 83

**1** (1) 24 (2) 16 (3) $-32$

**2** (1) $-\frac{1}{2}$ (2) 3 (3) $\frac{2}{3}$

**3** (1) $-4$ (2) 2 (3) $-\frac{1}{2}$ **4** (1) 6 (2) $-1$

**5** (1) 1 (2) 0 (3) 2

**6** (1) 3 (2) $-2$ (3) 12

**쌍둥이 기출문제**     **P. 84**

**1** ③    **2** ④    **3** ①    **4** $-1$    **5** 9
**6** 1

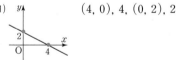

**2 일차함수와 그 그래프**

**유형 3**     **P. 85**

**1** (1) ○    (2) ×    (3) ×    (4) ○    (5) ×
   (6) ×    (7) ○    (8) ×    (9) ○

**2** (1) $y=16+x$, ○    (2) $y=x^2$, ×    (3) $y=3x$, ○
   (4) $y=\dfrac{400}{x}$, ×    (5) $y=5000-400x$, ○
   (6) $y=300-3x$, ○

**3** (1) $-3$   (2) $-7$   (3) 3   (4) 4   (5) $-8$   (6) $-6$

**유형 4**     **P. 86**

**1** (1) 4   (2) 2   (3) $-2$   (4) $-5$

**2** (1) $y=-\dfrac{2}{3}x+6$   (2) $y=-x-2$   (3) $y=5x-2$

**3** (1) ×    (2) ○    (3) ×    (4) ○

**4** (1) 3    (2) $-4$    (3) 4    (4) $-1$

**유형 5**     **P. 87**

**1** (1)     $(4, 0)$, 4, $(0, 2)$, 2

   (2)     $(-2, 0)$, $-2$, $(0, 5)$, 5

**2** (1) 2, $-6$, 2, $-6$   (2) 4, 8   (3) $\dfrac{3}{7}$, $-3$   (4) 6, 4

**3** (1) $-3$    (2) 1    (3) $-\dfrac{3}{2}$

**4** (1) $-4$    (2) 2    (3) $\dfrac{3}{5}$

**5** 3, 2, 3, 2,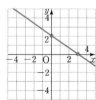

**유형 6**     **P. 88**

**1** (1) ❶ $+5$, ❷ $+3$, (기울기)$=\dfrac{3}{5}$
   (2) ❶ $+4$, ❷ $-3$, (기울기)$=\dfrac{-3}{4}=-\dfrac{3}{4}$
   (3) ❶ $+3$, ❷ $+4$, (기울기)$=\dfrac{4}{3}$
   (4) ❶ $+2$, ❷ $-2$, (기울기)$=\dfrac{-2}{2}=-1$

**2** (1) 1   (2) $-3$   (3) $\dfrac{4}{5}$   (4) 2   (5) $-\dfrac{1}{4}$   (6) 1

**3** (1) $-2$   (2) 6   (3) 1

**4** (1) 1    (2) $\dfrac{1}{2}$    (3) $-\dfrac{5}{2}$

**한 번 더 연습**     **P. 89**

**1** (1) 2, 5,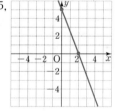

   (2) $-3$, 4,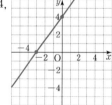

**2** (1) 3, 1,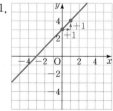

   (2) 4, $-2$,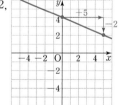

**1** ②　　**2** ②, ③　　**3** ②, ④　　**4** ㄱ, ㄴ, ㄹ

**5** $-2$　　**6** ③　　**7** 13　　**8** ③　　**9** ⑤

**10** $a=5,\ b=7$　　**11** ①　　**12** $-4$　　**13** 8

**14** $-4$　　**15** $-1$　　**16** $-3, -2$

**17** $\dfrac{2}{3}, 3, -2$　　**18** 7　　**19** ②　　**20** $\dfrac{1}{3}$

**21** (1) $-3$　(2) 30　　**22** 2　　**23** ②　　**24** ①

**25** (1) 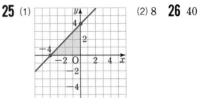 (2) 8　　**26** 40

---

## 3 일차함수의 그래프의 성질과 식

**1** (1) ㄱ, ㄷ, ㅂ　(2) ㄴ, ㄹ, ㅁ　(3) ㄱ, ㄷ, ㅂ

　(4) ㄴ, ㄹ, ㅁ　(5) ㄴ, ㄷ, ㅂ　(6) ㄹ, ㅁ

**2** (1) >, >　　(2) <, <　　(3) >, <　　(4) <, >

**3** (1) ⓒ, ⓔ　(2) ⓐ, ⓑ　(3) ⓒ　(4) ⓑ

**1** (1) ㄱ과 ㅅ, ㅂ과 ㅇ　(2) ㄴ과 ㅁ, ㄷ과 ㄹ

　(3) ㄱ　　　　　　　　(4) ㄴ, ㅁ

**2** (1) $-2$　(2) $\dfrac{2}{3}$　(3) 3　(4) $\dfrac{5}{2}$

**3** (1) 2, $-5$　(2) $-\dfrac{2}{3}$, 1　(3) 2, 7　(4) $-1$, 6

**1** (1) $y=x+6$　(2) $y=4x-3$　(3) $y=-3x+5$

　(4) $y=-2x-4$　(5) $y=\dfrac{3}{5}x-\dfrac{1}{2}$

**2** (1) $y=5x-1$　(2) $y=-x+4$　(3) $y=2x+3$

　(4) $y=-\dfrac{1}{2}x-2$

**3** (1) $y=-x-3$　(2) $y=\dfrac{2}{3}x+1$

　(3) $y=5x-\dfrac{1}{2}$　(4) $y=-\dfrac{3}{4}x+\dfrac{2}{5}$

**4** (1) $y=2x+5$　(2) $y=-3x-2$

　(3) $y=\dfrac{5}{2}x-3$　(4) $y=-\dfrac{3}{5}x+2$

**1** ❶ 2　❷ 2, $-1$, 3, 5, $2x+5$

**2** (1) $y=x+1$　(2) $y=-3x+5$　(3) $y=4x-1$

　(4) $y=\dfrac{2}{3}x+2$　(5) $y=-\dfrac{1}{2}x+\dfrac{1}{2}$

**3** (1) $y=5x+7$　(2) $y=-2x+1$

**4** (1) $y=-2x-6$　(2) $y=\dfrac{1}{3}x+4$　(3) $y=\dfrac{1}{2}x-2$

**5** (1) $y=\dfrac{3}{2}x-1$　(2) $y=-2x+3$　(3) $y=-\dfrac{2}{5}x+8$

**1** ❶ $-8$, 1, 3　❷ 3　❸ 1, $-5$, $3x-5$

**2** (1) 1, $y=x+2$　　　(2) $\dfrac{1}{2}$, $y=\dfrac{1}{2}x$

　(3) $-1$, $y=-x-2$　(4) $-2$, $y=-2x-1$

　(5) $-\dfrac{1}{2}$, $y=-\dfrac{1}{2}x+\dfrac{3}{2}$

**3** (1) 1, $y=x-1$　　　(2) $-\dfrac{1}{2}$, $y=-\dfrac{1}{2}x-\dfrac{3}{2}$

　(3) $-\dfrac{3}{2}$, $y=-\dfrac{3}{2}x-\dfrac{3}{2}$　(4) 4, $y=4x+2$

## 유형 12  P. 99

**1** ❶ 3, 4, 4, 3, $-\dfrac{4}{3}$  ❷ 4, $-\dfrac{4}{3}x+4$

**2** (1) 3, $y=3x-3$  (2) $\dfrac{7}{2}$, $y=\dfrac{7}{2}x+7$

(3) $-1$, $y=-x-5$  (4) $\dfrac{3}{4}$, $y=\dfrac{3}{4}x+3$

(5) $-4$, $y=-4x+4$

**3** (1) $-\dfrac{1}{3}$, $-1$, $y=-\dfrac{1}{3}x-1$

(2) $\dfrac{1}{2}$, $-2$, $y=\dfrac{1}{2}x-2$

(3) 3, 6, $y=3x+6$

(4) $-\dfrac{3}{5}$, 3, $y=-\dfrac{3}{5}x+3$

## 쌍둥이 기출문제  P. 104

**1** 29 L  **2** 17초 후  **3** 1.2℃  **4** 7500원
**5** 86℉  **6** 15 cm  **7** 24 cm²  **8** 32 cm²

## 쌍둥이 기출문제  P. 100~101

**1** ④  **2** (1) 제1, 3, 4사분면  (2) 제1, 2, 3사분면
**3** ④  **4** ㄱ과 ㄷ  **5** ③, ⑤
**6** ㄱ, ㄴ, ㄷ  **7** $y=4x-1$  **8** $y=-2x+2$
**9** ⑤  **10** $y=-2x+7$  **11** 15
**12** 3  **13** $y=\dfrac{3}{2}x+6$  **14** $y=-2x+6$

## 단원 마무리  P. 105~107

**1** ③  **2** ㄱ, ㄷ  **3** ④  **4** ④  **5** ⑤
**6** 0  **7** 12  **8** ④  **9** ①, ⑤  **10** 4
**11** $y=-3x+1$
**12** (1) $y=30-\dfrac{1}{5}x$  (2) 18 L

# ↶4 일차함수의 활용

## 유형 13  P. 102~103

**1** (1) 30, 2  (2) 15, 0.1  (3) 3, 24, 3  (4) $4x$, 100, 4
**2** (1) $y=30+0.2x$  (2) 15, 33, 33  (3) 37, 35, 35
**3** ① $\dfrac{1}{5}$
(1) $y=35-\dfrac{1}{5}x$  (2) 23 cm  (3) 175분
**4** ① 2  ② $\dfrac{2}{5}$
(1) $y=20+\dfrac{2}{5}x$  (2) 34℃  (3) 200초 후
**5** ① 10000
(1) $80x$, $y=10000-80x$  (2) 2800 m  (3) 120분 후

## 1 일차함수와 일차방정식

### 유형 1 P. 110

**1** (1) $-5$ (2) $0$ (3) $-2$ (4) $8$

**2** (1) $2x-5$, $2$, $\frac{5}{2}$, $-5$ (2) $-\frac{1}{3}x+2$, $-\frac{1}{3}$, $6$, $2$

(3) $\frac{3}{4}x+6$, $\frac{3}{4}$, $-8$, $6$ (4) $-\frac{3}{2}x+3$, $-\frac{3}{2}$, $2$, $3$

**3** (1)  (2)

**4** (1) × (2) ○ (3) ○ (4) ×

### 유형 2 P. 111

**1** (1) $1$, $y$ (2) $-3$, $-3$, $x$

**2** (1) $3$, $x$ (2) $-2$, $-2$, $y$

**3** (1) $x=3$ (2) $x=-2$ (3) $y=4$ (4) $y=-1$

**4** (1) $y=1$ (2) $x=3$ (3) $x=-2$ (4) $y=-1$

(5) $x=2$ (6) $y=-5$

**1** ⑤ **2** ④ **3** ④ **4** ③, ⑤

**5** $-4$ **6** $-1$ **7** ② **8** ⑤

**9** $y=-4$ **10** (1) $y=-1$ (2) $x=4$

**11** $3$ **12** $x=-8$

## 2 일차함수의 그래프와 연립일차방정식

### 유형 3 P. 114

**1** (1) $x=-1$, $y=1$ (2) $x=-2$, $y=-3$

(3) $x=0$, $y=-2$

**2** 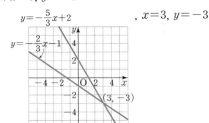 , $x=3$, $y=-3$

**3** (1) $(-2, 5)$ (2) $(-3, -1)$

**4** (1) $a=-2$, $b=2$ (2) $a=-5$, $b=-7$

(3) $a=1$, $b=1$

### 유형 4 P. 115

**1** (1) ㄱ (2) ㄷ (3) ㄴ, ㄹ

**2** (1) $2$ (2) $3$

**3** (1) $a=-1$, $b\neq-12$ (2) $a=-1$, $b\neq-10$

**4** (1) $a=2$, $b=6$ (2) $a=1$, $b=4$

(3) $a=3$, $b=9$ (4) $a=-6$, $b=-3$

P. 116~117

## 쌍둥이 기출문제

**1** 1    **2** ④    **3** $a=3,\ b=2$    **4** $-12$

**5** ④    **6** $y=-\dfrac{1}{2}x+2$    **7** ④    **8** 2

**9** 12    **10** 10    **11** 3    **12** $-4$

**13** $a=-2,\ b=-4$    **14** $-10$

## 단원 마무리

P. 118~119

**1** ①, ④    **2** 1    **3** ㄱ, ㄷ    **4** ②

**5** 0    **6** $y=5$    **7** 9    **8** $a\neq\dfrac{5}{2},\ b=4$

# 1 유리수와 순환소수

## 유형 1                                                                 P. 6

**1** (1) 6, 1.1666…, 무한소수  (2) 0.9, 유한소수
   (3) 0.4375, 유한소수    (4) 0.2272727…, 무한소수
   (5) 0.060606…, 무한소수

**2** (1) 4, $0.\dot{4}$    (2) 70, $2.\dot{7}\dot{0}$    (3) 12, $3.0\dot{1}\dot{2}$
   (4) 010, $0.\dot{0}1\dot{0}$    (5) 125, $5.2\dot{1}2\dot{5}$

**3** $0.\dot{2}1\dot{6}$, 3, 3, 2, 2, 1

**4** (1) $0.2\dot{7}$, 7    (2) $0.\dot{2}9\dot{6}$, 2    (3) $0.\dot{1}5384\dot{6}$, 8

**3** 분수 $\dfrac{8}{37}$ 을 순환소수로 나타내면

$$\dfrac{8}{37}=8\div37=0.216216216\cdots=\boxed{0.\dot{2}1\dot{6}}$$

이므로 순환마디를 이루는 숫자의 개수는 2, 1, 6의 $\boxed{3}$개이다. 이때 $50=\boxed{3}\times16+\boxed{2}$이므로 소수점 아래 50번째 자리의 숫자는 순환마디의 $\boxed{2}$번째 숫자인 $\boxed{1}$이다.

**4** (1) $\dfrac{3}{11}=0.272727\cdots=0.\dot{2}\dot{7}$이므로 순환마디를 이루는 숫자의 개수는 2, 7의 2개이다.
   이때 $70=2\times35$이므로 소수점 아래 70번째 자리의 숫자는 순환마디의 두 번째 숫자인 7이다.

   (2) $\dfrac{8}{27}=0.296296296\cdots=0.\dot{2}9\dot{6}$이므로 순환마디를 이루는 숫자의 개수는 2, 9, 6의 3개이다.
   이때 $70=3\times23+1$이므로 소수점 아래 70번째 자리의 숫자는 순환마디의 첫 번째 숫자인 2이다.

   (3) $\dfrac{2}{13}=0.153846153846\cdots=0.\dot{1}5384\dot{6}$이므로 순환마디를 이루는 숫자의 개수는 1, 5, 3, 8, 4, 6의 6개이다.
   이때 $70=6\times11+4$이므로 소수점 아래 70번째 자리의 숫자는 순환마디의 네 번째 숫자인 8이다.

## 유형 2                                                                 P. 7

**1** (1) 2, 2, 6, 0.6    (2) $5^2$, $5^2$, 25, 0.25
   (3) $5^3$, $5^3$, 625, 0.625    (4) 5, 5, 85, 0.85

**2** (1) 50, 2, 5, 2, 5, 있다    (2) 14, 7, 7, 없다

**3** ㄱ, ㄷ, ㅂ                    **4** 12

**5** (1) 3    (2) 11    (3) 33    (4) 9

**1** (1) $\dfrac{3}{5}=\dfrac{3\times\boxed{2}}{5\times\boxed{2}}=\dfrac{\boxed{6}}{10}=\boxed{0.6}$

---

(2) $\dfrac{1}{4}=\dfrac{1}{2^2}=\dfrac{1\times\boxed{5^2}}{2^2\times\boxed{5^2}}=\dfrac{\boxed{25}}{10^2}=\boxed{0.25}$

(3) $\dfrac{5}{8}=\dfrac{5}{2^3}=\dfrac{5\times\boxed{5^3}}{2^3\times\boxed{5^3}}=\dfrac{\boxed{625}}{10^3}=\boxed{0.625}$

(4) $\dfrac{17}{20}=\dfrac{17}{2^2\times5}=\dfrac{17\times\boxed{5}}{2^2\times5\times\boxed{5}}=\dfrac{\boxed{85}}{10^2}=\boxed{0.85}$

**3** ㄱ. $\dfrac{3}{4}=\dfrac{3}{2^2}$          ㄴ. $\dfrac{2^2\times7}{3\times5^2}$

   ㄷ. $\dfrac{3\times11}{2^3\times5}$          ㄹ. $\dfrac{31}{70}=\dfrac{31}{2\times5\times7}$

   ㅁ. $\dfrac{46}{375}=\dfrac{46}{3\times5^3}$          ㅂ. $\dfrac{15}{16}=\dfrac{15}{2^4}$

   따라서 유한소수로 나타낼 수 있는 것은 ㄱ, ㄷ, ㅂ이다.

**4** 각 분수를 기약분수로 나타냈을 때, 분모에 2 또는 5 이외의 소인수가 있는 칸을 색칠하면 다음과 같다.

| $\dfrac{1}{5\times13}$ | $\dfrac{3}{2^2\times5}$ | $\dfrac{1}{3\times5}$ | $\dfrac{7}{13}$ | $\dfrac{1}{3}$ |
|---|---|---|---|---|
| $\dfrac{7}{2\times3\times5}$ | $\dfrac{11}{2^2}$ | $\dfrac{3}{2^2\times5}$ | $\dfrac{9}{5^3}$ | $\dfrac{1}{3^2}$ |
| $\dfrac{8}{3\times5}$ | $\dfrac{3}{2}$ | $\dfrac{2}{3\times5}$ | $\dfrac{5}{2\times3}$ | $\dfrac{1}{3\times7}$ |
| $\dfrac{13}{2^2\times3}$ | $\dfrac{1}{5^2}$ | $\dfrac{1}{11}$ | $\dfrac{3}{2\times5}$ | $\dfrac{1}{2}$ |
| $\dfrac{12}{5^3\times7}$ | $\dfrac{2}{5^2}$ | $\dfrac{8}{11}$ | $\dfrac{2}{3\times5}$ | $\dfrac{3}{13}$ |

따라서 보이는 수는 12이다.

**[5]** 기약분수의 분모의 소인수가 2 또는 5만 남도록 2와 5를 제외한 소인수들의 곱의 배수를 곱해야 한다.

**5** (3) $\dfrac{23}{3\times5\times11}\times\square$가 유한소수가 되려면 $\square$는 3과 11의 공배수, 즉 33의 배수이어야 한다.
   따라서 구하는 가장 작은 자연수는 33이다.

   (4) $\dfrac{7}{2^2\times3^2\times7}\times\square=\dfrac{1}{2^2\times3^2}\times\square$가 유한소수가 되려면 $\square$는 $3^2$, 즉 9의 배수이어야 한다.
   따라서 구하는 가장 작은 자연수는 9이다.

### 쌍둥이 기출문제                                               P. 8~9

| **1** ⑤ | **2** ①, ④ | **3** ② | **4** ③ |
|---|---|---|---|
| **5** 5 | **6** 1 | **7** $A=5^2$, $B=1000$, $C=0.075$ | |
| **8** 20 | **9** ④ | **10** ㄱ, ㄴ, ㅁ | **11** ⑤ |
| **12** 9 | **13** ⑤ | **14** 77 | **15** ③ | **16** ⑤ |

**[1~2] 소수의 분류**
- 유한소수: 소수점 아래에 0이 아닌 숫자가 유한 번 나타나는 소수
- 무한소수: 소수점 아래에 0이 아닌 숫자가 무한 번 나타나는 소수

**1** ① $\dfrac{3}{8}=0.375$      ② $\dfrac{7}{5}=1.4$

③ $\dfrac{5}{16}=0.3125$      ④ $\dfrac{13}{25}=0.52$

⑤ $\dfrac{11}{12}=0.91666\cdots$

따라서 무한소수인 것은 ⑤이다.

**2** ① $-\dfrac{9}{4}=-2.25$      ② $\dfrac{7}{30}=0.2333\cdots$

③ $\dfrac{14}{45}=0.3111\cdots$      ④ $\dfrac{21}{40}=0.525$

⑤ $\dfrac{15}{22}=0.6818181\cdots$

따라서 유한소수인 것은 ①, ④이다.

**[3~4]** 순환소수는 순환마디의 양 끝의 숫자 위에 점을 찍어 간단히 나타낸다.

**3** ② 순환소수 $1.7040404\cdots$의 순환마디는 04이다.

**4** ① $8.222\cdots=8.\dot{2}$
② $2.452452452\cdots=2.\dot{4}5\dot{2}$
④ $1.333\cdots=1.\dot{3}$
⑤ $0.123123123\cdots=0.\dot{1}2\dot{3}$
따라서 옳은 것은 ③이다.

**[5~6] 소수점 아래 $n$번째 자리의 숫자 구하기**
⇨ 순환마디를 이루는 숫자의 개수를 이용하여 순환마디가 소수점 아래 $n$번째 자리까지 몇 번 반복되는지 파악한다.

**5** $\dfrac{2}{37}=0.054054054\cdots=0.\dot{0}5\dot{4}$이므로 순환마디를 이루는 숫자는 0, 5, 4의 3개이다.    … (i)
이때 $80=3\times26+2$이므로 소수점 아래 80번째 자리의 숫자는 순환마디의 두 번째 숫자인 5이다.    … (ii)

| 채점 기준 | 비율 |
|---|---|
| (i) 순환마디를 이루는 숫자의 개수 구하기 | 50 % |
| (ii) 소수점 아래 80번째 자리의 숫자 구하기 | 50 % |

**6** $\dfrac{2}{11}=0.181818\cdots=0.\dot{1}\dot{8}$이므로 순환마디를 이루는 숫자는 1, 8의 2개이다.
이때 $37=2\times18+1$이므로 소수점 아래 37번째 자리의 숫자는 순환마디의 첫 번째 숫자인 1이다.

**[7~8]** 어떤 분수의 분자, 분모에 2 또는 5의 거듭제곱을 곱하여 분모가 10의 거듭제곱인 분수로 나타낼 수 있으면 그 분수는 유한소수로 나타낼 수 있다.

**7** $\dfrac{3}{40}=\dfrac{3}{2^3\times5}=\dfrac{3\times5^2}{2^3\times5\times5^2}=\dfrac{75}{1000}=0.075$

$\therefore A=5^2,\ B=1000,\ C=0.075$

**8** $\dfrac{9}{2^2\times5^3}=\dfrac{9\times2}{2^2\times5^3\times2}=\dfrac{18}{1000}=0.018$이므로
$a=2,\ b=1000,\ c=0.018$
$\therefore a+bc=2+1000\times0.018=2+18=20$

**[9~10] 유한소수로 나타낼 수 있는 분수**
정수가 아닌 유리수를 기약분수로 나타냈을 때
- 분모의 소인수가 2 또는 5뿐이면
  ➡ 유한소수로 나타낼 수 있다.
- 분모에 2 또는 5 이외의 소인수가 있으면
  ➡ 순환소수로 나타낼 수 있다.

**9** ① $\dfrac{2}{9}=\dfrac{2}{3^2}$      ② $\dfrac{15}{21}=\dfrac{5}{7}$

③ $\dfrac{12}{2^2\times3^2}=\dfrac{1}{3}$      ④ $\dfrac{6}{2\times3\times5}=\dfrac{1}{5}$

⑤ $\dfrac{22}{2^2\times7\times11}=\dfrac{1}{2\times7}$

따라서 유한소수로 나타낼 수 있는 분수는 ④이다.

**10** ㄱ. $\dfrac{5}{16}=\dfrac{5}{2^4}$      ㄴ. $\dfrac{9}{2^2\times5}$

ㄷ. $\dfrac{1}{2\times3\times5}$      ㄹ. $\dfrac{21}{3^2\times5^2\times7}=\dfrac{1}{3\times5^2}$

ㅁ. $\dfrac{35}{56}=\dfrac{5}{8}=\dfrac{5}{2^3}$      ㅂ. $\dfrac{12}{45}=\dfrac{4}{15}=\dfrac{4}{3\times5}$

따라서 유한소수로 나타낼 수 있는 것은 ㄱ, ㄴ, ㅁ이다.

**[11~14]** $\dfrac{B}{A}\times x$를 유한소수가 되도록 하는 $x$의 값 구하기
❶ 주어진 분수를 기약분수로 나타낸다.
❷ 분모를 소인수분해한다.
❸ 분모의 소인수가 2 또는 5뿐이어야 하므로 $x$의 값은 분모의 소인수 중 2와 5를 제외한 소인수들의 곱의 배수이다.

**11** $\dfrac{a}{2\times3\times5\times7}$가 유한소수가 되려면 $a$는 3과 7의 공배수, 즉 21의 배수이어야 한다.
따라서 $a$의 값이 될 수 있는 것은 ⑤ 21이다.

**12** $\dfrac{7}{126}\times a=\dfrac{1}{18}\times a=\dfrac{1}{2\times3^2}\times a$가 유한소수가 되려면 $a$는 $3^2$, 즉 9의 배수이어야 한다.
따라서 $a$의 값이 될 수 있는 가장 작은 자연수는 9이다.

**13** $\dfrac{5}{96}=\dfrac{5}{2^5\times3}$, $\dfrac{3}{26}=\dfrac{3}{2\times13}$이므로 두 분수에 자연수 $N$을 곱하여 모두 유한소수가 되게 하려면 $N$은 3과 13의 공배수, 즉 39의 배수이어야 한다.
따라서 $N$의 값이 될 수 있는 가장 작은 자연수는 39이다.

**14** $\dfrac{13}{14}=\dfrac{13}{2\times 7}$, $\dfrac{6}{88}=\dfrac{3}{44}=\dfrac{3}{2^2\times 11}$ $\quad\cdots$ (i)

두 분수에 자연수 $N$을 곱하여 모두 유한소수가 되게 하려면 $N$은 7과 11의 공배수, 즉 77의 배수이어야 한다. $\quad\cdots$ (ii)
따라서 $N$의 값이 될 수 있는 가장 작은 자연수는 77이다.
$\qquad\qquad\qquad\qquad\qquad\qquad\qquad\qquad\cdots$ (iii)

| 채점 기준 | 비율 |
|---|---|
| (i) 두 분수의 분모를 소인수분해하기 | 40 % |
| (ii) 자연수 $N$의 조건 구하기 | 40 % |
| (iii) $N$의 값이 될 수 있는 가장 작은 자연수 구하기 | 20 % |

**[15~16]** $\dfrac{B}{A\times x}$를 유한소수가 되도록 하는 $x$의 값 구하기

❶ 주어진 분수를 기약분수로 나타낸다.

❷ 분모를 소인수분해한다.

❸ 분모의 소인수가 2 또는 5뿐이어야 하므로 $x$의 값은 소인수가 2나 5로만 이루어진 수 또는 분자의 약수 또는 이들의 곱으로 이루어진 수이다.

**15** $\dfrac{1}{x}$이 유한소수가 되려면 $x$는 소인수가 2 또는 5뿐이어야 한다.
따라서 1보다 큰 한 자리의 자연수 $x$는 2, 4, 5, 8의 4개이다.

**16** $\dfrac{7}{x}$이 유한소수가 되려면 기약분수로 나타냈을 때, 분모의 소인수가 2 또는 5뿐이어야 한다.

① $x=5$일 때, $\dfrac{7}{5}$  ② $x=8$일 때, $\dfrac{7}{8}=\dfrac{7}{2^3}$

③ $x=10$일 때, $\dfrac{7}{10}=\dfrac{7}{2\times 5}$  ④ $x=14$일 때, $\dfrac{7}{14}=\dfrac{1}{2}$

⑤ $x=21$일 때, $\dfrac{7}{21}=\dfrac{1}{3}$

따라서 $x$의 값이 될 수 없는 것은 ⑤이다.

---

**유형 3**  P. 10

**1**  100, 99, 34, 99

**2** (1) $\dfrac{2}{3}$  (2) $\dfrac{40}{99}$  (3) $\dfrac{7}{3}$  (4) $\dfrac{313}{99}$  (5) $\dfrac{125}{999}$

**3**  1000, 990, 122, 990, 495

**4** (1) $\dfrac{16}{45}$  (2) $\dfrac{52}{45}$  (3) $\dfrac{97}{900}$  (4) $\dfrac{211}{990}$  (5) $\dfrac{1037}{330}$

**1** $0.3\dot{4}$를 $x$라고 하면 $x=0.343434\cdots$이므로
$\boxed{100}\,x=34.343434\cdots$
$-)\qquad\ x=\ 0.343434\cdots$
$\boxed{99}\,x=\boxed{34}$
$\therefore x=\dfrac{\boxed{34}}{\boxed{99}}$

**2** (1) $0.\dot{6}$을 $x$라고 하면 $x=0.666\cdots$이므로
$10x=6.666\cdots$
$-)\quad x=0.666\cdots$
$9x=6$
$\therefore x=\dfrac{6}{9}=\dfrac{2}{3}$

(2) $0.\dot{4}\dot{0}$을 $x$라고 하면 $x=0.404040\cdots$이므로
$100x=40.404040\cdots$
$-)\quad x=\ 0.404040\cdots$
$99x=40$
$\therefore x=\dfrac{40}{99}$

(3) $2.\dot{3}$을 $x$라고 하면 $x=2.333\cdots$이므로
$10x=23.333\cdots$
$-)\quad x=\ 2.333\cdots$
$9x=21$
$\therefore x=\dfrac{21}{9}=\dfrac{7}{3}$

(4) $3.\dot{1}\dot{6}$을 $x$라고 하면 $x=3.161616\cdots$이므로
$100x=316.161616\cdots$
$-)\quad x=\ 3.161616\cdots$
$99x=313$
$\therefore x=\dfrac{313}{99}$

(5) $0.\dot{1}2\dot{5}$를 $x$라고 하면
$x=0.125125125\cdots$이므로
$1000x=125.125125125\cdots$
$-)\quad x=\ 0.125125125\cdots$
$999x=125$
$\therefore x=\dfrac{125}{999}$

**3** $0.1\dot{2}\dot{3}$을 $x$라고 하면
$x=0.1232323\cdots$이므로
$\boxed{1000}\,x=123.232323\cdots$
$-)\qquad 10x=\ 1.232323\cdots$
$\boxed{990}\,x=\boxed{122}$
$\therefore x=\dfrac{122}{\boxed{990}}=\dfrac{61}{\boxed{495}}$

**4** (1) $0.3\dot{5}$를 $x$라고 하면 $x=0.3555\cdots$이므로
$100x=35.555\cdots$
$-)\quad 10x=\ 3.555\cdots$
$90x=32$
$\therefore x=\dfrac{32}{90}=\dfrac{16}{45}$

(2) $1.1\dot{5}$를 $x$라고 하면 $x=1.1555\cdots$이므로
$100x=115.555\cdots$
$-)\quad 10x=\ 11.555\cdots$
$90x=104$
$\therefore x=\dfrac{104}{90}=\dfrac{52}{45}$

(3) $0.10\dot{7}$을 $x$라고 하면 $x=0.10777\cdots$이므로

$$\begin{array}{r} 1000x=107.777\cdots \\ -\phantom{)}\underline{100x=\phantom{0}10.777\cdots} \\ 900x=97 \end{array}$$

$$\therefore x=\frac{97}{900}$$

(4) $0.2\dot{1}\dot{3}$을 $x$라고 하면 $x=0.2131313\cdots$이므로

$$\begin{array}{r} 1000x=213.131313\cdots \\ -\phantom{)}\underline{10x=\phantom{00}2.131313\cdots} \\ 990x=211 \end{array}$$

$$\therefore x=\frac{211}{990}$$

(5) $3.1\dot{4}\dot{2}$를 $x$라고 하면 $x=3.1424242\cdots$이므로

$$\begin{array}{r} 1000x=3142.424242\cdots \\ -\phantom{)}\underline{10x=\phantom{000}31.424242\cdots} \\ 990x=3111 \end{array}$$

$$\therefore x=\frac{3111}{990}=\frac{1037}{330}$$

**3**
(1) $0.\dot{4}\dot{3}=\dfrac{43}{99}$

(2) $1.\dot{5}1\dot{2}=\dfrac{1512-1}{999}=\dfrac{1511}{999}$

(3) $0.8\dot{7}\dot{4}=\dfrac{874-8}{990}=\dfrac{866}{990}=\dfrac{433}{495}$

(4) $1.02\dot{7}=\dfrac{1027-102}{900}=\dfrac{925}{900}=\dfrac{37}{36}$

(5) $2.4\dot{3}\dot{5}=\dfrac{2435-24}{990}=\dfrac{2411}{990}$

(6) $3.2\dot{7}\dot{4}=\dfrac{3274-32}{990}=\dfrac{3242}{990}=\dfrac{1621}{495}$

**4**
(3) 순환소수가 아닌 무한소수는 유리수가 아니다.

(5) 순환소수를 기약분수로 나타내면 분모에 2와 5 이외의 소인수가 있다.

---

**유형 4**  
P. 11

**1** (1) 8 (2) 9, 9 (3) 258, 86 (4) 247, 2, 245

**2** (1) 25, 23 (2) 10, 90, 45

(3) 13, 1, 75 (4) 3032, 30, 1501

**3** (1) $\dfrac{43}{99}$ (2) $\dfrac{1511}{999}$ (3) $\dfrac{433}{495}$

(4) $\dfrac{37}{36}$ (5) $\dfrac{2411}{990}$ (6) $\dfrac{1621}{495}$

**4** (1) ○ (2) ○ (3) × (4) ○ (5) ×

---

**1**
(1) $0.\dot{8}=\dfrac{\boxed{8}}{9}$

(2) $1.\dot{7}=\dfrac{17-1}{\boxed{9}}=\dfrac{16}{\boxed{9}}$

(3) $0.\dot{2}5\dot{8}=\dfrac{\boxed{258}}{999}=\dfrac{\boxed{86}}{333}$

(4) $2.\dot{4}\dot{7}=\dfrac{\boxed{247}-\boxed{2}}{99}=\dfrac{\boxed{245}}{99}$

**2**
(1) $0.2\dot{5}=\dfrac{\boxed{25}-2}{90}=\dfrac{\boxed{23}}{90}$

(2) $1.0\dot{4}=\dfrac{104-\boxed{10}}{\boxed{90}}=\dfrac{94}{90}=\dfrac{47}{\boxed{45}}$

(3) $0.01\dot{3}=\dfrac{\boxed{13}-\boxed{1}}{900}=\dfrac{12}{900}=\dfrac{1}{\boxed{75}}$

(4) $3.0\dot{3}\dot{2}=\dfrac{\boxed{3032}-\boxed{30}}{990}=\dfrac{3002}{990}=\dfrac{\boxed{1501}}{495}$

---

**쌍둥이 기출문제**  
P. 12~13

**1** ⑤ **2** 100, 100, 13.777…, 90, 124, $\dfrac{62}{45}$

**3** ② **4** ④ **5** ③ **6** ⑤

**7** (1) 99 (2) 41 (3) $0.4\dot{1}$ **8** $0.6\dot{7}$ **9** ③

**10** ① **11** ④ **12** ②, ④

---

[1~2] 순환소수를 분수로 나타내기 (1) – 10의 거듭제곱 이용하기

❶ 주어진 순환소수를 $x$로 놓는다.

❷ 양변에 10의 거듭제곱을 적당히 곱하여 소수점 아래의 부분이 같은 두 식을 만든다.

❸ ❷의 두 식을 변끼리 빼어 $x$의 값을 구한다.

**1** 순환소수 $0.\dot{4}\dot{2}$를 $x$라고 하면

$x=0.424242\cdots$ ⋯ ㉠

㉠의 양변에 $\boxed{100}$을 곱하면

$\boxed{100}\,x=42.424242\cdots$ ⋯ ㉡

㉡에서 ㉠을 변끼리 빼면

$\boxed{99}\,x=\boxed{42}$

$\therefore x=\dfrac{42}{99}=\dfrac{14}{\boxed{33}}$

**2** 순환소수 $1.3\dot{7}$을 $x$라고 하면

$x=1.3777\cdots$ ⋯ ㉠

㉠의 양변에 $\boxed{100}$을 곱하면

$\boxed{100}\,x=137.777\cdots$ ⋯ ㉡

㉠의 양변에 10을 곱하면

$10x=\boxed{13.777\cdots}$ ⋯㉡

㉡에서 ㉢을 변끼리 빼면

$\boxed{90}\,x=\boxed{124}$

$\therefore x=\dfrac{124}{90}=\boxed{\dfrac{62}{45}}$

**[3~4]** 순환소수 $x=0.0\dot{a}\dot{b}$를 분수로 나타낼 때, 가장 편리한 식은

$\Rightarrow \underline{1000x-10x}$

↑ 소수점을 첫 순환마디의 앞으로 옮긴다.

소수점을 첫 순환마디의 뒤로 옮긴다.

**3** $x=0.\dot{6}\dot{7}=0.676767\cdots$에서

$$100x=67.676767\cdots$$
$$-)\quad\ \ x=\ \ 0.676767\cdots$$
$$99x=67 \qquad \therefore x=\dfrac{67}{99}$$

따라서 가장 편리한 식은 ② $100x-x$이다.

**4** $x=2.5\dot{8}\dot{3}=2.5838383\cdots$에서

$$1000x=2583.838383\cdots$$
$$-)\quad\ \ 10x=\ \ \ 25.838383\cdots$$
$$990x=2558 \qquad \therefore x=\dfrac{2558}{990}=\dfrac{1279}{495}$$

따라서 가장 편리한 식은 ④ $1000x-10x$이다.

**[5~10]** 순환소수를 분수로 나타내기 (2) – 공식 이용하기

전체의 수

• $0.\dot{a}\dot{b}=\dfrac{ab}{99}$

순환마디를 이루는 숫자: 2개

전체의 수 ┌ 순환하지 않는 부분의 수

• $a.\dot{b}\dot{c}\dot{d}=\dfrac{abcd-ab}{990}$

순환마디를 이루는 숫자: 2개

소수점 아래 순환하지 않는 숫자: 1개

**5** ① $0.\dot{3}\dot{1}=\dfrac{31}{99}$

② $1.\dot{5}\dot{4}=\dfrac{154-1}{99}=\dfrac{153}{99}=\dfrac{17}{11}$

④ $1.\dot{7}\dot{4}=\dfrac{174-17}{90}$

⑤ $0.8\dot{3}\dot{9}=\dfrac{839-8}{990}$

따라서 옳은 것은 ③이다.

**6** ① $0.\dot{3}\dot{0}=\dfrac{30}{99}=\dfrac{10}{33}$

② $8.0\dot{3}=\dfrac{803-80}{90}=\dfrac{723}{90}=\dfrac{241}{30}$

③ $2.\dot{3}\dot{4}=\dfrac{234-2}{99}=\dfrac{232}{99}$

④ $0.4\dot{8}=\dfrac{48-4}{90}=\dfrac{44}{90}=\dfrac{22}{45}$

⑤ $2.1\dot{5}=\dfrac{215-21}{90}=\dfrac{194}{90}=\dfrac{97}{45}$

따라서 옳지 않은 것은 ⑤이다.

**7** (1) $0.\dot{3}\dot{4}=\dfrac{34}{99}$이므로 $a=99$

(2) $0.4\dot{5}=\dfrac{45-4}{90}=\dfrac{41}{90}$이므로 $b=41$

(3) $\dfrac{b}{a}=\dfrac{41}{99}$이므로 $\dfrac{41}{99}=0.414141\cdots=0.\dot{4}\dot{1}$

**8** 태수는 분모를 제대로 보았으므로

$0.\dot{2}\dot{6}=\dfrac{26}{99}$에서 처음 기약분수의 분모는 99이다. ⋯(i)

민호는 분자를 제대로 보았으므로

$0.7\dot{4}=\dfrac{74-7}{90}=\dfrac{67}{90}$에서 처음 기약분수의 분자는 67이다. ⋯(ii)

따라서 처음 기약분수는 $\dfrac{67}{99}$이므로

$\dfrac{67}{99}=0.676767\cdots=0.\dot{6}\dot{7}$ ⋯(iii)

| 채점 기준 | 비율 |
|---|---|
| (i) 처음 기약분수의 분모 구하기 | 30 % |
| (ii) 처음 기약분수의 분자 구하기 | 30 % |
| (iii) 처음 기약분수를 순환소수로 나타내기 | 40 % |

**9** $0.\dot{2}\dot{1}=\dfrac{21}{99}=21\times\dfrac{1}{99}=21\times\square$

$\therefore \square=\dfrac{1}{99}=0.010101\cdots=0.\dot{0}\dot{1}$

**10** $0.\dot{2}0\dot{3}=\dfrac{203}{999}=203\times\dfrac{1}{999}=203\times a$

$\therefore a=\dfrac{1}{999}=0.001001\cdots=0.\dot{0}0\dot{1}$

**[11~12]** 유리수와 소수의 관계

소수 ┌ 유한소수 ─────────────── 유리수
└ 무한소수 ┌ 순환소수 ───────── 유리수
└ 순환소수가 아닌 무한소수 – 유리수가 아니다.

**11** ① $\dfrac{1}{3}=0.333\cdots$에서 $\dfrac{1}{3}$은 유리수이지만, 무한소수이다.

② 모든 순환소수는 유리수이다.

③ $\pi=3.141592\cdots$와 같이 순환소수가 아닌 무한소수도 있다.

⑤ 기약분수를 소수로 나타내면 유한소수 또는 순환소수가 된다.

따라서 옳은 것은 ④이다.

**12** ①, ② 유한소수는 모두 유리수이다.

④ 순환소수는 모두 분수로 나타낼 수 있다.

⑤ $\dfrac{2}{3}=0.666\cdots$과 같이 정수가 아닌 유리수 중에는 유한소수로 나타낼 수 없는 것도 있다.

따라서 옳은 것은 ②, ③이다.

**1** ②, ⑤    **2** 15    **3** ㄴ, ㅁ    **4** ②, ④    **5** 63

**6** $\dfrac{503}{330}$    **7** ⑤    **8** $1.0\dot{4}$    **9** ④

---

**1**   ② $6.060606\cdots=6.\dot{0}\dot{6}$

    ⑤ $7.10343434\cdots=7.10\dot{3}\dot{4}$

**2**   $\dfrac{2}{7}=0.285714285714\cdots=0.\dot{2}8571\dot{4}$이므로 순환마디를 이

    루는 숫자는 2, 8, 5, 7, 1, 4의 6개이다.

    이때 $50=6\times8+2$이므로 소수점 아래 50번째 자리의 숫자

    는 순환마디의 두 번째 숫자인 8이다.     $\therefore a=8$

    또 $70=6\times11+4$이므로 소수점 아래 70번째 자리의 숫자

    는 순환마디의 네 번째 숫자인 7이다.     $\therefore b=7$

    $\therefore a+b=8+7=15$

**3**   ㄱ. $\dfrac{7}{8}=\dfrac{7}{2^3}$              ㄴ. $\dfrac{2}{11}$

    ㄷ. $\dfrac{3}{20}=\dfrac{3}{2^2\times5}$       ㄹ. $\dfrac{18}{72}=\dfrac{1}{4}=\dfrac{1}{2^2}$

    ㅁ. $\dfrac{28}{132}=\dfrac{7}{33}=\dfrac{7}{3\times11}$    ㅂ. $\dfrac{84}{210}=\dfrac{2}{5}$

    따라서 유한소수로 나타낼 수 없는 것은 ㄴ, ㅁ이다.

**4**   $\dfrac{15}{72}\times x=\dfrac{5}{24}\times x=\dfrac{5}{2^3\times3}\times x$가 유한소수가 되려면 $x$는 3

    의 배수이어야 한다.

    따라서 $x$의 값이 될 수 있는 수는 ② 3, ④ 6이다.

**5**   $\dfrac{n}{28}=\dfrac{n}{2^2\times7}$, $\dfrac{n}{90}=\dfrac{n}{2\times3^2\times5}$이므로 두 분수가 모두 유한

    소수가 되려면 $n$은 7과 $3^2$의 공배수, 즉 63의 배수이어야

    한다.

    따라서 $n$의 값이 될 수 있는 가장 작은 자연수는 63이다.

**6**   순환소수 $1.5\dot{2}\dot{4}$를 $x$라고 하면

    $x=1.5242424\cdots$          $\cdots$ ㉠

    ㉠의 양변에 1000을 곱하면

    $1000x=1524.242424\cdots$     $\cdots$ ㉡       $\cdots$ ( i )

    ㉠의 양변에 10을 곱하면

    $10x=15.242424\cdots$       $\cdots$ ㉢       $\cdots$ ( ii )

    ㉡－㉢을 하면

    $990x=1509$

    $\therefore x=\dfrac{1509}{990}=\dfrac{503}{330}$          $\cdots$ ( iii )

| 채점 기준 | 비율 |
|---|---|
| ( i ) ㉠의 양변에 1000을 곱하기 | 30 % |
| ( ii ) ㉠의 양변에 10을 곱하기 | 30 % |
| ( iii ) 순환소수를 기약분수로 나타내기 | 40 % |

**7**   ① $0.\dot{3}=\dfrac{3}{9}=\dfrac{1}{3}$

    ② $0.4\dot{7}=\dfrac{47-4}{90}=\dfrac{43}{90}$

    ③ $0.\dot{3}4\dot{5}=\dfrac{345}{999}=\dfrac{115}{333}$

    ④ $1.0\dot{6}=\dfrac{106-10}{90}=\dfrac{96}{90}=\dfrac{16}{15}$

    ⑤ $1.\dot{8}\dot{7}=\dfrac{187-1}{99}=\dfrac{186}{99}=\dfrac{62}{33}$

    따라서 옳은 것은 ⑤이다.

**8**   민석이는 분자를 제대로 보았으므로

    $1.1\dot{4}=\dfrac{114-11}{90}=\dfrac{103}{90}$에서 처음 기약분수의 분자는 103이

    다.

    준기는 분모를 제대로 보았으므로

    $0.\dot{2}\dot{3}=\dfrac{23}{99}$에서 처음 기약분수의 분모는 99이다.

    따라서 처음 기약분수는 $\dfrac{103}{99}$이므로

    $\dfrac{103}{99}=1.040404\cdots=1.\dot{0}\dot{4}$

**9**   ④ 순환소수는 유한소수로 나타낼 수 없는 수이지만 유리수

    이다.

# 1 지수법칙

**1** (1) $a^9$    (2) $a^{14}$    (3) $x^6$    (4) $2^{23}$
**2** (1) $a^8$    (2) $x^{18}$    (3) $x^{10}$    (4) $3^{15}$
**3** (1) $x^{10}y^{12}$   (2) $a^6b^8$   (3) $x^9y^6$   (4) $a^6b^5$
**4** (1) $x^6$    (2) $a^{20}$    (3) $2^{15}$    (4) $5^{14}$
**5** (1) $a^{24}$    (2) $x^{20}$
**6** (1) $a^{10}$    (2) $x^{13}$    (3) $x^{18}$    (4) $5^{27}$
**7** (1) $x^5y^{16}$   (2) $a^{18}b^{19}$   (3) $2^{12}a^{23}$   (4) $3^{15}x^7$

**1** (1) $a^3 \times a^6 = a^{3+6} = a^9$      (2) $a^{10} \times a^4 = a^{10+4} = a^{14}$
   (3) $x \times x^5 = x^{1+5} = x^6$       (4) $2^8 \times 2^{15} = 2^{8+15} = 2^{23}$

**2** (1) $a^4 \times a \times a^3 = a^{4+1+3} = a^8$
   (2) $x^{10} \times x^3 \times x^5 = x^{10+3+5} = x^{18}$
   (3) $x \times x^2 \times x^3 \times x^4 = x^{1+2+3+4} = x^{10}$
   (4) $3^2 \times 3^3 \times 3^{10} = 3^{2+3+10} = 3^{15}$

**3** (1) $x^2 \times x^8 \times y^5 \times y^7 = x^{2+8}y^{5+7} = x^{10}y^{12}$
   (2) $a^4 \times b^2 \times a^2 \times b^6 = a^4 \times a^2 \times b^2 \times b^6$
                   $= a^{4+2}b^{2+6} = a^6b^8$
   (3) $x^6 \times y^2 \times x^3 \times y^4 = x^6 \times x^3 \times y^2 \times y^4$
                   $= x^{6+3}y^{2+4} = x^9y^6$
   (4) $a \times b^4 \times a^2 \times b \times a^3 = a \times a^2 \times a^3 \times b^4 \times b$
                        $= a^{1+2+3}b^{4+1} = a^6b^5$

**4** (1) $(x^3)^2 = x^{3\times2} = x^6$      (2) $(a^4)^5 = a^{4\times5} = a^{20}$
   (3) $(2^5)^3 = 2^{5\times3} = 2^{15}$      (4) $(5^2)^7 = 5^{2\times7} = 5^{14}$

**5** (1) $\{(a^2)^3\}^4 = (a^{2\times3})^4 = a^{2\times3\times4} = a^{24}$
   (2) $\{(x^5)^2\}^2 = (x^{5\times2})^2 = x^{5\times2\times2} = x^{20}$

**6** (1) $a^4 \times (a^2)^3 = a^4 \times a^6 = a^{4+6} = a^{10}$
   (2) $(x^5)^2 \times x^3 = x^{10} \times x^3 = x^{10+3} = x^{13}$
   (3) $(x^2)^4 \times x^{10} = x^8 \times x^{10} = x^{8+10} = x^{18}$
   (4) $(5^2)^6 \times (5^3)^5 = 5^{12} \times 5^{15} = 5^{12+15} = 5^{27}$

**7** (1) $x^5 \times (y^5)^2 \times (y^3)^2 = x^5 \times y^{10} \times y^6$
                         $= x^5 \times y^{10+6} = x^5y^{16}$
   (2) $a^2 \times (b^3)^3 \times (a^4)^4 \times (b^2)^5 = a^2 \times b^9 \times a^{16} \times b^{10}$
                              $= a^{2+16}b^{9+10} = a^{18}b^{19}$
   (3) $(2^6)^2 \times a^2 \times (a^3)^7 = 2^{12} \times a^2 \times a^{21}$
                        $= 2^{12}a^{2+21} = 2^{12}a^{23}$
   (4) $x^3 \times (3^5)^3 \times (x^2)^2 = x^3 \times 3^{15} \times x^4$
                        $= 3^{15}x^{3+4} = 3^{15}x^7$

**1** (1) $x^5$    (2) $x^6$    (3) $a^3$    (4) $5^6$
**2** (1) $\dfrac{1}{a^5}$    (2) $\dfrac{1}{x^9}$    (3) $1$    (4) $\dfrac{1}{2^7}$
**3** (1) $a^6$    (2) $1$    (3) $\dfrac{1}{x^4}$
**4** (1) $a^2$    (2) $x^5$    (3) $\dfrac{1}{y^2}$
**5** (1) $x^2y^4$   (2) $a^{12}b^{18}$   (3) $x^{15}y^{20}z^5$
**6** (1) $8a^{12}$   (2) $5^9a^6$   (3) $x^{16}$   (4) $-27x^6$   (5) $25x^6y^{10}$
**7** (1) $\dfrac{y^3}{x^6}$   (2) $\dfrac{b^6}{a^2}$   (3) $-\dfrac{x^3}{27}$   (4) $\dfrac{b^{20}}{a^8}$   (5) $\dfrac{9y^2}{4x^6}$

**1** (2) $x^{10} \div x^4 = x^{10-4} = x^6$      (3) $a^8 \div a^5 = a^{8-5} = a^3$
   (4) $5^9 \div 5^3 = 5^{9-3} = 5^6$

**2** (2) $x^3 \div x^{12} = \dfrac{1}{x^{12-3}} = \dfrac{1}{x^9}$     (4) $2^7 \div 2^{14} = \dfrac{1}{2^{14-7}} = \dfrac{1}{2^7}$

**3** (1) $(a^3)^4 \div a^6 = a^{12} \div a^6 = a^{12-6} = a^6$
   (2) $a^{10} \div (a^5)^2 = a^{10} \div a^{10} = 1$
   (3) $(x^2)^6 \div (x^4)^4 = x^{12} \div x^{16} = \dfrac{1}{x^{16-12}} = \dfrac{1}{x^4}$

**4** (1) $a^7 \div a^2 \div a^3 = a^{7-2} \div a^3 = a^5 \div a^3 = a^{5-3} = a^2$
   (2) $x^{16} \div (x^2)^4 \div x^3 = x^{16} \div x^8 \div x^3 = x^{16-8} \div x^3$
                            $= x^8 \div x^3 = x^{8-3} = x^5$
   (3) $y^5 \div (y^9 \div y^2) = y^5 \div y^{9-2} = y^5 \div y^7 = \dfrac{1}{y^{7-5}} = \dfrac{1}{y^2}$

**5** (1) $(xy^2)^2 = x^2(y^2)^2 = x^2y^4$
   (2) $(a^2b^3)^6 = (a^2)^6(b^3)^6 = a^{12}b^{18}$
   (3) $(x^3y^4z)^5 = (x^3)^5(y^4)^5z^5 = x^{15}y^{20}z^5$

**6** (1) $(2a^4)^3 = 2^3(a^4)^3 = 8a^{12}$
   (2) $(5^3a^2)^3 = (5^3)^3(a^2)^3 = 5^9a^6$
   (3) $(-x^4)^4 = (-1)^4(x^4)^4 = x^{16}$
   (4) $(-3x^2)^3 = (-3)^3(x^2)^3 = -27x^6$
   (5) $(-5x^3y^5)^2 = (-5)^2(x^3)^2(y^5)^2 = 25x^6y^{10}$

**7** (1) $\left(\dfrac{y}{x^2}\right)^3 = \dfrac{y^3}{(x^2)^3} = \dfrac{y^3}{x^6}$
   (2) $\left(\dfrac{b^3}{a}\right)^2 = \dfrac{(b^3)^2}{a^2} = \dfrac{b^6}{a^2}$
   (3) $\left(-\dfrac{x}{3}\right)^3 = \dfrac{x^3}{(-3)^3} = -\dfrac{x^3}{27}$
   (4) $\left(-\dfrac{b^5}{a^2}\right)^4 = \dfrac{(-1)^4(b^5)^4}{(a^2)^4} = \dfrac{b^{20}}{a^8}$
   (5) $\left(\dfrac{3y}{2x^3}\right)^2 = \dfrac{3^2y^2}{2^2(x^3)^2} = \dfrac{9y^2}{4x^6}$

**1** (1) 8 (2) 4 (3) 4  **2** (1) 3 (2) 6 (3) 6
**3** (1) $a=2$, $b=3$ (2) $a=4$, $b=81$, $c=8$
　　(3) $a=3$, $b=2$ (4) $a=3$, $b=8$, $c=12$
**4** (1) 3 (2) 2  **5** (1) 2, 1, 3 (2) $3^5$ (3) $5^4$
**6** (1) 6, 3, 3 (2) $A^5$ (3) $A^6$
**7** (1) 3, 3, 8, 800000, 6 (2) 8자리 (3) 10자리

**1** (1) $a^2 \times a^\square = a^{2+\square} = a^{10}$이므로
　　　$2+\square=10$ ∴ $\square=8$
　(2) $x \times x^3 \times x^\square = x^{1+3+\square} = x^8$이므로
　　　$1+3+\square=8$ ∴ $\square=4$
　(3) $(a^\square)^5 = a^{\square \times 5} = a^{20}$이므로
　　　$\square \times 5 = 20$ ∴ $\square=4$

**2** (1) $(a^3)^\square \div a^4 = a^{3 \times \square - 4} = a^5$이므로
　　　$3 \times \square - 4 = 5$ ∴ $\square=3$
　(2) $x^9 \div x^\square \div x^3 = x^{9-\square} \div x^3 = 1$이므로
　　　$x^{9-\square} = x^3$에서 $9-\square=3$ ∴ $\square=6$
　(3) $a^5 \times a^2 \div a^\square = a^{5+2-\square} = a$이므로
　　　$5+2-\square=1$ ∴ $\square=6$

**3** (1) $(x^a y^4)^b = x^{ab} y^{4b} = x^6 y^{12}$이므로
　　　$y^{4b} = y^{12}$에서 $4b=12$ ∴ $b=3$
　　　$x^{ab} = x^6$, 즉 $x^{3a} = x^6$에서 $3a=6$ ∴ $a=2$
　(2) $(-3xy^2)^a = (-3)^a x^a y^{2a} = bx^4 y^c$이므로
　　　$x^a = x^4$에서 $a=4$
　　　$(-3)^a = b$, 즉 $(-3)^4 = b$에서 $b=81$
　　　$y^{2a} = y^c$, 즉 $y^8 = y^c$에서 $c=8$
　(3) $\left(\dfrac{x^a}{y}\right)^2 = \dfrac{x^{2a}}{y^2} = \dfrac{x^6}{y^b}$이므로
　　　$x^{2a} = x^6$에서 $2a=6$ ∴ $a=3$
　　　$y^2 = y^b$에서 $b=2$
　(4) $\left(-\dfrac{y}{2x^4}\right)^a = \dfrac{y^a}{(-2)^a x^{4a}} = -\dfrac{y^3}{bx^c}$이므로
　　　$y^a = y^3$에서 $a=3$
　　　$(-2)^a = -b$, 즉 $(-2)^3 = -b$에서 $b=8$
　　　$x^{4a} = x^c$, 즉 $x^{12} = x^c$에서 $c=12$

**4** (1) $64 = 2^6$이므로 $2^3 \times 2^x = 2^{3+x} = 2^6$에서
　　　$3+x=6$ ∴ $x=3$
　(2) $\dfrac{1}{27} = \dfrac{1}{3^3}$이므로 $3^x \div 3^5 = \dfrac{1}{3^{5-x}} = \dfrac{1}{3^3}$에서
　　　$5-x=3$ ∴ $x=2$

**5** (2) $3^4 + 3^4 + 3^4 = 3 \times 3^4 = 3^{1+4} = 3^5$
　(3) $5^3 + 5^3 + 5^3 + 5^3 + 5^3 = 5 \times 5^3 = 5^{1+3} = 5^4$

**6** $2^2 = A$이므로
　(2) $4^5 = (2^2)^5 = A^5$
　(3) $8^4 = (2^3)^4 = 2^{12} = (2^2)^6 = A^6$

**[7]** $a$, $n$이 자연수일 때
(자연수 $a \times 10^n$의 자릿수)=($a$의 자릿수)$+n$

**7** (2) $2^6 \times 5^8 = 2^6 \times 5^{6+2} = 2^6 \times 5^6 \times 5^2$
　　　　$= 5^2 \times 2^6 \times 5^6 = 5^2 \times (2 \times 5)^6$
　　　　$= 25 \times 10^6 = 25000000$
　　　　　　　　　　　　└6개┘
　　　따라서 $2^6 \times 5^8$은 8자리의 자연수이다.
　(3) $3 \times 2^{10} \times 5^9 = 3 \times 2^{1+9} \times 5^9 = 3 \times 2 \times 2^9 \times 5^9$
　　　　$= 3 \times 2 \times (2 \times 5)^9$
　　　　$= 6 \times 10^9 = 600 \cdots 0$
　　　　　　　　　　　　　└9개┘
　　　따라서 $3 \times 2^{10} \times 5^9$은 10자리의 자연수이다.

**쌍둥이 기출문제**  P. 21~22

**1** ⑤  **2** ③, ⑤  **3** (1) $a^4$ (2) $x^2$ (3) $3^3$
**4** (1) $5^{12}$ (2) $a^{15}$ (3) $x^3$  **5** $2^{12}$  **6** 3
**7** ②  **8** 5  **9** ⑤  **10** 17  **11** ①
**12** 5  **13** ③  **14** ①  **15** 4자리  **16** ③

**[1~10]** 지수법칙
$m$, $n$이 자연수일 때
(1) 지수의 합: $a^m \times a^n = a^{m+n}$
(2) 지수의 곱: $(a^m)^n = a^{mn}$
(3) 지수의 차: $a^m \div a^n = \begin{cases} a^{m-n} & (m>n) \\ 1 & (m=n) \ (단, a\neq 0) \\ \dfrac{1}{a^{n-m}} & (m<n) \end{cases}$
(4) 지수의 분배: $(ab)^n = a^n b^n$, $\left(\dfrac{b}{a}\right)^n = \dfrac{b^n}{a^n}$ (단, $a\neq 0$)

**1** ① $x^3 \times x^3 = x^{3+3} = x^6$　② $(x^2)^4 = x^{2\times 4} = x^8$
　③ $x^2 \div x^2 = 1$　④ $\left(\dfrac{y}{x^2}\right)^2 = \dfrac{y^2}{x^4}$
　따라서 옳은 것은 ⑤이다.

**2** ① $3^2 \times 3^4 = 3^{2+4} = 3^6$
　② $a^3 \div a^6 = \dfrac{1}{a^{6-3}} = \dfrac{1}{a^3}$
　④ $(x^3)^4 = x^{3\times 4} = x^{12}$
　따라서 옳은 것은 ③, ⑤이다.

**3** (1) $a^6 \div a^3 \times a = a^3 \times a = a^4$
　(2) $(x^4)^2 \div x^4 \div x^2 = x^8 \div x^4 \div x^2 = x^4 \div x^2 = x^2$
　(3) $3^2 \times (3^2)^2 \div 3^3 = 3^2 \times 3^4 \div 3^3 = 3^6 \div 3^3 = 3^3$

**4**
(1) $5^{10} \times 5^5 \div 5^3 = 5^{15} \div 5^3 = 5^{12}$
(2) $(a^3)^2 \div a \times (a^2)^5 = a^6 \div a \times a^{10} = a^5 \times a^{10} = a^{15}$
(3) $x^4 \div (x^2 \div x) = x^4 \div x = x^3$

**5**
$16^8 \div 32^4 = (2^4)^8 \div (2^5)^4 = 2^{32} \div 2^{20} = 2^{12}$

**6**
$27 \times 81^2 \div 9^4 = 3^3 \times (3^4)^2 \div (3^2)^4$
$\qquad\qquad = 3^3 \times 3^8 \div 3^8 = 3^{11} \div 3^8 = 3^3$
$\therefore \square = 3$

**7**
$243 = 3^5$이므로 $3^2 \times 3^n = 3^{2+n} = 3^5$에서
$2 + n = 5 \quad \therefore n = 3$

**8**
$64 = 2^6$이므로 $2^a \times 2^4 = 2^{a+4} = 2^6$에서
$a + 4 = 6 \quad \therefore a = 2$
$x^6 \div x^b \div x^2 = x^{6-b-2} = x$에서
$6 - b - 2 = 1 \quad \therefore b = 3$
$\therefore a + b = 2 + 3 = 5$

**9**
$(3x^a)^3 = 27x^{3a} = bx^{12}$이므로
$b = 27$
$x^{3a} = x^{12}$에서 $3a = 12 \quad \therefore a = 4$
$\therefore a + b = 4 + 27 = 31$

**10**
$\left(\dfrac{2^a}{3^5}\right)^4 = \dfrac{2^{4a}}{3^{20}} = \dfrac{2^{12}}{3^b}$이므로
$2^{4a} = 2^{12}$에서 $4a = 12 \quad \therefore a = 3$ $\qquad \cdots$ ( i )
$3^{20} = 3^b$에서 $b = 20$ $\qquad\qquad\qquad\qquad \cdots$ ( ii )
$\therefore b - a = 20 - 3 = 17$ $\qquad\qquad\qquad \cdots$ (iii)

| 채점 기준 | 비율 |
|---|---|
| ( i ) $a$의 값 구하기 | 40 % |
| ( ii ) $b$의 값 구하기 | 40 % |
| (iii) $b-a$의 값 구하기 | 20 % |

**[11~12]** 같은 수의 덧셈은 곱셈으로 나타낼 수 있다.
$\Rightarrow \underset{\underset{3개}{\uparrow}}{a^2 + a^2 + a^2} = 3 \times a^2$

**11**
$3^3 + 3^3 + 3^3 = 3 \times 3^3 = 3^{1+3} = 3^4$

**12**
$5^4 + 5^4 + 5^4 + 5^4 + 5^4 = 5 \times 5^4 = 5^{1+4} = 5^5$
$\therefore a = 5$

**[13~14]** 문자를 사용하여 나타내기
$a^x = A$라고 할 때, 다음 식을 $A$를 사용하여 나타내면
(1) $a^{xy} = (a^x)^y = A^y$
(2) $a^{x+y} = a^x a^y = a^y a^x = a^y A$

**13**
$9^3 = (3^2)^3 = (3^3)^2 = A^2$

**14**
$16^{10} = (2^4)^{10} = 2^{40} = (2^5)^8 = a^8$

**[15~16]** 자릿수 구하기
$2^n \times 5^n = (2 \times 5)^n = 10^n$임을 이용하여 주어진 수를
$a \times 10^n$ 꼴로 나타내면 (단, $a$, $n$은 자연수)
$\Rightarrow (a \times 10^n$의 자릿수$) = (a$의 자릿수$) + n$

**15**
$2^5 \times 5^3 = 2^2 \times 2^3 \times 5^3 = 2^2 \times (2 \times 5)^3 = 4 \times 10^3 = 4\underset{\underset{3개}{}}{000}$
따라서 $2^5 \times 5^3$은 4자리의 자연수이다.

**16**
$2^7 \times 3 \times 5^9 = 2^7 \times 3 \times 5^7 \times 5^2$
$\qquad\qquad = 3 \times 5^2 \times 2^7 \times 5^7 = 3 \times 5^2 \times (2 \times 5)^7$
$\qquad\qquad = 75 \times 10^7 = 7500\underset{\underset{7개}{}}{\cdots 0}$
따라서 $2^7 \times 3 \times 5^9$은 9자리의 자연수이므로 $n = 9$

## 2 단항식의 계산

**유형 3** P. 23

**1**
(1) $12x^3$ (2) $-10ab$ (3) $-x^6 y$ (4) $15a^2 b^3$

**2**
(1) $-2x^5$ (2) $2a^{11}$ (3) $16x^{14}y^2$ (4) $8a^{11}b^7$

**3**
(1) $6a^6$ (2) $-8x^4 y^6$ (3) $12a^3 b^4$

**4**
(1) $\dfrac{9}{x}$ (2) $-\dfrac{1}{3a^2}$ (3) $-\dfrac{2}{x}$ (4) $\dfrac{4}{3xy^2}$

**5**
(1) $5x$, $2x$ (2) $2a^2$ (3) $-\dfrac{2}{3}x$ (4) $8a^2$ (5) $\dfrac{1}{y}$

**6**
(1) $\dfrac{4}{3a}$, $4a^2$ (2) $4x^7$ (3) $-21x^2$ (4) $6$ (5) $\dfrac{5a^4}{4b^6}$

**7**
(1) $-\dfrac{2}{a}$ (2) $\dfrac{4y}{3x^2}$

**2**
(1) $(-x)^3 \times 2x^2 = (-x^3) \times 2x^2 = -2x^5$
(2) $(-2a^2) \times (-a^3)^3 = (-2a^2) \times (-a^9) = 2a^{11}$
(3) $(4x^3 y)^2 \times (-x^2)^4 = 16x^6 y^2 \times x^8 = 16x^{14}y^2$
(4) $(ab^2)^2 \times (2a^3 b)^3 = a^2 b^4 \times 8a^9 b^3 = 8a^{11}b^7$

**4**
(2) $-3a^2 = -\dfrac{3a^2}{1}$이므로 역수는 $-\dfrac{1}{3a^2}$이다.
(3) $-\dfrac{1}{2}x = -\dfrac{x}{2}$이므로 역수는 $-\dfrac{2}{x}$이다.
(4) $\dfrac{3}{4}xy^2 = \dfrac{3xy^2}{4}$이므로 역수는 $\dfrac{4}{3xy^2}$이다.

**5**
(1) $10x^2 \div 5x = \dfrac{10x^2}{\boxed{5x}} = \boxed{2x}$
(2) $6a^3 b \div 3ab = \dfrac{6a^3 b}{3ab} = 2a^2$
(3) $4x^2 y \div (-6xy) = \dfrac{4x^2 y}{-6xy} = -\dfrac{2}{3}x$

(4) $(-4a^5)^2 \div 2a^8 = \dfrac{16a^{10}}{2a^8} = 8a^2$

(5) $27x^6y^2 \div (3x^2y)^3 = \dfrac{27x^6y^2}{27x^6y^3} = \dfrac{1}{y}$

**6** (1) $3a^3 \div \dfrac{3}{4}a = 3a^3 \times \boxed{\dfrac{4}{3a}} = \boxed{4a^2}$

(2) $2x^9 \div \dfrac{x^2}{2} = 2x^9 \times \dfrac{2}{x^2} = 4x^7$

(3) $14x^4y \div \left(-\dfrac{2}{3}x^2y\right) = 14x^4y \times \left(-\dfrac{3}{2x^2y}\right) = -21x^2$

(4) $(-3a)^3 \div \left(-\dfrac{9}{2}a^3\right) = (-27a^3) \times \left(-\dfrac{2}{9a^3}\right) = 6$

(5) $\dfrac{1}{5}a^6b^2 \div \left(\dfrac{2}{5}ab^4\right)^2 = \dfrac{1}{5}a^6b^2 \div \dfrac{4}{25}a^2b^8$

$= \dfrac{1}{5}a^6b^2 \times \dfrac{25}{4a^2b^8} = \dfrac{5a^4}{4b^6}$

**7** (1) $16a^2b \div (-2ab) \div 4a^2 = 16a^2b \times \left(-\dfrac{1}{2ab}\right) \times \dfrac{1}{4a^2}$

$= -\dfrac{2}{a}$

(2) $2xy^2 \div \left(-\dfrac{1}{2}xy\right) \div (-3x^2)$

$= 2xy^2 \times \left(-\dfrac{2}{xy}\right) \times \left(-\dfrac{1}{3x^2}\right) = \dfrac{4y}{3x^2}$

유형 **4**  P. 24

**1** (1) $\dfrac{1}{C}$, $\dfrac{AB}{C}$  (2) $\dfrac{AC}{B}$  (3) $\dfrac{A}{BC}$

**2** (1) $\dfrac{B}{C}$, $\dfrac{AB}{C}$  (2) $\dfrac{A}{BC}$  (3) $\dfrac{AC}{B}$

**3** (1) $12x^2$  (2) $-\dfrac{6b}{a}$  (3) $-64a^4b^4$  (4) $\dfrac{3x}{4y}$

(5) $\dfrac{6}{5}y^7$  (6) $\dfrac{1}{2}a^2b^4$

**4** (1) $-3a^2$  (2) $16xy^2$  (3) $\dfrac{2}{b^5}$  (4) $-9x^{12}y$

(5) $4ab$  (6) $\dfrac{5}{3}x^7y^7$

**3** (1) $9xy \times 4x^2 \div 3xy = 9xy \times 4x^2 \times \dfrac{1}{3xy} = 12x^2$

(2) $3ab \times (-8b) \div 4a^2b = 3ab \times (-8b) \times \dfrac{1}{4a^2b} = -\dfrac{6b}{a}$

(3) $8a^3b^2 \times 16a^2b^3 \div (-2ab) = 8a^3b^2 \times 16a^2b^3 \times \left(-\dfrac{1}{2ab}\right)$

$= -64a^4b^4$

(4) $6x^2y \div 12xy^3 \times \dfrac{3}{2}y = 6x^2y \times \dfrac{1}{12xy^3} \times \dfrac{3}{2}y = \dfrac{3x}{4y}$

(5) $(-2xy^3) \div 5x^3y \times (-3x^2y^5)$

$= (-2xy^3) \times \dfrac{1}{5x^3y} \times (-3x^2y^5) = \dfrac{6}{5}y^7$

(6) $\dfrac{1}{14}a^4b^2 \div a^5b \times 7a^3b^3$

$= \dfrac{1}{14}a^4b^2 \times \dfrac{1}{a^5b} \times 7a^3b^3 = \dfrac{1}{2}a^2b^4$

**4** (1) $(-3a)^2 \times \dfrac{5}{3}a \div (-5a) = 9a^2 \times \dfrac{5}{3}a \times \left(-\dfrac{1}{5a}\right)$

$= -3a^2$

(2) $8xy \div 2x^2y \times (-2xy)^2 = 8xy \times \dfrac{1}{2x^2y} \times 4x^2y^2$

$= 16xy^2$

(3) $(3a^2)^2 \times 2b \div (-3a^2b^3)^2 = 9a^4 \times 2b \div 9a^4b^6$

$= 9a^4 \times 2b \times \dfrac{1}{9a^4b^6}$

$= \dfrac{2}{b^5}$

(4) $(-2x^2y)^3 \div \left(\dfrac{y}{3}\right)^2 \times \left(\dfrac{x^2}{2}\right)^3 = (-8x^6y^3) \div \dfrac{y^2}{9} \times \dfrac{x^6}{8}$

$= (-8x^6y^3) \times \dfrac{9}{y^2} \times \dfrac{x^6}{8}$

$= -9x^{12}y$

(5) $(-a^2b)^2 \div (-a^5b^2) \times (-4a^2b)$

$= a^4b^2 \times \left(-\dfrac{1}{a^5b^2}\right) \times (-4a^2b) = 4ab$

(6) $(5x^3y^4)^2 \times \dfrac{3}{5}x^3y \div (-3xy)^2$

$= 25x^6y^8 \times \dfrac{3}{5}x^3y \div 9x^2y^2$

$= 25x^6y^8 \times \dfrac{3}{5}x^3y \times \dfrac{1}{9x^2y^2} = \dfrac{5}{3}x^7y^7$

한 걸음 더 연습  P. 25

**1** (1) $3x^2$  (2) $-2x^2y^2$  (3) $-6ab$

**2** (1) $-3x$  (2) $\dfrac{3}{8}ab$  **3** (1) $\dfrac{5}{2}a$  (2) $48x^7y^3$

**4** (1) $12a^4b^2$  (2) $14x^2y^3$  **5** (1) $18x^6$  (2) $8\pi a^3b^2$

**6** $32x^4y^7$  **7** $2x^3y$

**1** (1) $\boxed{\phantom{x}} \times 2xy = 6x^3y$에서

$\boxed{\phantom{x}} = 6x^3y \div 2xy = \dfrac{6x^3y}{2xy} = 3x^2$

(2) $(-4x^2y) \times \boxed{\phantom{x}} = 8x^4y^3$에서

$\boxed{\phantom{x}} = 8x^4y^3 \div (-4x^2y) = \dfrac{8x^4y^3}{-4x^2y} = -2x^2y^2$

(3) $\boxed{\phantom{x}} \div \dfrac{a}{3} = -18b$에서

$\boxed{\phantom{x}} = (-18b) \times \dfrac{a}{3} = -6ab$

**2** (1) $6x^3y \div \boxed{\phantom{x}} = -2x^2y$에서  $6x^3y \times \dfrac{1}{\boxed{\phantom{x}}} = -2x^2y$

$\therefore \boxed{\phantom{x}} = 6x^3y \div (-2x^2y) = \dfrac{6x^3y}{-2x^2y} = -3x$

(2) $\dfrac{3}{2}a^2b^4 \div \boxed{\phantom{xx}} = 4ab^3$ 에서 $\dfrac{3}{2}a^2b^4 \times \dfrac{1}{\boxed{\phantom{xx}}} = 4ab^3$

$\therefore \boxed{\phantom{xx}} = \dfrac{3}{2}a^2b^4 \div 4ab^3 = \dfrac{3}{2}a^2b^4 \times \dfrac{1}{4ab^3} = \dfrac{3}{8}ab$

**3** (1) $4a^2 \times \boxed{\phantom{xx}} \div (-5a) = -2a^2$ 에서

$\boxed{\phantom{xx}} = (-2a^2) \div 4a^2 \times (-5a)$

$= (-2a^2) \times \dfrac{1}{4a^2} \times (-5a) = \dfrac{5}{2}a$

(2) $(-3x^2y^2) \times \boxed{\phantom{xx}} \div (-8x^8y^2) = 18xy^3$ 에서

$\boxed{\phantom{xx}} = 18xy^3 \div (-3x^2y^2) \times (-8x^8y^2)$

$= 18xy^3 \times \left(-\dfrac{1}{3x^2y^2}\right) \times (-8x^8y^2) = 48x^7y^3$

**4** (1) (직사각형의 넓이) = (가로의 길이) × (세로의 길이)

$= 6ab^2 \times 2a^3 = 12a^4b^2$

(2) (삼각형의 넓이) $= \dfrac{1}{2} \times$ (밑변의 길이) × (높이)

$= \dfrac{1}{2} \times 7x^2y \times 4y^2 = 14x^2y^3$

**5** (1) (직육면체의 부피) = (밑넓이) × (높이)

$= (3x^2 \times 2x^2) \times 3x^2 = 18x^6$

(2) (원뿔의 부피) $= \dfrac{1}{3} \times$ (밑넓이) × (높이)

$= \dfrac{1}{3} \times \{\pi \times (2a)^2\} \times 6ab^2$

$= \dfrac{1}{3} \times \pi \times 4a^2 \times 6ab^2 = 8\pi a^3b^2$

**6** (넓이) $= \dfrac{1}{2} \times$ (밑변의 길이) $\times 3x^4y^2 = 48x^8y^9$ 이므로

(밑변의 길이) $\times \dfrac{3}{2}x^4y^2 = 48x^8y^9$

$\therefore$ (밑변의 길이) $= 48x^8y^9 \div \dfrac{3}{2}x^4y^2$

$= 48x^8y^9 \times \dfrac{2}{3x^4y^2} = 32x^4y^7$

**7** (부피) $= \pi \times (3xy^2)^2 \times$ (높이) $= 18\pi x^5y^5$ 이므로

$9\pi x^2y^4 \times$ (높이) $= 18\pi x^5y^5$

$\therefore$ (높이) $= 18\pi x^5y^5 \div 9\pi x^2y^4 = \dfrac{18\pi x^5y^5}{9\pi x^2y^4} = 2x^3y$

**쌍둥이 기출문제**     P.26~27

**1** (1) $-8a^2b$    (2) $45x^5y^5$      **2** $-6x^3y^2$

**3** ①     **4** $\dfrac{2}{y^2}$    **5** $a=3,\ b=4$      **6** $0$

**7** $x^4y^6,\ x^{12}y^4,\ x^4y^6,\ \dfrac{1}{x^{12}y^4},\ \dfrac{6y^3}{x^4}$    **8** ③     **9** $27$

**10** $48$    **11** $a^4b^2$    **12** $4a^3$    **13** ④    **14** $3y^3$

**15** $4x^4y^3$    **16** $5a$

---

**【1~2】단항식의 곱셈**

계수는 계수끼리, 문자는 문자끼리 곱한다.

**1** (2) $(-3x^2y)^2 \times 5xy^3 = 9x^4y^2 \times 5xy^3 = 45x^5y^5$

**2** $(2x)^2 \times 6xy \times \left(-\dfrac{1}{4}y\right) = 4x^2 \times 6xy \times \left(-\dfrac{1}{4}y\right)$

$= -6x^3y^2$

**【3~6】단항식의 나눗셈**

방법1 분수 꼴로 바꾸어 계산하기

$\Rightarrow A \div B = \dfrac{A}{B}$

방법2 나눗셈을 역수의 곱셈으로 고쳐서 계산하기

$\Rightarrow A \div B = A \times \dfrac{1}{B} = \dfrac{A}{B}$

**3** $12a^2b \div 6ab = \dfrac{12a^2b}{6ab} = 2a$

**4** $72x^5y^2 \div (-3xy^2)^2 \div 4x^3$

$= 72x^5y^2 \div 9x^2y^4 \div 4x^3$      $\cdots$ (ⅰ)

$= 72x^5y^2 \times \dfrac{1}{9x^2y^4} \times \dfrac{1}{4x^3}$      $\cdots$ (ⅱ)

$= \dfrac{2}{y^2}$      $\cdots$ (ⅲ)

| 채점 기준 | 비율 |
|---|---|
| (ⅰ) 괄호의 거듭제곱 계산하기 | 30 % |
| (ⅱ) 역수를 이용하여 나눗셈을 곱셈으로 고치기 | 30 % |
| (ⅲ) 답 구하기 | 40 % |

**5** $x^8y^3 \div x^ay^7 = \dfrac{x^8y^3}{x^ay^7} = \dfrac{x^{8-a}}{y^{7-3}} = \dfrac{x^5}{y^b}$ 이므로

$x^{8-a} = x^5$ 에서 $8-a=5$    $\therefore a=3$

$y^{7-3} = y^b$ 에서 $7-3=b$    $\therefore b=4$

**6** $(2x^2y^p)^2 \div (x^qy^3)^5 = \dfrac{4x^4y^{2p}}{x^{5q}y^{15}} = \dfrac{4}{x^{5q-4}y^{15-2p}} = \dfrac{4}{x^6y^{11}}$ 이므로

$x^{5q-4} = x^6$ 에서 $5q-4=6$    $\therefore q=2$

$y^{15-2p} = y^{11}$ 에서 $15-2p=11$    $\therefore p=2$

$\therefore p-q = 2-2 = 0$

**【7~10】단항식의 곱셈과 나눗셈의 혼합 계산**

❶ 괄호의 거듭제곱은 지수법칙을 이용하여 계산한다.

❷ 나눗셈은 역수를 이용하여 곱셈으로 고친다.

❸ 계수는 계수끼리, 문자는 문자끼리 곱한다.

**8** $(-3a^3)^3 \div 9a^2b^3 \times \left(\dfrac{1}{3}b^4\right)^2 = (-27a^9) \times \dfrac{1}{9a^2b^3} \times \dfrac{1}{9}b^8$

$= -\dfrac{1}{3}a^7b^5$

**9**  $6ab^2 \times 2a^2b \div 4ab = 6ab^2 \times 2a^2b \times \dfrac{1}{4ab}$

$\qquad\qquad\qquad\qquad = 3a^2b^2$

$\qquad\qquad\qquad\qquad = 3 \times 1^2 \times 3^2 = 27$

**10**  $8a^4b^2 \div \dfrac{4}{3}a^2b \times (-ab^3) = 8a^4b^2 \times \dfrac{3}{4a^2b} \times (-ab^3)$

$\qquad\qquad\qquad\qquad\qquad = -6a^3b^4$

$\qquad\qquad\qquad\qquad\qquad = (-6) \times (-2)^3 \times (-1)^4$

$\qquad\qquad\qquad\qquad\qquad = 48$

**[11~14]** □ 안에 알맞은 식 구하기

· $A \times \square = B$ $\quad \Rightarrow \square = B \div A$

· $A \div \square = B$ $\quad \Rightarrow A \times \dfrac{1}{\square} = B$ $\quad \Rightarrow \square = A \div B$

· $A \times \square \div B = C \Rightarrow A \times \square \times \dfrac{1}{B} = C \Rightarrow \square = C \div A \times B$

**11**  $(-8a^3b^6) \times \square = -8a^7b^8$에서

$\qquad \square = (-8a^7b^8) \div (-8a^3b^6) = \dfrac{-8a^7b^8}{-8a^3b^6} = a^4b^2$

**12**  $6a^3b \div A = \dfrac{3}{2}b$에서 $6a^3b \times \dfrac{1}{A} = \dfrac{3}{2}b$

$\qquad \therefore A = 6a^3b \div \dfrac{3}{2}b = 6a^3b \times \dfrac{2}{3b} = 4a^3$

**13**  $a^2b^2 \times \square \div 2ab^2 = a^2b^3$에서

$\qquad \square = a^2b^3 \div a^2b^2 \times 2ab^2$

$\qquad\quad = a^2b^3 \times \dfrac{1}{a^2b^2} \times 2ab^2 = 2ab^3$

**14**  $x^4y \div 3x^2y^2 \times \square = x^2y^2$에서

$\qquad \square = x^2y^2 \div x^4y \times 3x^2y^2$

$\qquad\quad = x^2y^2 \times \dfrac{1}{x^4y} \times 3x^2y^2 = 3y^3$

**[15~16]** 도형에서 단항식의 계산의 활용

도형의 넓이 또는 부피를 구하는 공식을 이용하여 식을 계산한다.

**15**  (넓이)=(가로의 길이)$\times 2xy^4 = 8x^5y^7$이므로

$\qquad$ (가로의 길이)$= 8x^5y^7 \div 2xy^4 = \dfrac{8x^5y^7}{2xy^4} = 4x^4y^3$

**16**  (부피)$= 2a^2b \times 3ab^2 \times$(높이)$= 30a^4b^3$이므로

$\qquad 6a^3b^3 \times$(높이)$= 30a^4b^3$

$\qquad \therefore$ (높이)$= 30a^4b^3 \div 6a^3b^3 = \dfrac{30a^4b^3}{6a^3b^3} = 5a$

---

# 3 다항식의 계산

**1**  (1) $-x-y+z$　　(2) $-6a+2b$　　(3) $2x + \dfrac{1}{3}y - \dfrac{2}{3}$

**2**  (1) $8x-5y$　　(2) $4x+y-2$　　(3) $2x+4y$

$\quad$ (4) $-3x+5y+7$

**3**  (1) $-2a$　　(2) $-3x+13y$　　(3) $-8a+15b$

$\quad$ (4) $-5x+2y+21$

**4**  (1) $-\dfrac{1}{6}a+5b$　　(2) $\dfrac{7a-2b}{12}$　　(3) $\dfrac{-5x-3y}{4}$

**5**  (1) $a-2b$　　(2) $6x+y$　　(3) $x-4y$

**6**  (1) $7a-6b+4$　　(2) $x-7y+1$　　(3) $5x-7y-2$

**2**  (3) $(3x+2y) - (x-2y)$

$\qquad = 3x+2y-x+2y$

$\qquad = 2x+4y$

$\quad$ (4) $(x+6y+5) - (4x+y-2)$

$\qquad = x+6y+5-4x-y+2$

$\qquad = -3x+5y+7$

**3**  (1) $4(a-b) + 2(-3a+2b)$

$\qquad = 4a-4b-6a+4b$

$\qquad = -2a$

$\quad$ (2) $(2x+3y+5) + 5(-x+2y-1)$

$\qquad = 2x+3y+5-5x+10y-5$

$\qquad = -3x+13y$

$\quad$ (3) $(a+3b) - 3(3a-4b)$

$\qquad = a+3b-9a+12b$

$\qquad = -8a+15b$

$\quad$ (4) $3(-x+y+6) - \dfrac{1}{2}(4x+2y-6)$

$\qquad = -3x+3y+18-2x-y+3$

$\qquad = -5x+2y+21$

**4**  (1) $\left(\dfrac{2}{3}a+4b\right) + \left(-\dfrac{5}{6}a+b\right) = \dfrac{4}{6}a+4b-\dfrac{5}{6}a+b$

$\qquad\qquad\qquad\qquad\qquad\qquad = -\dfrac{1}{6}a+5b$

$\quad$ (2) $\dfrac{a+b}{3} + \dfrac{a-2b}{4} = \dfrac{4(a+b)+3(a-2b)}{12}$

$\qquad\qquad\qquad\qquad = \dfrac{4a+4b+3a-6b}{12}$

$\qquad\qquad\qquad\qquad = \dfrac{7a-2b}{12}$

$\quad$ (3) $\dfrac{x-y}{4} - \dfrac{3x+y}{2} = \dfrac{(x-y)-2(3x+y)}{4}$

$\qquad\qquad\qquad\qquad = \dfrac{x-y-6x-2y}{4}$

$\qquad\qquad\qquad\qquad = \dfrac{-5x-3y}{4}$

**5**　(1) $a-[b-\{a-(b+a)\}]=a-\{b-(a-b-a)\}$
　　　　　　　　　　　　　　$=a-\{b-(-b)\}$
　　　　　　　　　　　　　　$=a-(b+b)$
　　　　　　　　　　　　　　$=a-2b$

　　(2) $(3x+2y)-\{x-(4x-y)\}=3x+2y-(x-4x+y)$
　　　　　　　　　　　　　　　　$=3x+2y-(-3x+y)$
　　　　　　　　　　　　　　　　$=3x+2y+3x-y$
　　　　　　　　　　　　　　　　$=6x+y$

　　(3) $2x-[3y-\{x-(2x+y)\}]=2x-\{3y-(x-2x-y)\}$
　　　　　　　　　　　　　　　　$=2x-\{3y-(-x-y)\}$
　　　　　　　　　　　　　　　　$=2x-(3y+x+y)$
　　　　　　　　　　　　　　　　$=2x-(x+4y)$
　　　　　　　　　　　　　　　　$=2x-x-4y$
　　　　　　　　　　　　　　　　$=x-4y$

**6**　(1) $\boxed{\phantom{xx}}=(6a+9)+(a-6b-5)=7a-6b+4$

　　(2) $\boxed{\phantom{xx}}=(4x-3y-7)-(3x+4y-8)$
　　　　　　$=4x-3y-7-3x-4y+8$
　　　　　　$=x-7y+1$

　　(3) $\boxed{\phantom{xx}}=(4x-2y+1)-(-x+5y+3)$
　　　　　　$=4x-2y+1+x-5y-3$
　　　　　　$=5x-7y-2$

---

**유형 6**　　　　　　　　　　　　　　P. 29

**1**　(1) × 　(2) ○ 　(3) × 　(4) × 　(5) ○

**2**　(1) $5a^2+5a+7$　　(2) $x^2+10x-10$
　　(3) $x^2+8x-5$　　(4) $-4a^2-9a+4$
　　(5) $-8a^2-3a+11$　　(6) $-5x^2+17x-10$

**3**　(1) $-\dfrac{1}{8}a^2-8a-2$　(2) $\dfrac{18x^2+5x+8}{15}$　(3) $\dfrac{-a^2+1}{6}$

**4**　(1) $3x^2+x+1$　　(2) $-x^2-2x-7$
　　(3) $4x^2-9x+6$

**5**　(1) $7a^2-4a+2$　　(2) $-7a^2-3a-2$

[1] 이차식을 찾을 때는 식을 간단히 정리한 후에 차수를 확인해야 한다.

**1**　(4) $\dfrac{2}{x^2}+1$은 $x^2$이 분모에 있으므로 다항식이 아니다.

　　(5) $a^3+2a^2+3-a^3=2a^2+3 \Rightarrow a$에 대한 이차식

**2**　(2) $(-3x^2+2x-5)-(-4x^2-8x+5)$
　　　$=-3x^2+2x-5+4x^2+8x-5$
　　　$=x^2+10x-10$

---

　　(3) $2(3x^2+x+2)+(-5x^2+6x-9)$
　　　$=6x^2+2x+4-5x^2+6x-9$
　　　$=x^2+8x-5$

　　(4) $(-8a^2+3a-4)+4(a^2-3a+2)$
　　　$=-8a^2+3a-4+4a^2-12a+8$
　　　$=-4a^2-9a+4$

　　(5) $3(-2a^2-4a+1)-(2a^2-9a-8)$
　　　$=-6a^2-12a+3-2a^2+9a+8$
　　　$=-8a^2-3a+11$

　　(6) $(-3x^2+15x-6)-2(x^2-x+2)$
　　　$=-3x^2+15x-6-2x^2+2x-4$
　　　$=-5x^2+17x-10$

**3**　(1) $\left(\dfrac{1}{4}a^2-5a-\dfrac{7}{3}\right)-\left(\dfrac{3}{8}a^2+3a-\dfrac{1}{3}\right)$
　　　$=\dfrac{2}{8}a^2-5a-\dfrac{7}{3}-\dfrac{3}{8}a^2-3a+\dfrac{1}{3}$
　　　$=-\dfrac{1}{8}a^2-8a-2$

　　(2) $\dfrac{3x^2+x-2}{3}+\dfrac{x^2+6}{5}$
　　　$=\dfrac{5(3x^2+x-2)+3(x^2+6)}{15}$
　　　$=\dfrac{15x^2+5x-10+3x^2+18}{15}$
　　　$=\dfrac{18x^2+5x+8}{15}$

　　(3) $\dfrac{a^2-2a+1}{2}-\dfrac{2a^2-3a+1}{3}$
　　　$=\dfrac{3(a^2-2a+1)-2(2a^2-3a+1)}{6}$
　　　$=\dfrac{3a^2-6a+3-4a^2+6a-2}{6}$
　　　$=\dfrac{-a^2+1}{6}$

**4**　(1) $5x^2-\{2x^2+2x-(3x+1)\}$
　　　$=5x^2-(2x^2+2x-3x-1)$
　　　$=5x^2-(2x^2-x-1)$
　　　$=5x^2-2x^2+x+1$
　　　$=3x^2+x+1$

　　(2) $-2x^2-\{-x^2+3(2x+5)-4x\}+8$
　　　$=-2x^2-(-x^2+6x+15-4x)+8$
　　　$=-2x^2-(-x^2+2x+15)+8$
　　　$=-2x^2+x^2-2x-15+8$
　　　$=-x^2-2x-7$

　　(3) $x^2-3x-[2x-1-\{3x^2-(4x-5)\}]$
　　　$=x^2-3x-\{2x-1-(3x^2-4x+5)\}$
　　　$=x^2-3x-(2x-1-3x^2+4x-5)$
　　　$=x^2-3x-(-3x^2+6x-6)$
　　　$=x^2-3x+3x^2-6x+6$
　　　$=4x^2-9x+6$

**5** (1) $\boxed{\phantom{xx}}=(5a^2-a+2)-(-2a^2+3a)$

$\qquad =5a^2-a+2+2a^2-3a$

$\qquad =7a^2-4a+2$

(2) $\boxed{\phantom{xx}}=(-5a^2+7)-(2a^2+3a+9)$

$\qquad =-5a^2+7-2a^2-3a-9$

$\qquad =-7a^2-3a-2$

---

**유형 7** P. 30

**1** (1) $3a^2-15a$ (2) $-8a^2+12a$

(3) $-10a^2b+5ab^2$ (4) $\dfrac{3}{2}x^2y-3xy-4y$

(5) $a^3b^2+4a^2b^3$ (6) $-\dfrac{2}{3}x^2y+xy^2+2xy$

**2** (1) $b-a^3$ (2) $7a+5b-4$

(3) $-x^2+x-3y$

**3** (1) $2a,\ 3a-2$ (2) $-x-y^2$

(3) $ab^2+2$ (4) $-3x+4y-\dfrac{4y^2}{3x}$

**4** (1) $\dfrac{3}{x},\ 3y-9$ (2) $\dfrac{4}{3}x+\dfrac{8}{3}y$

(3) $16a^2-24b$ (4) $4a-2b^2+6b$

---

**1** (4) $\dfrac{y}{4}(6x^2-12x-16)$

$\quad =\dfrac{y}{4}\times6x^2+\dfrac{y}{4}\times(-12x)+\dfrac{y}{4}\times(-16)$

$\quad =\dfrac{3}{2}x^2y-3xy-4y$

(5) $(2a^2b+8ab^2)\times\dfrac{ab}{2}$

$\quad =2a^2b\times\dfrac{ab}{2}+8ab^2\times\dfrac{ab}{2}$

$\quad =a^3b^2+4a^2b^3$

(6) $-\dfrac{1}{3}xy(2x-3y-6)$

$\quad =-\dfrac{1}{3}xy\times2x-\dfrac{1}{3}xy\times(-3y)-\dfrac{1}{3}xy\times(-6)$

$\quad =-\dfrac{2}{3}x^2y+xy^2+2xy$

**3** (2) $(x^2y+xy^3)\div(-xy)=\dfrac{x^2y+xy^3}{-xy}=-x-y^2$

(3) $(4a^5b^4+8a^4b^2)\div(-2a^2b)^2=(4a^5b^4+8a^4b^2)\div4a^4b^2$

$\qquad\qquad\qquad\qquad\qquad =\dfrac{4a^5b^4+8a^4b^2}{4a^4b^2}$

$\qquad\qquad\qquad\qquad\qquad =ab^2+2$

(4) $(-9x^2y+12xy^2-4y^3)\div3xy$

$\quad =\dfrac{-9x^2y+12xy^2-4y^3}{3xy}$

$\quad =-3x+4y-\dfrac{4y^2}{3x}$

---

**4** (2) $(x^2y+2xy^2)\div\dfrac{3}{4}xy=(x^2y+2xy^2)\times\dfrac{4}{3xy}$

$\qquad\qquad\qquad\qquad\qquad =\dfrac{4}{3}x+\dfrac{8}{3}y$

(3) $(-2a^5b^3+3a^3b^4)\div\left(-\dfrac{1}{2}ab\right)^3$

$\quad =(-2a^5b^3+3a^3b^4)\div\left(-\dfrac{1}{8}a^3b^3\right)$

$\quad =(-2a^5b^3+3a^3b^4)\times\left(-\dfrac{8}{a^3b^3}\right)$

$\quad =16a^2-24b$

(4) $(10a^2-5ab^2+15ab)\div\dfrac{5}{2}a$

$\quad =(10a^2-5ab^2+15ab)\times\dfrac{2}{5a}$

$\quad =4a-2b^2+6b$

---

**유형 8** P. 31

**1** (1) $6a^2+a$ (2) $-4a^2+21ab$

(3) $-x^2-5xy$ (4) $3x^2-8xy$

**2** (1) $4x-3y$ (2) $-a+5b$

**3** (1) $-2x^2+x-4$ (2) $a^2b$

**4** (1) $\dfrac{7}{3}x^3+\dfrac{5}{4}x^2y$ (2) $6x^2y-xy^2$

(3) $5a^2b-4a$ (4) $\dfrac{1}{6}a^2-10ab$

**5** (1) $16xy-4y^2$ (2) $32x^2y^2+48y^3$

(3) $-\dfrac{3}{2}a^2+a$ (4) $-2a^3b^3+\dfrac{1}{3}a^2b$

---

**1** (1) $a(4a-5)+2a(a+3)=4a^2-5a+2a^2+6a$

$\qquad\qquad\qquad\qquad\qquad =6a^2+a$

(2) $2a(a+3b)-3a(2a-5b)$

$\quad =2a^2+6ab-6a^2+15ab$

$\quad =-4a^2+21ab$

(3) $4x(x-y)+(5x+y)(-x)=4x^2-4xy-5x^2-xy$

$\qquad\qquad\qquad\qquad\qquad\quad =-x^2-5xy$

(4) $\left(x+\dfrac{2}{3}y\right)(-3x)-6x(y-x)$

$\quad =-3x^2-2xy-6xy+6x^2$

$\quad =3x^2-8xy$

**2** (1) $\dfrac{2x^2-4xy}{2x}+\dfrac{6xy-2y^2}{2y}=x-2y+3x-y$

$\qquad\qquad\qquad\qquad\qquad\quad =4x-3y$

(2) $\dfrac{4a^2+2ab}{a}-\dfrac{5ab-3b^2}{b}=4a+2b-(5a-3b)$

$\qquad\qquad\qquad\qquad\qquad =4a+2b-5a+3b$

$\qquad\qquad\qquad\qquad\qquad =-a+5b$

**3** (1) $(2x^2-4x)\div x+(6x^2+3x)\div(-3)$

$=\dfrac{2x^2-4x}{x}+\dfrac{6x^2+3x}{-3}$

$=2x-4-2x^2-x$

$=-2x^2+x-4$

(2) $(a^3b-3ab)\div(-a)-(6b^3-4a^2b^3)\div 2b^2$

$=\dfrac{a^3b-3ab}{-a}-\dfrac{6b^3-4a^2b^3}{2b^2}$

$=-a^2b+3b-(3b-2a^2b)$

$=-a^2b+3b-3b+2a^2b=a^2b$

**4** (1) $\dfrac{3x^3y+x^2y^2}{y}-\left(\dfrac{2}{3}x^2-\dfrac{1}{4}xy\right)\times x$

$=3x^3+x^2y-\left(\dfrac{2}{3}x^3-\dfrac{1}{4}x^2y\right)$

$=3x^3+x^2y-\dfrac{2}{3}x^3+\dfrac{1}{4}x^2y$

$=\dfrac{7}{3}x^3+\dfrac{5}{4}x^2y$

(2) $(8x^3y^2-4x^2y^3)\div 2xy+xy(2x+y)$

$=\dfrac{8x^3y^2-4x^2y^3}{2xy}+2x^2y+xy^2$

$=4x^2y-2xy^2+2x^2y+xy^2$

$=6x^2y-xy^2$

(3) $2a(3ab-1)-(5a^2b^2+10ab)\div 5b$

$=6a^2b-2a-\dfrac{5a^2b^2+10ab}{5b}$

$=6a^2b-2a-(a^2b+2a)$

$=6a^2b-2a-a^2b-2a$

$=5a^2b-4a$

(4) $(8a^3b-2a^4)\div(2a)^2-4a\left(3b-\dfrac{1}{6}a\right)$

$=\dfrac{8a^3b-2a^4}{4a^2}-12ab+\dfrac{2}{3}a^2$

$=2ab-\dfrac{1}{2}a^2-12ab+\dfrac{2}{3}a^2$

$=\dfrac{1}{6}a^2-10ab$

**5** (1) $(8x^2-2xy)\div x\times 2y=\dfrac{8x^2-2xy}{x}\times 2y$

$=(8x-2y)\times 2y$

$=16xy-4y^2$

(2) $4y\times(4x^3y+6xy^2)\div\dfrac{1}{2}x=(16x^3y^2+24xy^3)\div\dfrac{1}{2}x$

$=(16x^3y^2+24xy^3)\times\dfrac{2}{x}$

$=32x^2y^2+48y^3$

(3) $\dfrac{1}{3}ab\div(-2ab^2)\times(9a^2b-6ab)$

$=\dfrac{1}{3}ab\times\left(-\dfrac{1}{2ab^2}\right)\times(9a^2b-6ab)$

$=\left(-\dfrac{1}{6b}\right)\times(9a^2b-6ab)$

$=-\dfrac{3}{2}a^2+a$

(4) $(18a^4b^2-3a^3)\div(3a)^2\times(-ab)$

$=(18a^4b^2-3a^3)\times\dfrac{1}{9a^2}\times(-ab)$

$=\left(2a^2b^2-\dfrac{1}{3}a\right)\times(-ab)$

$=-2a^3b^3+\dfrac{1}{3}a^2b$

---

**한 번 더 연습**  P. 32

**1** (1) $5a^3-20a^2b$    (2) $\dfrac{1}{3}x^2-2xy$

(3) $-8a^2b-4ab^2+4ab$   (4) $-8xy+6y^2$

**2** (1) $2x-y$   (2) $a^2+\dfrac{1}{2}ab-2b^2$   (3) $\dfrac{3y}{x^2}-\dfrac{1}{2}x$

**3** (1) $18a+9b$   (2) $5x-\dfrac{5}{y^2}+\dfrac{10y}{x}$   (3) $12x-4$

**4** (1) $-x^2-5xy+6y^2$   (2) $2a^2$   (3) $6x-2y$   (4) $-x+2y$

**5** (1) $2ab$   (2) $12x^2-9xy+2$   (3) $11ab^2+34b^3$

**6** (1) 5   (2) 11   (3) 14

**2** (1) $(14xy-7y^2)\div 7y$

$=\dfrac{14xy-7y^2}{7y}=2x-y$

(2) $(4a^3b+2a^2b^2-8ab^3)\div 4ab$

$=\dfrac{4a^3b+2a^2b^2-8ab^3}{4ab}$

$=a^2+\dfrac{1}{2}ab-2b^2$

(3) $(12y^3-2x^3y^2)\div(-2xy)^2$

$=(12y^3-2x^3y^2)\div 4x^2y^2$

$=\dfrac{12y^3-2x^3y^2}{4x^2y^2}$

$=\dfrac{3y}{x^2}-\dfrac{1}{2}x$

**3** (1) $(6a^2+3ab)\div\dfrac{a}{3}=(6a^2+3ab)\times\dfrac{3}{a}$

$=18a+9b$

(2) $(x^2y^2-x+2y^3)\div\dfrac{1}{5}xy^2=(x^2y^2-x+2y^3)\times\dfrac{5}{xy^2}$

$=5x-\dfrac{5}{y^2}+\dfrac{10y}{x}$

(3) $(27x^3-9x^2)\div\left(-\dfrac{3}{2}x\right)^2=(27x^3-9x^2)\div\dfrac{9}{4}x^2$

$=(27x^3-9x^2)\times\dfrac{4}{9x^2}$

$=12x-4$

**4**

(1) $-x(x+2y)-3y(x-2y)$
$=-x^2-2xy-3xy+6y^2$
$=-x^2-5xy+6y^2$

(2) $2a(3a-2b)+(a-b)(-4a)$
$=6a^2-4ab-4a^2+4ab$
$=2a^2$

(3) $\dfrac{18x^2y-3xy^2}{6xy}-\dfrac{3xy-6x^2}{2x}=3x-\dfrac{1}{2}y-\left(\dfrac{3}{2}y-3x\right)$
$\qquad=3x-\dfrac{1}{2}y-\dfrac{3}{2}y+3x$
$\qquad=6x-2y$

(4) $(16x^2-8xy)\div 4x-(12y^2-15xy)\div(-3y)$
$=\dfrac{16x^2-8xy}{4x}-\dfrac{12y^2-15xy}{-3y}$
$=4x-2y+4y-5x$
$=-x+2y$

**5**

(1) $(5a-b)a-\dfrac{10a^2b-6ab^2}{2b}$
$=5a^2-ab-(5a^2-3ab)$
$=5a^2-ab-5a^2+3ab$
$=2ab$

(2) $4x(3x-2y)+(16y-8xy^2)\div 8y$
$=12x^2-8xy+\dfrac{16y-8xy^2}{8y}$
$=12x^2-8xy+2-xy$
$=12x^2-9xy+2$

(3) $(15a^2b^3+6ab^4)\div ab-(a-7b)\times(-2b)^2$
$=\dfrac{15a^2b^3+6ab^4}{ab}-(a-7b)\times 4b^2$
$=15ab^2+6b^3-(4ab^2-28b^3)$
$=15ab^2+6b^3-4ab^2+28b^3$
$=11ab^2+34b^3$

**6**

(1) $(x^2y+2xy^2)\div xy=\dfrac{x^2y+2xy^2}{xy}$
$\qquad=x+2y$
$\qquad=1+2\times 2=5$

(2) $x(2x+3y)-(x^2y-2xy^2)\div y$
$=2x^2+3xy-\dfrac{x^2y-2xy^2}{y}$
$=2x^2+3xy-(x^2-2xy)$
$=2x^2+3xy-x^2+2xy$
$=x^2+5xy$
$=1^2+5\times 1\times 2=11$

(3) $7y+(8x^3-4x^2y)\div(2x)^2$
$=7y+(8x^3-4x^2y)\div 4x^2$
$=7y+\dfrac{8x^3-4x^2y}{4x^2}$
$=7y+2x-y$
$=2x+6y$
$=2\times 1+6\times 2=14$

---

 **기출문제**

P. 33~34

**1** (1) $5a+b$ (2) $\dfrac{5x+7y}{4}$  **2** (1) $x+8y$ (2) $\dfrac{a+7b}{6}$
**3** ②  **4** ①  **5** ⑤  **6** 10
**7** (1) $-x^2-6x+11$ (2) $x^2-11x+20$
**8** $10x^2-2x+1$  **9** ㄱ, ㄷ  **10** ④
**11** $x^2-7x+4$  **12** ①  **13** ⑤  **14** 13
**15** $9a^2b-12a$  **16** $22x^2y+4y^2$

**[1~4] 다항식의 덧셈과 뺄셈**
• 괄호를 풀고, 동류항끼리 모아서 간단히 한다.
• 괄호 앞에 $-$ 부호가 있으면 괄호를 풀 때 부호에 주의한다.
$\Rightarrow -(A-B)=-A+B$
• 다항식이 분수 꼴일 때는 분모의 최소공배수로 통분하여 계산한다.

**1** (1) $(3a+5b)+(2a-4b)=3a+5b+2a-4b$
$\qquad=5a+b$

(2) $\dfrac{x+4y}{2}+\dfrac{3x-y}{4}=\dfrac{2(x+4y)+(3x-y)}{4}$
$\qquad=\dfrac{2x+8y+3x-y}{4}$
$\qquad=\dfrac{5x+7y}{4}$

**2** (1) $3(x+2y)-2(x-y)=3x+6y-2x+2y$
$\qquad=x+8y$

(2) $\dfrac{a+b}{2}-\dfrac{a-2b}{3}=\dfrac{3(a+b)-2(a-2b)}{6}$
$\qquad=\dfrac{3a+3b-2a+4b}{6}$
$\qquad=\dfrac{a+7b}{6}$

**3** $(6x^2+2x-4)-(2x^2-5x+3)$
$=6x^2+2x-4-2x^2+5x-3$
$=4x^2+7x-7$

**4** $(2a^2-a+3)-3(a^2+3a-1)$
$=2a^2-a+3-3a^2-9a+3$
$=-a^2-10a+6$

**[5~6] 여러 가지 괄호가 있는 식의 계산**
$(\ )\rightarrow\{\ \}\rightarrow[\ \ ]$의 순서로 괄호를 풀어 계산한다.

**5** $x-\{y-(2x+5y)$
$=x-(y-2x-5y)$
$=x-(-2x-4y)$
$=x+2x+4y$
$=3x+4y$

**6** $3x^2-2x-[-2x^2-\{3x^2-5(x^2+x)\}]$
$=3x^2-2x-\{-2x^2-(3x^2-5x^2-5x)\}$
$=3x^2-2x-\{-2x^2-(-2x^2-5x)\}$
$=3x^2-2x-(-2x^2+2x^2+5x)$
$=3x^2-2x-5x$
$=3x^2-7x$
따라서 $a=3$, $b=-7$이므로
$a-b=3-(-7)=10$

**[7~8]** 바르게 계산한 식 구하기
어떤 식에 $X$를 더해야 할 것을 잘못하여 뺐더니 $Y$가 되었다.
$\Rightarrow$ (어떤 식)$-X=Y$　　$\therefore$ (어떤 식)$=Y+X$
$\therefore$ (바르게 계산한 식)$=$(어떤 식)$+X$

**7** (1) $A-(2x^2-5x+9)=-3x^2-x+2$
　　$\therefore A=(-3x^2-x+2)+(2x^2-5x+9)$
　　　　$=-x^2-6x+11$
(2) $(-x^2-6x+11)+(2x^2-5x+9)=x^2-11x+20$

**8** 어떤 식을 $A$라고 하면
$A+(-2x^2+3x-2)=6x^2+4x-3$
$\therefore A=(6x^2+4x-3)-(-2x^2+3x-2)$
　　$=6x^2+4x-3+2x^2-3x+2$
　　$=8x^2+x-1$　　　　　　　　…(i)
따라서 바르게 계산한 식은
$(8x^2+x-1)-(-2x^2+3x-2)$
$=8x^2+x-1+2x^2-3x+2$
$=10x^2-2x+1$　　　　　　　　…(ii)

| 채점 기준 | 비율 |
|---|---|
| (i) 어떤 식 구하기 | 50% |
| (ii) 바르게 계산한 식 구하기 | 50% |

**[9~10]** 다항식과 단항식의 곱셈과 나눗셈
(1) (단항식)×(다항식)
　① $A(B+C)=AB+AC$　② $(A+B)C=AC+BC$
(2) (다항식)÷(단항식)
　방법1 분수 꼴로 바꾸어 계산하기
　　$\Rightarrow (A+B)\div C=\dfrac{A+B}{C}=\dfrac{A}{C}+\dfrac{B}{C}$
　방법2 나눗셈을 역수의 곱셈으로 고쳐서 계산하기
　　$\Rightarrow (A+B)\div C=(A+B)\times\dfrac{1}{C}=A\times\dfrac{1}{C}+B\times\dfrac{1}{C}$

**9** ㄴ. $(a-4b+3)(-2b)=-2ab+8b^2-6b$
ㄷ. $(15xy^2-10xy)\div 5xy=\dfrac{15xy^2-10xy}{5xy}=3y-2$
ㄹ. $\left(\dfrac{1}{2}a^3b^5+4ab^3\right)\div\left(-\dfrac{1}{2}a^2\right)$
　　$=\left(\dfrac{1}{2}a^3b^5+4ab^3\right)\times\left(-\dfrac{2}{a^2}\right)=-ab^5-\dfrac{8b^3}{a}$
따라서 옳은 것은 ㄱ, ㄷ이다.

**10** ① $(2a-4b)(-3b)=-6ab+12b^2$
② $2x(x^2-5x+3)=2x^3-10x^2+6x$
③ $(6x^2+4xy)\div 2x=\dfrac{6x^2+4xy}{2x}=3x+2y$
④ $(a^3-3a)\div\dfrac{a}{2}=(a^3-3a)\times\dfrac{2}{a}=2a^2-6$
⑤ $(-2x^2+3x)\div\left(-\dfrac{1}{3}x\right)=(-2x^2+3x)\times\left(-\dfrac{3}{x}\right)$
　　　　　　　　　$=6x-9$
따라서 옳은 것은 ④이다.

**[11~14]** 덧셈, 뺄셈, 곱셈, 나눗셈이 혼합된 식의 계산
❶ 지수법칙을 이용하여 괄호의 거듭제곱을 계산한다.
❷ 분배법칙을 이용하여 곱셈, 나눗셈을 한다.
❸ 동류항끼리 모아서 덧셈, 뺄셈을 한다.

**11** $\dfrac{1}{3}x(3x-12)-\dfrac{6x^2-8x}{2x}=x^2-4x-(3x-4)$
　　　　　　　　　　　$=x^2-4x-3x+4$
　　　　　　　　　　　$=x^2-7x+4$

**12** $(3x^2y-4xy^2)\div\dfrac{3}{2}x+(3x+y)\left(-\dfrac{4}{3}y\right)$
$=(3x^2y-4xy^2)\times\dfrac{2}{3x}-4xy-\dfrac{4}{3}y^2$
$=2xy-\dfrac{8}{3}y^2-4xy-\dfrac{4}{3}y^2=-2xy-4y^2$
따라서 $xy$의 계수는 $-2$, $y^2$의 계수는 $-4$이므로 그 차는
$-2-(-4)=2$

**13** $(8xy^2-4y^3)\div(2y)^2=(8xy^2-4y^3)\div 4y^2$
　　　　　　　　　$=\dfrac{8xy^2-4y^3}{4y^2}$
　　　　　　　　　$=2x-y$
　　　　　　　　　$=2\times 1-(-1)=3$

**14** $\dfrac{6x^2+4xy}{2x}-\dfrac{9y^2-6xy}{3y}=3x+2y-(3y-2x)$
　　　　　　　　　　$=3x+2y-3y+2x$
　　　　　　　　　　$=5x-y$
　　　　　　　　　　$=5\times 2-(-3)=13$

**[15~16]** 도형에서 다항식의 계산의 활용
도형의 넓이 또는 부피를 구하는 공식을 이용하여 식을 계산한다.

**15** (넓이)$=\dfrac{1}{3}a^2b^3\times$(세로의 길이)$=3a^4b^4-4a^3b^3$이므로
(세로의 길이)$=(3a^4b^4-4a^3b^3)\div\dfrac{1}{3}a^2b^3$
　　　　　　$=(3a^4b^4-4a^3b^3)\times\dfrac{3}{a^2b^3}=9a^2b-12a$

**16** $(넓이)=(가로의 길이)\times 4x^2y=28x^4y^2+8x^2y^3$이므로

$(가로의 길이)=(28x^4y^2+8x^2y^3)\div 4x^2y$

$\qquad\qquad\qquad = \dfrac{28x^4y^2+8x^2y^3}{4x^2y}=7x^2y+2y^2$

$\therefore (둘레의 길이)=2\times\{(7x^2y+2y^2)+4x^2y\}$

$\qquad\qquad\qquad\quad =2\times(11x^2y+2y^2)=22x^2y+4y^2$

---

**단원 마무리**　　　　　　　　　　　P. 35~37

| | | | | | | | |
|---|---|---|---|---|---|---|---|
| **1** | ①, ⑤ | **2** | $3^{11}$ | **3** | 22 | **4** | 14 |
| **5** | ⑤ | **6** | 13자리 | **7** | $-48a^9b^4$ | **8** | $8x^6y^4$ |
| **9** | $\dfrac{1}{5}$ | **10** | $-2x^2-3x-16$ | **11** | ④ | | |
| **12** | $-4x^2+xy$ | | | **13** | $3a-1$ | | |

**1** ① $x^4\times x^2\times x=x^{4+2+1}=x^7$

　　⑤ $x^{10}\times x^4\div x^7=x^{10+4-7}=x^7$

**2** $27^4\div 3^5\times 9^2=(3^3)^4\div 3^5\times (3^2)^2=3^{12}\div 3^5\times 3^4$

$\qquad\qquad\qquad\qquad\quad =3^7\times 3^4=3^{11}$

**3** $\left(\dfrac{-4x^3}{y^a}\right)^b=\dfrac{(-4)^b x^{3b}}{y^{ab}}=\dfrac{cx^6}{y^8}$이므로

$x^{3b}=x^6$에서 $3b=6$　$\therefore b=2$

$(-4)^b=c$, 즉 $(-4)^2=c$에서 $c=16$

$y^{ab}=y^8$, 즉 $y^{2a}=y^8$에서 $2a=8$　$\therefore a=4$

$\therefore a+b+c=4+2+16=22$

**4** $16^3+16^3+16^3+16^3=4\times 16^3=2^2\times(2^4)^3=2^2\times 2^{12}=2^{14}$

$\therefore x=14$

**5** $125^4=(5^3)^4=5^{12}=(5^2)^6=a^6$

**6** $2^{11}\times 3^2\times 5^{12}=2^{11}\times 3^2\times 5^{11}\times 5=3^2\times 5\times 2^{11}\times 5^{11}$

$\qquad\qquad\qquad\quad =3^2\times 5\times(2\times 5)^{11}$

$\qquad\qquad\qquad\quad =45\times 10^{11}=4500\cdots0 \qquad \cdots(\text{i})$

　　　　　　　　　　　　　　$\underset{11개}{\underbrace{\qquad}}$

따라서 $2^{11}\times 3^2\times 5^{12}$은 13자리의 자연수이다. 　　　$\cdots(\text{ii})$

| 채점 기준 | 비율 |
|---|---|
| (i) 주어진 수를 $a\times 10^n$ 꼴로 나타내기 | 70 % |
| (ii) 자릿수 구하기 | 30 % |

**7** $(-4a^2b)^3\div 4ab\times 3a^4b^2=(-64a^6b^3)\div 4ab\times 3a^4b^2$

$\qquad\qquad\qquad\qquad\qquad =(-64a^6b^3)\times\dfrac{1}{4ab}\times 3a^4b^2$

$\qquad\qquad\qquad\qquad\qquad =-48a^9b^4$

**8** $\boxed{\phantom{xx}}\div x^2y^4\times 3x^2=24x^6$에서

$\boxed{\phantom{xx}}=24x^6\times x^2y^4\div 3x^2$

$\qquad =24x^6\times x^2y^4\times\dfrac{1}{3x^2}=8x^6y^4$

**9** $\dfrac{x-y}{4}-\dfrac{2x-3y}{5}=\dfrac{5(x-y)-4(2x-3y)}{20}$

$\qquad\qquad\qquad\qquad =\dfrac{5x-5y-8x+12y}{20}$

$\qquad\qquad\qquad\qquad =\dfrac{-3x+7y}{20}=-\dfrac{3}{20}x+\dfrac{7}{20}y$

따라서 $a=-\dfrac{3}{20}$, $b=\dfrac{7}{20}$이므로

$a+b=-\dfrac{3}{20}+\dfrac{7}{20}=\dfrac{4}{20}=\dfrac{1}{5}$

**10** 어떤 식을 $A$라고 하면

$(x^2-2x-5)+A=4x^2-x+6$

$\therefore A=4x^2-x+6-(x^2-2x-5)$

$\qquad =4x^2-x+6-x^2+2x+5=3x^2+x+11$

따라서 바르게 계산한 식은

$(x^2-2x-5)-(3x^2+x+11)=x^2-2x-5-3x^2-x-11$

$\qquad\qquad\qquad\qquad\qquad\qquad =-2x^2-3x-16$

**11** ③ $(4x^2-8xy)\div 2x=\dfrac{4x^2-8xy}{2x}=2x-4y$

④ $(4a^2b^5-2a^5b^7)\div\dfrac{1}{2}ab=(4a^2b^5-2a^5b^7)\times\dfrac{2}{ab}$

$\qquad\qquad\qquad\qquad\qquad\qquad =8ab^4-4a^4b^6$

⑤ $\dfrac{2x^4-x^3}{x^3}-\dfrac{3x^3-9x^5}{3x^3}=2x-1-(1-3x^2)$

$\qquad\qquad\qquad\qquad\qquad =2x-1-1+3x^2$

$\qquad\qquad\qquad\qquad\qquad =3x^2+2x-2$

따라서 옳지 않은 것은 ④이다.

**12** $6x\left(\dfrac{1}{3}x+\dfrac{3}{2}y\right)+(6x^3y+8x^2y^2)\div(-xy)$

$=2x^2+9xy+\dfrac{6x^3y+8x^2y^2}{-xy}$

$=2x^2+9xy-6x^2-8xy \qquad\qquad\qquad\qquad \cdots(\text{i})$

$=-4x^2+xy \qquad\qquad\qquad\qquad\qquad\qquad \cdots(\text{ii})$

| 채점 기준 | 비율 |
|---|---|
| (i) 곱셈, 나눗셈 계산하기 | 60 % |
| (ii) 답 구하기 | 40 % |

**13** $(부피)=6a\times 2b\times(높이)=36a^2b-12ab$이므로

$12ab\times(높이)=36a^2b-12ab$

$\therefore (높이)=(36a^2b-12ab)\div 12ab$

$\qquad\qquad =\dfrac{36a^2b-12ab}{12ab}=3a-1$

# 1 부등식의 해와 그 성질

**1** ㄱ, ㄷ, ㅂ

**2** (1) $x-5 \leq 8$   (2) $12-x \leq 3x$   (3) $2x+10 < 5x-2$

**3** (1) $x > 130$   (2) $1600+500x < 3000$

     (3) $5+2x \leq 60$

**4** 표는 풀이 참조, 2, 2

**5** (1) $-1$, 0, 1   (2) $-2$, $-1$   (3) $-7$, $-6$   (4) $-1$, 0

---

**1** ㄴ, ㅁ. 등식

     ㄹ. 다항식(일차식)

     따라서 부등식은 ㄱ, ㄷ, ㅂ이다.

---

**[2~3]** 주어진 문장을 좌변 / 우변 / 부등호로 끊어서 생각한다.

**2** (1) $x$에 $-5$를 더하면 / $8$ / 이하이다.

       $x+(-5)$    $\leq$   $8$

   (2) $12$에서 $x$를 빼면 / $x$의 3배보다 / 크지 않다.

       $12-x$    $\leq$    $3x$

   (3) $x$의 2배에 10을 더한 수는 / $x$의 5배에서 2를 뺀 수

       $2x+10$      $<$       $5x-2$

     보다 / 작다.

**3** (1) 어떤 놀이 기구에 탈 수 있는 사람의 키 $x$ cm는 /

                 $x$             $>$

     $130$ cm / 초과이다.

      $130$

   (2) 한 개에 200원인 사탕 8개와 한 개에 500원인 젤리 $x$개의

            $200 \times 8 + 500x$

     가격은 / 3000원 / 미만이다.

         $<$   $3000$

   (3) 무게가 5 kg인 바구니에 2 kg짜리 멜론 $x$통을

            $5+2x$

     담으면 / 전체 무게는 60 kg을 / 넘지 않는다.

         $\leq$      $60$

---

**[4~5]** $x$의 값을 하나씩 주어진 부등식에 대입하여 부등식을 참이 되게 하는 것을 찾는다.

**4**

| $x$ | 좌변 | 부등호 | 우변 | 참, 거짓 |
|---|---|---|---|---|
| $-2$ | $2 \times (-2)+1=-3$ | $<$ | 3 | 거짓 |
| $-1$ | $2 \times (-1)+1=-1$ | $<$ | 3 | 거짓 |
| $0$ | $2 \times 0+1=1$ | $<$ | 3 | 거짓 |
| $1$ | $2 \times 1+1=3$ | $=$ | 3 | 거짓 |
| $2$ | $2 \times 2+1=5$ | $>$ | 3 | 참 |

⇨ 부등식 $2x+1 > 3$을 참이 되게 하는 $x$의 값은 $\boxed{2}$이므로 부등식의 해는 $\boxed{2}$이다.

**5** (1) 부등식 $-x < 2$에서

     $x=-2$일 때, $-(-2)=2$ (거짓)

     $x=-1$일 때, $-(-1) < 2$ (참)

     $x=0$일 때, $0 < 2$ (참)

     $x=1$일 때, $-1 < 2$ (참)

     따라서 주어진 부등식의 해는 $-1$, 0, 1이다.

   (2) 부등식 $3-x \geq 4$에서

     $x=-2$일 때, $3-(-2) > 4$ (참)

     $x=-1$일 때, $3-(-1)=4$ (참)

     $x=0$일 때, $3-0 < 4$ (거짓)

     $x=1$일 때, $3-1 < 4$ (거짓)

     따라서 주어진 부등식의 해는 $-2$, $-1$이다.

   (3) 부등식 $-\dfrac{x}{5} > 1$에서

     $x=-7$일 때, $-\dfrac{-7}{5} > 1$ (참)

     $x=-6$일 때, $-\dfrac{-6}{5} > 1$ (참)

     $x=-5$일 때, $-\dfrac{-5}{5}=1$ (거짓)

     $x=-4$일 때, $-\dfrac{-4}{5} < 1$ (거짓)

     따라서 주어진 부등식의 해는 $-7$, $-6$이다.

   (4) 부등식 $2-x > x$에서

     $x=-1$일 때, $2-(-1) > -1$ (참)

     $x=0$일 때, $2-0 > 0$ (참)

     $x=1$일 때, $2-1=1$ (거짓)

     $x=2$일 때, $2-2 < 2$ (거짓)

     따라서 주어진 부등식의 해는 $-1$, 0이다.

---

**1** (1) $<$, $<$      (2) $<$, $<$      (3) $>$, $>$

**2** (1) $>$   (2) $>$   (3) $>$   (4) $>$   (5) $<$   (6) $<$

**3** (1) $>$   (2) $<$   (3) $\geq$   (4) $<$   (5) $\geq$   (6) $<$

**4** (1) $>$, $<$   (2) $<$, $<$   (3) $\geq$, $\leq$

**5** (1) $-2$, 8, 1, 11      (2) $-11 < 6x-5 \leq 19$

   (3) 1, $-4$, $-4$, 1, 0, 5    (4) $-7 \leq -2x+1 < 3$

---

**[3~5]** 부등호의 방향이 바뀌는 경우는 양변에 같은 음수를 곱하거나 양변을 같은 음수로 나누는 경우이다.

**3** (1) $a+8 > b+8$의 양변에서 8을 빼면 $a > b$

   (2) $a-\dfrac{1}{2} < b-\dfrac{1}{2}$의 양변에 $\dfrac{1}{2}$을 더하면 $a < b$

(3) $7a \geq 7b$의 양변을 7로 나누면 $a \geq b$

(4) $\dfrac{a}{10} < \dfrac{b}{10}$의 양변에 10을 곱하면 $a < b$

(5) $-5a \leq -5b$의 양변을 $-5$로 나누면 $a \geq b$

(6) $-\dfrac{a}{2} > -\dfrac{b}{2}$의 양변에 $-2$를 곱하면 $a < b$

**4** (1) $-3a+2 > -3b+2$의 양변에서 2를 빼면

$-3a \boxed{>} -3b$ ⋯ ㉠

㉠의 양변을 $-3$으로 나누면 $a \boxed{<} b$

(2) $\dfrac{1}{8}a - 4 < \dfrac{1}{8}b - 4$의 양변에 4를 더하면

$\dfrac{1}{8}a \boxed{<} \dfrac{1}{8}b$ ⋯ ㉠

㉠의 양변에 8을 곱하면 $a \boxed{<} b$

(3) $10-a \geq 10-b$의 양변에서 10을 빼면

$-a \boxed{\geq} -b$ ⋯ ㉠

㉠의 양변에 $-1$을 곱하면 $a \boxed{\leq} b$

**5** (2) $-1 < x \leq 4$의 각 변에 6을 곱하면

$-6 < 6x \leq 24$ ⋯ ㉠

㉠의 각 변에서 5를 빼면

$-11 < 6x - 5 \leq 19$

(4) $-1 < x \leq 4$의 각 변에 $-2$를 곱하면

$2 > -2x \geq -8$, 즉 $-8 \leq -2x < 2$ ⋯ ㉠

㉠의 각 변에 1을 더하면

$-7 \leq -2x + 1 < 3$

### 쌍둥이 기출문제
P. 42~43

| | | | | | | | |
|---|---|---|---|---|---|---|---|
| **1** | ② | **2** | ③ | **3** | ④ | **4** | ①, ④ |
| **5** | ② | **6** | ④ | **7** | ⑤ | **8** | ③, ⑤ |
| **9** | ②, ⑤ | **10** | ⑤ | **11** | 5 | **12** | ⑤ |

**[1~2]** 문장을 부등식으로 나타내기

문장을 적당히 끊어서 비교하는 두 값 또는 식을 찾고, 그 대소 관계를 부등호를 사용하여 나타낸다.

**2** ① $x+3 < 5$    ② $2x+3 \geq 23$

④ $50+x < 60$    ⑤ $x+(x+1) \leq 21$

따라서 바르게 나타낸 것은 ③이다.

**[3~6]** 부등식의 해

$x$에 대한 부등식에 $x=a$를 대입했을 때

• 부등식이 참이면 ⇨ $x=a$는 해이다.

• 부등식이 거짓이면 ⇨ $x=a$는 해가 아니다.

**3** 각 부등식에 $x=2$를 대입하면

① $x+16 \geq 19$에서 $2+16 < 19$ (거짓)

② $x+1 > 2x+1$에서 $2+1 < 2 \times 2+1$ (거짓)

③ $2x+1 \geq 6$에서 $2 \times 2+1 < 6$ (거짓)

④ $5-3x < x-2$에서 $5-3 \times 2 < 2-2$ (참)

⑤ $3x-1 > 2x+1$에서 $3 \times 2-1 = 2 \times 2+1$ (거짓)

따라서 $x=2$일 때, 참인 것은 ④이다.

**4** 각 부등식에 [ ] 안의 수를 대입하면

① $x \leq 3x$에서 $-3 > 3 \times (-3)$ (거짓)

② $x+1 > 2$에서 $5+1 > 2$ (참)

③ $2x-1 \leq 4$에서 $2 \times 0 - 1 < 4$ (참)

④ $3x > 2x+1$에서 $3 \times (-1) < 2 \times (-1)+1$ (거짓)

⑤ $-3x+4 \geq -2$에서 $-3 \times 2+4 = -2$ (참)

따라서 [ ] 안의 수가 주어진 부등식의 해가 아닌 것은 ①, ④이다.

**5** 부등식 $3x-4 < 5$에서

$x=-1$일 때, $3 \times (-1)-4 < 5$ (참)

$x=0$일 때, $3 \times 0-4 < 5$ (참)

$x=1$일 때, $3 \times 1-4 < 5$ (참)

$x=2$일 때, $3 \times 2-4 < 5$ (참)

$x=3$일 때, $3 \times 3-4 = 5$ (거짓)

따라서 주어진 부등식 해는 $-1$, 0, 1, 2이다.

**6** 부등식 $3x-1 \geq 2(x+1)$에서

$x=1$일 때, $3 \times 1-1 < 2 \times (1+1)$ (거짓)

$x=2$일 때, $3 \times 2-1 < 2 \times (2+1)$ (거짓)

$x=3$일 때, $3 \times 3-1 = 2 \times (3+1)$ (참)

$x=4$일 때, $3 \times 4-1 > 2 \times (4+1)$ (참)

$x=5$일 때, $3 \times 5-1 > 2 \times (5+1)$ (참)

따라서 주어진 부등식의 해는 3, 4, 5이므로 그 합은 $3+4+5 = 12$

**[7~10]** 부등식의 성질

(1) $a > b$이면 $a+c > b+c$, $a-c > b-c$

(2) $a > b$, $c > 0$이면 $ac > bc$, $\dfrac{a}{c} > \dfrac{b}{c}$

(3) $a > b$, $c < 0$이면 $ac < bc$, $\dfrac{a}{c} < \dfrac{b}{c}$

**7** ⑤ $a < b$에서 $-\dfrac{2}{7}a > -\dfrac{2}{7}b$이므로 $1-\dfrac{2}{7}a > 1-\dfrac{2}{7}b$

**8** ① $a > b$에서 $a-3 > b-3$

② $a < b$에서 $-3a > -3b$이므로 $-3a+1 > -3b+1$

③ $a > b$에서 $\dfrac{a}{4} > \dfrac{b}{4}$이므로 $\dfrac{a}{4}-1 > \dfrac{b}{4}-1$

④ $a < b$에서 $-\dfrac{2}{5}a > -\dfrac{2}{5}b$

⑤ $a > b$에서 $a+6 > b+6$이므로 $\dfrac{a+6}{10} > \dfrac{b+6}{10}$

따라서 옳은 것은 ③, ⑤이다.

**9** ① $1-2a>1-2b$에서 $-2a>-2b$이므로 $a<b$

② $a<b$에서 $-\dfrac{a}{2}>-\dfrac{b}{2}$

③ $a<b$에서 $3a<3b$이므로 $2+3a<2+3b$

④ $a<b$에서 $-2+a<-2+b$

⑤ $a<b$에서 $-5a>-5b$이므로 $-5a-3>-5b-3$

따라서 옳은 것은 ②, ⑤이다.

**10** ④ $2a-3>2b-3$에서 $2a>2b$이므로 $a>b$

⑤ $-\dfrac{a}{3}+\dfrac{1}{2}>-\dfrac{b}{3}+\dfrac{1}{2}$에서 $-\dfrac{a}{3}>-\dfrac{b}{3}$이므로 $a<b$

따라서 옳지 않은 것은 ⑤이다.

> **[11~12]** $x$의 값의 범위를 알 때, $ax+b$의 값의 범위 구하기
> ❶ 주어진 부등식($x$의 값의 범위)의 각 변에 $a$를 곱한다.
> ❷ ❶의 부등식의 각 변에 $b$를 더한다.

**11** $1\le x<4$의 각 변에 3을 곱하면 $3\le 3x<12$ $\cdots$ ㉠

㉠의 각 변에서 5를 빼면 $-2\le 3x-5<7$ $\cdots$ ( i )

따라서 $a=-2$, $b=7$이므로 $\cdots$ ( ii )

$a+b=-2+7=5$ $\cdots$ (iii)

| 채점 기준 | 비율 |
|---|---|
| ( i ) $3x-5$의 값의 범위 구하기 | 60% |
| ( ii ) $a$, $b$의 값 구하기 | 20% |
| (iii) $a+b$의 값 구하기 | 20% |

**12** $-4<x\le 1$의 각 변에 $-2$를 곱하면

$8>-2x\ge -2$, 즉 $-2\le -2x<8$ $\cdots$ ㉠

㉠의 각 변에 4를 더하면 $2\le -2x+4<12$

$\therefore 2\le A<12$

# $\sim 2$ 일차부등식의 풀이

**유형 3**            P. 44

**1** (1) ×    (2) ×    (3) ○    (4) ×

    (5) ○    (6) ×    (7) ○

**2** $3x$, $12$, $-2x$, $-10$, $5$, $5$

**3**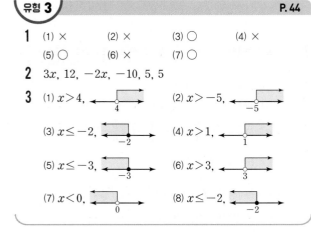

(1) $x>4$,
(2) $x>-5$,
(3) $x\le -2$,
(4) $x>1$,
(5) $x\le -3$,
(6) $x>3$,
(7) $x<0$,
(8) $x\le -2$,

---

**1** (2) $x-2\ge x+2$에서 $x-2-x-2\ge 0$    $\therefore -4\ge 0$

     ⇨ 일차부등식이 아니다.

(3) $x+1\ge 2x-4$에서 $x+1-2x+4\ge 0$

     $\therefore -x+5\ge 0$

     ⇨ 일차부등식이다.

(4) $x^2>x+1$에서 $x^2-x-1>0$ ⇨ 일차부등식이 아니다.

(5) $2x(1-x)\le -2x^2$에서 $2x-2x^2\le -2x^2$

     $2x-2x^2+2x^2\le 0$    $\therefore 2x\le 0$

     ⇨ 일차부등식이다.

(6) $\dfrac{2}{x}+3>-1$에서 $\dfrac{2}{x}+3+1>0$    $\therefore \dfrac{2}{x}+4>0$

     ⇨ 일차부등식이 아니다.

**2**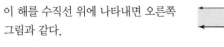

$$x+12\ge 3x+2$$
$$x-\boxed{3x}\ge 2-\boxed{12}$$
$$\boxed{-2x}\ge \boxed{-10}$$
$$\therefore x\le \boxed{5}$$

이 해를 수직선 위에 나타내면 오른쪽 그림과 같다.

$\boxed{5}$

**3** (1) $x+2>6$에서 $x>6-2$    $\therefore x>4$

(2) $2x>x-5$에서 $2x-x>-5$    $\therefore x>-5$

(3) $x\ge 7x+12$에서 $x-7x\ge 12$

     $-6x\ge 12$    $\therefore x\le -2$

(4) $x+1>-x+3$에서 $x+x>3-1$

     $2x>2$    $\therefore x>1$

(5) $-2-4x\ge 7-x$에서 $-4x+x\ge 7+2$

     $-3x\ge 9$    $\therefore x\le -3$

(6) $7-3x<x-5$에서 $-3x-x<-5-7$

     $-4x<-12$    $\therefore x>3$

(7) $4+2x>3x+4$에서 $2x-3x>4-4$

     $-x>0$    $\therefore x<0$

(8) $3x-9\le -x-17$에서 $3x+x\le -17+9$

     $4x\le -8$    $\therefore x\le -2$

**유형 4**            P. 45

**1** (1) $3$, $2$, $2$      (2) $x<\dfrac{9}{2}$      (3) $x<2$

    (4) $x\le \dfrac{13}{5}$      (5) $x<3$

**2** (1) $10$, $5$, $12$, $4$, $4$      (2) $x\le -2$      (3) $x<10$

    (4) $x<-2$      (5) $x<-\dfrac{2}{5}$

**3** (1) $4$, $3$, $24$, $-6$, $-3$      (2) $x>5$      (3) $x>5$

    (4) $x\le -\dfrac{9}{7}$      (5) $x>19$

**1** (1) 분배법칙을 이용하여 괄호를 풀면

$$3-\boxed{3}\,x+5x\le 7$$
$$\boxed{2}\,x\le 4$$
$$\therefore\ x\le\boxed{2}$$

(2) $5-2(3-x)<8$에서 $5-6+2x<8$

$$2x<9\qquad\therefore\ x<\dfrac{9}{2}$$

(3) $2x-8<-(x+2)$에서 $2x-8<-x-2$

$$3x<6\qquad\therefore\ x<2$$

(4) $7-3x\ge 2(x-3)$에서 $7-3x\ge 2x-6$

$$-5x\ge -13\qquad\therefore\ x\le\dfrac{13}{5}$$

(5) $-2(2x+1)>3(x-6)-5$에서

$$-4x-2>3x-18-5$$
$$-7x>-21\qquad\therefore\ x<3$$

**2** (1) $0.5x-2.8<0.1x-1.2$의 양변에 $\boxed{10}$을 곱하면

$$\boxed{5}\,x-28\le x-\boxed{12}$$
$$\boxed{4}\,x\le 16$$
$$\therefore\ x\le\boxed{4}$$

(2) $0.4x-0.6\ge 0.7x$의 양변에 10을 곱하면

$$4x-6\ge 7x,\ -3x\ge 6\qquad\therefore\ x\le -2$$

(3) $0.7x<10-0.3x$의 양변에 10을 곱하면

$$7x<100-3x,\ 10x<100\qquad\therefore\ x<10$$

(4) $0.01x>0.1x+0.18$의 양변에 100을 곱하면

$$x>10x+18,\ -9x>18\qquad\therefore\ x<-2$$

(5) $0.3(x+4)<0.6-1.2x$의 양변에 10을 곱하면

$$3(x+4)<6-12x,\ 3x+12<6-12x$$
$$15x<-6\qquad\therefore\ x<-\dfrac{2}{5}$$

**3** (1) $\dfrac{3}{2}-\dfrac{3}{4}x\ge\dfrac{3}{4}x+6$의 양변에

분모의 최소공배수인 $\boxed{4}$를 곱하면

$$6-\boxed{3}\,x\ge 3x+\boxed{24}$$
$$\boxed{-6}\,x\ge 18$$
$$\therefore\ x\le\boxed{-3}$$

(2) $\dfrac{2x-1}{9}>1$의 양변에 9를 곱하면

$$2x-1>9,\ 2x>10\qquad\therefore\ x>5$$

(3) $\dfrac{x+3}{8}<\dfrac{x-1}{4}$의 양변에 분모의 최소공배수인 8을 곱하면

$$x+3<2(x-1),\ x+3<2x-2$$
$$-x<-5\qquad\therefore\ x>5$$

(4) $\dfrac{x-2}{3}-\dfrac{3}{2}x\ge\dfrac{5}{6}$의 양변에 분모의 최소공배수인 6을 곱하면

$$2(x-2)-9x\ge 5,\ 2x-4-9x\ge 5$$
$$-7x\ge 9\qquad\therefore\ x\le -\dfrac{9}{7}$$

(5) $\dfrac{3x-7}{5}>1+\dfrac{x-1}{2}$의 양변에 분모의 최소공배수인 10을 곱하면

$$2(3x-7)>10+5(x-1)$$
$$6x-14>10+5x-5\qquad\therefore\ x>19$$

한 걸음 🔁 연습

**P. 46**

**1** (1) $x<-\dfrac{1}{a}$    (2) $x>2$    (3) $x<7$

**2** (1) $x>\dfrac{7}{a}$    (2) $x\le -\dfrac{4}{a}$

**3** (1) 7      (2) $-5$      (3) 2

**4** (1) $x<-3$    (2) 9

**1** (1) $ax+1>0$에서 $ax>-1$

이때 $a<0$이므로 $ax>-1$의 양변을 $a$로 나누면

$$\dfrac{ax}{a}<-\dfrac{1}{a}\qquad\therefore\ x<-\dfrac{1}{a}$$

(2) $a<0$이므로 $ax<2a$의 양변을 $a$로 나누면

$$\dfrac{ax}{a}>\dfrac{2a}{a}\qquad\therefore\ x>2$$

(3) $a(x-3)>4a$에서 $ax-3a>4a$, $ax>7a$

이때 $a<0$이므로 $ax>7a$의 양변을 $a$로 나누면

$$\dfrac{ax}{a}<\dfrac{7a}{a}\qquad\therefore\ x<7$$

**2** (1) $6-ax<-1$에서 $-ax<-7$

이때 $a>0$에서 $-a<0$이므로

$-ax>-7$의 양변을 $-a$로 나누면

$$\dfrac{-ax}{-a}>\dfrac{-7}{-a}\qquad\therefore\ x>\dfrac{7}{a}$$

(2) $2-ax\le 6$에서 $-ax\le 4$

이때 $a<0$에서 $-a>0$이므로

$-ax\le 4$의 양변을 $-a$로 나누면

$$\dfrac{-ax}{-a}\le\dfrac{4}{-a}\qquad\therefore\ x\le -\dfrac{4}{a}$$

**3** (1) $1>a-3x$에서 $3x>a-1$     $\therefore\ x>\dfrac{a-1}{3}$

이때 주어진 부등식의 해가 $x>2$이므로

$$\dfrac{a-1}{3}=2,\ a-1=6\qquad\therefore\ a=7$$

(2) $-x+7<3x+a$에서 $-4x<a-7$    $\therefore\ x>-\dfrac{a-7}{4}$

이때 주어진 부등식의 해가 $x>3$이므로

$$-\dfrac{a-7}{4}=3,\ a-7=-12\qquad\therefore\ a=-5$$

(3) $\dfrac{-2x+a}{3}>2$에서 $-2x+a>6$

$$-2x>6-a\qquad\therefore\ x<-\dfrac{6-a}{2}$$

이때 주어진 부등식의 해가 $x<-2$이므로

$$-\dfrac{6-a}{2}=-2,\ 6-a=4\qquad\therefore\ a=2$$

3. 일차부등식 • 35

**4** (1) $0.3x+2<1.1$의 양변에 $10$을 곱하면
$3x+20<11$, $3x<-9$  $\therefore x<-3$

(2) $-5x-a>6$에서 $-5x>6+a$  $\therefore x<-\dfrac{6+a}{5}$

이때 주어진 부등식의 해가 $x<-3$이므로
$-\dfrac{6+a}{5}=-3$, $6+a=15$  $\therefore a=9$

P. 47~49

쌍둥이 **기출문제**

| | | | | |
|---|---|---|---|---|
| **1** ㄱ, ㅁ | **2** ⑤ | **3** ④ | **4** ③ | **5** ③ |
| **6** ④ | **7** ⑤ | **8** ① | **9** $x\geq-5$ | |
| **10** ④ | **11** ① | **12** 8 | **13** ② | **14** $x\leq-1$ |
| **15** 8 | **16** 11 | **17** ③ | **18** $-17$ | |

[1~2] 일차부등식
⇨ 모든 항을 좌변으로 이항하여 정리한 식이
(일차식)$<0$, (일차식)$>0$, (일차식)$\leq0$, (일차식)$\geq0$ 중 하나의 꼴이다.

**1** ㄱ. $2x-1\leq2$에서 $2x-3\leq0$ ⇨ 일차부등식이다.
ㄴ. $x-3=4$는 등식이다. ⇨ 일차부등식이 아니다.
ㄷ. $\dfrac{2}{x}<3$에서 $\dfrac{2}{x}-3<0$ ⇨ 일차부등식이 아니다.
ㄹ. $3x+1$은 다항식이다. ⇨ 일차부등식이 아니다.
ㅁ. $x<-2$에서 $x+2<0$ ⇨ 일차부등식이다.
ㅂ. $x^2+1>2x$에서 $x^2-2x+1>0$ ⇨ 일차부등식이 아니다.
따라서 일차부등식인 것은 ㄱ, ㅁ이다.

**2** ① $x+2<5+x$에서 $-3<0$ ⇨ 일차부등식이 아니다.
② $4x=5-2x$는 등식이다. ⇨ 일차부등식이 아니다.
③ $2x^2+1\geq7$에서 $2x^2-6\geq0$ ⇨ 일차부등식이 아니다.
④ $3+5\geq6$에서 $2\geq0$ ⇨ 일차부등식이 아니다.
⑤ $x+2\leq-3x-5$에서 $4x+7\leq0$ ⇨ 일차부등식이다.
따라서 일차부등식인 것은 ⑤이다.

[3~6] 일차부등식의 풀이
⇨ 일차항은 좌변으로, 상수항은 우변으로 이항하여 정리한 후, $x$의 계수로 양변을 나누어 해를 구한다.
이때 $x$의 계수가 음수이면 부등호의 방향이 바뀐다.

**3** ① $-4x<12$에서 $x>-3$
② $4x>x-9$에서 $3x>-9$  $\therefore x>-3$
③ $11>-7-6x$에서 $6x>-18$  $\therefore x>-3$
④ $3x+8<-x+20$에서 $4x<12$  $\therefore x<3$
⑤ $x-1<4x+8$에서 $-3x<9$  $\therefore x>-3$
따라서 해가 나머지 넷과 다른 하나는 ④이다.

**4** ① $3-x<-1$에서 $-x<-4$  $\therefore x>4$
② $2x-7>-11$에서 $2x>-4$  $\therefore x>-2$
③ $2x-10>7x$에서 $-5x>10$  $\therefore x<-2$

④ $3+6x<-1-2x$에서 $8x<-4$  $\therefore x<-\dfrac{1}{2}$

⑤ $5x+6>7x-2$에서 $-2x>-8$  $\therefore x<4$
따라서 해가 $x<-2$인 것은 ③이다.

**5** $7x-1\geq5x+3$에서 $2x\geq4$  $\therefore x\geq2$
따라서 해를 수직선 위에 바르게 나타낸 것은 ③이다.

**6** 주어진 그림에서 해는 $x>-1$이다.
① $4x-3<-9$에서 $4x<-6$  $\therefore x<-\dfrac{3}{2}$
② $-2x+3>5$에서 $-2x>2$  $\therefore x<-1$
③ $x-9>-x-3$에서 $2x>6$  $\therefore x>3$
④ $x+2<3x+4$에서 $-2x<2$  $\therefore x>-1$
⑤ $-3x+4<-x-1$에서 $-2x<-5$  $\therefore x>\dfrac{5}{2}$

따라서 해를 수직선 위에 나타냈을 때, 주어진 그림과 같은 것은 ④이다.

[7~12] 여러 가지 일차부등식
• 괄호가 있으면 분배법칙을 이용하여 괄호를 푼다.
• 계수가 소수 또는 분수이면 양변에 적당한 수를 곱하여 계수를 정수로 고쳐서 푼다.

**7** $2x-1\geq3(x-1)$에서 $2x-1\geq3x-3$
$2x-3x\geq-3+1$, $-x\geq-2$  $\therefore x\leq2$
이 해를 수직선 위에 나타내면 오른쪽 그림과 같다.
따라서 처음으로 틀린 곳은 ㉢이다.

**8** $-2(3x+6)>3(x-1)+9$에서
$-6x-12>3x-3+9$
$-9x>18$  $\therefore x<-2$

**9** $0.4x+0.5\geq0.3x$의 양변에 $10$을 곱하면
$4x+5\geq3x$  $\therefore x\geq-5$

**10** $x-1.4<0.5x+0.6$의 양변에 $10$을 곱하면
$10x-14<5x+6$, $5x<20$  $\therefore x<4$

**11** $\dfrac{1}{4}x-\dfrac{1}{2}\geq\dfrac{3}{8}x+1$의 양변에 분모의 최소공배수인 $8$을 곱하면
$2x-4\geq3x+8$, $-x\geq12$  $\therefore x\leq-12$

**12** $\dfrac{x}{2}-\dfrac{x+4}{3}<\dfrac{1}{6}$의 양변에 분모의 최소공배수인 $6$을 곱하면
$3x-2(x+4)<1$, $3x-2x-8<1$  $\therefore x<9$  ⋯ (i)
따라서 주어진 부등식을 만족시키는 $x$의 값 중 가장 큰 정수는 $8$이다.  ⋯ (ii)

| 채점 기준 | 비율 |
|---|---|
| (i) 일차부등식 풀기 | 70% |
| (ii) 가장 큰 정수 구하기 | 30% |

❶ 주어진 부등식을 $ax<b$, $ax>b$, $ax\le b$, $ax\ge b$ 중 하나의 꼴로 고친다.
❷ $a$가 음수인지 양수인지 확인한 후 양변을 $a$로 양변을 나눈다.
   이때 $a$가 음수이면 부등호의 방향을 바꾼다.

**13** $a<0$에서 $-a>0$이므로

$-\dfrac{x}{a}>1$의 양변에 $-a$를 곱하면 $x>-a$

**14** $ax+a\ge0$에서 $ax\ge-a$

$a<0$이므로 $ax\ge-a$의 양변을 $a$로 나누면

$\dfrac{ax}{a}\le\dfrac{-a}{a}$  $\therefore x\le-1$

⇨ 주어진 부등식을 $x<(수)$, $x>(수)$, $x\le(수)$, $x\ge(수)$ 중 하나의 꼴로 나타낸 후, 주어진 해와 비교한다.

**15** $-3x+5>a$에서 $-3x>a-5$

$\therefore x<-\dfrac{a-5}{3}$  ··· (i)

이때 주어진 부등식의 해가 $x<-1$이므로

$-\dfrac{a-5}{3}=-1$  ··· (ii)

$a-5=3$  $\therefore a=8$  ··· (iii)

| 채점 기준 | 비율 |
|---|---|
| (i) 일차부등식의 해를 $a$를 사용하여 나타내기 | 40% |
| (ii) $a$에 대한 식 세우기 | 40% |
| (iii) $a$의 값 구하기 | 20% |

**16** $2x-a<-x+1$에서 $3x<1+a$  $\therefore x<\dfrac{1+a}{3}$

이때 주어진 그림에서 부등식의 해가 $x<4$이므로

$\dfrac{1+a}{3}=4$, $1+a=12$  $\therefore a=11$

❶ 계수와 상수항이 모두 주어진 부등식의 해를 먼저 구한다.
❷ 다른 부등식의 해가 ❶의 해와 같음을 이용하여 상수의 값을 구한다.

**17** $4x-2\le9x-12$에서 $-5x\le-10$  $\therefore x\ge2$

$2x-a\ge7$에서 $2x\ge7+a$  $\therefore x\ge\dfrac{7+a}{2}$

따라서 $\dfrac{7+a}{2}=2$이므로

$7+a=4$  $\therefore a=-3$

**18** $-x-3<x+7$에서 $-2x<10$  $\therefore x>-5$

$6x-a>3x+2$에서 $3x>2+a$  $\therefore x>\dfrac{2+a}{3}$

따라서 $\dfrac{2+a}{3}=-5$이므로

$2+a=-15$  $\therefore a=-17$

---

# 3 일차부등식의 활용

**유형 5**

P. 50~51

**1** (1) $(x-1)+x+(x+1)>100$

(2) $x>\dfrac{100}{3}$

(3) 33, 34, 35

**2** (1) $\dfrac{1}{2}\times(x+8)\times5\ge30$

(2) $x\ge4$

(3) 4 cm

**3** (1) $800x+2500\le22500$

(2) $x\le25$

(3) 25개

**4** (1) $1100x>900x+2200$

(2) $x>11$

(3) 12권

**5** (1) 표는 풀이 참조, $\dfrac{x}{3}+\dfrac{x}{4}\le4$

(2) $x\le\dfrac{48}{7}$  (3) $\dfrac{48}{7}$ km

---

**1** (1) 연속하는 세 자연수는 $x-1$, $x$, $x+1$이므로

$(x-1)+x+(x+1)>100$  ··· ㉠

(2) ㉠에서 $3x>100$  $\therefore x>\dfrac{100}{3}\left(=33\dfrac{1}{3}\right)$

(3) $x$의 값 중 가장 작은 수는 34이므로 구하는 가장 작은 세 자연수는 33, 34, 35이다.

**2** (1) $\dfrac{1}{2}\times(x+8)\times5\ge30$  ··· ㉠

(2) ㉠에서 $5x+40\ge60$

$5x\ge20$  $\therefore x\ge4$

(3) 윗변의 길이는 최소 4 cm이다.

**3** (1) (도넛의 가격)+(상자의 가격)$\le22500$(원)이므로

$800x+2500\le22500$  ··· ㉠

(2) ㉠에서 $800x\le20000$  $\therefore x\le25$

(3) 도넛은 최대 25개까지 살 수 있다.

**4** (1) 공책을 $x$권 살 때,

동네 문구점에서는 $1100x$원,

할인 매장에서는 $(900x+2200)$원이 든다.

이때 할인 매장에서 사는 것이 유리하려면

(동네 문구점의 전체 비용)$>$(할인 매장의 전체 비용)

이므로

$1100x>900x+2200$  ··· ㉠

(2) ㉠에서 $200x>2200$  $\therefore x>11$

(3) 공책을 12권 이상 사는 경우에 할인 매장에서 사는 것이 유리하다.

**5** (1)

| | 올라갈 때 | 내려올 때 | 전체 |
|---|---|---|---|
| 거리 | $x$ km | $x$ km | − |
| 속력 | 시속 3 km | 시속 4 km | − |
| 시간 | $\dfrac{x}{3}$시간 | $\dfrac{x}{4}$시간 | 4시간 이내 |

$\left(\begin{array}{c}\text{올라갈 때}\\ \text{걸린 시간}\end{array}\right)+\left(\begin{array}{c}\text{내려올 때}\\ \text{걸린 시간}\end{array}\right)\leq4$(시간)이므로

$\dfrac{x}{3}+\dfrac{x}{4}\leq4$ ···㉠

(2) ㉠의 양변에 12를 곱하면

$4x+3x\leq48,\ 7x\leq48$ ∴ $x\leq\dfrac{48}{7}$

(3) 최대 $\dfrac{48}{7}$ km 떨어진 지점까지 올라갔다 내려올 수 있다.

---

한 걸음 **더** 연습      P. 52

**1** (1) 표는 풀이 참조, $500x+400(30-x)\leq13000$
  (2) $x\leq10$      (3) 10개

**2** (1) $4000+1000x>8000+300x$
  (2) $x>\dfrac{40}{7}$      (3) 6개월 후

**3** (1) $1000x>1000\times\left(1-\dfrac{20}{100}\right)\times30$
  (2) $x>24$      (3) 25명

**4** (1) 표는 풀이 참조, $\dfrac{x}{6}+\dfrac{10-x}{2}\leq2$
  (2) $x\geq9$      (3) 9 km

---

**1** (1)

| | 초콜릿 | 사탕 |
|---|---|---|
| 개수 | $x$개 | $(30-x)$개 |
| 가격 | $500x$원 | $400(30-x)$원 |

(초콜릿의 가격)+(사탕의 가격)$\leq13000$(원)이므로

$500x+400(30-x)\leq13000$ ···㉠

(2) ㉠에서 $500x+12000-400x\leq13000$

$100x\leq1000$ ∴ $x\leq10$

(3) 초콜릿은 최대 10개까지 살 수 있다.

**2** (1) $x$개월 후 형의 저금액은 $(8000+300x)$원,
  동생의 저금액은 $(4000+1000x)$원이므로
  $4000+1000x>8000+300x$ ···㉠

(2) ㉠에서 $700x>4000$ ∴ $x>\dfrac{40}{7}\left(=5\dfrac{5}{7}\right)$

(3) 동생의 저금액이 형의 저금액보다 많아지는 것은 6개월
  후부터이다.

---

**3** (1) $x$명의 기본 입장료는 $1000x$원,

30명의 단체 입장료는 $\left\{1000\times\left(1-\dfrac{20}{100}\right)\times30\right\}$원이다.

이때 30명의 단체 입장권을 사는 것이 유리하려면

$1000x>1000\times\left(1-\dfrac{20}{100}\right)\times30$ ···㉠

(2) ㉠의 양변을 1000으로 나누면

$x>\left(1-\dfrac{20}{100}\right)\times30$ ∴ $x>24$

(3) 25명 이상부터 30명의 단체 입장권을 사는 것이 유리하다.

**4** (1)

| | 자전거로 갈 때 | 걸어갈 때 | 전체 |
|---|---|---|---|
| 거리 | $x$ km | $(10-x)$ km | 10 km |
| 속력 | 시속 6 km | 시속 2 km | − |
| 시간 | $\dfrac{x}{6}$시간 | $\dfrac{10-x}{2}$시간 | 2시간 이내 |

(자전거로 간 시간)+(걸어간 시간)$\leq2$(시간)이므로

$\dfrac{x}{6}+\dfrac{10-x}{2}\leq2$ ···㉠

(2) ㉠의 양변에 6을 곱하면

$x+3(10-x)\leq12$

$x+30-3x\leq12$

$-2x\leq-18$ ∴ $x\geq9$

(3) 자전거를 타고 간 거리는 최소 9 km이다.

---

쌍둥이 **기출문제**      P. 53~54

**1** ④    **2** 92점    **3** ①    **4** 9 cm    **5** ⑤

**6** ④    **7** 63장    **8** 7회    **9** ③    **10** $\dfrac{80}{9}$ km

**11** $\dfrac{5}{3}$ km    **12** $\dfrac{5}{4}$ km

---

[1~2] 평균에 대한 문제

· 두 수 $a,\ b$에 대한 평균 $\Rightarrow\dfrac{a+b}{2}$

· 세 수 $a,\ b,\ c$에 대한 평균 $\Rightarrow\dfrac{a+b+c}{3}$

**1** 수학 점수를 $x$점이라고 하면

$\dfrac{72+85+x}{3}\geq80$

$157+x\geq240$ ∴ $x\geq83$

따라서 수학 점수는 83점 이상이어야 한다.

---

**2** 네 번째 과학 시험에서 $x$점을 받는다고 하면

$$\frac{78+86+92+x}{4} \geq 87$$

$256+x \geq 348$    $\therefore x \geq 92$

따라서 네 번째 과학 시험에서 92점 이상을 받아야 한다.

---

**[3~4]** 도형에 대한 문제

- (삼각형의 넓이)$=\dfrac{1}{2}\times$(밑변의 길이)$\times$(높이)
- (사각형의 둘레의 길이)$=2\times\{$(가로의 길이)$+$(세로의 길이)$\}$

**3** $\dfrac{1}{2}\times 16\times h \geq 32$이므로

$8h \geq 32$    $\therefore h \geq 4$

**4** 직사각형의 세로의 길이를 $x$ cm라고 하면

$2(6+x) \leq 30$, $6+x \leq 15$    $\therefore x \leq 9$

따라서 직사각형의 세로의 길이는 9 cm 이하가 되어야 한다.

---

**[5~6]** 최대 개수에 대한 문제

물건 A, B를 합하여 $k$개를 살 때, 물건 A를 $x$개 산다고 하면 물건 B는 $(k-x)$개 살 수 있다.

⇨ (물건 A의 가격)$+$(물건 B의 가격) ☐ (이용 가능 금액)
                               ↳ 이하이면 $\leq$, 미만이면 $<$

**5** ③ 연필은 $(15-x)$자루를 살 수 있으므로

연필 전체의 가격은 $300(15-x)=4500-300x$(원)

④, ⑤ $500x+300(15-x) < 5300$에서

$500x+4500-300x < 5300$

$200x < 800$    $\therefore x < 4$

즉, 펜은 최대 3자루까지 살 수 있다.

따라서 옳지 않은 것은 ⑤이다.

**6** 사과를 $x$개 산다고 하면 귤은 $(40-x)$개 살 수 있으므로

$800x+500(40-x) \leq 25000$

$800x+20000-500x \leq 25000$

$300x \leq 5000$    $\therefore x \leq \dfrac{50}{3}\left(=16\dfrac{2}{3}\right)$

따라서 사과는 최대 16개까지 살 수 있다.

---

**[7~8]** 유리한 방법을 선택하는 문제

방법 A가 방법 B보다 유리한 경우
⇨ (방법 A에 드는 비용) $<$ (방법 B에 드는 비용)

**7** 사진을 $x$장 출력한다고 하면

동네 사진관에서 출력하는 비용은 $200x$원,

인터넷 사진관에서 출력하는 비용은 $(160x+2500)$원이다.

이때 인터넷 사진관을 이용하는 것이 유리하려면

$200x > 160x+2500$

$40x > 2500$    $\therefore x > \dfrac{125}{2}\left(=62\dfrac{1}{2}\right)$

따라서 최소 63장의 사진을 출력하는 경우에 인터넷 사진관을 이용하는 것이 유리하다.

---

**8** 1년에 $x$회 주문한다고 하면 1년간 상품을 주문하는 데 드는 비용은 회원, 비회원이 각각 $(1500x+10000)$원, $3000x$원이다.

이때 회원 가입을 하는 것이 유리하려면

$1500x+10000 < 3000x$

$-1500x < -10000$    $\therefore x > \dfrac{20}{3}\left(=6\dfrac{2}{3}\right)$

따라서 1년에 7회 이상 주문해야 회원 가입을 하는 것이 유리하다.

---

**[9~12]** 거리, 속력, 시간에 대한 문제

(거리)$=$(속력)$\times$(시간),   (속력)$=\dfrac{(거리)}{(시간)}$,   (시간)$=\dfrac{(거리)}{(속력)}$

**9** $x$ km 떨어진 지점까지 갔다 온다고 하면

|  | 갈 때 | 올 때 | 전체 |
|---|---|---|---|
| 거리 | $x$ km | $x$ km | $-$ |
| 속력 | 시속 6 km | 시속 3 km | $-$ |
| 시간 | $\dfrac{x}{6}$시간 | $\dfrac{x}{3}$시간 | 3시간 이내 |

(갈 때 걸린 시간)$+$(올 때 걸린 시간)$\leq 3$(시간)이므로

$\dfrac{x}{6}+\dfrac{x}{3} \leq 3$, $x+2x \leq 18$

$3x \leq 18$    $\therefore x \leq 6$

따라서 상미는 최대 6 km 떨어진 지점까지 갔다 올 수 있다.

**10** $x$ km 떨어진 지점까지 올라갔다 내려온다고 하면

등산하는 데 걸리는 시간이 4시간 이내이어야 하므로

$\dfrac{x}{4}+\dfrac{x}{5} \leq 4$        $\cdots$ (i)

$5x+4x \leq 80$, $9x \leq 80$    $\therefore x \leq \dfrac{80}{9}$    $\cdots$ (ii)

따라서 최대 $\dfrac{80}{9}$ km 떨어진 지점까지 올라갔다 내려올 수 있다.      $\cdots$ (iii)

| 채점 기준 | 비율 |
|---|---|
| (i) 일차부등식 세우기 | 40 % |
| (ii) 일차부등식 풀기 | 40 % |
| (iii) 최대 몇 km 떨어진 지점까지 올라갔다 내려올 수 있는지 구하기 | 20 % |

**11** 버스 터미널에서 상점까지의 거리를 $x$ km라고 하면

$\left(\begin{array}{c}가는 데 \\ 걸리는 시간\end{array}\right)+\left(\begin{array}{c}물건을 사는 데 \\ 걸리는 시간\end{array}\right)+\left(\begin{array}{c}오는 데 \\ 걸리는 시간\end{array}\right) \leq \dfrac{50}{60}($시간$)$

이므로

$\dfrac{x}{5}+\dfrac{10}{60}+\dfrac{x}{5} \leq \dfrac{50}{60}$, $\dfrac{x}{5}+\dfrac{1}{6}+\dfrac{x}{5} \leq \dfrac{5}{6}$

$6x+5+6x \leq 25$, $12x \leq 20$    $\therefore x \leq \dfrac{5}{3}$

따라서 버스 터미널에서 최대 $\dfrac{5}{3}$ km 떨어진 곳에 있는 상점까지 다녀올 수 있다.

**12** 역에서 서점까지의 거리를 $x$ km라고 하면

$$\left(\begin{array}{c}\text{가는 데}\\\text{걸리는 시간}\end{array}\right)+\left(\begin{array}{c}\text{책을 사는 데}\\\text{걸리는 시간}\end{array}\right)+\left(\begin{array}{c}\text{오는 데}\\\text{걸리는 시간}\end{array}\right)\leq 1\dfrac{10}{60}(\text{시간})$$

이므로

$$\dfrac{x}{3}+\dfrac{20}{60}+\dfrac{x}{3}\leq 1\dfrac{10}{60},\ \dfrac{x}{3}+\dfrac{1}{3}+\dfrac{x}{3}\leq\dfrac{7}{6}$$

$$2x+2+2x\leq 7,\ 4x\leq 5$$

$$\therefore\ x\leq\dfrac{5}{4}$$

따라서 역에서 최대 $\dfrac{5}{4}$ km 떨어져 있는 서점을 이용할 수 있다.

---

### 단원 마무리

P. 55~57

| | | | | |
|---|---|---|---|---|
| **1** ③, ④ | **2** ③ | **3** ④ | **4** ④ | **5** ③ |
| **6** 1 | **7** ① | **8** ⑤ | **9** 4 | **10** 55개 |
| **11** 36개월 후 | | **12** 37개월 | | |

**1** ① $x+3>1$

② $3x\leq 4000$

⑤ $200\,g=0.2\,kg$이므로 $0.8x+0.2<3$

따라서 바르게 나타낸 것은 ③, ④이다.

**2** 부등식 $2x+7\geq 13$에서

$x=1$일 때, $2\times 1+7<13$ (거짓)

$x=2$일 때, $2\times 2+7<13$ (거짓)

$x=3$일 때, $2\times 3+7=13$ (참)

$x=4$일 때, $2\times 4+7>13$ (참)

$x=5$일 때, $2\times 5+7>13$ (참)

$x=6$일 때, $2\times 6+7>13$ (참)

따라서 주어진 부등식의 해는 3, 4, 5, 6의 4개이다.

**3** ① $-\dfrac{a}{2}>-\dfrac{b}{2}$에서 $a<b$

② $2a+3<2b+3$에서 $2a<2b$이므로 $a<b$

③ $a>b$에서 $-a<-b$이므로 $-a+\dfrac{3}{2}<-b+\dfrac{3}{2}$

④ $-\dfrac{a}{3}+4<-\dfrac{b}{3}+4$에서 $-\dfrac{a}{3}<-\dfrac{b}{3}$이므로 $a>b$

⑤ $a<b$에서 $a-2<b-2$이므로 $\dfrac{a-2}{5}<\dfrac{b-2}{5}$

따라서 부등호의 방향이 나머지 넷과 다른 하나는 ④이다.

**4** ② $3x-4\geq x+1$에서 $2x-5\geq 0$ ⇨ 일차부등식이다.

③ $9-x\leq x+1$에서 $-2x+8\leq 0$ ⇨ 일차부등식이다.

④ $2x-7<2(x-3)$에서 $-1<0$ ⇨ 일차부등식이 아니다.

⑤ $x(x-3)>x^2$에서 $-3x>0$ ⇨ 일차부등식이다.

따라서 일차부등식이 아닌 것은 ④이다.

**5** $8x+2\leq 5x-7$에서 $3x\leq -9$

$\therefore\ x\leq -3$

따라서 해를 수직선 위에 바르게 나타낸 것은 ③이다.

**6** $0.4x-\dfrac{x-1}{5}>\dfrac{1}{4}$에서 $\dfrac{2}{5}x-\dfrac{x-1}{5}>\dfrac{1}{4}$

이 식의 양변에 20을 곱하면

$8x-4(x-1)>5,\ 8x-4x+4>5$

$4x>1\qquad\therefore\ x>\dfrac{1}{4}$

따라서 주어진 부등식의 해 중 가장 작은 정수는 1이다.

**7** $ax+1<2(ax+1)$에서 $ax+1<2ax+2$

$\therefore\ -ax<1$

이때 $a<0$에서 $-a>0$이므로

$-ax<1$의 양변을 $-a$로 나누면

$\dfrac{-ax}{-a}<\dfrac{1}{-a}\qquad\therefore\ x<-\dfrac{1}{a}$

**8** $6(x+1)-3\geq 5x+a$에서

$6x+6-3\geq 5x+a$

$\therefore\ x\geq a-3$

이때 주어진 부등식의 해가 $x\geq 3$이므로

$a-3=3\qquad\therefore\ a=6$

**9** $9-x>3(x-1)$에서 $9-x>3x-3$

$-4x>-12\qquad\therefore\ x<3$

$5(x-2)<2a-x$에서 $5x-10<2a-x$

$6x<2a+10\qquad\therefore\ x<\dfrac{a+5}{3}$

따라서 $\dfrac{a+5}{3}=3$이므로

$a+5=9\qquad\therefore\ a=4$

**10** 한 번에 $x$개의 상자를 운반한다고 하면

$10x+45\leq 600$ $\qquad\qquad\cdots$ (i)

$10x\leq 555\qquad\therefore\ x\leq\dfrac{111}{2}\left(=55\dfrac{1}{2}\right)$ $\qquad\cdots$ (ii)

따라서 한 번에 상자를 최대 55개까지 운반할 수 있다.

$\qquad\qquad\cdots$ (iii)

| 채점 기준 | 비율 |
|---|---|
| (i) 일차부등식 세우기 | 40 % |
| (ii) 일차부등식 풀기 | 40 % |
| (iii) 한 번에 운반할 수 있는 상자의 최대 개수 구하기 | 20 % |

**11** 정우의 저금액이 $x$개월 후부터 은비의 저금액의 2배보다 많아진다고 하면

$x$개월 후 정우의 저금액은 $(6000+1400x)$원,

은비의 저금액은 $(10000+500x)$원이므로

$6000+1400x>2(10000+500x)$

$6000+1400x>20000+1000x$

$400x>14000$

$\therefore x>35$

따라서 정우의 저금액이 은비의 저금액의 2배보다 많아지는 것은 36개월 후부터이다.

**12** 공기청정기를 $x$개월 사용한다고 하면

$540000+10000x<25000x$

$-15000x<-540000$    $\therefore x>36$

따라서 공기청정기를 37개월 이상 사용해야 사는 것이 유리하다.

## 1 미지수가 2개인 일차방정식

**유형 1** P. 60

**1** (1) × (2) ○ (3) × (4) ×
(5) ○ (6) × (7) × (8) ○

**2** (1) $x+y=15$
(2) $x=y+4$
(3) $1000x+800y=11600$

**3** (1) × (2) ○ (3) ○

**4** (1) (차례로) 4, $\frac{7}{2}$, 3, $\frac{5}{2}$, 2, $\frac{3}{2}$, 1, $\frac{1}{2}$, 0
해: $(1, 4)$, $(3, 3)$, $(5, 2)$, $(7, 1)$
(2) (차례로) $\frac{21}{2}$, 9, $\frac{15}{2}$, 6, $\frac{9}{2}$, 3, $\frac{3}{2}$, 0
해: $(3, 6)$, $(6, 4)$, $(9, 2)$

**5** (1) 1 (2) 11 (3) −3

**1** (1) 등식이 아니므로 일차방정식이 아니다.
(2) $3x-y-5=0$이므로 미지수 2개인 일차방정식이다.
(3) $x$가 분모에 있으므로 일차방정식이 아니다.
(4) $x^2+y-6=0$이므로 $x$의 차수가 2이다.
즉, 일차방정식이 아니다.
(5) $-2x+8y=0$이므로 미지수 2개인 일차방정식이다.
(6) $2y-3=0$이므로 미지수 1개인 일차방정식이다.
(7) 미지수 1개인 일차방정식이다.
(8) $2x+y-3=0$이므로 미지수 2개인 일차방정식이다.

**3** $x=3$, $y=5$를 주어진 일차방정식에 각각 대입하면
(1) $3-2\times5\neq7$
(2) $5=2\times3-1$
(3) $3\times3-2\times5+1=0$

**4** (1) $x+2y=9$에 $x=1, 2, 3, \cdots, 9$를 차례로 대입하면
$y$의 값은 다음 표와 같다.

| $x$ | 1 | 2 | 3 | 4 | 5 | 6 | 7 | 8 | 9 |
|---|---|---|---|---|---|---|---|---|---|
| $y$ | 4 | $\frac{7}{2}$ | 3 | $\frac{5}{2}$ | 2 | $\frac{3}{2}$ | 1 | $\frac{1}{2}$ | 0 |

이때 $x$, $y$의 값이 자연수이므로 구하는 해는
$(1, 4)$, $(3, 3)$, $(5, 2)$, $(7, 1)$이다.
(2) $2x+3y=24$에 $y=1, 2, 3, \cdots, 8$을 차례로 대입하면
$x$의 값은 다음 표와 같다.

| $x$ | $\frac{21}{2}$ | 9 | $\frac{15}{2}$ | 6 | $\frac{9}{2}$ | 3 | $\frac{3}{2}$ | 0 |
|---|---|---|---|---|---|---|---|---|
| $y$ | 1 | 2 | 3 | 4 | 5 | 6 | 7 | 8 |

이때 $x$, $y$의 값이 자연수이므로 구하는 해는
$(3, 6)$, $(6, 4)$, $(9, 2)$이다.

**5** (1) $x=4$, $y=k$를 $x+2y-6=0$에 대입하면
$4+2k-6=0$, $2k=2$ ∴ $k=1$
(2) $x=1$, $y=-2$를 $5x-3y-k=0$에 대입하면
$5+6-k=0$, $-k=-11$ ∴ $k=11$
(3) $x=-2$, $y=4$를 $kx+y=10$에 대입하면
$-2k+4=10$, $-2k=6$ ∴ $k=-3$

## 2 미지수가 2개인 연립일차방정식

**유형 2** P. 61

**1** (1) ㉠ (차례로) 5, 4, 3, 2, 1, 0
해: $(1, 5)$, $(2, 4)$, $(3, 3)$, $(4, 2)$, $(5, 1)$
㉡ (차례로) 5, 3, 1, −1
해: $(1, 5)$, $(2, 3)$, $(3, 1)$
(2) $(1, 5)$

**2** (1) $(1, 9)$, $(2, 7)$, $(3, 5)$, $(4, 3)$, $(5, 1)$
(2) $(1, 4)$, $(4, 3)$, $(7, 2)$, $(10, 1)$
(3) $(4, 3)$

**3** (1) ○ (2) × (3) ○

**4** (1) 1, −1, 1, −1, 2, 1, −1, 1, −1, 4
(2) $a=6$, $b=-3$
(3) $a=5$, $b=11$

**3** $x=1$, $y=2$를 주어진 연립방정식에 각각 대입하면
(1) $\begin{cases} 1+2=3 \\ 2\times1-3\times2=-4 \end{cases}$
(2) $\begin{cases} 1+3\times2=7 \\ 2\times1+2\neq5 \end{cases}$
(3) $\begin{cases} 3\times1-2=1 \\ 1-2\times2=-3 \end{cases}$

**4** (1) $x=\boxed{1}$, $y=\boxed{-1}$을 ㉠에 대입하면
$a\times\boxed{1}-(\boxed{-1})=3$ ∴ $a=\boxed{2}$
$x=\boxed{1}$, $y=\boxed{-1}$을 ㉡에 대입하면
$5\times\boxed{1}+b\times(\boxed{-1})=1$, $-b=-4$ ∴ $b=\boxed{4}$
(2) $x=-2$, $y=1$을 $x+ay=4$에 대입하면
$-2+a=4$ ∴ $a=6$
$x=-2$, $y=1$을 $bx-2y=4$에 대입하면
$-2b-2=4$, $-2b=6$ ∴ $b=-3$

(3) $x=1$, $y=-4$를 $x-y=a$에 대입하면

$1+4=a$  $\therefore a=5$

$x=1$, $y=-4$를 $bx+3y=-1$에 대입하면

$b-12=-1$  $\therefore b=11$

---

**5** $x+3y=11$에 $y=1$, $2$, $3$, $\cdots$을 차례로 대입하여 $x$의 값도 자연수인 해를 구하면 $(8,\ 1)$, $(5,\ 2)$, $(2,\ 3)$이다.

**6** $2x+y=12$에 $x=1$, $2$, $3$, $\cdots$을 차례로 대입하여 $y$의 값도 자연수인 해를 구하면 $(1,\ 10)$, $(2,\ 8)$, $(3,\ 6)$, $(4,\ 4)$, $(5,\ 2)$의 5개이다.

---

### 🔵 기출문제

P. 62~63

| | | | | | | | |
|---|---|---|---|---|---|---|---|
| **1** | ③ | **2** | ④ | **3** | ⑤ | **4** | ③ |
| **5** | $(2,\ 3)$, $(5,\ 2)$, $(8,\ 1)$ | | | **6** | 5개 | **7** | ① |
| **8** | 1 | **9** | 2 | **10** | $-1$ | **11** | ④ | **12** | ③ |
| **13** | ⑤ | **14** | 3 | **15** | 10 | **16** | $-5$ |

---

**[1~2]** 미지수가 2개인 일차방정식

⇨ 식을 정리했을 때, $ax+by+c=0$ 꼴$(a$, $b$, $c$는 상수, $a\neq0$, $b\neq0)$

**1** ① $x$가 분모에 있으므로 일차방정식이 아니다.

② 등식이 아니므로 일차방정식이 아니다.

④ $5x-8=0$이므로 미지수가 1개인 일차방정식이다.

⑤ $x-y^2-y=0$이므로 $y$의 차수가 2이다.

즉, 일차방정식이 아니다.

따라서 미지수가 2개인 일차방정식은 ③이다.

**2** ① $x+y-10=0$이므로 미지수가 2개인 일차방정식이다.

② $4x+3y-2=0$이므로 미지수가 2개인 일차방정식이다.

③ $-3x+y=0$이므로 미지수가 2개인 일차방정식이다.

④ $x^2+x=0$이므로 미지수가 1개이고, $x$의 차수가 2이다.

즉, 일차방정식이 아니다.

⑤ $-x+y-2=0$이므로 미지수가 2개인 일차방정식이다.

따라서 미지수가 2개인 일차방정식이 아닌 것은 ④이다.

---

**[3~6]** 일차방정식의 해

일차방정식을 참이 되게 하는 $x$, $y$의 값 또는 그 순서쌍 $(x,\ y)$

**3** 주어진 순서쌍의 $x$, $y$의 값을 $x-2y=3$에 각각 대입하면

① $-3-2\times(-3)=3$  ② $-1-2\times(-2)=3$

③ $3-2\times0=3$  ④ $4-2\times\dfrac{1}{2}=3$

⑤ $5-2\times(-1)\neq3$

따라서 $x-2y=3$의 해가 아닌 것은 ⑤이다.

**4** $x=-1$, $y=2$를 주어진 일차방정식에 각각 대입하면

① $-1+2\neq-1$  ② $-1-3\times2\neq7$

③ $-1+5\times2=9$  ④ $2\times(-1)+2\neq4$

⑤ $3\times(-1)-2\times2\neq-1$

따라서 $(-1,\ 2)$가 해가 되는 것은 ③이다.

---

**[7~10]** 일차방정식의 한 해가 $(x_1,\ y_1)$이다.

⇨ $x=x_1$, $y=y_1$을 일차방정식에 대입하면 등식이 성립한다.

**7** $x=-1$, $y=3$을 $x+ay=-7$에 대입하면

$-1+3a=-7$, $3a=-6$  $\therefore a=-2$

**8** $x=2$, $y=1$을 $ax+y=13$에 대입하면

$2a+1=13$, $2a=12$  $\therefore a=6$  $\cdots$ (i)

따라서 $y=7$을 $6x+y=13$에 대입하면

$6x+7=13$, $6x=6$  $\therefore x=1$  $\cdots$ (ii)

| 채점 기준 | 비율 |
|---|---|
| (i) $a$의 값 구하기 | 60% |
| (ii) $y=7$일 때, $x$의 값 구하기 | 40% |

**9** $x=4$, $y=a$를 $2x+y-10=0$에 대입하면

$8+a-10=0$  $\therefore a=2$

**10** $x=-2a$, $y=3a$를 $3x-5y=21$에 대입하면

$-6a-15a=21$, $-21a=21$  $\therefore a=-1$

---

**[11~16]** 연립방정식의 해가 $(x_1,\ y_1)$이다.

⇨ $x=x_1$, $y=y_1$을 두 일차방정식에 각각 대입하면 등식이 모두 성립한다.

**11** $x=1$, $y=-2$를 주어진 연립방정식에 각각 대입하면

① $\begin{cases} 1-2\times(-2)\neq2 \\ 3\times1-2\times(-2)\neq2 \end{cases}$  ② $\begin{cases} 4\times1-(-2)\neq2 \\ 3\times1-2\times(-2)=7 \end{cases}$

③ $\begin{cases} 2\times1+3\times(-2)=-4 \\ 1+(-2)\neq3 \end{cases}$  ④ $\begin{cases} 3\times1+(-2)=1 \\ 1-(-2)=3 \end{cases}$

⑤ $\begin{cases} 4\times1+(-2)=2 \\ 1-2\times(-2)\neq4 \end{cases}$

따라서 $x=1$, $y=-2$가 해인 것은 ④이다.

**12** $x=-1$, $y=4$를 주어진 연립방정식에 각각 대입하면

① $\begin{cases} 2\times(-1)-3\times4\neq-11 \\ -1-4=-5 \end{cases}$  ② $\begin{cases} -1+3\times4\neq10 \\ 2\times(-1)-3\times4\neq14 \end{cases}$

③ $\begin{cases} 5\times(-1)+4=-1 \\ 2\times(-1)+4=2 \end{cases}$  ④ $\begin{cases} 2\times(-1)+4=2 \\ 6\times(-1)+4\neq-10 \end{cases}$

⑤ $\begin{cases} -1+4=3 \\ 5\times(-1)-2\times4\neq3 \end{cases}$

따라서 해가 $(-1,\ 4)$인 것은 ③이다.

---

**13** $x=1$, $y=2$를 $x+ay=5$에 대입하면
$1+2a=5$, $2a=4$ ∴ $a=2$
$x=1$, $y=2$를 $bx-2y=3$에 대입하면
$b-4=3$ ∴ $b=7$
∴ $a+b=2+7=9$

**14** $x=-1$, $y=5$를 $x+ay=4$에 대입하면
$-1+5a=4$, $5a=5$ ∴ $a=1$ ··· (i)
$x=-1$, $y=5$를 $2x+by=13$에 대입하면
$-2+5b=13$, $5b=15$ ∴ $b=3$ ··· (ii)
∴ $ab=1\times3=3$ ··· (iii)

| 채점 기준 | 비율 |
|---|---|
| (i) $a$의 값 구하기 | 40 % |
| (ii) $b$의 값 구하기 | 40 % |
| (iii) $ab$의 값 구하기 | 20 % |

**15** $x=b$, $y=1$을 $3x+y=4$에 대입하면
$3b+1=4$, $3b=3$ ∴ $b=1$
따라서 $x=1$, $y=1$을 $x-ay=10$에 대입하면
$1-a=10$, $-a=9$ ∴ $a=-9$
∴ $b-a=1-(-9)=10$

**16** $x=-3$, $y=b$를 $x-2y=1$에 대입하면
$-3-2b=1$, $-2b=4$ ∴ $b=-2$
따라서 $x=-3$, $y=-2$를 $ax+y=7$에 대입하면
$-3a-2=7$, $-3a=9$ ∴ $a=-3$
∴ $a+b=-3+(-2)=-5$

## ⌒3 연립방정식의 풀이

유형 3 　　　　　　　　　　　　　　　　P. 64

**1** $3y+9$, $-2$, $-2$, $3$, $3$, $-2$
**2** $-6y+10$, $-6y+10$, $1$, $1$, $4$, $4$, $1$
**3** (1) $x=-2$, $y=1$　(2) $x=-11$, $y=-19$
　(3) $x=3$, $y=-1$　(4) $x=2$, $y=0$
　(5) $x=2$, $y=4$　(6) $x=9$, $y=2$
　(7) $x=4$, $y=3$　(8) $x=2$, $y=1$

**1** ㉠을 ㉡에 대입하면
$3(\boxed{3y+9})+4y=1$, $9y+27+4y=1$
$13y=-26$ ∴ $y=\boxed{-2}$
$y=\boxed{-2}$를 ㉠에 대입하면 $x=-6+9=\boxed{3}$
따라서 연립방정식의 해는 $x=\boxed{3}$, $y=\boxed{-2}$이다.

**2** ㉠에서 $x$를 $y$에 대한 식으로 나타내면
$x=\boxed{-6y+10}$ ··· ㉢
㉢을 ㉡에 대입하면
$3(\boxed{-6y+10})-5y=7$, $-18y+30-5y=7$
$-23y=-23$ ∴ $y=\boxed{1}$
$y=\boxed{1}$을 ㉢에 대입하면 $x=-6+10=\boxed{4}$
따라서 연립방정식의 해는 $x=\boxed{4}$, $y=\boxed{1}$이다.

**3** (1) $\begin{cases} x=y-3 & \cdots ㉠ \\ x-3y=-5 & \cdots ㉡ \end{cases}$
㉠을 ㉡에 대입하면 $(y-3)-3y=-5$
$-2y=-2$ ∴ $y=1$
$y=1$을 ㉠에 대입하면 $x=1-3=-2$
(2) $\begin{cases} 3x-2y=5 & \cdots ㉠ \\ y=2x+3 & \cdots ㉡ \end{cases}$
㉡을 ㉠에 대입하면 $3x-2(2x+3)=5$
$-x=11$ ∴ $x=-11$
$x=-11$을 ㉡에 대입하면 $y=-22+3=-19$
(3) $\begin{cases} x-3y=6 & \cdots ㉠ \\ 3x+4y=5 & \cdots ㉡ \end{cases}$
㉠에서 $x$를 $y$에 대한 식으로 나타내면
$x=3y+6$ ··· ㉢
㉢을 ㉡에 대입하면 $3(3y+6)+4y=5$
$13y=-13$ ∴ $y=-1$
$y=-1$을 ㉢에 대입하면 $x=-3+6=3$
(4) $\begin{cases} 2x-3y=4 & \cdots ㉠ \\ 4x-y=8 & \cdots ㉡ \end{cases}$
㉡에서 $y$를 $x$에 대한 식으로 나타내면
$y=4x-8$ ··· ㉢
㉢을 ㉠에 대입하면 $2x-3(4x-8)=4$
$-10x=-20$ ∴ $x=2$
$x=2$를 ㉢에 대입하면 $y=8-8=0$
(5) $\begin{cases} y=x+2 & \cdots ㉠ \\ y=3x-2 & \cdots ㉡ \end{cases}$
㉠을 ㉡에 대입하면 $x+2=3x-2$
$-2x=-4$ ∴ $x=2$
$x=2$를 ㉠에 대입하면 $y=2+2=4$
(6) $\begin{cases} x=2y+5 & \cdots ㉠ \\ x=5y-1 & \cdots ㉡ \end{cases}$
㉠을 ㉡에 대입하면 $2y+5=5y-1$
$-3y=-6$ ∴ $y=2$
$y=2$를 ㉠에 대입하면 $x=4+5=9$

(7) $\begin{cases} 2x=3y-1 & \cdots \ㄱ \\ 2x=11-y & \cdots \ㄴ \end{cases}$

ㄱ을 ㄴ에 대입하면 $3y-1=11-y$

$4y=12$ ∴ $y=3$

$y=3$을 ㄱ에 대입하면 $2x=8$ ∴ $x=4$

(8) $\begin{cases} 3y=2x-1 & \cdots \ㄱ \\ 3y=5-x & \cdots \ㄴ \end{cases}$

ㄱ을 ㄴ에 대입하면 $2x-1=5-x$

$3x=6$ ∴ $x=2$

$x=2$를 ㄱ에 대입하면 $3y=3$ ∴ $y=1$

---

## 유형 4 — P. 65

**1** 뺀다, $-$, $-2$, 3, 3, 3, 3, 3

**2** 2, 더한다, $+$, 17, 2, 2, 2, 2, 2

**3** (1) $x=1$, $y=-2$　(2) $x=-1$, $y=\dfrac{3}{2}$

(3) $x=-10$, $y=-6$　(4) $x=0$, $y=1$

(5) $x=-1$, $y=-1$　(6) $x=3$, $y=2$

(7) $x=0$, $y=-4$　(8) $x=-2$, $y=2$

---

**1** $x$의 계수의 절댓값이 같으므로

$x$를 없애기 위해 ㄱ, ㄴ을 변끼리 $\boxed{\text{뺀다}}$.

$\begin{array}{r} x-4y=-9 \\ \boxed{-}\,)\ x-2y=-3 \\ \hline \boxed{-2}y=-6 \end{array}$ ∴ $y=\boxed{3}$

$y=\boxed{3}$을 ㄱ에 대입하면 $x-12=-9$ ∴ $x=\boxed{3}$

따라서 연립방정식의 해는 $x=\boxed{3}$, $y=\boxed{3}$이다.

**2** $y$를 없애기 위해 $y$의 계수의 절댓값이 같아지도록

ㄱ$\times 3$, ㄴ$\times\boxed{2}$를 한 후 변끼리 $\boxed{\text{더한다}}$.

$\begin{array}{r} 9x+6y=30 \\ \boxed{+}\,)\ 8x-6y=4 \\ \hline \boxed{17}x\ \ \ \ =34 \end{array}$ ∴ $x=\boxed{2}$

$x=\boxed{2}$를 ㄱ에 대입하면 $6+2y=10$

$2y=4$ ∴ $y=\boxed{2}$

따라서 연립방정식의 해는 $x=\boxed{2}$, $y=\boxed{2}$이다.

**3** (1) $\begin{cases} x+3y=-5 & \cdots \ㄱ \\ x-y=3 & \cdots \ㄴ \end{cases}$

ㄱ$-$ㄴ을 하면 $4y=-8$ ∴ $y=-2$

$y=-2$를 ㄴ에 대입하면 $x+2=3$ ∴ $x=1$

(2) $\begin{cases} x+2y=2 & \cdots \ㄱ \\ 3x-2y=-6 & \cdots \ㄴ \end{cases}$

ㄱ$+$ㄴ을 하면 $4x=-4$ ∴ $x=-1$

$x=-1$을 ㄱ에 대입하면 $-1+2y=2$

$2y=3$ ∴ $y=\dfrac{3}{2}$

---

(3) $\begin{cases} 4x-5y=-10 & \cdots \ㄱ \\ -3x+5y=0 & \cdots \ㄴ \end{cases}$

ㄱ$+$ㄴ을 하면 $x=-10$

$x=-10$을 ㄴ에 대입하면 $30+5y=0$

$5y=-30$ ∴ $y=-6$

(4) $\begin{cases} x-y=-1 & \cdots \ㄱ \\ 2x+3y=3 & \cdots \ㄴ \end{cases}$

ㄱ$\times 3+$ㄴ을 하면

$5x=0$ ∴ $x=0$

$x=0$을 ㄱ에 대입하면

$-y=-1$ ∴ $y=1$

$\begin{array}{r} 3x-3y=-3 \\ +\,)\ 2x+3y=3 \\ \hline 5x\ \ \ \ =0 \end{array}$

(5) $\begin{cases} 9x-4y=-5 & \cdots \ㄱ \\ x+2y=-3 & \cdots \ㄴ \end{cases}$

ㄱ$+$ㄴ$\times 2$를 하면

$11x=-11$ ∴ $x=-1$

$x=-1$을 ㄴ에 대입하면

$-1+2y=-3$, $2y=-2$ ∴ $y=-1$

$\begin{array}{r} 9x-4y=-5 \\ +\,)\ 2x+4y=-6 \\ \hline 11x\ \ \ \ =-11 \end{array}$

(6) $\begin{cases} x-y=1 & \cdots \ㄱ \\ 2x+5y=16 & \cdots \ㄴ \end{cases}$

ㄱ$\times 5+$ㄴ을 하면

$7x=21$ ∴ $x=3$

$x=3$을 ㄱ에 대입하면

$3-y=1$ ∴ $y=2$

$\begin{array}{r} 5x-5y=5 \\ +\,)\ 2x+5y=16 \\ \hline 7x\ \ \ \ =21 \end{array}$

(7) $\begin{cases} 5x-3y=12 & \cdots \ㄱ \\ 3x+2y=-8 & \cdots \ㄴ \end{cases}$

ㄱ$\times 2+$ㄴ$\times 3$을 하면

$19x=0$ ∴ $x=0$

$x=0$을 ㄱ에 대입하면

$-3y=12$ ∴ $y=-4$

$\begin{array}{r} 10x-6y=24 \\ +\,)\ 9x+6y=-24 \\ \hline 19x\ \ \ \ =0 \end{array}$

(8) $\begin{cases} 5x+7y=4 & \cdots \ㄱ \\ 3x+4y=2 & \cdots \ㄴ \end{cases}$

ㄱ$\times 3-$ㄴ$\times 5$를 하면

$y=2$

$y=2$를 ㄴ에 대입하면

$3x+8=2$, $3x=-6$ ∴ $x=-2$

$\begin{array}{r} 15x+21y=12 \\ -\,)\ 15x+20y=10 \\ \hline y=2 \end{array}$

---

## 유형 5 — P. 66

**1** (1) 6, 3, 2

(2) $x=1$, $y=-3$　(3) $x=2$, $y=7$

**2** (1) 2, 4, 2, $-1$, 2

(2) $x=4$, $y=2$　(3) $x=2$, $y=-2$

**3** (1) 4, 3, 3, 2, 2, 2

(2) $x=1$, $y=2$　(3) $x=-\dfrac{1}{3}$, $y=-2$

**4** (1) 4, 7, 3, 4, 2, $\dfrac{5}{4}$

(2) $x=-3$, $y=\dfrac{1}{2}$

**1** (1) $\begin{cases} 2x+y=8 \\ 3x-2(x-3y)=15 \end{cases}$ 를 정리하면

$\begin{cases} 2x+y=8 & \cdots \text{㉠} \\ x+\boxed{6}y=15 & \cdots \text{㉡} \end{cases}$

㉠$-$㉡$\times 2$를 하면 $-11y=-22$  $\therefore y=\boxed{2}$

$y=2$를 ㉡에 대입하면

$x+12=15$  $\therefore x=\boxed{3}$

(2) $\begin{cases} 3(x-y)+2y=6 \\ 2x-(x-y)=-2 \end{cases}$ 를 정리하면 $\begin{cases} 3x-y=6 & \cdots \text{㉠} \\ x+y=-2 & \cdots \text{㉡} \end{cases}$

㉠$+$㉡을 하면 $4x=4$  $\therefore x=1$

$x=1$을 ㉡에 대입하면 $1+y=-2$  $\therefore y=-3$

(3) $\begin{cases} y=2(x+1)+1 \\ 3(x+y)-4y=-1 \end{cases}$ 을 정리하면

$\begin{cases} y=2x+3 & \cdots \text{㉠} \\ 3x-y=-1 & \cdots \text{㉡} \end{cases}$

㉠을 ㉡에 대입하면 $3x-(2x+3)=-1$

$x-3=-1$  $\therefore x=2$

$x=2$를 ㉠에 대입하면 $y=4+3=7$

**2** (1) $\begin{cases} 0.2x+0.4y=0.6 & \cdots \text{㉠} \\ 0.2x-0.1y=-0.4 & \cdots \text{㉡} \end{cases}$

㉠$\times 10$, ㉡$\times 10$을 하면 $\begin{cases} \boxed{2}x+\boxed{4}y=6 & \cdots \text{㉢} \\ \boxed{2}x-y=-4 & \cdots \text{㉣} \end{cases}$

㉢$-$㉣을 하면 $5y=10$  $\therefore y=\boxed{2}$

$y=2$를 ㉣에 대입하면 $2x-2=-4$

$2x=-2$  $\therefore x=\boxed{-1}$

(2) $\begin{cases} 0.3x-0.4y=0.4 & \cdots \text{㉠} \\ 0.2x+0.3y=1.4 & \cdots \text{㉡} \end{cases}$

㉠$\times 10$, ㉡$\times 10$을 하면 $\begin{cases} 3x-4y=4 & \cdots \text{㉢} \\ 2x+3y=14 & \cdots \text{㉣} \end{cases}$

㉢$\times 2-$㉣$\times 3$을 하면 $-17y=-34$  $\therefore y=2$

$y=2$를 ㉢에 대입하면 $3x-8=4$

$3x=12$  $\therefore x=4$

(3) $\begin{cases} x+0.4y=1.2 & \cdots \text{㉠} \\ 0.2x-0.3y=1 & \cdots \text{㉡} \end{cases}$

㉠$\times 10$, ㉡$\times 10$을 하면 $\begin{cases} 10x+4y=12 & \cdots \text{㉢} \\ 2x-3y=10 & \cdots \text{㉣} \end{cases}$

㉢$-$㉣$\times 5$를 하면 $19y=-38$  $\therefore y=-2$

$y=-2$를 ㉢에 대입하면 $2x+6=10$

$2x=4$  $\therefore x=2$

**3** (1) $\begin{cases} \dfrac{x}{3}+\dfrac{y}{4}=\dfrac{7}{6} & \cdots \text{㉠} \\ \dfrac{x}{2}-\dfrac{y}{3}=\dfrac{1}{3} & \cdots \text{㉡} \end{cases}$

㉠$\times 12$, ㉡$\times 6$을 하면 $\begin{cases} \boxed{4}x+\boxed{3}y=14 & \cdots \text{㉢} \\ \boxed{3}x-\boxed{2}y=2 & \cdots \text{㉣} \end{cases}$

㉢$\times 2+$㉣$\times 3$을 하면 $17x=34$  $\therefore x=\boxed{2}$

$x=2$를 ㉢에 대입하면 $8+3y=14$

$3y=6$  $\therefore y=\boxed{2}$

(2) $\begin{cases} \dfrac{1}{3}x-\dfrac{1}{5}y=-\dfrac{1}{15} & \cdots \text{㉠} \\ 2x-\dfrac{1}{2}y=1 & \cdots \text{㉡} \end{cases}$

㉠$\times 15$, ㉡$\times 2$를 하면 $\begin{cases} 5x-3y=-1 & \cdots \text{㉢} \\ 4x-y=2 & \cdots \text{㉣} \end{cases}$

㉢$-$㉣$\times 3$을 하면 $-7x=-7$  $\therefore x=1$

$x=1$을 ㉣에 대입하면 $4-y=2$  $\therefore y=2$

(3) $\begin{cases} \dfrac{6x-5}{7}=\dfrac{1}{2}y & \cdots \text{㉠} \\ -\dfrac{1}{4}x+\dfrac{1}{8}y=-\dfrac{1}{6} & \cdots \text{㉡} \end{cases}$

㉠$\times 14$, ㉡$\times 24$를 하면 $\begin{cases} 2(6x-5)=7y \\ -6x+3y=-4 \end{cases}$

즉, $\begin{cases} 12x-7y=10 & \cdots \text{㉢} \\ -6x+3y=-4 & \cdots \text{㉣} \end{cases}$

㉢$+$㉣$\times 2$를 하면 $-y=2$  $\therefore y=-2$

$y=-2$를 ㉣에 대입하면 $-6x-6=-4$

$-6x=2$  $\therefore x=-\dfrac{1}{3}$

**4** (1) $\begin{cases} 0.1x+0.4y=0.7 & \cdots \text{㉠} \\ \dfrac{1}{2}x-\dfrac{2}{3}y=\dfrac{1}{6} & \cdots \text{㉡} \end{cases}$

㉠$\times 10$, ㉡$\times 6$을 하면 $\begin{cases} x+\boxed{4}y=\boxed{7} & \cdots \text{㉢} \\ \boxed{3}x-\boxed{4}y=1 & \cdots \text{㉣} \end{cases}$

㉢$+$㉣을 하면 $4x=8$  $\therefore x=\boxed{2}$

$x=2$를 ㉢에 대입하면 $2+4y=7$

$4y=5$  $\therefore y=\boxed{\dfrac{5}{4}}$

(2) $\begin{cases} 0.4(x+y)+0.2y=-0.9 & \cdots \text{㉠} \\ \dfrac{1}{3}x+\dfrac{2}{5}y=-\dfrac{4}{5} & \cdots \text{㉡} \end{cases}$

㉠$\times 10$, ㉡$\times 15$를 하면 $\begin{cases} 4(x+y)+2y=-9 \\ 5x+6y=-12 \end{cases}$

즉, $\begin{cases} 4x+6y=-9 & \cdots \text{㉢} \\ 5x+6y=-12 & \cdots \text{㉣} \end{cases}$

㉢$-$㉣을 하면 $-x=3$  $\therefore x=-3$

$x=-3$을 ㉢에 대입하면 $-12+6y=-9$

$6y=3$  $\therefore y=\dfrac{1}{2}$

**유형 6**   P. 67

**1** (1) ① $x+2y$  ② $6$  ③ $x+2y$   (2) $x=6, y=0$

**2** (1) $x=-1, y=2$   (2) $x=1, y=-1$

(3) $x=7, y=1$

**3** (1) 해가 무수히 많다.   (2) 해가 무수히 많다.

(3) 해가 없다.   (4) 해가 없다.

**4** $-9, -12, -9$

**1**

(1) ① $\begin{cases} x-y=\boxed{x+2y} \\ x-y=6 \end{cases}$

② $\begin{cases} x-y=x+2y \\ x+2y=\boxed{6} \end{cases}$

③ $\begin{cases} x-y=6 \\ \boxed{x+2y}=6 \end{cases}$

(2) ③ $\begin{cases} x-y=6 & \cdots ㉠ \\ x+2y=6 & \cdots ㉡ \end{cases}$

㉠-㉡을 하면 $-3y=0$ ∴ $y=0$

$y=0$을 ㉠에 대입하면 $x=6$

> **참고** 세 연립방정식 ①, ②, ③의 해는 모두 같으므로 ①, ②, ③ 중 계산이 가장 간단한 것을 선택하여 푼다. 이때 우변이 모두 상수인 ③을 푸는 것이 가장 간단하다.

**2**

(1) 주어진 방정식을 연립방정식으로 나타내면

$\begin{cases} 3x+2y=1 & \cdots ㉠ \\ -3x-y=1 & \cdots ㉡ \end{cases}$

㉠+㉡을 하면 $y=2$

$y=2$를 ㉠에 대입하면 $3x+4=1$

$3x=-3$ ∴ $x=-1$

(2) 주어진 방정식을 연립방정식으로 나타내면

$\begin{cases} 4(x+2y)=-x+3y \\ -x+3y=2x-y-7 \end{cases}$ 즉 $\begin{cases} x=-y & \cdots ㉠ \\ 3x-4y=7 & \cdots ㉡ \end{cases}$

㉠을 ㉡에 대입하면 $-3y-4y=7$

$-7y=7$ ∴ $y=-1$

$y=-1$을 ㉠에 대입하면 $x=1$

(3) 주어진 방정식을 연립방정식으로 나타내면

$\begin{cases} \dfrac{x+2y+3}{4}=3 & \cdots ㉠ \\ \dfrac{x-y}{2}=3 & \cdots ㉡ \end{cases}$

㉠×4, ㉡×2를 하면 $\begin{cases} x+2y+3=12 \\ x-y=6 \end{cases}$

즉, $\begin{cases} x+2y=9 & \cdots ㉢ \\ x-y=6 & \cdots ㉣ \end{cases}$

㉢-㉣을 하면 $3y=3$ ∴ $y=1$

$y=1$을 ㉣에 대입하면 $x-1=6$ ∴ $x=7$

**3**

(1) $\begin{cases} 5x+10y=-15 & \cdots ㉠ \\ x+2y=-3 & \cdots ㉡ \end{cases}$

㉡×5를 하면 $5x+10y=-15$ $\cdots ㉢$

이때 ㉠과 ㉢이 일치하므로 해가 무수히 많다.

(2) $\begin{cases} 3x+2y=5 & \cdots ㉠ \\ 6x+4y=10 & \cdots ㉡ \end{cases}$

㉠×2를 하면 $6x+4y=10$ $\cdots ㉢$

이때 ㉡과 ㉢이 일치하므로 해가 무수히 많다.

(3) $\begin{cases} x+y=1 & \cdots ㉠ \\ x+y=3 & \cdots ㉡ \end{cases}$

이때 ㉠과 ㉡에서 $x$, $y$의 계수는 각각 같고, 상수항은 다르므로 해가 없다.

(4) $\begin{cases} x-y=-2 & \cdots ㉠ \\ -2x+2y=-4 & \cdots ㉡ \end{cases}$

㉠×$(-2)$를 하면 $-2x+2y=4$ $\cdots ㉢$

이때 ㉡과 ㉢에서 $x$, $y$의 계수는 각각 같고, 상수항은 다르므로 해가 없다.

**4** $\begin{cases} 3x-y=4 & \cdots ㉠ \\ ax+3y=-12 & \cdots ㉡ \end{cases}$

$y$의 계수가 같아지도록 ㉠×$(-3)$을 하면

$\boxed{-9}x+3y=\boxed{-12}$ $\cdots ㉢$

이때 해가 무수히 많으려면 ㉡과 ㉢이 일치해야 하므로

$a=\boxed{-9}$

---

**쌍둥이 기출문제**  P. 68~70

**1** $3y+2$, $-\dfrac{1}{5}$, $-\dfrac{1}{5}$, $-\dfrac{1}{5}$, $\dfrac{7}{5}$, $\dfrac{7}{5}$, $-\dfrac{1}{5}$  **2** 7

**3** ②  **4** ⑤  **5** ④  **6** $-7$  **7** $-1$

**8** 4  **9** $-1$  **10** 7  **11** $-1$  **12** 0

**13** $x=\dfrac{5}{2}$, $y=1$  **14** $x=-1$, $y=2$  **15** ②

**16** $x=-3$, $y=-5$  **17** $x=13$, $y=7$  **18** ⑤

**19** ⑤  **20** ⑤  **21** $a=4$, $b=-5$  **22** $-3$

**23** 2  **24** ③

**[1~6] 연립방정식의 풀이**

• 대입법: ❶ 한 방정식을 '$x=$~' 또는 '$y=$~' 꼴로 나타낸다.

  ❷ ❶의 식을 다른 방정식에 대입한다.

• 가감법: ❶ 한 미지수의 계수의 절댓값을 같게 만든다.

  ❷ 계수의 부호가 같으면 변끼리 빼고, 다르면 변끼리 더한다.

**1** ㉠을 ㉡에 대입하면

$2(\boxed{3y+2})-y=3$, $5y=-1$ ∴ $y=\boxed{-\dfrac{1}{5}}$

$y=-\dfrac{1}{5}$을 ㉠에 대입하면

$x=3\times\left(\boxed{-\dfrac{1}{5}}\right)+2=\boxed{\dfrac{7}{5}}$

따라서 연립방정식의 해는 $x=\boxed{\dfrac{7}{5}}$, $y=\boxed{-\dfrac{1}{5}}$이다.

**2** ㉠을 ㉡에 대입하면

$5(2y+4)-3y=6$, $7y=-14$

∴ $a=7$

**3** $y$를 없애려면 $y$의 계수의 절댓값을 같게 만들어야 한다.

즉, ㉠×3+㉡×2를 하면 $17x=51$이 되어 $y$가 없어진다.

**4** $x$를 없애려면 $x$의 계수의 절댓값을 같게 만들어야 한다.
즉, ㉠×5−㉡×3을 하면 $-29y=-58$이 되어 $x$가 없어진다.

**5** $\begin{cases} x+y=5 & \cdots ㉠ \\ x-y=3 & \cdots ㉡ \end{cases}$
㉠+㉡을 하면 $2x=8$ ∴ $x=4$
$x=4$를 ㉠에 대입하면 $4+y=5$ ∴ $y=1$

**6** $\begin{cases} 4x+y=2 & \cdots ㉠ \\ 7x+2y=5 & \cdots ㉡ \end{cases}$
㉠×2−㉡을 하면 $x=-1$
$x=-1$을 ㉠에 대입하면 $-4+y=2$ ∴ $y=6$
따라서 $a=-1$, $b=6$이므로
$a-b=-1-6=-7$

**[7~8]** 세 일차방정식이 주어진 경우
❶ 세 일차방정식 중 계수와 상수항이 모두 주어진 두 일차방정식으로 연립방정식을 세운 후 해를 구한다.
❷ ❶의 해를 나머지 일차방정식에 대입하여 상수의 값을 구한다.

**7** 주어진 연립방정식의 해는 세 방정식을 모두 만족시키므로
연립방정식 $\begin{cases} x-y=6 & \cdots ㉠ \\ 2x+y=-3 & \cdots ㉡ \end{cases}$의 해와 같다.
㉠+㉡을 하면 $3x=3$ ∴ $x=1$
$x=1$을 ㉠에 대입하면 $1-y=6$ ∴ $y=-5$
따라서 $x=1$, $y=-5$를 $ax-3y=14$에 대입하면
$a+15=14$ ∴ $a=-1$

**8** 주어진 연립방정식의 해는 세 방정식을 모두 만족시키므로
연립방정식 $\begin{cases} x-2y=-1 & \cdots ㉠ \\ 3x-4y=-7 & \cdots ㉡ \end{cases}$의 해와 같다.
㉠×2−㉡을 하면 $-x=5$ ∴ $x=-5$
$x=-5$를 ㉠에 대입하면 $-5-2y=-1$
$-2y=4$ ∴ $y=-2$
따라서 $x=-5$, $y=-2$를 $x-ay=3$에 대입하면
$-5+2a=3$, $2a=8$ ∴ $a=4$

**[9~10]** 연립방정식의 해의 조건이 주어진 경우
❶ 주어진 해의 조건을 식으로 나타낸다.
❷ 연립방정식 중 계수와 상수항이 모두 주어진 일차방정식과 ❶의 식으로 연립방정식을 세운 후 해를 구한다.
❸ ❷의 해를 나머지 일차방정식에 대입하여 상수의 값을 구한다.

**9** $y$의 값이 $x$의 값의 2배이므로 $y=2x$
$\begin{cases} y=2x & \cdots ㉠ \\ x-y=-1 & \cdots ㉡ \end{cases}$
㉠을 ㉡에 대입하면 $x-2x=-1$
$-x=-1$ ∴ $x=1$
$x=1$을 ㉠에 대입하면 $y=2$
따라서 $x=1$, $y=2$를 $2x+3y=9+a$에 대입하면
$2+6=9+a$ ∴ $a=-1$

**10** $x$의 값이 $y$의 값이 3배이므로 $x=3y$
$\begin{cases} x=3y & \cdots ㉠ \\ 2x+y=21 & \cdots ㉡ \end{cases}$
㉠을 ㉡에 대입하면 $6y+y=21$
$7y=21$ ∴ $y=3$
$y=3$을 ㉠에 대입하면 $x=9$
따라서 $x=9$, $y=3$을 $x+2y=a+8$에 대입하면
$9+6=a+8$ ∴ $a=7$

**[11~12]** 두 연립방정식의 해가 서로 같은 경우
❶ 네 일차방정식 중 계수와 상수항이 모두 주어진 두 일차방정식으로 연립방정식을 세운 후 해를 구한다.
❷ ❶의 해를 나머지 두 일차방정식에 각각 대입하여 상수의 값을 구한다.

**11** 두 연립방정식
$\begin{cases} 3x+y=-9 & \cdots ㉠ \\ x-2y=a & \cdots ㉡ \end{cases}$, $\begin{cases} bx+y=7 & \cdots ㉢ \\ 2x-3y=5 & \cdots ㉣ \end{cases}$의 해가 서로 같으므로 ㉠, ㉡, ㉢, ㉣ 중 어느 두 방정식을 연립하여 풀어도 해는 같다.
따라서 계수나 상수항이 미지수가 아닌 ㉠과 ㉣을 연립방정식으로 나타내면
$\begin{cases} 3x+y=-9 & \cdots ㉠ \\ 2x-3y=5 & \cdots ㉣ \end{cases}$
㉠×3+㉣을 하면 $11x=-22$ ∴ $x=-2$
$x=-2$를 ㉠에 대입하면 $-6+y=-9$ ∴ $y=-3$
$x=-2$, $y=-3$을 ㉡에 대입하면
$-2+6=a$ ∴ $a=4$
$x=-2$, $y=-3$을 ㉢에 대입하면
$-2b-3=7$, $-2b=10$ ∴ $b=-5$
∴ $a+b=4+(-5)=-1$

**12** 두 연립방정식
$\begin{cases} 3x+2y=6 & \cdots ㉠ \\ ax-y=5 & \cdots ㉡ \end{cases}$, $\begin{cases} y=-2x+5 & \cdots ㉢ \\ 3x-by=9 & \cdots ㉣ \end{cases}$의 해가 서로 같으므로 ㉠과 ㉢을 연립방정식으로 나타내면
$\begin{cases} 3x+2y=6 & \cdots ㉠ \\ y=-2x+5 & \cdots ㉢ \end{cases}$
㉢을 ㉠에 대입하면 $3x+2(-2x+5)=6$
$-x+10=6$ ∴ $x=4$
$x=4$를 ㉢에 대입하면 $y=-8+5=-3$
$x=4$, $y=-3$을 ㉡에 대입하면
$4a+3=5$, $4a=2$ ∴ $a=\dfrac{1}{2}$
$x=4$, $y=-3$을 ㉣에 대입하면
$12+3b=9$, $3b=-3$ ∴ $b=-1$
∴ $2a+b=2\times\dfrac{1}{2}+(-1)=0$

**[13~16]** 여러 가지 연립방정식의 풀이
괄호가 있으면 분배법칙을 이용하여 괄호를 풀고, 계수가 소수이거나 분수이면 양변에 적당한 수를 곱하여 계수를 정수로 고쳐서 푼다.

**13** $\begin{cases} 2(x-y)+4y=7 \\ x+3(x-2y)=4 \end{cases}$ 를 정리하면

$\begin{cases} 2x+2y=7 & \cdots \bigcirc \\ 4x-6y=4 & \cdots \bigcirc\!\!\!\bigcirc \end{cases}$

$\bigcirc\times2-\bigcirc\!\!\!\bigcirc$을 하면 $10y=10$ $\quad\therefore y=1$

$y=1$을 $\bigcirc$에 대입하면 $2x+2=7$

$2x=5$ $\quad\therefore x=\dfrac{5}{2}$

**14** $\begin{cases} -3(x-2y)+1=-8x+8 \\ 2x-(x-3y)=y+3 \end{cases}$ 을 정리하면

$\begin{cases} 5x+6y=7 & \cdots \bigcirc \\ x+2y=3 & \cdots \bigcirc\!\!\!\bigcirc \end{cases}$

$\bigcirc-\bigcirc\!\!\!\bigcirc\times3$을 하면 $2x=-2$ $\quad\therefore x=-1$

$x=-1$을 $\bigcirc\!\!\!\bigcirc$에 대입하면 $-1+2y=3$

$2y=4$ $\quad\therefore y=2$

**15** $\begin{cases} \dfrac{1}{4}x+\dfrac{1}{3}y=\dfrac{1}{2} & \cdots \bigcirc \\ 0.3x+0.2y=0.4 & \cdots \bigcirc\!\!\!\bigcirc \end{cases}$

$\bigcirc\times12$, $\bigcirc\!\!\!\bigcirc\times10$을 하면 $\begin{cases} 3x+4y=6 & \cdots \bigcirc\!\!\!\bigcirc\!\!\!\bigcirc \\ 3x+2y=4 & \cdots ㉣ \end{cases}$

$\bigcirc\!\!\!\bigcirc\!\!\!\bigcirc-㉣$을 하면 $2y=2$ $\quad\therefore y=1$

$y=1$을 ㉣에 대입하면 $3x+2=4$

$3x=2$ $\quad\therefore x=\dfrac{2}{3}$

**16** $\begin{cases} 0.3x-0.4y=1.1 & \cdots \bigcirc \\ \dfrac{1}{2}x-\dfrac{1}{3}y=\dfrac{1}{6} & \cdots \bigcirc\!\!\!\bigcirc \end{cases}$

$\bigcirc\times10$, $\bigcirc\!\!\!\bigcirc\times6$을 하면 $\begin{cases} 3x-4y=11 & \cdots \bigcirc\!\!\!\bigcirc\!\!\!\bigcirc \\ 3x-2y=1 & \cdots ㉣ \end{cases}$ $\cdots$ (i)

$\bigcirc\!\!\!\bigcirc\!\!\!\bigcirc-㉣$을 하면 $-2y=10$ $\quad\therefore y=-5$

$y=-5$를 $\bigcirc\!\!\!\bigcirc\!\!\!\bigcirc$에 대입하면 $3x+10=1$

$3x=-9$ $\quad\therefore x=-3$ $\cdots$ (ii)

| 채점 기준 | 비율 |
|---|---|
| (i) 연립방정식의 계수를 정수로 고치기 | 40 % |
| (ii) 연립방정식의 해 구하기 | 60 % |

**[17~18]** $A=B=C$ 꼴의 방정식의 풀이

세 연립방정식 $\begin{cases} A=B \\ A=C \end{cases}$, $\begin{cases} A=B \\ B=C \end{cases}$, $\begin{cases} A=C \\ B=C \end{cases}$ 중 가장 간단한 것을 선택하여 푼다.

**17** 주어진 방정식을 연립방정식으로 나타내면

$\begin{cases} 3x-y-5=x+2y & \cdots \bigcirc \\ 4x-3y-4=x+2y & \cdots \bigcirc\!\!\!\bigcirc \end{cases}$

$\bigcirc$, $\bigcirc\!\!\!\bigcirc$을 정리하면 $\begin{cases} 2x-3y=5 & \cdots \bigcirc\!\!\!\bigcirc\!\!\!\bigcirc \\ 3x-5y=4 & \cdots ㉣ \end{cases}$

$\bigcirc\!\!\!\bigcirc\!\!\!\bigcirc\times3-㉣\times2$를 하면 $y=7$

$y=7$을 $\bigcirc\!\!\!\bigcirc\!\!\!\bigcirc$에 대입하면 $2x-21=5$

$2x=26$ $\quad\therefore x=13$

**18** 주어진 방정식을 연립방정식으로 나타내면

$\begin{cases} \dfrac{3x+y}{4}=5 & \cdots \bigcirc \\ 2x-y=5 & \cdots \bigcirc\!\!\!\bigcirc \end{cases}$

$\bigcirc\times4$를 하면 $3x+y=20$ $\cdots \bigcirc\!\!\!\bigcirc\!\!\!\bigcirc$

$\bigcirc\!\!\!\bigcirc+\bigcirc\!\!\!\bigcirc\!\!\!\bigcirc$을 하면 $5x=25$ $\quad\therefore x=5$

$x=5$를 $\bigcirc\!\!\!\bigcirc$에 대입하면

$10-y=5$ $\quad\therefore y=5$

**[19~24]** 해가 특수한 연립방정식의 풀이

- 해가 무수히 많은 연립방정식: 한 일차방정식의 양변에 적당한 수를 곱했을 때, $x$, $y$의 계수와 상수항이 각각 같다.
- 해가 없는 연립방정식: 한 일차방정식의 양변에 적당한 수를 곱했을 때, $x$, $y$의 계수는 각각 같고, 상수항은 다르다.

**19** 각 연립방정식에서 두 일차방정식의 $x$의 계수 또는 $y$의 계수를 같게 하면

① $\begin{cases} 4x+2y=14 \\ x+2y=8 \end{cases}$ ② $\begin{cases} 3x-3y=-9 \\ 3x-3y=-6 \end{cases}$

③ $\begin{cases} -3x+y=-5 \\ 2x+y=6 \end{cases}$ ④ $\begin{cases} 2x+y=8 \\ 2x-2y=8 \end{cases}$

⑤ $\begin{cases} 2x+6y=10 \\ 2x+6y=10 \end{cases}$

따라서 해가 무수히 많은 연립방정식은 두 일차방정식이 일치하는 연립방정식이므로 ⑤이다.

**20** 각 연립방정식에서 두 일차방정식의 $x$의 계수 또는 $y$의 계수를 같게 하면

① $\begin{cases} 5x-5y=10 \\ x-5y=10 \end{cases}$ ② $\begin{cases} 3x+9y=0 \\ 3x+y=0 \end{cases}$

③ $\begin{cases} 2x+2y=2 \\ 2x+2y=2 \end{cases}$ ④ $\begin{cases} 2x-4y=2 \\ 3x-4y=5 \end{cases}$

⑤ $\begin{cases} 3x+6y=9 \\ 3x+6y=6 \end{cases}$

따라서 해가 없는 연립방정식은 두 일차방정식의 $x$, $y$의 계수는 각각 같고, 상수항은 다른 연립방정식이므로 ⑤이다.

**21** $\begin{cases} ax+2y=-10 & \cdots \bigcirc \\ 2x+y=b & \cdots \bigcirc\!\!\!\bigcirc \end{cases}$

$\bigcirc\!\!\!\bigcirc\times2$를 하면 $4x+2y=2b$ $\cdots \bigcirc\!\!\!\bigcirc\!\!\!\bigcirc$

이때 해가 무수히 많으려면 $\bigcirc$과 $\bigcirc\!\!\!\bigcirc\!\!\!\bigcirc$이 일치해야 하므로

$a=4$, $-10=2b$

$\therefore a=4$, $b=-5$

**22** $\begin{cases} -2x+ay=1 & \cdots \bigcirc \\ 6x-3y=b & \cdots \bigcirc\!\!\!\bigcirc \end{cases}$

$\bigcirc\times(-3)$을 하면 $6x-3ay=-3$ $\cdots \bigcirc\!\!\!\bigcirc\!\!\!\bigcirc$

이때 해가 무수히 많으려면 $\bigcirc\!\!\!\bigcirc$과 $\bigcirc\!\!\!\bigcirc\!\!\!\bigcirc$이 일치해야 하므로

$-3=-3a$, $b=-3$

$\therefore a=1$, $b=-3$

$\therefore ab=1\times(-3)=-3$

**23** $\begin{cases} x+2y=3 & \cdots \text{㉠} \\ ax+4y=5 & \cdots \text{㉡} \end{cases}$

㉠×2를 하면 $2x+4y=6$ $\cdots$ ㉢

이때 해가 없으려면 ㉡과 ㉢의 $x$, $y$의 계수는 각각 같고, 상수항은 달라야 하므로

$a=2$

**24** $\begin{cases} 3x-2y=6 & \cdots \text{㉠} \\ -12x+8y=-4a & \cdots \text{㉡} \end{cases}$

㉠×$(-4)$를 하면 $-12x+8y=-24$ $\cdots$ ㉢

이때 해가 없으려면 ㉡과 ㉢의 $x$, $y$의 계수는 각각 같고, 상수항은 달라야 하므로

$-4a \neq -24$ $\quad \therefore a \neq 6$

따라서 $a$의 값이 될 수 없는 것은 ③이다.

# 04 연립방정식의 활용

### 유형 7
P. 71~72

**1** (1) $\begin{cases} x+y=64 \\ x-y=38 \end{cases}$ (2) $x=51$, $y=13$ (3) 51

**2** (1) 표는 풀이 참조, $\begin{cases} x+y=13 \\ 10y+x=(10x+y)-27 \end{cases}$

  (2) $x=8$, $y=5$ (3) 85

**3** (1) $\begin{cases} x+y=15 \\ 500x+300y=5900 \end{cases}$

  (2) $x=7$, $y=8$ (3) 어른: 7명, 학생: 8명

**4** (1) $\begin{cases} x+y=46 \\ x+16=2(y+16) \end{cases}$

  (2) $x=36$, $y=10$ (3) 아버지: 36세, 아들: 10세

**5** (1) $\begin{cases} 3x-y=20 \\ 3y-x=4 \end{cases}$ (2) $x=8$, $y=4$ (3) 8회

**1** (1) 두 자연수 $x$, $y$의 합이 64이므로

  $x+y=64$

  두 자연수 $x$, $y$의 차가 38이고, $x>y$이므로

  $x-y=38$

  따라서 연립방정식을 세우면 $\begin{cases} x+y=64 \\ x-y=38 \end{cases}$

  (2) $\begin{cases} x+y=64 & \cdots \text{㉠} \\ x-y=38 & \cdots \text{㉡} \end{cases}$

  ㉠+㉡을 하면 $2x=102$ $\quad \therefore x=51$

  $x=51$을 ㉠에 대입하면 $51+y=64$ $\quad \therefore y=13$

  (3) 두 자연수 13, 51 중에서 큰 수는 51이다.

**2** (1)

| | 십의 자리의 숫자 | 일의 자리의 숫자 | 자연수 |
|---|---|---|---|
| 처음 수 | $x$ | $y$ | $10x+y$ |
| 바꾼 수 | $y$ | $x$ | $10y+x$ |

십의 자리의 숫자와 일의 자리의 숫자의 합이 13이므로

$x+y=13$

십의 자리의 숫자와 일의 자리의 숫자를 바꾼 수는 처음 수보다 27만큼 작으므로

$10y+x=(10x+y)-27$

따라서 연립방정식을 세우면 $\begin{cases} x+y=13 \\ 10y+x=(10x+y)-27 \end{cases}$

(2) $\begin{cases} x+y=13 \\ 10y+x=(10x+y)-27 \end{cases}$, 즉 $\begin{cases} x+y=13 & \cdots \text{㉠} \\ x-y=3 & \cdots \text{㉡} \end{cases}$

㉠+㉡을 하면 $2x=16$ $\quad \therefore x=8$

$x=8$을 ㉠에 대입하면 $8+y=13$ $\quad \therefore y=5$

(3) 처음 수는 85이다.

**3** (1) 어른과 학생을 합하여 15명이 입장하였으므로

$x+y=15$

입장료가 총 5900원이므로

$500x+300y=5900$

따라서 연립방정식을 세우면 $\begin{cases} x+y=15 \\ 500x+300y=5900 \end{cases}$

(2) $\begin{cases} x+y=15 \\ 500x+300y=5900 \end{cases}$, 즉 $\begin{cases} x+y=15 & \cdots \text{㉠} \\ 5x+3y=59 & \cdots \text{㉡} \end{cases}$

㉠×3-㉡을 하면 $-2x=-14$ $\quad \therefore x=7$

$x=7$을 ㉠에 대입하면 $7+y=15$ $\quad \therefore y=8$

(3) 공원에 입장한 어른의 수는 7명, 학생의 수는 8명이다.

**4** (1) 현재 아버지와 아들의 나이의 합이 46세이므로

$x+y=46$

16년 후에는 아버지의 나이가 아들의 나이의 2배이므로

$x+16=2(y+16)$

따라서 연립방정식을 세우면 $\begin{cases} x+y=46 \\ x+16=2(y+16) \end{cases}$

(2) $\begin{cases} x+y=46 \\ x+16=2(y+16) \end{cases}$, 즉 $\begin{cases} x+y=46 & \cdots \text{㉠} \\ x-2y=16 & \cdots \text{㉡} \end{cases}$

㉠-㉡을 하면 $3y=30$ $\quad \therefore y=10$

$y=10$을 ㉠에 대입하면 $x+10=46$ $\quad \therefore x=36$

(3) 현재 아버지의 나이는 36세, 아들의 나이는 10세이다.

**5** (1) 진우가 이긴 횟수를 $x$회, 진 횟수를 $y$회라고 하면

세희가 이긴 횟수는 $y$회, 진 횟수는 $x$회이다.

진우는 처음 위치보다 20계단을 올라가 있으므로

$3x-y=20$

세희는 처음 위치보다 4계단을 올라가 있으므로

$3y-x=4$

따라서 연립방정식을 세우면 $\begin{cases} 3x-y=20 \\ 3y-x=4 \end{cases}$

(2) $\begin{cases} 3x-y=20 \\ 3y-x=4 \end{cases}$, 즉 $\begin{cases} 3x-y=20 & \cdots \text{㉠} \\ -x+3y=4 & \cdots \text{㉡} \end{cases}$

㉠$+$㉡$\times 3$을 하면 $8y=32$ $\quad \therefore y=4$

$y=4$를 ㉡에 대입하면 $-x+12=4$

$-x=-8$ $\quad \therefore x=8$

(3) 진우가 이긴 횟수는 8회이다.

**1** (1) 표는 풀이 참조, $\begin{cases} x+y=7 \\ \dfrac{x}{8}+\dfrac{y}{3}=1\dfrac{30}{60} \end{cases}$

    (2) $x=4$, $y=3$    (3) $4\,\text{km}$

**2** (1) 표는 풀이 참조, $\begin{cases} y=x-4 \\ \dfrac{x}{3}+\dfrac{y}{4}=6 \end{cases}$

    (2) $x=12$, $y=8$    (3) $8\,\text{km}$

**1** (1)

|  | 자전거를 탈 때 | 걸어갈 때 | 전체 |
|---|---|---|---|
| 거리 | $x\,\text{km}$ | $y\,\text{km}$ | $7\,\text{km}$ |
| 속력 | 시속 $8\,\text{km}$ | 시속 $3\,\text{km}$ | — |
| 시간 | $\dfrac{x}{8}$시간 | $\dfrac{y}{3}$시간 | $1\dfrac{30}{60}$시간 |

$x\,\text{km}$를 자전거를 타고 가고, $y\,\text{km}$를 걸어가서 총 $7\,\text{km}$를 갔으므로 $x+y=7$

총 1시간 30분, 즉 $1\dfrac{30}{60}$시간이 걸렸으므로

$\dfrac{x}{8}+\dfrac{y}{3}=1\dfrac{30}{60}$

따라서 연립방정식을 세우면 $\begin{cases} x+y=7 \\ \dfrac{x}{8}+\dfrac{y}{3}=1\dfrac{30}{60} \end{cases}$

(2) $\begin{cases} x+y=7 \\ \dfrac{x}{8}+\dfrac{y}{3}=1\dfrac{30}{60} \end{cases}$, 즉 $\begin{cases} x+y=7 & \cdots \text{㉠} \\ 3x+8y=36 & \cdots \text{㉡} \end{cases}$

㉠$\times 3-$㉡을 하면 $-5y=-15$ $\quad \therefore y=3$

$y=3$을 ㉠에 대입하면 $x+3=7$ $\quad \therefore x=4$

(3) 자전거를 타고 간 거리는 $4\,\text{km}$이다.

**2** (1)

|  | 올라갈 때 | 내려올 때 | 전체 |
|---|---|---|---|
| 거리 | $x\,\text{km}$ | $y\,\text{km}$ | — |
| 속력 | 시속 $3\,\text{km}$ | 시속 $4\,\text{km}$ | — |
| 시간 | $\dfrac{x}{3}$시간 | $\dfrac{y}{4}$시간 | $6$시간 |

내려올 때는 올라갈 때보다 $4\,\text{km}$가 더 짧은 길을 걸었으므로 $y=x-4$

총 6시간이 걸렸으므로 $\dfrac{x}{3}+\dfrac{y}{4}=6$

따라서 연립방정식을 세우면 $\begin{cases} y=x-4 \\ \dfrac{x}{3}+\dfrac{y}{4}=6 \end{cases}$

---

(2) $\begin{cases} y=x-4 \\ \dfrac{x}{3}+\dfrac{y}{4}=6 \end{cases}$, 즉 $\begin{cases} y=x-4 & \cdots \text{㉠} \\ 4x+3y=72 & \cdots \text{㉡} \end{cases}$

㉠을 ㉡에 대입하면 $4x+3(x-4)=72$

$7x=84$ $\quad \therefore x=12$

$x=12$를 ㉠에 대입하면 $y=12-4=8$

(3) 내려온 거리는 $8\,\text{km}$이다.

**1** (1) $\begin{cases} x+y=37 \\ x=4y+2 \end{cases}$   (2) $x=30$, $y=7$

    (3) $7$, $30$

**2** (1) $\begin{cases} x=y+7 \\ 2(x+y)=42 \end{cases}$   (2) $x=14$, $y=7$

    (3) $14\,\text{cm}$, $7\,\text{cm}$

**3** (1) $\begin{cases} x+y=100 \\ 2x+4y=272 \end{cases}$   (2) $x=64$, $y=36$

    (3) $64$마리, $36$마리

**4** (1) 표는 풀이 참조, $\begin{cases} x=y+15 \\ 40x=90y \end{cases}$

    (2) $x=27$, $y=12$    (3) $12$분 후

**5** (1) $\begin{cases} 15x+15y=2400 \\ 40x-40y=2400 \end{cases}$

    (2) $x=110$, $y=50$    (3) 분속 $110\,\text{m}$

**1** (1) 큰 수와 작은 수의 합이 37이므로

$x+y=37$

큰 수는 작은 수의 4배보다 2만큼 크므로

$x=4y+2$

따라서 연립방정식을 세우면 $\begin{cases} x+y=37 \\ x=4y+2 \end{cases}$

(2) $\begin{cases} x+y=37 & \cdots \text{㉠} \\ x=4y+2 & \cdots \text{㉡} \end{cases}$

㉡을 ㉠에 대입하면 $(4y+2)+y=37$

$5y=35$ $\quad \therefore y=7$

$y=7$을 ㉡에 대입하면 $x=28+2=30$

(3) 두 자연수는 $7$, $30$이다.

**2** (1) 가로의 길이가 세로의 길이보다 $7\,\text{cm}$ 더 길므로

$x=y+7$

직사각형의 둘레의 길이가 $42\,\text{cm}$이므로

$2(x+y)=42$

따라서 연립방정식을 세우면 $\begin{cases} x=y+7 \\ 2(x+y)=42 \end{cases}$

유형편 라이트

(2) $\begin{cases} x=y+7 \\ 2(x+y)=42 \end{cases}$, 즉 $\begin{cases} x=y+7 & \cdots \text{㉠} \\ x+y=21 & \cdots \text{㉡} \end{cases}$

㉠을 ㉡에 대입하면 $(y+7)+y=21$

$2y=14$   ∴ $y=7$

$y=7$을 ㉠에 대입하면 $x=7+7=14$

(3) 직사각형의 가로의 길이는 $14 \text{ cm}$, 세로의 길이는 $7 \text{ cm}$이다.

**3** (1) 닭의 수와 토끼의 수를 합하면 100마리이므로

$x+y=100$

닭의 다리 수와 토끼의 다리 수를 합하면 272개이므로

$2x+4y=272$

따라서 연립방정식을 세우면 $\begin{cases} x+y=100 \\ 2x+4y=272 \end{cases}$

(2) $\begin{cases} x+y=100 \\ 2x+4y=272 \end{cases}$, 즉 $\begin{cases} x+y=100 & \cdots \text{㉠} \\ x+2y=136 & \cdots \text{㉡} \end{cases}$

㉠$-$㉡을 하면 $-y=-36$   ∴ $y=36$

$y=36$을 ㉠에 대입하면 $x+36=100$   ∴ $x=64$

(3) 닭은 64마리, 토끼는 36마리이다.

**4** (1)

|  | 지희 | 민아 |
|---|---|---|
| 시간 | $x$분 | $y$분 |
| 속력 | 분속 $40 \text{ m}$ | 분속 $90 \text{ m}$ |
| 거리 | $40x \text{ m}$ | $90y \text{ m}$ |

지희가 출발한 지 15분 후에 민아가 출발하였으므로

$x=y+15$

두 사람이 걸은 거리는 같으므로 $40x=90y$

따라서 연립방정식을 세우면 $\begin{cases} x=y+15 \\ 40x=90y \end{cases}$

(2) $\begin{cases} x=y+15 & \cdots \text{㉠} \\ 40x=90y & \cdots \text{㉡} \end{cases}$

㉠을 ㉡에 대입하면 $40(y+15)=90y$

$-50y=-600$   ∴ $y=12$

$y=12$를 ㉠에 대입하면 $x=12+15=27$

(3) 두 사람이 다시 만나는 것은 민아가 출발한 지 12분 후이다.

**5** (1) 호수의 둘레의 길이는 $2.4 \text{ km}$, 즉 $2400 \text{ m}$이고, 두 사람이 반대 방향으로 15분 동안 걸은 거리의 합은 호수의 둘레의 길이와 같으므로 $15x+15y=2400$

두 사람이 같은 방향으로 40분 동안 걸은 거리의 차는 호수의 둘레의 길이와 같으므로 $40x-40y=2400$

따라서 연립방정식을 세우면 $\begin{cases} 15x+15y=2400 \\ 40x-40y=2400 \end{cases}$

(2) $\begin{cases} 15x+15y=2400 \\ 40x-40y=2400 \end{cases}$, 즉 $\begin{cases} x+y=160 & \cdots \text{㉠} \\ x-y=60 & \cdots \text{㉡} \end{cases}$

㉠$+$㉡을 하면 $2x=220$   ∴ $x=110$

$x=110$을 ㉠에 대입하면

$110+y=160$   ∴ $y=50$

(3) 경수의 속력은 분속 $110 \text{ m}$이다.

---

P. 75~76

쌍둥이 **기출문제**

**1** 39   **2** 21   **3** ⑤
**4** 과자: 1000원, 아이스크림: 1500원   **5** ⑤
**6** 100원짜리: 12개, 500원짜리: 8개   **7** 60세
**8** ③   **9** 8회   **10** 10회   **11** $x=1$, $y=2$
**12** $4 \text{ km}$

**1** 큰 수를 $x$, 작은 수를 $y$라고 하면

두 자연수의 합은 57이므로 $x+y=57$

작은 수의 3배에서 큰 수를 빼면 15이므로 $3y-x=15$

즉, $\begin{cases} x+y=57 \\ 3y-x=15 \end{cases}$ 에서 $\begin{cases} x+y=57 & \cdots \text{㉠} \\ -x+3y=15 & \cdots \text{㉡} \end{cases}$

㉠$+$㉡을 하면 $4y=72$   ∴ $y=18$

$y=18$을 ㉠에 대입하면 $x+18=57$   ∴ $x=39$

따라서 큰 수는 39이다.

**2** 십의 자리의 숫자를 $x$, 일의 자리의 숫자를 $y$라고 하면

십의 자리의 숫자는 일의 자리의 숫자의 2배이므로

$x=2y$

십의 자리의 숫자와 일의 자리의 숫자를 바꾼 수는 처음 수의 2배보다 30만큼 작으므로

$10y+x=2(10x+y)-30$

즉, $\begin{cases} x=2y \\ 10y+x=2(10x+y)-30 \end{cases}$ 에서 $\begin{cases} x=2y & \cdots \text{㉠} \\ 19x-8y=30 & \cdots \text{㉡} \end{cases}$

㉠을 ㉡에 대입하면 $38y-8y=30$

$30y=30$   ∴ $y=1$

$y=1$을 ㉠에 대입하면 $x=2$

따라서 처음 수는 21이다.

**3** 연필을 $x$자루, 색연필을 $y$자루 샀다고 하면

연필과 색연필을 합하여 10자루를 샀으므로 $x+y=10$

전체 금액이 5400원이므로 $400x+600y+800=5400$

즉, $\begin{cases} x+y=10 \\ 400x+600y+800=5400 \end{cases}$ 에서 $\begin{cases} x+y=10 & \cdots \text{㉠} \\ 2x+3y=23 & \cdots \text{㉡} \end{cases}$

㉠$\times 2-$㉡을 하면 $-y=-3$   ∴ $y=3$

$y=3$을 ㉠에 대입하면 $x+3=10$   ∴ $x=7$

따라서 연필은 7자루를 샀다.

**4** 과자 한 봉지의 가격을 $x$원, 아이스크림 한 개의 가격을 $y$원이라고 하면

과자 5봉지와 아이스크림 4개를 사면 11000원이므로

$5x+4y=11000$

과자 4봉지와 아이스크림 2개를 사면 7000원이므로

$4x+2y=7000$

즉, $\begin{cases} 5x+4y=11000 \\ 4x+2y=7000 \end{cases}$ 에서 $\begin{cases} 5x+4y=11000 & \cdots \text{㉠} \\ 2x+y=3500 & \cdots \text{㉡} \end{cases}$

㉠$-$㉡$\times 4$를 하면 $-3x=-3000$   ∴ $x=1000$

$x=1000$을 ㉡에 대입하면 $2000+y=3500$   ∴ $y=1500$

따라서 과자 한 봉지의 가격은 1000원, 아이스크림 한 개의 가격은 1500원이다.

**5** 민이가 맞힌 객관식 문제의 개수를 $x$개, 주관식 문제의 개수를 $y$개라고 하면

모두 20개를 맞혔으므로 $x+y=20$

총 70점을 받았으므로 $3x+5y=70$

즉, $\begin{cases} x+y=20 & \cdots \text{㉠} \\ 3x+5y=70 & \cdots \text{㉡} \end{cases}$

㉠$\times 5-$㉡을 하면 $2x=30$ $\therefore x=15$

$x=15$를 ㉠에 대입하면 $15+y=20$ $\therefore y=5$

따라서 민이가 맞힌 객관식 문제는 15개, 주관식 문제는 5개이다.

**6** 100원짜리 동전의 개수를 $x$개, 500원짜리 동전의 개수를 $y$개라고 하면

$\begin{cases} x+y=20 \\ 100x+500y=5200 \end{cases}$, 즉 $\begin{cases} x+y=20 & \cdots \text{㉠} \\ x+5y=52 & \cdots \text{㉡} \end{cases}$

㉠$-$㉡을 하면 $-4y=-32$ $\therefore y=8$

$y=8$을 ㉠에 대입하면 $x+8=20$ $\therefore x=12$

따라서 100원짜리 동전은 12개, 500원짜리 동전은 8개이다.

**7** 현재 아버지의 나이를 $x$세, 아들의 나이를 $y$세라고 하면

아버지와 아들의 나이의 합은 80세이므로

$x+y=80$

아버지의 나이가 아들의 나이의 3배이므로

$x=3y$

즉, $\begin{cases} x+y=80 & \cdots \text{㉠} \\ x=3y & \cdots \text{㉡} \end{cases}$

㉡을 ㉠에 대입하면 $3y+y=80$

$4y=80$ $\therefore y=20$

$y=20$을 ㉡에 대입하면 $x=60$

따라서 현재 아버지의 나이는 60세이다.

**8** 현재 소희의 나이를 $x$세, 남동생의 나이를 $y$세라고 하면

소희와 남동생의 나이의 차가 6세이므로

$x-y=6$

10년 후에 소희의 나이는 남동생의 나이의 2배보다 13세 적으므로

$x+10=2(y+10)-13$

즉, $\begin{cases} x-y=6 \\ x+10=2(y+10)-13 \end{cases}$ 에서 $\begin{cases} x-y=6 & \cdots \text{㉠} \\ x-2y=-3 & \cdots \text{㉡} \end{cases}$

㉠$-$㉡을 하면 $y=9$

$y=9$를 ㉠에 대입하면 $x-9=6$ $\therefore x=15$

따라서 현재 소희의 나이는 15세, 남동생의 나이는 9세이다.

**[9~10] 계단에 대한 문제**

A, B 두 사람이 가위바위보를 할 때, 비기는 경우가 없으면

⇨ (A가 이긴 횟수)=(B가 진 횟수), (A가 진 횟수)=(B가 이긴 횟수)

**9** 세호가 이긴 횟수를 $x$회, 진 횟수를 $y$회라고 하면

은아가 이긴 횟수는 $y$회, 진 횟수는 $x$회이다.

세호는 처음 위치보다 5계단을 올라가 있으므로

$2x-y=5$

은아는 처음 위치보다 14계단을 올라가 있으므로

$2y-x=14$

즉, $\begin{cases} 2x-y=5 \\ 2y-x=14 \end{cases}$ 에서 $\begin{cases} 2x-y=5 & \cdots \text{㉠} \\ -x+2y=14 & \cdots \text{㉡} \end{cases}$

㉠$\times 2+$㉡을 하면 $3x=24$ $\therefore x=8$

$x=8$을 ㉠에 대입하면 $16-y=5$ $\therefore y=11$

따라서 세호가 이긴 횟수는 8회이다.

**10** 유미가 이긴 횟수를 $x$회, 진 횟수를 $y$회라고 하면

태희가 이긴 횟수는 $y$회, 진 횟수는 $x$회이다.

유미는 처음 위치보다 18계단을 올라가 있으므로

$3x-2y=18$

태희는 처음 위치보다 2계단을 내려가 있으므로

$3y-2x=-2$

즉, $\begin{cases} 3x-2y=18 \\ 3y-2x=-2 \end{cases}$ 에서

$\begin{cases} 3x-2y=18 & \cdots \text{㉠} \\ -2x+3y=-2 & \cdots \text{㉡} \end{cases}$ $\cdots$ (i)

㉠$\times 2+$㉡$\times 3$을 하면 $5y=30$ $\therefore y=6$

$y=6$을 ㉡에 대입하면 $-2x+18=-2$

$-2x=-20$ $\therefore x=10$ $\cdots$ (ii)

따라서 유미가 이긴 횟수는 10회이다. $\cdots$ (iii)

| 채점 기준 | 비율 |
| --- | --- |
| ( i ) 연립방정식 세우기 | 40 % |
| ( ii ) 연립방정식 풀기 | 40 % |
| (iii) 유미가 이긴 횟수 구하기 | 20 % |

**[11~12] 거리, 속력, 시간에 대한 문제**

(거리)=(속력)$\times$(시간), (속력)=$\dfrac{(거리)}{(시간)}$, (시간)=$\dfrac{(거리)}{(속력)}$

**11**

| | 걸어갈 때 | 뛰어갈 때 | 전체 |
| --- | --- | --- | --- |
| 거리 | $x$ km | $y$ km | 3 km |
| 속력 | 시속 3 km | 시속 6 km | $-$ |
| 시간 | $\dfrac{x}{3}$ 시간 | $\dfrac{y}{6}$ 시간 | $\dfrac{40}{60}$ 시간 |

$x$ km를 걸어가고, $y$ km를 뛰어가서 총 3 km를 갔으므로

$x+y=3$

총 40분, 즉 $\dfrac{40}{60}$ 시간이 걸렸으므로 $\dfrac{x}{3}+\dfrac{y}{6}=\dfrac{40}{60}$

즉, $\begin{cases} x+y=3 \\ \dfrac{x}{3}+\dfrac{y}{6}=\dfrac{40}{60} \end{cases}$ 에서 $\begin{cases} x+y=3 & \cdots \text{㉠} \\ 2x+y=4 & \cdots \text{㉡} \end{cases}$

㉠$-$㉡을 하면 $-x=-1$ $\therefore x=1$

$x=1$을 ㉠에 대입하면 $1+y=3$ $\therefore y=2$

**12** 뛰어간 거리를 $x$ km, 걸어간 거리를 $y$ km라고 하면

| | 뛰어갈 때 | 걸어갈 때 | 전체 |
|---|---|---|---|
| 거리 | $x$ km | $y$ km | 7 km |
| 속력 | 시속 8 km | 시속 2 km | − |
| 시간 | $\dfrac{x}{8}$시간 | $\dfrac{y}{2}$시간 | 2시간 |

$x$ km를 뛰어가고, $y$ km를 걸어가서 총 7 km를 갔으므로
$x+y=7$

총 2시간 걸렸으므로 $\dfrac{x}{8}+\dfrac{y}{2}=2$

즉, $\begin{cases} x+y=7 \\ \dfrac{x}{8}+\dfrac{y}{2}=2 \end{cases}$에서 $\begin{cases} x+y=7 & \cdots \bigcirc \\ x+4y=16 & \cdots \bigcirc\!\!\bigcirc \end{cases}$

$\bigcirc-\bigcirc\!\!\bigcirc$을 하면 $-3y=-9$ $\quad \therefore y=3$
$y=3$을 $\bigcirc$에 대입하면 $x+3=7$ $\quad \therefore x=4$
따라서 뛰어간 거리는 4 km이다.

---

### 단원 마무리

P. 77~79

**1** ①, ⑤ **2** ② **3** ②, ⑤ **4** ③ **5** 9
**6** ④ **7** ③ **8** 5 **9** 2
**10** $x=-2,\ y=1$ **11** 2 **12** ①
**13** 꿩: 23마리, 토끼: 12마리 **14** 6 km

**1** ② $x$가 분모에 있으므로 일차방정식이 아니다.
③ $xy$는 $x$, $y$에 대한 차수가 2이므로 일차방정식이 아니다.
④ $-3y+5=0$이므로 미지수가 1개인 일차방정식이다.
⑤ $-2x-2y+1=0$이므로 미지수가 2개인 일차방정식이다.
따라서 미지수가 2개인 일차방정식은 ①, ⑤이다.
> 참고 ③ $xy$에서 $x$에 대한 차수는 1, $y$에 대한 차수는 1이지만 $x$, $y$에 대한 차수는 2이다.

**2** $3x+2y=16$에 $x=1$, $2$, $3$, $\cdots$을 차례로 대입하여 $y$의 값도 자연수인 해를 구하면 $(2, 5)$, $(4, 2)$의 2개이다.

**3** $x=-3$, $y=1$을 주어진 연립방정식에 각각 대입하면
① $\begin{cases} 2\times(-3)-1=-7 \\ -3+2\times1\neq1 \end{cases}$ ② $\begin{cases} 2\times(-3)+7\times1=1 \\ 5\times(-3)+8\times1=-7 \end{cases}$
③ $\begin{cases} -3-1=-4 \\ -3-2\times1\neq1 \end{cases}$ ④ $\begin{cases} -3+1\neq4 \\ 2\times(-3)+3\times1=-3 \end{cases}$
⑤ $\begin{cases} -3-2\times1=-5 \\ -2\times(-3)+1=7 \end{cases}$
따라서 $x=-3$, $y=1$이 해가 되는 것은 ②, ⑤이다.

**4** $x=3$, $y=-1$을 $2x-y=a$에 대입하면
$6-(-1)=a$ $\quad \therefore a=7$
$x=3$, $y=-1$을 $bx+2y=10$에 대입하면
$3b-2=10$, $3b=12$ $\quad \therefore b=4$

**5** $\begin{cases} y=3x+1 & \cdots \bigcirc \\ 2x+y=11 & \cdots \bigcirc\!\!\bigcirc \end{cases}$
$\bigcirc$을 $\bigcirc\!\!\bigcirc$에 대입하면 $2x+(3x+1)=11$
$5x=10$ $\quad \therefore x=2$
$x=2$를 $\bigcirc$에 대입하면 $y=6+1=7$
따라서 $a=2$, $b=7$이므로
$a+b=2+7=9$

**6** $y$를 없애려면 $y$의 계수의 절댓값을 같게 만들어야 한다.
즉, $\bigcirc\times4+\bigcirc\!\!\bigcirc\times3$을 하면 $-14x=49$가 되어 $y$가 없어진다.

**7** $\begin{cases} 5x-2y=17 & \cdots \bigcirc \\ 3x+y=8 & \cdots \bigcirc\!\!\bigcirc \end{cases}$
$\bigcirc+\bigcirc\!\!\bigcirc\times2$를 하면 $11x=33$ $\quad \therefore x=3$
$x=3$을 $\bigcirc\!\!\bigcirc$에 대입하면
$9+y=8$ $\quad \therefore y=-1$
따라서 $x=3$, $y=-1$을 $2x-y+k=0$에 대입하면
$6-(-1)+k=0$ $\quad \therefore k=-7$

**8** $x$와 $y$의 값의 합이 1이므로 $x+y=1$
$\begin{cases} x+y=1 & \cdots \bigcirc \\ 2x+y=4 & \cdots \bigcirc\!\!\bigcirc \end{cases}$
$\bigcirc-\bigcirc\!\!\bigcirc$을 하면 $-x=-3$ $\quad \therefore x=3$
$x=3$을 $\bigcirc$에 대입하면
$3+y=1$ $\quad \therefore y=-2$
따라서 $x=3$, $y=-2$를 $3x+2y=a$에 대입하면
$9-4=a$ $\quad \therefore a=5$

**9** 두 연립방정식
$\begin{cases} 2x+3y=3 & \cdots \bigcirc \\ ax+y=6 & \cdots \bigcirc\!\!\bigcirc \end{cases}$, $\begin{cases} bx-2y=3 & \cdots \bigcirc\!\!\bigcirc\!\!\bigcirc \\ 2x-y=-9 & \cdots \bigcirc\!\!\bigcirc\!\!\bigcirc\!\!\bigcirc \end{cases}$의 해는 네 일차방정식을 모두 만족시키므로 연립방정식
$\begin{cases} 2x+3y=3 & \cdots \bigcirc \\ 2x-y=-9 & \cdots \bigcirc\!\!\bigcirc\!\!\bigcirc\!\!\bigcirc \end{cases}$의 해와 같다.
$\bigcirc-\bigcirc\!\!\bigcirc\!\!\bigcirc\!\!\bigcirc$을 하면 $4y=12$ $\quad \therefore y=3$
$y=3$을 $\bigcirc\!\!\bigcirc\!\!\bigcirc\!\!\bigcirc$에 대입하면 $2x-3=-9$
$2x=-6$ $\quad \therefore x=-3$
$x=-3$, $y=3$을 $\bigcirc\!\!\bigcirc$에 대입하면
$-3a+3=6$, $-3a=3$ $\quad \therefore a=-1$
$x=-3$, $y=3$을 $\bigcirc\!\!\bigcirc\!\!\bigcirc$에 대입하면
$-3b-6=3$, $-3b=9$ $\quad \therefore b=-3$
$\therefore a-b=-1-(-3)=2$

**10** $\begin{cases} 0.3(x+2y)=x-2y+4 & \cdots \bigcirc \\ \dfrac{x}{5}-\dfrac{3}{5}y=-1 & \cdots \bigcirc\!\!\bigcirc \end{cases}$

$\bigcirc \times 10$, $\bigcirc \times 5$를 하면 $\begin{cases} 3(x+2y)=10x-20y+40 \\ x-3y=-5 \end{cases}$

즉, $\begin{cases} 7x-26y=-40 & \cdots \bigcirc \\ x-3y=-5 & \cdots \text{㉣} \end{cases}$

$\bigcirc - \text{㉣} \times 7$을 하면 $-5y=-5$  $\therefore y=1$

$y=1$을 ㉣에 대입하면 $x-3=-5$   $\therefore x=-2$

**11** 주어진 방정식을 연립방정식으로 나타내면
$\begin{cases} 3x+y-5=x+2y & \cdots \bigcirc \\ 4(x-1)-3y=x+2y & \cdots \bigcirc \end{cases}$

$\bigcirc$, $\bigcirc$을 정리하면 $\begin{cases} 2x-y=5 & \cdots \bigcirc \\ 3x-5y=4 & \cdots \text{㉣} \end{cases}$

$\bigcirc \times 3 - \text{㉣} \times 2$를 하면 $7y=7$   $\therefore y=1$

$y=1$을 $\bigcirc$에 대입하면 $2x-1=5$

$2x=6$   $\therefore x=3$

$\therefore x-y=3-1=2$

**12** $\begin{cases} 2x-3y=4 & \cdots \bigcirc \\ x+ay=-2 & \cdots \bigcirc \end{cases}$

$\bigcirc \times 2$를 하면 $2x+2ay=-4$   $\cdots \bigcirc$

이때 해가 없으려면 $\bigcirc$과 $\bigcirc$의 $x$, $y$의 계수는 각각 같고, 상수항은 달라야 하므로

$-3=2a$   $\therefore a=-\dfrac{3}{2}$

**13** 꿩의 수를 $x$마리, 토끼의 수를 $y$마리라고 하면
머리의 수가 35개이므로 $x+y=35$
다리의 수가 94개이므로 $2x+4y=94$

즉, $\begin{cases} x+y=35 \\ 2x+4y=94 \end{cases}$ 에서 $\begin{cases} x+y=35 & \cdots \bigcirc \\ x+2y=47 & \cdots \bigcirc \end{cases}$

$\bigcirc - \bigcirc$을 하면 $-y=-12$   $\therefore y=12$

$y=12$를 $\bigcirc$에 대입하면 $x+12=35$   $\therefore x=23$

따라서 꿩은 23마리, 토끼는 12마리이다.

**14** 자전거를 타고 간 거리를 $x$ km, 걸어서 간 거리를 $y$ km라고 하면

$\begin{cases} x=2y \\ \dfrac{x}{12}+\dfrac{y}{3}=1 \end{cases}$, 즉 $\begin{cases} x=2y & \cdots \bigcirc \\ x+4y=12 & \cdots \bigcirc \end{cases}$ $\cdots$ (i)

$\bigcirc$을 $\bigcirc$에 대입하면 $2y+4y=12$

$6y=12$   $\therefore y=2$

$y=2$를 $\bigcirc$에 대입하면 $x=4$   $\cdots$ (ii)

따라서 집에서 서점까지의 거리는
$4+2=6$ (km)   $\cdots$ (iii)

| 채점 기준 | 비율 |
| --- | --- |
| (i) 연립방정식 세우기 | 40 % |
| (ii) 연립방정식 풀기 | 40 % |
| (iii) 집에서 서점까지의 거리 구하기 | 20 % |

# 1 함수

표는 풀이 참조
**1** 함수이다    **2** 함수이다
**3** 함수가 아니다    **4** 함수이다
**5** 함수이다    **6** 함수가 아니다
**7** 함수가 아니다    **8** 함수이다

**1**

| $x$ | 1 | 2 | 3 | 4 | $\cdots$ |
|---|---|---|---|---|---|
| $y$ | $-2$ | $-4$ | $-6$ | $-8$ | $\cdots$ |

$x$의 값이 변함에 따라 $y$의 값이 오직 하나씩 대응하므로 $y$는 $x$의 함수이다.

**2**

| $x$ | 1 | 2 | 3 | 4 | $\cdots$ |
|---|---|---|---|---|---|
| $y$ | 6 | 3 | 2 | $\frac{3}{2}$ | $\cdots$ |

$x$의 값이 변함에 따라 $y$의 값이 오직 하나씩 대응하므로 $y$는 $x$의 함수이다.

**3**

| $x$ | 1 | 2 | 3 | 4 | $\cdots$ |
|---|---|---|---|---|---|
| $y$ | 1 | 1, 2 | 1, 3 | 1, 2, 4 | $\cdots$ |

$x=2$일 때, $y$의 값은 1, 2의 2개이므로 $x$의 값 하나에 $y$의 값이 오직 하나씩 대응하지 않는다.
따라서 $y$는 $x$의 함수가 아니다.

**4** (정사각형의 둘레의 길이)$=4\times$(한 변의 길이)이므로

| $x$ | 1 | 2 | 3 | 4 | $\cdots$ |
|---|---|---|---|---|---|
| $y$ | 4 | 8 | 12 | 16 | $\cdots$ |

$x$의 값이 변함에 따라 $y$의 값이 오직 하나씩 대응하므로 $y$는 $x$의 함수이다.

**5** (달린 거리)+(남은 거리)$=50$ m이므로

| $x$ | 1 | 2 | 3 | $\cdots$ | 50 |
|---|---|---|---|---|---|
| $y$ | 49 | 48 | 47 | $\cdots$ | 0 |

$x$의 값이 변함에 따라 $y$의 값이 오직 하나씩 대응하므로 $y$는 $x$의 함수이다.

**6**

| $x$ | 1 | 2 | 3 | 4 | $\cdots$ |
|---|---|---|---|---|---|
| $y$ | 없다. | 1 | 2 | 3 | $\cdots$ |

$x=1$일 때, $y$의 값이 없으므로 $x$의 값 하나에 $y$의 값이 오직 하나씩 대응하지 않는다.
따라서 $y$는 $x$의 함수가 아니다.

**7**

| $x$ | 0 | 1 | 2 | 3 | $\cdots$ |
|---|---|---|---|---|---|
| $y$ | 0 | $-1, 1$ | $-2, 2$ | $-3, 3$ | $\cdots$ |

$x=1$일 때, $y$의 값이 $-1$, 1의 2개이므로 $x$의 값 하나에 $y$의 값이 오직 하나씩 대응하지 않는다.
따라서 $y$는 $x$의 함수가 아니다.

**8**

| $x$ | 1 | 2 | 3 | $\cdots$ | 60 |
|---|---|---|---|---|---|
| $y$ | 60 | 30 | 20 | $\cdots$ | 1 |

$x$의 값이 변함에 따라 $y$의 값이 오직 하나씩 대응하므로 $y$는 $x$의 함수이다.

**1** (1) 24   (2) 16   (3) $-32$
**2** (1) $-\frac{1}{2}$   (2) 3   (3) $\frac{2}{3}$
**3** (1) $-4$   (2) 2   (3) $-\frac{1}{2}$    **4** (1) 6   (2) $-1$
**5** (1) 1   (2) 0   (3) 2
**6** (1) 3   (2) $-2$   (3) 12

**1** (1) $f(3)=8\times3=24$
(2) $f(2)=8\times2=16$
(3) $f(-4)=8\times(-4)=-32$

**2** (1) $f(-1)=\frac{1}{2}\times(-1)=-\frac{1}{2}$
(2) $f(6)=\frac{1}{2}\times6=3$
(3) $f\left(\frac{4}{3}\right)=\frac{1}{2}\times\frac{4}{3}=\frac{2}{3}$

**3** (1) $f(1)=-\frac{4}{1}=-4$
(2) $f(-2)=-\frac{4}{-2}=2$
(3) $f(8)=-\frac{4}{8}=-\frac{1}{2}$

**4** (1) $f(-3)=\left(-\frac{2}{3}\right)\times(-3)=2$
$g(3)=\frac{12}{3}=4$
$\therefore f(-3)+g(3)=2+4=6$

(2) $f(6)=\left(-\dfrac{2}{3}\right)\times 6=-4$, $g(-4)=\dfrac{12}{-4}=-3$

∴ $f(6)-g(-4)=-4-(-3)=-1$

**5** (1) $4=3\times 1+1$이므로

$f(4)=(4$를 3으로 나눈 나머지$)=1$

(2) $18=3\times 6$이므로

$f(18)=(18$을 3으로 나눈 나머지$)=0$

(3) $50=3\times 16+2$이므로

$f(50)=(50$을 3으로 나눈 나머지$)=2$

**6** (1) $f(a)=6a=18$이므로 $a=3$

(2) $f(a)=-2a=4$이므로 $a=-2$

(3) $f(a)=\dfrac{3}{a}=\dfrac{1}{4}$이므로 $a=12$

---

**쌍둥이 기출문제**  P. 84

**1** ③  **2** ④  **3** ①  **4** $-1$  **5** 9

**6** 1

---

**[1~2] 함수의 대표적인 예**

(1) 정비례 관계 ⇨ $y=ax\,(a\neq 0)$

(2) 반비례 관계 ⇨ $y=\dfrac{a}{x}\,(a\neq 0)$

(3) $y=(x$에 대한 일차식) 꼴 ⇨ $y=ax+b\,(a\neq 0)$

**1** ①

| $x$ | 1 | 2 | 3 | 4 | ⋯ |
|---|---|---|---|---|---|
| $y$ | 1 | 2 | 2 | 3 | ⋯ |

$x$의 값이 변함에 따라 $y$의 값이 오직 하나씩 대응하므로 $y$는 $x$의 함수이다.

②

| $x$ | 1 | 2 | 3 | 4 | ⋯ |
|---|---|---|---|---|---|
| $y$ | 4 | 7 | 10 | 13 | ⋯ |

$x$의 값이 변함에 따라 $y$의 값이 오직 하나씩 대응하므로 $y$는 $x$의 함수이다.

③

| $x$ | 1 | 2 | 3 | ⋯ |
|---|---|---|---|---|
| $y$ | 1, 2, 3, ⋯ | 2, 4, 6, ⋯ | 3, 6, 9, ⋯ | ⋯ |

$x$의 각 값에 대응하는 $y$의 값이 2개 이상이므로 $x$의 값 하나에 $y$의 값이 오직 하나씩 대응하지 않는다.

즉, $y$는 $x$의 함수가 아니다.

④ (전체 가격)=(공책 1권의 가격)×(공책의 수)이므로

| $x$ | 1 | 2 | 3 | 4 | ⋯ |
|---|---|---|---|---|---|
| $y$ | 500 | 1000 | 1500 | 2000 | ⋯ |

$x$의 값이 변함에 따라 $y$의 값이 오직 하나씩 대응하므로 $y$는 $x$의 함수이다.

⑤ (직사각형의 넓이)=(가로의 길이)×(세로의 길이)이므로

| $x$ | 1 | 2 | 3 | 4 | ⋯ |
|---|---|---|---|---|---|
| $y$ | 30 | 15 | 10 | $\dfrac{15}{2}$ | ⋯ |

$x$의 값이 변함에 따라 $y$의 값이 오직 하나씩 대응하므로 $y$는 $x$의 함수이다.

따라서 $y$가 $x$의 함수가 아닌 것은 ③이다.

참고 ④ $y=500x$ ⇨ 정비례 관계이므로 함수이다.

⑤ $30=x\times y$ ∴ $y=\dfrac{30}{x}$

⇨ 반비례 관계이므로 함수이다.

**2** ①

| $x$ | 1 | 2 | 3 | ⋯ |
|---|---|---|---|---|
| $y$ | 2, 3, 4, ⋯ | 1, 3, 5, ⋯ | 1, 2, 4, ⋯ | ⋯ |

$x$의 각 값에 대응하는 $y$의 값이 2개 이상이므로 $x$의 값 하나에 $y$의 값이 오직 하나씩 대응하지 않는다.

즉, $y$는 $x$의 함수가 아니다.

②

| $x$ | 1 | 2 | 3 | 4 | ⋯ |
|---|---|---|---|---|---|
| $y$ | 없다. | 1 | 1, 2 | 1, 2, 3 | ⋯ |

$x=1$일 때, $y$의 값이 없으므로 $x$의 값 하나에 $y$의 값이 오직 하나씩 대응하지 않는다.

즉, $y$는 $x$의 함수가 아니다.

③ $x=0.5$일 때, $y$의 값, 즉 0.5에 가장 가까운 정수는 0, 1의 2개이므로 $x$의 값 하나에 $y$의 값이 오직 하나씩 대응하지 않는다.

즉, $y$는 $x$의 함수가 아니다.

④

| $x$ | ⋯ | $-2$ | $-1$ | 0 | 1 | 2 | ⋯ |
|---|---|---|---|---|---|---|---|
| $y$ | ⋯ | 10 | 9 | 8 | 7 | 6 | ⋯ |

$x$의 값이 변함에 따라 $y$의 값이 오직 하나씩 대응하므로 $y$는 $x$의 함수이다.

⑤

| $x$ | 1 | 2 | 3 | 4 | ⋯ |
|---|---|---|---|---|---|
| $y$ | 1 | 1, 2 | 1, 3 | 1, 2, 4 | ⋯ |

$x=2$일 때, $y$의 값이 1, 2의 2개이므로 $x$의 값 하나에 $y$의 값이 오직 하나씩 대응하지 않는다.

즉, $y$는 $x$의 함수가 아니다.

따라서 $y$가 $x$의 함수인 것은 ④이다.

참고 ④ $x+y=8$에서 $y=-x+8$

⇨ $y=(x$에 대한 일차식) 꼴이므로 함수이다.

**[3~6] 함수 $y=f(x)$에서**

$f(a)$의 값 ⇨ $x=a$일 때의 함숫값

⇨ $x=a$에 대응하는 $y$의 값

⇨ $f(x)$에 $x$ 대신 $a$를 대입하여 얻은 값

**3** $f(0)=-2\times 0=0$, $f(1)=-2\times 1=-2$

∴ $f(0)+f(1)=0+(-2)=-2$

**4** $f(-2)=\dfrac{6}{-2}=-3,\ f(3)=\dfrac{6}{3}=2$

$\therefore f(-2)+f(3)=-3+2=-1$

**5** $f(2)=2a=3$　　$\therefore a=\dfrac{3}{2}$

따라서 $f(x)=\dfrac{3}{2}x$이므로 $f(6)=\dfrac{3}{2}\times6=9$

**6** $f(4)=\dfrac{a}{4}=-2$　　$\therefore a=-8$　　$\cdots$(i)

따라서 $f(x)=-\dfrac{8}{x}$이므로 $f(-8)=-\dfrac{8}{-8}=1$　$\cdots$(ii)

| 채점 기준 | 비율 |
|---|---|
| (i) $a$의 값 구하기 | 50 % |
| (ii) $f(-8)$의 값 구하기 | 50 % |

## ～2 일차함수와 그 그래프

유형 3　　　　　　　　　　　　　　P. 85

**1** (1) ○　(2) ×　(3) ×　(4) ○　(5) ×
　(6) ×　(7) ○　(8) ×　(9) ○

**2** (1) $y=16+x$, ○　(2) $y=x^2$, ×　(3) $y=3x$, ○
　(4) $y=\dfrac{400}{x}$, ×　(5) $y=5000-400x$, ○
　(6) $y=300-3x$, ○

**3** (1) $-3$　(2) $-7$　(3) $3$　(4) $4$　(5) $-8$　(6) $-6$

**1** (2) $y=x^2-1$은 $y=(x$에 대한 이차식$)$이므로 일차함수가 아니다.
　(3) $3$은 일차식이 아니므로 $y=3$은 일차함수가 아니다.
　(5) $x+1=4$는 $x$에 대한 일차방정식이다.
　(6) $-\dfrac{1}{x}$은 $x$가 분모에 있으므로 일차식이 아니다.
　　즉, $y=-\dfrac{1}{x}$은 일차함수가 아니다.
　(7) $y=-2x^2+2(4x+x^2)$에서 $y=8x$이므로 일차함수이다.
　(8) $y=x^2+2x$는 $y=(x$에 대한 이차식$)$이므로 일차함수가 아니다.
　(9) $\dfrac{x}{3}+\dfrac{y}{6}=1$에서 $2x+y=6$, 즉 $y=-2x+6$이므로 일차함수이다.

**2** (1) $y=16+x$이므로 일차함수이다.
　(2) $y=x^2$은 $y=(x$에 대한 이차식$)$이므로 일차함수가 아니다.

(3) $y=3x$이므로 일차함수이다.
(4) (시간)$=\dfrac{(거리)}{(속력)}$이므로 $y=\dfrac{400}{x}$이고, $\dfrac{400}{x}$은 $x$가 분모에 있으므로 일차식이 아니다.
　즉, $y=\dfrac{400}{x}$은 일차함수가 아니다.
(5) $y=5000-400x$이므로 일차함수이다.
(6) $y=300-3x$이므로 일차함수이다.

**3** (1) $f(0)=2\times0-3=-3$
(2) $f(-2)=2\times(-2)-3=-7$
(3) $f(3)=2\times3-3=3$
(4) $f(1)=2\times1-3=-1$
　$f(-1)=2\times(-1)-3=-5$
　$\therefore f(1)-f(-1)=-1-(-5)=4$
(5) $f(2)=2\times2-3=1$
　$f(-3)=2\times(-3)-3=-9$
　$\therefore f(2)+f(-3)=1+(-9)=-8$
(6) $f\left(\dfrac{1}{2}\right)=2\times\dfrac{1}{2}-3=-2$
　$f\left(-\dfrac{1}{2}\right)=2\times\left(-\dfrac{1}{2}\right)-3=-4$
　$\therefore f\left(\dfrac{1}{2}\right)+f\left(-\dfrac{1}{2}\right)=-2+(-4)=-6$

유형 4　　　　　　　　　　　　　　P. 86

**1** (1) $4$　(2) $2$　(3) $-2$　(4) $-5$
**2** (1) $y=-\dfrac{2}{3}x+6$　(2) $y=-x-2$　(3) $y=5x-2$
**3** (1) ×　(2) ○　(3) ×　(4) ○
**4** (1) $3$　(2) $-4$　(3) $4$　(4) $-1$

**3** $y=3x-4$에 각 점의 좌표를 대입하면
(1) $3\neq3\times2-4$
(2) $-19=3\times(-5)-4$
(3) $16\neq3\times4-4$
(4) $-6=3\times\left(-\dfrac{2}{3}\right)-4$

**4** (1) $y=5x+2$에 $x=a$, $y=17$을 대입하면
　$17=5a+2$, $5a=15$　　$\therefore a=3$
(2) $y=-7x+1$에 $x=a$, $y=29$를 대입하면
　$29=-7a+1$, $7a=-28$　　$\therefore a=-4$
(3) $y=ax-3$에 $x=2$, $y=5$를 대입하면
　$5=2a-3$, $2a=8$　　$\therefore a=4$
(4) $y=-\dfrac{1}{4}x+a$에 $x=8$, $y=-3$을 대입하면
　$-3=-2+a$　　$\therefore a=-1$

## 유형 **5** P. 87

**1**
(1)  $(4, 0)$, $4$, $(0, 2)$, $2$

(2) $(-2, 0)$, $-2$, $(0, 5)$, $5$

**2** (1) $2$, $-6$, $2$, $-6$ (2) $4$, $8$ (3) $\dfrac{3}{7}$, $-3$ (4) $6$, $4$

**3** (1) $-3$ (2) $1$ (3) $-\dfrac{3}{2}$

**4** (1) $-4$ (2) $2$ (3) $\dfrac{3}{5}$

**5** $3, 2, 3, 2$, 그래프는 풀이 참조

**2**
(2) $y=-2x+8$에서

$y=0$일 때, $0=-2x+8$ $\quad\therefore x=4$

$x=0$일 때, $y=8$

따라서 $x$절편은 $4$, $y$절편은 $8$이다.

(3) $y=7x-3$에서

$y=0$일 때, $0=7x-3$ $\quad\therefore x=\dfrac{3}{7}$

$x=0$일 때, $y=-3$

따라서 $x$절편은 $\dfrac{3}{7}$, $y$절편은 $-3$이다.

(4) $y=-\dfrac{2}{3}x+4$에서

$y=0$일 때, $0=-\dfrac{2}{3}x+4$ $\quad\therefore x=6$

$x=0$일 때, $y=4$

따라서 $x$절편은 $6$, $y$절편은 $4$이다.

**3**
(2) $y=-x+3-a$의 그래프의 $y$절편이 $2$이므로

$3-a=2$ $\quad\therefore a=1$

(3) $y=\dfrac{1}{5}x-4a$의 그래프의 $y$절편이 $6$이므로

$-4a=6$ $\quad\therefore a=-\dfrac{3}{2}$

**4**
(1) $y=x+a$의 그래프의 $x$절편이 $4$이므로

$y=x+a$에 $x=4$, $y=0$을 대입하면

$0=4+a$ $\quad\therefore a=-4$

(2) $y=\dfrac{3}{2}x+a+1$의 그래프의 $x$절편이 $-2$이므로

$y=\dfrac{3}{2}x+a+1$에 $x=-2$, $y=0$을 대입하면

$0=-3+a+1$ $\quad\therefore a=2$

(3) $y=ax-3$의 그래프의 $x$절편이 $5$이므로

$y=ax-3$에 $x=5$, $y=0$을 대입하면

$0=5a-3$ $\quad\therefore a=\dfrac{3}{5}$

**5** $y=-\dfrac{2}{3}x+2$에서

$y=0$일 때, $0=-\dfrac{2}{3}x+2$ $\quad\therefore x=3$

$x=0$일 때, $y=2$

따라서 $x$절편은 $\boxed{3}$, $y$절편은 $\boxed{2}$이

므로 $y=-\dfrac{2}{3}x+2$의 그래프는 오른

쪽 그림과 같이 두 점 $(\boxed{3}, 0)$,

$(0, \boxed{2})$를 지나는 직선이다.

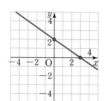

## 유형 **6** P. 88

**1**
(1) ❶ $+5$, ❷ $+3$, (기울기)$=\dfrac{3}{5}$

(2) ❶ $+4$, ❷ $-3$, (기울기)$=\dfrac{-3}{4}=-\dfrac{3}{4}$

(3) ❶ $+3$, ❷ $+4$, (기울기)$=\dfrac{4}{3}$

(4) ❶ $+2$, ❷ $-2$, (기울기)$=\dfrac{-2}{2}=-1$

**2** (1) $1$ (2) $-3$ (3) $\dfrac{4}{5}$ (4) $2$ (5) $-\dfrac{1}{4}$ (6) $1$

**3** (1) $-2$ (2) $6$ (3) $1$

**4** (1) $1$ (2) $\dfrac{1}{2}$ (3) $-\dfrac{5}{2}$

**1**
(1) (기울기)$=\dfrac{(y\text{의 값의 증가량})}{(x\text{의 값의 증가량})}$

$=\dfrac{❷}{❶}=\dfrac{3}{5}$

(2) (기울기)$=\dfrac{❷}{❶}=\dfrac{-3}{4}=-\dfrac{3}{4}$

(3) (기울기)$=\dfrac{❷}{❶}=\dfrac{4}{3}$

(4) (기울기)$=\dfrac{❷}{❶}=\dfrac{-2}{2}=-1$

**2**
(4) (기울기)$=\dfrac{(y\text{의 값의 증가량})}{(x\text{의 값의 증가량})}=\dfrac{10}{5}=2$

(5) (기울기)$=\dfrac{(y\text{의 값의 증가량})}{(x\text{의 값의 증가량})}=\dfrac{-2}{8}=-\dfrac{1}{4}$

(6) $(x\text{의 값의 증가량})=1-(-3)=4$이므로

(기울기)$=\dfrac{(y\text{의 값의 증가량})}{(x\text{의 값의 증가량})}=\dfrac{4}{4}=1$

**3** (1) (기울기)$=\dfrac{(y\text{의 값의 증가량})}{2}=-1$

$\therefore (y\text{의 값의 증가량})=-2$

(2) (기울기)$=\dfrac{(y\text{의 값의 증가량})}{2}=3$

$\therefore (y\text{의 값의 증가량})=6$

(3) (기울기)$=\dfrac{(y\text{의 값의 증가량})}{2}=\dfrac{1}{2}$

$\therefore (y\text{의 값의 증가량})=1$

**4** (1) (기울기)$=\dfrac{4-2}{3-1}=\dfrac{2}{2}=1$

(2) (기울기)$=\dfrac{5-3}{0-(-4)}=\dfrac{2}{4}=\dfrac{1}{2}$

(3) (기울기)$=\dfrac{-4-6}{7-3}=\dfrac{-10}{4}=-\dfrac{5}{2}$

---

**한 번 더 연습**  P. 89

**1** (1) 2, 5, 그래프는 풀이 참조
(2) $-3$, 4, 그래프는 풀이 참조
**2** (1) 3, 1, 그래프는 풀이 참조
(2) 4, $-2$, 그래프는 풀이 참조

---

**1** (1) $y=-\dfrac{5}{2}x+5$에서

$y=0$일 때, $0=-\dfrac{5}{2}x+5$   $\therefore x=2$

$x=0$일 때, $y=5$
따라서 $x$절편이 $\boxed{2}$, $y$절편이
$\boxed{5}$이므로 두 점 $(2,0)$, $(0,5)$
를 지나는 직선을 그리면 오른
쪽 그림과 같다.

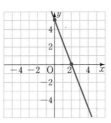

(2) $y=\dfrac{4}{3}x+4$에서

$y=0$일 때, $0=\dfrac{4}{3}x+4$   $\therefore x=-3$

$x=0$일 때, $y=4$
따라서 $x$절편이 $\boxed{-3}$, $y$절편이
$\boxed{4}$이므로 두 점 $(-3,0)$,
$(0,4)$를 지나는 직선을 그리
면 오른쪽 그림과 같다.

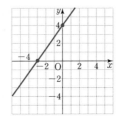

---

**2** (1) $y=x+3$의 그래프는 $y$절편이 $\boxed{3}$이므로 점 $(0,3)$을 지
난다.

또 기울기가 1이므로 $\dfrac{(y\text{의 값의 증가량})}{(x\text{의 값의 증가량})}=\dfrac{\boxed{1}}{1}$

즉, 점 $(0,3)$에서 $x$의 값이 1만큼, $y$의 값이 1만큼 증가
한 점 $(1,4)$를 지난다.
따라서 두 점 $(0,3)$, $(1,4)$를
지나는 직선을 그리면 오른쪽
그림과 같다.

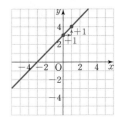

(3) $y=-\dfrac{2}{5}x+4$의 그래프는 $y$절편이 $\boxed{4}$이므로 점 $(0,4)$
를 지난다.

또 기울기가 $-\dfrac{2}{5}$이므로 $\dfrac{(y\text{의 값의 증가량})}{(x\text{의 값의 증가량})}=\dfrac{\boxed{-2}}{5}$

즉, 점 $(0,4)$에서 $x$의 값이 5만큼 증가하고, $y$의 값이 2
만큼 감소한 점 $(5,2)$를 지난다.
따라서 두 점 $(0,4)$, $(5,2)$
를 지나는 직선을 그리면 오
른쪽 그림과 같다.

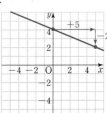

---

**쌍둥이 기출문제**  P. 90~93

**1** ②  **2** ②, ③  **3** ②, ④  **4** ㄱ, ㄴ, ㄹ
**5** $-2$  **6** ③  **7** 13  **8** ③  **9** ⑤
**10** $a=5$, $b=7$  **11** ①  **12** $-4$  **13** 8
**14** $-4$  **15** $-1$  **16** $-3$, $-2$
**17** $\dfrac{2}{3}$, 3, $-2$  **18** 7  **19** ②  **20** $\dfrac{1}{3}$
**21** (1) $-3$ (2) 30  **22** 2  **23** ②  **24** ①
**25** (1) 풀이 참조 (2) 8  **26** 40

---

[1~4] 일차함수 $\Rightarrow$ $y=ax+b$ 꼴 ($a$, $b$는 상수, $a\neq0$)

**1** ① $-6$은 일차식이 아니므로 $y=-6$은 일차함수가 아니다.
③ $y=3x^2$은 $y=(x\text{에 대한 이차식})$이므로 일차함수가 아니
다.

---

④ $y=-1$에서 $-1$은 일차식이 아니므로 $y=-1$은 일차함수가 아니다.

⑤ $\dfrac{2}{x}$는 $x$가 분모에 있으므로 일차식이 아니다.

즉, $y=\dfrac{2}{x}-1$은 일차함수가 아니다.

따라서 일차함수인 것은 ②이다.

**2** ① $y=-5$에서 $-5$는 일차식이 아니므로 $y=-5$는 일차함수가 아니다.

② $y=-3x$이므로 일차함수이다.

③ $y=\dfrac{1}{3}x+\dfrac{7}{3}$이므로 일차함수이다.

④ $y=-\dfrac{6}{x}$에서 $-\dfrac{6}{x}$은 $x$가 분모에 있으므로 일차식이 아니다. 즉, $y=-\dfrac{6}{x}$은 일차함수가 아니다.

⑤ $y=-x^2+2x$는 $y=(x$에 대한 이차식)이므로 일차함수가 아니다.

따라서 $x$에 대한 일차함수는 ②, ③이다.

**3** ① $y=4\pi x^2$에서 $y=(x$에 대한 이차식)이므로 일차함수가 아니다.

② $y=10+2x$이므로 일차함수이다.

③ $y=\dfrac{300}{x}$에서 $\dfrac{300}{x}$은 $x$가 분모에 있으므로 일차식이 아니다. 즉, $y=\dfrac{300}{x}$은 일차함수가 아니다.

④ $y=10x$이므로 일차함수이다.

⑤ $y=\dfrac{200}{x}$에서 $\dfrac{200}{x}$은 $x$가 분모에 있으므로 일차식이 아니다. 즉, $y=\dfrac{200}{x}$은 일차함수가 아니다.

따라서 $y$가 $x$의 일차함수인 것은 ②, ④이다.

**4** ㄱ. $y=x-2$이므로 일차함수이다.

ㄴ. $y=1200x$이므로 일차함수이다.

ㄷ. $\dfrac{1}{2}xy=16$에서 $y=\dfrac{32}{x}$이고, $\dfrac{32}{x}$는 $x$가 분모에 있으므로 일차식이 아니다.

즉, $y=\dfrac{32}{x}$는 일차함수가 아니다.

ㄹ. $y=200-15x$이므로 일차함수이다.

따라서 $y$가 $x$의 일차함수인 것은 ㄱ, ㄴ, ㄹ이다.

**[5~8]** 일차함수 $f(x)=ax+b$에서 $x=p$일 때의 함숫값
  ⇨ $f(x)=ax+b$에 $x=p$를 대입하여 얻은 값
  ⇨ $f(p)=ap+b$

**5** $f(2)=-4\times 2+6=-2$

**6** $f(-3)=\dfrac{1}{3}\times(-3)-2=-3$

$f(9)=\dfrac{1}{3}\times 9-2=1$

$\therefore f(-3)+f(9)=-3+1=-2$

**7** $f(2)=2\times 2+7=11$  $\therefore a=11$

$f(b)=3$이므로 $2b+7=3$, $2b=-4$  $\therefore b=-2$

$\therefore a-b=11-(-2)=13$

**8** $f(-2)=-2a-3=7$이므로

$-2a=10$  $\therefore a=-5$

따라서 $f(x)=-5x-3$이므로

$f(-1)=-5\times(-1)-3=2$

**[9~12]** 일차함수의 그래프의 평행이동

• $y=ax \xrightarrow[b만큼 평행이동]{y축의 방향으로} y=ax+b$

• $y=ax+b \xrightarrow[c만큼 평행이동]{y축의 방향으로} y=ax+b+c$

**9** $y=2x+10$의 그래프를 $y$축의 방향으로 $-5$만큼 평행이동하면 $y=2x+10-5$  $\therefore y=2x+5$

**10** $y=5x-2$의 그래프를 $y$축의 방향으로 $9$만큼 평행이동하면

$y=5x-2+9$  $\therefore y=5x+7$

$\therefore a=5$, $b=7$

**11** $y=3x$의 그래프를 $y$축의 방향으로 $-5$만큼 평행이동하면

$y=3x-5$

$y=3x-5$의 그래프가 점 $(a, -4)$를 지나므로

$-4=3a-5$, $-3a=-1$  $\therefore a=\dfrac{1}{3}$

**12** $y=x-3$의 그래프를 $y$축의 방향으로 $b$만큼 평행이동하면

$y=x-3+b$  ⋯ (i)

$y=x-3+b$의 그래프가 점 $(2, -5)$를 지나므로

$-5=2-3+b$  $\therefore b=-4$  ⋯ (ii)

| 채점 기준 | 비율 |
| --- | --- |
| (i) $b$만큼 평행이동한 그래프가 나타내는 식 구하기 | 40 % |
| (ii) $b$의 값 구하기 | 60 % |

**[13~20]** 일차함수의 그래프의 절편과 기울기

(1) $x$절편: $x$축과 만나는 점의 $x$좌표 ⇨ $y=0$일 때, $x$의 값
  $y$절편: $y$축과 만나는 점의 $y$좌표 ⇨ $x=0$일 때, $y$의 값

(2) 일차함수 $y=ax+b$의 그래프에서

  ⇨ (기울기)$=\dfrac{(y의 값의 증가량)}{(x의 값의 증가량)}=a$

**13** $y=0$일 때, $0=-3x+6$  $\therefore x=2$

$x=0$일 때, $y=6$

따라서 $x$절편은 $2$, $y$절편은 $6$이므로 $a=2$, $b=6$

$\therefore a+b=2+6=8$

**14** $y=\frac{1}{3}x-1$의 그래프를 $y$축의 방향으로 3만큼 평행이동하면

$y=\frac{1}{3}x-1+3$   $\therefore y=\frac{1}{3}x+2$

$y=0$일 때, $0=\frac{1}{3}x+2$   $\therefore x=-6$

$x=0$일 때, $y=2$

따라서 $x$절편은 $-6$, $y$절편은 2이므로 구하는 합은

$-6+2=-4$

**15** $x$절편이 $-1$이므로 점 $(-1, 0)$을 지난다.

$y=ax-1$에 $x=-1$, $y=0$을 대입하면

$0=-a-1$   $\therefore a=-1$

**16** $y=2x-a+1$의 그래프의 $y$절편이 4이므로

$-a+1=4$   $\therefore a=-3$

즉, $y=2x+4$에 $y=0$을 대입하면

$0=2x+4$   $\therefore x=-2$

따라서 $x$절편은 $-2$이다.

**17** $(기울기)=\dfrac{(y의\ 값의\ 증가량)}{(x의\ 값의\ 증가량)}=\dfrac{2}{3}$

$x$절편은 그래프가 $x$축과 만나는 점의 $x$좌표이므로 3

$y$절편은 그래프가 $y$축과 만나는 점의 $y$좌표이므로 $-2$

**18** $(기울기)=\dfrac{(y의\ 값의\ 증가량)}{(x의\ 값의\ 증가량)}=\dfrac{-6}{3}=-2$이므로

$a=-2$

$x$절편은 그래프가 $x$축과 만나는 점의 $x$좌표이므로 $-3$

$\therefore b=-3$

$y$절편은 그래프가 $y$축과 만나는 점의 $y$좌표이므로 $-6$

$\therefore c=-6$

$\therefore a-b-c=-2-(-3)-(-6)=7$

**19** $(기울기)=\dfrac{(y의\ 값의\ 증가량)}{(x의\ 값의\ 증가량)}=\dfrac{-4}{2}=-2$

따라서 기울기가 $-2$인 것은 ②이다.

**20** $a=(기울기)=\dfrac{(y의\ 값의\ 증가량)}{(x의\ 값의\ 증가량)}=\dfrac{2}{5-(-1)}=\dfrac{1}{3}$

**[21~22]** 세 점이 한 직선 위에 있으면 세 점 중 어느 두 점을 선택하여 기울기를 구해도 그 값은 같다.

**21** (1) 두 점 $(4, 12)$, $(3, 15)$를 지나므로

$(기울기)=\dfrac{15-12}{3-4}=\dfrac{3}{-1}=-3$   $\cdots$ (i)

(2) 두 점 $(4, 12)$, $(-2, k)$를 지나고, 기울기가 $-3$이므로

$(기울기)=\dfrac{k-12}{-2-4}=-3$

$k-12=18$   $\therefore k=30$   $\cdots$ (ii)

| 채점 기준 | 비율 |
|---|---|
| (i) 기울기 구하기 | 50 % |
| (ii) $k$의 값 구하기 | 50 % |

**22** 세 점이 한 직선 위에 있으므로 두 점 $(3, -2)$, $(0, 4)$를 지나는 직선의 기울기와 두 점 $(1, k)$, $(0, 4)$를 지나는 직선의 기울기는 같다.

즉, $\dfrac{4-(-2)}{0-3}=\dfrac{4-k}{0-1}$이므로

$-2=k-4$   $\therefore k=2$

**[23~26]** 일차함수의 그래프 그리기

(1) $x$절편, $y$절편을 이용하여 그리기

 ❶ $x$절편과 $y$절편을 각각 구한다.

 ❷ 두 점 ($x$절편, 0), (0, $y$절편)을 좌표평면 위에 나타낸다.

 ❸ 두 점을 직선으로 연결한다.

(2) 기울기와 $y$절편을 이용하여 그리기

 ❶ 점 (0, $y$절편)을 좌표평면 위에 나타낸다.

 ❷ 기울기를 이용하여 다른 한 점을 찾아 좌표평면 위에 나타낸다.

 ❸ 두 점을 직선으로 연결한다.

**23** $y=\frac{1}{4}x-1$의 그래프의 $x$절편은 4, $y$절편은 $-1$이므로 그래프는 ②이다.

> **다른 풀이**
> $y=\frac{1}{4}x-1$의 그래프의 $y$절편은 $-1$이므로 점 $(0, -1)$을 지난다. 이때 기울기는 $\frac{1}{4}$이므로 점 $(0, -1)$에서 $x$의 값이 4만큼, $y$의 값이 1만큼 증가한 점 $(4, 0)$을 지난다.
> 따라서 그 그래프는 ②이다.

**24** $y=5x+10$의 그래프의 $x$절편은 $-2$, $y$절편은 10이므로 그래프는 ①이다.

**25** (1) $y=x+4$에서

$y=0$일 때, $0=x+4$   $\therefore x=-4$

$x=0$일 때, $y=4$

따라서 $x$절편은 $-4$, $y$절편은 4이므로 그 그래프를 그리면 오른쪽 그림과 같다.

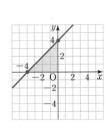

(2) $y=x+4$의 그래프와 $x$축, $y$축으로 둘러싸인 도형은 위의 그림에서 색칠한 삼각형과 같다.

따라서 구하는 도형의 넓이는

$\dfrac{1}{2}\times 4\times 4=8$

**26** $y=-5x+20$에서

$y=0$일 때, $0=-5x+20$ ∴ $x=4$

$x=0$일 때, $y=20$

즉, $x$절편은 4, $y$절편은 20이므로 그 그래프는 오른쪽 그림과 같다.

따라서 구하는 도형의 넓이는

$\dfrac{1}{2}\times4\times20=40$

---

## ~3 일차함수의 그래프의 성질과 식

유형 **7**      P. 94

**1** (1) ㄱ, ㄷ, ㅂ   (2) ㄴ, ㄹ, ㅁ   (3) ㄱ, ㄷ, ㅂ

     (4) ㄴ, ㄹ, ㅁ   (5) ㄴ, ㄷ, ㅂ   (6) ㄹ, ㅁ

**2** (1) >, >    (2) <, <    (3) >, <    (4) <, >

**3** (1) ㉢, ㉣    (2) ㉠, ㉡    (3) ㉢    (4) ㉡

---

**1** (1) $x$의 값이 증가할 때, $y$의 값도 증가하는 직선은 (기울기)>0인 일차함수의 그래프이다.

⇨ ㄱ, ㄷ, ㅂ

(2) $x$의 값이 증가할 때, $y$의 값은 감소하는 직선은 (기울기)<0인 일차함수의 그래프이다.

⇨ ㄴ, ㄹ, ㅁ

(3) 오른쪽 위로 향하는 직선은 (기울기)>0인 일차함수의 그래프이다.

⇨ ㄱ, ㄷ, ㅂ

(4) 오른쪽 아래로 향하는 직선은 (기울기)<0인 일차함수의 그래프이다.

⇨ ㄴ, ㄹ, ㅁ

(5) $y$축과 양의 부분에서 만나는 직선은 ($y$절편)>0인 일차함수의 그래프이다.

⇨ ㄴ, ㄷ, ㅂ

(6) $y$축과 음의 부분에서 만나는 직선은 ($y$절편)<0인 일차함수의 그래프이다.

⇨ ㄹ, ㅁ

**2** (1) 그래프가 오른쪽 위로 향하므로 $a>0$

$y$축과 양의 부분에서 만나므로 $b>0$

(2) 그래프가 오른쪽 아래로 향하므로 $a<0$

$y$축과 음의 부분에서 만나므로 $b<0$

---

(3) 그래프가 오른쪽 위로 향하므로 $a>0$

$y$축과 음의 부분에서 만나므로 $b<0$

(4) 그래프가 오른쪽 아래로 향하므로 $a<0$

$y$축과 양의 부분에서 만나므로 $b>0$

**[3] 기울기의 크기에 따른 그래프의 모양**

일차함수 $y=ax+b$의 그래프에서

$a>0$이면 $a$의 값이 클수록 그래프가 $y$축에 가깝고,

$a<0$이면 $a$의 값이 작을수록 그래프가 $y$축에 가깝다.

➡ $a$의 절댓값이 클수록 그래프가 $y$축에 가깝다.

**3** (1) $a>0$이면 오른쪽 위로 향하는 직선이다.

⇨ ㉢, ㉣

(2) $a<0$이면 오른쪽 아래로 향하는 직선이다.

⇨ ㉠, ㉡

(3) 기울기가 가장 큰 그래프는 $a>0$인 직선 중에서 $y$축에 가장 가까운 것이다.

⇨ ㉢

(4) 기울기가 가장 작은 그래프는 $a<0$인 직선 중에서 $y$축에 가장 가까운 것이다.

⇨ ㉡

---

유형 **8**      P. 95

**1** (1) ㄱ과 ㅅ, ㅂ과 ㅇ    (2) ㄴ과 ㅁ, ㄷ과 ㄹ

     (3) ㄱ    (4) ㄴ, ㅁ

**2** (1) $-2$    (2) $\dfrac{2}{3}$    (3) 3    (4) $\dfrac{5}{2}$

**3** (1) 2, $-5$   (2) $-\dfrac{2}{3}$, 1   (3) 2, 7   (4) $-1$, 6

---

**1** (1) ㄱ. $y=2x$의 그래프의 기울기는 2, $y$절편은 0이므로 ㅅ. $y=2x+4$의 그래프와 평행하다.

ㅂ. $y=2(2x-1)=4x-2$의 그래프의 기울기는 4, $y$절편은 $-2$이므로 ㅇ. $y=4x+2$의 그래프와 평행하다.

(2) ㄴ. $y=-\dfrac{1}{2}x+2$의 그래프의 기울기는 $-\dfrac{1}{2}$, $y$절편은 2이므로 ㅁ. $y=-\dfrac{1}{2}(x-4)=-\dfrac{1}{2}x+2$의 그래프와 일치한다.

ㄷ. $y=0.5x-4=\dfrac{1}{2}x-4$의 그래프의 기울기는 $\dfrac{1}{2}$, $y$절편은 $-4$이므로 ㄹ. $y=\dfrac{1}{2}x-4$의 그래프와 일치한다.

(3) 주어진 그래프는 기울기가 2, $y$절편이 4이므로 이 그래프와 평행한 것은 ㄱ이다.

(4) 주어진 그래프는 기울기가 $-\dfrac{1}{2}$, $y$절편이 2이므로 이 그래프와 일치하는 것은 ㄴ, ㅁ이다.

**2** (3) $y=6x-5$와 $y=2ax+4$의 그래프가 서로 평행하려면 기울기가 같아야 하므로
$6=2a$ ∴ $a=3$

(4) $y=\dfrac{a}{2}x+2$와 $y=\dfrac{5}{4}x-1$의 그래프가 서로 평행하려면 기울기가 같아야 하므로
$\dfrac{a}{2}=\dfrac{5}{4}$ ∴ $a=\dfrac{5}{2}$

**3** (3) $y=2ax+7$과 $y=4x+b$의 그래프가 일치하려면 기울기와 $y$절편이 각각 같아야 하므로
$2a=4$, $7=b$ ∴ $a=2$, $b=7$

(4) $y=3x+a$와 $y=\dfrac{b}{2}x-1$의 그래프가 일치하려면 기울기와 $y$절편이 각각 같아야 하므로
$3=\dfrac{b}{2}$, $a=-1$ ∴ $a=-1$, $b=6$

---

**유형 9** P. 96

**1** (1) $y=x+6$ (2) $y=4x-3$ (3) $y=-3x+5$
(4) $y=-2x-4$ (5) $y=\dfrac{3}{5}x-\dfrac{1}{2}$

**2** (1) $y=5x-1$ (2) $y=-x+4$ (3) $y=2x+3$
(4) $y=-\dfrac{1}{2}x-2$

**3** (1) $y=-x-3$ (2) $y=\dfrac{2}{3}x+1$
(3) $y=5x-\dfrac{1}{2}$ (4) $y=-\dfrac{3}{4}x+\dfrac{2}{5}$

**4** (1) $y=2x+5$ (2) $y=-3x-2$
(3) $y=\dfrac{5}{2}x-3$ (4) $y=-\dfrac{3}{5}x+2$

**2** (1) 점 $(0, -1)$을 지나므로 $y$절편은 $-1$이다.
∴ $y=5x-1$

(2) 점 $(0, 4)$를 지나므로 $y$절편은 4이다.
∴ $y=-x+4$

(3) $y=-5x+3$의 그래프와 $y$축 위에서 만나므로 $y$절편은 3이다.
∴ $y=2x+3$

(4) $y=-\dfrac{2}{3}x-2$의 그래프와 $y$축 위에서 만나므로 $y$절편은 $-2$이다.
∴ $y=-\dfrac{1}{2}x-2$

---

[3] 어떤 일차함수의 그래프와 평행하면 기울기가 같다.

**3** (1) $y=-x+2$의 그래프와 평행하므로 기울기는 $-1$이다.
∴ $y=-x-3$

(2) $y=\dfrac{2}{3}x-4$의 그래프와 평행하므로 기울기는 $\dfrac{2}{3}$이다.
∴ $y=\dfrac{2}{3}x+1$

(3) $y=5x-1$의 그래프와 평행하므로 기울기는 5이고, 점 $\left(0, -\dfrac{1}{2}\right)$을 지나므로 $y$절편은 $-\dfrac{1}{2}$이다.
∴ $y=5x-\dfrac{1}{2}$

(4) $y=-\dfrac{3}{4}x+6$의 그래프와 평행하므로 기울기는 $-\dfrac{3}{4}$이고, $y=x+\dfrac{2}{5}$의 그래프와 $y$축 위에서 만나므로 $y$절편은 $\dfrac{2}{5}$이다. ∴ $y=-\dfrac{3}{4}x+\dfrac{2}{5}$

**4** (1) $(기울기)=\dfrac{4}{2}=2$이므로 $y=2x+5$

(2) $(기울기)=\dfrac{-9}{3}=-3$이므로 $y=-3x-2$

(3) $(기울기)=\dfrac{5}{2}$이고, 점 $(0, -3)$을 지나므로 $y$절편은 $-3$이다. ∴ $y=\dfrac{5}{2}x-3$

(4) $(기울기)=\dfrac{-3}{5}=-\dfrac{3}{5}$이고, 점 $(0, 2)$를 지나므로 $y$절편은 2이다.
∴ $y=-\dfrac{3}{5}x+2$

---

**유형 10** P. 97

**1** ❶ 2 ❷ 2, $-1$, 3, 5, $2x+5$

**2** (1) $y=x+1$ (2) $y=-3x+5$ (3) $y=4x-1$
(4) $y=\dfrac{2}{3}x+2$ (5) $y=-\dfrac{1}{2}x+\dfrac{1}{2}$

**3** (1) $y=5x+7$ (2) $y=-2x+1$

**4** (1) $y=-2x-6$ (2) $y=\dfrac{1}{3}x+4$ (3) $y=\dfrac{1}{2}x-2$

**5** (1) $y=\dfrac{3}{2}x-1$ (2) $y=-2x+3$ (3) $y=-\dfrac{2}{5}x+8$

**1** ❶ 기울기가 2이므로 $y=\boxed{2}x+b$로 놓자.
❷ 점 $(-1, 3)$을 지나므로
$y=\boxed{2}x+b$에 $x=\boxed{-1}$, $y=\boxed{3}$을 대입하면
$3=-2+b$ ∴ $b=\boxed{5}$
따라서 구하는 일차함수의 식은
$y=\boxed{2x+5}$이다.

**2** (1) 기울기가 1이므로 $y=x+b$로 놓고,
이 식에 $x=2$, $y=3$을 대입하면
$3=2+b$ ∴ $b=1$
∴ $y=x+1$

(2) 기울기가 $-3$이므로 $y=-3x+b$로 놓고,
이 식에 $x=1$, $y=2$를 대입하면
$2=-3+b$ ∴ $b=5$
∴ $y=-3x+5$

(3) 기울기가 4이므로 $y=4x+b$로 놓고,
이 식에 $x=-1$, $y=-5$를 대입하면
$-5=-4+b$ ∴ $b=-1$
∴ $y=4x-1$

(4) 기울기가 $\dfrac{2}{3}$이므로 $y=\dfrac{2}{3}x+b$로 놓고,
이 식에 $x=3$, $y=4$를 대입하면
$4=2+b$ ∴ $b=2$
∴ $y=\dfrac{2}{3}x+2$

(5) 기울기가 $-\dfrac{1}{2}$이므로 $y=-\dfrac{1}{2}x+b$로 놓고,
이 식에 $x=-2$, $y=\dfrac{3}{2}$을 대입하면
$\dfrac{3}{2}=1+b$ ∴ $b=\dfrac{1}{2}$
∴ $y=-\dfrac{1}{2}x+\dfrac{1}{2}$

**3** (1) 기울기가 5이므로 $y=5x+b$로 놓고,
이 식에 $x=-1$, $y=2$를 대입하면
$2=-5+b$ ∴ $b=7$
∴ $y=5x+7$

(2) 기울기가 $-2$이므로 $y=-2x+b$로 놓고,
이 식에 $x=2$, $y=-3$을 대입하면
$-3=-4+b$ ∴ $b=1$
∴ $y=-2x+1$

**4** (1) $y=-2x+3$의 그래프와 평행하므로
기울기는 $-2$이다.
즉, $y=-2x+b$로 놓고,
이 식에 $x=-1$, $y=-4$를 대입하면
$-4=2+b$ ∴ $b=-6$
∴ $y=-2x-6$

(2) $y=\dfrac{1}{3}x-2$의 그래프와 평행하므로
기울기는 $\dfrac{1}{3}$이다.
즉, $y=\dfrac{1}{3}x+b$로 놓고,
이 식에 $x=3$, $y=5$를 대입하면
$5=1+b$ ∴ $b=4$
∴ $y=\dfrac{1}{3}x+4$

(3) $y=\dfrac{1}{2}x-3$의 그래프와 평행하므로 기울기는 $\dfrac{1}{2}$이다.
즉, $y=\dfrac{1}{2}x+b$로 놓는다.
이때 $x$절편이 4이므로 점 $(4, 0)$을 지난다.
따라서 $y=\dfrac{1}{2}x+b$에 $x=4$, $y=0$을 대입하면
$0=2+b$ ∴ $b=-2$
∴ $y=\dfrac{1}{2}x-2$

**5** (1) 기울기가 $\dfrac{3}{2}$이므로 $y=\dfrac{3}{2}x+b$로 놓고,
이 식에 $x=2$, $y=2$를 대입하면
$2=3+b$ ∴ $b=-1$
∴ $y=\dfrac{3}{2}x-1$

(2) 기울기가 $\dfrac{-6}{3}=-2$이므로 $y=-2x+b$로 놓고,
이 식에 $x=2$, $y=-1$을 대입하면
$-1=-4+b$ ∴ $b=3$
∴ $y=-2x+3$

(3) 기울기가 $-\dfrac{2}{5}$이므로 $y=-\dfrac{2}{5}x+b$로 놓고,
이 식에 $x=5$, $y=6$을 대입하면
$6=-2+b$ ∴ $b=8$
∴ $y=-\dfrac{2}{5}x+8$

---

**유형11** P. 98

**1** ❶ $-8$, 1, 3 ❷ 3 ❸ 1, $-5$, $3x-5$

**2** (1) 1, $y=x+2$    (2) $\dfrac{1}{2}$, $y=\dfrac{1}{2}x$

(3) $-1$, $y=-x-2$    (4) $-2$, $y=-2x-1$

(5) $-\dfrac{1}{2}$, $y=-\dfrac{1}{2}x+\dfrac{3}{2}$

**3** (1) 1, $y=x-1$    (2) $-\dfrac{1}{2}$, $y=-\dfrac{1}{2}x-\dfrac{3}{2}$

(3) $-\dfrac{3}{2}$, $y=-\dfrac{3}{2}x-\dfrac{3}{2}$    (4) 4, $y=4x+2$

---

**1** ❶ 두 점 $(2, 1)$, $(-1, -8)$을 지나므로
$(\text{기울기})=\dfrac{(y\text{의 값의 증가량})}{(x\text{의 값의 증가량})}=\dfrac{\boxed{-8}-\boxed{1}}{-1-2}=\boxed{3}$

❷ $y=\boxed{3}x+b$로 놓자.

❸ 이 식에 $x=2$, $y=\boxed{1}$을 대입하면
$1=6+b$ ∴ $b=\boxed{-5}$
따라서 구하는 일차함수의 식은 $y=\boxed{3x-5}$이다.

**2** (1) $(기울기)=\dfrac{3-0}{1-(-2)}=1$

즉, $y=x+b$로 놓고,

이 식에 $x=-2$, $y=0$을 대입하면

$0=-2+b$  $\therefore b=2$

$\therefore y=x+2$

(2) $(기울기)=\dfrac{2-(-2)}{4-(-4)}=\dfrac{1}{2}$

즉, $y=\dfrac{1}{2}x+b$로 놓고,

이 식에 $x=4$, $y=2$를 대입하면

$2=2+b$  $\therefore b=0$

$\therefore y=\dfrac{1}{2}x$

(3) $(기울기)=\dfrac{-4-(-3)}{2-1}=-1$

즉, $y=-x+b$로 놓고,

이 식에 $x=1$, $y=-3$을 대입하면

$-3=-1+b$  $\therefore b=-2$

$\therefore y=-x-2$

(4) $(기울기)=\dfrac{1-5}{-1-(-3)}=-2$

즉, $y=-2x+b$로 놓고,

이 식에 $x=-1$, $y=1$을 대입하면

$1=2+b$  $\therefore b=-1$

$\therefore y=-2x-1$

(5) $(기울기)=\dfrac{-1-2}{5-(-1)}=-\dfrac{1}{2}$

즉, $y=-\dfrac{1}{2}x+b$로 놓고,

이 식에 $x=-1$, $y=2$를 대입하면

$2=\dfrac{1}{2}+b$  $\therefore b=\dfrac{3}{2}$

$\therefore y=-\dfrac{1}{2}x+\dfrac{3}{2}$

**3** (1) 주어진 직선이 두 점 $(-1, -2)$, $(3, 2)$를 지나므로

$(기울기)=\dfrac{2-(-2)}{3-(-1)}=1$

즉, $y=x+b$로 놓고,

이 식에 $x=3$, $y=2$를 대입하면

$2=3+b$  $\therefore b=-1$

$\therefore y=x-1$

(2) 주어진 직선이 두 점 $(-3, 0)$, $(1, -2)$를 지나므로

$(기울기)=\dfrac{-2-0}{1-(-3)}=-\dfrac{1}{2}$

즉, $y=-\dfrac{1}{2}x+b$로 놓고,

이 식에 $x=-3$, $y=0$을 대입하면

$0=\dfrac{3}{2}+b$  $\therefore b=-\dfrac{3}{2}$

$\therefore y=-\dfrac{1}{2}x-\dfrac{3}{2}$

(3) 주어진 직선이 두 점 $(-3, 3)$, $(1, -3)$을 지나므로

$(기울기)=\dfrac{-3-3}{1-(-3)}=-\dfrac{3}{2}$

즉, $y=-\dfrac{3}{2}x+b$로 놓고,

이 식에 $x=1$, $y=-3$을 대입하면

$-3=-\dfrac{3}{2}+b$  $\therefore b=-\dfrac{3}{2}$

$\therefore y=-\dfrac{3}{2}x-\dfrac{3}{2}$

(4) 주어진 직선이 두 점 $(-1, -2)$, $(0, 2)$를 지나므로

$(기울기)=\dfrac{2-(-2)}{0-(-1)}=4$

즉, $y=4x+b$로 놓고,

이 식에 $x=0$, $y=2$를 대입하면 $b=2$

$\therefore y=4x+2$

---

**유형12**  P. 99

**1** ❶ $3, 4, 4, 3, -\dfrac{4}{3}$  ❷ $4, -\dfrac{4}{3}x+4$

**2** (1) $3, y=3x-3$  (2) $\dfrac{7}{2}, y=\dfrac{7}{2}x+7$

(3) $-1, y=-x-5$  (4) $\dfrac{3}{4}, y=\dfrac{3}{4}x+3$

(5) $-4, y=-4x+4$

**3** (1) $-\dfrac{1}{3}, -1, y=-\dfrac{1}{3}x-1$

(2) $\dfrac{1}{2}, -2, y=\dfrac{1}{2}x-2$

(3) $3, 6, y=3x+6$

(4) $-\dfrac{3}{5}, 3, y=-\dfrac{3}{5}x+3$

**1** ❶ $x$절편이 3, $y$절편이 4이므로

두 점 $(\boxed{3}, 0)$, $(0, \boxed{4})$를 지난다.

$\therefore (기울기)=\dfrac{(y의\ 값의\ 증가량)}{(x의\ 값의\ 증가량)}=\dfrac{\boxed{4}-0}{0-\boxed{3}}=\boxed{-\dfrac{4}{3}}$

❷ $y$절편이 $\boxed{4}$이므로 구하는 일차함수의 식은

$y=\boxed{-\dfrac{4}{3}x+4}$이다.

**2** (1) 두 점 $(1, 0)$, $(0, -3)$을 지나므로

$(기울기)=\dfrac{-3-0}{0-1}=3$

이때 $y$절편이 $-3$이므로 $y=3x-3$

(2) 두 점 $(-2, 0)$, $(0, 7)$을 지나므로

$(기울기)=\dfrac{7-0}{0-(-2)}=\dfrac{7}{2}$

이때 $y$절편이 7이므로 $y=\dfrac{7}{2}x+7$

(3) 두 점 $(-5, 0)$, $(0, -5)$를 지나므로

$(기울기)=\dfrac{-5-0}{0-(-5)}=-1$

이때 $y$절편이 $-5$이므로

$y=-x-5$

(4) 두 점 $(-4, 0)$, $(0, 3)$을 지나므로

$(기울기)=\dfrac{3-0}{0-(-4)}=\dfrac{3}{4}$

이때 $y$절편이 $3$이므로

$y=\dfrac{3}{4}x+3$

(5) 두 점 $(1, 0)$, $(0, 4)$를 지나므로

$(기울기)=\dfrac{4-0}{0-1}=-4$

이때 $y$절편이 $4$이므로

$y=-4x+4$

**3** (1) 오른쪽 그림에서

$(기울기)=\dfrac{(y의\ 값의\ 증가량)}{(x의\ 값의\ 증가량)}$

$=\dfrac{-1}{3}=-\dfrac{1}{3}$

이때 $y$절편은 $-1$이므로 $y=-\dfrac{1}{3}x-1$

다른 풀이

주어진 직선이 두 점 $(-3, 0)$, $(0, -1)$을 지나므로

$(기울기)=\dfrac{-1-0}{0-(-3)}=-\dfrac{1}{3}$, $(y절편)=-1$

$\therefore y=-\dfrac{1}{3}x-1$

(2) 오른쪽 그림에서

$(기울기)=\dfrac{(y의\ 값의\ 증가량)}{(x의\ 값의\ 증가량)}$

$=\dfrac{2}{4}=\dfrac{1}{2}$

이때 $y$절편은 $-2$이므로 $y=\dfrac{1}{2}x-2$

다른 풀이

주어진 직선이 두 점 $(4, 0)$, $(0, -2)$를 지나므로

$(기울기)=\dfrac{-2-0}{0-4}=\dfrac{1}{2}$, $(y절편)=-2$

$\therefore y=\dfrac{1}{2}x-2$

(3) 오른쪽 그림에서

$(기울기)=\dfrac{(y의\ 값의\ 증가량)}{(x의\ 값의\ 증가량)}$

$=\dfrac{6}{2}=3$

이때 $y$절편은 $6$이므로 $y=3x+6$

다른 풀이

주어진 직선이 두 점 $(-2, 0)$, $(0, 6)$을 지나므로

$(기울기)=\dfrac{6-0}{0-(-2)}=3$, $(y절편)=6$

$\therefore y=3x+6$

(4) 오른쪽 그림에서

$(기울기)=\dfrac{(y의\ 값의\ 증가량)}{(x의\ 값의\ 증가량)}$

$=\dfrac{-3}{5}=-\dfrac{3}{5}$

이때 $y$절편은 $3$이므로 $y=-\dfrac{3}{5}x+3$

다른 풀이

주어진 직선이 두 점 $(5, 0)$, $(0, 3)$을 지나므로

$(기울기)=\dfrac{3-0}{0-5}=-\dfrac{3}{5}$, $(y절편)=3$

$\therefore y=-\dfrac{3}{5}x+3$

**쌍둥이 기출문제** P. 100~101

| | | | | |
|---|---|---|---|---|
| **1** ④ | **2** (1) 제1, 3, 4사분면 | | (2) 제1, 2, 3사분면 | |
| **3** ④ | **4** ㄱ과 ㄷ | | **5** ③, ⑤ | |
| **6** ㄱ, ㄴ, ㄷ | **7** $y=4x-1$ | | **8** $y=-2x+2$ | |
| **9** ⑤ | **10** $y=-2x+7$ | | **11** 15 | |
| **12** 3 | **13** $y=\dfrac{3}{2}x+6$ | | **14** $y=-2x+6$ | |

[1~2] 일차함수 $y=ax+b$의 그래프의 모양

• 오른쪽 위로 향한다. $\Rightarrow a>0$
 오른쪽 아래로 향한다. $\Rightarrow a<0$
• $y$축과 양의 부분에서 만난다. $\Rightarrow b>0$
 $y$축과 음의 부분에서 만난다. $\Rightarrow b<0$

**1** $y=ax-b$의 그래프가 오른쪽 아래로 향하므로

$(기울기)=a<0$

$y$축과 양의 부분에서 만나므로

$(y절편)=-b>0$  $\therefore b<0$

**2** (1) $a>0$, $b<0$이므로 $y=ax+b$의 그래프
의 모양은 오른쪽 그림과 같고, 제1, 3,
4사분면을 지난다.

(2) $a>0$, $b<0$에서 $a>0$, $-b>0$이므로
$y=ax-b$의 그래프의 모양은 오른쪽
그림과 같고, 제1, 2, 3사분면을 지난다.

[3~4] 두 일차함수의 그래프의 평행, 일치
• 평행 ⇨ 기울기는 같고, $y$절편은 다르다.
• 일치 ⇨ 기울기가 같고, $y$절편도 같다.

**3** $y=4x+1$의 그래프와 평행하려면 기울기가 4로 같고, $y$절편은 1이 아니어야 하므로 ④ $y=4x+8$이다.

**4** 그래프가 서로 평행한 것은 기울기는 같고 $y$절편은 다른 ㄱ과 ㄷ이다.

**5** ① $x$절편은 $\frac{20}{3}$이다.

② $y=-\frac{3}{4}x+5$에 $x=4$, $y=8$을 대입하면

$8 \neq -\frac{3}{4} \times 4 + 5$이므로 점 $(4, 8)$을 지나지 않는다.

④ 기울기가 $-\frac{3}{4}$이므로 $x$의 값이 4만큼 증가할 때, $y$의 값은 3만큼 감소한다.

따라서 옳은 것은 ③, ⑤이다.

**6** ㄴ. (기울기)$=5>0$, ($y$절편)$=-1<0$이므로 $y=5x-1$의 그래프는 오른쪽 그림과 같다. 즉, 제1, 3, 4사분면을 지난다.

ㄹ. $y=5x-1$, $y=-5x+1$의 그래프는 기울기가 각각 5, $-5$로 서로 다르므로 평행하지 않다.

따라서 옳은 것은 ㄱ, ㄴ, ㄷ이다.

[7~8] 일차함수의 식 구하기 – 기울기와 $y$절편을 알 때
⇨ $y=$(기울기)$x+$($y$절편)
• 기울기를 의미하는 표현
① $y=ax+k$의 그래프와 평행하다.
② $x$의 값이 1만큼 증가할 때, $y$의 값이 $a$만큼 증가한다.
⇨ 기울기가 $a$이다.
• $y$절편을 의미하는 표현
① 점 $(0, b)$를 지난다.
② $y=kx+b$의 그래프와 $y$축 위에서 만난다.
⇨ $y$절편이 $b$이다.

**7** 기울기가 4이고, $y$절편이 $-1$인 일차함수의 식은
$y=4x-1$

**8** 주어진 그래프에서 (기울기)$=\frac{-4}{2}=-2$

따라서 구하는 일차함수의 식은 $y$절편이 2이므로
$y=-2x+2$

[9~10] 일차함수의 식 구하기 – 기울기와 한 점의 좌표를 알 때
❶ $y=$(기울기)$x+b$로 놓는다.
❷ ❶의 식에 한 점의 좌표를 대입하여 $b$의 값을 구한다.

**9** 기울기가 3이므로 $y=3x+b$로 놓고,
이 식에 $x=-1$, $y=1$을 대입하면
$1=-3+b$ ∴ $b=4$
∴ $y=3x+4$

**10** ㈎에서 $y=-2x+4$의 그래프와 평행하므로
기울기는 $-2$이다. ··· (ⅰ)
즉, $y=-2x+b$로 놓자.
㈏에서 점 $(2, 3)$을 지나므로
$y=-2x+b$에 $x=2$, $y=3$을 대입하면
$3=-4+b$ ∴ $b=7$ ··· (ⅱ)
따라서 구하는 일차함수의 식은
$y=-2x+7$ ··· (ⅲ)

| 채점 기준 | 비율 |
|---|---|
| (ⅰ) 기울기 구하기 | 40 % |
| (ⅱ) $y$절편 구하기 | 40 % |
| (ⅲ) 일차함수의 식 구하기 | 20 % |

[11~12] 일차함수의 식 구하기 – 서로 다른 두 점의 좌표를 알 때
❶ 두 점을 지나는 직선의 기울기를 구한다.
❷ $y=$(기울기)$x+b$에 한 점의 좌표를 대입하여 $b$의 값을 구한다.

**11** 두 점 $(2, -3)$, $(4, 5)$를 지나므로
(기울기)$=\frac{5-(-3)}{4-2}=4$ ∴ $a=4$
따라서 $y=4x+b$에 $x=2$, $y=-3$을 대입하면
$-3=8+b$ ∴ $b=-11$
∴ $a-b=4-(-11)=15$

**12** 두 점 $(1, 5)$, $(-2, -1)$을 지나므로
(기울기)$=\frac{-1-5}{-2-1}=2$
즉, $y=2x+b$로 놓고, 이 식에 $x=1$, $y=5$를 대입하면
$5=2+b$ ∴ $b=3$ ∴ $y=2x+3$
따라서 이 그래프의 $y$절편은 3이다.

[13~14] 일차함수의 식 구하기 – $x$절편과 $y$절편을 알 때
⇨ 두 점 $(x$절편, 0)$, $(0, y$절편)$을 지나는 직선임을 이용한다.

**13** 오른쪽 그림에서
(기울기)$=\frac{(y의 값의 증가량)}{(x의 값의 증가량)}=\frac{6}{4}=\frac{3}{2}$

이때 $y$절편은 6이므로 $y=\frac{3}{2}x+6$

**다른 풀이**
주어진 직선이 두 점 $(-4, 0)$, $(0, 6)$을 지나므로
(기울기)$=\frac{6-0}{0-(-4)}=\frac{3}{2}$, ($y$절편)$=6$
∴ $y=\frac{3}{2}x+6$

**14** $x$절편이 3이고, $y=2x+6$의 그래프와 $y$축 위에서 만나므로 $y$절편은 6이다.
즉, 두 점 $(3, 0)$, $(0, 6)$을 지나므로
(기울기)$=\frac{6-0}{0-3}=-2$ ∴ $y=-2x+6$

# ~4 일차함수의 활용

유형 **13**　　　　　　　　　　　　P. 102~103

**1** (1) 30, 2　(2) 15, 0.1　(3) 3, 24, 3　(4) $4x$, 100, 4

**2** (1) $y=30+0.2x$　(2) 15, 33, 33　(3) 37, 35, 35

**3** ① $\dfrac{1}{5}$

(1) $y=35-\dfrac{1}{5}x$　(2) 23 cm　(3) 175분

**4** ① 2　② $\dfrac{2}{5}$

(1) $y=20+\dfrac{2}{5}x$　(2) 34 ℃　(3) 200초 후

**5** ① 10000

(1) $80x$, $y=10000-80x$　(2) 2800 m　(3) 120분 후

---

**2** (1) 처음 용수철의 길이가 30 cm이고,
　　추의 무게가 1 g씩 늘어날 때마다 용수철의 길이가
　　0.2 cm씩 늘어나므로 $y=30+0.2x$
　(2) $y=30+0.2x$에 $x=\boxed{15}$ 를 대입하면
　　　$y=30+3=\boxed{33}$
　　　∴ (용수철의 길이)$=\boxed{33}$ cm
　(3) $y=30+0.2x$에 $y=\boxed{37}$ 을 대입하면
　　　$37=30+0.2x$, $-0.2x=-7$　∴ $x=\boxed{35}$
　　　∴ (추의 무게)$=\boxed{35}$ g

**3** (1) 양초의 길이가 10분에 2 cm씩 짧아지므로
　　1분에 $\dfrac{2}{10}=\boxed{①\ \dfrac{1}{5}}$ (cm)씩 짧아진다.
　　이때 처음 양초의 길이가 35 cm이므로
　　　$y=35-\dfrac{1}{5}x$
　(2) $y=35-\dfrac{1}{5}x$에 $x=60$을 대입하면
　　　$y=35-12=23$
　　따라서 60분 후에 남은 양초의 길이는 23 cm이다.
　(3) 양초가 완전히 다 타면 남은 양초의 길이는 0 cm이므로
　　　$y=35-\dfrac{1}{5}x$에 $y=0$을 대입하면
　　　$0=35-\dfrac{1}{5}x$, $\dfrac{1}{5}x=35$　∴ $x=175$
　　따라서 양초가 완전히 다 타는 데 걸리는 시간은 175분
　　이다.

**4** (1)

| 시간(초) | 0 | 5 | 10 | 15 | 20 | ⋯ |
|---|---|---|---|---|---|---|
| 온도(℃) | 20 | 22 | 24 | 26 | 28 | ⋯ |

물의 온도가 5초에 $\boxed{①\ 2}$ ℃씩 오르므로
1초에 $\boxed{②\ \dfrac{2}{5}}$ ℃씩 오른다.
이때 처음 물의 온도가 20 ℃이므로
　$y=20+\dfrac{2}{5}x$
(2) $y=20+\dfrac{2}{5}x$에 $x=35$를 대입하면
　　$y=20+14=34$
　따라서 32초 후에 물의 온도는 34 ℃이다.
(3) $y=20+\dfrac{2}{5}x$에 $y=100$을 대입하면
　　$100=20+\dfrac{2}{5}x$, $\dfrac{2}{5}x=80$　∴ $x=200$
　따라서 물의 온도가 100 ℃가 되는 때는 200초 후이다.

**5** (1)

두 지점 A, B 사이의 거리는 10 km$=\boxed{①\ 10000}$ m이
고, $x$분 동안 걸어간 거리는 $80x$ m이므로 B 지점까지
남은 거리는 $(10000-80x)$m이다.
　∴ $y=10000-80x$
(2) 1시간 30분은 90분이므로
　　$y=10000-80x$에 $x=90$을 대입하면
　　$y=10000-7200=2800$
　따라서 1시간 30분 후에 남은 거리는 2800 m이다.
(3) $y=10000-80x$에 $y=400$을 대입하면
　　$400=10000-80x$, $80x=9600$　∴ $x=120$
　따라서 남은 거리가 400 m일 때는 120분 후이다.

---

**쌍둥이 기출문제**　　　　　　　　　　P. 104

| **1** 29 L | **2** 17초 후 | **3** 1.2 ℃ | **4** 7500원 |
|---|---|---|---|
| **5** 86 ℉ | **6** 15 cm | **7** 24 cm² | **8** 32 cm² |

**[1~8]** 일차함수의 활용

$x$와 $y$ 사이의 관계를 일차함수 $y=ax+b$ 꼴로 나타내고, 조건에 맞는 값을 대입하여 답을 구한다.

**1** 처음 물의 양이 8 L이고, 물의 양이 1분에 3 L씩 늘어나므로 $y=8+3x$
이 식에 $x=7$을 대입하면 $y=8+21=29$
따라서 7분 후에 물탱크에 들어 있는 물의 양은 29 L이다.

**2** 처음 엘리베이터의 높이가 50 m이고, 높이가 1초에 2 m씩
낮아지므로 $y=50-2x$
이 식에 $y=16$을 대입하면 $16=50-2x$
$2x=34$  $\therefore x=17$
따라서 높이가 16 m인 곳에 도착하는 것은 17초 후이다.

**3** 높이가 100 m씩 높아질 때마다 기온이 0.6 ℃씩 떨어지므
로 높이가 1 m씩 높아질 때마다 기온은 0.006 ℃씩 떨어진
다. 이때 지면에서의 기온이 15 ℃이므로 $y=15-0.006x$
이 식에 $x=2300$을 대입하면
$y=15-13.8=1.2$
따라서 높이가 2300 m인 곳의 기온은 1.2 ℃이다.

**4** 구매 금액 10원마다 2포인트를 받으므로
구매 금액 1원마다 0.2포인트를 받는다.
이때 회원이 되면 2000포인트를 기본으로 받으므로
$y=2000+0.2x$
이 식에 $y=3500$을 대입하면 $3500=2000+0.2x$
$-0.2x=-1500$  $\therefore x=7500$
따라서 3500포인트를 받으려면 7500원짜리 물건을 구매해
야 한다.

**5** 주어진 직선이 두 점 $(0, 32)$, $(100, 212)$를 지나므로
$(기울기)=\dfrac{212-32}{100-0}=\dfrac{9}{5}$, $(y$절편$)=32$
$\therefore y=\dfrac{9}{5}x+32$
이 식에 $x=30$을 대입하면 $y=54+32=86$
따라서 섭씨온도가 30 ℃일 때의 화씨온도는 86 ℉이다.

**6** 주어진 직선이 두 점 $(180, 0)$, $(0, 20)$을 지나므로
$(기울기)=\dfrac{20-0}{0-180}=-\dfrac{1}{9}$, $(y$절편$)=20$
$\therefore y=-\dfrac{1}{9}x+20$
이 식에 $x=45$를 대입하면 $y=-5+20=15$
따라서 45분 후에 남은 양초의 길이는 15 cm이다.
[다른 풀이] 일차함수의 식 구하기
주어진 그림에서 양초의 길이가 180분 동안 20 cm만큼 줄
어들므로 1분 동안 $\dfrac{20}{180}=\dfrac{1}{9}$ (cm)만큼 줄어든다.
이때 처음 양초의 길이가 20 cm이므로
$y=20-\dfrac{1}{9}x$

**7** 점 P가 1초에 2 cm씩 움직이므로
$x$초 후에는 $\overline{AP}=2x$ cm
$\triangle APD=\dfrac{1}{2}\times 2x\times 8=8x(\text{cm}^2)$  $\therefore y=8x$
이 식에 $x=3$을 대입하면 $y=24$
따라서 3초 후에 $\triangle APD$의 넓이는 24 cm²이다.

**8** 점 P가 1초에 3 cm씩 움직이므로
$x$초 후에는 $\overline{BP}=3x$ cm, $\overline{AP}=\overline{AB}-\overline{BP}=10-3x$(cm)
$\triangle APC=\dfrac{1}{2}\times(10-3x)\times 16=-24x+80(\text{cm}^2)$
$\therefore y=-24x+80$
이 식에 $x=2$를 대입하면 $y=-48+80=32$
따라서 2초 후에 $\triangle APC$의 넓이는 32 cm²이다.

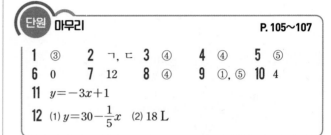

단원 **마무리**    P. 105~107

**1** ③    **2** ㄱ, ㄷ  **3** ④    **4** ④    **5** ⑤
**6** 0    **7** 12    **8** ④    **9** ①, ⑤  **10** 4
**11** $y=-3x+1$
**12** (1) $y=30-\dfrac{1}{5}x$  (2) 18 L

**1** ① $y=x-6 \Rightarrow y=(x$에 대한 일차식) 꼴이므로 $y$는 $x$의 함
수이다.

② 

| $x$ | 1 | 2 | 3 | 4 | … |
|---|---|---|---|---|---|
| $y$ | 1 | 2 | 0 | 1 | … |

$x$의 값이 변함에 따라 $y$의 값이 오직 하나씩 대응하므로
$y$는 $x$의 함수이다.

③ 

| $x$ | 1 | 2 | 3 | 4 | … |
|---|---|---|---|---|---|
| $y$ | 1 | 1, 2 | 1, 3 | 1, 2, 4 | … |

$x=2$일 때, $y$의 값이 1, 2의 2개이므로 $x$의 값 하나에 $y$
의 값이 오직 하나씩 대응하지 않는다.
즉, $y$는 $x$의 함수가 아니다.
④ $y=9x \Rightarrow$ 정비례 관계이므로 $y$는 $x$의 함수이다.
⑤ $y=7x \Rightarrow$ 정비례 관계이므로 $y$는 $x$의 함수이다.
따라서 $y$가 $x$의 함수가 아닌 것은 ③이다.

**2** ㄴ. $y=x^2-2x+3$은 $y=(x$에 대한 이차식)이므로 일차함
수가 아니다.
ㄷ. $y=\dfrac{4}{3}x-\dfrac{1}{3}$이므로 일차함수이다.
ㄹ. $y=2x^2-8x$는 $y=(x$에 대한 이차식)이므로 일차함수
가 아니다.
ㅁ. $\dfrac{3}{x}$은 $x$가 분모에 있으므로 일차식이 아니다.
즉, $y=\dfrac{3}{x}$은 일차함수가 아니다.
ㅂ. $y=-6$에서 $-6$은 일차식이 아니므로 $y=-6$은 일차
함수가 아니다.
따라서 $y$가 $x$의 일차함수인 것은 ㄱ, ㄷ이다.

**3** ① $f(-4)=2\times(-4)+12=4$
② $f(-3)=2\times(-3)+12=6$
③ $f(-1)=2\times(-1)+12=10$
④ $f(2)=2\times2+12=16$
⑤ $f(6)=2\times6+12=24$
따라서 함숫값으로 옳지 않은 것은 ④이다.

**4** $y=-2x+7$의 그래프를 $y$축의 방향으로 $-4$만큼 평행이동하면
$y=-2x+7-4$    ∴ $y=-2x+3$
즉, $y=-2x+3$에 주어진 점의 좌표를 각각 대입하면
① $-7\neq-2\times(-2)+3$
② $0\neq-2\times0+3$
③ $4\neq-2\times1+3$
④ $-1=-2\times2+3$
⑤ $-4\neq-2\times3+3$
따라서 $y=-2x+3$의 그래프 위의 점은 ④이다.

**5** 각 일차함수의 그래프의 $x$절편을 구하면 다음과 같다.
①, ②, ③, ④ 3, ⑤ 1
따라서 $x$절편이 다른 하나는 ⑤이다.

**6** ((1)의 기울기)$=\dfrac{-3}{1}=-3$
((2)의 $y$절편)$=3$
따라서 구하는 합은
$-3+3=0$

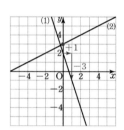

**7** $y=\dfrac{2}{3}x+4$에서
$y=0$일 때, $0=\dfrac{2}{3}x+4$    ∴ $x=-6$
$x=0$일 때, $y=4$
즉, $x$절편은 $-6$, $y$절편은 4이므로 그 그래프는 오른쪽 그림과 같다.
따라서 구하는 도형의 넓이는
$\dfrac{1}{2}\times6\times4=12$

**8** $y=-ax+b$의 그래프가 오른쪽 위로 향하므로
(기울기)$=-a>0$    ∴ $a<0$
$y$축과 양의 부분에서 만나므로 ($y$절편)$=b>0$

**9** ① $y=2x-6$의 그래프는 $y=2x$의 그래프를 $y$축의 방향으로 $-6$만큼 평행이동한 것이다.
② $y=2x-6$에 $x=4$, $y=2$를 대입하면
$2=2\times4-6$이므로 점 $(4, 2)$를 지난다.
④ (기울기)$=2>0$이므로 오른쪽 위로 향하는 직선이다.

⑤ $y=2x-6$, $y=-2x+10$의 그래프는 기울기가 각각 2, $-2$로 서로 다르므로 평행하지 않다.
따라서 옳지 않은 것은 ①, ⑤이다.

**10** $a=$(기울기)$=\dfrac{(y\text{의 값의 증가량})}{(x\text{의 값의 증가량})}=\dfrac{-1}{2}=-\dfrac{1}{2}$
즉, $y=-\dfrac{1}{2}x+b$에 $x=3$, $y=2$를 대입하면
$2=-\dfrac{3}{2}+b$    ∴ $b=\dfrac{7}{2}$
∴ $b-a=\dfrac{7}{2}-\left(-\dfrac{1}{2}\right)=4$

**11** 주어진 직선이 두 점 $(-1, 4)$, $(2, -5)$를 지나므로
(기울기)$=\dfrac{-5-4}{2-(-1)}=-3$
즉, $y=-3x+b$로 놓고, 이 식에 $x=2$, $y=-5$를 대입하면
$-5=-6+b$    ∴ $b=1$
따라서 구하는 일차함수의 식은 $y=-3x+1$

**12** (1) 15 km를 달리는 데 3 L의 휘발유가 필요하므로 1 km를 달리는 데 $\dfrac{1}{5}$ L의 휘발유가 필요하다.    ⋯ (i)
이때 자동차에 들어 있는 휘발유의 양이 30 L이므로
$y=30-\dfrac{1}{5}x$    ⋯ (ii)
(2) $y=30-\dfrac{1}{5}x$에 $x=60$을 대입하면
$y=30-12=18$
따라서 60 km를 달린 후에 남아 있는 휘발유의 양은 18 L이다.    ⋯ (iii)

| 채점 기준 | 비율 |
|---|---|
| (i) 1 km를 달리는 데 필요한 휘발유의 양 구하기 | 30 % |
| (ii) $y$를 $x$에 대한 식으로 나타내기 | 30 % |
| (iii) 60 km를 달린 후에 남아 있는 휘발유의 양 구하기 | 40 % |

# 1 일차함수와 일차방정식

유형 1      P. 110

**1** (1) $-5$   (2) $0$   (3) $-2$   (4) $8$

**2** (1) $2x-5$, $2$, $\frac{5}{2}$, $-5$     (2) $-\frac{1}{3}x+2$, $-\frac{1}{3}$, $6$, $2$

    (3) $\frac{3}{4}x+6$, $\frac{3}{4}$, $-8$, $6$     (4) $-\frac{3}{2}x+3$, $-\frac{3}{2}$, $2$, $3$

**3**

**4** (1) ×     (2) ○     (3) ○     (4) ×

---

**1** (1) $x-2y=6$에 $x=-4$를 대입하면
    $-4-2y=6$, $-2y=10$
    $\therefore y=-5$

(2) $x-2y=6$에 $y=-3$을 대입하면
    $x+6=6$    $\therefore x=0$

(3) $x-2y=6$에 $x=2$를 대입하면
    $2-2y=6$, $-2y=4$
    $\therefore y=-2$

(4) $x-2y=6$에 $y=1$을 대입하면
    $x-2=6$    $\therefore x=8$

**2** (1) $-2x+y+5=0$에서 $y$를 $x$에 대한 식으로 나타내면
    $y=2x-5$    $\cdots$ ㉠
    ㉠에 $y=0$을 대입하면
    $0=2x-5$    $\therefore x=\frac{5}{2}$

    따라서 기울기는 $2$, $x$절편은 $\frac{5}{2}$, $y$절편은 $-5$이다.

(2) $x+3y-6=0$에서 $y$를 $x$에 대한 식으로 나타내면
    $3y=-x+6$
    $\therefore y=-\frac{1}{3}x+2$    $\cdots$ ㉠
    ㉠에 $y=0$을 대입하면
    $0=-\frac{1}{3}x+2$    $\therefore x=6$

    따라서 기울기는 $-\frac{1}{3}$, $x$절편은 $6$, $y$절편은 $2$이다.

(3) $3x-4y=-24$에서 $y$를 $x$에 대한 식으로 나타내면
    $-4y=-3x-24$
    $\therefore y=\frac{3}{4}x+6$    $\cdots$ ㉠

---

    ㉠에 $y=0$을 대입하면
    $0=\frac{3}{4}x+6$    $\therefore x=-8$

    따라서 기울기는 $\frac{3}{4}$, $x$절편은 $-8$, $y$절편은 $6$이다.

(4) $\frac{x}{2}+\frac{y}{3}=1$의 양변에 $6$을 곱하면
    $3x+2y=6$
    $3x+2y=6$에서 $y$를 $x$에 대한 식으로 나타내면
    $2y=-3x+6$
    $\therefore y=-\frac{3}{2}x+3$    $\cdots$ ㉠
    ㉠에 $y=0$을 대입하면
    $0=-\frac{3}{2}x+3$    $\therefore x=2$

    따라서 기울기는 $-\frac{3}{2}$, $x$절편은 $2$, $y$절편은 $3$이다.

**3** (1) $5x-4y+10=0$에서 $y$를 $x$에 대한 식으로 나타내면
    $-4y=-5x-10$
    $\therefore y=\frac{5}{4}x+\frac{5}{2}$    $\cdots$ ㉠
    ㉠에 $y=0$을 대입하면
    $0=\frac{5}{4}x+\frac{5}{2}$    $\therefore x=-2$

    따라서 $x$절편은 $-2$, $y$절편은 $\frac{5}{2}$이므로

    두 점 $(-2, 0)$, $\left(0, \frac{5}{2}\right)$를 지나는 직선을 그린다.

(2) $x+2y=-3$에서 $y$를 $x$에 대한 식으로 나타내면
    $2y=-x-3$
    $\therefore y=-\frac{1}{2}x-\frac{3}{2}$    $\cdots$ ㉠
    ㉠에 $y=0$을 대입하면
    $0=-\frac{1}{2}x-\frac{3}{2}$    $\therefore x=-3$

    따라서 $x$절편은 $-3$, $y$절편은 $-\frac{3}{2}$이므로

    두 점 $(-3, 0)$, $\left(0, -\frac{3}{2}\right)$을 지나는 직선을 그린다.

(3) $2x-3y-6=0$에서 $y$를 $x$에 대한 식으로 나타내면
    $-3y=-2x+6$
    $\therefore y=\frac{2}{3}x-2$    $\cdots$ ㉠
    ㉠에 $y=0$을 대입하면
    $0=\frac{2}{3}x-2$    $\therefore x=3$
    따라서 $x$절편은 $3$, $y$절편은 $-2$이므로
    두 점 $(3, 0)$, $(0, -2)$를 지나는 직선을 그린다.

(4) $4x+7y=14$에서 $y$를 $x$에 대한 식으로 나타내면
    $7y=-4x+14$
    $\therefore y=-\frac{4}{7}x+2$    $\cdots$ ㉠

㉠에 $y=0$을 대입하면

$$0=-\frac{4}{7}x+2 \qquad \therefore x=\frac{7}{2}$$

따라서 $x$절편은 $\frac{7}{2}$, $y$절편은 2이므로

두 점 $\left(\frac{7}{2},\ 0\right)$, $(0,\ 2)$를 지나는 직선을 그린다.

**4** $6x-2y-1=0$에서 $y$를 $x$에 대한 식으로 나타내면

$$-2y=-6x+1 \qquad \therefore y=3x-\frac{1}{2}$$

(1) $6x-2y-1=0$에 $x=1$, $y=3$을 대입하면
$6-6-1\ne0$이므로 점 $(1,\ 3)$을 지나지 않는다.

(2) 기울기가 $3\left(=\frac{6}{2}\right)$이므로 $x$의 값이 2만큼 증가할 때, $y$의 값은 6만큼 증가한다.

(3) (기울기)$=3>0$, ($y$절편)$=-\frac{1}{2}<0$이므로 그래프는 오른쪽 그림과 같다.
따라서 제2사분면을 지나지 않는다.

(4) $y=3x-\frac{1}{2}$, $y=-3x+6$의 그래프는 기울기가 각각 3, $-3$으로 서로 다르므로 평행하지 않다.

(3) 점 $(0,\ 4)$를 지나고, $x$축에 평행한 직선의 방정식은
$y=4$

(4) 점 $(0,\ -1)$을 지나고, $x$축에 평행한 직선의 방정식은
$y=-1$

**[4]** 서로 다른 두 점 $(x_1,\ y_1)$, $(x_2,\ y_2)$를 지나는 직선은
· $x_1=x_2$이면 $y$축에 평행하다.
· $y_1=y_2$이면 $x$축에 평행하다.

**4** (1) $x$축에 평행하므로 직선 위의 점들의 $y$좌표는 모두 1로 같다.
따라서 구하는 직선의 방정식은 $y=1$이다.

(2) $y$축에 평행하므로 직선 위의 점들의 $x$좌표는 모두 3으로 같다.
따라서 구하는 직선의 방정식은 $x=3$이다.

(3) $x$축에 수직이므로 직선 위의 점들의 $x$좌표는 모두 $-2$로 같다.
따라서 구하는 직선의 방정식은 $x=-2$이다.

(4) $y$축에 수직이므로 직선 위의 점들의 $y$좌표는 모두 $-1$로 같다.
따라서 구하는 직선의 방정식은 $y=-1$이다.

(5) 한 직선 위의 두 점의 $x$좌표가 같으므로 그 직선 위의 점들의 $x$좌표는 모두 2로 같다.
따라서 구하는 직선의 방정식은 $x=2$이다.

(6) 한 직선 위의 두 점의 $y$좌표가 같으므로 그 직선 위의 점들의 $y$좌표는 모두 $-5$로 같다.
따라서 구하는 직선의 방정식은 $y=-5$이다.

---

**유형 2**  P. 111

**1** (1) 1, $y$  (2) $-3$, $-3$, $x$

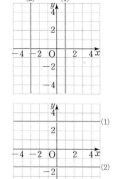

**2** (1) 3, $x$  (2) $-2$, $-2$, $y$

**3** (1) $x=3$  (2) $x=-2$  (3) $y=4$  (4) $y=-1$
**4** (1) $y=1$  (2) $x=3$  (3) $x=-2$  (4) $y=-1$
(5) $x=2$  (6) $y=-5$

**3** (1) 점 $(3,\ 0)$을 지나고, $y$축에 평행한 직선의 방정식은
$x=3$

(2) 점 $(-2,\ 0)$을 지나고, $y$축에 평행한 직선의 방정식은
$x=-2$

---

**쌍둥이 기출문제**  P. 112~113

| | | | |
|---|---|---|---|
| **1** ⑤ | **2** ④ | **3** ④ | **4** ③, ⑤ |
| **5** $-4$ | **6** $-1$ | **7** ② | **8** ⑤ |
| **9** $y=-4$ | **10** (1) $y=-1$ (2) $x=4$ | | |
| **11** 3 | **12** $x=-8$ | | |

**[1~6]** 미지수가 2개인 일차방정식의 그래프는 일차함수의 그래프와 서로 같다.

$$ax+by+c=0\ (b\ne0) \Rightarrow by=-ax-c$$
$$\Rightarrow y=-\frac{a}{b}x-\frac{c}{b}$$

**1** $2x+y-4=0$에서 $y$를 $x$에 대한 식으로 나타내면
$$y=-2x+4$$
따라서 $y=-2x+4$의 그래프는 $x$절편이 2, $y$절편이 4인 직선이므로 ⑤이다.

**2** $x-3y+6=0$에서 $y$를 $x$에 대한 식으로 나타내면

$3y=x+6$ ∴ $y=\frac{1}{3}x+2$

따라서 $y=\frac{1}{3}x+2$의 그래프는 $x$절편이 $-6$, $y$절편이 $2$인

직선이므로 ④이다.

**3** $6x+2y=-3$에서 $y$를 $x$에 대한 식으로 나타내면

$2y=-6x-3$ ∴ $y=-3x-\frac{3}{2}$

② $6x+2y=-3$에 $x=\frac{1}{2}$, $y=-3$을 대입하면

$6\times\frac{1}{2}+2\times(-3)=-3$이므로 점 $\left(\frac{1}{2},\,-3\right)$을 지난다.

③, ⑤ $y=-3x-\frac{3}{2}$의 그래프의 $x$절편

은 $-\frac{1}{2}$, $y$절편은 $-\frac{3}{2}$이므로 그래

프는 오른쪽 그림과 같다.

즉, 제1사분면을 지나지 않는다.

④ (기울기)$=-3<0$이므로 $x$의 값이 증가할 때, $y$의 값은

감소한다.

따라서 옳지 않은 것은 ④이다.

**4** $3x-4y-12=0$에서 $y$를 $x$에 대한 식으로 나타내면

$4y=3x-12$ ∴ $y=\frac{3}{4}x-3$

① $x$절편은 $4$이다.

② $y$절편이 $-3$이므로 $y$축과의 교점의 좌표는 $(0,\,-3)$

이다.

④ $y=\frac{3}{4}x-3$의 그래프의 $x$절편은 $4$,

$y$절편은 $-3$이므로 그래프는 오른쪽

그림과 같다. 즉, 제1, 3, 4사분면을

지난다.

⑤ $y=\frac{3}{4}x-8$의 그래프와 기울기는 같고, $y$절편은 다르므

로 평행하다.

따라서 옳은 것은 ③, ⑤이다.

**5** $ax+y+b=0$에서 $y$를 $x$에 대한 식으로 나타내면

$y=-ax-b$

이 그래프의 기울기가 $-2$, $y$절편이 $6$이므로

$-a=-2$, $-b=6$ ∴ $a=2$, $b=-6$

∴ $a+b=2+(-6)=-4$

**6** $ax+by+2=0$에서 $y$를 $x$에 대한 식으로 나타내면

$by=-ax-2$ ∴ $y=-\frac{a}{b}x-\frac{2}{b}$

이 그래프가 $y=x-7$의 그래프와 평행하므로 기울기는 $1$이

고, $y$절편이 $2$이므로

$-\frac{a}{b}=1$, $-\frac{2}{b}=2$ ∴ $a=1$, $b=-1$

∴ $ab=1\times(-1)=-1$

**[7~8] 직선의 방정식 구하기**

기울기와 $y$절편을 이용하여 $y=mx+n$ 꼴로 나타낸 후 $ax+by+c=0$

꼴로 고친다.

**7** $2x+y=3$에서 $y$를 $x$에 대한 식으로 나타내면

$y=-2x+3$

이 직선과 평행하므로 기울기는 $-2$이다.

즉, $y=-2x+b$로 놓고,

이 식에 $x=4$, $y=0$을 대입하면

$0=-8+b$ ∴ $b=8$

∴ $y=-2x+8$, 즉 $2x+y-8=0$

**8** 두 점 $(2,\,4)$, $(1,\,7)$을 지나므로

(기울기)$=\frac{7-4}{1-2}=-3$

즉, $y=-3x+b$로 놓고,

이 식에 $x=1$, $y=7$을 대입하면

$7=-3+b$ ∴ $b=10$

∴ $y=-3x+10$, 즉 $3x+y-10=0$

**[9~12] 좌표축에 평행한(수직인) 직선의 방정식**

• $y$축에 평행한 ($x$축에 수직인) 직선 ⇨ $x$좌표가 모두 같다.

⇨ $x=m$ 꼴

• $x$축에 평행한 ($y$축에 수직인) 직선 ⇨ $y$좌표가 모두 같다.

⇨ $y=n$ 꼴

(단, $m$, $n$은 상수, $m\neq0$, $n\neq0$)

**9** $x$축에 평행하므로 직선 위의 점들의 $y$좌표는 모두 $-4$로 같

다.

따라서 구하는 직선의 방정식은 $y=-4$이다.

**10** (1) $y$축에 수직이므로 직선 위의 점들의 $y$좌표는 모두 $-1$로

같다.

따라서 구하는 직선의 방정식은 $y=-1$이다.

(2) 한 직선 위의 두 점의 $x$좌표가 같으므로 그 직선 위의 점

들의 $x$좌표는 모두 $4$로 같다.

따라서 구하는 직선의 방정식은 $x=4$이다.

**11** $x$축에 평행한 직선 위의 점들은 $y$좌표가 모두 같으므로

$5=2k-1$, $2k=6$ ∴ $k=3$

**12** $y$축에 평행한 직선 위의 점들은 $x$좌표가 모두 같으므로

$3a+1=a-5$, $2a=-6$ ∴ $a=-3$ ⋯ (i)

따라서 $a-5=-3-5=-8$이므로

구하는 직선의 방정식은

$x=-8$ ⋯ (ii)

| 채점 기준 | 비율 |
|---|---|
| (i) $a$의 값 구하기 | 60 % |
| (ii) 직선의 방정식 구하기 | 40 % |

# 2 일차함수의 그래프와 연립일차방정식

유형 **3**                 P. 114

**1** (1) $x=-1$, $y=1$   (2) $x=-2$, $y=-3$
   (3) $x=0$, $y=-2$

**2** 그래프는 풀이 참조, $x=3$, $y=-3$

**3** (1) $(-2, 5)$       (2) $(-3, -1)$

**4** (1) $a=-2$, $b=2$   (2) $a=-5$, $b=-7$
   (3) $a=1$, $b=1$

---

**1** (1) ㉠, ㉡의 그래프의 교점의 좌표가 $(-1, 1)$이므로
주어진 연립방정식의 해는 $x=-1$, $y=1$이다.

(2) ㉡, ㉣의 그래프의 교점의 좌표가 $(-2, -3)$이므로
주어진 연립방정식의 해는 $x=-2$, $y=-3$이다.

(3) ㉢, ㉣의 그래프의 교점의 좌표가 $(0, -2)$이므로
주어진 연립방정식의 해는 $x=0$, $y=-2$이다.

**2** $5x+3y=6$에서 $y=-\dfrac{5}{3}x+2$

$2x+3y=-3$에서 $y=-\dfrac{2}{3}x-1$

이 두 그래프를 기울기와 $y$절
편을 이용하여 좌표평면 위에
그리면 오른쪽 그림과 같다.
따라서 두 그래프의 교점의
좌표는 $(3, -3)$이므로
주어진 연립방정식의 해는
$x=3$, $y=-3$이다.

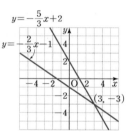

**3** (1) 연립방정식 $\begin{cases} y=-2x+1 \\ y=-\dfrac{1}{2}x+4 \end{cases}$ 를 풀면

$x=-2$, $y=5$이므로
두 그래프의 교점의 좌표는 $(-2, 5)$이다.

(2) 연립방정식 $\begin{cases} x-y+2=0 \\ -3x+y-8=0 \end{cases}$ 을 풀면

$x=-3$, $y=-1$이므로
두 그래프의 교점의 좌표는 $(-3, -1)$이다.

**[4]** 연립방정식의 해는 두 그래프의 교점의 좌표와 같으므로 두 그래프의 교점의 좌표를 두 일차방정식에 각각 대입하면 등식이 모두 성립한다.

**4** (1) 두 그래프의 교점의 좌표가 $(1, 3)$이므로
주어진 연립방정식의 해는 $x=1$, $y=3$이다.
$x-y=a$에 $x=1$, $y=3$을 대입하면
$1-3=a$   ∴ $a=-2$
$x+by=7$에 $x=1$, $y=3$을 대입하면
$1+3b=7$, $3b=6$   ∴ $b=2$

---

(2) 두 그래프의 교점의 좌표가 $(-2, 1)$이므로
주어진 연립방정식의 해는 $x=-2$, $y=1$이다.
$2x-y=a$에 $x=-2$, $y=1$을 대입하면
$-4-1=a$   ∴ $a=-5$
$3x-y=b$에 $x=-2$, $y=1$을 대입하면
$-6-1=b$   ∴ $b=-7$

(3) 두 그래프의 교점의 좌표가 $(-1, -2)$이므로
주어진 연립방정식의 해는 $x=-1$, $y=-2$이다.
$x+ay=-3$에 $x=-1$, $y=-2$를 대입하면
$-1-2a=-3$, $-2a=-2$   ∴ $a=1$
$2bx-3y=4$에 $x=-1$, $y=-2$를 대입하면
$-2b+6=4$, $-2b=-2$   ∴ $b=1$

유형 **4**                 P. 115

**1** (1) ㄱ   (2) ㄷ   (3) ㄴ, ㄹ

**2** (1) 2     (2) 3

**3** (1) $a=-1$, $b\neq-12$     (2) $a=-1$, $b\neq-10$

**4** (1) $a=2$, $b=6$         (2) $a=1$, $b=4$
   (3) $a=3$, $b=9$         (4) $a=-6$, $b=-3$

---

**[1~4]** 연립방정식의 해의 개수를 구할 때는 두 일차방정식을 각각 $y$를 $x$에 대한 식으로 나타낸 후, 기울기와 $y$절편을 비교한다.

**1** ㄱ. $2x+3y=4$에서 $y=-\dfrac{2}{3}x+\dfrac{4}{3}$

$3x-2y=5$에서 $y=\dfrac{3}{2}x-\dfrac{5}{2}$

이 두 그래프는 기울기가 다르므로 한 점에서 만난다.
즉, 연립방정식의 해가 하나뿐이다.

ㄴ. $x+2y=5$에서 $y=-\dfrac{1}{2}x+\dfrac{5}{2}$

$2x+4y=-10$에서 $y=-\dfrac{1}{2}x-\dfrac{5}{2}$

이 두 그래프는 기울기가 같고 $y$절편이 다르므로 서로 평행하다.
즉, 연립방정식의 해가 없다.

ㄷ. $-2x+3y=4$에서 $y=\dfrac{2}{3}x+\dfrac{4}{3}$

$2x-3y=-4$에서 $y=\dfrac{2}{3}x+\dfrac{4}{3}$

이 두 그래프는 기울기와 $y$절편이 각각 같으므로 일치한다.
즉, 연립방정식의 해가 무수히 많다.

ㄹ. $x-3y=-1$에서 $y=\dfrac{1}{3}x+\dfrac{1}{3}$

$-3x+9y=-3$에서 $y=\dfrac{1}{3}x-\dfrac{1}{3}$

이 두 그래프는 기울기가 같고 $y$절편이 다르므로 서로 평행하다.
즉, 연립방정식의 해가 없다.

**2** 연립방정식의 해가 없으려면 두 일차방정식의 그래프는 서로 평행해야 하므로 기울기는 같고, $y$절편은 달라야 한다.

(1) $x-2y=3$에서 $y=\dfrac{1}{2}x-\dfrac{3}{2}$

$ax-4y=-3$에서 $y=\dfrac{a}{4}x+\dfrac{3}{4}$

즉, $\dfrac{1}{2}=\dfrac{a}{4}$이므로 $a=2$

(2) $ax+2y=4$에서 $y=-\dfrac{a}{2}x+2$

$-6x-4y=-5$에서 $y=-\dfrac{3}{2}x+\dfrac{5}{4}$

즉, $-\dfrac{a}{2}=-\dfrac{3}{2}$이므로 $a=3$

**3** 연립방정식의 해가 없으려면 두 일차방정식의 그래프는 서로 평행해야 하므로 기울기는 같고, $y$절편은 달라야 한다.

(1) $ax+3y=4$에서 $y=-\dfrac{a}{3}x+\dfrac{4}{3}$

$3x-9y=b$에서 $y=\dfrac{1}{3}x-\dfrac{b}{9}$

즉, $-\dfrac{a}{3}=\dfrac{1}{3},\ \dfrac{4}{3}\neq-\dfrac{b}{9}$이므로 $a=-1,\ b\neq-12$

(2) $2x+ay=5$에서 $y=-\dfrac{2}{a}x+\dfrac{5}{a}$

$-4x+2y=b$에서 $y=2x+\dfrac{b}{2}$

즉, $-\dfrac{2}{a}=2,\ \dfrac{5}{a}\neq\dfrac{b}{2}$이므로 $a=-1,\ b\neq-10$

**4** 연립방정식의 해가 무수히 많으려면 두 일차방정식의 그래프는 일치해야 하므로 기울기와 $y$절편이 각각 같아야 한다.

(1) $ax-3y=1$에서 $y=\dfrac{a}{3}x-\dfrac{1}{3}$

$-4x+by=-2$에서 $y=\dfrac{4}{b}x-\dfrac{2}{b}$

즉, $\dfrac{a}{3}=\dfrac{4}{b},\ -\dfrac{1}{3}=-\dfrac{2}{b}$이므로 $a=2,\ b=6$

(2) $2x+ay=-2$에서 $y=-\dfrac{2}{a}x-\dfrac{2}{a}$

$bx+2y=-4$에서 $y=-\dfrac{b}{2}x-2$

즉, $-\dfrac{2}{a}=-\dfrac{b}{2},\ -\dfrac{2}{a}=-2$이므로 $a=1,\ b=4$

(3) $x+ay=3$에서 $y=-\dfrac{1}{a}x+\dfrac{3}{a}$

$3x+9y=b$에서 $y=-\dfrac{1}{3}x+\dfrac{b}{9}$

즉, $-\dfrac{1}{a}=-\dfrac{1}{3},\ \dfrac{3}{a}=\dfrac{b}{9}$이므로 $a=3,\ b=9$

(4) $4x-6y=a$에서 $y=\dfrac{2}{3}x-\dfrac{a}{6}$

$2x+by=-3$에서 $y=-\dfrac{2}{b}x-\dfrac{3}{b}$

즉, $\dfrac{2}{3}=-\dfrac{2}{b},\ -\dfrac{a}{6}=-\dfrac{3}{b}$이므로 $a=-6,\ b=-3$

---

 **기출문제**

P. 116~117

**1** 1  **2** ④  **3** $a=3,\ b=2$  **4** $-12$

**5** ④  **6** $y=-\dfrac{1}{2}x+2$  **7** ④  **8** 2

**9** 12  **10** 10  **11** 3  **12** $-4$

**13** $a=-2,\ b=-4$  **14** $-10$

**[1~6]** 연립방정식의 해는 두 직선의 교점의 좌표와 같다.

**1** 연립방정식 $\begin{cases} 3x+y+1=0 \\ 2x-y+4=0 \end{cases}$을 풀면

$x=-1,\ y=2$이므로
두 일차방정식의 그래프의 교점의 좌표는 $(-1,\ 2)$이다.
따라서 $a=-1,\ b=2$이므로
$a+b=-1+2=1$

**2** 연립방정식 $\begin{cases} x-y=-2 \\ -3x+y=8 \end{cases}$을 풀면

$x=-3,\ y=-1$이므로
두 일차방정식의 그래프의 교점의 좌표는 $(-3,\ -1)$이다.
따라서 $y=ax+5$에 $x=-3,\ y=-1$을 대입하면
$-1=-3a+5,\ 3a=6$  $\therefore a=2$

**3** 두 일차방정식의 그래프의 교점의 좌표가 $(2,\ 1)$이므로

연립방정식 $\begin{cases} x+y=a \\ bx-y=3 \end{cases}$의 해는

$x=2,\ y=1$이다.
$x+y=a$에 $x=2,\ y=1$을 대입하면
$2+1=a$  $\therefore a=3$
$bx-y=3$에 $x=2,\ y=1$을 대입하면
$2b-1=3,\ 2b=4$  $\therefore b=2$

**4** 두 일차방정식의 그래프의 교점의 좌표가 $(-1,\ 3)$이므로

연립방정식 $\begin{cases} ax-y=3 \\ x+by=5 \end{cases}$의 해는

$x=-1,\ y=3$이다.                                   $\cdots$ (i)
$ax-y=3$에 $x=-1,\ y=3$을 대입하면
$-a-3=3$  $\therefore a=-6$
$x+by=5$에 $x=-1,\ y=3$을 대입하면
$-1+3b=5,\ 3b=6$  $\therefore b=2$      $\cdots$ (ii)
$\therefore ab=-6\times2=-12$                      $\cdots$ (iii)

| 채점 기준 | 비율 |
|---|---|
| (i) 연립방정식의 해 구하기 | 40% |
| (ii) $a,\ b$의 값 구하기 | 40% |
| (iii) $ab$의 값 구하기 | 20% |

**5**  연립방정식 $\begin{cases} 2x+3y-3=0 \\ x-y+1=0 \end{cases}$ 을 풀면

$x=0$, $y=1$이므로

두 직선의 교점의 좌표는 $(0,\ 1)$이다.

즉, 점 $(0,\ 1)$을 지나므로 $(y$절편$)=1$

이때 직선 $2x-y=0$, 즉 $y=2x$와 평행하므로

$(기울기)=2$

따라서 구하는 직선의 방정식은 $y=2x+1$

**6**  연립방정식 $\begin{cases} 5x+3y+1=0 \\ 2x+3y-5=0 \end{cases}$ 을 풀면 $x=-2$, $y=3$이므로

두 직선의 교점의 좌표는 $(-2,\ 3)$이다.

이때 $y$절편이 2이므로 점 $(0,\ 2)$를 지난다.

즉, 두 점 $(-2,\ 3)$, $(0,\ 2)$를 지나므로

$(기울기)=\dfrac{2-3}{0-(-2)}=-\dfrac{1}{2}$

따라서 구하는 직선의 방정식은 $y=-\dfrac{1}{2}x+2$

---

**[7~8]** 세 직선이 한 점에서 만나는 경우

두 직선의 교점을 나머지 한 직선이 지나므로

❶ 계수와 상수항이 모두 주어진 두 직선의 교점의 좌표를 구한다.

❷ ❶에서 구한 교점의 좌표를 나머지 직선의 방정식에 대입하여 상수의 값을 구한다.

**7**  연립방정식 $\begin{cases} 2x+3y-9=0 \\ 2x-3y-3=0 \end{cases}$ 을 풀면 $x=3$, $y=1$이므로

세 일차방정식의 그래프의 교점의 좌표는 $(3,\ 1)$이다.

즉, $x+ay-6=0$에 $x=3$, $y=1$을 대입하면

$3+a-6=0$  $\therefore a=3$

**8**  연립방정식 $\begin{cases} y=-x+7 \\ x-2y-1=0 \end{cases}$ 을 풀면 $x=5$, $y=2$이므로

세 직선의 교점의 좌표는 $(5,\ 2)$이다.

즉, $ax-3y=4$에 $x=5$, $y=2$를 대입하면

$5a-6=4$, $5a=10$  $\therefore a=2$

---

**[9~10]** 교점을 꼭짓점으로 하는 도형의 넓이 구하기

❶ 연립방정식을 이용하여 두 직선의 교점의 좌표를 구한다.

❷ $x$축($y$축)과 만나는 점의 좌표와 교점의 좌표를 이용하여 도형의 넓이를 구한다.

**9**  연립방정식 $\begin{cases} x-y=-3 \\ 2x+y=6 \end{cases}$ 을 풀면

$x=1$, $y=4$이므로

두 직선의 교점의 좌표는

$(1,\ 4)$이다.

따라서 구하는 도형의 넓이는

$\dfrac{1}{2}\times\{3-(-3)\}\times4=12$

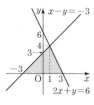

---

**10**  두 직선 $x-y-2=0$, $x+4y-12=0$의 $y$절편을 구하면 각각 $-2$, 3이고, $\quad\cdots$ (ⅰ)

연립방정식 $\begin{cases} x-y-2=0 \\ x+4y-12=0 \end{cases}$ 을 풀면

$x=4$, $y=2$이므로 두 직선의 교점의 좌표는 $(4,\ 2)$이다.  $\cdots$ (ⅱ)

따라서 구하는 도형의 넓이는

$\dfrac{1}{2}\times\{3-(-2)\}\times4=10$  $\quad\cdots$ (ⅲ)

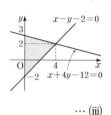

| 채점 기준 | 비율 |
|---|---|
| (ⅰ) 두 직선의 $y$절편 구하기 | 30 % |
| (ⅱ) 두 직선의 교점의 좌표 구하기 | 40 % |
| (ⅲ) 도형의 넓이 구하기 | 30 % |

---

**[11~14]** 연립방정식의 해의 개수와 두 그래프의 위치 관계

• 해가 없다. ⇨ 두 직선이 서로 평행하다.

  ⇨ 기울기는 같고 $y$절편은 다르다.

• 해가 무수히 많다. ⇨ 두 직선이 일치한다.

  ⇨ 기울기와 $y$절편이 각각 같다.

**11**  $x+3y=3$에서 $y=-\dfrac{1}{3}x+1$

$ax+9y=7$에서 $y=-\dfrac{a}{9}x+\dfrac{7}{9}$

연립방정식의 해가 없으려면 두 일차방정식의 그래프가 서로 평행해야 하므로 기울기는 같고, $y$절편은 달라야 한다.

따라서 $-\dfrac{1}{3}=-\dfrac{a}{9}$이므로 $a=3$

**12**  $2x-y+4=0$에서 $y=2x+4$

$ax+2y-5=0$에서 $y=-\dfrac{a}{2}x+\dfrac{5}{2}$

두 그래프가 교점이 없으려면 서로 평행해야 하므로 기울기는 같고, $y$절편은 달라야 한다.

따라서 $2=-\dfrac{a}{2}$이므로 $a=-4$

**13**  $ax+y-2=0$에서 $y=-ax+2$

$4x-2y-b=0$에서 $y=2x-\dfrac{b}{2}$

연립방정식의 해가 무수히 많으려면 두 일차방정식의 그래프가 일치해야 하므로 기울기와 $y$절편이 각각 같아야 한다.

따라서 $-a=2$, $2=-\dfrac{b}{2}$이므로 $a=-2$, $b=-4$

**14**  $2x-3y=6$에서 $y=\dfrac{2}{3}x-2$

$ax-by=-12$에서 $y=\dfrac{a}{b}x+\dfrac{12}{b}$

두 그래프가 교점이 무수히 많으려면 일치해야 하므로 기울기와 $y$절편이 각각 같아야 한다.

따라서 $\dfrac{2}{3}=\dfrac{a}{b}$, $-2=\dfrac{12}{b}$이므로 $a=-4$, $b=-6$

$\therefore a+b=-4+(-6)=-10$

| **1** ①, ④ | **2** 1 | **3** ㄱ, ㄷ | **4** ② |
|---|---|---|---|
| **5** 0 | **6** $y=5$ | **7** 9 | **8** $a\neq\dfrac{5}{2}$, $b=4$ |

**1** $x-2y-2=0$에서 $y$를 $x$에 대한 식으로 나타내면

$2y=x-2$    ∴ $y=\dfrac{1}{2}x-1$

① $x-2y-2=0$에 $x=4$, $y=1$을 대입하면

    $4-2\times1-2=0$이므로 점 $(4, 1)$을 지난다.

②, ④ $y=\dfrac{1}{2}x-1$의 그래프의 $x$절편은

    2, $y$절편은 $-1$이므로 그래프는 오른쪽 그림과 같다.

    즉, 제2사분면을 지나지 않는다.

③ 기울기가 $\dfrac{1}{2}$이므로 $x$의 값이 2만큼 증가할 때, $y$의 값은

    1만큼 증가한다.

⑤ $y=\dfrac{1}{2}x-1$, $y=x+3$의 그래프의 기울기는 각각 $\dfrac{1}{2}$, 1

    로 서로 다르므로 평행하지 않다.

따라서 옳은 것은 ①, ④이다.

**2** 주어진 직선이 두 점 $(2, 0)$, $(0, 4)$를 지나므로

$ax-by=4$에 두 점의 좌표를 각각 대입하면

$2a=4$, $-4b=4$    ∴ $a=2$, $b=-1$

∴ $a+b=2+(-1)=1$

> **다른 풀이**
>
> $ax-by=4$에서 $by=ax-4$    ∴ $y=\dfrac{a}{b}x-\dfrac{4}{b}$
>
> 주어진 그림에서
>
> (기울기)$=\dfrac{(y\text{의 값의 증가량})}{(x\text{의 값의 증가량})}=\dfrac{-4}{2}=-2$,
>
> ($y$절편)$=4$이므로
>
> $\dfrac{a}{b}=-2$, $-\dfrac{4}{b}=4$    ∴ $a=2$, $b=-1$
>
> ∴ $a+b=2+(-1)=-1$

**3** 점 $(1, 2)$를 지나고, $y$축에 평행하므로 직선 위의 점들의

$x$좌표는 모두 1이다.

따라서 주어진 직선의 방정식은 $x=1$이다.

ㄴ. 점 $(0, 2)$는 $x$좌표가 1이 아니므로 지나지 않는다.

ㄷ. 직선 $x=1$은 $y$축에 평행하고, 직선 $y=6$은 $x$축에 평행

    하므로 두 직선은 서로 수직으로 만난다.

ㄹ. 직선 $x=1$을 그리면 오른쪽 그림과 같으므로 제1사분면과 제4사분면을 지난다.

따라서 옳은 것은 ㄱ, ㄷ이다.

**4** $x$축에 수직인 직선 위의 점들은 $x$좌표가 모두 같으므로

$a-3=2a-1$    ∴ $a=-2$

**5** 두 일차방정식의 그래프의 교점의 좌표가 $(-1, 2)$이므로

연립방정식 $\begin{cases} ax+y-1=0 \\ x-by+3=0 \end{cases}$의 해는 $x=-1$, $y=2$이다.

$ax+y-1=0$에 $x=-1$, $y=2$를 대입하면

$-a+2-1=0$    ∴ $a=1$

$x-by+3=0$에 $x=-1$, $y=2$를 대입하면

$-1-2b+3=0$    ∴ $b=1$

∴ $a-b=1-1=0$

**6** 연립방정식 $\begin{cases} x-y=-2 \\ 2x-y=1 \end{cases}$을 풀면 $x=3$, $y=5$이므로

두 그래프의 교점의 좌표는 $(3, 5)$이다.      ⋯ (i)

즉, 점 $(3, 5)$를 지나고 $x$축에 평행하므로 직선 위의 점들의 $y$좌표는 모두 5로 같다.

따라서 구하는 직선의 방정식은 $y=5$이다.      ⋯ (ii)

| 채점 기준 | 비율 |
|---|---|
| (i) 두 그래프의 교점의 좌표 구하기 | 50 % |
| (ii) 직선의 방정식 구하기 | 50 % |

**7** $x+y=2$에서 $y=-x+2$

$x-y=-4$에서 $y=x+4$

두 직선 $y=-x+2$, $y=x+4$의

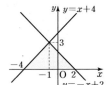

$x$절편을 구하면 각각 2, $-4$이다.

연립방정식 $\begin{cases} y=-x+2 \\ y=x+4 \end{cases}$를 풀면

$x=-1$, $y=3$이므로

두 직선의 교점의 좌표는 $(-1, 3)$이다.

따라서 구하는 도형의 넓이는

$\dfrac{1}{2}\times\{2-(-4)\}\times3=9$

**8** $2x-y-a=0$에서 $y=2x-a$

$bx-2y-5=0$에서 $y=\dfrac{b}{2}x-\dfrac{5}{2}$

두 직선이 교점이 없으려면 서로 평행해야 하므로 기울기는 같고 $y$절편은 달라야 한다.

따라서 $2=\dfrac{b}{2}$, $-a\neq-\dfrac{5}{2}$이므로 $a\neq\dfrac{5}{2}$, $b=4$

memo